Das Buch

Seit der »saure Regen« Schlagzeilen gemacht hat, haben wir begriffen, daß ein Zusammenhang zwischen der bundesdeutschen Energieversorgung und unseren Wäldern besteht – doch dies zu spät, erst als die Katastrophe sichtbar wurde. Frederic Vester fragt, warum menschliches Planen und Handeln so häufig und wie zwangsläufig in Sackgassen, ja in Katastrophen führt. Und so setzt er ganz grundsätzlich an bei der Frage, welches Verständnis der Mensch von der ihn umgebenden Wirklichkeit hat, und fordert dazu auf, mit ihm »Neuland des Denkens« zu betreten. Denn die Zivilisationssünden sind in erster Linie durch ein technokratisches, eindimensionales Denken verursacht, während sie eine neue, biokybernetische Denkweise vermeiden und überwinden kann. Biokybernetisch heißt, sich an den Systemzusammenhängen, Funktionsweisen und Überlebensregeln der Natur zu orientieren. Vester veranschaulicht, auf welche Weise ein solches kybernetisches oder »vernetztes« Denken aus den Sackgassen der Gegenwart hinausführen und sich eine erneute Integration in die Natur vollziehen könnte.

Der Autor

Frederic Vester, geboren am 23. November 1925, Biochemiker und Fachmann für Umweltfragen, ist Gründer und Leiter der Studiengruppe für Biologie und Umwelt in München. Von 1982 bis 1988 Inhaber des Lehrstuhls für »Interdependenz von technischem und sozialem Wandel« an der Universität der Bundeswehr in München, lehrt er derzeit als ständiger Gastprofessor für Betriebswirtschaft an der Hochschule St. Gallen. Bekannt durch wissenschaftliche Fernsehreihen und Ausstellungen über Systemzusammenhänge sowie als Bestsellerautor von Sachbüchern, u. a. ›Krebs – fehlgesteuertes Leben‹ (mit G. Henschel), ›Denken, Lernen, Vergessen‹, ›Phänomen Streß‹, ›Ballungsgebiete in der Krise‹, ›Sensitivitätsmodell‹ (mit A. v. Hesler), ›Unsere Welt – ein vernetztes System‹, ›Bilanz einer Ver(w)irrung‹, ›Leitmotiv vernetztes Denken‹ und ›Ausfahrt Zukunft‹. Von ihm stammen das kybernetische Umweltspiel ›Ökolopoly‹ und die Umwelt-Fensterbücher: ›Das faule Ei des Kolumbus‹, ›Der Wert eines Vogels‹, ›Ein Baum ist mehr als ein Baum‹, ›Januskopf Landwirtschaft‹ und ›Wasser = Leben‹. Auszeichnungen u. a. Adolf-Grimme-Preis 1974, Umweltschutzmedaille 1975, Philip-Morris-Forschungspreis 1984, Saarländischer Verdienstorden 1988, Ehrendoktorwürde Wirtschaftshochschule St. Gallen 1989.

Frederic Vester:
Neuland des Denkens
Vom technokratischen zum
kybernetischen Zeitalter

Deutscher
Taschenbuch
Verlag

Dieses Buch basiert in Teilen auf dem 1974 erschienenen Buch
›Das kybernetische Zeitalter‹ (S. Fischer Verlag, Frankfurt
am Main).
Abbildungen: Peter Schimmel, München

Von Frederic Vester
sind im Deutschen Taschenbuch Verlag erschienen:
Krebs – fehlgesteuertes Leben (11181; zusammen mit
Gerhard Henschel)
Denken, Lernen, Vergessen (30003)
Ballungsgebiete in der Krise (30007)
Phänomen Streß (30064)
Unsere Welt – ein vernetztes System (30078)

1. Auflage Januar 1984 (dtv 10220)
3. durchgesehene und ergänzte Auflage Juli 1985
9. Auflage Juni 1995: 111. bis 114. Tausend
Deutscher Taschenbuch Verlag GmbH & Co. KG, München
© 1980 Deutsche Verlags-Anstalt GmbH, Stuttgart
ISBN 3-421-02703-X
Umschlagfoto Vorderseite: Archiv für Naturfotografie, Karlsfeld
Umschlagfoto Rückseite: Isolde Ohlbaum, München
Satz: Schwarz GmbH & Co. Computersatz, Stuttgart
Druck & Bindung: C. H. Beck'sche Buchdruckerei, Nördlingen
Printed in Germany · ISBN 3-423-30068-X

Inhalt

Teil 4: Energie und Stoff

Teil 5: Bewußtsein

Mein Dank gebührt allen,
die an diesem Buch mitgeholfen haben,
vor allem meiner Frau und besten Freundin Anne,
deren Mitarbeit am »Neuland des Denkens«
und seiner Philosophie von meiner eigenen Arbeit
nicht mehr zu trennen ist.

Zu diesem Buch

Seit der rasch vergriffenen Auflage meines Buches »Das kybernetische Zeitalter« sind inzwischen sechs Jahre vergangen. Zwei Jahre
danach erwarb die Deutsche Verlags-Anstalt vom S. Fischer Verlag
die Rechte für eine Neuauflage und beauftragte mich, das Buch auf
den neuesten Stand zu bringen. Durch andere Projekte verhindert,
konnte ich mich jedoch erst weitere zwei Jahre später an die Arbeit
machen. Bald mußte ich feststellen, daß dies trotz des gleichen
Grundanliegens nicht mehr dasselbe Buch sein konnte. Die Untersuchungen und Forschungsergebnisse meiner *Studiengruppe für Biologie und Umwelt* über neue Wege der Systemplanung, des ökologischen Managements und der Biokybernetik, meine ausgedehnte
Seminar- und Beratertätigkeit der letzten Jahre und nicht zuletzt die
vielen dadurch angeregten Gespräche und Diskussionen haben
wesentliche Seiten des damaligen Ansatzes vertieft und auch konkre-
tisiert. So ist trotz der Übernahme einiger Passagen, die heute mehr
denn je gültig sind, ein weitgehend neues Buch entstanden, das auch
einen neuen Titel erhalten mußte.
Rückblickend erscheint mir manches, was ich damals schrieb, zu
technokratisch gesehen. Vieles dagegen hat sich inzwischen erfüllt, ist
weiter gediehen als damals vermutet, so daß sich an den beschriebenen Entwicklungen und Tendenzen, vor allem in den Bereichen Energie, Medizin, Anbau und Nahrung, auch jetzt, sechs Jahre später, nur
wenig geändert hat. Einige damals noch im Fluß befindliche Konstellationen haben inzwischen Gestalt angenommen oder sich weiter
zugespitzt. Dort, wo man inzwischen *keine* neuen Wege gegangen ist,
wie etwa in der Krebsforschung, hat sich auch nichts geändert – man
ist um keinen Schritt weitergekommen. Die Ansätze einer Neuorientierung in unserer Ausbildung, im Bereich der Schule und des Lernens, hatte ich zu positiv gesehen und die mitspielenden gesellschaftlichen und strukturellen Hemmnisse unterschätzt. Daher der zwi-

schenzeitliche Vorstoß mit meinem Buch »Denken, Lernen, Vergessen« und entsprechenden Fernsehreihen.

Andere, von mir damals erst angedeutete Entwicklungen, wie in der
psychosomatischen Medizin, in der Mikroelektronik und im Bereich
alternativer Energien, haben überraschend Fuß gefaßt. So waren
viele Formen des im Grunde so einfachen Recycling, der immer
neuen Wiederverwendung und Umformung einmal in den Kreislauf
getretener Materialien, gestern noch kaum diskutierte oder – wie die
Nutzung der Sonnenenergie – sogar verlachte Ideen; heute sind sie
bereits technische Selbstverständlichkeit.

Was verspreche ich mir von diesem Buch? Ich habe ein unbeirrbares
Vertrauen in die Macht der Information, das durch die Reaktion vieler Menschen bestätigt ist, sich einsichtigen Argumenten letztlich
doch nicht verschließen zu können. Besonders gilt das für naturwissenschaftliche Informationen. Sie machen es – da Emotionen aus
dem Spiel sind – leichter, auch Unbequemes zu akzeptieren, weil es
weniger persönlich trifft, weniger das Prestige ankratzt, weniger das
Selbstgefühl mindert als etwa Argumente, die an eine Weltanschau-
ung oder Ideologie gebunden oder womöglich von Aggressionen
getragen sind. Aggressionen erzeugen beim anderen Streß und
dadurch Denkblockaden. Ein Lernen und damit auch ein Überzeu-
gen wird unmöglich. Neutrale Informationen aus der Natur der
Sache dagegen wirken durch Sachzwang, nicht durch Meinungs-
zwang. Und von diesem Sachzwang, selbst wenn er nur da und dort
ansetzen sollte, erhoffe ich mir – auf die dabei mitspielende Kybernetik vertrauend – eine stärkere Bewußtseinsänderung als z. B. durch
jede noch so gut gezielte Polemik. Darin liegt auch die große Hoffnung, und aus dieser Hoffnung heraus schreibe ich dieses in mancher
Hinsicht optimistische, doch gewiß nicht positivistische Buch.

Ich will darin nicht nur die Ziele, sondern auch – wo nur möglich – die
Wege beschreiben, Ansätze in Richtung auf jenes kybernetische Zeit-
alter aufzeigen, den Blick dafür schärfen, ein Denken in einer neuen
Dimension, das ›vernetzte Denken‹ schulen. Meine Basis liegt auch
dabei bewußt in den Naturwissenschaften, von wo aus alle anderen
Bereiche beleuchtet werden.

Das Buch ist so aufgebaut, daß wir uns zunächst mit einem neuen
Verständnis der Wirklichkeit befassen werden. Im ersten Teil, unter
dem Stichwort »Organisation«, versuche ich, die Welt als lebendiges
System nahezubringen und daraus, von der *Kybernetik* über *Computer* und *Verkehr*, einen neuen Ansatz für gesellschaftspolitische Pro-

gramme und ihre Planung zu skizzieren, der für die Bewältigung der heutigen Situation sicher tauglicher ist als das bisherige mehr *lineare* Vorgehen.

Das führt im zweiten Teil »Die belebte Materie« zu der Frage, wo Organisation und damit Information und Kommunikation ihren Ursprung haben, wie sie in die einst tote materielle Welt überhaupt Eingang fanden, zur Urzeugung von *Leben*. Denn die besonders ausgereifte Organisation der lebenden Materie zeigt den eigentlichen Urgrund von Kommunikation und Informationsverarbeitung und ihre zum Teil noch verborgenen Möglichkeiten. Diese können wir für unsere *Gesundheit* ebenso nutzen wie für eine neue Symbiose mit der Welt der *Mikroorganismen* und eine umweltgestaltende *Bionik*.

Auf dieser Basis wird im dritten Teil, »Nahrung und Lebensraum«, das Verhältnis zwischen Mensch und Biosphäre beleuchtet. Der enge Zusammenhang zwischen *Anbau, Nahrung, Wasser* und Umwelt, und damit auch mit deren intakter Ökologie, führt konsequent zu Fragen einer neuen Gestaltung des Lebensraumes, einer entsprechenden Anbauweise und *Meeres*bewirtschaftung.

Fast zwingend ergibt sich daraus der Einstieg in den vierten Teil, »Energie und Stoff«. Beide sind für die Gestaltung des Lebensraumes nötig. Es fällt nicht schwer zu zeigen, wie ein falscher Umgang mit Energie und Rohstoffen, mit dem *Kohlenstoff,* mit neuen *Werkstoffen* oder der *Kerntechnik* diesen Lebensraum belasten, ein lebendiges System erwürgen kann. Eine neue, überlebensfähige Gestaltung verlangt auch eine neue Handhabung beider Mittel: einen weit eleganteren und effizienteren Umgang mit Materie und *Energielösungen,* die von der Energie(miß)wirtschaft zu einer sinnvollen, profitablen Nutzung führen.

Im letzten, dem fünften Teil des Buches, »Bewußtsein«, versuche ich die vorangegangenen Informationen und ihre gegenseitige Vernetzung in einen größeren zeitlichen Rahmen zu stellen und dabei Auswege aus unserer Beengung durch die monokausale Denkweise sichtbar zu machen, die Schwellenangst vor einem Neuland des Denkens abzubauen. So wird von dem ›Sinn‹ der großen *Kulturstufen* ausgehend versucht, über die Veränderung unserer Tabus und Normen bis zu neuen *Denkmodellen* über Raum, Zeit und Materie unser sich wandelndes Bewußtsein selber ein wenig unter die Lupe zu nehmen. Dies scheint mir wichtig, um aufzuzeigen, daß solche Wandlungen eine neue Art des *Lernens* und *Wissens* verlangen.

Es ist mir klar, daß die Einblicke und Ausblicke, die ich in den insgesamt 20 Kapiteln geben werde, nur einen Umriß aufzeichnen können. Sie mögen jedoch ein Grundgerüst abgeben, das weiterhilft, an uns selbst und an unseren gesellschaftlichen Strukturen in Richtung jener Evolution, jener neuen Zivilisationsstufe zu arbeiten.

Noch eine Bemerkung zur Auswahl der Fakten. Ich stütze mich zwar in diesem Buch weitgehend auf naturwissenschaftliche Ergebnisse, dennoch ist auch hier zu bedenken, daß selbst harte Fakten und auf experimentellen Daten basierende Informationen nicht nur durch die Art ihrer Auswahl ein subjektives Bild ergeben, sondern auch auf verschiedene Weise interpretiert oder in ihrer Gültigkeit unterschiedlich eingeschätzt werden können. Eine gewisse Garantie für eine unabhängige Kontrolle durch den Leser sehe ich darin, daß ich ihm mit dem einen oder anderen Hinweis in dem anschließenden Anmerkungs- und Literaturverzeichnis die Möglichkeit gebe, diesen Informationen weiter nachzugehen, um einiges mehr darüber zu erfahren. Daraus erklärt sich die Fülle der kleinen Ziffern im Text.

Teil 1
Organisation

Systeme
Kybernetik
Computer
Verkehr

1 Systeme

Das Geheimnis der Vernetzung

Unser erstes Kapitel rührt an ein neues Verständnis der Wirklichkeit. So besteht zwar die Welt aus einer Menge von Einzeldingen, doch viele von diesen sind zu Systemen vernetzt. Warum sind sie es? Wann wird aus einer großen Menge ein System? Was ändert sich dann? Wir erfahren, was ein Fußballspiel mit dem Computerbild von Abraham Lincoln, und was ein Krebsgewebe mit Systemhierarchie zu tun hat.

Obwohl wir noch nie so viele Daten über die Welt zur Verfügung hatten wie heute, wird unsere Zukunft immer undurchsichtiger. Immer häufiger sind es überraschende Konstellationen, Probleme von unerwarteter Seite, die uns zu schaffen machen. Woran liegt das? Warum werden wir alle, unsere Entscheidungsträger in Politik und Wirtschaft wie auch der einzelne Mensch, immer weniger mit der Realität fertig, warum gleitet uns die Situation zunehmend aus der Hand, warum entstehen diese plötzlichen Zwänge und Rückschläge? Liegt es daran, daß die Welt heute so komplex geworden ist, daß die menschliche Zivilisation inzwischen ein weltumspannender, nicht mehr zu überschauender monströser Organismus geworden ist, in dem dauernd Unvorhergesehenes passiert? Daß mittlerweile zu viele Menschen auf dieser Erde leben, in einer für diese Spezies überhaupt nicht mehr zuträglichen Dichte, die schließlich alles zum Problem macht: das Zusammenleben, die Rohstoffversorgung und Ernährung, die Belastung unserer Umwelt und eine nur noch künstlich aufrechterhaltene Gesundheit? Oder verlassen wir uns vielleicht zu sehr auf die Technik, die dann doch nicht das erfüllt, was wir von ihr erwarten, nämlich angerichtete Schäden im letzten Moment wieder zu reparieren, sondern die durch ihren Einsatz schon wieder neue Probleme erzeugt?

Ganz gleich, von welcher Seite aus wir eine Bestandsaufnahme unserer wachsenden Probleme anpacken, auch wenn sie in mühseligen Umweltgutachten und wirtschaftspolitischen Studien noch so sehr ins Detail geht, sie wird letztlich immer nur vordergründig bleiben. Was beschrieben wird, sind eigentlich nur *Symptome,* vordergründige Folgen einer weit tiefer sitzenden Störung, die man der inneren, der genetischen Anlage des Menschen ebenso in die Schuhe schieben könnte wie den äußeren Umständen, d. h. den gesetzmäßigen Reaktionen der äußeren Umwelt auf eben jene genetischen Anlagen. Beides, einerseits die genetische Ausrüstung einer wildgewordenen Spezies mit einem zu rasch entwickelten Gehirn, einem kurzsichtigen Egoismus, einer Tendenz zur Machtkonzentration und zugleich zur Selbstzerstörung, andererseits die physikalische Struktur der Welt mit ihren unausweichlichen Energieerhaltungssätzen, den Gesetzen der Lebewelt von Fressen und Gefressenwerden, von Nahrungsketten, Geburt und Zersetzung – beides können wir natürlich einfach als naturgegeben betrachten und damit auf den lieben Gott abwälzen. Wie an den vielen Beispielen eines aufkeimenden Fatalismus abzulesen ist, scheinen genau das mehr und mehr Menschen zu tun. Zu Recht oder zu Unrecht – der permanente akademische Streit, ob es überhaupt eine menschliche Freiheit gibt oder nicht, soll uns hier nicht kümmern. Ich wende mich ohnehin nur an diejenigen, die vor den wachsenden Problemen noch nicht resigniert haben, die der Lethargie ein aktives Tun und Gestalten vorziehen. *Was* jedoch getan und *wie* es gestaltet wird, hängt allerdings in höchstem Maße davon ab, wie wir die Wirklichkeit sehen und verstehen. Und hier zeigt uns schon ein flüchtiger Blick auf all die Rückschläge und neugeschaffenen Probleme, auf all jene Symptome einer tieferliegenden Störung, daß eines so sicher ist wie das Amen in der Kirche: Die Wirklichkeit wird nicht verstanden oder wird falsch verstanden – sonst würde sie nicht immer wieder so völlig anders reagieren, als wir es erwartet hatten.

Zu einem neuen Verständnis der Wirklichkeit

Unser bisheriges Verständnis der Wirklichkeit reicht offensichtlich nicht aus, um die richtigen Entscheidungshilfen zu finden. Da ist einmal die mangelnde Kenntnis der Zusammenhänge. Fatalerweise liegt dieser Mangel bereits in der Art unserer Ausbildung begründet: in der

Tatsache, daß wir uns zwar ausgiebig mit Einzelmechanismen und Einzelstrukturen befassen, aber praktisch nie mit Systemen. Die Realität, in der sich alles Leben abspielt, ist jedoch nicht das, als was sie uns die Schulen und Universitäten präsentieren: ein Sammelsurium von getrennten Einzelbereichen wie Agrarwirtschaft, Verkehrswesen, Chemie, Geographie, Betriebswirtschaft, Abfallbeseitigung und Bauwesen – alles schön geordnet nach Ressorts und Fachbereichen und damit zu Bruchstücken auseinandergerissen, sondern diese Realität ist ein vernetztes System, in dem es oft weniger auf jene Einzelbereiche ankommt als auf die Beziehungen zwischen ihnen.[1]

Doch gerade dieses Netz, auf der Abbildung ausgedrückt durch die schwarzen Pfeile, ist bei unserer angelernten Betrachtungsweise zerstört, der Systemcharakter entschlüpft unserer Betrachtung, er findet in keinem Lehrplan Platz.

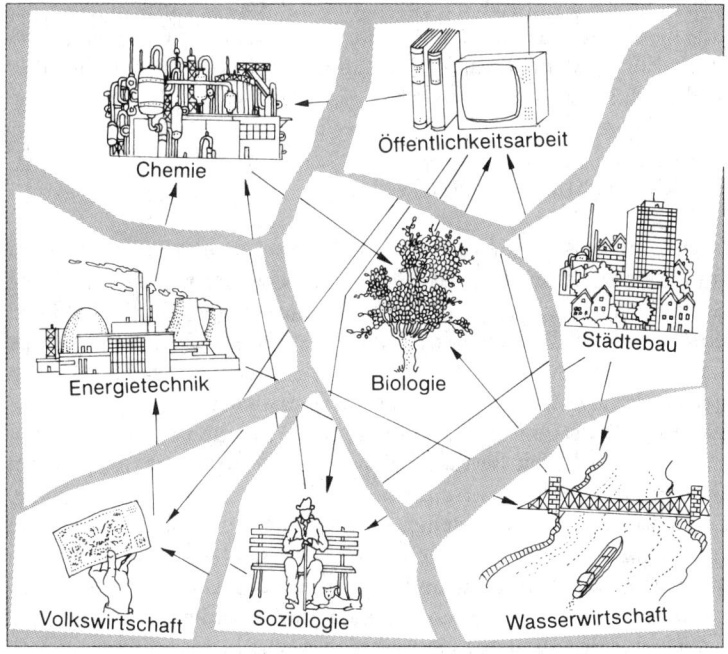

Die natürlichen Zusammenhänge und Wechselwirkungen eines Systems werden durch künstliche Einteilung in Fachressorts durchtrennt. Wir erfahren nichts mehr über die Wirklichkeit, nur noch über ihre Teile.

Eigentlich ist dies erstaunlich. Denn die Vorgänge und Wechselwirkungen unserer Industriegesellschaft sind ebenso wie das uns durchdringende biologische Leben voll typischer Systemphänomene, also solcher, die durch vernetzte Wirkungen und Rückwirkungen zwischen den einzelnen Lebensbereichen zustande kommen. Dennoch wird der Bereich der technischen Entwicklung und seiner einzelnen Gebiete getrennt vom Bereich der Information und Meinungsbildung behandelt, dieser wiederum isoliert vom kommerziellen Bereich, vom politischen Bereich oder von den Bereichen des Naturschutzes, der Produktion, des Marketing, der Infrastruktur, der Energiewirtschaft. Sobald aber Entscheidungen aus Einzelbereichen getroffen werden, also disziplin-orientiert sind wie in der Wissenschaft, ressort-orientiert wie in den Verwaltungen oder branchen-orientiert wie in der Wirtschaft, können sie, was das Systemverhalten betrifft, zu den gröbsten Fehlern führen. Es sind dies Fehler, von denen viele verhindert werden könnten, wenn man mehr über das Netzwerk der Verbindungen wüßte, die durch all jene Bereiche hindurchführen. Ohne diese Verbindungen ergibt sich ein falsches Bild und daraus wiederum ein falsches Handeln.

Direkte Eingriffe – indirekte Wirkungen

Während bei einfachen mechanischen Vorgängen ein Fehler meist unmittelbar zutage tritt – das Auto fährt in den Graben, die versalzene Suppe ist ungenießbar, ein falsches Zahnrad läßt sich gar nicht erst einbauen –, wird bei komplexen Systemen das falsche Handeln lange nicht bemerkt. Auch das ist eine ihrer Eigenschaften, daß sie Störungen zunächst auffangen, auszugleichen versuchen, so daß eine Rückwirkung oft erst über viele Stationen zutage tritt, und dies dann oft auf Gebieten, in die wir bewußt gar nicht eingegriffen haben. In einem System sind eben Einwirkungen meist nicht dort zu Ende, wo sie zunächst hinzielen. Sie stehen offenbar über ein dichtes Netz von unsichtbaren Fäden mit vielen anderen Systemteilen auf geheimnisvolle Weise in Verbindung und können daher über unerkannte Rückwirkungen – manchmal sofort, manchmal mit zeitlicher Verzögerung – sogar ins Gegenteil dessen umschlagen, was beabsichtigt war[2].
Da wir unsere Entscheidungen bisher hauptsächlich kurzfristigen Zielen mit selbstverschuldeten Zwängen angepaßt haben, z. B. solchen von möglichst rascher Ausbeutung, möglichst schnellem

Wachstum, möglichst hohem Energieeinsatz mit möglichst wenig Arbeitskraft, sind die eigentlichen, und zwar langfristigen Systementwicklungen längst nicht mehr in unserer Rechnung enthalten.

Unbekümmert haben wir so an dem größten Systemkomplex, den wir kennen, an der Biosphäre und ihren Untersystemen, herummanipuliert und waren sicher, ihn nach unserem Willen verändern und gestalten zu können.

Die puffernde Wirkung unseres Systems, das also zunächst nur die *direkten* Folgen offenbart (und die waren, weil unmittelbar gewollt, meist positiv), läßt allmählich auch die weit schwierigeren *indirekten* Folgen in immer stärkerer Anhäufung spüren. Wir müssen feststellen, daß unsere Zivilisationsgesellschaft als Teilsystem der Biosphäre in eine Krise geraten ist, die gewiß nicht mehr als vorübergehende Wirtschaftskrise gesehen werden kann[2]. An immer häufigeren Rückschlägen dieser unreflektierten Eingriffe erfahren wir, daß es längst nicht mehr um das Überleben von bestimmten Unternehmen und Firmengruppen geht, auch nicht um das einzelner Staaten, sondern immer spürbarer um das Überleben der gesamten Zivilisationsgesellschaft. Es ist eine globale Krise, die sich äußerlich durch Bevölkerungsexplosion, rapide Rohstoffverknappung und eine lawinenartige Verseuchung unserer Umwelt, mit der wir in Symbiose leben, immer deutlicher abzeichnet.

Daß es bis dahin kommen konnte, hat weitere Ursachen. All diese ›steuernden‹ Eingriffe und Einzelmanipulationen, wie auch der Raubbau an Ressourcen geschahen aus einem vordergründigen Glauben an die Unbegrenztheit des technisch Machbaren und auch an die Unbegrenztheit einer alles ausgleichenden Umwelt mit ›unendlichen‹ Reservaten an Luft, Land und Wasser. Doch damit nicht genug. In das gut funktionierende System unserer Biosphäre setzten wir eine immer größer werdende Zahl künstlicher Einzelsysteme hinein, wie Fabriken, Kraftwerke und landwirtschaftliche Großbetriebe, Siedlungen, Stauseen, Verkehrsnetze, Brücken und Häfen. Aus ehemaligen Urlandschaften wurden, oft in wenigen Jahrzehnten, riesige Ballungsgebiete. Auch dies taten wir in der Annahme, daß sich das Zusammenspiel wohl schon von alleine regeln würde – und wenn nicht, daß eben doch entstehende Mängel sich durch entsprechenden weiteren technischen Einsatz reparieren ließen. Etwa in der Energieversorgung, in der Bodenfruchtbarkeit, im Wasserhaushalt oder auch im psychosozialen Bereich. Und ähnlich wie bei den meisten *Einzeleingriffen* haben wir uns auch bei diesen künstlich geschaffenen *Systemen* weder darum gekümmert, ob diese selber überlebensfähig sind, noch ob sie mit den übrigen Systemen zu einer funktionierenden Einheit verbunden werden können. Tag für Tag starten wir neue Entwicklungsprojekte und setzen sie in bestehende Systeme hinein, ohne überhaupt zu wissen, daß wir es mit Systemen zu tun haben, geschweige denn, daß es so etwas wie Gesetzmäßigkeiten für das Verhalten und damit für das Überleben von Systemen gibt[3].

Für uns sind es ja nur Einzelobjekte, die wir in die Welt setzen. Es ist uns nicht klar, daß nur wenige Objekte zusammenkommen müssen – und schon ist aus ehemaligen Nicht-Systemen, nämlich den Einzelobjekten, ein übergreifendes System geworden. Und wenn sie dann noch so dicht aufeinanderrücken, wie es in unseren industrialisierten Ländern der Fall ist, beginnen neue, komplexe Wirkungen eine Rolle zu spielen, die wir mit unserem monokausalen Denken nicht mehr überschauen, treten Konstellationen auf, die wir überhaupt nicht vorausgesehen hatten. Zu spät erfahren wir nun, wo überall wir offensichtlich falsch geplant haben.

So ziehen wir uns nach und nach den Boden unter den Füßen weg, graben uns selbst immer mehr das Wasser ab – im übertragenen wie im wörtlichen Sinne. Hinzu kommt, daß uns dort, wo die Folgen sogar erkennbar wären, der erwartete Kurzzeitprofit oft für alles andere blind macht. Wir stehen nun vor der Tatsache, daß viele solche Eingriffe zunächst für die Umwelt, dann für unsere Lebensqualität und im Endeffekt auch wirtschaftlich höchst problematisch wurden. Beispiele hierfür sind zur Genüge bekannt. Ich möchte hier nur die fünf Hauptaspekte zusammenfassen:

Erstens manövrieren wir uns in eine unverantwortliche Energieabhängigkeit hinein. Unverantwortlich, weil der Pro-Kopf-Energiedurchfluß viel zu hoch ist, um ein System lebensfähig erhalten zu können.

Zweitens machen wir uns abhängig von unwiederbringlichen Rohstoffen und werfen sie gleichzeitig in immer rascherer Folge auf den Müll.

Drittens verändern wir willkürlich Landschaften, mit dem Ergebnis katastrophaler Erosionen, zerstören profitable Gleichgewichte, statt sie zu nutzen, und verändern Klima und Bodenstruktur, so daß der Einsatz, den wir selbst leisten müssen, immer größer wird.

Viertens bauen wir mit ähnlichem Effekt ganze Stadtteile und Verkehrssysteme auf, die oft nur kurzfristigen Kriterien gehorchen und so ziemlich alles außer acht lassen, was der biologischen Struktur der Bewohner entspricht.

Fünftens schließlich sehen wir auch den Menschen ebensowenig als System wie die Umwelt und unsere Städte und Landschaften. Medizin und Psychologie steuern in ein kostspieliges Reparaturdienstverhalten hinein, statt auch hier sich für das einzig profitable, nämlich die Krankheitsvorbeugung einzusetzen.

Es ist nun sehr eigenartig, daß wir dies alles zwar erkennen, in vieler Beziehung durch negative Erfahrungen bereits zur Besinnung gebracht wurden und alles besser machen wollen, aber dennoch fast mit jedem neuen Entwicklungsprojekt weiter in das Desaster steuern – trotz der Hinzuziehung von immer mehr Gutachten und Expertisen. Die Crux liegt darin, daß wir nach wie vor keine Erfahrung haben, wie sich Probleme in komplexen Systemen lösen lassen. Ja, daß unser ganzes Ausbildungssystem, von der Grundschule bis hinauf zu den renommiertesten Forschungsstätten, bisher kaum eine Möglichkeit anbietet, dies zu erlernen. Deshalb gehen wir, selbst in bester Absicht und in Kenntnis der Problematik, an die Lösung vieler heutiger Probleme völlig unvorbereitet heran. Immer noch realisieren viele von uns nicht, daß alles, was wir tun, Auswirkungen auf die Umwelt hat. Wobei wir unter Umwelt nicht nur die Natur verstehen, sondern auch zum Beispiel die Gemeinschaft, in der wir tätig sind, sei dies ein Unternehmen, eine Schule, eine Gemeinde oder ein ganzer Staat, und schließlich auch die Nachwelt, die kommenden Generationen. »Noch immer aber«, so schreibt Hans A. Pestalozzi, »wird z. B. der Erfolg unserer Wirtschaft ausschließlich mit Zahlen über Umsatz, Cash-flow, Pro-Kopf-Leistung und Sozialprodukt gemessen und bewertet. Doch auch jedes Unternehmen ist ja Teil eines komplexen Systems. Kurzfristige wirtschaftliche Erfolge haben daher nur allzuoft verheerende Auswirkungen, die die ganze Gesellschaft und damit wiederum auch das Unternehmen selbst betreffen. Besonders allen Managern müßte daher verständlich werden, daß die ökonomischen Folgen ihres wirtschaftlichen Handelns meist viel weitreichender sind als die von den betrieblichen Kennziffern ausgewiesenen Ergebnisse.«[4]

Die Lehren vom Tanaland

Eines der interessantesten Experimente über unsere Unfähigkeit, Probleme in komplexen Systemen zu lösen, führte der Bamberger Psychologe Dietrich Dörner durch. Er erfand eine fiktive afrikanische Region, das Tanaland, dessen wichtigste Daten und Einflußgrößen, den tatsächlichen Bedingungen afrikanischer Regionen entnommen, in einem Computer gespeichert wurden. Ein Dialog-Programm wurde entwickelt, das es dem Computer-Benutzer ermöglichte, die Bedingungen durch entsprechende Entwicklungshilfe und sonstige Maßnahmen zu verändern, sozusagen die Zukunft des Landes zu simulieren und auch bei Fehlentwicklungen entsprechend einzugreifen. Eingespeichert waren die Geburts- und Sterberaten der Bewohner, ihre Ernährungs- und Jagdgewohnheiten, die wichtigsten Tier- und Pflanzenarten sowie deren Abhängigkeit vom Niederschlag und selbst von den zur Bestäubung notwendigen Insekten.

Zwölf Personen unterschiedlicher Fachrichtung bekamen nun die Aufgabe, ganz allgemein dafür zu sorgen, daß es den Leuten von Tanaland besser ginge. Sie konnten Staudämme bauen, Industrie- und Kraftwerke ansiedeln, Medizin und Hygiene verbessern und Anbauarten und Düngung ebenso verändern wie etwa die Jagdgewohnheiten durch Bereitstellen von Gewehren. Auf diese Weise konnte das Land über mehrere Entscheidungsstufen, bei denen die bisherigen Auswirkungen jeweils vorlagen, durch ein ganzes Jahrhundert gesteuert werden. Das Ergebnis war mehr als niederschmetternd: Statt daß das Leben der Menschen sich besser gestaltete, was das Ziel war, traten nach vorübergehenden Besserungen Katastrophen und Hungersnöte auf[5]. Die Viehherden waren auf einen Bruchteil zusammengeschmolzen, die Nahrungsquellen ebenso wie die Finanzen zugrunde gerichtet. Auffallend war, daß Fachleute genauso wie die übrigen Versuchspersonen ein Chaos schufen und das Land in die Katastrophe führten, obgleich alle das Gute wollten. In einer Besprechung des Versuchs heißt es in bezug auf die Experten: »Gerade ihre fachlichen Vorkenntnisse schienen besondere Schwierigkeiten zu bereiten, weil die betreffenden Versuchspersonen nicht unvoreingenommen an ihre Aufgabe gingen und sich nur schwer von falschen Vermutungen über die Struktur solcher Situationen zu trennen vermochten ... Sie dachten in Wirkungsketten ... und nicht in Wirkungsnetzen wie erforderlich«.[6]

Mit Hilfe solcher Simulationsexperimente konnte Dörner die im

Umgang mit komplexen Systemen am häufigsten begangenen Strategiefehler herausstellen. Die sechs wichtigsten seien hier genannt[7]:

Erster Fehler: Mangelhafte Zielerkennung. Das System wird abgetastet, bis ein Mißstand gefunden wird. Dieser wird beseitigt, dann
der nächste Mißstand gesucht (Reparaturdienstverhalten). Wie bei
einem Anfänger im Schachspiel geschieht die Planung ohne große
Linie.

Zweiter Fehler: Man beschränkt sich auf Ausschnitte der Gesamtsituation. Große Datenmengen werden gesammelt, die zwar enorme
Listen ergeben, jedoch kaum Beziehungen aufzeigen. Dadurch
sind sie in keine Ordnung zu bringen, und die Dynamik des
Systems bleibt unerkannt.

Dritter Fehler: Einseitige Schwerpunktsbildung. Man versteift sich
auf einen Schwerpunkt, der richtig erkannt wurde. Hierdurch bleiben jedoch gravierende Konsequenzen in anderen Bereichen
unbeachtet.

Vierter Fehler: Unbeachtete Nebenwirkungen. In eindimensionalem
Denken befangen, geht man bei der Suche nach geeigneten Maßnahmen zur Systemverbesserung sehr »zielstrebig«, d. h. geradlinig und ohne Verzweigungen vor. Nebenwirkungen werden nicht
analysiert.

Fünfter Fehler: Tendenz zur Übersteuerung. Häufig wird zunächst
sehr zögernd vorgegangen. Wenn sich dann im System nichts tut,
greift man kräftig ein, um bei der ersten unbeabsichtigten Rückwirkung wieder komplett zu bremsen.

Sechster Fehler: Tendenz zu autoritärem Verhalten. Die Macht, das
System verändern zu dürfen, und der Glaube, es durchschaut zu
haben, führt zum Diktatorverhalten, das jedoch für komplexe
Systeme völlig ungeeignet ist. Für diese ist ein »anschmiegsames
Verhalten«, welches mit dem Strom schwimmend verändert, am
wirkungsvollsten.

Soweit ein paar Punkte, die das bestürzende Ergebnis der Simulationsexperimente verständlich machen. Mit unserer herkömmlichen
Art der Problemlösung sind wir offensichtlich nicht in der Lage, mit
komplexen Systemen umzugehen, ja, unsere steuernden Eingriffe
führen oft genau das Gegenteil von dem herbei, was wir eigentlich
wollen. Leider nicht nur im Computer, sondern auch in der Wirklichkeit – drastisch sichtbar in vielen Fällen unserer Landesplanung, aber

vor allem bei Entwicklungsprogrammen für die dritte Welt, wo das Nichtbeachten von Querverbindungen schon oft zu einer strukturellen Verschlechterung, zu einer tiefen Strukturkrise geführt hat[8]: seien es die unvorhergesehenen Folgen nach dem Bau des Assuan-Staudamms und anderer Großdämme oder Kanalbauten[9], sei es die erwähnte Sahel-Katastrophe[10] oder die Abholzung der südamerikanischen Urwälder[11] oder die Entwicklung mancher Touristengebiete und ihre soziologischen, ökologischen und klimatischen Folgen[12].

Systeme sind eben in der Tat etwas völlig anderes als eine wahllose Menge von Teilen, und selbst wenn wir die Struktur eines Systems erkennen, sagt uns dies noch äußerst wenig über sein Verhalten. Erst seine innere Dynamik offenbart uns sein eigentliches Wesen, seine kritischen Stellen, seine Stärke und Empfindlichkeit. Sobald wir es mit Systemen zu tun haben, geht es auch nicht darum, eine bestimmte *Struktur* am Leben zu erhalten, sondern den laufenden *Prozeß* jener Dynamik zu managen, den ständigen Wechsel, die Fluktuationen des Systems in den Griff zu bekommen, wie es Erich Jantsch in seinem Buch »Die Selbstorganisation des Universums« ausdrückt[938]. Weder die komplexen Probleme technisch hochentwickelter Zivilisationen noch solche der Entwicklungsländer werden wir je verstehen lernen, wenn wir weiterhin wie hypnotisierte Kaninchen auf die unübersehbare Fülle von Daten, Statistiken und daraus entwickelten Trendkurven einzelner Bereiche starren. Erst wenn wir die Gesamtbedingungen für stabile Fließgleichgewichte, allein schon im Hinblick auf den Energie- und Materiekreislauf, aufstellen, beginnen wir etwas über das Verhalten solcher Systeme zu erfahren und können einen vorbeugenden Krisenschutz skizzieren. Mit den inzwischen vorhandenen Kenntnissen über biokybernetische Gesetzmäßigkeiten, wie ich sie zum Beispiel in dem systemkybernetischen Grundsatzpapier »Ballungsgebiete in der Krise«[2] und dem daraus entwickelten »Sensitivitätsmodell«[13] für das UNESCO-Programm »Man and the Biosphere« dargelegt habe, müßten wir heute dazu eigentlich in der Lage sein.

Im nächsten Kapitel wird von den dafür zur Verfügung stehenden kybernetischen Instrumenten und Hilfsmitteln noch mehr die Rede sein. Hier wollen wir uns mit der Frage beschäftigen, was denn nun eigentlich ein System von einem Nicht-System in seinem Wesen unterscheidet, daß es so gänzlich anderen Gesetzmäßigkeiten gehorcht.

System oder Nicht-System

Die wichtigsten Eigenschaften eines Systems sind, daß es erstens aus mehreren Teilen bestehen muß, die jedoch, zweitens, verschieden voneinander sind und, drittens, nicht wahllos nebeneinanderliegen, sondern zu einem bestimmten Aufbau miteinander vernetzt sind. Wobei das »Netz« nicht unbedingt sichtbar sein muß, sondern auch aus Wirkungen bestehen kann, die durch Kommunikation, und zwar durch reinen Informationsaustausch zustande kommen. Ein Haufen Sand z. B. ist danach kein System. Man kann Teile davon miteinander vertauschen, kann sogar eine Handvoll wegnehmen oder hinzutun, es bleibt immer ein Haufen Sand. Bei einem System ist das nicht möglich, ohne daß sich die Beziehungen aller Teile zu allen und damit der Gesamtcharakter des Systems ändern würden. Das bedeutet aber nichts anderes, als daß ein System, obwohl es aus vielen Teilen besteht, ein Individuum ist. Natürlich können auch die Teile eines komplexen Systems in sich ein System sein: ein Anwesen in einer Dorfgemeinschaft, eine Fabrik in einem Ballungsraum, eine Zeitungsredaktion in einem Verlag, das Verkehrssystem in einer Stadt, der einzelne Mensch in der Familie, eine Mücke an einem Teich. Sie alle sind Systeme – aber auch Teile von übergeordneten Systemen, mit denen sie verbunden sind.
Andererseits kann, wenn mehrere vorher getrennt gewesene Systeme in enge Beziehungen treten, daraus ein neues, übergeordnetes System entstehen. Aus Atomen entsteht so z. B. ein Molekül, aus Zellen ein Organ, aus Tieren, Pflanzen und Mikroben ein Ökosystem. Dies muß aber nicht so sein. So sind die einzelnen Atome eines Sandhaufens, jedes für sich gesehen, ein System, ja sogar ein sich selbst erhaltendes dynamisches System. Denn in ihm sind die Elementarteilchen nicht zufällig zusammengewürfelt, sondern zu einem geordneten *Wirkungsgefüge* organisiert. Zusammengenommen, sind sie jedoch wiederum nichts anderes als ein Haufen Sand ohne jede Organisation.
Besonders wichtig ist es daher, den Zeitpunkt vorauszusehen, an dem zunächst isolierte Teile, wie unsere Fabriken, Ortschaften und auch die einzelnen Menschen, so nahe aufeinandergerückt sein werden, daß sich ihre Wirkungen überlappen und sie auf einmal ein neues System bilden. Denn ist ein ehemaliges Nicht-System zum System geworden, so verhält es sich von da an völlig anders als vorher seine Teile. Es bekommt gänzlich neue Eigenschaften. Dabei gibt es vorübergehende Systeme, die künstlich entstanden sind und künstlich

erhalten werden, und es gibt dauerhafte Systeme, die organisch entstanden sind und sich ohne künstliche Eingriffe selbst erhalten. Für beide gelten die gleichen Grundphänomene, die von den kleinsten Mikrodimensionen bis hinauf in den Kosmos immer wiederkehren[1]. Das ist die eigentlich neue Erkenntnis, welche die Systemforschung gebracht hat, und sie vermag, sobald sie einmal durchgedrungen ist, unser Denken und Handeln von Grund auf zu verändern.

Ein anderes Grundphänomen hat mit der schon erwähnten Tatsache zu tun, daß ein System, obwohl es aus vielen Einzelteilen besteht, doch zugleich ein Individuum ist. Als solches unterliegt es nicht nur den statistischen Gesetzen von Ursache und Wirkung mit ihrer kausalen Logik, sondern es ist wie jeder offene, d. h. mit der Umwelt in Austausch befindliche »Organismus« auch gewissermaßen akausalen Vorgängen unterworfen. Vorgänge, wie sie sich oft entgegen jeder Logik aus bestimmten *Konstellationen* entwickeln. Das gibt dem System die Möglichkeit, durch überraschende Verhaltensweisen, innere Umstrukturierung, Resonanzphänomene und ähnliches sich einer veränderten Umwelt anzupassen. Es gibt ihm die Möglichkeit, trotz gelegentlicher innerer Umwandlungen immer wieder eine stabile Dynamik zu entwickeln, d. h. Abläufe zwischen seinen einzelnen Teilen aufzubauen, die sich von selbst in Gang halten und steuern. Ein System baut also immer Regelkreise auf, wie sie, verflochten mit anderen Regelkreisen und unterteilt in Teilregelkreise, das gesamte Leben auf der Erde bis heute aufrechterhalten.

Wir sehen hieran, daß das ›Starre‹, das ›Systematische‹, jener Geruch der grauen Theorie, wie er dem Begriff System vielfach anhaftet, einem rein akademischen Denken entstammt. Die Systeme der Wirklichkeit sind im Gegenteil etwas höchst Lebendiges, Dynamisches. Vor allem sind sie, wie alles Fließende, niemals abgeschlossene Einheiten, sondern mit Unter- und Obersystemen zu einem schillernden Wirkungsgefüge verflochten, dessen intelligente Organisation das eigentlich Geheimnisvolle der großen Vernetzung unserer Welt ist.

So ist auch das, was tote Materie zu lebender macht, wie wir im Kapitel »Leben« noch sehen werden, nicht etwa in einem andersartigen *Stoff* begründet, nicht in den Einzelteilchen als solchen, sondern auch hier nur in deren *Anordnung*, in ihrer Struktur, in ihrem individuellen Muster. Auch hier ist es die Wechselwirkung *zwischen* den Teilchen, die von ihnen eingefangene Information, mit der die Materie jenen sich selbst erhaltenden Ordnungszustand erreicht, welcher aus toter Materie Leben, aus einer heterogenen Ansammlung von

Teilchen ein komplexes System macht. Wechselwirkungen, wie sie insbesondere auch L. v. Bertalanffy (z. B. 1968 in seiner Allgemeinen Systemtheorie) relativ früh erkannt hat.

Nur offene Systeme sind lebensfähig

Zu den Systemgesetzmäßigkeiten zählt nun auch eine ganz besondere Eigenschaft, die wir gerade kurz gestreift haben: Lebensfähige Systeme sind niemals abgeschlossen, sondern immer nach außen offen, von außen zugänglich. Warum? Die Gesetze der Wahrscheinlichkeit besagen, daß ein abgeschlossenes System von alleine immer nur in Richtung Unordnung streben kann oder, physikalisch ausgedrückt, daß seine Entropie nur zunehmen kann (eine Gesetzmäßigkeit, die im zweiten Hauptsatz der Wärmelehre begründet ist). Mit der zunehmenden Unordnung zerfiele jedoch jedes System wieder in ein Nicht-System. Die innere Ordnung eines Systems, seine Organisation und damit seine Lebensfähigkeit können also nur entstehen und aufrechterhalten werden, wenn seine Entropie absinkt. Damit nun im Gesamtgeschehen die Wahrscheinlichkeitsgesetze nicht verletzt werden, läßt sich dies nur durch eine Erhöhung der äußeren Entropie, der Unordnung außerhalb des Systems kompensieren. Ein Austausch von Ordnung und Unordnung muß also stattfinden, so daß Systeme, die überleben, niemals abgeschlossen sein können.

Diese Tatsache erklärt eines unserer Kernprobleme im Umgang mit komplexen Systemen. Wir sind gewohnt, all das, was wir genauer studieren wollen, als abgeschlossene Einheit zu untersuchen. Das führt dann zu einem mechanistischen Modell, wie es in vielen Fällen, etwa in der Technik, so wunderbar funktioniert. Für die Erfassung eines lebendigen Systems geht das jedoch völlig daneben. Dieses können wir nicht wie eine Maschine isolieren und getrennt für sich ablaufen lassen. Dabei käme etwas ganz Falsches heraus. Auf diese Weise würden nur Momentaufnahmen des Systems erfaßt, niemals aber sein komplexes Verhalten in Wechselwirkung mit seiner Umwelt. Mit den üblichen Untersuchungsmethoden stünden wir somit vor der unlösbaren Aufgabe, das nächstgrößere System mit zu erfassen und wiederum das nächstgrößere, von dem dieses ein Teil ist – ganz gleich, wie groß unser System ist und mit wieviel weiteren es verschachtelt ist, sei es eine einzelne Körperzelle oder sei es das System eines Ballungsgebietes. Dieser Umstand macht es unseren an übliche Untersuchungen gewöhnten Wissenschaftlern und Technikern auch so schwer, sich mit Systemen und ihren Gesetzmäßigkeiten zu befassen. Und hierin mag wiederum ein Grund dafür liegen, daß die Beschäftigung mit diesem Gebiet erst so spät einsetzte.

Wie wir vorgehen müssen, um mehr über das Verhalten von natürlichen und künstlichen Systemen zu erfahren, werden wir im nächsten Kapitel, »Kybernetik«, sehen, in dem diese Frage ausführlich behandelt wird. Hier sei nur nochmals betont, daß wir uns dazu weniger für die Einzelelemente und deren Entwicklung interessieren dürfen als für den Charakter ihres Zusammenspiels. Von den Teilen zum Ganzen gehend läßt sich das Verhalten eines Systems nicht konstruieren; hier geht der Weg vom Ganzen zum Detail. Dann erfahren wir zwar nicht, wie sich ein bestimmtes Detail entwickeln wird (durch die üblichen Hochrechnungen, z. B. in der Wirtschaft, erfahren wir das, unter uns gesagt, ebensowenig), dafür aber eine Menge über langfristige Tendenzen. Die Frage, *ob* und *wann* eine Ölkrise eintritt oder die Abgasbelastung einen riskanten Grenzwert gefährlich überschreitet, tritt zurück hinter der weit realistischeren, weil weniger orakelhaften Frage: *Wie* kann mein System, z. B. eine städtische Region, solche Ereignisse verkraften und entsprechende Störungen auffangen? Oder: Welche Mechanismen sind vorhanden, die das System durch Selbstregulation erst gar nicht auf solche Grenzwerte zusteuern lassen? Ihre Beantwortung gibt uns dann bereits erste Auskünfte über die Stabilität des untersuchten Gebietes. Man erfährt, wie weit das System von einem Gleichgewicht entfernt ist, ob es irreversibel auf einen bestimmten Zustand zusteuert, ob es äußere Störungen abpuffern kann oder mit starken periodischen Schwingungen auf sie reagiert, so wie ein Auto beim Schleudern, oder ob es sich gar neu strukturiert, also einen Evolutionsschritt unternimmt[13].

Die Tatsache, daß lebende Systeme immer offen sind, daher nie für sich alleine existieren, ja, sich sogar gegenseitig durchdringen, hat nun nicht nur ihre Bedeutung für die Art, wie man Systeme und ihr Verhalten erfassen und verstehen kann, sondern auch dafür, welche Rolle wir selbst darin spielen. Meist sind wir uns gar nicht bewußt, wie sehr das eigene Verhalten und Wohlergehen, unsere Leistungen und Pläne mit diesen Wechselwirkungen zusammenhängen. Daß wir dennoch immer wieder glauben, das System, in dem wir leben, sozusagen von außen steuern zu können, ist wohl ebenfalls ein Überbleibsel jenes Denkfehlers, wir hätten es mit geschlossenen Systemen zu tun, mit Maschinen, die man von außen mit einem Programm steuern könne, ohne daß dieses Programm selbst davon beeinflußt würde. In Wirklichkeit sind aber Steuermann und Programm auch immer selbst Teile des Systems. Hiermit rühren wir an ein weiteres, wesentliches Prinzip aller lebenden Systeme: die Selbststeuerung. Sie macht den großen Unterschied der Biokybernetik gegenüber der Regeltechnik aus. Bei der Regeltechnik müssen die übergeordneten Führungsgrößen und Richtwerte letztlich irgendwann von außen eingegeben werden; wie beim Thermostat, wo die einzuhaltende Temperatur nach dem Willen eines außerhalb des Regelkreises stehenden Menschen eingestellt wird. Auf lebende Systeme wie die Volkswirtschaft oder den Umweltbereich übertragen, würde dieses technische Prinzip zwar lauter sich selbst regelnde Teilsysteme schaffen, wobei jedoch die *Richtwerte* nicht aus deren Wechselspiel mit sich selbst und der Biosphäre, sondern von einer übergeordneten Zentrale vorgegeben würden. In der letzten Konsequenz würde das zu einem absoluten Dirigismus führen. Ein solcher ist aber bei den Steuerungsmechanismen lebender Systeme nirgendwo zu beobachten, demnach also offensichtlich nicht überlebensfähig.

Die Frage nach dem Ziel

Natürlich steht schon die ganze Zeit die Frage im Hintergrund, wohin wir denn nun steuern sollen, wenn wir die Wirklichkeit als ein Netz von verschachtelten Systemen erkannt haben. Welchem Endziel soll unsere Kenntnis des Systemverhaltens dienen, wenn bereits die kurzfristige Strategie eines vordergründigen Profitstrebens offensichtlich wenig taugt? An welchen allgemeinen und nicht nur für uns gültigen Fernzielen können wir eine sinnvolle Systemstrategie überhaupt orientieren? Bei denen, die das Leben bejahen, dürfte Einigkeit darüber bestehen, daß dieses Ziel nur die Überlebensfähigkeit der menschlichen Gesellschaft als eines Teilsystems der lebenden Welt sein kann. Im biologischen Sinne bedeutet dabei Überleben mehr als bloßes Vegetieren. Es schließt auch Weiterentwicklung, Entfaltung und Evolution eines Systems wie auch seiner Glieder mit ein. Sich diesem Ziel gemäß sinnvoll zu verhalten, erfordert daher eine breitgestreute Kenntnis darüber, welche Gesetzmäßigkeiten einen *Organismus* – und jedes sich selbst erhaltende, also lebensfähige organisierte System ist ein solcher – am Leben erhalten. Die dazu nötigen Erkenntnisse bieten uns weder Ideologien noch Philosophien, noch die Sozialwissenschaften an, da sie keinerlei Wissen über das tatsächliche Verhalten lebender Systeme vermitteln. Auch unsere hochentwickelte Technik alleine wird uns hier keine Hilfe sein. Nur wenn wir das Studium biologischer Systeme zuziehen, das Arbeitsmuster der dort waltenden Biokybernetik allmählich durchdringen, werden wir Antworten finden, die aus der Wirklichkeit der Organismen selbst stammen und damit als einzige verläßlich sind.

Als erstes werden wir erkennen, daß auch Teilsysteme nur dann lebensfähig sind, wenn ihre Verhaltensweise mit dem Gesamtsystemverhalten der Biosphäre in Einklang gebracht werden kann. Dazu zählt die Kommunikation ihrer Teile ebenso wie ihre Wirtschaftsweise und Umweltgestaltung. Die Perspektive unseres Ziels »Überlebensfähigkeit« bedeutet außerdem zwingend, daß es eigentlich keinen Selbstzweck gibt, sondern immer nur Mittel zum Zweck. Und das heißt diejenigen Konstellationen erhalten oder entstehen lassen, die die Garantie erhöhen, daß jenes Endziel, welches im Grunde ein Ziel *ohne* Ende ist, erreicht wird. Jeder Selbstzweck, wie z. B. ständiges Wirtschaftswachstum, ist daher systemfeindlich und somit auch letztlich gegen einen selbst gerichtet. So stellt z. B. die *Gruppe Ökologie* in ihrem »ökologischen Manifest« gleich zu Anfang folgende vier Tatsachen heraus[14]:

1. Auf einem begrenzten Planeten gibt es kein unbegrenztes Wachstum an Produktion, Konsum, Bevölkerung und Bruttosozialprodukt.
2. Jegliche materielle Vermehrung hat naturgesetzliche Grenzen.
3. Eine gewollte Selbstbegrenzung ist den sonst voraussehbaren Katastrophen vorzuziehen.
4. Der Mensch ist in seiner natürlichen Grundausstattung Geschöpf und Teil der Biosphäre und damit ein abhängiges Glied in der biosphärischen Ordnung.

Allein schon auf dieser Basis lassen sich eine Fülle weiterer Richtlinien und Verhaltensregeln für unsere Gesellschaft ableiten, wie sie uns in den Kapiteln dieses Buches noch begegnen werden. Soll ihre Umsetzung jedoch Erfolg haben, so müssen nicht nur die Erkenntnisse selbst »systemisch« sein, sondern auch die dazu angewandte Strategie. Unter Beachtung und damit Nutzung des Systemverhaltens werden sich nämlich ganz andere Vorgehensweisen zur Erreichung eines Ziels ergeben, als wir sie in unserem linearen, technokratischen Denken gewohnt sind.

Prognosen durch das »Mikroskop«

Für ein System lassen sich aufgrund der vielen Verflechtungen und Rückwirkungen zwar kaum Einzelzustände vorhersagen, dafür aber, wie wir schon sahen, durchaus Verhaltensweisen und Tendenzen, wie sie sich aus der Abweichung und der Einhaltung von solchen Systemregeln ergeben. Nicht die Einzelzustände, also etwa die genaue Stellung der einzelnen Systemelemente, sind festgelegt, sondern eher ein übergeordnetes Gesamtmuster, das selbst durch unterschiedliche Konstellationen seiner Elemente erreicht werden kann. Hierin liegt übrigens ein bedeutender Vorteil der Systemstrategie, die dadurch eine größere Freiheit in der Wahl der Mittel hat, um ein und dasselbe Ergebnis zu erreichen.

Die Unsinnigkeit, einen Systemzustand durch Berechnungen von Einzelentwicklungen, sozusagen »mikroskopisch«, vorauszubestimmen, kann man ganz gut am Fußballspiel veranschaulichen. Obwohl genaue Regeln bekannt sind, nach denen ein Spiel abläuft, ist keine der ständig wechselnden Konstellationen der 22 Spieler in irgendeiner Weise im Detail vorausbestimmbar. Werden jedoch bestimmte Regeln verletzt (Handspiel, Abseits, Foul usw.), so führt dies zu entsprechenden Ergebnissen (Strafstoß, Elfmeter, nicht anerkanntes Tor) – ganz gleich, wie die jeweilige Struktur, also die genauen Positionen der Spieler zueinander, im Moment ausgesehen hat. Ebenso führen auch die unterschiedlichsten Konstellationen und nicht nur eine bestimmte zu einem Tor. Das, was sie gemeinsam haben, ist die aus bestimmten Grundprinzipien sich ergebende Tor*chance,* ohne daß auch hier wieder die genauen Daten der Stellung der einzelnen Spieler vorprogrammiert und damit die Gesamtkonstellation vorausbestimmt sein müßten.

Genauso wie hier unterliegen auch die Konstellationen jedes anderen Systems – sei dies eine Agrarlandschaft, ein städtischer Verdichtungsraum oder ein Feuchtgebiet – ständiger Fluktuation. Nie sind die Positionen seiner Elemente genau festgelegt. Und doch kann man sagen, welche »Kondition« die Einzelelemente haben, ob ihre »Kommunikation« gut oder schlecht funktioniert, ob die System»regeln« zum eigenen Vorteil genutzt werden oder aber gegen sie verstoßen wird. Und damit kommen wir zu einem ganz entscheidenden Punkt, was die *Vorhersage für Systeme* betrifft.

Niemandem würde einfallen, aus der Momentaufnahme der Spielerpositionen eines Fußballspiels vorherzusagen, daß sechs Minuten später ein Schuß in die linke Torecke geht. Dies wäre nur möglich, wenn praktisch jeder einzelne Spieler und seine Stoffwechselreaktionen, jeder Zentimeter der Bodenbeschaffenheit, jede die Aufmerksamkeit und Blickrichtung jedes einzelnen Spielers steuernde Wahrnehmung usw. bis hinunter zum einzelnen Atom bekannt wären und darüber hinaus die komplizierte Wechselwirkung *zwischen* all diesen Ereignissen und selbst alle Einflüsse von außerhalb, wie die Anfeuerung der Zuschauer, aufkommender Wind und ähnliches, mit einbezogen würden.

Eine solche mikroskopische Systemerfassung ist jedoch schon in weit kleineren physikalischen Systemen, als es ein Fußballspiel darstellt, unmöglich, vollends aber in einem Ökosystem oder Wirtschaftssystem. Es wird zwar immer wieder versucht, und Millionenbeträge werden in solche Vorausberechnungen gesteckt; man ertrinkt in Daten, deren Menge man jedoch getrost verzehnfachen könnte, ohne mehr als einen winzigen Bruchteil dessen zu besitzen, was für eine deterministische Hochrechnung tatsächlich nötig wäre; ganz zu schweigen von der Tatsache, daß die Erfassung ohnehin zu spät käme, denn ein dynamisches System bleibt ja nicht stehen. Diese Art Daten und ihre starre Verknüpfung würden kurz nach ihrer Erfassung schon nicht mehr der tatsächlichen Situation entsprechen.

Was tut man also, wenn sogenannte Status-quo-Prognosen und Trendanalysen für die Beschreibung zukünftiger Systemzustände nicht funktionieren? Bereits in der Physik bestimmt man ja z. B. für die Beurteilung eines mechanischen Ablaufs auch nicht die Einzelpositionen von Atomen, sondern man greift auf statistische Größen wie Masse und Volumen zurück, auf Mittelwerte wie Dichte oder Temperatur. Es sind dies Werte, die es für ein Einzelteilchen noch gar nicht gibt, sondern die sich als sogenannte »kolligative« Eigenschaften erst durch das Zusammenleben vieler Teilchen ergeben. Bei komplexen Systemen muß man noch einen Schritt weitergehen. Hier muß man die vielen Elemente des Systems, obgleich sie selber bereits aus vielen Teilchen bestehen, doch wieder wie Einzelteilchen betrachten, deren genaue Kenntnis für das Systemverhalten weit weniger wichtig ist als das Muster ihrer Beziehungen zu den anderen Systemelementen. Das Bild, welches man dann bekommt, ist zwar unschärfer als das von Einzelbestimmungen, aber dafür einigermaßen richtig.

Viele mathematische Darstellungen, Prognosen und Trendanalysen arbeiten jedoch weiterhin mit einfacher Hochrechnung, mit einer von einzelnen Daten ausgehenden, extrapolierenden Betrachtungsweise. Sie mag innerhalb kleiner Abschnitte und Zeiträume ihre Gültigkeit haben, ist aber logischerweise völlig blind gegenüber Phänomenen, die man nicht hochrechnen kann, wie sie jedoch in größeren Systemen ständig auftreten.

Dazu zählen z. B.»Umkipp-Effekte«, etwa bei der Verschmutzung von Gewässern oder bei der Entstehung von Inversionslagen, ferner »Umstülpungen«, wie sie bei Katastrophen auftreten und wo ein Ausgangszustand, hat man ihn einmal verlassen, nie mehr über den gleichen, sondern nur über einen gänzlich anderen Weg erreicht werden kann. Ähnliches gilt für »irreversible Vorgänge«, man denke an die Verkarstung ehemals fruchtbarer Landschaften, an den Abbau der Ozonschicht in der Atmosphäre, an die Erschöpfung von Rohstoffen; alles Entwicklungen, wo der ursprüngliche Zustand überhaupt nicht mehr zu erreichen ist. Auch Wirkungen mit Zeitverzögerungen, mit Grenz- und Schwellenwerten, aber auch noch undurchsichtigere Entwicklungen wie etwa solche des Kollektivverhaltens gehören hierzu. Man denke an Massenhysterien, an Lynchjustiz oder an den Zusammenbruch ganzer Populationen beim Überschreiten einer bestimmten Dichteschwelle, ein Phänomen des Dichtestresses, auf das ich im letzten Teil des Buches noch näher eingehen werde. All dies sind Konstellationen, die sich scheinbar akausal aus komplexen Wechselwirkungen herausbilden und uns in Systemen auf Schritt und Tritt begegnen.

Der Sprung zur »Mustererkennung«

Was bedeutet dies nun für das Verstehen von Systemen und ihres Verhaltens? Ähnlich wie die Beschreibung eines Gesichts mit Worten kaum zur Identifizierung der Person ausreicht, sondern erst die Vorlage eines Bildes und dadurch die Wahrnehmung eines Musters, bringt auch hier weniger die große Anzahl von Details, sondern erst ihre Verknüpfung zu einem Muster die entscheidende Erkenntnis. Dies jedoch auch dann, wenn wir nur wenige und selbst unscharfe Details zur Verfügung haben – wie wir es an jeder Karikatur, etwa eines Politikers, mit ihren paar Strichen beobachten können. Es lohnt sich, etwas näher hierauf einzugehen. In meiner Wanderausstellung »Unsere Welt – ein vernetztes System«[1] ist das eine der hier abgebildeten Muster von Quadraten auf zwei zehn Meter voneinander entfernten Tafeln dargestellt. Es wurde von dem amerikanischen Bio-Ingenieur L. D. Harmon mit Hilfe eines Computers aus den Elementen eines Fotos von Abraham Lincoln entwickelt. Das andere Bild zeigt eine unbekannte Person[15].

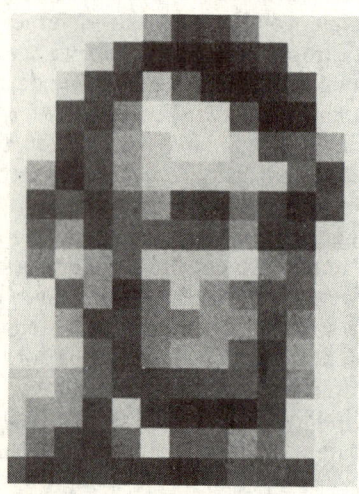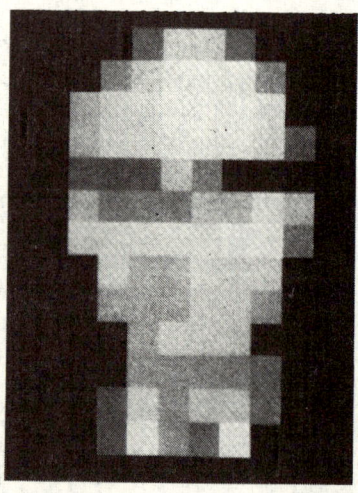

Das Ganze und die Details. Um zu erfahren, was diese Quadrate in ihrer Gesamtheit darstellen, müssen sie selbst zurücktreten, indem man sie aus größerer Entfernung oder unscharf betrachtet (blinzeln, Brille abnehmen). Nun erst erkennt man die beiden Herren und wer von ihnen Abraham Lincoln ist.

Steht man unmittelbar vor einer der Tafeln, so sieht man auf dieser nur Vierecke, erkennt jedoch auf der gegenüberstehenden Tafel sofort, wen es darstellt, und umgekehrt. Auf diese Weise kann der Besucher selbst erleben – und der Leser kann es an den beiden kleinen Bildern ein wenig nachvollziehen –, wie unser Gehirn auf »Mustererkennung« umschaltet.

Schaut man sich die unterschiedlichen Quadrate der Bilder von nahem an, so läßt sich auch bei genauestem Studium nicht einmal erkennen, daß es sich hier um einen menschlichen Kopf handeln soll. Sobald man die Quadrate jedoch aus größerer Entfernung betrachtet, oder wenn man blinzelt oder die Brille abnimmt, werden sie nicht nur als irgendein Gesicht erkannt, sondern als dasjenige einer bestimmten Person.

Was geht hier vor? Man kann annehmen, daß unser Gehirn ähnlich wie ein Hologramm arbeitet, wie jene kodifizierten Fotoplatten also, aus denen Laserstrahlen ein dreidimensionales Bild zaubern. Wenn Teile eines Hologramms fehlen, so führt das nicht zur Verfälschung des Bildes, sondern durch die vorhandenen Vernetzungen nur zu geringerer Deutlichkeit. Die wahrgenommene Wirklichkeit wird also trotz Fehlens von Teilen zu einem Ganzen ergänzt. Umgekehrt helfen uns, wenn es um ein Erkennen des Systems geht, die vordergründigen Details, hier also die Vierecke, überhaupt nichts. Im Gegenteil, je unschärfer diese bis zu einer gewissen Grenze werden, um so deutlicher treten offenbar die Beziehungen *zwischen* ihnen hervor und sagen uns, was das Bild als Ganzheit darstellt. Diese ist also auch hier weniger durch die Dinge selbst als durch die Vernetzung zwischen ihnen repräsentiert.

Dieses Beispiel sagt eine Menge zum Problem der Erfassung von Systemen. Es sagt uns: Ein noch so genaues Studium der einzelnen Vierecke dieser Fotos – im Gegensatz zu dem unscharfen Gesamtmuster – wird uns zwar den genauen Grauwert, die Abmessungen der Kanten oder eine Tabelle der nach Helligkeit geordneten Vierecke mit entsprechenden Prozentzahlen bescheren; es wird uns jedoch nie erkennen lassen, bei welchem Bild es sich um ein Porträt Abraham Lincolns handelt. Ein Studieren der »Quadrate« wäre also zur Systemerkennung die falsche wissenschaftliche Methode, und sie wird auch dadurch nicht richtiger, daß man es mit noch so großer Akribie betreibt. Genauso ergeht es uns bei den komplexen Systemen unserer Umwelt. Erinnern wir uns an das auf Seite 19 gezeigte zerrissene Netz der Wirklichkeit: So entsprechen die Fachgebiete den einzelnen Quadraten des Lincoln-Bildes und die Pfeile dem Muster ihrer Beziehungen.

Unsere Beschäftigung mit Systemen führt uns so allmählich zu einer eigenartigen Feststellung: daß es offenbar nicht nur Naturgesetze gibt, die die Dinge selbst betreffen, etwa die physikalischen Eigenschaften eines bestimmten Materials, die Statik eines Gebäudes oder die Funktionsweise eines Kraftwerks, sondern es auch Gesetzmäßigkeiten geben muß, sozusagen Systemgesetze, die sich bisher immer wieder der wissenschaftlichen Betrachtung entzogen haben, weil sie Konstellationen, also das komplexe Geschehen *zwischen* den Dingen betreffen. Damit liegen sie aber auch zwischen den Fakultäten, sprengen die Fachbereiche und werden kaum erforscht. Man kann sie nicht zuordnen. Ja, das Geschehen in Systemen scheint sogar ziemlich unabhängig von der Art der Dinge selbst zu sein, dafür um so abhängiger von ihren Wechselwirkungen, von der Art, wie sie zueinander organisiert sind, welche Struktur sie bilden. Unser naturwissenschaftliches Weltbild ist in der Tat in dieser Beziehung noch äußerst einseitig. Wenn wir es nicht durch ein neues Systemverständnis ergänzen, so wird das mangelnde, ja falsche Verständnis der Wirklichkeit zu immer schwereren Störungen führen[16] – und dies um so mehr, je mehr neue Systeme sich bei unserer immer dichter aufeinanderrückenden Menschheit aus ehemaligen Nicht-Systemen bilden.

Diese Erkenntnis von einer allmählich notwendigen Umstrukturierung auch unseres wissenschaftlichen Denkens gärt natürlich schon länger. Sie ist durch die Verleihung des Chemie-Nobelpreises 1977 an Ilja Prigogine (für seine Arbeiten über die Gesetzmäßigkeiten bei der Bildung von Strukturen) erstmals ans Licht gekommen, ohne daß noch das Gros der Wissenschaftler die von diesen Arbeiten ausgehenden gewaltigen Impulse bemerkt hätte[17]. Der Soziologe Magoroh Maruyama bezeichnete diese Einführung eines biokybernetischen Denkens in die Erkenntnis der Welt mit Recht als den ersten größeren Bewußtseinsschritt, den unsere abendländische Kultur seit den alten Griechen aufzuweisen hat! Sicher wird auch vieles von dem hier Gesagten zunächst noch in die *alte Logik* übersetzt und damit verfälscht werden (so wie sich etwa einige durchaus richtige genetische Erkenntnisse in den Sozialwissenschaften auf einmal unter einer reichlich abstrusen »Soziobiologie« manifestiert haben), bevor es in der richtigen Weise zu wirken beginnt[18].

Was den Eingang jenes systemischen Denkens in die Wissenschaft betrifft, so scheint Friedrich Schiller etwas davon geahnt zu haben, als er im Jahre 1793 über die unterschiedlichen Erfahrungen schrieb, die Wilhelm von Humboldt gegenüber der Wirklichkeit machte. So wie der einzelne beim Betrachten eines Gegenstandes lernt, ganz unterschiedliche Ebenen einzunehmen, würden – so meinte Schiller – auch die menschlichen Kulturen diese Ebenen nach und nach durchmachen. Dabei ergäben sich drei Arten der Erfahrung:

»*Erstens:* der Gegenstand steht ganz vor uns, aber verworren und ineinander fließend.
Zweitens: wir trennen einzelne Merkmale und unterscheiden. Unsere Erkenntnis ist deutlich, aber vereinzelt und borniert.

Drittens: Wir verbinden das Getrennte, und das Ganze steht abermals
vor uns, aber jetzt nicht mehr verworren, sondern von allen Seiten
beleuchtet.
In der ersten Periode waren die Griechen, in der zweiten stehen wir.
Die dritte ist also noch zu hoffen, und dann wird man die Griechen
auch nicht mehr zurückwünschen.«

Diese Dreiteilung deckt sich in verblüffender Weise mit dem, was
durch unser Computerbild von Abraham Lincoln demonstriert
wurde, und sie nimmt in der Tat auch den hier angesprochenen neuen
Erkenntnisweg, jenes neue Verständnis der Wirklichkeit, in der
Zukunftsperspektive des dritten Ansatzes vorweg.
Worum geht es bei diesem Ansatz? Reicht es aus, statt monokausaler
Wirkungs*pfeile* nun auch Wirkungs*schleifen* zu sehen und darüber
hinaus die Regelkreise und Gleichgewichtsbewegungen eines
Systems? Genügt es zu zeigen, welche Mechanismen seine Ordnung
aufrechterhalten und den Weg ins Chaos verhindern (Mechanismen,
wie man sie aus den Informationstheorien der Begründer der Kybernetik, Shannon und Wiener, ableiten kann)? Ich glaube, nein. Auch
die Bedingungen eines Fließgleichgewichts sind erst ein Teilaspekt in
der Lebensfähigkeit und damit Entwicklungsfähigkeit eines Systems.
Es gilt darüber hinaus die besondere Logik oder Unlogik von Systemen zu begreifen, die auch darin besteht, daß, wie in unserem Gleich-
nis vom Fußballspiel angedeutet, ein ganz bestimmtes Teilziel durch
eine Vielzahl verschiedener Konstellationen erreicht werden kann.
Und schließlich muß erkannt werden, daß die Ursache eines Ereig-
nisses im Grunde immer eine solche Konstellation ist, ein Gesamtmuster, und nicht irgendein Einzelelement, das wir uns willkürlich als
Ursache herauspicken.
In der Realität hat jede Ursache viele Wirkungen und jede Wirkung
viele Ursachen. Und selbst logische Schlüsse bauen hier nicht aufeinander auf, sondern sie ergeben sich aus dem Muster von Beziehungen, Rückwirkungen, Verhältnissen, Situationen, kurz, aus einem
übergeordneten Kontext. So verwirrend dieses Bild dadurch
erscheint – verwirrend, weil wir es mit den Worten unserer alten Logik
ausdrücken müssen –, so einfach und sicher läßt es sich erfassen, geht
man nur mit dem richtigen inneren Muster heran – so wie es ein
erfolgreicher Geschäftsmann mit dem intuitiven Gespür für die richtige Entscheidung tut, und so wie wir es vorhin taten, als wir mit dem
in unserem Innern gespeicherten Archetyp des »Gesichts an sich«

aus einem Muster verwirrender Quadrate plötzlich die sie darstellenden Gesichtszüge eindeutig erkennen konnten.

Wo finden wir nun aber z. B. für das System einer Siedlungslandschaft jenen Archetyp, jenes Muster, mit dem wir es auf diese Weise beurteilen können, und wie sehen die Prognosen aus, die wir dann überhaupt noch stellen können? Schauen wir uns hierfür zunächst einige typische Eigenschaften an, wie wir sie nur in komplexen Systemen antreffen. So ergibt sich z. B. aus einfachen mathematischen Berechnungen, daß ein System mit zunehmender Komplexität eigentlich immer unstabiler werden müßte, also mit steigender Vernetzung seiner Elemente immer verwundbarer gegenüber äußeren Störungen[19]. In Wirklichkeit ist dies jedoch nicht der Fall. Hier zeigt sich wieder, daß die *Zahl* der Vernetzungen offenbar nicht so wichtig ist wie die *Art* ihrer Anordnung. Und die ist in der Tat in lebenden Systemen so beschaffen, daß auch sehr komplexe Systeme letztlich immer noch stabil sind. Dem liegt folgendes zugrunde.

An lebenden Systemen können wir beobachten, daß Stabilität und Überlebensfähigkeit – vor allem, wenn ein solches System größer wird – nicht zu einem blinden mengenmäßigen Wachstum mit chaotischer Weitervernetzung führten (mittleres Bild), sondern zur Bildung von Teilsystemen mit einer übergeordneten Struktur (rechts).

Offensichtlich ist also ein System mit einer bestimmten Komplexität nur stabil, wenn es Subsysteme und sich selbst regelnde Unterstrukturen bildet. Einer der Gründe mag sein, daß nur diese ein effizientes

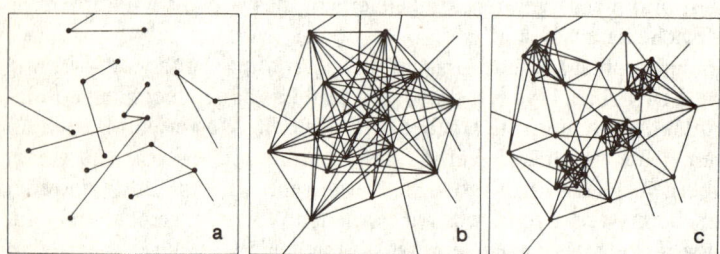

Ein unvernetztes System ist nicht stabil (a). Mit wachsender Vernetzung steigt die Stabilität zunächst an, bis sie ab einem bestimmten Vernetzungsgrad wieder absinkt (b). Es sei denn, es bilden sich Unterstrukturen, dann bleibt das System auch bei hoher Vernetzung lebensfähig (c).

»Wirtschaften« ermöglichen durch eine gewisse Kleinräumigkeit, kurze Transportwege und die für die Bildung von profitablen Wechselwirkungen so wichtige Diversität (Vielfalt). Nach einer solchen Umwandlung oder Differenzierung sind dann einzelne Bereiche intern stark verknüpft, während der Vernetzungsgrad zwischen diesen Bereichen nur aus wenigen, ausgewählten Beziehungen besteht. Es bildet sich eine verschachtelte *Systemhierarchie.*

Diese beiden Formen der Vernetzung: die chaotische und die mit einer übergeordneten Struktur, finden wir in eindrucksvoller Weise etwa beim Vergleich eines gesunden und eines krebsartigen Darmgewebes durch das Mikroskop. Im einen Fall eine geordnete Vernetzung der einzelnen kryptenartigen Zellen, im andern Fall, etwa bei einem Dickdarmkarzinom (dessen Zellen mindestens ebenso lebendig sind, ja noch weit schneller wachsen), dagegen eine völlige Zerstörung der Schleimhautstruktur, in der die einzelnen Zellen sich ungeachtet des Gesamtsystems nur um ihre eigene Vermehrung kümmern.

Unabhängig von seinem Vernetzungs*grad* ist also ein strukturiertes Netz stabiler als ein unstrukturiertes[20]. Der darauf beruhende Trend zur Unterstrukturierung bei zunehmender Größe eines Systems ist bereits an der Bildung von Gewebeeinheiten und Organen aus Zellen oder an der Aufteilung einer Population in einzelne Individuen abzulesen. Immer ist hier der interne Fluß innerhalb der untergeordneten Einheiten größer als der Fluß zwischen ihnen. Die Tatsache, daß aus Subsystemen und Unterstrukturen aufgebaute Systeme weitaus lebensfähiger als gleichförmige Systeme sind, ist sicher mit ein Grund dafür, weshalb sich das biologische Leben seit seiner Entstehung nicht in Form eines unstrukturierten Plasma-Haufens über den Globus ausgebreitet hat, sondern warum überhaupt Zellen, Organe, Organismen und schließlich die Vielfalt der Arten entstanden sind.

Eine solche Differenzierung in gegliederte Strukturbereiche ist aber nur möglich, wenn zwischen den Einzelteilen eines Systems eine gut funktionierende Kommunikation stattfindet. Bei der Ausbildung eines Organismus müssen daher die einzelnen Zellen, damit die richtige Anordnung zustande kommt, jeweils Informationen über ihre Position erhalten und diese Informationen mit Hilfe ihrer Gene interpretieren können[21]. Dramatisch stellt sich dem Beobachter ein solcher übergeordneter Orientierungsprozeß bei der Entwicklung bestimmter Amöbenarten dar: Wenn die äußeren Umstände dies verlangen, schließen sie sich plötzlich zu einem Schleimpilz zusammen, zu einem völlig neuen Organismus also, der, obgleich er ganz aus Amöben besteht, eine komplexe innere Struktur besitzt[22]. Solche Ereignisse, also die Bildung höherer Systeme durch den Sprung auf eine neue Organisationsstufe, sind nicht auf Amöben beschränkt, sondern folgen auch bei sehr viel größeren Systemen den gleichen Gesetzen. Auch dieses Beispiel zeigt noch einmal, daß wir das Verhalten von Systemen eher aus der Kommunikation zwischen ihren Elementen als aus den Elementen selbst ableiten müssen.

Prognosen durch das »Makroskop«

Das bisher Gesagte zeigt deutlich: Es ist keine Frage mehr, daß wir für die Planung unserer Zukunft eine Vorgehensweise benutzen müssen, die dem zerstückelnden Vorgehen der traditionellen Wissenschaften gegenläufig ist. Ein Schluß, zu dem auch der französische Biologe Joel de Rosnay in seinem Buch »Das Makroskop« kommt. Rosnay hat dort den bisherigen analytischen Ansatz jenem neuen Systemansatz eindrucksvoll gegenübergestellt (siehe Kasten)[23].
Wenden wir den falschen Ansatz an und nicht denjenigen, den die unterschiedliche Verhaltensweise komplexer Systeme verlangt, dann kann die Wirklichkeit weder richtig beurteilt, noch für ein Problem eine brauchbare Entscheidungshilfe gefunden werden. Denn wenn wir in ein offenes dynamisches System eingreifen, so zeigen diese Eingriffe auch wieder eine *komplexe Wirkung,* die sich in den wenigsten Fällen in einer direkten Ursache-Wirkung-Beziehung benachbarter Elemente äußert. Zudem sind viele Beziehungen mit einem auf den ersten Blick linearen Verlauf, einem proportionalen Anwachsen, oft nur Teilstücke eines viel komplizierteren Kurvenverlaufs. Wegen ihrer Verflechtungen im Gesamtsystem haben sie oft unbemerkt Schwellenwerte und Grenzwerte, durch die sich eine zunächst gleichförmige Entwicklung schlagartig ändern kann.
Selbst darin steckt aber letztlich wieder eine Überlebensregel. Sie hängt damit zusammen, daß auch ein halbwegs stabiler Gleichgewichtszustand eines Systems immer nur für eine bestimmte Umwelt gilt. Diese Umwelt verändert sich jedoch, sei es durch den Einfluß anderer Systeme, sei es durch die Auswirkungen des eigenen Systems; genauso wie das ja zur Zeit für unsere Industriegesellschaft in hohem Maße der Fall ist. Wollen Systeme überleben, so müssen sie die Möglichkeit haben, aus ihrem bisherigen Gleichgewichtszustand

Zwei Ansätze zur Erfassung der Wirklichkeit (nach Rosnay)[23]

Analytischer Ansatz	Systemansatz
Isoliert: konzentriert sich auf die einzelnen Elemente des Systems	Verbindet: konzentriert sich auf die Wechselwirkungen zwischen den Elementen
Berücksichtigt die Art der Wechselwirkungen	Berücksichtigt die Ergebnisse der Wechselwirkungen
Stützt sich auf die Genauigkeit der Details	Stützt sich auf die Wahrnehmung der Ganzheit
Verändert jeweils nur eine Variable	Verändert Gruppen von Variablen gleichzeitig
Ist unabhängig von der Zeitdauer: die betrachteten Phänomene sind reversibel	Bezieht Zeitdauer und Irreversibilitäten ein
Die Bewertung der Tatsachen erfolgt durch experimentellen Beweis im Rahmen einer Theorie	Die Bewertung der Tatsachen erfolgt durch Vergleich der Funktion eines Modells mit der Realität
Bildet genaue und detaillierte Modelle (Beispiel: ökonometrische Modelle), die jedoch kaum in Handlungen umsetzbar sind	Bietet Modelle, die nicht stichhaltig genug sind, um als Wissensbasis zu dienen (Beispiel Meadows), jedoch für Entscheidungen und Handlungen brauchbar sind
Nützlicher Ansatz, solange es sich um lineare und schwache Wechselwirkungen handelt	Nützlicher Ansatz bei nichtlinearen und starken Wechselwirkungen
Führt zu einer disziplinorientierten Ausbildung	Führt zu einer interdisziplinären Ausbildung
Führt zu einer im Detail programmierten Handlungsweise	Führt zu einer durch Ziele bestimmten Handlungsweise
Erreicht gutes Detailwissen, jedoch schlecht definierte Ziele	Erreicht nur unscharfe Details, jedoch gutes Wissen über die Ziele

heraus in einen neuen überzuwechseln, welcher der veränderten Umwelt wieder besser angepaßt ist[24].

In dieser Fähigkeit zu immer erneuter Anpassung an die Umwelt finden wir somit einen der Hauptunterschiede zwischen lebenden und nicht-lebenden Systemen. So ist ein Atom, wie zu Anfang gesagt, zwar durchaus ein komplexes, sich selbst regulierendes stabiles System, seine innere Dynamik jedoch beruht auf dem festen Schwingungsmuster einer sogenannten stehenden Welle. Insofern ist es ein *geschlossenes* System, welches diese innere Dynamik ohne Energieaustausch mit der Umwelt für alle Zeiten aufrechterhält. Eine Evolution oder Entwicklung findet nicht statt. Anders bei einer lebenden Zelle, die mit ihrer Umwelt ständig in Wechselwirkung steht, in offenem Kontakt, der beide fortwährend verändert. Hier ist die Stabilität, die Lebensfähigkeit überhaupt erst durch Veränderung und Fluktuation zu erreichen. Denn ein immobiles offenes System könnte niemals stabil sein, da es unfähig wäre, sich an die sich verändernde Umwelt anzupassen[25].

Gerade diese Tatsache macht uns aber beim Planen und Verstehen der menschlichen Zivilisation ganz besonderes Kopfzerbrechen. Denn wegen solcher Fluktuationen – hervorgerufen durch die komplexen Wechselwirkungen mit der Umwelt – können lineare Abschätzungen der Auswirkungen eines Eingriffs immer nur zufällig richtig sein. Dennoch stellen wir unbeirrt weiter auf die analytische Art Prognosen, oft aus dem geschilderten primitiven deterministischen Denken einfacher Hochrechnungen heraus: Prognosen über langfristige Kostenentwicklungen, Markttendenzen oder Wirtschaftsstabilisierung – und wundern uns dann, daß trotz allen dabei verwendeten Datenmaterials solche Prognosen nie funktionieren. Die Ungewißheit, ja das erwähnte Scheitern aller Langzeitvorhersagen offenbart sich nicht nur in der Wirtschaft, sondern angefangen vom Wetter über die Sicherheit von Atomkraftwerken und über Energieprognosen bis zur Bevölkerungsentwicklung, Gesundheitsentwicklung und Berufsberatung, nämlich überall dort, wo wir über einen für das betreffende System charakteristischen Zeithorizont *hinaus* planen[26].

All das ist jedoch mit den geschilderten Fakten jetzt leichter zu erklären. Wie die Gegenüberstellung von Rosnay, aber auch unser Beispiel vom Lincoln-Foto gezeigt hat, gibt es zwei fast polare Ansätze, die Wirklichkeit zu beschreiben: analytisch, also durch Sammlung, Auflistung und Untersuchung von Details, oder ganzheitlich, das heißt durch Untersuchung der die Details verbindenden Struktur und

Dynamik. Der erste Ansatz ergibt innerhalb des erwähnten Zeithorizonts durchaus brauchbare Resultate: beim Wetter für einige Stunden, bei marktwirtschaftlichen Analysen vielleicht für einige Wochen, bei medizinischen Eingriffen für einige Tage. Er versagt aber unweigerlich, sobald dieser Zeitraum überschritten ist, d. h., sobald die Wechselwirkungen mit der Umwelt stärker ins Spiel kommen als die inneren Mechanismen des betrachteten Systems selbst.

Wollen wir daher ein komplexes Wirkungsgefüge in seinem Langzeitverhalten beschreiben, so müssen wir anders herangehen, als es die klassische Naturwissenschaft bisher bei der Untersuchung der Natur getan hat. Das beginnt mit der Erfassung von Kombinationswerten statt von Einzelwerten, mit der Erfassung von Rhythmen und Mustern – wobei von vornherein alle Bereiche mit einbezogen werden müssen, mit denen das System und seine Elemente in Kontakt stehen. Damit aber überschreitet jede Systemuntersuchung, soll sie Erfolg versprechen, automatisch die üblichen Fachgrenzen; sie wird interdisziplinär.

Gleichzeitig aber passiert etwas Eigenartiges. Während wir mit der herkömmlichen Art der Detailanalyse auch durch eine Vertausendfachung des Datenmaterials in unserer Prognose mit keinem Deut über den bisherigen Zeithorizont hinauskommen – nur innerhalb dieses Zeithorizonts wird, wie z. B. unsere Wetterprognose zeigt, alles viel genauer –, genügen nach der zweiten Methode überraschenderweise nur wenige Schlüsseldaten, manchmal schon 20 oder 30, sofern sie die Bereiche des Systems einigermaßen repräsentieren und das Muster ihrer Beziehungen nur richtig erkannt ist. Eine Reihe von Untersuchungen großer und kleiner Ökosysteme wie auch von Wirtschaftsvorgängen beweisen, daß selbst bei fehlenden Daten, ungenauen Daten und Schätzfehlern ein dann zwar undeutliches, aber im Prinzip doch richtiges Modell entstehen kann, das Stabilisierungstendenzen, Risiken und Schwachstellen des Systems erkennen läßt[13].

Solche unscharfen, oft nur qualitativen Daten in ein mathematisches Modell einzubringen macht übrigens keine Schwierigkeiten mehr, seit die Mathematiker eine eigene Methodik hierfür zur Verfügung haben: die Mathematik der »Fuzzy Sets«, der unscharfen Gruppierungen. Hier können Faktoren und Bezeichnungen, die z. B. nur halb oder nur manchmal zutreffen oder nur unter bestimmten Bedingungen, durchaus in die Berechnungen eingehen, da der Grad ihres Zutreffens auf einer Kurve, also gewissermaßen gleitend und somit »unscharf« erfaßt und mit anderen ähnlichen Kurven verknüpft wird. Auf diese Weise werden zwar keine genauen Punkte, dafür aber Bereiche angezeigt, deren Kombination dann sehr wohl wieder eindeutige Aussagen ergeben kann[27].

Es genügt in der Tat, selbst eine große Zahl von Komponenten durch nur wenige Schlüsselvariablen, sozusagen durch Knotenpunkte des Systems darzustellen. Wie verläßlich ist jedoch eine solche Voraussage? Daran gewöhnt, daß wir für eine Beurteilung irgendwelcher Systemzusammenhänge nie genügend Daten bekommen können, fragt man sich natürlich, ob wir unsere zukünftigen Strategien tatsächlich auf vielleicht nur 20 oder 30 Schlüsseldaten aufbauen dürfen. Blicken wir jedoch einmal auf die wenigen Systemkriterien, mit denen unsere Entscheidungsträger – bei aller Überschwemmung mit dem üblichen statistischen Datenmaterial – bisher auskommen, an denen sie sich für das Funktionieren unserer Zivilisationsgesellschaft zu guter Letzt wirklich orientieren, dann sind dies weiß Gott sehr viel weniger. Für den Marxismus sind es Kapital, Wert, Lohnarbeit; für die Marktwirtschaft vielleicht Konkurrenz, Produktivität, Gewinnmaximierung; oder beide begnügen sich gelegentlich gar mit dem alleinigen Kriterium des wachsenden Bruttosozialprodukts. Komplexe Begriffe, wie etwa Produktivität, werden von den gängigen Wirtschaftstheorien oft nur auf Arbeit und Kapital zurückgeführt, wodurch so wichtige Faktoren wie Energieverbrauch pro Arbeitsplatz, Rohstoffquellen und deren Regenerierbarkeit, Innovationsrate, Arbeitsmotivation usw. ausgeklammert werden. Trotz aller statistischen Detaillierung und Datenerfassung wird also letztlich nur mit sehr verstümmelten Bildern von der Realität gearbeitet.

In der Tat dürfte man wohl schon ein weitaus getreueres Abbild und Funktionsbild eines realen Systems bekommen, wenn man mit 20 sorgfältig ausgesuchten Schlüsselvariablen und deren Vernetzung arbeitet statt wie bisher mit lediglich drei oder vier willkürlichen Größen oder gar mit nur *einer* Hauptvariablen wie dem wachsenden Bruttosozialprodukt. Erst dann wird es auch möglich sein, mehr als nur gleichmäßige, stetige Prozesse zu erkennen, nämlich auch jene Fluktuationen, jene Sprünge, Grenzwerte und Umstülpungsprozesse, auf die ein System mit der Veränderung seiner Umwelt zusteuert, und herauszufinden, wie man solche Prozesse entweder vermeiden oder sie glätten oder zumindest halbwegs unbeschadet überstehen kann.

Auf diese Weise hätte sich z. B. auch die Hungerkatastrophe in der Sahel-Zone durch ein einfaches Modell ablesen lassen, ebenso der

Zusammenbruch mancher Touristengebiete wie in Spanien oder die dadurch erfolgten Zusammenbrüche der Sozialstruktur wie in Gran Canaria. Ähnliches ist für die Insel Nauru, die z. Zt. noch reichste Nation der Welt, vorauszusehen, sobald der kurzlebige Boom, hervorgerufen durch den Phosphatabbau und dessen Monostruktur, dem Ende zugeht, oder für die Abholzungen im Amazonas-Gebiet und viele andere, nicht so offensichtliche Entwicklungen.
In all diesen Fällen läßt sich das Systemverhalten nur durch eine Erfassung der Gesamtkonstellation erkennen, jedoch niemals durch isolierte Betrachtung der Einzeleingriffe – und auch nicht durch Methoden wie die der Operations Research, welche auch bei noch so guter Systemanpassung ihre Herkunft von einer sämtliche Seiteneffekte ausklammernden, d. h. »zielstrebigen« Vernichtungsstrategie nie ganz verleugnen konnten. Die Wirklichkeit läßt sich nun einmal weder aus Einzelaktionen zusammensetzen noch als geschlossenes System betrachten. Das mußten die westlichen Nationen z. B. recht drastisch beim Zusammenbruch des Schah-Regimes in Persien und seinen Folgen erfahren: Trotz des gewaltigen, von den Geheimdiensten beschafften Datenmaterials hatte man von der Entwicklung der Gesamtkonstellation keine Ahnung[28].

Bewertungsinstanz »Leben«

Bei all den im letzten Jahrzehnt in Mode gekommenen Prognose- und Erklärungsmodellen, angefangen von den Voraussagen von Hermann Kahn, der globalen Systemdynamik von Forrester und Meadows, den Szenarios und Delphi-Prognosen bis zu den Regionalmodellen von Mesarović und Pestel, den Input/Output-Analysen und Optimierungsmodellen oder den ökonometrischen Modellen der Weltbank[29], von der erwähnten Operations Research ganz zu schweigen, haben wir es doch immer nur mit einem mehr oder weniger systemgerechten Weg der *Erfassung* und vielleicht noch *Interpretation* zu tun. Die eigentliche Entscheidungshilfe für unsere zukünftigen Handlungen verlangt jedoch etwas, das alle diese Modelle nicht geben können, nämlich eine Bewertung im Hinblick auf unser Ziel, die Erhaltung der Lebensfähigkeit. Denn für eine Bewertung benötigen wir eine höhere Instanz, an der wir alle jene Interpretationen messen können.
Auch bisher haben wir derartige Instanzen herangezogen, doch

typischerweise meist solche, die nicht einer Erforschung der Wirklichkeit, sondern unserem abstrakten Verstand entsprangen: Ideen, die wir uns über die Welt machten, und daraus entspringende Ideologien; Glaubensinhalte und Dogmen aus erfühlten oder erdachten Religionen; Götter, die wir in uns oder außer uns zu erkennen glaubten, oder gar ganze Welten wie Himmel und Hölle, die jenseits unserer eigenen lagen. Nur wenige Kulturen, wie etwa die indianische, nahmen Zuflucht zu der einzigen wirklich maßgebenden Instanz, die, wie in der Einführung schon hervorgehoben, greifbar vor uns liegt: zur Welt des Lebendigen, zu den Spielregeln jener Biosphäre, deren ehrwürdiges Alter gewiß weit ehrfurchterweckender ist als das Alter all unserer Kulturen und Mythen zusammengenommen. Mit dieser Berufung auf die biologische Welt bringen wir ein weiteres Erkenntniskriterium ins Spiel: das der Analogie. Eine Analogie jedoch, die sich nicht an den äußeren Erscheinungsformen orientiert, sondern möglichst versucht, zu gemeinsamen Grundprinzipien vorzudringen. Bei der Suche nach solchen brauchbaren Analogregeln wie auch nach den in Frage kommenden thermodynamischen und systemtheoretischen Grundgesetzen werden wir uns daher im *biologischen* Bereich auf dem sichersten Boden befinden.

Wenn wir auf solche Weise mehr über die Funktion komplexer Systeme erfahren (z. B. darüber, wie sie mit ihrer Umwelt in ein stabiles, überlebensfähiges Gleichgewicht gebracht werden können), dann befragen wir mit dieser Instanz eine gewaltige Vergangenheit, die zugleich evolutionäre Zukunft ist. Wir befragen die in dem universellen genetischen Code verankerten Milliarden Jahre alten Organisationsformen ebenso wie eine ganze Welt von Funktionen und Strukturen und damit ausgiebig erprobte Ansätze in den verschiedensten Einzelbereichen, seien es solche der Energiewirtschaft, der Rohstoffnutzung, von Transportvorgängen oder der Raumstruktur.

Der darin enthaltene Zukunftsaspekt zeigt uns aber auch, daß diese Orientierung keinesfalls im konservativen Sinne eines »Zurück zur Natur« oder gar zur Steinzeit zu verstehen ist, sondern vielmehr im Hinblick auf den längst fälligen Schritt in Richtung einer profitablen Symbiose mit jener Biosphäre. Dabei werden wir zu weit eleganteren, fortschrittlicheren Technologien kommen, als wir sie heute in der Gestaltung unserer Umwelt anwenden. Ein Schritt, mit dem durch Unterstützung jenes Gesamtsystems Biosphäre nicht zuletzt auch höchster Profit aus dessen Möglichkeiten – auch für den Menschen – gezogen wird.

Unsere Systembetrachtung zeigt uns deutlich: in diesem vernetzten Spiel gibt es keine einfachen Pauschallösungen, wie sie vielfach in der Politik, besonders in Wahlkämpfen, immer wieder angeboten werden. Sie sind und bleiben Illusion. Denn in der Realität haben wir es ausschließlich mit komplexen Problemen zu tun, und die brauchen komplexe Lösungen. Nicht, daß solche Lösungen schwieriger sein müssen, ihre Anwendung ist vielleicht sogar einfacher. Zumindest aber sind sie rationeller, weil sie – wiederum durch ihre Vernetzung – andere Lösungen nach sich ziehen, andere Probleme mitlösen, statt wie bisher immer nur neue zu schaffen.

Die Bestandteile der Erde, der Ozeane, der Luft und des Bodens hängen über die Lebewelt so eng zusammen, daß man sie als Teile eines gigantischen, einem einzigen Organismus vergleichbaren Systems auffassen darf. Auch wenn die menschlichen Eingriffe diesen Systemcharakter weiterhin ignorieren sollten, werden sie den Handlungsspielraum eines solchen Systems niemals so weit einschränken können, daß es nicht mehr fähig wäre, genügend Kontrolle über den Eingreifer auszuüben, um stabil zu bleiben. Es läßt sich auch hier wie in allen anderen Dingen nur ein wenig Zeit! Gerade die menschliche Zivilisation ist ja, verglichen mit anderen Lebensformen, als eines der komplexesten Teilsysteme auch am verwundbarsten und besitzt die meisten Abhängigkeiten. Wir mögen zuvor noch einige Spezies auslöschen, einige Lebensräume veröden, ein wenig Luft vergiften oder das Klima verschieben. Bei der ersten größeren Störung des Gesamtsystems werden wir diejenige Spezies sein, die als nächste betroffen ist, lange bevor etwa die lebende Welt als solche ernsthaft Schaden erleidet. Im Atombombentestgebiet in der Wüste Nevada, in dem wegen der tödlichen Verseuchung noch niemand verweilen darf, haben sich längst neue, lebensfähige Ökosysteme etabliert, Bakterien und Insekten, die jenen für uns tödlichen Eingriff bald ebenso verkraftet hatten, wie sie ja auch gegen die vielen Insektizide schon nach kurzer Unterdrückung resistent geworden sind[30].

Versuchen wir in den folgenden Kapiteln ein wenig tiefer in die Geheimnisse dieser unvergleichlichen Organisationsform der Lebewelt einzudringen und ihre cleveren Regeln, raffinierten Technologien und Tricks besser zu verstehen. Denn damit beginnt ein weiterer Schritt in unser neues Verständnis von der Wirklichkeit und unserer Stellung in ihr.

2 Kybernetik

Die Dynamik der Regelkreise

*In diesem Kapitel verfolgen wir die Spuren der kyber-
netischen Organisation, wie sie jedem lebenden System
zugrunde liegt. In Kreisprozessen verschmelzen Ursache
und Wirkung, und Zukunft beeinflußt Vergangenheit.
Wir lernen die acht Grundregeln der Biosphäre kennen
und tasten uns vom Urprinzip der Helixwindung zu
»Ökosystemen der Wirtschaft«, vom »Flippern« zu den
»Grenzen des Wachstums«.*

Auf einem internationalen Kongreß von Industriedesignern in Kyoto
wurde in der Eröffnungsrede des japanischen Gastgebers das Gleich-
nis vom Walfisch erwähnt: Wenn etwas ständig im Ozean lebt, einen
stromlinienförmigen Körper und Flossen hat und sich von Meerestie-
ren ernährt, so muß das ja wohl ein Fisch sein. Untersuchen wir
jedoch den inneren Aufbau eines Walfisches, dann stellen wir fest,
daß er keineswegs ein Fisch ist, sondern ein Säugetier, das sich den
Bedingungen einer ihm fremden Welt lediglich glänzend angepaßt
hat. In diesem Sinne sei der Japaner ein Walfisch. Er benutze die
westliche Logik, die westlichen Technologien, weil er sich in einem
»Meer« von Industrienationen bewegen muß, in einer Welt sich
zurechtfinden muß, die vorzugsweise zeitlich-linear und nicht in
Kreisprozessen denkt. Doch in seiner tieferen geistigen Struktur sei er
nie ein »Fisch« geworden, sondern immer geblieben, wer er war: ein
in bildhaften Ebenen und nicht in linearen Zeitabläufen sich orientie-
rendes Wesen[31].
Gerade im Hinblick auf unser Thema konnte man auf jener Tagung
in Asien eine Menge über die beiden grundverschiedenen Arten des
Denkens, die der Mensch entwickelt hat, erfahren. Besonders faszinierte dabei das völlig andere Denken der Asiaten in der Zeit. Da gibt
es einmal die *Jetzt-Zeit*, die Gegenwart, und dann die *Nicht-Zeit*,

nämlich Vergangenheit und Zukunft in einem, die sozusagen in einem sich um die »Insel der Gegenwart« ausbreitenden »Meer von Nicht-Gegenwart« ineinander zerfließen. Immer wieder wird von Asienkennern, wie etwa Jean Gebser, dieser tiefgreifende Unterschied hervorgehoben[32]. Eine Wirkung oder Ursache dessen, was jetzt passiert, liegt dann lediglich außerhalb der Gegenwart und nicht, wie bei unserer Logik, notgedrungen entweder in der Vergangenheit (Ursache) oder in der Zukunft (Wirkung).

So war es interessant zu beobachten, wie auf jener Tagung, bei der es auch um die Entwicklung neuer, zukunftsträchtiger Produkte und Technologien ging, vor allem die Asiaten spontan konstruktive Vorschläge zum Verständnis von Regelkreismechanismen in die Diskussion brachten. Die Eigenart eines Regelkreises, überhaupt jedes Kreisprozesses, macht ja ebenfalls aus einer Wirkung indirekt wieder ihre eigene Ursache, wobei Zukunft Vergangenheit und Vergangenheit Zukunft wird.

Die Ost-West-Helix

Man könnte also sagen, daß das asiatische Denken, soweit es sich unter der Oberfläche einer aufgepfropften westlichen Logik weiterentwickeln konnte, zumindest hinsichtlich des Zeitfaktors kybernetisch ist und damit durchaus ein Vorbild auch für unsere Weiterentwicklung. Und doch ist es nicht damit getan, dieses Denken einfach zu übernehmen. Denn es ruht in sich, ist sozusagen nach *zwei* Seiten kybernetisch, ohne Vorzugsrichtung in die Vergangenheit oder in die Zukunft. Das wäre ausreichend, wenn auch die Welt in sich ruhen und nicht z.B. die Menschheit sich rasch vermehren würde, ganz abgesehen von der zeitlich gerichteten Evolution der biologischen Welt. Gerade die Biokybernetik, also die Kybernetik der lebenden Welt, schließt nicht aus, daß ein Kreisprozeß sich auch als Ganzes bewegt. So könnte er in Form einer Schraubenwindung, einer Helix verlaufen, sich also nach jeder Umdrehung in einer etwas höheren Ebene abspielen. Bei diesem Bild einer »gerichteten« Kybernetik hätten wir aber nichts anderes vor uns als eine echte Verquickung von linearer Kausal-Logik (der Linie) mit der nicht-linearen Logik der kybernetischen Vernetzung (der Kreisbewegung); wir könnten auch sagen: eine evolutionäre Kybernetik (siehe Abb. Seite 52).

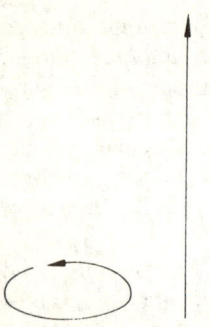

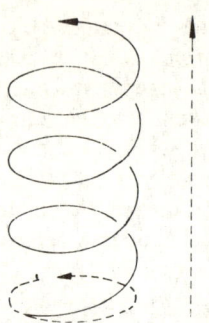

Nicht miteinander kommunizieren-
des kreisförmiges (asiatisches) und
lineares (abendländisches) Denken.

Die Helix als Symbol für modernes
kybernetisches Denken (Synthese
aus kreisförmiger und linearer
Bewegung).

Viele Gespräche mit asiatischen Freunden machten mir deutlich, daß
dort seit jeher Denkstrukturen gepflegt werden, die der inneren biologischen Organisation unserer »kleinen grauen Zellen« um vieles
näher sind als die westlichen, und die wir erst mühsam erlernen müssen. Daß es sich dabei lediglich um ein Kulturmerkmal, nicht etwa
um ein Rassemerkmal handelt und sich auch die neuro-biologische
Struktur unseres Gehirns ohne weiteres in dieser Weise betätigen
kann, ja, daß solche Denkstrukturen selbst innerhalb unserer Naturwissenschaften ihren Platz haben, zeigen nicht nur die im vorigen
Kapitel erwähnten Ansätze einiger Biologen und Systemforscher,
sondern etwa auch das Werk des großen Physikers Ernst Mach
(1838–1916). Schon im vorigen Jahrhundert verwarf Mach die
Denkstrukturen der Atomistik und Kausalistik zugunsten einer rein
funktionalen Betrachtung. Ein Ansatz, wie er in der modernen Biokybernetik von einer ganz anderen, wenn auch gewissermaßen empiri-
schen und analogen Denkebene aus gefordert wird. Einer seiner
Schüler (Baege) nannte das Kausalgesetz, nach dem jede Wirkung
eine Ursache hat, schon vor fünfzig Jahren einen »Pharmazeuten-
standpunkt, der nicht mehr aufrechtzuerhalten ist«. Ursachen und
Wirkungen gibt es nach Mach nur in unserer abstrakten Vorstellung,
aber nicht in der Natur. »Wo wir eine Ursache angeben, drücken wir
nur ein Verknüpfungsverhältnis, einen Tatbestand aus.« Und wiederum Baege: »Denn in Wirklichkeit existiert kein Vorgang für sich
allein, sondern er steht in mannigfaltiger Verbindung mit anderen
Vorgängen. Wir denken uns nur bei unserer wissenschaft-

lichen Betrachtungsweise aus praktischen Gründen die Vorgänge als isolierte Teilsysteme[33].«

Es ist erstaunlich, wie sehr dieses damals schon beklagte linear-kausale Denken inzwischen tatsächlich zu immer labileren Situationen führt, deren Zustand nur noch durch immer größere Anstrengungen aufrechterhalten werden kann.

Wenn wir nun das Denken in Kreisprozessen als notwendige Ergänzung unserer linearen Logik benötigen, so müssen wir uns eines deutlich machen: daß unsere zukünftige Welt nicht einer Koexistenz von kybernetischem und kausal-logischem Denken bedarf, sondern einer echten Synthese beider. Diese jedoch ist z.b. bei den Japanern keinesfalls erreicht. Beide Denkarten existieren dort fast schizophren nebeneinander, der Kreis liegt dort sozusagen *neben* der geraden Linie, anstatt daß sich aus beiden eine sich spiralig nach oben entwickelnde neue Einheit bildet, die einerseits dem Kreisprozeß eine Richtung gibt und andererseits den Verlauf der geraden Linie in eine »atmende« Kreisbewegung verwandelt und sie so stabilisiert (siehe Abb. Seite 52). Ob nun diese Synthese in China mit seinem gegenwärtigen Industrialisierungsboom besser gelingt als in Japan, ist fraglich. Wer auch immer sie als erster bewerkstelligt, dürfte damit für seine zukünftige Überlebensfähigkeit jedenfalls die sicherste Grundlage gelegt haben.

Kybernetik und vernetztes Denken

Unter Kybernetik (vom griechischen *kybernetes*, der Steuermann) verstehen wir hier die Erkennung, Steuerung und selbsttätige Regelung ineinandergreifender, vernetzter Abläufe bei minimalem Energieaufwand. So fruchtbar sich dieser Begriff für neue Denkmodelle erwies, wurde er doch durch manch falsch verstandene Kybernetik, oft verwechselt mit Regeltechnik und Computersteuerung (nichts ist unkybernetischer als die Rechenweise eines Computers), in vieler Hinsicht abgewirtschaftet.

Denn wo haben die kybernetischen Gesetzmäßigkeiten ihren eigentlichen Ursprung? Es gibt keinen Zweifel, daß er im Bereich des Lebendigen liegt, wo wir sie *in natura* studieren können, und nicht etwa, wie irrtümlich so oft angenommen, in der Welt der Computer. Kybernetik hat ihrem Wesen nach zunächst einmal nicht das geringste mit Maschinen, Robotern oder Elektronenrechnern zu tun, son-

dern mit der genetischen Steuerung in unseren Zellen, mit Enzym-
und Hormonregulation, mit der Fotosynthese in jedem grünen Blätt-
chen, mit den ersten Gehversuchen eines Babys, dem Wachstum
einer Pflanze zum Licht, dem Gleichgewicht von Tierpopulationen
zwischen Räuber und Beute – und all dies seit dem Beginn des Lebens
auf dieser Erde.

Dort, wo also Kybernetik seit eh und je funktioniert, in der vier Milliarden Jahre alten lebendigen Welt des biologischen Geschehens,
bedeutet sie keineswegs detaillierte Vorprogrammierung oder zentrale Steuerung, sondern lediglich Impulsvorgabe zur Selbstregulation, Antippen von Wechselwirkungen zwischen Individuum und
Umwelt, Stabilisierung von Systemen und Organismen durch Flexibilität, Nutzung vorhandener Kräfte und Energien und ständiges
Wechselspiel mit ihnen. Durch Fluktuation, nicht durch Starrheit
wurde dieses Vorgehen zum Garant des Lebens, gewann die Natur
ihre nie erlahmende Stabilität und Stärke.

Es geht also heute ganz einfach darum, daß wir diese Biokybernetik
und ihre Regeln nicht länger nur in ihrem biologischen Urgrund
belassen, sondern sie auch in die geistige Entwicklung des Menschen
und in die Handhabung seiner Techniken einbeziehen; daß wir sie
aus dem Urgrund herausheben und zur Basis einer neuen Zivilisationsstufe werden lassen. Zwar haben wir längst schon gewisse in der
Natur herrschende kybernetische Gesetze des Steuerns, der Selbstregulation und der Rückkoppelung in unseren technischen Bereich
integriert (von der in die jeweilige Windrichtung sich drehenden
Windmühle über den die Benzinzufuhr regelnden Vergaserschwim-
mer oder den sich an- und abschaltenden Kühlschrank bis hin zu
komplizierten Elektronikschaltkreisen). Doch in unseren Beziehungen zur Natur, ja sogar zu uns selbst und innerhalb unseres
Bewußtseins wurden wir immer unkybernetischer.

So setzen wir mehr und mehr zusätzliche Energie und Materie ein,
statt die vorhandenen zu benutzen. Wir unterbrechen Selbstregulatio-
nen, statt davon zu profitieren, und konzentrieren uns zunehmend
darauf, störende Symptome abzustellen, welche wie die stets verdoppelt nachwachsenden Köpfe der Hydra immer höheren Einsatz verlangen. Dabei übersehen wir, daß diese Symptome nur Ausdruck des
insgesamt gestörten Systems sind, dessen Gleichgewicht auf ganz
andere Weise und mit weit weniger Aufwand wiedererlangt werden
könnte.

Will der Mensch weiterhin schöpferisch bleiben, weiterhin gestalten.

dann muß er die Führungsgrößen und Richtwerte dieses Spiels erkennen und einen Teil jenes vor Beginn seiner Vorherrschaft ohne sein Zutun geregelten Wechselspiels zwischen ihm und der Natur selbst übernehmen. Oder aber das schöpferische Experiment wird scheitern, und die von ihm vor wenigen tausend Jahren initiierte Entwicklung wird sich seiner Führung wieder entziehen.

Worin liegt nun die Bedeutung des kybernetischen Denkansatzes für unser zukünftiges Planen und Handeln? Wie wir in späteren Kapiteln noch sehen werden, müssen wir, ähnlich wie seinerzeit der Jäger und Sammler beim Übergang auf die Stufe des Pflanzers und Hirten, wahrscheinlich unsere Beziehung zu der Zeit erneut radikal ändern. Wieder einmal müssen wir unseren Zeithorizont sprunghaft erweitern, eine noch fernere Zukunft in unsere heutigen Handlungen mit einbeziehen, die Ursache unserer Handlungen noch weiter in die Zukunft verlegen, als es die im nächsten Jahr erhoffte Ernte für das heutige Einlegen eines Samenkorns ist. Mit einer »aus der Zukunft geholten Ursache« ist nichts anderes gemeint, als daß die darauf basierenden Handlungen auch für die Zukunft sinnvoll sein, d. h., ein weiterhin lebensfähiges System garantieren müssen. In gewissem Sinne haben wir also aus der Zukunft für die Vergangenheit zu lernen, etwas, das ja die Natur in den Gesetzmäßigkeiten ihrer Evolution längst tut.

So ist z. B. für einen Biologen in weiten Bereichen Vergangenheit gleich Zukunft. Nehmen wir die zukünftige Entwicklung eines Lebewesens. Sie liegt zum großen Teil in der in seinen Genen einprogrammierten und zugleich weit zurückreichenden Vergangenheit, welche wiederum durch diese zukünftigen Anlagen mit bestimmt wurde. Erst recht gilt diese zeitliche Verschmelzung, die, wie gesagt, auch eine solche von Ursache und Wirkung ist, für den Kybernetiker, der in Regelkreisen denkt und handelt. Die Beziehung zwischen Ursache und Wirkung, zwischen Vergangenheit und Zukunft ist, sobald man das Geschehen in komplexen Systemen und in Form verschachtelter Regelkreise betrachtet, eben nicht mehr unbedingt zeitlich-logisch (siehe Abb. Seite 56). Und somit ist ein kybernetisches Vorgehen auch nicht mehr, wie in unserer bisherigen Planung üblich, eine lineare Fortschreibung der Vergangenheit, sondern, wie weiter unten noch ausgeführt wird, eine an der Zukunft rückgekoppelte Handlungsweise.

Weder für die asiatischen Kulturen noch für unsere eigene scheint der Übergang auf die Synthese aus vernetztem Denken in Kreisläufen

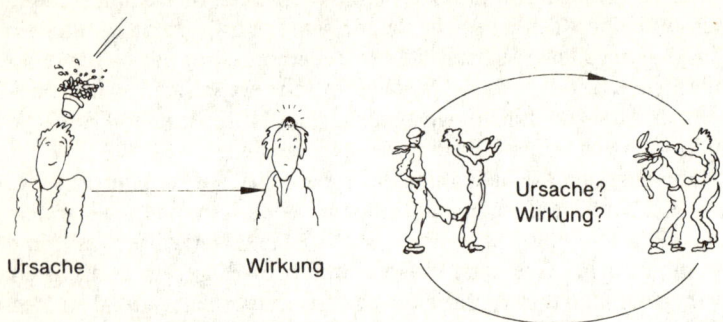

Ursache   Wirkung   Ursache?
                                                     Wirkung?

Anders als in linearen Vorgängen ist in Kreisprozessen die Beziehung zwischen Ursache-Wirkung nicht mehr unbedingt zeitlich-logisch.

und unvernetztem geradlinigem Denken leicht zu sein, obwohl uns diese Synthese aufgrund unserer biologischen Struktur – das zeigt die Art des frühkindlichen Lernens – überhaupt nicht wesensfremd ist. Das vernetzte Denken wird uns jedoch mit Vehemenz bereits in der Schule ausgetrieben, was mit dafür verantwortlich ist, daß wir z. B. Schwierigkeiten haben, uns in die Mensch-Umwelt-Beziehungen hineinzudenken[34]. Andererseits gibt es doch zunehmend Studien in der Fachwelt, an denen wir diese Synthese im Ansatz beobachten können: vernetzte Systemmodelle, wie sie von uns und einer Reihe anderer Arbeitsgruppen entworfen wurden[2]. Leider sind manche dieser Darstellungen, wenn sie überhaupt ins Bewußtsein der Öffentlichkeit gedrungen sind, wie etwa die Weltmodelle von Forrester und Meadows, letztlich doch meist wieder als lineare Prognosen verstanden worden. Kybernetische Notwendigkeiten, wie etwa die, ein »Null-Wachstum« anzustreben, wurden aus der Vernetzung herausgegriffen und von der Allgemeinheit nicht im Rahmen der Wechselwirkung von Systemen verstanden, sondern wiederum nur als simples Einzelziel. Ich komme gleich noch einmal darauf zurück. Einen neuen Vorstoß in dieser Richtung unternahm dann meine Studiengruppe mit der im Rahmen des UNESCO-Programms »Man and the Biosphere« erstellten Studie »Das Sensitivitätsmodell«[13]. In ihr sind die biokybernetischen Prinzipien und ein systemisches Vorgehen auf allgemeine Planungsprozesse, insbesondere auf die Landesplanung angewandt, um endlich auch ein praktikables Instrumentarium für unsere Entscheidungsträger zu schaffen[35].

Bei solchen Modellen haben wir es mit einem grundlegend neuen Denkansatz zu tun, dessen Ergebnisse nur im Gesamtverbund und nicht stückweise verwertet werden können, denn in diesem Moment würden sie ihm schon nicht mehr entsprechen. Die Spannweite kybernetischer Vorgänge ist gerade durch diesen Verbund aber auch so unendlich groß. Auf der einen Seite hängen sie mit jener eigenartigen, abstrakten und noch sehr ungewohnten Welt der Informationsgesetze zusammen, auf der anderen Seite besitzen sie eine äußerst anwendungsbezogene Form, in der sie uns noch durch alle späteren Kapitel dieses Buches hindurch begegnen werden.

Neu ist heute, daß die Menschen erstmals mit der Informationswelt als einer Welt eigener Gesetze unmittelbar und bewußt konfrontiert wurden: angesichts der elektronischen Informationsspeicherung und -weitergabe, angesichts des entstehenden Welt-Netzwerks schnellster Elektronenrechner sowie des unübersehbaren Fußvolks von Mikroprozessoren und Automaten mit ihren elektronischen Erinnerungs-, Rechen- und Denkhilfen.

Wie wir im nächsten Kapitel »Computer« noch sehen werden, hat jedoch die heutige »Informatik«, die sich zunehmend auf die Computer-Wissenschaft und -Praxis beschränkte, nur mit einem kleinen Ausschnitt dieser Informationsgesetze zu tun und somit auch nur zum kleinen Teil mit kybernetischen Vorgängen, ja, ein Digitalcomputer arbeitet, wie gesagt, alles andere als kybernetisch. Die Entwicklung der Elektronenrechner brachte eine technische Revolution, die so rasch verlief, daß unser Verständnis darüber, was dies für uns z. B. in geistig-psychischer Hinsicht mit sich bringt, nicht annähernd mithalten konnte. Wenn man erwartet hatte, daß man mit der stürmischen Entwicklung einer Informatik, die sich immer mehr als Computer-Science verstand, den Urgesetzen der Informationswelt, von Ordnung und Chaos, Ursache und Wirkung, nähergekommen sei und die neuen Hilfen der Informationshandhabung vor allem dazu einsetzen würde, um unsere Welt besser zu verstehen, so ist davon bis heute kaum etwas zu spüren.

Dennoch war, parallel zu dieser massiven, sichtbaren Entwicklung auf dem Gebiet der Informationsverarbeitung, auf einem anderen Sektor der Informatik – quasi im stillen Kämmerlein – längst der Keim zu einer völlig neuen Denkweise gelegt worden. Das stille Kämmerlein war das von Norbert Wiener, der in den vierziger Jahren dieses Jahrhunderts die Steuerung vernetzter Abläufe mit Hilfe von Informationen zu einer eigenen Wissenschaft erhob: der von ihm so benannten Kybernetik. Wie so oft, entstand auch dieser neue Wissenszweig aus einem speziellen Problem, hier aus einem kleinen Teilgebiet der Elektrotechnik, wo man mit der bisherigen physikalischen Theorie nicht mehr weiterkam. Aus der Sicht Norbert Wieners liest sich die Story der Kybernetik wie folgt:

Die Theorie der nicht-linearen elektrischen Schaltungen, der nichtlinearen Netzwerke, wie man sie in vielen Verstärkern und Gleichrichtern findet, versuchte man lange Zeit dadurch zu retten, daß man die üblichen linearen Begriffe der bisherigen Elektrotechnik ausdehnte. Doch wie bei einer zu kurzen Bettdecke stimmte es durch entsprechende Korrekturen dann zwar am Kopf, aber dafür lagen die Füße bloß, und dehnte man die alte Theorie auf die Füße aus, so waren wieder andere Teile unbedeckt. Als Folge davon geriet die Theorie der nicht-linearen Schaltungen allmählich in einen Zustand, der sich demjenigen in der Himmelskunde vergleichen läßt, als in den letzten Stadien des ptolemäischen Weltbildes, welches die Erde als Mittelpunkt des Universums betrachtete, Planetenkreis auf Planetenkreis getürmt wurde, Korrektur auf Korrektur, bis dieses ungeheure Flickwerk unter seinem eigenen Gewicht zusammenbrach und aus den Trümmern des immer komplizierteren ptolemäischen Systems das neue, kopernikanische Weltbild als einfache Beschreibung der Bewegungen der Planeten um die Sonne hervorwuchs. Genauso schafften sich auf einmal die nicht-linearen Strukturen und Systeme mit der Kybernetik einen neuen und unabhängigen Ausgangspunkt[36]. Die Regeltechnik war geboren.

Die Wissenschaft vom Regelkreis

Sehr rasch entdeckten Wiener, Shannon, H. Schmidt und andere Kybernetiker, daß dieser Ausgangspunkt nicht nur in der Elektrotechnik, sondern im Grunde auf allen Gebieten eine neue Dimension des Verstehens von Systemen schaffen konnte, ganz gleich, ob diese Systeme elektrisch oder mechanisch, ob sie natürlich oder künstlich waren. Die *Systemtheorie* entstand, und auch sie war auf technische Systeme ebenso anwendbar wie auf biologische. Sie sagt ganz allgemein, daß selbständige Teilsysteme nur dann auf die Umwelt mit einem »anpassungsfähigen Verhalten« reagieren können, wenn sie

einen inneren (Selbstregulation) oder äußeren (Steuerung) Kontroll-
mechanismus besitzen. Als man dann auf einmal feststellte, daß jedes
System wieder in andere hineinragte, daß sich kein einziges in seinem
eigenen Lebenskreis erschöpfte, wurde klar: es konnte hier auch
keine getrennten Gesetzmäßigkeiten geben. Ganz gleich also, ob es
sich bei solchen Systemen um Moleküle, Amöben, Menschen,
Maschinen oder Wirtschaftsunternehmen handelt, ihrem Kontroll-
mechanismus mußte eine gemeinsame Basis zugrunde liegen. Diese
Basis ist heute das eigentliche Forschungsobjekt der Kybernetik.

Im vorausgegangenen Kapitel haben wir gesehen: Die besondere
Organisation eines lebenden Systems gibt diesem die Möglichkeit,
die Abläufe zwischen seinen einzelnen Teilen so aufzubauen, daß sie
sich automatisch in Gang halten und steuern. Es entsteht die stabili-
sierende Dynamik eines Regelkreises, wie er, verflochten mit anderen
Regelkreisen und unterteilt in Teilregelkreise, im Grunde jeden
Organismus aufrechterhält – von der einzelnen Mikrobe über den
Menschen und einen Teil der von ihm geschaffenen künstlichen
Systeme bis hinauf zur Biosphäre als Ganzem.

Da in den folgenden Kapiteln noch sehr viel von Regelkreisen und
ihren Gesetzmäßigkeiten die Rede sein wird, sollen hier die wichtigsten Elemente eines Regelkreises kurz erklärt werden, damit man
weiß, wovon die Rede ist. Das richtige Gespür für das Wesen der
Kybernetik wird sich allerdings weniger durch solche Definitionen
als durch die spätere Schilderung konkreter Beispiele einstellen.

Jeder *Regelkreis* ist also zunächst einmal ein in sich geschlossener
ständiger Kreislauf von Informationen. Er besteht im engeren Sinne
nur aus zwei Dingen: zum einen der zu regelnden Größe (z. B. dem
Wasserstand in einem Kanalsystem, dem Benzinstand im Vergaser,
der Konzentration eines Hormons im Blut, der Körpertemperatur
eines Lebewesens oder dem Gleichlauf einer Turbine) – man nennt
sie *Regelgröße* –, zum anderen dem *Regler*, der sie verändern kann.
Dieser Regler mißt über einen *Meßfühler* den Zustand der Regelgröße. Ist dieser Zustand durch einen Störfaktor, die *Störgröße*, verändert, dann gibt der Regler eine entsprechende Anweisung (den
Stellwert) an ein *Stellglied* weiter, welches dann die Störung über eine
angemessene *Stellgröße* unter Zufuhr oder Abfuhr einer entsprechenden *Austauschgröße* (auch *Stauglied* genannt) behebt. Auf diese
Weise ist das zu regelnde System mit sich selbst rückgekoppelt. Über
die Störgröße und die Austauschgröße steht es allerdings mit der
Außenwelt in Verbindung[37] (vgl. die Abbildung auf Seite 60).

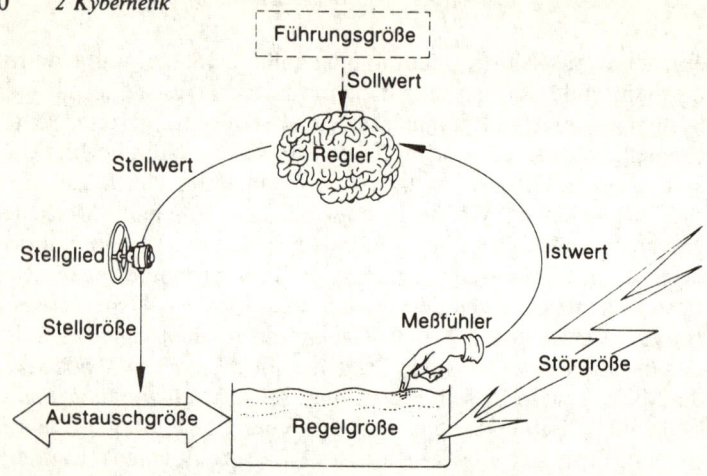

Klassischer Regelkreis mit den gängigen kybernetischen Bezeichnungen.

Stellt der Meßfühler einen zu hohen Wert fest, so wird dieser über das Stellglied verringert. Ist der Wert zu niedrig, so wird er erhöht. Deshalb spricht man bei einer solchen Selbstregulation von *negativer Rückkoppelung* (hier ist also »negativ« mal etwas Gutes!). Liefe die Rückkoppelung in der *gleichen* Richtung, würde also ein nach oben veränderter Wert über den Regler noch weiter erhöht werden, dann hätten wir *positive Rückkoppelungen* – und damit nicht mehr lange einen Regelkreis. Das System würde sich in der begonnenen Richtung aufschaukeln, d. h. entweder explodieren oder völlig zufrieren. Dennoch ist positive Rückkoppelung nötig, um in Systemen überhaupt Dinge zum Laufen zu bringen. Auch Metamorphosen wie die von der Raupe zum Schmetterling und andere »Evolutionsvorgänge« benötigen vorübergehend positive Rückkoppelung, um von einem alten Gleichgewichtszustand zu einem neuen gelangen zu können[24]. Sie muß jedoch letztlich immer der ihr übergeordneten negativen Rückkoppelung gehorchen. Tut sie es nicht, so können wahre Teufelskreise entstehen, die nicht mehr unter Kontrolle zu bringen sind. Aus diesem Grunde gibt es kein lebensfähiges System, das ohne negative Rückkoppelung arbeitet.

Nun richtet sich aber auch der *Regler* selbst – sei es, daß wir ihn vorher einstellen, sei es, daß er an andere Systeme angeschlossen ist – außerdem noch nach einer *Führungsgröße*, die über ihm steht und die den sogenannten *Sollwert* vorgibt (vergleiche Abbildung).

Dieser Sollwert mag seinerseits veränderlich sein, indem er z. B. selbst wieder die Regelgröße eines anderen Regelkreises ist. Diese Regelgröße wiederum mag der Stellwert eines dritten Regelkreises sein und dieser insgesamt vielleicht die Störgröße eines weiteren. So gibt es in der Wirklichkeit nie isolierte, abgeschlossene Regelkreise, sondern immer nur miteinander in Wechselbeziehung stehende, offene Systeme von mehreren vernetzten Regelkreisen, deren Sollwerte voneinander abhängen.

Auf diese Weise sind sowohl die vielen tausend biochemischen Reaktionen im Innern einer Zelle als auch die größeren Regelkreise in unserem Organismus miteinander verschachtelt. Etwa das selbststeuernde System, das die Menge des abgegebenen Insulins über den Zuckergehalt im Blut mit der Menge des aus der Leber abgegebenen Hormons Glucagon koppelt, zwei Regelkreise, die wiederum durch verschiedene »Störgrößen«, wie etwa durch die Schilddrüsenhormone oder durch das bei Streß ausgeschüttete Adrenalin, von »außen« gesteuert werden. Diese Regelkreise hängen dann wieder mit der negativen Rückkoppelung zwischen Atmung und dem Kohlendioxydgehalt des Blutes zusammen und all dies wieder über das vegetative System mit den verschiedenen Kontrollmechanismen der Hypophyse, zu denen etwa auch die Regelung der Sexualtätigkeit oder des sehr komplizierten Wasserhaushalts zählen. Denn hier sind z. B. zusätzliche Stellglieder nötig, um längere ›Wahrnehmungszeiten‹ zu erlauben, aber dennoch keine ›Übersteuerung‹ eintreten zu lassen[38]. Alle diese körpereigenen Regelkreise sind darüber hinaus wieder mit solchen von Hunger und Durst gekoppelt und über diese mit anderen Lebewesen, bei uns z. B. mit Regelkreisen von Angebot und Nachfrage, und schließlich mit ganzen Wirtschaftssystemen. Das komplizierteste System dieser Art auf unserer Erde ist selbstredend die Biosphäre, die all jene Teilsysteme enthält.

Würde man versuchen, sich alle Einzelabläufe gleichzeitig vor Augen zu halten, so würde man unter der Informationsfülle zusammenbrechen. Dennoch läßt sich das Prinzip des Geschehens auf einfachste Weise veranschaulichen. Zum Beispiel, indem man die Abläufe und Rückkoppelungen der Biosphäre mit den Strömungen in einem vielfach verknüpften Kanalnetz vergleicht. So durchläuft hereinfließendes Wasser je nach Stellung der vielen einzelnen Schleusentore ganz bestimmte Wege, wobei es sich hier staut, da besonders schnell abfließt, dort einen Umweg macht und sich an manchen Stellen überhaupt nicht bewegt. Die kleinste Änderung eines der Schleusentore würde durch die vielfältigen Rückwirkungen wie bei einem Flipper-Spiel sofort sämtliche Beziehungen zu allen anderen Schleusentoren irgendwie beeinflussen und ein ganz neues Strömungsbild ergeben.

Wenn wir nun die einzelnen Schleusen mit wichtigen Einflußgrößen auf unserer Erde vergleichen – z.B. mit der Sauerstoffproduktion der Pflanzen, der Wasserverdunstung verschiedener Regionen, der Wachstumsrate bestimmter Mikroben, aber auch mit der Gesundheitsfürsorge beim Menschen, seinen landwirtschaftlichen Investitionen, dem Verbrauch bestimmter Rohstoffe, der Einstellung einer Volksgruppe zur Geburtenbeschränkung oder mit unterschiedlichen Steuergesetzen –, und wenn wir andererseits die einzelnen sich verzweigenden Kanalabschnitte oder auch die großen, aus dem System herausführenden Abflüsse mit den Größen vergleichen, von denen die Existenz der menschlichen Zivilisation abhängt – wie von den Rohstoffvorräten, den verfügbaren Nahrungsmitteln, dem Verschmutzungsgrad der Umwelt oder der Zunahme der Weltbevölkerung –, dann erscheinen auf einmal nicht mehr einzelne Faktoren wie die hier genannten in ihrer (meist nur in bilateralen Beziehungen gesehenen) isolierten Bedeutung, sondern sie erhalten durch ihre Mehrfachrolle in den verschiedenen sich überlappenden Regelkreisen einen völlig anderen Stellenwert innerhalb des gesamten Systems.

Gleichzeitig sehen wir aber auch die beiden grundverschiedenen Möglichkeiten, hier einzugreifen: erstens *unkybernetisch*, indem wir z.B. ein plötzliches Absinken oder einen störenden Wasserstau in einem Kanalabschnitt dadurch beseitigen, daß wir über Tankwagen und Pumpen hier ständig Wasser abschöpfen, dort mit großen Baggern Parallelkanäle ausheben, woanders wieder Abschnitte zuschütten; alles, um jedes Mal kurzfristig die Gefahr eines Leerlaufens des Systems oder umgekehrt einer lokalen Überschwemmung zu korrigieren. Diese Art Eingriffe verlangen hohen Energie- und Materialeinsatz, hinken ständig den Ereignissen hinterher, und die Korrektur an einer Stelle wird, wenn man Pech hat, an einer anderen Stelle gleich wieder zur nächsten Katastrophe führen.

Die zweite Möglichkeit einzugreifen wäre *kybernetisch*: Wir lernen die Gesamtvernetzung des Wasserflusses und seiner Rückwirkung verstehen und erreichen daraus durch oft nur minimale Verstellung des einen oder anderen Schleusenschiebers und über die dabei rückgekoppelten Regelkreise die für das Gesamtsystem besten Fließ- und

Staubedingungen. Darüber hinaus können wir die Schleusenschieber so koppeln, daß Eingriffe von anderer Seite sich möglichst von alleine auspendeln. Im Gegensatz zum ersten Fall eines unkybernetischen, punktförmigen Angehens wird man die Vernetzung der einzelnen Kanalabschnitte nicht als Nachteil empfinden und darunter leiden, sondern dank der Minimierung des eigenen Kraftaufwandes sogar davon profitieren.

Systemische und asystemische Steuerung

Wir sehen also, es gibt systemische (kybernetische) und asystemische (unkybernetische), d. h. das Systemverhalten nicht einbeziehende Steuerungen. Die Nachteile der asystemischen Steuerung sind offensichtlich[39]:

1. Sie ist weit weniger effizient als die systemische, weil sie das Ökonomiegesetz nicht kennt, alle Eingriffe auf eine optimale Selbstregulation abzustimmen. Optimal heißt hier: sowenig wie möglich und soviel wie nötig an Energieaufwand, Komplexität, Ordnung, Zentralisierung, Durchfluß, Abhängigkeit usw.
2. Indem sie pathologische Situationen am Leben erhält, verändert sie zunächst temporär, dann permanent die optimale Systemstruktur zum Schlechteren.
3. Das System paßt sich an die pathologische Situation an und wird nun mit jedem Tag abhängiger von ihrer weiteren künstlichen Aufrechterhaltung.
4. Die Schwierigkeiten, eine gesunde Situation wiederherzustellen, werden daher immer größer, so daß das betreffende System sehr rasch auch seine Steuerungsmöglichkeiten erschöpft und kollabiert.

Als typische Fälle asystemischer Steuerung mit genau jenem Ablauf kann man den steigenden Gebrauch von Drogen, von Energie, von Kunstdünger und Insektiziden ansehen, ebenso aber auch den allmählichen Ersatz von Selbsthilfe durch steigende soziale Wohlfahrt oder von Selbstentscheidung durch eine Diktatur. Der Ökologe Edward Goldsmith, einer der hervorragendsten Köpfe unserer Zeit und Verfechter eines systemischen Denkens, charakterisiert diese asystemische Steuerung so: Die industrielle Welt benimmt sich so, als ob sie außerhalb der Natur existierte und ihren Gesetzen nicht unterläge. Er sieht die Situation noch verstärkt durch die Tendenz vieler Wissenschaftler zu glauben, jedes Problem – ähnlich wie die einzelnen Kanalabschnitte – hätte seine *eigene* Lösung, wobei das Schlimme sei, daß Regierungen und Industrien dann auch noch solche »Lösungen« akzeptieren[25] (vgl. auch S. 49 oben).

Das gilt keineswegs pauschal. Erfreulicherweise öffnen sich die ersten Gruppen innerhalb von Behörden und innerhalb der Industrie systemischen Lösungen und beginnen ihre Strategie danach auszurichten, daß das Überleben gesellschaftlicher Teilsysteme wie auch von Unternehmen sich zu unser aller Vorteil am Spiel der Wechselwirkungen im Gesamtsystem orientieren sollte. Auch Marketing- und Managementorganisationen haben dies erkannt und erfüllen zunehmend den Wunsch nach mehr kybernetischer Orientierung[40] und damit einer Orientierung an den jahrmillionenalten Biostrategien[353].

Das geht z. B. bis in die Bauwirtschaft hinein, wo angesichts der uns bevorstehenden wirtschaftlichen Veränderungen bereits eine Neuausrichtung, ein Aufschwung auf eine höhere Organisationsebene verlangt wird, um kybernetisches Denken und Handeln in die Praxis und Planung einzubeziehen. Am konkreten Fall einiger großer Bauvorhaben wurden z. B. nach dem System einer kybernetischen Organisation, Planung und Durchführung (K.O.P.F.) die Vorteile systemischer Steuerung bis in den Finanzaufwand hinein aufgezeigt. Gegenüber der üblichen asystemischen Organisation könnten danach der Volkswirtschaft jährlich 20 Milliarden Mark allein auf diesem Sektor eingespart werden[41].

In der letzten Zeit begegnet mir eine wachsende Zahl von Menschen auch in der Industrie, welche die Lage erkennen und sich einer neuen Sicht und Bewertung öffnen. Manche sind sogar bereit und flexibel genug, ihre bisherige Denkgewohnheit bis hin zum Unternehmensziel der »Gewinnmaximierung« über Bord zu werfen[998]. Die Frage, die mir meist gestellt wird, ist lediglich, ob erstens die Zahl der einsichtigen Menschen noch rechtzeitig genügend anwachsen könne, um das Steuer herumzureißen, und zweitens, ob die Situation nicht schon zu sehr verfahren sei, als daß selbst mit dem besten Willen noch etwas auszurichten wäre. Die Notwendigkeit eines neuen Denkens *selbst* wird dagegen dort, wo man einmal damit in Berührung gekommen ist, kaum noch bestritten. Ich bin daher nicht ohne Hoffnung. Doch sie kann sich wohl nur erfüllen, wenn wir den Prozeß der Erneuerung auf allen Ebenen angehen und voranzutreiben versuchen. Hier muß sich jeder Einzelne engagieren, sei es in seinem privaten Bereich, sei es innerhalb von Bürgerinitiativen, sei es innerhalb seines beruflichen Tätigkeitsfeldes.

So haben wir z. B. (eine Gruppe von insgesamt 34 Wissenschaftlern, Wirtschaftlern und Philosophen, darunter sechs Nobelpreisträger) auf Initiative des amerikanischen Diplomaten John Keppel im Frühjahr 1980 an führende Köpfe der Wirtschaft und Wissenschaft der USA einen ersten gezielten Appell zum Umschwenken auf ein systemisches Denken und Planen, das sich an den Gesetzen des Lebendigen orientiert, gerichtet. Die Deklaration »legt das nicht-deterministische Weltbild dar, gibt einen Überblick über die wissenschaftlichen Beweise, die es stützen, und zeigt die Anwendung seiner Aussagen auf viele wichtige Aspekte der Politik und unseres persönlichen Lebens[57]«. Man kann nur hoffen, daß es immer mehr solche Vorstöße geben wird, die mithelfen, die Einheit von Mensch und Umwelt und ein neues Verständnis ihrer Wechselwirkungen möglichst rasch immer weiteren Kreisen bewußtzumachen.

Selbst in so fachübergreifenden Bereichen wie der Wirtschaft und der Ökologie faßt ja eine systemische Betrachtung und Vorgehensweise nur sehr zögernd Fuß. Deshalb darf man sich nicht wundern, daß erst recht in der so spezialisierten Technik systemische Lösungen, wie sie in einem vernetzten Denken wurzeln, noch ganz in den Anfängen stecken: Immer noch müssen wir uns mit veralteten, unkybernetischen Technologien herumquälen, zu denen letztlich z. B. auch die Energieerzeugung aus fossilen oder Kernbrennstoffen oder etwa der Transport durch das Auto zählen. Techniken, die, gemessen an der *möglichen* Selbstregulation der betroffenen Systeme, mit enormem Energieaufwand, mit ebenso enormen Energieverlusten und einer primitiven Organisation funktionieren und die für das, was sie leisten, einen viel zu hohen Input an Material, Energie, Sicherheit und Rohstoffen verlangen und einen viel zu hohen Output an Abfällen, Abwärme, Streß und Umweltschäden ergeben[42].

Das gleiche Manko erklärt uns, warum wir noch kaum Techniken im Verbund haben, kaum Symbiosen, kaum Recycling, Energieketten, Mehrfachnutzung und andere Arbeitsformen einer eleganten, kleinräumigen und dafür um so effizienteren Technologie, wie sie eigentlich einer sich selbst stabilisierenden Art »Ökosystem der Wirtschaft« zukäme. So kommt es auch, daß wir nicht wissen, wo wir vielleicht besser zentralistisch und wo wir besser mit Unterstrukturen arbeiten sollten, wo mit Feedback-Hierarchie und wo mit Selbstregulation zu organisieren ist; daß wir nicht wissen, wo und warum wir

Regelkreise oder selbststeuernde Rückkoppelungen aufbrechen, wo und warum wir plötzlich an unerwartete Grenzwerte stoßen oder mit unseren Planungen Schiffbruch erleiden[13].

Das Ergebnis entspricht den typischen Rückschlägen eines nicht an Regelkreisen orientierten Handelns: Es treten Probleme auf, die wir nie erwartet haben – man denke an die plötzliche Resistenz von Insekten und Bakterien gegen Pestizide und Antibiotika oder im Großen an die Energiekrise. Wir suchen nach Lösungen, die keine sein können, etwa Stützungsaktionen des Staates, welche nur überholte Wirtschaftsformen zementieren und dann ganze Regionen oder Wirtschaftszweige praktisch kollabieren lassen – man denke an die Werftindustrie, an die peruanische Fischereiwirtschaft oder an die Montanunion im Saarland, um einmal ganz unterschiedliche Fälle herauszugreifen. Weiterhin setzen wir Technologien ein, die sich selbst ad absurdum führen – ich denke an die »Concorde«, an die Supertanker und vor allem die Kernenergie, und entwickeln Organisationsformen, wie eine wuchernde Bürokratie oder eine zunehmende Zentralisierung in Planung und Versorgung, die an der Realität scheitern müssen.

Wenn das mangelnde Denken in vernetzten Systemen einer der Gründe hierfür ist, und wenn dies wiederum auf der Art basiert, wie uns unsere Schulen und Universitäten die Welt präsentieren, nämlich als Sammelsurium getrennter Elemente, wodurch das bisherige Verständnis der Wirklichkeit vor allem Einzelelemente statt ihre Verbindungen erfaßt, dann haben wir eben bei unserem Kanalsystem immer nur die einzelnen Abschnitte, ihre Wasserpegel, Schleusen und Abzweigungen vor Augen, nicht aber sein Gesamtgefüge. Und damit bleibt die eigentliche Funktion dieser Einzelelemente und ihre Rolle im System unbekannt.

So können z. B. die Planer und Entscheidungsträger in der Raumordnung und Landesplanung die Dinge, mit denen sie es zu tun haben, die Straßen, Häuser, Fabriken, Rohstoffe, Wälder, und natürlich auch uns selbst immer nur als Straßen, Häuser, Fabriken, Rohstoffe, Wälder und Menschen betrachten, d. h. so, wie sie durch diese Wortbegriffe letztlich in ihrem Gehirn fixiert sind. Und so behandeln sie sie auch. Sie kennen sie dagegen nicht in ihrer kybernetischen Funktion, nicht in ihrer jeweiligen Rolle innerhalb des vernetzten Systems, das die entsprechende Region darstellt. Es ist dies ihre weiter oben beschriebene Rolle als Regler, Stellglied, Meßfühler, Puffer, Grenzwert, Austauschgröße usw. Diese Rolle ignorieren sie, geschweige denn kennen sie den kybernetischen Charakter eines aus solchen Elementen gebildeten jeweiligen Systems: seine Stabilisierungstendenz, seine Störanfälligkeit, sein Fließgleichgewicht, seine Außen- und Innenabhängigkeit, die Verschachtelung seiner Regelkreise oder die für die Selbstregulation des Systems geeignete Vielfalt, seine optimale Diversität[13].

Gerade erst beginnen wir ein wenig die Ökologie natürlicher Systeme zu verstehen, beginnen wir zu begreifen, wie eng die Glieder einer Lebensgemeinschaft, eines Biotops untereinander und mit der Umwelt verknüpft sind und daß sich ihre Zusammensetzung mit jeder Änderung des Lebensraumes ändert. Ganz andere Lebewesen finden sich in einer Steppe zusammen als in einem Buchenwald und wieder andere in Mooren, Höhlen und Feuchtwiesen, an Quellen oder Teichen. Wir erkennen, wie sich jedesmal eine kleine Welt bestimmter Pflanzen, Säugetiere, Vögel, Würmer, Insekten, Pilze und Mikroben so aufeinander einspielen, daß ihre Zusammensetzung aus den Bedingungen von Nahrung, Schutz und Feuchtigkeit das Beste macht, und wir beginnen zu erfahren, welche unterschiedlichen Kräfte in diesem Geschehen aufeinander wirken und das Verhalten der Einzelglieder steuern. Genauso dürften wir aber auch in Zukunft in der Lage sein, unsere künstlich geschaffenen Systeme und deren Regulationsmechanismen zu verstehen und die Dinge so in Gang zu bringen, daß sie auch hier aus ihrem ineinandergreifenden Spiel das Beste machen[43].

Die Gesetzmäßigkeiten, die z. B. der großen Bedeutung des Schwemmlandes von Louisiana, der berühmten »Swamps« des Mississippi-Deltas oder der Sumpfwildnis von Florida, der »Everglades«, für die gesamten umliegenden Regionen und deren Bewässerung, Fruchtbarkeit und ökologische Stabilität zugrunde liegen, sind die gleichen, welche wieder im kleinen die Unentbehrlichkeit der Alligatoren für das Funktionieren der Swamps erklären. Und nichts unterscheidet sie im Prinzip von den Gesetzmäßigkeiten, denen auch das Funktionieren oder Nichtfunktionieren eines Industrieballungsgebietes gehorcht[44]. Da man annehmen kann, daß kaum jemand bewußt ein profitables System zerstören will, in dem er selbst lebt, ist es im allgemeinen Unwissenheit und auch Bequemlichkeit und manchmal ein Sich-nicht-informieren-Wollen darüber, was überhaupt ein Eingriff ist, wo er eingreift und was er anrichtet. Durch diese Unwissenheit kommen aber nicht nur die erwähnten Überraschungen und Rückschläge zustande, sondern man sieht auch nicht, wo und wie man dieselben kybernetischen Zusammenhänge sogar zum eigenen Vorteil nutzen könnte. Der Schaden ist ein doppelter: Wir schaffen ungewollt kostspielige Probleme, während uns auf der anderen Seite profitable Möglichkeiten entgehen. Schauen wir uns daher einmal im folgenden etwas genauer an, welche Vorgänge in Systemen und Regelkreisen wir bisher zuwenig beachtet haben und was wir aus ihnen lernen können.

Vernetzte Strukturen und Grenzwerte

Die kybernetische Wirkung eines Eingriffs hängt zunächst einmal von der Art und Stärke der Vernetzung ab, von den Wechselwirkungen zwischen den Systemteilen. So ist z. B. die Vernetzung der Aktivitäten unserer menschlichen Gesellschaft im Vergleich zur Vernetzung der Lebewelt eines Ökosystems relativ gering. Die öffentliche Verwaltung z. B. weist so spärliche Verbindungen zwischen den einzelnen Ressorts, ja selbst zwischen den Kompetenzen *innerhalb* einzelner Ressorts auf, daß typischerweise die eine Verwaltungsabteilung genau jene Straße wieder aufreißen läßt, die auf Veranlassung einer anderen Abteilung wenige Tage zuvor geschlossen wurde.

Gemessen an unserem hohen Durchsatz an Energie und Material ist selbst in der Wirtschaft die Vernetzung noch um Zehnerpotenzen zu gering. Die einzelnen Branchen sind zwar über das Kapital und den Arbeitsmarkt noch einigermaßen miteinander vernetzt, zu viele Betriebe gehen aber ihre eigenen Versorgungs- und Abfallwege. Isoliert von anderen, statt im Verbund, in der Symbiose, vervielfachen sich so unsere Transport- und Entsorgungskosten, bei zugleich hoher Umweltbelastung. So fehlen die Abnehmer für praktisch alles, was heute noch als Abfall gilt. Es fehlen die kleinräumigen Energieverbundsysteme, die den energetischen Wirkungsgrad von den erreichten 10 % (Stromheizung), 13 % (Otto-Motor) oder 25 % (in Neonleuchten) auf die im biologischen Bereich üblichen 80–90 % bringen, wie sie dort durch Mehrfachnutzung, Energiekaskaden und Energiekoppelungen zustande kommen (vgl. Kap. 16 »Energielösungen«). Symbiosen in der Wirtschaft verlangen zunächst einmal Interesse an der Kommunikation mit den *anderen* Branchen des betreffenden Standortes. Also Kommunikation *zwischen* und nicht nur *innerhalb* der Branchen. Denn ist der Informationsaustausch einmal in Gang gekommen, so stellt sich der Stoff- und Energieaustausch meist von ganz alleine ein. Neben der *Anzahl* der Vernetzungen ist natürlich auch ihre spezielle *Struktur* für die Kybernetik eines Systems ganz entscheidend. So sahen wir schon, daß Vernetzungen mit kleinräumigen Unterstrukturen eine höhere Stabilität besitzen als solche, die ungeordnet zwischen fern und nah verlaufen. Solche bringen, wie z. B. bei der Struktur unserer Elektrizitätswirtschaft, durch unkontrollierbare positive Rückkoppelungen große Gefahren mit sich, eine erhebliche Umweltbelastung, eine groteske Verkabelung der Landschaft und nicht zuletzt eben eine sich selbst multiplizierende Energie-Abhängigkeit. Technologien, die diese Art von Vernetzungen erfordern, sind allein schon deshalb stark revisionsbedürftig.

Doch wer soll die möglichen und richtigen Verflechtungen aufzeigen? Unsere Wirtschaft und Verwaltung selbst wären für diese Aufgabe überfordert. Hier könnten die Universitäten einspringen, wenn sie sich, statt auf irrelevante Untersuchungen zur bloßen Hebung des Prestiges bei Fachkollegen (wie dies noch weit verbreitet ist), mehr und mehr auf realitätsbezogene und damit durchaus naturwissenschaftlich-technische Fragen aus dem noch mancher Entdeckung harrenden Gebiet biokybernetischer Gesetzmäßigkeiten konzentrierten. Erst wenige Institute leisten hier Pionierarbeit.

Das gilt z. B. für das Gebiet der *Grenzwerte,* deren Rolle je nach der Struktur der Systemvernetzung eine regulierende wie auch zerstörende sein kann. Normalerweise reguliert sich ein stabiles System über negative Rückkoppelungen selbst, bevor es systemzerstörende Grenzwerte erreicht. Anders, wenn die Störgrößen zu stark werden. Der Regelkreis wird dann nicht entsprechend stärker belastet, sondern eines seiner Glieder, vielleicht ein Meßfühler oder ein Stellglied, fällt aus, und der Regelkreis bricht zusammen. Nehmen wir den menschlichen Körper: Erhöht sich seine Temperatur von 37 Grad Celsius auf 40 Grad, also um 3 Grad, so ist das ein Zeichen, daß der Mensch Fieber hat und krank ist. Erhöht sich die Temperatur um weitere 3 Grad, dann ist der Mensch jedoch nicht – wie mancher Wirtschaftswissenschaftler haarscharf extrapolieren würde – doppelt so krank, sondern er ist längst tot.

Regelkreise kann man aber nicht nur dadurch sprengen, daß man über Störgrößen zu stark eingreift, sondern auch, indem man jene internen Regulationen aufhebt und dadurch den Informationsfluß zwischen dem System und den unterschiedlichen Grenzwerten verändert. Zum Beispiel durch länger dauernde künstliche Energie- oder Nahrungszufuhr von außerhalb des Systems oder durch die Entfernung anderer »Bremsen«. So schafft man die erwähnten pathologischen Situationen und hält sie – unbehelligt durch ›störende‹ Grenzwerte – bis zum Kollaps weiter aufrecht. Ein treffendes Beispiel ist das von der ›geschützten‹ Elefantenherde. Eine normalerweise durch natürliche Feinde und Krankheit auf einem gleichmäßigen Bestand gehaltene Elefantenpopulation kann sich in einem Naturschutzgebiet plötzlich über längere Zeit ungehemmt vermehren. Das Angebot an Pflanzen reicht auch zunächst für alle Tiere aus. Je größer die Herde wird – in manchen Naturschutzparks gab es schon regelrechte Bevölkerungsexplosionen –, desto stärker werden die Pflanzen abgeweidet: die Vegetation nimmt exponentiell ab. Wird dann eine kritische Elefantenzahl überschritten, so ist sehr schnell der Punkt erreicht, an dem auch das letzte Akazienbäumchen abgefressen ist. Abrupt ändern sich nun alle Verhältnisse. Die Vermehrung stoppt nicht nur, sondern die ganze Herde stirbt auf einen Schlag aus. Um sie zu retten, hätte man sie *vor* jenem Grenzwert auf eine vernünftige Anzahl dezimieren müssen[45].

Ebenfalls wenig beachtet werden die kybernetischen Wirkungen *zwischen* verschachtelten Regelkreisen, besonders wenn diese unterschiedlichen Fachbereichen angehören. So zeigt folgendes Beispiel, daß scheinbar so getrennte Bereiche wie Raumgestaltung, Hormonphysiologie, Größenwachstum und Bevölkerungszahl in Wahrheit zusammenhängen. Kaulquappen wachsen bei größerer Dichte weniger rasch. Setzt man jedoch Zwischenwände in das Versuchsbecken, so wachsen sie trotz sonst gleicher Bedingungen wieder schneller. Der Meßfühler für Dichte ist offensichtlich nicht die Beschränkung im Raum, sondern die gegenseitige Berührung. Da andererseits ein verlangsamtes Wachstum die Bevölkerungszahl verringert – einfach weil die Zeit verlängert ist, in der die Jungtiere einem Angreifer zum Opfer fallen können –, überlappen sich hier »Raumordnung«, »Hautkontakte«, »Wachstumszeit«, »Größe« und »Vermehrungsrate« zu einem komplexen System von Regelkreisen[46].

In ähnlicher Weise sind der Tag- und Nachtrhythmus und die künstliche Veränderung der Lichtverhältnisse mit der Aktivität der Zirbeldrüse verbunden und diese, über die Konzentration von Hormonen wie dem Serotonin, wieder mit dem Verhalten von Mensch und Tier. Dieser Regelkreis steht dann weiter mit demjenigen von einerseits Ermüdung und andererseits Paarungsdrang in Verbindung, was wiederum – alles im Tierversuch meßbar – auf Nahrungsaufnahme, Vermehrungsrate und Aggression sich auswirkt[47].

Solche Beispiele ließen sich endlos fortführen. Ich habe sie deshalb herangezogen, weil sie in kleinen, wissenschaftlich kontrollierten Systemen etwas meßbar aufzeigen können, das genauso für die Kybernetik in größeren Systemen gilt:

- erstens, daß Eingriffe und Entscheidungen in einem Bereich immer auch in ihrer Wirkung auf andere Bereiche überdacht werden müssen, weil sie dort häufig Auswirkungen von oft noch weit größerer Tragweite haben, und
- zweitens, daß die Beziehungen nur selten geradlinig und proportional sind, sondern meist irgendwo ihre Schwellenwerte und Grenzwerte haben, sich beschleunigen, verlangsamen und mit Verzögerung auftreten.

Wer steuert den Steuermann?

Eine an diesen Tatsachen vorbeigehende Planungspolitik und Wirtschaftsweise wird unaufhaltsam in einen Dschungel von Problemen hineinsteuern, der – es muß immer wieder gesagt werden – nur in einem Niedergang aller bestehenden Industriesysteme enden kann. Zum Glück ist jedoch selbst in einer unkybernetischen Wirtschaftsweise eine gewisse übergeordnete Kybernetik eingebaut. Sie besteht darin, daß sich jener Niedergang durch eine Reihe von Teilzusammenbrüchen und Rückschlägen der erwähnten Art anzeigt und damit Sachverhalte schafft, die uns vielleicht zur Besinnung bringen.

Leider ist damit, daß man die Vernetzungen eines Systems kennt, noch nicht alles gewonnen. Denn entscheidend ist ja nicht nur, was mit wem verbunden ist, sondern auch, wie es damit verbunden ist, also die Kenntnis der Wechselwirkungen zwischen den Teilen. Diese Wechselwirkungen sind, wie wir eben sahen, nicht nur sehr unterschiedlich, nicht nur positiv oder negativ, stark oder schwach, sondern sogar meist nicht-linear, d. h., sie können mit der Zeit auch ihre Stärke und sogar ihren Charakter ändern, vom Unterstützen zum Zerstören umschlagen und dadurch im Verbund mit den anderen ganz neue Konstellationen ergeben. Jede Wirkung zwischen zwei Systemteilen hat so ihre eigene Dynamik, die sich in mathematischen Funktionen ausdrücken läßt. Die wichtigsten Prototypen linearer und nicht-linearer Wirkungen wie auch solcher höherer Ordnung, also Beziehungen mit Schwellen- und Grenzwerten, Schwingungs- und Umkippeffekten und solche mit Zeitverzögerung, ferner komplexe

Beziehungen höherer Ordnung, verschachtelte Regelkreise, in denen negative Rückkoppelungen und manchmal auch positive dominieren, habe ich anhand von Beispielen aus den verschiedensten Lebensbereichen mit den dazu gehörenden Kurven bereits an anderer Stelle ausführlich beschrieben[2, 13], weshalb ich es hier bei dieser bloßen Aufzählung belassen will.

Man könnte nun meinen, dann sei ja wohl nichts einfacher, als die gesamten Wirkungsgrößen unserer Biosphäre, inklusive der menschlichen Verhaltensweisen und unserer wirtschaftlichen und industriellen Möglichkeiten, in einen Supercomputer zu speichern, damit man herausbekommt, an welchen Knöpfen man drehen muß, um ein bißchen den lieben Gott zu spielen, den Steuermann, den *kybernetes*, der uns aus dem Strudel der fortschreitenden Zerstörung unserer Umwelt und damit auch unserer eigenen Gattung herausreißt. Doch nicht einmal einen Bruchteil der beteiligten Größen, geschweige denn die Art ihrer tatsächlichen Wechselwirkungen kennen wir überhaupt. Hierzu ein kleines Beispiel, um die Fülle der tatsächlich zu berücksichtigenden Beziehungen einmal plastisch vor Augen zu führen.

Nehmen wir dazu die bisher bekannten mitspielenden Faktoren eines ganz kleinen Spezialbereichs aus dem Teilgebiet Landwirtschaft: das ökologische Netz von *Brassica oleracea*, zu deutsch schlicht Grünkohl – und zwar ohne zu berücksichtigen, welche Rolle darin Unkraut, Bodenlebewesen und Mikroorganismen spielen –, kurz das Teilsystem eines Teilsystems eines Teilsystems. Allein die beim Wachstum dieser Kohlart dann immer noch mitspielenden biologischen Systeme umfassen mindestens 38 verschiedene Spezies: Insekten, Sporen, Pilze, symbiontische Samen und Flechten, Spinnentiere, Blattkäfer, Schwebfliegen usw., die aufeinander und auf die Entwicklung des Kohlkopfes durch komplizierte Rückkoppelung einwirken[48]. Gehen wir nun einen Schritt weiter und nehmen jetzt noch das Unkraut hinzu und die Bodenorganismen, Dünger, Pestizide, Wind, Wasser und betrachten wir unter diesem Gesichtspunkt noch alle anderen Kohlarten, Pflanzenarten und Tierarten und dann noch den Menschen, der die Umwelt gestaltet, seine Wünsche, Ideen und Fähigkeiten – dann verstehen wir beim Anblick dieses dicht verwobenen Netzes von Regelkreisen, warum es undenkbar ist, dieses Geschehen in irgendeiner Weise sinnvoll von außen zu steuern, von einer Zentrale auszugehen, die am Ende all dies in einer immensen Datenbank gespeichert hat. Wir erkennen, daß eine Steuerung nur durch Selbstregulation möglich ist, standortbezogen in unmittelbarer

Wechselwirkung mit der jeweiligen Umwelt. Vielleicht verstehen wir aber angesichts dieser subtilen Verflechtung unzähliger kleiner und großer Regelkreise auf einmal auch den scheinbaren inneren Widerspruch alles Lebens: warum das Leben eines Einzelwesens so äußerst sensibel ist, und warum das Leben als solches trotzdem Milliarden Jahre überdauern konnte. Jeder Störfaktor, jedes störende Glied, das zu überwuchern droht, kann eben durch die Rückkoppelung über das dynamische Gesamtnetz, ehe es für dieses zur ernsten Gefahr wird, einfach vermindert oder gar ausgelöscht werden und stirbt aus. Vielleicht sind wir selbst der nächste Störfaktor, dem es so ergehen wird; denn auch der Steuermann bleibt Teil des Systems.

Solche tödlichen Kreisläufe in Teilbereichen sind das typische Beispiel für die schon erwähnte positive Rückkoppelung, wie wir sie als das Aufschaukeln einer Störung aus vielen Bereichen kennen: vom ansteigenden Pfeifen einer Lautsprecheranlage über die sich multiplizierende Verstopfung eines Verkehrsstaus bis zur Kettenreaktion bei der Atomexplosion. Dieses der negativen Rückkoppelung eines Regelkreises entgegengesetzte Prinzip taucht in der Lebewelt auch immer dort auf und beginnt zu dominieren, wo ein Teilsystem dem Gesamtsystem gefährlich wird. Denn der Grund für das Gefährlichwerden ist ja das Umschlagen in positive Rückkoppelung, die nun automatisch zur Explosion oder zum Einfrieren führt, also zum Tod, entfernt sich das störende Glied von selbst aus der Welt des Lebendigen, die es nun, da es nicht mehr mitspielt, auch nicht mehr stören kann. Die Biosphäre, diese subtilste und doch zugleich zäheste Membran, die sich um unseren Planeten spannt, hat sich von dem störenden Subsystem befreit und kann sich erneut stabilisieren.

Mit solchen Überlegungen lösen wir uns wieder aus dem Wust unzähliger kleinster Verflechtungen und erkennen das eine oder andere darüberstehende Grundprinzip. Doch sofort wird man sich fragen, ob angesichts der Fülle der mitspielenden Gesamtfaktoren (wie sie das Grünkohl-Beispiel klargemacht haben dürfte) eine solch einfache Betrachtung von wenigen Ebenen aus, mit einer kleinen Auswahl zufällig aufgefallener Wechselbeziehungen, überhaupt einen Sinn hat. Ist daran gemessen der Name »Weltmodell« für die Studie der Forrester-Gruppe vom Bostoner MIT nicht eine sehr aufgeblasene Bezeichnung? Denn dieses berücksichtigt ja unter dem Titel »Dynamisches Modell der wichtigsten im Weltsystem wirkenden Kräfte«[49] nicht einmal irgendwelche Faktoren des menschlichen Verhaltens, seine Adaptation oder soziale und psychische Einflüsse, geschweige

denn biologische oder klimatische Kreisläufe und Symbiosen.
Dennoch ist – verfolgt man diesen Ansatz weiter – die Erfassung der
Kybernetik eines solchen komplexen Systems keinesfalls aussichts-
los. Ja, das Erstaunliche ist: Während mit zunehmender Komplexität
die Sicherheit herkömmlicher deterministischer Prognosen sinkt,
werden kybernetische Verhaltensprognosen um so sicherer. Dieses
verblüffende Ergebnis eines systemischen Ansatzes, der in unserer
Zukunftsplanung eine entscheidende Wende bringen kann, beruht
auf dem einfachen Tatbestand, wie er bereits auf unserem Computerbild von Abraham Lincoln auf Seite 36 demonstriert wurde: Sobald
die Beziehungen *zwischen* den Teilen eines Systems stärker hervortre-
ten – und dies ist ja gerade bei sehr komplexen Systemen der Fall –
und man seine Analyse auf diesen Beziehungen aufbaut, tritt die
Bedeutung der System*teile* zurück. Man kann sie zu Gruppen zusammenfassen und auch die Beziehungen auf wenige Wechselwirkungen
zwischen solchen Hauptknotenpunkten reduzieren, ohne daß die
eigentliche Aussage verlorengeht.

Wie man Kybernetik nutzen lernt

Mehrere öko-physikalische Untersuchungen auf den verschiedensten Ebenen haben in der Tat gezeigt, daß sich ein System auch mit
stark reduziertem Datenmaterial recht verläßlich beschreiben läßt. In
einer unseren Studien wurde unter dem Namen »Entenmodell« das
Beispiel der komplizierten Vernetzung zwischen verschiedenen Was-
servogelarten eines Ökosystems herangezogen. Um die Kybernetik
und die Regelkreise ihres Konkurrenzkampfes um gemeinsame Nahrungsquellen, der Abhängigkeit ihrer Vermehrung und ihrer Nah-
rungssuche von Temperatur, Feuchtigkeit, Beschaffenheit des
Schlammes, vom Verschwinden oder vermehrten Auftreten bestimmter Insekten-, Wurm- oder Schneckenarten, aber auch von bakteriell
bedingten Krankheiten und anderen Einflüssen, wie etwa der Jagd,
mathematisch zu beschreiben, war es keinesfalls nötig, sämtliche
Werte aller beteiligten Faktoren zu erfassen. Man mußte *nicht* die
Anzahl der Federn, Blutdruck und Nierenfunktion der Enten,
Schlammkorngröße, Bakterienarten und ihre Vermehrungsrate auf
den Exkrementen, Größe und Anzahl der Pflanzen in dem Ufergebiet
kennen. Und selbst wenn man sie einbezöge, wäre auch dieser Fein-
heitsgrad wieder willkürlich, man könnte genausogut noch alle che-

mischen Reaktionen bestimmen, ja, bis in den atomaren Bereich hinuntergehen. Die Detaillierung hätte im Grunde nirgendwo ein Ende, und die Möglichkeiten der Wechselwirkungen gingen bis ins Unendliche. Letztlich muß man immer irgendwo zwischen Atom und Weltall einen brauchbaren Komplexitätsgrad wählen, um die Kybernetik eines Systems zu beschreiben[2].

So genügte es hier, über mehrere Jahreszyklen hinweg lediglich die Bewegungen der »Bevölkerungszahl« der verschiedenen Entenarten zu verfolgen. Aus ihrem Vergleich ergab sich bei Kenntnis der unterschiedlichen Vernetzung der Arten untereinander wie auch mit der Umwelt dann *indirekt* auch ein ungefähres Bild von all den anderen, direkt gar nicht erfaßten Größen. Einige Stichproben an realen Werten, wenige Korrekturen an der Formel – und die Aussagen waren verläßlich. Die Ergebnisse der mathematischen Berechnungen eines solchen »Entenmodells« stimmten später auch voll mit den Erfahrungswerten in der Natur überein[50].

So kommt es, daß selbst schon solche vergröberten kybernetischen Modelle über die Systemdynamik unserer Zivilisationsgesellschaft, wie die von Forrester und Meadows, aber auch eine ganze Reihe anderer, erste wertvolle Fingerzeige geben, weil wir ja bisher überhaupt nicht kybernetisch gedacht und geplant haben – wenn wir auch in vielen Fällen unbewußt richtig, d. h. kybernetisch und in Regelkreisen, handelten.

Solche Modelle, auch die einfachsten, öffnen oft unmittelbar den Zugang zu wesentlichen Informationen über das Verhalten des Systems und die Kybernetik seiner Teile – und plötzlich ändert sich auch die ganze Argumentation.

Nehmen wir etwa das Beispiel des Vogelschutzes. Von dem bloßen Materialwert eines Vogels, der minimal ist, aber auch von den hauptsächlich ins Feld geführten ästhetischen und moralischen Argumenten oder solchen des wissenschaftlichen Wertes erfolgt ein Sprung auf eine neue Ebene. Schon eine erste Verknüpfung im Gesamtzusammenhang zeigt: Das stärkste Argument zur Rettung der Vögel ist ihre unersetzliche Rolle als Glied im ökologischen Zusammenhang und somit eine Leistung, die weit über Insektenvertilgung und ähnliches hinausgeht; mit ihrer Gefährdung sind unausweichlich all die anderen Glieder jenes Systems, also auch der Mensch, gefährdet[51].

Ähnliche Modelle zeigen uns unmittelbar, daß etwa ein tropischer Regenwald oder ein Korallenriff wie ein Organismus zu betrachten sind, nur daß dieser nicht aus einer, sondern aus mehreren Spezies besteht, die gewissermaßen die Funktion von lebenswichtigen Organen haben[51]. Ein anderes Modell zeigt uns, daß die Wüstenassel *Hemilepistus reaumurii* im Verbund mit einigen Sträuchern, Schnekken und Skorpionen ein wichtiger Regulator der Bodendurchlüftung und -befeuchtung wie auch der Belebung durch organische Stoffe ist und daß die paar verstreuten Asseln den Lößboden der Wüste Negev immerhin im Laufe von 25 000 Jahren je einmal bis zu einer Tiefe von einem halben Meter komplett umgraben und durchsieben und daß auf diese Weise selbst ein Wüstengebiet unter extremen Bedingungen auf Sparflamme am Leben erhalten wird. Ein Regelmechanismus, den wir vielleicht schon durch kurzfristige Dauerbewässerung unterbrechen würden: Der Boden wäre bald durch eine Salzschicht versiegelt, während andere Verfahren, in Abstimmung mit diesem bereits funktionierenden Modell, über lange Zeit vielleicht fruchtbares Land gewinnen ließen[53].

Bei meinen Seminaren verwende ich oft einen einfachen Papiercomputer, eine Matrix, in der die wichtigsten Einflußgrößen eines Systems und deren Wirkungen aufeinander (grob unterschieden in keine, schwache und starke Wirkungen) eingetragen sind. Eine einfache Kalkulation mit Hilfe von Division und Multiplikation ergibt dann einen Index, der unmittelbar zeigt, welches die kritischen und welches die puffernden Größen eines Systems sind. Die Teilnehmer und auch ich selbst sind immer wieder überrascht, wie schon das bloße Nachdenken auf dieser Ebene der Vernetzungen, das Suchen nach den beteiligten Faktoren und ihrer Wirkungsweise den Blick für kybernetische Zusammenhänge schärft. Diese Erfahrungen bestärken mich in der Gewißheit, daß der Mensch das in anderen Bereichen so gut funktionierende vernetzte Denken auch beim Erfassen von Systemen und ihrer Planung in kürzester Zeit erlernen kann, wenn man ihm nur Gelegenheit dazu gibt[54].

Strategie mit offenen Modellen

Man muß fast annehmen, daß die meisten Lebewesen aus ihrem genetischen Reservoir und auch aus dem Grundmuster ihres sich kurz nach der Geburt an der Umwelt prägenden Gehirns innere Modelle des größeren Öko-Organismus aufbauen, von dem sie ein Teil sind; innere Teilsysteme, die die jeweils wichtigen Zusammenhänge ihrer Umwelt abbilden. Die damit verbundene Fähigkeit, das

Muster eines Systems zu erkennen, ist jedenfalls bei uns durch das Studium der Einzelteile, aus denen es zusammengesetzt ist, mehr und mehr verdrängt worden. Wir glaubten bisher, wenn wir eine gute Straße bauen, eine funktionsfähige Fabrik errichten, ein juristisch einwandfreies Gesetz erlassen oder erstklassige Chemiker ausbilden, daß dann auch das Zusammenspiel all dieser Faktoren funktionieren müsse. Und dann waren wir überrascht, daß sich Dinge plötzlich aufschaukelten, ganz woanders Spätfolgen zeigten oder miteinander unvereinbar waren. Für sich perfekt geplant, kann eben ihr Zusammenspiel dennoch in ein Chaos führen. Deshalb müssen wir dazu übergehen, bei der Gestaltung unseres Lebensraumes eine »kybernetische Strategie« zu entwickeln, die dieses Zusammenspiel und die Wechselwirkung und z. T. Selbstregulation der Komponenten des Systems mit einbezieht; kurz, wir müssen lernen, jene unbewußte Modellbildung, die im Laufe unseres Lebens mehr und mehr verlorenging, durch eine bewußte Modellbildung zu ersetzen.

Der Vorteil liegt klar auf der Hand. An solchen Modellen – seien es innere oder äußere – kann ein lebendes System seine Chancen und Risiken mit weit geringerem Aufwand erproben als in der realen Umwelt selbst. Es erspart sich damit Verluste und wird auf die Dauer anderen Systemen überlegen sein, die nicht auf die Hilfe eines solchen Modells zurückgreifen können. Je umfassender und systemgemäßer das Modell ist, um so mehr ist das betreffende System begünstigt. Vielleicht wird sogar – so der Wissenschaftstheoretiker H. Stachowiak – in Zukunft die Auseinandersetzung lebender Systeme überhaupt mehr und mehr auf der Ebene von Modellen stattfinden[52]. Allerdings ist eine große Gefahr solcher bewußt gestalteten Modelle nicht zu übersehen. Sie liegt in der hier möglichen Loslösung von der Realität. Je geschlossener ein Modell ist, je mehr von ihm in einem Supercomputer gespeichert ist und je weniger Fäden es dann noch mit der Realität verbindet, um so größer ist diese Gefahr. So kann man im Prinzip bei den Modellen der Systems Dynamics, aber ebenso bei Optimierungsmodellen, Energiemodellen und Strukturprognosen der verschiedensten Art durch geringe Veränderung der Voraussetzungen fast jede gewünschte Aussage erreichen und die Computerkurven im Grunde auch dazu bringen, seinen Namen zu schreiben. All dies jedoch nur, wenn man die Modelle und Szenarios für deterministische Prognosen zweckentfremdet, wie dies etwa mit den Weltmodellen von Forrester und Meadows geschehen ist – entgegen der Absicht ihrer Verfasser. Die darin ausgedrückten

Wenn-dann-Feststellungen sollten keinesfalls der Zielprognose dienen, sondern einer tieferen Erkenntnis des Systemverhaltens.

Die Selbsttäuschung einer unkybernetischen Planungsweise und
Technologie – selbst im Anblick kybernetischer Modelle – liegt also
in Prognosen nach dem Kausalitätsprinzip. Und doch gibt es eine
vorausschauende Steuerungsmöglichkeit. Ihr Kern liegt jedoch
woanders: in der Anwendung und Beachtung von einfachen qualitativen Regeln, von qualitativen Grundprinzipien, und in der Bewertung der im Modell erkannten Systemdynamik nach solchen Prinzipien. Die Detaillierung eines Modells spielt dafür ab einem gewissen
Vernetzungsgrad keine Rolle mehr. Je einfacher daher ein solches
Modell ist, je rudimentärer, desto mehr stimmt es. Auch auf dieser
Basis sind längst eine Reihe von ausgezeichneten Systemmodellen,
interessanten Wirkungsgefügen und Szenarios entwickelt worden,
die, im Gegensatz zu herkömmlichen Optimierungsmodellen, Trendprognosen und sogenannten ›System*analysen*‹[55], die verhängnisvolle
deterministische Betrachtungsweise auch im Hinblick auf die Art der
Prognose und der nötigen Strategie überwunden haben[56]. Sie alle zeigen, daß bereits einfache Regelmodelle den heute meist noch angewandten, im Grunde unwissenschaftlichen Trendvorhersagen mit
ihrer kurzen Lebensdauer weit überlegen sind. Wenn sie auch das
Verhalten der betreffenden Lebewelt als offenes System nur unvollkommen erfassen und vor allem dessen Bewertung im Hinblick auf
seine Lebensfähigkeit noch meist unterbleibt, so spricht das nicht
gegen die wichtige Aufgabe, die solche Szenarios und Bilder allein
schon für die Schärfung des Bewußtseins im Hinblick auf unsere
Zukunftsfragen haben. Nigel Calder, der langjährige Herausgeber
des »New Scientist«, sagte einmal, es sei unbedingt notwendig, daß
die Beschäftigung mit der Zukunft demokratisiert würde. Gerade die
davon zu erwartenden Reaktionen, Auseinandersetzungen und
Widersprüche würden entscheidend mithelfen, daß wir anfangen,
uns gemeinsam über die Zukunft zu unterhalten.

Diese Beschäftigung mit der Zukunft, die darin besteht, anhand von
Simulationsmodellen mehr über die Kybernetik von Systemen zu
erfahren, ist jedoch kein Mittel – wie dies die Technokraten möchten
–, die wirtschaftliche Entwicklung auszuloten und für Teilbereiche
profitable Entscheidungen und Argumente zu finden. Daß diese
Gruppe immer noch nicht vom Mißerfolg jener im Grunde falsch
programmierten, weil deterministischen Voraussagen entmutigt ist,
muß verwundern. Sieht man alleine das auf dieser Basis vom Hud-

son-Institut erarbeitete Buch von Kahn und Wiener: »Ihr werdet es erleben – Voraussagen der Wissenschaft für das Jahr 2000« durch, so war schon wenige Jahre nach Erscheinen keine einzige der erarbeiteten und teuer bezahlten Prognosen mehr etwas wert. Was auch nur falsch sein konnte, traf daneben, seien es die Wachstumsgrenzen, die Energiekrise, der verlorene Vietnamkrieg, die Entwicklungshilfe, die Umweltproblematik oder der Ausbau der Kernenergie. Obgleich selber in Trendprognosen engagiert, wies das Institut der Deutschen Wirtschaft in Köln bald auf die Gefahr hin, daß aufgrund falscher Prognosen wirtschaftliche und investitionspolitische Fehlentscheidungen getroffen werden.

Was also tun, um weder in den Fehler der klassischen Zukunftsmodelle zu verfallen noch kybernetische Regelmodelle ebenso falsch zu interpretieren? Wenn wir an den Ausgangspunkt unserer Systembetrachtung zurückgehen, wird die Antwort sehr einfach. Erinnern wir uns: Es gibt zwei wichtige Grundarten des Denkens: die eine basiert auf geschlossenen (mechanischen), die andere auf offenen (organischen) Systemen. Beide Denkformen haben völlig unterschiedliche Implikationen für fast alle Aspekte unseres Lebens (Keppel)[57]. Die erste ist äußerst nützlich für das unmittelbare Handeln und seine Analyse, die zweite für die übergeordnete Planung und Strategie, in der dieses Handeln erfolgt. Letztere ist damit auch allein diejenige Denkform, die für die Entwicklung realitätsnaher Modelle taugt, und entspricht weitgehend dem im vorigen Kapitel skizzierten »systemischen Ansatz«.

Die Zukunft richtig interpretieren

Auf dieser Basis wird sich eine Voraussage des Systemverhaltens mit Hilfe eines Modells vor allem auf die Beachtung oder Nichtbeachtung kybernetischer Gesetze und Kategorien beziehen. Sie wird herausfinden, daß die vernetzten Einfluß- und Zustandsgrößen innerhalb des Gesamtgeschehens eines offenen Systems eine unterschiedliche Empfindlichkeit offenbaren. Manche werden sich als aktive Elemente entpuppen, die selbst kaum beeinflußt werden, aber andere Größen stark beeinflussen; andere wieder als passive Größen, die sich bei dem geringsten Anstoß stark verändern; wieder andere als puffernde, die ausgleichen, unempfindlich oder träge sind und viel auffangen können; schließlich solche, die man als kritische Elemente

bezeichnen könnte, weil sie in gefährlicher Weise auf die kleinste
Änderung reagieren und dabei selbst wieder stark eingreifen, was
natürlich in der Rückwirkung einen zunächst winzigen Effekt gewaltig aufschaukeln kann; Elemente also, von denen man besser die Finger läßt. Man wird Schwachstellen herausfinden, an denen wichtige
Regelkreise verletzbar sind, und verborgene positive Rückkoppelungen entdecken, die bei bestimmten Konstellationen plötzlich das
Geschehen bestimmen können. Das Gesamtbild ergibt eine Art
›Erklärungsmodell‹, mit dem das Verhalten des erfaßten Systems
nunmehr ohne größere Schwierigkeiten an den wichtigsten Prinzipien biologischer Systeme bewertet werden kann, an jener bisher
alleine zur Verfügung stehenden Instanz für »Lebensfähigkeit«[13].
Instrumente und Hilfsmittel zum Aufbau solcher Modelle und
Modellteile, zur kybernetischen Interpretation und Sensitivitätsana-
lyse sind unabhängig voneinander von einer Reihe von Systemfor-
schungsgruppen, darunter meiner eigenen, erarbeitet worden[58].
Auch ihre Handhabung und das durch das »Spielen« mit ihnen ver-
mittelte mentale Training, welches unerläßlich ist, um die Interpretation in die richtigen »Bilder« zu übersetzen, wird hoffentlich nach
und nach von den Wissenschaftlern auf einzelne Planer, Entscheidungsträger, Mediengestalter und andere Praktiker übergreifen[59].
Als Übungshilfe zum besseren Verständnis komplexer Wirkungen
haben wir das kybernetische Lernspiel »Ökolopoly« entwickelt[59].
Eine Art »Papp-Computer« mit Drehscheiben, mit dem man in
vielen Variationen nachvollziehen kann, wie Wirkungen in unserer
Umwelt übertragen werden, vorübergehend ihre Spuren verwischen,
woanders wieder auftauchen und irgendwann auf meist überraschende Weise zurückwirken – wobei die laufenden Entscheidungen
selbstverständlich im Feedback mit den Ereignissen stehen und nicht
etwa ein fester Simulations-Mechanismus abläuft.
Denn das Denken in offenen Systemen muß natürlich von dem
kybernetischen Modell *selbst* konsequenterweise auch auf die Arbeitsweise *mit* ihm übergreifen und in jedem Stadium dem Benutzer
solcher Modelle Korrekturen und Lernprozesse erlauben. Niemals
wird ein übergeordneter geschlossener Master-Computer das Ganze
sinnvoll leiten können, sondern dies vermag nur ein offenes, jederzeit
abfragbares, überschaubares Modell, welches nicht nur als Ganzes,
sondern auch in seinen Teilsystemen auf die Einhaltung gewisser
kybernetischer Grundregeln überprüft und bewertet werden kann.
Welches sind nun jene Grundprinzipien, die uns in Analogie zu den

Organisationsformen des Systems Biosphäre eine Bewertung unserer Modelle erlauben? Zunächst erscheinen sie äußerst banal. Jedem leuchtet z. B. ein, daß Materie, wenn sie aus Kreisläufen irreversibel abzweigt, weniger wird. Nicht so offensichtlich ist bereits, daß ein komplexer Vorgang, wenn in ihm Kreisläufe unterbunden werden, mehr Energie kostet, und erst recht wird es schwierig einzusehen, warum Kleinräumigkeit, also das nahe Beieinanderleben unterschiedlicher Elemente, für die Systemstabilität besser ist als eine großräumige Monostruktur. Und doch ergeben sich alle Bewertungsgrundsätze aus zunächst ganz banalen Tatsachen, sobald man diese zueinander in Beziehung setzt. Denn nun gelten natürlich in der Folge nur solche Schlußfolgerungen, die unter Berücksichtigung *aller* Grundprinzipien, d. h. auch bei deren Zusammenspiel bestehen können. Wenn wir also im Anblick der Vernetzungen eines Systems, seiner Zeitverzögerungen, Rückkoppelungen und Wirkungsketten zunächst den Eindruck haben, dieses Geschehen in seiner komplexen Dynamik niemals voll erkennen und daher erst recht den daraus folgenden Überraschungen nicht vorbeugen zu können – für den normalen Sterblichen scheint dies in der Tat zunächst der Fall –, so zeigt sich doch hier ein verläßlicher Weg. Denn all diese Vernetzungen können eigentlich nur dann unangenehme Folgen haben, wenn man in grober Weise gegen grundlegende kybernetische Gesetzmäßigkeiten verstößt. Genauso wie wenn man etwa in der Verkehrstechnik die physikalischen Gesetzmäßigkeiten nicht beachten würde. Hier wundert sich niemand, daß man aus der Kurve fliegt, wenn man die Zentrifugalkraft nicht einkalkuliert.

Eine Handvoll kybernetischer Grundregeln

Diese Regeln lassen sich zu acht biokybernetischen Prinzipien gruppieren, wie sie bereits im Rahmen unserer UNESCO-Studie zur Entwicklung des Sensitivitätsmodells ausgearbeitet wurden[2]. Sie geben eine erste Checkliste ab, an der man das, was man tut und plant, im Sinne eines überlebensfähigen Systems überprüfen kann. Damit ist aber der Beginn einer verläßlichen Bewertung gemacht, die nicht aus isolierten wirtschaftlichen oder soziologischen Theorien, sondern aus der Anschauung der Biosphäre und *ihrer* Wirtschaftsweise und damit des bisher am längsten erprobten lebensfähigen Systems entnommen ist.

Das erste und wichtigste dieser Handvoll simpler Prinzipien haben wir bereits kennengelernt. Es ist das *Regelkreisprinzip* der negativen Rückkoppelung, das übergeordnete Kriterium für dauerhaft funktionierende Mechanismen. Aus ihm ergibt sich bereits ein weiteres. So kann z. B. Wachstum nicht mit einer Rate ablaufen, die mit der Aufrechterhaltung eines solchen Regelkreises und seiner korrekten Struktur unvereinbar ist. Systeme können daher eine optimale Größe nicht überschreiten, ohne ihrer Überlebensfähigkeit zu schaden. Ihre Funktion darf *nicht auf das Wachstum angewiesen* sein. Sie haben jeweils ein optimales Ausmaß, wie wir dies schon im vorigen Kapitel am Beispiel der Unterstrukturen gesehen haben. Beide Prinzipien zusammen ergeben schon gleich ein drittes, nämlich daß die Funktion eines Systems auch nicht an die Herstellung eines bestimmten Produkts gebunden sein kann. Denn dieses würde sich ja sonst ins Unendliche vermehren. Ja, schon das Regelkreisprinzip alleine, also die mal nach oben, mal nach unten ausgleichende Steuerung durch negative Rückkoppelung bedeutet gewissermaßen einen ständigen Wechsel *im* bzw. eine *Unabhängigkeit vom ›Produkt‹*.

Wird diese Unabhängigkeit von einer speziellen Produktion ebenso wie die vom Wachstum nicht gewahrt, so können selbst mit negativer Rückkoppelung arbeitende Regelkreise instabil werden. Wenn z. B. die Regelung durch eine zu lange »Totzeit« zwischen Meßfühler und Regler hinausgeschoben wird, stößt das System im allgemeinen an neue Grenzwerte, nämlich diejenigen des nächstübergeordneten Systems mit meist weit unsanfteren Gegenreaktionen. Oft tritt dann Übersteuerung auf, und das System gerät in immer stärkere Schwankungen (Schleudern auf nasser Fahrbahn, Schweinezyklus). Es lohnt sich also, Grenzwerte und die Stärke ihrer Rückwirkung frühzeitig zu erkennen und das Zeitverhalten der bestehenden Regelkreise darauf abzustimmen. Solche Erkenntnisse liegen etwa auch dem zweiten und dritten Bericht an den Club of Rome zugrunde, in denen für bestimmte Regionen der Welt die Rettung immer wieder in einem gebremsten Wachstum gesehen wird[60].

Neben diesen ersten, sich um das Regelkreisprinzip gruppierenden Regeln finden wir in der Biosphäre als weiteres kybernetisches Prinzip das des *Jiu-Jitsu*, wo man – im Gegensatz zur Boxermentalität – die Kräfte der Umwelt nicht mit Gegenkraft zu vernichten sucht, sondern sie mit ein paar Hebeltricks für sich nützt. Es ist das äußerst wirksame Prinzip des gewaltlosen Kampfes, das schon vor Jahrtausenden Eingang in die chinesischen Verteidigungskünste des Taoismus fand.

Der Erfolg ist, daß gerade bei der Gestaltung funktionsfähiger Systeme außer geringfügigen Steuerenergien kaum eigene Kraft angewandt werden muß, um etwas zu erreichen. Ja, diese würde eher stören, mit vorhandenen Kräften kollidieren, und beide gingen in Reibung verloren. Das Jiu-Jitsu-Prinzip ist das Hauptmittel der lebenden Natur, den Energiedurchfluß minimal zu halten und dabei gleichzeitig den für das System harmonischsten Ordnungszustand zu erreichen. Das bedeutet zugleich Mehrfachnutzung von Energien durch Energiekoppelung und Energiekaskaden, bei Abkoppelung des Energieverbrauchs von Gestaltungsvorgängen. Ein Ansatz, der inzwischen auch in den Reihen der Elektrizitätswirtschaft im Sinne eines Wirtschaftswachstums *ohne* Energiewachstum als realistisch anerkannt wird, während wünschenswerte Koppelungen, wie etwa die Wärmekraftkoppelung oder die Rückspeisung der Industrie-Dampfenergie in das Stromnetz, nach wie vor behindert werden[61] (vgl. Kap. 16 »Energielösungen«).

Dabei ist diese *Mehrfachnutzung* ein Grundprinzip, ohne welches die Natur schon auf der Molekülbasis und damit wahrscheinlich schon vor einigen Milliarden Jahren in Konkurs gegangen wäre. Bereits in den kleinsten Organismen kann man beobachten, wie Polypeptide und andere Makromoleküle so aufgebaut werden, daß sie für die unterschiedlichsten Funktionen eingesetzt werden können: zum Auf- und Abbau von Hormonen und Enzymen, zur Steuerung der Genätigkeit oder des Schmerzvorgangs. Selbst einzelne Moleküle werden von der lebenden Zelle schon für mehrere Rollen eingesetzt: funktionelle Diversität[62].

Eine besondere Form der Mehrfachnutzung haben wir im *Prinzip des Recycling*, der Wiedereinführung alles Produzierten und Verbrauchten in einen neuen Kreislauf. Es liegt auf der Hand, daß wir bei solchen Prozessen mit dem eindimensionalen Denken, in dem wir erzogen wurden, nichts mehr anfangen können. Denn dieses Denken kennt ja immer nur Beginn und Ende, eindeutige Ursache und Wirkung. In Kreisprozessen verschwindet jedoch automatisch der Unterschied zwischen Ausgangsstoff und Abfall, ähnlich wie im kybernetischen Regelkreis Ursache und Wirkung verschmelzen.

Nach den kurzen Bemerkungen über die asiatische Denkweise zu Anfang des Kapitels wundert es nicht, daß die chinesische Wirtschaft uns in der Perfektion kybernetischer Kreisprozesse immer noch weit voraus ist. Inwieweit das von Mao Tse-tung wieder hervorgeholte Drei-in-Einem-Prinzip *Armut, Emsigkeit und Improvisation* nach

dem neuerlichen Industrialisierungsvorstoß noch gilt, bleibt abzuwarten. Mir wurde jedoch glaubhaft versichert, daß das nach der
technokratischen Seite ausschwingende Pendel lediglich einige technologische Lücken auffüllen soll und nicht etwa der Rückfall in eine
technokratische Wirtschaftsweise ist, wie wir sie gerade zu überwinden beginnen. So erzeugt z. B. die staatliche Brauerei in Peking seit
Jahren aus den flüssigen und gasförmigen Abfällen der Bierproduk-
tion mittlerweile über ein Dutzend Nebenprodukte, wie Arzneien,
Elektronikbauteile und Pestizide. Seit die Stahlindustrie in Wuhan
über 100 Artikel aus Abfällen produziert, verkörpert dort die Tonne
Stahlschlacke den gleichen Wert wie das Hauptprodukt, die Tonne
Stahl selbst. Mit den Industrieabgasen, -abwässern und -abfällen der
vielen hundert Haushaltgemeinschaften im Chemiekombinat Kyrin
macht man zusätzlich Profit, indem man sie in Kleinstfabriken zur
Herstellung mehrerer hundert verschiedener Produkte wieder in den
Produktionskreislauf eintreten läßt. Sehen wir uns ähnliche Technologien bei uns an, dann stellen wir fest, daß sie auch in unserer westlichen Marktwirtschaft in dem Moment, wo sie Kreisprozesse in Gang
setzen, also Abfall wiederverwendungsfähig machen und damit eine
Symbiose zwischen bisher vielleicht nie kommunizierenden Wirt-
schaftszweigen einleiten, von ganz alleine profitabel werden, wie dies
im Kapitel 14 »Werkstoffe« ausgeführt ist. Fast von alleine ergibt sich
daher eine biokybernetische Grundregel aus der anderen.

So zieht die Mehrfachnutzung das Recycling und dieses wieder das
Prinzip der Symbiose nach sich, das enge Zusammenleben artfrem-
der Organismen zum gegenseitigen Nutzen. Auch dieses Prinzip
gerät mit bestimmten herkömmlichen Denkformen in Konflikt.
Denn es gelingt nur beim Zusammenleben *verschiedener* Arten (bzw.
Branchen, Lebensbereiche usw.), also bei kleinräumiger *Diversität*.
Hier stoßen wir vor allem auf die Schwierigkeit, fachübergreifende
oder branchenübergreifende Vorhaben durchzuführen. Und doch ist
die Symbiose als effizienteste Form zukünftigen Wirtschaftens mit
Sicherheit eine Urform überlebensfähiger Systeme, die wiederum
erst das Regelkreisprinzip wie auch das Prinzip des Jiu-Jitsu ermöglicht. Im Kapitel »Leben« werden wir noch sehen, daß auch wir Menschen als vielzellig organisierte Lebewesen einer Symbiose unser
Dasein verdanken[63]. Erst das Zusammenspiel von energieproduzie-
renden selbständigen Partikeln ermöglichte die Entwicklung der
ersten vielzelligen Lebewesen und damit der höheren Lebensformen
wie uns selbst.

So finden wir auch weiterhin eine Welt voller Symbiosen, angefangen von der Beziehung zwischen Termiten und Mikroben[64] über das bekannte Zusammenleben von Seeanemone und Einsiedlerkrebs, den Calvarienbaum, von dem der Dodo-Vogel lebte, der wiederum alleine in der Lage war, dessen Samen durch Verdauung so aufzubereiten, daß er anging (so daß mit dem Aussterben des Dodo auch der Baum sterben mußte), über die Rolle der Giraffen oder der Alligatoren, ohne welche die jeweiligen Ökosysteme zusammenbrechen würden, bis hin zu der großen Symbiose zwischen Tieren und Pflanzen durch Austausch von Sauerstoff und Kohlendioxyd und letztlich zu der Symbiose zwischen der Menschheit und der Erde als Ganzem[65].

Warum also in dem »Zwischenbereich« unserer menschlichen Organisationsformen nicht auch von jenem Prinzip profitieren, es studieren und im Kleinen wie im Großen Erkenntnisse daraus ziehen? Besonders der wirtschaftliche Sektor dürfte ohne dieses Prinzip bei unserem immer dichteren Zusammenleben in Zukunft hoffnungslos zum Scheitern verurteilt sein. Denn große gleichförmige Bereiche, also Monokulturen in bezug auf Landwirtschaft, Industriezweige und Produktherstellung, können ja von den Vorteilen symbiontischer Beziehungen, d.h. ihrer beträchtlichen Rohstoff-, Energie- und Transporterersparnis und anderen stabilisierenden Effekten, nicht profitieren und sind daher letztlich weniger effizient. Das gleiche gilt für eine zentrale Energieversorgung, für die Monostruktur reiner Schlafstädte, reiner Bürostädte usw. Von Symbiosen profitieren heißt daher: bei Neuplanungen Kleinräumigkeit anstreben, bei bestehenden Einrichtungen sinnvolle Koppelungen, z.B. unterschiedlicher Fabrikationsbetriebe, finden, die weit über die Funktion von Abfallbörsen hinausgehen: Bei einem Unternehmen in Michigan kombiniert man Siedlungsabwässer mit der Pulpe von Papierfabriken, wodurch wichtige Chemikalien und 80 Prozent der Energie zurückgewonnen werden, wodurch die Gemeinde den Bau eines Klärwerks annullieren und dem Steuerzahler 1,5 Millionen Dollar ersparen konnte[66]. Ein Beispiel von vielen, denen wir in den folgenden Kapiteln noch zur Genüge begegnen werden.

Schließlich könnte man als letzte Regel noch das Prinzip der Vereinbarkeit (Kompatibilität) aller von uns geschaffener Strukturen, Funktionen und Organisationsformen mit der biologischen Natur, insbesondere auch des Menschen, nennen. Es wäre sozusagen die Grundregel eines biologischen Designs, welches schon bei der Planung beginnt und die Entwicklung z. B. eines Produkts in einem gewissen Feedback mit der Umwelt geschehen läßt.

Zur besseren Übersichtlichkeit seien unsere *acht Grundregeln* hier noch einmal zusammengefaßt:

1. Negative Rückkoppelung dominiert über positive in verschachtelten Regelkreisen.
2. Funktion ist unabhängig vom Mengenwachstum.
3. Funktionsorientierung statt Produktorientierung durch Produktvielfalt und -wechsel.
4. Jiu-Jitsu-Prinzip. Steuerung und Nutzung vorhandener Kräfte. Energiekaskaden, -ketten und -koppelungen.
5. Mehrfachnutzung von Produkten, Verfahren und Organisationseinheiten.
6. Recycling unter Kombination von Einwegprozessen zu Kreisprozessen.
7. Symbiose unter Nutzung kleinräumiger Diversität.
8. Biologisches Grunddesign. Vereinbarkeit technischer mit biologischen Strukturen. Feedback-Planung und -Entwicklung.

Ohne Vollständigkeit zu beanspruchen, garantieren doch schon diese acht Grundregeln weitgehend die so notwendige Selbstregulation eines Systems bei minimalem Energiedurchfluß und Materialverbrauch. Diese Selbstregulation unterscheidet sich grundsätzlich von einem technokratischen Denken und damit auch von der rein technischen Kybernetik der Regeltechnik, die, wie schon erwähnt, ihre Führungsgrößen nicht aus dem System selbst nimmt, sondern von außen auf das System einwirken läßt. Im Grunde sind diese biokybernetischen Prinzipien eine einzige Regel, ein »Regelknoten«. Sie konkurrieren nicht etwa gegeneinander, sondern bedingen und verstärken sich gegenseitig. Diese Tatsache ist eine weitere fundamentale Systemgesetzmäßigkeit, die es lebenden Systemorganisationen erlaubt, im Rahmen der sonstigen thermodynamischen und physikalischen Gesetze jenen hohen Ordnungszustand scheinbar entgegen den Entropiegesetzen aufrechtzuerhalten.

Die Wirtschaft und die Biosphäre

Jedes einzelne dieser Prinzipien zeigt, daß ihre Anwendung einen *funktionalen* Denkansatz erfordert und, was unsere Strategie betrifft, das Schaffen von Konstellationen anstelle von Eingriffen. Auf diese

Weise ist es durchaus möglich, daß auch das Teilsystem »Menschheit« die ihm entsprechende innere Gesetzmäßigkeit im Gesamtgeschehen der Biosphäre finden wird. Lernen wir also, entlang solcher kybernetischer Prinzipien zu denken. Wir eröffnen uns damit neue Perspektiven und ein ganzes Arsenal von zusätzlichen technischen und organisatorischen Gestaltungsmöglichkeiten.

Gerade die kleineren und mittleren Unternehmer sehe ich hier als die hoffnungsvollsten Pioniere einer industriellen Evolution. Denn die nötige Innovation in Technologie, Funktion und Organisation kann, glaube ich, nur aus der privaten Initiative kommen. Wahrscheinlich werden dann diejenigen Unternehmer in Zukunft am ehesten am Ball sein – auch was die Exportindustrie und den Technologie-Transfer betrifft –, die sich als solche Pioniere verstehen, die einsehen, daß weit elegantere Verfahren als die bisherigen und vor allem eine neue Art von Organisation dieser Verfahren notwendig sind.

Bevor wir uns am Schluß dieses Kapitels mit der Vorgehensweise einer kybernetischen Zukunftsplanung beschäftigen, will ich zur Veranschaulichung dessen, was unsere Wirtschaft und Technik von der Biosphäre alles lernen kann, über jene »Firma, die seit 4 Milliarden Jahren nicht Pleite gemacht hat«, noch eine kurze Charakterisierung aus unserer UNESCO-Studie »Ballungsgebiete in der Krise« zitieren: »Die Biosphäre, dieses Supersystem aus Mikroben, Algen, Plankton, verletzlichen Tieren und zarten Pflänzchen, macht immerhin einen Jahresumsatz von 200 Milliarden Tonnen Kohlenstoff und organischem Material. Es produziert über seine subtilen Funktionsformen allein 100 Milliarden Tonnen Sauerstoff und verarbeitet selbst an Schwer- und Leichtmetallen wie Eisen, Vanadium und Kobalt, Magnesium, Natrium und Kalium Jahr für Jahr zusammengenommen viele Milliarden Tonnen, ohne je Rohstoff- oder Abfallsorgen zu kennen. So haben wir es auf der einen Seite mit einem Energie- und Stoffumsatz gewaltigen Ausmaßes zu tun, auf der anderen Seite jedoch mit einem System, das mit einem traumhaften Wirkungsgrad von bis zu 98 Prozent arbeitet, das trotz dieses Umsatzes weder Energie- noch Abfallsorgen hat (für jedes Abfallprodukt stehen Organismen und Enzyme bereit, die es gleich wieder in ein neues Ausgangsprodukt verwandeln), ein System, das eine wahre Fundgrube an technischen Raffinessen, an energiesparenden Tricks und eleganten Kombinationen der verschiedenartigsten Technologien darstellt. Wollte der Mensch mit seiner heutigen Technik die Funktionen dieser globalen Superfabrik voll ersetzen, so brauchte er dazu sicher ein

Tausendfaches der von ihr verbrauchten Energie und maschinell wahrscheinlich mehr Platz, als auf allen Planeten unseres Sonnensystems zusammengenommen vorhanden ist[2].« Daß wir mit unserer heutigen Intelligenz und unseren technologischen Fertigkeiten zu einer weit wirksameren Nachahmung der dort waltenden Prinzipien in der Lage sind, als es bisher der Fall war, soll dann vor allem in dem Kapitel »Bionik« noch näher veranschaulicht werden[67].

Kein Zweifel also, daß es sich lohnt, auch im Hinblick auf eine zukünftige *Strategie* von dieser erfolgreichen Organisationsform zu lernen. Eine der ersten Erkenntnisse aus den Gesetzmäßigkeiten lebender Systeme ist dabei, daß innerhalb eines überlebensfähigen Wirkungsgefüges immer *mehrere* »optimale« Möglichkeiten existieren, während bei Nichtbeachtung dieser Gesetzmäßigkeiten, also unterhalb der Selbsterhaltung und dabei abnehmender Stabilisierungstendenz, fast ausschließlich *Zugzwänge* entstehen. Eine Analyse unserer Situation im Hinblick auf ihr kybernetisches Gefüge ist also auch deshalb interessant, weil diese meist ein Bündel von Alternativen zum Handeln aufzeigt, unter denen sich zumindest für die Gesundung von Teilsystemen genügend politisch, finanziell und technisch machbare Möglichkeiten finden. Und ein gesundetes Teilsystem gibt ganz von selbst einen Stabilisierungsimpuls nach außen ab, quasi einen »Stabilitätsoutput« für den Rest des Systems.

Aus der Zukunft für die Vergangenheit lernen[68]

Mit solchen Überlegungen beginnen wir bereits ähnlich wie im biologischen Geschehen zu verfahren, nämlich unsere Schritte an Evolutionsbildern zu orientieren, sozusagen von der Zukunft auf die Gegenwart zu zielen und nicht umgekehrt[69]. Die menschliche Gesellschaft hat es jedoch hier weit schwerer als ein einzelnes Lebewesen. Eine Zelle hat eine Zielvorstellung, die ihr schon mitgegeben ist und die sie aus dem Erbmaterial direkt abliest. Dies können wir nicht. Was wir aber können, ist erstens, zumindest gegen bereits erkennbare Probleme *vorbeugen*; allein der daraus entstehende Sachzwang wird unsere bisherigen, herkömmlichen Zielvorstellungen schon genügend über den Haufen werfen und sie weit eher in eine mögliche und nicht, wie vielfach bisher, in eine unmögliche Richtung lenken. Zweitens können wir auch in der Zielbeschreibung bereits kybernetisch verfahren. Statt unzusammenhängende Einzelziele aufzustellen, die sich, betrachtet man sie im Zusammenhang, oft gegenseitig ausschließen, sollte man kybernetisch sinnvolle, vernetzte Ziel*systeme* entwikkeln. Sie alleine sind auf die Dauer lebensfähig und damit möglich. Die Auswahl möglicher Ziele wird dadurch bereits stark eingeschränkt und übersichtlicher. Denn kybernetisch gefundene, vernetzte Utopien gibt es wahrscheinlich im Gegensatz zu unkybernetisch entwickelten Einzelziel-Utopien nur sehr wenige.

An diesem Punkt wollen wir noch einmal den anfänglichen Gedanken von der nicht unbedingt zeitlich-logischen Beziehung zwischen Ursache und Wirkung aufgreifen. Ihm zufolge gibt es zwei Wege des Planens und Handelns. Der eine ist von der Vergangenheit, der zweite von der Zukunft her bestimmt. Im ersten, dem logisch-kausalen Fall, handelt man, nachdem ein Problem aufgetreten ist. Man geht erst an die Lösung, wenn man eigentlich nur noch Korrekturen anbringen kann. Wenn die Universitäten voll sind, schafft man einen Numerus clausus. Wenn die Abgase uns krank machen, geht man an Umweltschutzgesetze. Wenn die Energie knapp wird, überlegt man sich Sparmaßnahmen. Die Ursache des Handelns liegt jeweils in bereits geschehenen Dingen. Die zu ergreifenden Maßnahmen lassen kaum noch eine Freiheit und legen damit gleich wieder die Entwicklung fest. Diese ergibt sich also auch hier erneut aus der Vergangenheit, aus *nicht* an der Zukunft bedachten Ursachen heraus. Der andere Weg wäre, das Planen von der Zukunft her bestimmen zu lassen, von einem Ereignis auszugehen, das noch gar nicht stattgefunden hat (vgl. Abb. Seite 90). So gibt es ähnlich wie bei unserem Kanalsystem auch in der Zukunftsplanung ein unkybernetisches und ein kybernetisches Vorgehen. Das erste wird von den jeweils eingetretenen, das zweite von zukünftigen – erwünschten oder unerwünschten – Ereignissen bestimmt. Diese Vorgehensweise ähnelt in gewisser Beziehung der Netzplanung[70]. Man stellt ein in Zukunft mögliches Problem dar und fragt sich, wie man es vermeiden können wird. In einer Art Zeitumkehr tastet man sich nun schrittweise rückwärts, bis man bei der heutigen Situation angelangt ist.

Ein Beispiel: gehen wir einmal von einer zukünftigen Wasserkrise aus. Um sie zu vermeiden, dürfte das Grundwasser nicht absinken. Dazu müßte man Wasser sparen, dazu wieder müßte man neue Technologien einführen, wozu die Bereitschaft von Bevölkerung und Industrie geweckt werden müßte, was nun wiederum zunächst eine Information der Bevölkerung verlangte, die ihrerseits etwa die Herstellung bestimmter Schulbücher und Fernsehfilme voraussetzt. Auf

Unkybernetisches – von den jeweils eintretenden Ereignissen bestimmtes – Vorgehen:

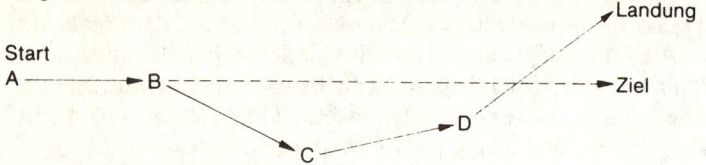

Die Voraussetzungen des erwünschten Ziels sind überhaupt nicht bekannt, obgleich man es – wie etwa zur Zeit die Vollbeschäftigung – ständig vor Augen hat (gestrichelte Linie). Man landet daher wegen falsch eingeschlagener Richtung, veränderten Verhältnissen oder versäumten Vorarbeiten meist ganz woanders.

Kybernetisches – von zukünftigen Ereignissen bestimmtes – Vorgehen (in Art der Netzplantechnik):

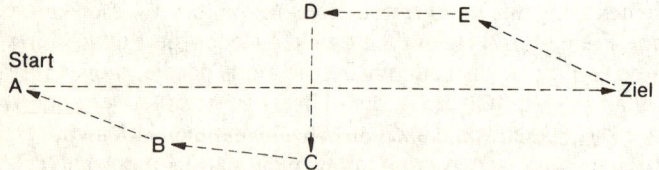

Die unbedingten Voraussetzungen des Ziels werden rückwärtsgehend ermittelt. Die Chance, mit einer auf diese Weise zustande gekommenen Strategie das erwünschte Ziel zu erreichen, ist weit größer, zumal sich oft sogar *mehrere* brauchbare Alternativ-Pfade entwickeln lassen. Bei Verfolgung der so ermittelten Teilziele in umgekehrter Reihenfolge (unteres Bild) ist die Landung im Ziel praktisch vorprogrammiert.

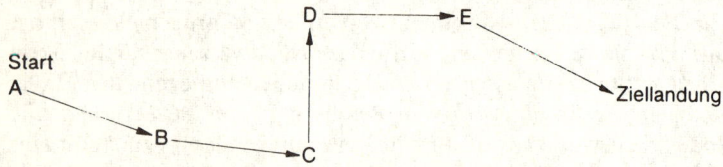

Kybernetische und unkybernetische Planungsstrategie.

diese Weise landen wir überraschenderweise bei ganz anderen Dingen, als sie auf den ersten Blick mit einer Wasserkrise zu tun haben, die jedoch, wenn wir heute nicht mit ihnen anfangen, später unüberwindliche Lücken darstellen werden. Ein kybernetisches Eingreifen ohne gewaltigen Kraftaufwand und ohne schwerwiegende Nebeneffekte ist dann für dieses Problem nicht mehr möglich.

Wenn wir auf die beschriebene Weise die für eine bestimmte günstige Situation in der Zukunft nötigen Voraussetzungen – und wieder deren Voraussetzungen – von dort nach rückwärts bis heute ablesen, dann wird das daraus resultierende heutige Handeln tatsächlich auf einmal zur Wirkung einer Ursache, die nun nicht in der Vergangenheit, sondern weit in der Zukunft lag – auch wenn die Einzelschritte dann wieder logisch-kausal erfolgen. Mit einer solch doppelgleisigen, an der Zukunft rückgekoppelten Handlungsweise hätten wir neben einer neuen kybernetischen Logik auch ein wichtiges Urprinzip des Lebens verwirklicht. Wir würden tatsächlich so vorgehen, wie es die Zelle macht, die ja auch in den Einzelschritten ihrer chemischen Reaktionen kausal bestimmt wird, jedoch in der Auswahl dieser Reaktionen, in ihrer allmählichen Differenzierung und weiteren organischen Ausbildung vom Bild des fertigen, noch gar nicht vorhandenen Organismus gesteuert wird – und dies im ständigen Abtasten der jeweiligen Umwelt. Das krebsartige Monstrum, das herauskäme, wenn eine Zelle immer nur von den augenblicklichen Erfordernissen ausgehend handeln würde – ohne Orientierung an der Gestalt eines lebensfähigen Systems und ohne ständiges Feedback mit der Umwelt –, kann man sich mit einiger Phantasie ausmalen.

Gerade das Verhalten komplexer Systeme, so sehr uns auch zur Zeit ihre Verflechtung und Vernetzung noch verwirrt und undurchschaubar erscheint, bietet uns neue Möglichkeiten. Ist es doch jene Verflechtung, jenes individuelle Muster des Systems, in dem wir leben, welches uns überhaupt erst die Chancen und Ansätze zeigt, mit denen wir *ohne* allzu riskante Eingriffe und *ohne* energieverbrauchende Gewaltakte aus mancher heutigen Sackgasse herausfinden können. Und wenn Kybernetik die Kunst ist, vorhandene Kräfte durch geringfügige Steuerimpulse selbstregulierend zu nutzen, so gilt dies vor allem für die Gestaltung einer wünschenswerten Zukunft. Indem wir uns auf die Nutzung vorhandener Kräfte und Wechselwirkungen einstellen und uns so »die Zukunft geneigt machen«, statt sie zu vergewaltigen, ermöglichen wir es ihr, sich in unserem Sinne von selbst zu gestalten. Und dies erscheint dringend notwendig, denn die Kraft der Menschen alleine reicht nicht aus, um die von Jahr zu Jahr schwierigeren Konstellationen zu bewältigen. Dem kybernetischen Denken, dem Denken in Regelkreisen und vernetzten Rückkoppelungssystemen, wie es von Norbert Wiener in die Wissenschaft eingebracht wurde, darf man daher wohl zu Recht die Eröffnung eines ähnlich neuen Zeitalters voraussagen, wie es im 16. Jahrhundert von Kopernikus mit der grundlegenden Veränderung der Auffassung des Menschen von seiner eigenen Stellung im Universum eingeleitet wurde.

3 Computer

Der Prophet war nicht Jesaja

Wir werden hier Gebrauch, Mißbrauch und Gefahren der Computer verfolgen, aber auch ihre technologische Verschwendung und ungenutzten Möglichkeiten. Im Umgang mit Informationen, die wir in sechs Gebiete teilen, zeigen sie als »Intelligenzverstärker« sehr unterschiedliche Gesichter. Sie konstruieren, steuern und lernen, fassen die Wirklichkeit in Modelle, täuschen vor, Orakel zu sein, lassen sich zu Milliarden-Betrügereien umprogrammieren und fixieren uns – noch – auf ein sehr unkybernetisches Denken. Midlife-Crisis einer Technik, die in ihrer Hardware *etabliert ist, doch ihre wahre* Software *erst noch finden muß.*

Mit der jüngsten, zur Zeit noch andauernden technischen Revolution, derjenigen in unserer Informationsverarbeitung, wurde von den drei Entitäten unserer Welt, der Materie, der Energie und der Information, nun auch die letztere in einer Absolutheit maschinisiert, die man noch vor einer Generation nicht für möglich gehalten hätte. Im Anblick unserer computerisierten Gesellschaft ist es gut, sich ins Gedächtnis zurückzurufen, daß das erste kommerziell hergestellte Exemplar eines Elektronenrechners gerade 30 Jahre alt ist. Doch ähnlich wie es auf dem Materiesektor lange vor unseren heutigen Walzwerken schon vor einigen tausend Jahren Eisenschmieden gab und auf dem Energiesektor mehrere hundert Jahre vor unseren heutigen Elektrizitätswerken Windmühlen und schließlich Dampfmaschinen, so waren auch die ersten technischen Computer schon lange vorher entwickelt worden: das Buch und davor die Schrift. Mit ihnen wurden erstmals die nicht greifbaren Inhalte jener geheimnisvollen immateriellen Informationswelt materialisiert – oder genauer: technisiert. Wie so oft war uns aber auch hier die Natur wieder einmal weit voraus. Mit der Entwicklung des genetischen Codes und den Verschaltungen der Neuronen unseres Gehirns hatte sie uns auch die Speicherung von Informationen in materieller Form und selbst deren ›elektronische‹ Verarbeitung schon längst vorweggenommen.

Nach Schrift und Buchdruck, als der ersten Art Computer unter Einsatz von Papier und Blei, entstand nun die zweite Art mit Hilfe der Elektronik. Mit dieser wird nicht wie beim Buch die genetische Information unserer Zellen nachvollzogen, nicht die Molekülschrift, nach der sich ein Lebewesen entwickelt, sondern die Informatik des Gehirns und die unseres Nervensystems. Auch in unserem Gehirn gibt es, wie wir noch sehen werden, eine *Hardware*. Sie besteht in der Anordnung und festen Verdrahtung von Elementarzellen, von *Neuronen*. Und auch sie arbeitet mit Hilfe von veränderlichen Speichern und von darin mehr oder weniger fest verankerten *Software*-Programmen. Und genauso wie ein moderner Computer immer noch die Elemente der ersten Computerart, der Schrift, benutzt, arbeitet auch unser Nervensystem mit den Schriftzeichen der Gene eng zusammen. In das Gedächtnis ›eingegeben‹, aber auch ›ausgedruckt‹ wird die Information in Form von Molekülen, von Proteinen und Nukleinsäuren, genauso wie Eingabe und Ausgabe unserer Computer meist wieder mit sichtbaren Schriftzeichen erfolgen.

Zur Zeit sieht es noch nicht so aus, als ob mit den immer kürzeren Zugriffszeiten, mit der phänomenalen Miniaturisierung kompletter Rechenwerke von ehemals Zimmergröße auf ein winziges Siliziumplättchen und einer entsprechend gewachsenen Speicherfähigkeit auch eine Erweiterungsmöglichkeit und damit Befreiung unseres bisherigen Denkens einhergeht, wie man dies vermuten könnte. Eher ist parallel zur Verbreitung dieser Techniken eine Zementierung all der bisherigen Mängel im Gebrauch unseres Gehirns, unseres eigenen, immer noch so unvollkommen benutzten Denkinstruments festzustellen. Auf der anderen Seite ist es dafür so gut wie sicher, daß uns die Computer bei der Erfassung und Handhabung unserer immer komplizierteren Welt eine wertvolle, ja unverzichtbare Hilfe sein werden.

Anwendungsspektrum mit Schlagseite

Wenn wir uns noch einmal vergegenwärtigen, was eigentlich Information ist, warum Norbert Wiener, der große Mathematiker und Atheist, die »Information an sich« als dritte Wesenheit unseres Universums definiert, als eine Entität, die nicht an die Energie-Masse-Gleichungen und damit auch nicht an Raum und Zeit gebunden ist, dann werden wir in diesem Kapitel vielleicht die große Diskrepanz spüren zwischen der Anwendung der neuen Informationshilfsmittel und den Möglichkeiten, die uns ein kybernetischer Umgang mit der Information eigentlich bieten *könnte*, mit der ›Währung‹, mit der in der Welt der Computer gehandelt wird.

Fasziniert durch die rasanten Erfolge der Pionierzeit der Elektronenrechner, verlor man die großartigen Möglichkeiten der mit ihrer Hilfe wieder neu entdeckten Dimensionen der Informatik (und somit auch der Computerwissenschaften als eines ihrer Teilgebiete) mehr und mehr aus dem Auge. Eine typische Entwicklung so vieler, sich verselbständigender Technologien. Bei der inzwischen so engen Vernetzung aller Vorgänge auf dieser Welt dürfen aber einzelne technische Bereiche einfach nicht mehr länger ihrer eigenen Entwicklungsautomatik überlassen bleiben. Nicht nur, daß das Gesamtsystem darunter leidet, auch diese Technologien selbst werden sich, wenn sie nicht nach den im vorigen Kapitel beschriebenen kybernetischen Kriterien ausgerichtet sind, durch unkoordinierte Einflüsse wieder zugrunde richten. Das Beispiel der alles überwuchernden Automobilindustrie mit ihren mittlerweile Umwelt, Gesundheit, Stadtstruktur, Raumordnung und Energiewirtschaft bedrohenden Folgeerscheinungen und ihrem sich nun ankündigenden Schrumpfungsprozeß haben wir inzwischen deutlich vor Augen.

Auch die Computerentwicklung läuft Gefahr, Opfer einer solchen Einzelautomatik zu werden. Inwieweit kann sich also die Computerindustrie sozusagen noch einmal am eigenen Schopf aus dem Sumpf ziehen, können ihre Produkte eine echte Hilfe für kybernetisches Denken werden? Inwieweit blockieren sie es und führen gar noch weiter von ihm weg? Schauen wir uns mit diesen Gedanken im Hintergrund ein wenig das weitgespannte Spektrum der Computeranwendung an. Nicht viel gesagt zu werden braucht zu dem verbreitetsten Einsatz der elektronischen Datenverarbeitung, d. h. für Volksbefragungen, Wirtschaftsprognosen, zur Hochrechnung von Wahlergebnissen, zu der in den USA gestarteten Überprüfung der Bundessteuereinnahmen oder zur Bundesinformationsbank, für Flugbuchungen und den Bankverkehr, Gegengift- und Diagnosecomputer und selbstredend zum Speichern und Verarbeiten komplizierter Daten und Fakten, gipfelnd in ihrer Anwendung für die Raumfahrt, die ohne Computer nie stattgefunden hätte.

All dies unterstreicht nur die deutliche Schlagseite zugunsten des rein katalogisierenden Aspekts der EDV, des Klassifizierens und Einordnens von Daten in Form einer sich rasch ausbreitenden Population aufwendiger, jedoch unnützer, kaum benutzbarer elektronischer Nachschlagewerke oder gar Datenfriedhöfe. Wie steht es daher mit den übrigen, so äußerst unterschiedlichen Anwendungsbereichen? Um von ihrer Fülle nicht überwältigt zu werden und um auch besser das Wesentliche der jeweiligen Informationsebene abwägen zu können, wollen wir die verwirrenden Anwendungsmöglichkeiten der Computer zunächst ein wenig gliedern und sie in folgenden sechs Rubriken abhandeln:

1. Speichern und Abrufen von Daten.
2. Analysieren und Vergleichen von Daten.
3. Der Einsatz zur Synthese, zur Planung und Konstruktion.
4. Automatisches Kontrollieren und Steuern.
5. Das eigentliche Rechnen und Kombinieren.
6. Der Einsatz zur Modellbildung, für Simulationen und Prognosen.

Die sturen Sammler und Auswerter

Charakteristisch für die beiden ersten großen Gebiete, also das Speichern von Daten, das Analysieren und Vergleichen, ist, daß gerade hier den Computern oft ihre »Inhumanität« vorgeworfen wird. Ein grundsätzlicher Nachteil? Gewiß nicht. So bedeutet gerade das Fehlen jeglicher Werturteile, Tabus, Moralansichten, Sympathien und Antipathien sowie die völlige Irrelevanz gegenüber dem zu speichernden Material eine große Hilfe bei der Angabe und Auswertung von jenen Vorgängen und Daten, die beim Menschen psychischen Hemmungen und subjektiven Bewertungen unterliegen. Empfindungen sind nicht einprogrammiert. Weder Frustration bei der Durchsicht von Listen oder der Suche nach Merkmalen noch Begeisterung bei der Analyse archäologischer Schriftstücke, noch Rotwerden bei intimen Angaben zur Partnerwahl. Hier wird z. B. das Fehlen von Hemmungen zum deutlichen Vorteil, vor allem, wenn statt der üblicherweise einprogrammierten Top-Eigenschaften des *gewünschten* Partners die intimeren Daten und Einstellungen des *suchenden* Partners, und zwar im Hinblick auf höchste Übereinstimmung, eingegeben und koordiniert werden. Solange wir uns darüber im klaren sind, daß mit einem Computer durch dessen Fehlen von Empfindungen zwar die Objektivität erhöht wird, gleichzeitig damit aber auch wesentliche Informationen unserer meist unbewußten Wahrnehmungen fehlen, das Wirklichkeitsbild also unvollkommen ist (und damit nicht unbedingt besser), hat die Sache ihre Ordnung.

Ein Streiflicht über weitere Themen dieses Gebietes: Neben Stimmenanalysen aus Schwingungsbildern in der Kriminalistik, die anhand der Lage von »Streßzacken« zu neuen Lügendetektoren weiterentwickelt wurden[71], haben wir auch so ausgefallene Methoden wie Stil-Vergleichsanalysen, z. B. von schriftstellerischen Werken unbekannter oder umstrittener Herkunft. So wurden in Haifa die in bezug auf ihre einheitliche Urheberschaft umstrittenen Bücher des Propheten Jesaja auf 29 stilistische Kriterien, wie Silbenzahl pro Wort, Satzlänge, Wortwiederholungen, Exzentrizität usw., in einem IBM-360/50-Computer gespeichert, welcher aus den 18 000 Wörtern zum Erstaunen des Forschers, der eigentlich das Gegenteil beweisen wollte, klar herauslas, daß nur die ersten zwölf Kapitel von der Hand Jesajas stammen konnten, während der Rest mindestens drei verschiedenen Autoren zugeordnet werden mußte. Die Wahrscheinlichkeit, daß Jesaja auch diese Kapitel geschrieben hatte, wurde mit 1:100 000 angegeben[72]. Ähnliche Vergleichsaufgaben wurden bei dem Puzzle gelöst, den Echnaton-Tempel aus 30 000 verstreuten Blöcken, deren Bild- und Schriftzeichen im Computer codifiziert wurden, wieder zusammenzusetzen[73], oder bei Sprachübersetzungen, die durch die Codifizierung von Grundstruktur und Aufbau der chinesischen Schrift selbst für diese komplizierte Bildersprache inzwischen relativ exakt und verständlich direkt aus dem Computer erfolgen, wenn auch nur als Rohübersetzung. Über eine solche ist man allerdings auch bei anderen Computer-Dolmetschern bisher nicht hinausgekommen.

Als Entscheidungshilfen bei Gericht machten Computer erstmals bei der Watergate-Affäre Schlagzeilen, als der amerikanische Senator Irwin die immer unübersichtlicheren Aussagen verschiedener Leute über das gleiche Thema von einem Computer analysieren ließ, wobei die Korrelation von Informationen aus Tagebüchern und Kalendern und der Vergleich der Watergate-Ereignisse mit den jeweiligen Aktivitäten der Beamten und Politiker zumindest im Computer immer simultan gegenwärtig waren, so daß er damit Unstimmigkeiten innerhalb des Dreiecks von Watergate-Einbruch, politischer Spionage und Wahlkampf-Finanzierung sofort aufdecken konnte.

Konstruieren, Steuern, Lernen

Die speichernden und analytischen Fähigkeiten der Computer wurden bald durch eine dritte Anwendungsart, die der Synthese, der Planung und Konstruktion ergänzt. Gerade besonders umfangreiche, in vielen vernetzten Schritten durchzuführende Vorhaben, wie der Aufbau chemischer Raffinerien, der Bau von Wohnsiedlungen oder die Konstruktion von Flugzeugen oder Schiffen, können, da das Prinzip das gleiche bleibt, durch einen computergesteuerten Netzplan automatisiert werden[74]. Ja, sogar bei den technischen Konstruktionen selbst erleichtern Computer als Entwurfsmaschinen die Arbeit der Ingenieure[75]. Besonders in Japan war man sehr rasch mit ADS-Computern (Analyzer-Drifter-System) auf dem Markt, die dem Designer die Arbeit der Reinzeichnung abnehmen und aus einer hingeworfenen Handskizze die exakte Ingenieurzeichnung auf einen metergroßen Schirm projizieren, wo sie sogar nach entsprechenden Angaben dreidimensional in Schnitte verschiedener Ebenen zerlegt werden kann[76]. Das gleiche Prinzip ist inzwischen bereits in die japanischen Haushalte vorgedrungen, wo vollautomatische Strickmaschinen das gewünschte Muster von Handzeichnungen ebenso übernehmen wie aus Büchern oder Fotos, von wo es, nach Kopie auf eine Spezialfolie, elektronisch abgetastet und in Anweisungen an die Maschine übersetzt wird[77]. Entwurfscomputer schreiben nach Vorgabe eines Ablaufkonzepts und rhythmischer Gruppen das Arrangement ganzer Musikstücke nieder[78], und sie helfen Wissenschaftlern durch die automatische Konstruktion von Wolkenformationen, Meeresauswaschungen an Küsten und anderen geometrischen Verteilungsfragen[79] genauso wie dem Chemiekonzern DuPont bei der Werbung. Hier diente die elektronische Kombinationsfähigkeit eines Computers zu nichts anderem, als insgesamt 153 000 zwei- bis dreisilbige Nonsenswörter zu finden, also solche, die in der Umgangssprache keine Bedeutung haben. DuPont waren mit der Zeit die Namen zur Benennung der immer zahlreicher werdenden neuen Produkte ausgegangen.

In der vierten Anwendungsgruppe, dem Kontrollieren und Steuern, erledigen Computer zunehmend die automatische Steuerung großtechnischer Reaktionsabläufe. Vor allem katalytisch gesteuerte chemische Synthesen, die in Sekunden ablaufen und daher nicht mehr vom Menschen nach Instrumentenablesung reguliert werden können, lassen sich mit Hilfe des Computers auf einmal voll kontrollieren. Besonders aktuell im Minikraftwerk Auto, wo durch computergesteuerte Sonden (im Vergaser) die jeweils umweltfreundlichste Abgaserzeugung sich ebenso regeln läßt wie der Benzinverbrauch, der allein durch die Einführung einer kontaktlosen Transistorzündung um über 10 Prozent reduziert werden kann[80].

All dies ist relativ einfach zu programmieren. Weitaus größere Programmierungsschwierigkeiten, weil von so vielen unvorhergesehenen Konstellationen abhängig, ergibt z.B die computergesteuerte Ablaufplanung in Großbetrieben. Es müßte ja idealerweise in jedem Fertigungsbetrieb so geplant werden können, daß jede Maschine ständig produzieren kann und daß zwischen Ankunft und Abgang einer Produktionseinheit keine Leerzeiten entstehen. Die Schwierigkeit liegt darin, daß Permutation und Kombination schon von wenigen Systemelementen die möglichen Konstellationen enorm vervielfältigen: Bei nur 4 Arbeitsgängen, die in fester Reihenfolge an 5 Maschinen durchgeführt werden sollen, ergeben sich $(1 \times 2 \times 3 \times 4)^5$, das sind 7 962 624 Möglichkeiten, die z. B. je nach Auftragslage immer erst einzeln durchprobiert werden müßten, bis die optimale Reihenfolge gefunden ist. Ohne schnellste elektronische Rechenanlagen ein hoffnungsloses Unterfangen.

Das muß sich schnell herumgesprochen haben. Während 1969 in der Bundesrepublik noch kein einziger Prozeßrechner eingesetzt war, wurden acht Jahre später bereits 17 000 gezählt, und sicher ist trotz mancher Programmierungsschwierigkeiten gerade für die 80er Jahre ein neuer Schub zu erwarten: Energiemangel und Rohstoff-Engpässe machen die Prozeßrechnung in Kraftwerken zur Optimierung der Energieerzeugung ebenso lohnend wie in großen Produktionsbetrieben zur Einsparung an Ausschußmenge und Verschnitt, ganz abgesehen von der marktgerechten Endproduktverteilung in Betrieben mit großer Produktpalette.

Besonders Stahlwerke, Walzwerke, Salzwerke, Glashütten und der Abbau von Ölvorkommen zählen zu den Branchen, die in ihrem technischen Ablauf zunehmend auf diese Weise automatisiert werden[81].

Bei der wachsenden Bedeutung von Recycling-Prozessen und Kombinationstechnologien, bei denen die Verteilung von Abfall zur Wiederverwendung mit dem jeweiligen Rohstoffbedarf gekoppelt werden muß, werden solche programmierten Steuerungshilfen einmal unersetzlich sein und gewiß auch nach und nach mit Heimcomputern den Haushalt erobern: zur Terminplanung und Erinnerung für Lernprogramme, Einkauf, Licht-, Strom-, Heizungs- und Geräteüberwachung, vor allem dann, wenn unsere Häuser wieder autark werden und eine eigene Energieversorgung durch die verschiedensten Kombinationstechnologien betreiben, wie sie in den späteren Kapiteln noch angesprochen werden[82].

Wir sehen, hier geht es immer wieder um die Auswahl eines Optimums aus vielen Möglichkeiten, um ein Abchecken von Kombinationen und einer danach ausgerichteten Steuerung. Die Anwendungsbereiche sind unerschöpflich: von der Forschung zur Auffindung neuer chemischer Synthesemöglichkeiten und neuer Wirkstoffe[83] bis in den Verkehrsbereich, wo sich die Computer einen festen Platz erobert haben, etwa bei den automatisch gesteuerten Zügen und der elektronischen Bezahlungsweise, wie sie, nach einigen Anfangsschwierigkeiten, mit dem BART-System in der San Francisco Bay ihren Anfang nahmen, oder bei den in einigen Metropolen vom Verkehr selbsttätig im Feedback geregelten grünen Wellen[84].

Einen wichtigen Unterbereich der Steuerung haben wir dort, wo der Computer nicht etwas anderes steuert, sondern sich selbst: beim ›Lernen‹ eines Computers im Feedback. Besonders schwer tun sich ja Computer bei der Mustererkennung, dem momentanen Beurteilen von Formen, wie es dem menschlichen Gehirn so vorzüglich gelingt. Um gestaltliche Charakteristiken wie Kanten, Schatten usw. zu erkennen, müßte ein üblicher Digitalcomputer erst jeden Punkt mit allen Nachbarpunkten vergleichen, was schon für einfache geometrische Formen Minuten dauern kann. Lernende Computer und solche, die nach dem Prinzip der Netzhaut des Auges programmiert sind und dadurch mehrere tausendmal schneller arbeiten, sind jedoch im Kommen[85] und werden bereits zur Aussortierung am Fließband als ›sehende‹ Roboter eingesetzt[86]. Ein ähnliches Lernprinzip liegt dem allmählichen Erkennen eines Sprachmusters zugrunde, nach dem z. B. ein von Philips entwickelter Computer die »Stimme seines Herrn« kennenlernt und somit nur diesem (bzw. einem geschickten Imitator) gehorcht.

Die Rückkoppelung kann dabei nicht nur über Daten, sondern natürlich auch direkt über menschliche Reaktionen laufen, so etwa bei dem computergesteuerten Stotterer-Heilverfahren, das eine falsch angelernte Rückkoppelung bei der Lautbildung nach individuellem Programm beseitigt und geeignete Fälle in zwei bis drei Wochen von dem Leiden befreien kann[87]. Auf ähnliche Weise funktionieren natürlich auch andere Lernmaschinen auf der Basis von Rückkoppelungen, d. h. nach dem Mechanismus von Regelkreisen, wobei allerdings die meisten Computer-Lernmaschinen so schlecht programmiert sind, daß sie eher eine Karikatur des Verfahrens als ernst zu nehmende Unterrichtshilfen sind. Anders bei den noch zu besprechenden Simulationsprogrammen, die dem Benutzer ein echtes Lernerlebnis vermitteln können, da sie sein Verständnis für sonst nicht durchschaubare oder falsch verstandene Abläufe durch die eigene Erfahrung am Modell öffnen. Hier ist der Lernende oft so fasziniert, daß er vor Abschluß des Lernprozesses kaum noch vom Computer wegzubringen ist. Das gilt für Umweltsimulationen genauso wie für Problemsimulationen aus der Geschäftswelt, etwa in der Führung eines Hotels[88]. Doch dies ist, wie gesagt, bereits eine höhere Stufe von Lernmaschine, wie sie von den gängigen, didaktisch meist noch miserabel konzipierten »Lernprogrammen« dieser vierten Anwendungsgruppe nicht erreicht wird.

Die Rechenmeister

Weit unbestrittener sind die Leistungen der fünften Anwendungsgruppe: die Rechenkünste der Computer, die inzwischen einen Großteil der mathematischen Praktiken radikal geändert haben. Heute können physikalische Grundgleichungen auf eine Art behandelt werden, die von den traditionellen Methoden der angewandten Mathematik völlig abweicht, gleichzeitig aber auch oft ein gutes Stück näher an absolute Grenzen des mathematisch überhaupt Machbaren rückt[89]. Die Teilchenphysik profitiert hiervon ebenso wie die Astronomie, z. B. für kosmologische Berechnungen unseres Milchstraßenaufbaus, nach denen unsere Galaxie einen unerwartet hohen Anteil ihrer Masse in den geheimnisvollen »Schwarzen Löchern« verwahrt hat (vergleiche Kap. 18 »Denkmodelle«). Während die vorhin besprochenen steuernden Computer ihre Resultate meist direkt auf andere Maschinen übertragen (ihre Funktionen demjenigen, der sie einsetzt, also verborgen bleiben), stellen die *Universalrechner* ihre Fähigkeiten dem Benutzer selbst zur Verfügung. Dieses Mensch-Maschine-Verhältnis war ein wenig gestört, solange sich mehrere Benutzer in einen Rechner teilen mußten. Inzwischen geht die Tendenz zum persönlichen *Mikrorechner* am Arbeitsplatz, der – psychologisch bedingt – dann sicher auch weit intensiver und zweckmäßiger eingesetzt wird[90]. Mit besonderen mathematischen Kombinationsleistungen können schließlich die berühmten »Schachcomputer« aufwarten, die nicht nur bereits viele Amateure, sondern auch Großmeister wie Michael Stean schlugen, als der Computer »Chess 4.6« 1977 die Weltmeisterschaft gewann. Die Programme, etwa das CDC 6400, wurden so modifiziert, daß sie auch für eine Reihe anderer Aufgaben eingesetzt werden können, die ebenfalls das Problem haben, zwischen vielen möglichen Wegfolgen die beste zu finden[91].

Heißt das nun, daß Computer intelligenter sind als Menschen? Nun, in diesem Fall wohl eher, daß Schach doch kein so intelligentes Spiel ist, wie manche denken. Das japanische Go-Spiel z.B. bewegt sich mit seiner Kybernetik auf einer höheren Stufe und erweist sich gegenüber einer mechanischen Programmierung als außerordentlich widerspenstig[92]. Auch die Tatsache, daß manche Intelligenztests, z.B. Analogschlüsse aus geometrischen Figuren, von Computern spielend gelöst werden können, heißt nicht etwa, daß Computer besonders intelligent sind. Es heißt eher, daß solche Tests in Wirklichkeit eben gar keine Intelligenztests sind, sondern nur etwas über die Speicherfähigkeit und das mechanische Abtasten nach Assoziationen des getesteten Gehirns, d.h. auch eines elektronischen Programms aussagen. Andererseits zeigen uns diese Einblicke in die Logik von Computern sehr deutlich, was in uns selbst alles reine Maschine ist und was nicht. Eine nicht zu verachtende Hilfe, unsere eigene Natur besser zu verstehen.

So zeigt sich gerade bei dem Versuch, Denkvorgänge mit einem Computer zu simulieren, etwas sehr Interessantes, nämlich daß man solche Vorgänge nicht in logischen Folgen, sondern nur in »Mustern« und »Matrizen« angehen kann, d.h., nicht durch die Speicherung der unterschiedlichen Verbindungen und Abhängigkeiten zwischen den Einzelteilen solcher Muster, sondern von Gesetzen, die solche Muster bestimmen. Ganz ähnlich also, wie es der Arbeitsweise der Neuronenverdrahtungen in unserem Gehirn entspricht. Würde man ein solches System nicht mathematisch im Computer, sondern durch echte räumliche Vernetzungen aufbauen wollen, dann würde dies zu einem alle Vorstellungen sprengenden geometrischen Monstrum führen: zu einem 55dimensionalen Raum[93]. Im übrigen liegt die Schwierigkeitsgrenze für Denkaufgaben heute immer weniger bei der *Hardware* als bei der Modellaufstellung. Denn die inzwischen vor allem durch die Miniaturisierung erreichte technische Reife und gewaltige Speicherkapazität läßt fast jeden Programmierungswunsch erfüllen.

Die künstliche Mikrowelt

Diese Miniaturisierung, die in den letzten Jahren in atemberaubendem Tempo fortgeschritten ist, hat heute ebenfalls weniger von der technischen Verkleinerung her ihre Grenzen als von einer ganz anderen Seite. Es ist die heute mögliche wachsende Vielzahl der Elektronikteile, die hier mittlerweile zum Problem wird. Bei so vielen Millionen Elementen eines einzigen Computers bedeutet nämlich dann selbst eine so märchenhafte »mittlere Betriebssicherheit«, wie sie heute mit zehn Millionen Betriebsstunden pro Element erreicht wird (unvorstellbar, verglichen mit sonstigen technischen Funktionsteilen), daß doch wieder alle paar Stunden eines der Teile ausgewechselt werden muß. Darüber hinaus fragt man sich, ob man mit solchen gewaltigen Zentraleinheiten überhaupt etwas anfangen kann, wenn die Rahmenhandlungen, nämlich das Eingeben, Ausdrucken und Ablesen, mit der eigentlichen Geschwindigkeit des Computers nicht im entferntesten mehr mitkommen.

So entstehen auf der einen Seite die neuesten Informationsspeicher zukünftiger Computer, wie die gespenstischen, 10 Milliarden Bits fassenden Lichtspeicher (Philips), aus denen jede Informationseinheit in einer Viertelsekunde abgerufen werden kann. Sie übertreffen schon wieder die gerade erst zum Einsatz kommenden Blasenspeicher um ein 40faches, in denen Magnetblasen wie winzige Inseln in einem Meer entgegengesetzter Polarität Informationen speichern und verarbeiten können. Da hier teure Kristalle durch amorphes Material ersetzt werden können, werden auch die Kosten nochmals drastisch sinken. Auch Lichtblasen-Speicher (IBM), die auf winzigen Lumineszenzfilmen je nach Spannungsverteilung aufleuchten oder verlöschen – Größe einer Blase 0,001 mm ∅ – sind in Entwicklung. Andererseits würde all dies nicht viel bringen, wenn man nicht gleichzeitig an der Entwicklung superschneller und ebenfalls extrem winziger Schalter arbeitete. Die jahrelangen Entwicklungsarbeiten auf dem Gebiete des »negativen Widerstandes«, des Gunn-Effektes, führten zu Einheiten mit 1 Milliarde Schaltungen in der Sekunde (!). Während dieser kurzen Schaltzeit legt ein Stromimpuls trotz seiner annähernden Lichtgeschwindigkeit nur einen Millimeter zurück[94]. Das Ausmaß der Schalter ist ebenfalls ein Rekord: sie haben die Größe eines Bakteriums[95]. Will man beim Kampf gegen die Lichtgeschwindigkeit die Wege im Hinblick auf noch schnellere Leistung weiterverkürzen, dann müßte man schon die Schaltelemente in der

Nähe des absoluten Nullpunktes arbeiten lassen. Denn nur dann könnten die für die Wärmeabführung sonst unbedingt nötigen Abstände zwischen ihnen – und damit die Signalwege – noch einmal drastisch verringert werden[96].

Ein kleiner Rückblick auf dieses einzigartige Phänomen einer nicht enden wollenden Miniaturisierung sei noch erlaubt: In den gleichen Raum, den eine einzige der alten Radioröhren einnahm, gehen 50 Transistoren *oder* 300 Dünnfilm-Stromkreise *oder* über 1 000 Mikrohalbleiter *oder* über 1 Million der mit Hilfe von Elektronenstrahlen fabrizierten Dünnschicht-Stromkreise. Seit 1960 hat sich die Anzahl der Transistorfunktionen pro Chip Jahr für Jahr verdoppelt. 1977 waren es 25 000 pro cm^2, in den 80er Jahren werden wir 1 Million Schaltfunktionen pro cm^2 überschreiten und die endgültige Grenze (bei etwa 25 Millionen) Ende des Jahrhunderts erreicht haben. Eine Informationsverarbeitung, die 1970 noch durch 10 000 elektronische Bauelemente erledigt werden mußte, schafft heute ein einziger Großschaltkreis. Ähnlich steht es mit den Preisen. Wissenschaftliche Kleinrechner, die Anfang 1973 noch 3500 DM kosteten, sind heute für rund 100 DM auf dem Markt. Kein Wunder, denn die Kosten pro Funktion auf einem Chip lagen 1965 bei 1 DM, 1980 nur noch bei 0,1 Pfg. Hätten sich die Kosten eines Volkswagens von damals in der gleichen Weise reduziert, würde er heute 6 DM kosten. Und noch ein Einzelvergleich: Die Leistung des 30 Tonnen schweren berühmten ENIAC-Computers mit seinen 18 000 Röhren, der in den 60er Jahren 1,6 Millionen DM kostete, wird heute von einem fingernagelgroßen Mikroprozessor zum Preis von 10 DM erbracht.

Ich habe bei dieser revolutionären Entwicklung deshalb ein wenig ausführlicher verweilt, um einerseits auf die fast unglaubliche Fülle von Innovationen und ihre unmittelbare Umsetzung hinzuweisen, auf die geballte technische Kreativität, die hier zur Entfaltung kam, und um andererseits die Frage aufzuwerfen, was diesem bewundernswerten Ideenpotential nun an wirklichen Leistungen für unsere Gesellschaft gegenübersteht. Sind sie ebenso beeindruckend? Gewiß nicht. Viele Verbesserungen sind zweischneidig – ich komme gleich noch darauf zurück –, viele den Aufwand nicht wert, aber sicher sind auch eine ganze Reihe großartiger Möglichkeiten noch nicht annähernd ausgeschöpft. Zu diesen zählen nicht zuletzt die bestechenden Möglichkeiten der sechsten Anwendungsgruppe, der Simulationen und Prognosen, deren Rolle als Entscheidungshilfen wir ja schon im letzten Kapitel begegnet sind.

Die Wirklichkeit im Modell

Ein Simulationsmodell ist ein Abbild der Wirklichkeit. Doch anders als bei einer Landkarte ist es nicht nur ein vereinfachtes Modell der realen *Struktur*, sondern auch ein Modell ihrer inneren *Dynamik*, der Abläufe und Entwicklungen, die in der Wirklichkeit stattfinden können. Genauso wie bei der Pilotenausbildung im Flugsimulator, beim Arzneimitteltest im Tierversuch oder der Entwicklung einer Karosserieform im Windkanal werden hier reale Abläufe simuliert. Viele Vorgänge lassen sich so ›mit dem Finger auf der Landkarte‹ nachvollziehen, ohne daß dabei gleich Unheil angerichtet wird. Und erst wenn sie im Modell funktionieren, wagt man es, in die ja meist noch kompliziertere Wirklichkeit zu gehen. Auf diese Weise läßt sich heute von Mondlandungen bis zu Nervenreaktionen praktisch jeder Bereich der Wirklichkeit durch computergesteuerte Programme nachahmen. Das Prinzip der Simulation ist im globalen Bereich das gleiche wie im Mikrobereich eines einzelnen Organismus[97]. In allen Fällen spiegelt die simulierende Maschine die Realität *symbolisch* wider.

So simulierte man z. B. ein Ökosystem, zu dem eine wichtige Lachsart gehört, indem in die Simulation außer dem Lebenszyklus der Lachse auch der Zustand der Umwelt, deren Schädigung, die fischereiwirtschaftlichen Entscheidungen und die Abmachungen der am Lachsfang beteiligten Firmen wie auch Schontage und Fangorte mit einbezogen wurden. Man zog die Konsequenzen und hatte verblüffenden Erfolg. Das Aussterben der Lachse wurde eindeutig nur durch diese Simulation rechtzeitig verhindert, weil normalerweise bei dem langen Lebenszyklus der Tiere die Auswirkungen getroffener Entscheidungen erst fünf Jahre später zum Tragen kommen und die entdeckten Fehler erst dann hätten korrigiert werden können, wenn es zu spät gewesen wäre.

Im größeren Rahmen wurde z. B. die optimale Landnutzung des Missouri-Beckens, eines Gebietes von der fünffachen Größe der Bundesrepublik, bis zum Jahre 2020 aus 4500 Gleichungen mit 17 000 Variablen wie Pflanzensorten, Anbauzeiten, mögliche Wetterlagen und wieder deren Einwirkungen auf jede Pflanzenart, deren Schädlinge usw. in über 7 Milliarden Rechenoperationen ermittelt[98]. Neben einkalkulierbaren Dürreperioden oder Überschwemmungskatastrophen spielen jedoch bei vielen Projekten dieser Art zum großen Teil auch soziologische, politische oder religiöse Faktoren mit, welche, wenn man sie nicht einbezieht, die schönsten Computerprognosen völlig über den Haufen werfen können. Viele Wissenschaftler scheuen sich, solche Einflüsse in ein mathematisches Modell hineinzunehmen. Ein etwas irrationales Vorurteil, denn nichts spricht dagegen, auch qualitative Einflußgrößen einzuprogrammieren. Sie lassen sich genauso in mathematischen Funktionen ausdrücken wie quantitative Daten[99].

Kritisch wird der Computereinsatz nun immer dort, wo er als *Entscheidungshilfe* dient – ganz gleich, ob diese dem analysierenden, steuernden, konstruierenden, rechnenden oder prognostischen Anwendungsbereich entspringt –, aber auch am vielversprechendsten. Der Weg zu offenen, wirklichkeitsnäheren Simulationsmodellen ist, wie in den vorhergehenden Kapiteln gezeigt, längst beschritten und öffnet ein ganzes Feld im Verständnis unserer Wirklichkeit, das bisher brachlag. Hier kommen neue Entscheidungshilfen auf, mit denen wir schwerwiegende Fehler vermeiden können, wie sie etwa in den in der Einleitung zitierten Beispielen einer völlig inadäquaten Entwicklungshilfe für die Sahel-Zone[100], im Bau des Assuan-Staudamms oder in der peruanischen Fischereiwirtschaft noch zutage traten. Von Fehlern unserer eigenen Landesplanung und Entwicklungspolitik ganz zu schweigen[1, 2].

Wenn ich zu Anfang unserer Systembetrachtung sagte, daß komplexe Systeme aufgrund ihrer inneren Kommunikation etwas grundsätzlich anderes sind als eine noch so große Menge von Einzeldingen, so heißt dies ja vor allem, daß in einem *System* auch ganz andere Steuerungsvorgänge beachtet werden müssen als in einer *Menge*. Hier können uns Simulationsmodelle helfen, die vielfach nicht sichtbaren Verbindungswege und Wirkungsflüsse, also die Kommunikation in Systemen nachzuvollziehen. Wir sahen ja, durch Sammlung von Daten allein werden diese Vorgänge nicht erfaßt. Auch nicht durch noch so gute Optimierungsmodelle, deren Ergebnis für die Lebensfähigkeit des Systems nicht das geringste aussagt. Ein Beispiel: Eine optimal kalkulierte direkte Nahrungshilfe an ein Entwicklungsland berücksichtigt nicht die vielfältigen Implikationen der übrigen Lebensbereiche. Die Folge ist sehr häufig, daß die eigene Landwirtschaft zurückgeht und dadurch die Lage meist noch schlimmer wird[101]. Erst unser sechster Anwendungsbereich, die Simulation schwer durchschaubarer Abläufe, bringt also hier, im Gegensatz zu der starren Datenverarbeitung der anderen Bereiche, wirkliche Fortschritte – im Großen wie im Kleinen – bis hinein in die Gestaltung der erwähnten Zukunftstechnik autarker Wohnhäuser[82].

Drei Gefahrenebenen

Die Elektronenrechner bieten uns also in der Tat neue Hilfen zum
Verständnis der Wirklichkeit an und gehen in der Miniaturisierung
vieler Steuer- und Regelvorgänge einen Weg, der auch in punkto
Material- und Energieersparnis in die richtige Richtung weist, ja viel-
leicht sogar einmal durch eine Neuorganisation unseres Verkehrsge-
schehens die Umwelt in vieler Hinsicht entlastet (siehe das folgende
Kapitel). Dies alles sagt aber noch nichts über die Beziehung zum
Menschen aus. Die Gefahren der Computerentwicklung, von denen
so oft gesprochen wird, liegen dabei auf drei verschiedenen Ebenen.
Die erste ist die der Fehler und Fälschungsmöglichkeiten, wie die
Rechenfehler des VW-Zentralcomputers, der 1972 den gesamten
Ersatzteilnachschub durcheinanderbrachte und die damalige Krise
des Konzerns noch mehr vertiefte[102], oder die des Computers in der
Zentrale der Schweizerischen Bankgesellschaft, der 1957 über eine
längere Zeit 0,4 Prozent statt 4 Prozent Zinssatz abgebucht hat.
Eine weitere Gefahr ist die der soviel diskutierten Computerverbre-
chen (z. B. bei dem Versicherungspolicen-Schwindel der Funding-
Company, die *fiktive* – aber sauber im Computer gespeicherte – Poli-
cen an andere Gesellschaften verkaufte)[103]. Viele amerikanische und
inzwischen auch deutsche Untersuchungen über Computerkrimina-
lität und Strafrecht zeigen allmählich das Ausmaß dieses bisher mehr
hinter vorgehaltener Hand als öffentlich diskutierten Bereichs.
Kuriose, bestürzende, aber auch amüsante Fälle wurden aufgedeckt,
die kaum bestraft werden konnten, weil man ja vielfach keinen Menschen, sondern nur eine Maschine betrogen hatte[104]. Erst jetzt, nach
entsprechenden Änderungen unserer Gesetzbücher, können sie
erfaßt werden. Nur zögernd findet daher der Computer z. B. Eingang
in die Welt der Börsenmakler. Denn jeder, der fähig ist, die in den
kombinierten Speichern enthaltenen Informationen von nur einem
Bruchteil der z. B. an der Londoner Börse zugelassenen Makler zu
analysieren, könnte die so gewonnene Einsicht benutzen, den gesamten Börsenmarkt zu manipulieren[105]. Unbeabsichtigt ist dies schon
passiert. Der Börsensturz an der Wallstreet im November 1979, der
mit seinem weltweiten Schock zunächst fatal an die Katastrophe von
1929 erinnerte, war durch einen bloßen Computerfehler ausgelöst
worden! Bei der Routineangabe zur Geldmengenstatistik hatte sich
die Hanover-Trust-Bank, die viertgrößte Amerikas, um 4,5 Milliarden Dollar verrechnet (also so, als ob die Kunden ihr Geld abgezogen

hätten). Bevor der Fehler aufgedeckt war und die Finanzwelt sich von dem Schreckschuß erholt hatte, hatten verschiedene Käufer rund 200 Milliarden Dollar verloren.

Erst recht können *beabsichtigte* Manipulationen großen Schaden anrichten. So können Computerspione mit Richtmikrophonen und anderen Datenanzapfmethoden ganze Firmen ruinieren, wozu oft schon das Leeren von Papierkörben mit den ausgedienten Lochstreifen genügt[106]. Ob Fehler oder Verbrechen – wirklich bedrohlich wird es dann, wenn, wie Ende 1979 geschehen, ein defekter Magnetstreifen durch die Fehlinformation »Feindlicher Angriff« einen falschen Atomalarm auslöst und bis zur Rückkontrolle bereits von mehreren Stützpunkten Jagdbomber gestartet waren, bevor die Aktion abgeblasen wurde.

Die zweite Gefahrengruppe liegt in der persönlichen Überwachung eines Staatsbürgers durch elektronische Datenbanken, gegen die mittlerweile sogar eine »Internationale Gesellschaft zur Bekämpfung der Computer« ins Leben gerufen wurde[107]. Hier wird die Tyrannei des Orwellschen »Großen Bruders« heraufbeschworen. Doch auch ein solcher Mißbrauch ist äußerlich, die Gefahr offensichtlich und kann mit konventionellen demokratischen Mitteln genauso gut oder schlecht in Schach gehalten werden wie die bisherigen zum gleichen Zweck mißbrauchten Informationsmethoden. Der wirksamste Datenschutz scheint mir das kaum bekannte Modell zu sein, das in Schweden diskutiert, wenn auch noch nicht voll praktiziert wird. Dort soll jeder das Recht bekommen, jederzeit eine Kopie aller über ihn gespeicherten Informationen aus der Datenbank anzufordern. Die öffentliche Diskussion über das Thema ist auch bei uns noch sehr lebhaft, und die Gesetze sind noch nicht festgelegt[108]. Es besteht also Hoffnung, daß hier eine der Demokratie angemessene Lösung gefunden wird.

Das größte Risiko liegt vermutlich auf einer dritten Ebene, die, gemessen an den zuvor genannten offensichtlichen Mißbräuchen, sehr viel tiefer und subtiler eingreift: in einer computerangepaßten, EDV-fähigen Sprache und Denkweise, die auf immer mehr Lebensbereiche übergreift. Mit ihr schränken wir gerade die Teile unseres biologischen Gehirns ein, die ja dem Computer so überlegen sind: jene der Analogieschlüsse, der Erklärung durch Beispiele (statt durch die bloße Einordnung nach Klasse und Merkmal), der Kreativität, der Erkennung von Mustern und ihres Vergleichs usw. Denn eigenartigerweise wurde ja mit der Computerentwicklung nicht das Denken in Regelkreisen, das rückkoppelnde, sich selbst korrigierende Herantasten an die Wirklichkeit, die kybernetische Logik, in der die Information ihre steuernde Kraft am stärksten entfalten könnte, zur beherrschenden Methode, sondern zunächst einmal die binäre Logik, das zweiwertige Denken in nur »ja« und »nein« mit seiner überragenden Bedeutung für die digitalen Rechenanlagen – wenn auch inzwischen durch nicht-binäre Programmiersprachen weitgehend überdeckt. Das Groteske an dieser Situation ist, daß es dabei in der Elektronik jener auf binäre Logik getrimmten Maschinen nur so von Rückkoppelung und Regelkreisen wimmelt. Ohne Kybernetik wären sie nie zustande gekommen. Es ist also gar nicht einmal die Elektronik als solche, die hier schuld hat, sondern die Art ihrer technischen Organisation im Innern der Maschine. Und die haben wir, die Konstrukteure, mit unserem Denken zu verantworten.

In der Tat ist es letztlich unser traditionelles Denken, das, ganz unabhängig von den Computern, vom ersten Schultag an, ja von den ersten Erklärungsversuchen der Eltern an, so sehr auf Ja und Nein, auf Einordnen nach Klasse und Merkmal getrimmt wurde, auf »Bist du nicht schwarz, dann bist du weiß«, daß wir auch ein so neues Prinzip wie die elektronische Informationsverarbeitung zunächst in der alten Art anwenden, was die entsprechende Denkweise ihrerseits nunmehr völlig zu zementieren scheint.

Das gilt nicht zuletzt auch für einen auf die herkömmliche Art geplanten Einsatz von Heimcomputern, deren Vormarsch sicherlich nicht mehr aufzuhalten ist. Es ist zwar durchaus denkbar, daß er uns, wie schon angedeutet, beim Energie- und Ressourcen-Management im Haushalt und sicher auch bei Finanz- und Steuerfragen wertvolle Hilfe leistet. Aber auch hier ist die große Gefahr, daß es nicht beim Werkzeug bleibt, sondern daß der Mensch sich, wie so oft, von seiner eigenen Erfindung beherrschen läßt und sein freies, kreatives Denken und Handeln noch weiter verkümmert – mit beängstigenden Perspektiven. Ich denke hier an so zweifelhafte, ja psychologisch direkt kriminelle Angebote von Heimcomputern, die mit synthetischer Stimme als Spiel- und Lerngefährten von bereits drei- oder vierjährigen Kleinkindern die Mutter entlasten sollen. Wer die Affenexperimente von Harlow kennt und die erschreckenden psychosozialen Konsequenzen bei Äffchen, die von einer »Drahtmutter« betreut worden waren[109], wird sich die Konsequenz für unsere Gesellschaft ausmalen können.

Eine weitere Gefahr liegt darin, daß die Möglichkeiten der Ausla-

stung eines Heimcomputers so gewaltig groß sind, daß man ihm
Denkarbeiten überträgt, die die entsprechenden Fähigkeiten beim
Menschen verkümmern lassen. Wir haben dies beim Taschenrechner
erlebt, dessen weitverbreiteter Gebrauch dazu führte, daß heute
kaum jemand die einfachsten Kopfrechnungen durchführen kann
(was wahrscheinlich in diesem speziellen Fall ohne große Tragweite
ist). Ich bin mir daher nicht sicher, ob man im ganz persönlichen
Bereich Beschäftigungen, die zwar ein Heimcomputer erledigen
könnte, wie die Planung der eigenen Arbeit, Fragen der Gesundheit
und Lebensweise oder die Organisation des Haushalts, nicht besser
doch der eigenen Beurteilung, dem eigenen Kopf und Gefühl überlassen sollte, statt weitere Fähigkeiten einer Erkennung von Konstellationen und solche der Intuition zu verlieren und so immer mehr
innerlich zu verarmen.

Analoges und digitales Denken

Kommen wir noch einmal zurück zu dem mechanischen Einordnen
in »paßt« oder »paßt nicht«. Eine solche Kanalisierung einzelner
Informationen nach »Klasse und Merkmal« und die Weiterverwendung einer so gespeicherten Information führen oft zu echten Fehlur-
teilen. Der Ausdruck »Er kann nicht bis drei zählen« entspricht somit
einem wichtigen digital-informationstheoretischen Phänomen und
bezeichnet gleichzeitig – auf die einfachste Formel gebracht – den
Intelligenzgrad eines Digitalcomputers. Auch der Mensch benutzt
bei vielen seiner Denkvorgänge, die man als *automatisch* bezeichnen
könnte, nur den Teil seiner Gehirnfunktionen, der lediglich bis zwei
zählt. Diese klassifizierende Informationsverarbeitung ordnet die
Wirklichkeit ein, im Gegensatz zur reflektierenden Verarbeitung, die
sich der Wirklichkeit anpaßt[110].
Es hieß weiter oben, daß die Schuld daran nicht an der Elektronik als
solcher liege. In der Tat gibt es auch bei den Computern – wie bei
unseren eigenen Denkvorgängen – zwei grundverschiedene, einander ergänzende Arten: einmal jenen Digitalcomputer, der eigentlich
immer gemeint ist, wenn man allgemein von Computern spricht, und
dann den schon gelegentlich erwähnten Typ des Analogcomputers,
der ein völlig anderer Geselle ist. Der Digitalcomputer ordnet beinahe unbegrenzte Mengen von Daten ein – nur durch die Größe des
Speichers bestimmt – und rechnet mit ihnen in höchster Genauigkeit.

Der Analogcomputer, nicht auf die binäre Logik fixiert, kann nur wenige Daten speichern, dies jedoch stufenlos, und kann damit selbst so verwickelte kybernetische Vorgänge analog zu ihrem wirklichen Ablauf simulieren, wie sie etwa in der Biosphäre vorliegen. Wenn zwei Systeme, hier der simulierende Computer und die simulierende Natur, analog reagieren sollen, so können sie das natürlich nur, wenn beide dem gleichen kybernetischen Prinzip gehorchen. So mußte z. B. auch der Digitalcomputer der MIT-Gruppe, mit dem die »Grenzen des Wachstums« simuliert wurden, durch entsprechende Veränderungen und ein zusätzliches Programm (*Dynamo-Compiler*) auf ›analog‹ umfrisiert werden. Will man jedoch die Kybernetik von komplexen Vorgängen im Modell *sichtbar* machen und auch noch unmittelbar stufenlos steuern, so wird (vor allem für Lernzwecke, wo schon wenige repräsentative Daten genügen, um z. B. Grunderkenntnisse der Wirtschaftskybernetik zu vermitteln) die Simulation auf einem echten Analogrechner unübertroffen bleiben[111].

Es kann nicht oft genug betont werden, daß es, um die Wirklichkeit richtig zu erfassen, eben vielfach nicht die größere Genauigkeit und Dichte der Datenerfassung ist, die zum Erfolg führt, sondern die Erfassung der richtigen Vernetzung. Stellen wir uns ein elektronisch gesteuertes Gerät vor, einen Roboter, der auf einem Schreibtisch einen Bleistift finden soll. Wenn wir ihn so programmieren, daß ihm die Koordinaten der genauen Lage des Bleistifts eingegeben werden, so findet er diesen zuverlässig, solange das System sich nicht verändert, der Bleistift also dort noch liegt. Hat ihn ein Windstoß um nur einen Zentimeter verschoben, so wird der Roboter melden: Kein Bleistift da. Programmiert man dagegen weitaus ungenauer, z. B. »etwas Dunkles, Langes, auf heller Unterlage«, dann muß schon eine Farbänderung der Schreibtischplatte eintreten oder der Bleistift in kleine Stücke zerschnitten werden, damit der Roboter ihn verfehlt.

Programmiert man ein Modell auf diese Weise, so werden viele Störgrößen von vornherein aufgefangen und damit die ja in Wirklichkeit immer vorliegende Dynamik eines Systems auch im Modell berücksichtigt. Ein Vorteil der Einprogrammierung weicher Daten. Nicht umsonst gibt es ja die schon erwähnte Mathematik der »Fuzzy Sets«, der »unscharfen Datensätze«, mit denen man mehr oder weniger unexakte, aber im Prinzip immer richtigliegende Konzepte der Wirklichkeit mathematisieren und damit auch programmieren kann. Auch hier spielen Analogien, Ähnlichkeiten, Beispiele eine Rolle.

Diese Denkweise entspricht der Art, wie Vorschulkinder Beschrei-
bungen und Definitionen geben. Auf die Frage: Was ist ein Stuhl?
antwortet ein Kind nicht: Ein Stuhl ist ein Möbelstück, sondern es
sagt: Ein Stuhl ist, wenn man sich drauf setzen kann. Eine Definition,
die einen Vorgang bezeichnet, den Gegenstand mit der Umwelt verbindet, eine Dynamik hineinbringt und selbst das Phänomen der
»Möglichkeit« (man *kann* sich setzen, muß aber nicht). Leider wird
in der Schule dieses sich an Beispielen orientierende Denken sehr
rasch ausgetrieben und durch jenes stupide »Einordnen nach Klasse
und Merkmal« ersetzt. Der Zusammenhang verschwindet, und was
geschult wird, ist eine Art ›Kreuzworträtselintelligenz‹. Kurz: Bei der
Erfassung der lebendigen Umwelt müssen wir weniger digital als analog denken und unseren Hang zur vollständigen Präzisierung aufgeben, wenn wir möchten, daß unsere Analysen und Modelle eine
Beziehung zu den wirklichen Lebensproblemen zeigen und uns vor
übereilten Zwangsentscheidungen schützen.

Irreführende Orakel

Die kritiklose Unterwerfung unter die Urteile, Entscheidungen,
Richtlinien und Prognosen von (auf die herkömmliche Weise einord-
nenden) Computern kann vor allem in den Gebieten der Marktfor-
schung, der Motiv- und Verhaltensforschung sowie der psychologischen Kriegführung zu schwerwiegenden Entscheidungs-Pannen
führen, weil der Zusammenhang mit anderen Bereichen nicht einbezogen ist.
Der österreichische Informatiker Adolf Adam spricht daher von der
zunehmenden Gefahr eines »Ersatzes der Astrologie durch Compu-
terorakel«[37]. Das amerikanische Pentagon müßte ein Lied davon sin-
gen können. Denn der Verdacht liegt nahe, daß die politische Hilflosigkeit der Amerikaner im Vietnam-Problem, im Nahost-Konflikt
oder während der Iran-Krise zum Teil auf einem zu festen Glauben
an die Verkündungen ihrer (falsch gefütterten) Computer beruht, die
nach amerikanischen Verhaltensschablonen programmiert und dann
mit afrikanischen, orientalischen oder ostasiatischen Gegebenheiten
und Möglichkeiten gespeist werden. Es ist naiv zu glauben, daß dann
das herauskommt, was die Asiaten oder die Araber zu tun gedenken.
Die Tatsache, daß die Aussagen eines Computers zwar in sich exakt
sind, darf nicht darüber hinwegtäuschen, daß sie vielleicht auf fal-

schen Voraussetzungen beruhen und damit im Endergebnis doch wieder falsch sein mögen.

Wieso ist all dies nicht schon längst für jeden selbstverständlich? Es liegt daran, daß die Schwerpunkte in dem weiten Gebiet der Informationswissenschaften, wie zu Anfang gesagt, durch die rasanten äußeren Erfolge in der Datenverarbeitungstechnik völlig verschoben sind. Die heute noch einseitig computerorientierte *Informatik* vernachlässigt, man kann sagen: sträflich, einige ihrer wichtigsten Zweige, nämlich die Ebene der analytischen *Kybernetik* und die Ebene ihrer gestaltenden Anwendung, der *Bionik*, auch was den Bereich der Datenverarbeitung selber angeht. Der Weg, den unsere Universitäten in der Informatik heute gehen – ihre Pläne sind längst auf die einseitige Ausbildung von Computerspezialisten festgelegt –, ist in der Tat verhängnisvoll. Sie gehen damit an der Wirklichkeit vorbei. Ausführliche Studien zeigen nämlich, daß in Mitteleuropa der Bedarf an Fachkräften für eine praxisnahe Informatik fünfmal so groß ist wie der Bedarf an Computerwissenschaftlern der heutigen Prägung[112].

Man wird zu spät merken, daß auch die Computertechnik selber hierdurch in eine Sackgasse gerät, weil sie, nur auf sich selbst und kaum noch auf die Anwendung bezogen, immer weniger befruchtet werden kann. Erst als ein in die gesamtkybernetischen Aufgaben integriertes Teilstück wird auch die Computertechnik wieder neue Ufer erobern können.

So rennt schließlich die Computerisierung ihrer eigenen Entwicklung davon. Computer werden zum Entwurf neuer Computer eingesetzt – vielleicht schon in dem Wunschdenken mancher Hersteller, daß man einmal Computer an Computer verkaufen kann statt an Menschen; eine Art elektronisches Parkinson-Prinzip, das vielleicht da und dort längst existiert; man kümmert sich immer weniger darum, *was* man mit ihnen macht, sondern hauptsächlich, *daß* man etwas mit ihnen macht. Die Orientierung an den Aufgaben tritt zurück hinter der Orientierung an der möglichst rationellen Auslastung des neuen Produktionsmittels, eine Auslastung, die zur Zeit tatsächlich nur etwa 15 Prozent der installierten Kapazität ausmacht. Das Schwierige ist dabei, daß es natürlich im Grunde überhaupt keine schlechten Computer gibt, sondern nur haufenweise falsch eingesetzte Computer, schlecht programmierte, grob entworfene Computersysteme, die oft den Menschen aus der Gleichung herauslassen.

Daß wir in die heutigen Zwänge und z. T. Sackgassen hineingeraten sind, uns von Computer-Orakeln in die Irre leiten lassen, ist auch wieder nicht so sehr Unfähigkeit oder mangelndes Bemühen unserer Industrie und Wirtschaft gewesen, sondern deren unter heutigen Verhältnissen nicht mehr funktionierende unvernetzte Zielsetzung. Sie ist es, die in einer Art primitiver »Operations Research« zu Zwängen führt, unter denen man Spätschäden wie auch katastrophale Rückwirkungen, verursacht durch das Nichtbeachten vernetzter Regelkreise, für kurzfristige Scheingewinne in Kauf nahm. Und dies zu einer Zeit, da die Voraussetzungen für Informationstechniken, mit denen solche vernetzten Zusammenhänge erfaßt werden können, längst gegeben waren. Doch wofür hat man sie benutzt: um auf primitive Weise Daten zu speichern und abzurufen, um hochzurechnen und zu extrapolieren, zu klassifizieren und einzuteilen – statt um das wahre Spiel der Wirklichkeit zu durchschauen.

Der bekannte britische Kybernetiker Stafford Beer sagte: »Der stärkste Mißbrauch der Freiheit erfolgt durch das Fehlen von Werkzeugen . . . Die Menschheit ist in den Klauen sehr mächtiger Kräfte, die sie zerreißen wollen, und wir müssen deshalb Kontrollinstrumente bauen. Die Kybernetik kann diese Aufgabe besser erfüllen als die Bürokratie[113].« Das Paradoxe an der Situation liegt also darin, daß wir zwar nichts dringender als gerade jene computerunterstützten Informations- und Entscheidungshilfen brauchen, damit sie uns Pannen in der Zukunftsplanung (auch in ihrem ureigensten Gebiet, der Elektronik) rechtzeitig vermeiden helfen, wir aber andererseits Gefahr laufen, den gerade dazu nötigen kybernetischen Ansatz zu verfehlen und uns die großartigen, vielleicht sogar lebensrettenden Hilfen der Elektronik auf einmal nicht mehr zur Verfügung stehen. Denn wenn die zunehmende Verschwendung von Rohstoffen durch unsere veralteten, unkybernetischen Technologien weiterhin anhält, wird es in der nächsten Zukunft da und dort zur abrupten Verknappung kommen, die nicht nur für viele Endprodukte und ihre Zulieferungsindustrien, sondern auch innerhalb mancher Produktionsverfahren selbst zu plötzlichen Engpässen führen.

Engpässe in bestimmten seltenen Metallen ziehen Engpässe in entsprechenden Halbleitern und Schaltelementen und damit auch in der Elektronik nach sich – und dies vielleicht gerade dann, wenn innovative Technologien und ›Werkzeuge‹, zu denen auch die Mikroelektronik gehört, besonders wichtig werden. In der Tat wäre es grotesk, wenn gerade jene Technik, die sich eben dadurch auszeichnet, daß sie ohne Lärm und Luftverschmutzung, mit minimalem Energieaufwand und geringster Raumbeanspruchung arbeitet und somit am allerwenigsten an jener letztlich auf den Müll wandernden Produktionslawine beteiligt ist, an solchen Engpässen zugrunde ginge, ehe man ihr Potential für ein neues Zeitalter sanfter Alternativtechnologien überhaupt richtig einsetzt.

Wie sehr wir auf fast allen Gebieten diesen neuen Denkansatz und seine Unterstützung durch entsprechende Instrumente brauchen, und welche Hilfen er uns für die allernächste Zukunft bietet, wollen wir uns in den folgenden Kapiteln ansehen, die sich nun zunehmend mit den Wechselwirkungen zwischen Mensch und Biosphäre beschäftigen werden.

4 Verkehr

Der überforderte Organismus

*Lebendige Städte – inwieweit hat sich die Versorgung
ihrer Bewohner in erstarrten Transportsystemen mit
einem absurden Material- und Energieaufwand verfan-
gen? Inwieweit ist der Verkehr gar Selbstzweck geworden, unfähig, sich neuen Gegebenheiten anzupassen?
Müssen Innovationen wirklich an einer zementierten
Infrastruktur scheitern, bis wir im Smog erstickt sind
oder ein energetischer Zusammenbruch die Straßen leer-
gefegt hat? Ist der gewaltige Materialaufwand für unser
Kommunikationsgeschehen wirklich nötig? Für viele
materielose Verkehrsarten ist die Basis längst geschaffen: Technologien, die zunehmend an die vielseitige
Kommunikationswelt der Natur erinnern.*

Systemgerechte, d. h. beständige Lösungen können auch hier offensichtlich nur aus einem Nachdenken darüber kommen, welche Rolle
der Verkehr beim Kommunikationsgeschehen eines Systems überhaupt spielt und spielen darf; wann er *materiell* durch Transport
und wann er *immateriell* durch Informationsmedien erfolgen
sollte. Beschäftigen wir uns in diesem Kapitel zunächst einmal mit
der materiellen Kommunikation. Ein Vergleich zu der gerade
behandelten Hardware in der elektronischen Datenverarbeitung
drängt sich auf. Wir haben gesehen, daß wir durch die materielle Bindung gewisser Informationsbereiche an die Welt der immer zahlreicheren Computer Gefahr laufen, unsere Beweglichkeit des Denkens
auf diejenigen Strukturen festzunageln, die diesem technischen Hilfsmittel entsprechen. Ähnlich steht es auch mit der Kommunikations-
Infrastruktur der menschlichen Gesellschaft, deren ›Hardware‹ noch
weit endgültiger als bei einem Computer (diesen kann man zur Not
wegwerfen) die Programme und Abläufe unseres Lebens festlegt, im

wahren Sinne des Wortes zementiert: mit der Organisation der menschlichen Bewegung und Behausung, unserer Versorgung und Entsorgung, also mit Städtebau und Verkehr.

Zersiedelung durch Funktionstrennung

In der notwendigen Kommunikation zwischen den Stadtbewohnern und ihren Bezugsorten innerhalb und außerhalb der Stadt und damit in der Lebensfähigkeit des organischen Systems Mensch-Stadt hat der Transport eine Schlüsselposition inne. Zugleich ist er derjenige Teil der Gesamtkommunikation, der mit seinem gewaltigen Material- und Energieeinsatz, seinen Belastungen der Biosphäre durch Abgase und Lärm und seiner enormen Raumbeanspruchung heute auch der aufwendigste ist. Noch wird der gewaltig angewachsene materielle Verkehr als ein notwendiges Übel betrachtet, das die zunehmende Menschendichte zunächst zu verlangen schien: mit ihr wuchs die Aufteilung in spezialisierte Tätigkeiten und Berufe. Die dadurch erhöhte Abhängigkeit voneinander kollidierte mit der räumlichen Trennung jener Tätigkeiten. Hinzu kam eine zentralisierende und damit erneut weite Transportstrecken verlangende Entwicklung unserer Großindustrie, der Energieversorgung und letztlich auch von Urlaub und Erholung. All dies führte zu einer immer komplizierteren Verflechtung im Raum, bis diese Auftrennung eine Vielzahl der Aktivitätsbereiche des jeweils einzelnen Menschen erreichte[114]. Erst diese Trennung in Wohn-, Arbeits-, Lebens- und Freizeitbereiche, in Produktionsstätten, Fertigungsbetriebe und Verbraucherzentren mit ihrer Zersiedelung und immer längeren Wegstrecken führte zu dem heute gewaltigen Verkehrsbedarf, der sich ständig selbst multipliziert. Sein Ersatz durch andere, weniger aufwendige Möglichkeiten der Kommunikation müßte bei allen heutigen Planungen, bei allen Betrachtungen unseres zukünftigen Lebens und Wohnens oberstes Gebot sein.

Sicher liefe die Entwicklung in die umgekehrte Richtung, würde man z. B. eine Stadt von vornherein so anlegen, daß man die verschiedenen Aktivitätsbereiche nicht auseinanderreißt und auch ein Dorf wieder als selbständige Einheit und nicht als Anhängsel an »zentrale Orte« begreift[115]. Dadurch entfiele auch die im Grunde unsinnige Hin- und Rückverteilung über Güterzentralen zugunsten einer einmaligen Verteilung innerhalb des jeweiligen Standortes. Die Energie-

versorgung würde nicht über die Brennstofflieferung an Großkraftwerke und erneute Verteilung über verlustreiche Fernleitungen
geschehen, sondern durch lokale Energienetze im Technologiever-
bund, d. h. gekoppelt mit einer Weiterverwendung bzw. Wiederverwendung von Abfall, dessen Transport nun ebenfalls gespart werden
kann. All dies bedeutete einen Vorstoß in eine von der Systembetrachtung her sich als notwendig erweisende neue Kleinräumigkeit
und damit in neue, dezentrale Technologien der lokalen Versorgung
und Entsorgung auf der Basis von transport- und energiesparenden
Symbiose- und Recycling-Verfahren, von Abfall-, Biogas- und Sonnenenergienutzung, wie wir ihnen in Kap. 16 »Energielösungen«
noch ausführlich begegnen werden.

Die Art der heutigen Planung auf dem Lande wie in der Stadt und
das, was man dort für fortschrittlich und wirtschaftlich hält, zeigt
jedoch über dieses Manko hinaus ein weiteres Desaster: die unselige
Kluft zwischen der formalen Welt der Planer und Architekten und
den realen Bedürfnissen der Bewohner. Die dabei verbauten Milliarden Kubikmeter Beton haben vielfach nur zu einem finanziellen Kollaps und einem sozialen Desaster beigetragen[116]. Der Boden wurde
noch knapper, und mit steigenden Preisen wuchsen die Stockwerke
in die Höhe. Auch hier ging weder die Rechnung vom geländesparen-
den Hochhaus auf, für das man Isolation, Streß und Kriminalität in
Kauf nahm – die im Grunde schon gleich wieder ein Vielfaches des
vermeintlich eingesparten Raumes entwerteten –, noch haben alle
soziologischen Spitzfindigkeiten über »Kommunikationsräume«,
»Motivationsflächen« und »Raumerlebnisse« den dort angesiedel-
ten Bewohnern mehr als einen Hauch von wirklicher Kommunikation gebracht. Eine Folge fachspezifischen Denkens, wie es aus der
Wirklichkeit entfremdeten Gehirnen kommt und in seinem unreflektierten Modernismus konsequent am Menschen und seiner biologischen Natur vorbeizielt.

Um es einmal klarzustellen: Zersiedelung heißt nicht etwa auf dem
Lande bauen, Dörfer entstehen lassen, sondern die Besiedelung über
die natürlichen Grenzen der Orte ausdehnen, im Grunde also: kleinräumige Organismen zerstören – wie dies mittlerweile auch offiziell
gerügt wird[117]. Erst dann entsteht überproportionaler Verkehr, der
wieder neuen Verkehr schafft – am verheerendsten zu beobachten in
den Ländern der dritten Welt, wo die unkontrollierte Ausdehnung
der Metropolen weit über ihre Wachstumsgrenzen ein riesiges Umfeld der Verelendung schafft – auch wenn man die Slums sozusagen

betoniert und hochkant stellt – und wo Transport und Verkehr wie in einem Krebsgewebe alle Kanäle verstopfen und zur faulenden Nekrotisierung führen[118]. Die Stadt São Paulo ist in dieses Jahrhundert mit 240 000 Einwohnern eingestiegen und wird es voraussichtlich mit 26 Millionen verlassen. Tokio–Yokohama mit heute 12 Millionen wird dann ebenfalls 26 Millionen erreicht haben und Mexico City gar 31 Millionen. Prototypen einer Entwicklung, bei der sich auf allen Kontinenten das gleiche findet: schwindelerregender Populationsanstieg und Zustrom in die Ballungszentren auf der Suche nach Arbeit, begleitet von einem immer größeren Nachhinken der Versorgung, des öffentlichen Dienstes und der Infrastruktur, von einer unaufhaltsam steigenden Kriminalitäts- und Unfallrate, einem zusammenbrechenden Verkehrsnetz und hoffnungslos überlasteten Häfen, wo die Güter, oft verderbliche Lebensmittel, monatelang auf Ausladung und Weitertransport warten müssen. Gerade in den am schlimmsten wuchernden Zentren scheint nichts diese Tendenz aufhalten zu können, weder im indischen Bombay noch im afrikanischen Lagos, noch im südamerikanischen Caracas, Santiago oder São Paulo.

Obgleich in unseren Industrieländern das Bevölkerungswachstum zum Teil zum Stillstand gekommen ist, wachsen auch hier die Ballungszentren weiter und damit deren Verkehrsproblem. Aus der raumbeanspruchenden Zersiedelung ergibt sich in einer Art positiver Rückkoppelung ein ständig zunehmender Bedarf an Verkehrsflächen, und zwar, da man nun wieder um so mehr auf das Auto angewiesen ist, auch in der Innnenstadt, was dann wiederum zu weiterer Zersiedelung führt. In Boston gehören so dem Autoverkehr über 40 Prozent der Innenstadtfläche, in Atlanta 54 Prozent und in Los Angeles gar 60 Prozent. Das Ruhrgebiet und mittlerweile auch der Frankfurter Raum stehen den amerikanischen Verhältnissen kaum noch nach. Wenn die geplanten Asphaltschluchten zur Ausführung kommen, werden in manchen Frankfurter Stadtteilen täglich bis zu 80 000 Fahrzeuge rauschen, mitten durch Wohnviertel, an Krankenhäusern und Schulen vorbei. Selbst ein Bundesland ohne größere Metropolen wie Baden-Württemberg ist mittlerweile mit seinen Straßen und Gebäuden als Ganzes zu 10 Prozent zugepflastert.

Es wundert also nicht, daß, begonnen mit der berühmten klaren Stellungnahme und dem Rücktritt des nordrhein-westfälischen Verkehrsministers Deniken, endlich auch offiziell an einem Tabu gerüttelt wird und man sich Ende 1979 entschloß, 7 000 bereits geplante

Autobahnkilometer wieder aufzugeben. In der Tat ist es grotesk, wenn heute immer noch weitere unmenschliche, Wälder, Wasserhaltung und Ökoleben zerstörende Autobahnmonstren, auf denen nie wieder Gras wächst, mit enormen Kosten in die Natur geknallt werden, ohne mehr als eine Scheinlösung zu sein[119]. Denn ohne das geringste Verständnis für kybernetische Zusammenhänge geplant, locken sie natürlich prompt den Verkehr weit mehr an, als sie an Kapazität beitragen. Sie verführen zu längeren Reisen, bieten sehr bald auch nur wieder überlastete Knotenpunkte und Stauungen und stehlen Zeit durch einen immer höheren Prozentsatz an »Unterwegssein«.

Der Staat New York finanziert die Ausfallstraßen und Fernstraßen um den New Yorker Stadtkern ungefähr mit einem Tausendfachen der Mittel, wie sie in die notdürftige Erhaltung der fast verrotteten innerstädtischen Massenverkehrsmittel fließen! Mit einem Bruchteil der Anstrengungen und des Aufwandes, die so direkt und indirekt für den Autoverkehr betrieben werden, hätte längst ein ebenso flexibler und individueller öffentlicher Verkehr entstehen können. Auch bei uns kann man mit den Gemeinden kein Mitleid haben, wenn sie sich dazu drängen lassen, riesige Summen in den Straßenbau zu investieren, und sich auf der anderen Seite über die fehlenden Mittel zur Sanierung und Aufrechterhaltung wichtiger anderer Lebensbereiche beklagen. In der Tat sind es die sozialen Kosten des Individualverkehrs, die für die verbreitete Verschuldung der Kommunen hauptverantwortlich zeichnen. Kosten, für die letztlich auch die nicht-autofahrende Allgemeinheit zahlt.

Rund um die heilige Blechkuh

Doch wer wagt die heilige Blechkuh zu schlachten? Der wirtschaftlichen Zwänge sind zu viele, aber auch der Zwänge unserer Mentalität, des Prestigedenkens und der Ersatzbefriedigung etwa unseres körperlichen Bewegungsdrangs durch Scheinbewegungen, die wir durch eine Maschine ausführen lassen. Gerade auf dem Transportsektor, der doch eigentlich vom Wesen her größte Flexibilität zeigen sollte, haben die gigantischen Investitionen in Massenproduktion und Infrastruktur eine Weiterentwicklung vielfach blockiert. In Großtechnologien gesteckt, läuft eben eine hohe Kapitalfestlegung leicht Gefahr, sogar innovationsfeindlich zu sein, weil so bestimmte Richtungen festgelegt und vielleicht angemessenere Wege auf lange Zeit verbaut werden.

So haben im Verkehrsbereich vielleicht gerade die Installationen zur Massenfabrikation der heutigen Antriebsarten mit ihrer großen Zulieferungsindustrie die Entwicklung von Hybrid-Antrieben, Stirling-Motoren, Kabinenbahnen, Elektroautos mit Brennstoffzellen usw. verhindert. Schon allein die seinerzeitige Festlegung auf Blei-Alkyle als Antiklopfmittel (und auf entsprechende Raffinerien) zog die Entwicklung von Motoren nach sich, die nur Treibstoffe hoher Oktanzahlen vertragen, und verzögerte die Weiterentwicklung anderer Motoren, selbst zu einem Zeitpunkt, als die Schädlichkeit dieser Zusätze längst erkannt war. Auch der große Kapitalwert der Installation von Eisenbahnen, Straßenbahnen, Untergrundbahnen zwingt natürlich zu ihrer weitgehenden Amortisation, ehe andersartige öffentliche Verkehrsmittel eingeführt werden. In einer entsprechenden Studie heißt es: Vorschläge zu einer vorausschauenden, systemgerechten Steuerung solcher Entwicklungen, d. h. Vorschläge, die die gesamten Umweltzusammenhänge berücksichtigen, sind also gerade dort, wo viel Kapital im Spiel ist, am dringendsten vonnöten. Unser heutiges Verkehrschaos beruht letztlich auf der mangelnden Planung von vor 30 oder mehr Jahren, die ausschließlich von den damaligen Gegebenheiten ausging[120]. Dies ist übrigens wieder ein sehr gutes Beispiel dafür, was bei unvernetzter, kurzsichtiger Planung herauskommt. Doch offensichtlich haben wir nichts daraus gelernt.

Schaut man sich die minimalen, eigentlich nur kosmetischen Veränderungen an, die in den letzten Jahrzehnten an den einmal eingeführten Verkehrsmitteln, insbesondere am Auto, vorgenommen wurden (während die eigentliche Mängelliste, angefangen von dem jährlichen Schlachtfeld hunderttausender Unfallopfer bis zur Lärm- und Abgaserzeugung, von der Rohstoff- und Energieverschwendung ganz zu schweigen, nach wie vor beliebig fortgesetzt werden könnte), so kann man hier tatsächlich von einer »geplanten Fehlkonstruktion« sprechen[121]. Die Einführung einer vergleichbaren Innovation, wie sie seinerzeit der Otto-Motor gegenüber der Dampfmaschine darstellte, erscheint jedenfalls vielen Entscheidungsträgern in Politik und Wirtschaft heute undenkbar. Ja, einige amerikanische Automobilkonzerne sind aus eigener Kraft nicht einmal mehr fähig, ihre Produktion auf kleinere Wagen umzustellen, und steuern nun – in ihren Produktionsmitteln festgelegt – offenen Auges in die Pleite[122].

Die Gründe, warum viele an und für sich machbare Lösungen auf dem Verkehrssektor nur zögernd oder gar nicht zur Anwendung kommen, liegen also nicht in ihrer prinzipiellen technischen oder organisatorischen Realisierbarkeit (denn was ist all dies verglichen mit der Realisierung der Mondlandung?), sondern fast immer woanders: in bestimmten Interessenkollisionen, in einer echten oder scheinbaren ›Unwirtschaftlichkeit‹, im Amortisationszwang einmal installierter Infrastrukturen, in ungünstiger oder fehlender Gesetzgebung, in den Fallen unseres Ressortdschungels, in mangelnder Vorausplanung, fehlender Experimentierfreudigkeit, wachsender Risikoscheu von Industrie- und Forschungsinstituten und in vielen anderen Bereichen, die mit dem eigentlichen Verkehrsproblem auf den ersten Blick nichts zu tun haben. Manche Maßnahmen entpuppen sich als Scheinlösungen, weil sie die anderen Umweltbereiche unberücksichtigt gelassen hatten, scheiterten an einer Unpopularität, die zu erwarten gewesen war, oder konnten wegen notwendiger vorheriger Änderungen in der Verhaltensweise der Allgemeinheit nicht in die Praxis umgesetzt werden[120].

Dies alles mag letztlich auch die für unsere wirtschaftliche Entwicklung gefährliche Haltung erklären, kaum noch Produkte von Grund auf neu zu überdenken, dafür jedoch immer neue Korrekturen an den bestehenden anzubringen. So kann man beobachten, daß sich selbst innerhalb des »Systems Autoverkehr« aktive und passive, prophylaktische, technokratische, kybernetische und unkybernetische Lösungen gegenüberstehen – z. B. was den so ausgiebig in der Öffentlichkeit diskutierten Abgassektor betrifft. Die als Notbremse dienenden Smogalarmpläne, wie sie inzwischen in mehreren Ballungsgebieten, z. B. im Ruhrgebiet, in verschärfter Form existieren, verraten Resignation und Hilflosigkeit. Eine am Symptom ansetzende Behandlung – zwar originell, aber völlig unkybernetisch und mit relativ hohem technischem Einsatz – lassen z. B. die wie überdimensionale Litfaßsäulen aussehenden Pariser »Staubsaugertürme« erkennen, welche die Straßenluft unten ansaugen und oben gefiltert wieder abgeben. Das gleiche gilt für die beinahe fußballstadiongroßen und 20 Meter hohen »Smogkanonen«, die Riesenballen feuchtheißer Luft nach oben schießen und damit die Inversionsschicht durchbohren[123]. Effekte, die, wenn man bereits bei der Stadtplanung aufpaßt, allein durch die Belassung natürlicher Frischluftschneisen bei der Anordnung von Straßenzügen, Häuserzeilen und Grünflächen auch ohne Aufwand erreicht werden können.

Einen Schritt weiter, also nicht erst als nachträgliche, passive Maßnahme, geht man mit dem aktiven Eingreifen am Entstehungsort der
Abgase, und zwar durch Veränderungen an Verbrennungsmotoren
und Heizungsanlagen. Doch auch mit diesen Versuchen kuriert man
immer noch Symptome. Die Zahl der Abgasfilter und Nachbrenner
ist daher schon nicht mehr zu übersehen. Bestimmte Katalysatoren
verringern zwar den Kohlenmonoxydgehalt, lassen aber gleichzeitig
die ebenso gefährlichen Stickoxyde ansteigen. Andere sorgen für
vollständigere Verbrennung, erhöhen aber die Explosionsgefahr bei
Zündungsausfall oder verunreinigen durch feinste Kondensations-
keime wieder auf andere Weise die Atmosphäre[124].
Eine echte Prophylaxe müßte, wie wir noch sehen werden, viel früher
ansetzen. Wie vielfach in der Medizin, wird auch hier an Teilpro-
blemchen herumgebastelt, wobei man ein Leiden durch das andere
ersetzt. Gemessen an dem gewaltigen Ideenpotential und der Inge-
niosität, die in rein stylistischen Firlefanz und nach wie vor in die
zukunftslose Hochzüchtung von Beschleunigungswerten und Tem-
pospitzen vergeudet werden, ist der Output an echter Innovation für
ein zukunftsorientiertes Verkehrsmittel praktisch null. Wie ich in
meinem Schlußvortrag auf der Internationalen Automobilausstel-
lung in Frankfurt 1984 im Widerspruch zu der Auffassung der
anwesenden Verbandsvertreter und des Verkehrsministers darleg-
te[120], ist dies keine gute Voraussetzung für ein Überleben der betreffenden Industriezweige[121]. Mit dem Festhalten an einem überkom-
menen Produkt und seiner Weiterzüchtung zum Extrem – statt einer
längst fälligen Funktionsorientierung – wird hier eine Entwicklung
verschlafen, die der Automobilindustrie und damit der gesamten
Volkswirtschaft teuer zu stehen kommen kann.

Motoren und ihre Nahrung

Bei dieser allgemeinen Innovationsscheu nimmt es nicht wunder,
daß man noch weit zögernder an Entwicklungen geht, die noch
einmal ein Stück näher als die Abgaskatalysatoren an der Ursache
der Luftverschmutzung ansetzen. So beim Ersatz des Benzins durch
den Betrieb mit Erdgas, Flüssiggas, Alkoholen oder auch Wasserstoff (dessen Einsatz besonders für Wankelmotoren in Entwicklung
war), die alle den Ausstoß von Kohlenmonoxiden, Stickoxiden, Blei
und krebserzeugenden Kohlenwasserstoffen sehr drastisch reduzie-

ren würden. Während Flüssiggas (Propan, Butan), solange es nicht durch Biogasanlagen aus organischen Abfällen gewonnen wird, zwar eine Verbesserung der Abgassituation, aber keine zusätzliche Energiequelle bedeutet (vielleicht 1 Prozent der bei der Erdölraffinerie anfallenden Reste könnten hier zusätzlich genutzt werden), liegt die Sache bei der Kohlehydrierung und erst recht natürlich bei den Bio-Alkoholen, vor allem dem Methanol, völlig anders.

Brasilien machte hier den ersten Vorstoß. Als die Erdöleinfuhren 1976 ein Drittel der Exporteinnahmen verschlangen, wurde nicht nur der Autoverkauf im Land gedrosselt, sondern ein zügiger Übergang der Treibstoffversorgung auf Alkohol aus Biomasse in Gang gesetzt. Bereits 1979 liefen 6 Millionen Autos mit einem Benzingemisch von 15 bis 20 Prozent Äthanol, dem Gasohol. Bis 1981 sollen 1 Million der zu erwartenden 12 Millionen Automobile auf reinen Alkohol aus Zuckerrohr umgestellt sein und bis 1985 gut zwei Drittel des heutigen Benzinverbrauchs durch jährlich 10 Milliarden Liter Alkoholproduktion ersetzt werden[125]. Mit Sicherheit würde jedoch eine weltweite Übernahme dieser Praxis, nämlich Anbauflächen für Treibstoffe zu benutzen, eine Katastrophe für die Nahrungsversorgung bedeuten, da man mit der gleichen Ernte, die 1 Auto mit Sprit versorgt, 30 hungernde Menschen ernähren könnte. Die Zukunft der biologischen Treibstoffgewinnung wird daher eher auf dem Gebiet der weit ergiebigeren Biogasgewinnung aus organischen Abfällen liegen, die dann um so weniger unsere Gewässer belasten, aber dafür zusätzlich Dünger und Humus abwerfen[126].

Wenn schon so vielversprechende Übergangslösungen nur schwerlich Fuß fassen, so wundert man sich nicht über das Zögern beim nächsten Schritt der Umstellung: dem Ersatz des Otto- oder Diesel-Motors durch neue, abgasfreie, geräuschlose oder energiesparende *Motor*arten. Obwohl z. B. der Heißluftmotor (ein altes Patent, vor 150 Jahren an den schottischen Geistlichen Robert Stirling erteilt) seit einigen Jahren in der schwedischen Marine in Gebrauch ist und längst zufriedenstellend in einer Reihe von Fahrzeugen zur Probe läuft, wird er von den großen Konzernen nicht aufgegriffen. Im Stirling-Motor finden keine Explosionen statt (weshalb er auch äußerst leise ist), sondern er wird als Heißluft- oder Wasserdampfmotor von außen erhitzt und könnte nicht nur mit Öl oder Gas, sondern auch mit Sonnenenergie – in geeigneten Gegenden direkt, in anderen indirekt über Biogas – betrieben werden, wodurch die Luftverschmutzung praktisch auf Null reduziert würde.

Auch bei den Elektroautos hieß es lange, daß der enorme Aufwand an Batteriemasse bei geringer Leistung einen Strich durch die Rechnung mache, bis mit dem Auftauchen der ersten Brennstoffzellen, der *fuel cells*, die Tür in ein verkehrstechnisches Neuland aufgestoßen wurde[127]. Brennstoffzellen produzieren so lange Strom für einen Elektromotor, wie Brennstoff vorhanden ist, wobei die Brennstoffenergie, weit verlustfreier als in einem Kraftwerk, direkt in Elektrizität umgewandelt wird. Bald jagte ein neues fuel-cell-System das andere und, wie zu erwarten, wurde die Konkurrenz der Batteriehersteller erneut wach; das große Batterierennen der sechziger Jahre begann und ließ die Leistungen der bisherigen – schon seit 1859 existierenden – Bleischwefelsäurebatterien, von denen 10 kg maximal 0,3 kWh speichern können, bald weit hinter sich zurück. Ein erneuter Boom in den siebziger Jahren führte unter anderem zu der heute am meisten versprechenden Natrium-Schwefelbatterie, die mit Aluminiumoxyd als fester leitender Masse zwar bei 300 °C arbeitet, jedoch 10 000mal aufgeladen werden kann und immerhin 1,5 kWh pro 10 kg speichert. Noch mehr scheinen die neuen Zinkchlorid-Batterien herzugeben, die ebenfalls nur noch 25 % des bisherigen Batteriegewichts haben[128]. Aber auch mit neuen Bleibatterien[129] erreicht man inzwischen die gleichen Betriebskosten wie mit einem Benzinmotor, wenn auch nur bei Geschwindigkeiten bis 100 km/h und bei einer Reichweite von 160 km. Ein Mikroprozessor steuert die Stromaufnahme eines *Wechselstrom*motors sowie die Energierückgewinnung aus dem Bremsvorgang und vermeidet z. B. die unnötige Energievergeudung bei einem Schnellstart. Schwungradspeicher würden übrigens auch in Benzin- und Dieselmotoren, vor allem in schweren Transportfahrzeugen den Energieverbrauch drastisch reduzieren und Spitzenleistungen bis über 120 PS zurückgeben können[130].
Während in Deutschland der ADAC noch 1970 schrieb, daß auch im Jahre 2000 die Benzinfahrzeuge unsere Städte beherrschen werden[131], plant die japanische Industrie, in den 80er Jahren mit der Massenproduktion elektrisch betriebener Autos zu beginnen, die wegen ihrer Abgasfreiheit zumindest den Vorteil haben, auch in unterirdischen Straßen fahren zu können. Sie schätzt, daß 1990 etwa 5 Millionen Elektroautos auf japanischen Straßen fahren werden. Angesichts der vielen bereits funktionsfähigen Prototypen kann an der prinzipiellen Realisierbarkeit dieses Vorhabens nicht gezweifelt werden – genügend Modelle, vor allem leichte, wendige Stadtwagen, wurden bereits vorgestellt –[132], zumal auch die Kosten für Haltung und Repa-

raturen eines zukünftigen Elektrolieferwagens nach realistischen Langzeitrechnungen auf weniger als die Hälfte für die eines Diesel kommen[133].

Die wirtschaftlichen Gründe gegen den Elektromotor sind also nur scheinbare. Anders die energiewirtschaftlichen[134]. Würde der heutige Kraftfahrzeugbestand mit Elektromotoren betrieben werden, so müßte man um den Preis einer sauberen Luft in den Straßen die Kraftwerkskapazität und *deren* Luftbelastung sowie das Hochspannungsnetz verdrei- oder vervierfachen, womit die Probleme der Energieversorgung noch gesteigert und nicht etwa gelöst wären. Das wäre erst mit Fahrzeugen möglich, die mit kostenloser Sonnenenergie laufen würden, sei es indirekt über Treibstoffe aus Biogas oder entsprechenden Brennstoffzellen oder aus in Sonnenenergie-Anlagen gewonnenem Wasserstoff[135] oder direkt in mit Solarzellen betriebenen Fahrzeugen.

Utopie? Durchaus nicht. Der Amerikaner Charles Escoffery montierte 1960 eine 2,5 m² große Platte aus 10 000 Solarzellen auf ein altes Baker-Elektromobil aus dem Jahre 1912 und fuhr damit auch bei trübem Wetter. Denn die Autobatterien werden sowohl während der Fahrt als auch im Stand durch Sonnenlicht aufgeladen. In Washington liefen 1976 mit großem Publikumserfolg einige Elektrowagen – kleinere Transport- und Reinigungsfahrzeuge, deren Batterien im Rahmen eines Laser-Demonstrationsprojekts aus Solar-Fotozellen aufgeladen wurden. Und schließlich erhob sich im April 1979 gar das erste von Solarzellen getriebene Flugzeug, die ›Solar Riser‹ des kalifornischen Flugingenieurs Larry Mauro, 800 m weit in die Luft, und die ›Gossamer Penguin‹ seines Konkurrenten Paul MacCready schaffte im August 1980 eine Strecke von über 3 km. Funktionsfähige Vorstöße und dennoch Eintagsfliegen, die aus den erwähnten Gründen gegen die Phalanx der etablierten Fahrzeugtypen wahrscheinlich noch lange nichts ausrichten können.

Man sollte gerade deshalb auch bei Übergangslösungen aufpassen, daß man nicht wieder mit neuen Investitionen die zügige Weiterentwicklung später blockiert. So gibt es auf jeden Fall eine Methode, die weit einfacher und wirkungsvoller die Luftverschmutzung und das Energieproblem mindert als Nachbrenner, neue Abgasfilter, neue abgasärmere Motoren oder autofreie Sonntage und doch nicht die geringste technologische Neuentwicklung verlangt: die bevorzugte Verwendung von Autos, die statt 10, 15 oder 20 Liter Benzin nur 5 Liter verbrauchen, und die es schließlich längst gibt. Kaum ein ›Verfahren‹ würde die Abgasemission wie auch den Energieverbrauch so drastisch reduzieren. Frankreich – in der Energieentwicklung im allgemeinen nicht gerade von weitsichtigen Überlegungen geleitet – will nach 1990 nur noch Autos zulassen, die einen Durchschnittsverbrauch von 6 Litern auf 100 km haben, was technisch ohne Probleme lösbar ist. Das beginnt beim Fahrzeuggewicht, gekoppelt mit erhöhter aktiver statt passiver Sicherheit (mit ihrem größeren Materialbedarf), und könnte durch ein elektronisch gesteuertes »Magergemisch« etwa nach dem Airtox-Prinzip[136], neuartige Motorblöcke, wie den Portliner der Rosenthal AG, und einen noch weiter verminderten Luftwiderstand bis zum Freilauf und zur Rückgewinnung der Bremsenergie noch weitere Treibstoffersparnis bringen[130].

Ebenso drastisch reduziert sich der Treibstoffverbrauch durch die Erhöhung der Nutzlast. Alle Scheinrechnungen der Primär-Energienutzung eines Autos von z. B. 14 Prozent beziehen sich ja auf das Bruttogewicht. Selbst bei vollbeladenem Auto werden das auf die Nutzlast umgerechnet nur noch knapp 5 Prozent, und fährt man alleine, gar unter 1 Prozent. Über 99 Prozent des für die Fortbewegung des menschlichen Körpers eingesetzten Erdöls verpuffen also in Reibung, Wärme, Lärm, Materialverschleiß und giftigen Abgasen. Diese Verschwendung wird bereits halbiert, wenn zwei Leute fahren – grotesk also, daß wir uns immer noch gegen die Einrichtung von Sammeltaxi-Linien sträuben, wie sie in einer Reihe von orientalischen und amerikanischen Ländern seit Jahrzehnten mit Erfolg praktiziert werden[137].

Mobilität in Systemen

Nach diesem Ausflug auf den Tummelplatz technischer Entwicklungen müssen wir uns im klaren sein, daß die gewaltigen Probleme der Raumbeanspruchung, des Streß, des Zeitaufwandes und der Verkehrsflächen auch von noch so idealen Autolösungen und dem schönsten Traum-Antrieb überhaupt nicht berührt werden. Nehmen wir nur den zeitlichen Nutzen: Viele Autobesitzer benutzen ihr Fahrzeug nur eine bis zwei von den 16 Tagesstunden. Für den eigentlichen *Fahr*zweck käme man also mit einem Bruchteil aller Fahrzeuge aus, was den stehenden Verkehr und die Parkplatznot radikal verringern und damit auch den fließenden Verkehr entlasten würde. Ähnlich wie mit der Zeitnutzung ist es mit der Raumnutzung. Unser heutiges Privatfahrzeug, ganz gleich, ob mit oder ohne Abgase, mit oder ohne Energieverbrauch, versieht unsere Transportbewegungen schlagartig mit einer 50- bis 100fachen zusätzlichen Raumbeanspruchung: Ein Mensch benötigt 0,1 m² Fläche, ein Auto durchschnittlich 8,4 m². Das dadurch entstehende Verkehrsgedränge wird in Kauf genommen, obwohl die Anzahl der dabei mitspielenden Verkehrsteilnehmer nach Entfernung der sie umgebenden Blechteile bequem auf nur einem Zehntel des vorher beanspruchten Platzes zirkulieren könnte – wie jede Fußgängerzone zeigt.

Angesichts der Entwicklung zur globalen Stadtlandschaft gibt es daher auf die Dauer keine andere Lösung als die, das Auto zumindest innerhalb der Stadt als Transportmittel ganz zu ersetzen und die bisher dafür blockierten industriellen Kapazitäten für vernünftigere

Krebswachstum	**Verkehrschaos**
Ungehemmte Teilung und Vermehrung der Zellen zu Lasten des Gesamtorganismus.	Ungehemmte Automobilproduktion zu Lasten der Gesamtleistung der Gesellschaft.
Herauslösung des Krebswachstums als eigenständiger Faktor aus dem übergeordneten Regelsystem.	Herauslösung des Verkehrswachstums als mächtiger Wirtschaftsfaktor aus der Kontrolle der Gesellschaft.
Tod – auch des Krebses – durch Überlastung, Vergiftung und damit Zerstörung des biologischen Wirtsorganismus.	Zusammenbruch – auch der Autoindustrie – durch Überlastung (Rohstoffe, Energie), Vergiftung (Abgase, Lärm, Streß) und Zerstörung des gesellschaftlichen Wirtsorganismus.
Kreislaufstörungen	**Verkehrsstörungen**
Gefäßverengungen durch Ablagerung von beförderter Materie (Cholesterin, Kalk, Thrombozyten).	Straßenverengung und Stauungen durch haltende und parkende Fahrzeuge.
Versagen des Kreislaufsystems als Todesursache Nr. 1 für den menschlichen Organismus.	Versagen des Verkehrs als Todesursache für die Industriegesellschaft.

Technologien zu nutzen[138]. Reichlich unverständlich ist deshalb z. B. die Innovationsfeindlichkeit auf dem Fahrrad-Markt, wo längst regengeschützte Tretmobile mit oder ohne ›Kofferraum‹ unterschiedlichster Bauart auf dem Markt sein könnten – und zwar hier, *ohne* daß etwa gewaltige Infrastrukturänderungen wie bei den übrigen Verkehrsmitteln berücksichtigt werden müßten[139].

Eine wirkliche Gesundung wird jedenfalls nur noch bei einer Reduktion des Verkehrsgeschehens insgesamt möglich sein; denn der Transportdurchsatz hat längst sein Optimum überschritten, was für jedes System ein hohes Risiko bedeutet. Auch in lebenden Organismen können wir gelegentlich beobachten, wie zu hohe ›Verkehrsbelastungen‹ zum Zusammenbruch führen. Es ist daher vielleicht einmal aufschlußreich, bestimmte ›Krankheitssymptome‹ des heutigen Verkehrs zu solchen im menschlichen Körper in Beziehung zu setzen. Hier ein Ausschnitt aus zwei Gegenüberstellungen aus meinem Buch »Das Überlebensprogramm«:[42]

Weit aufschlußreicher als dieser negative Vergleich ist natürlich die Frage, wie denn nun die Natur ihre Transportprobleme im gesunden Organismus löst. Denn die Entwicklung des modernen Verkehrs ist ja, gemessen an der Entwicklung des Menschen und selbst seiner Behausungen, der weitaus jüngste technologische Zweig; erst recht im Vergleich mit den über Äonen entwickelten biologischen Vorbildern. Wie spielt sich also das, was wir Verkehr nennen, in lebenden Organismen ab? Nehmen wir z. B. die in einer Zelle hergestellten Materieteilchen und ihre Reise zu ihrem Zielort. Zunächst wandern sie mit der Kraft individueller Energieprozesse durch Membranwände und treten über Gefäßverästelungen aus bestimmten Geweben und Organen in den Blutkreislauf. Dann jedoch setzen sie auf einmal ihren Weg nicht mehr mit eigener Energie fort, sondern gliedern sich in den Blutstrom ein, den sie an entsprechenden Stellen wieder als ›Individualfahrzeug‹ verlassen. Wir beobachten also hier im Organismus etwas sehr Eigentümliches: daß sich Individualverkehr und Massenverkehr ständig ineinander umwandeln. Dies hilft uns einen alten Irrtum auszuräumen, daß nämlich Massenverkehr immer öffentlicher Verkehr sein müsse und Individualverkehr immer mit Privatverkehr gleichzusetzen sei.

Allein aus der bloßen Vorstellung eines öffentlichen Individualverkehrs entspringen völlig unkonventionelle Ideen, auf die man, da sie echte Alternativen zum Auto sind, weit mehr Aufmerksamkeit verwenden sollte als auf ein technologisches Weitertreiben bestehender Systeme. Schon heute haben wir ja, etwa in den Autoreisezügen, eine Art privaten Massenverkehrs, im Fahrstuhl eine Art öffentlichen Individualverkehrs. Warum sollten wir also nicht wie in lebenden Organismen gelegentlich individuelle Fahrzeuge zu größeren Einheiten zusammenschließen und in den automatisch gesteuerten Strom einer Hauptverkehrsader eingliedern, während sich von den so zusammengesetzten Massenverkehrsmitteln dann gelegentlich wieder beliebig viele individuelle ›Zellen‹ abspalten können? Technisch ausgereifte Pläne dieser Art existieren in der Tat schon zur Genüge. Die Kleinkabinen würden vor allem dem *Flächenverkehr* dienen können, während für die *Hauptverkehrsadern* die Kapazität von Zügen erforderlich ist, von denen schon heute z. B. eine S-Bahn mit ihrer Leistungsgrenze von 50 000 Personen pro Stunde und Fahrtrichtung das 20fache befördert wie eine dicht befahrene Autobahnspur mit 1,5 Personen pro PKW bei Tempo 130 im 80-Meter-Abstand[140].

Wie steht es dann aber mit dem immer wieder betonten »Freiheitsgefühl«, der Mobilität, die uns das Auto schenkt? Nun, soweit sie einmal da war und zum Teil auch noch ist, wird diese dem Autoverkehr immer so gerne zugeschriebene individuelle Entfaltung angesichts der immer chaotischer werdenden Verkehrsverhältnisse wohl zunehmend zur Farce. Was uns der riesige Raumbedarf für Verkehrsflächen und die groteske Materialschlacht, die zur Beförderung von Menschen und Gütern unternommen wird, auf der anderen Seite durch den ungeheuren Aufwand, den wir dafür leisten müssen, an Freiheit und Entfaltung *nimmt*, sei hier nur am Rande erwähnt. Würde der ›programmierte Zwang‹ eines im Stundentakt verkehrenden Autoreisezuges unsere Freiheit tatsächlich mehr beschneiden als die ›individuelle Entfaltung‹ in einem mehrstündigen Autobahnstau? Läuft nicht auch ein Auto heute fast nur noch auf eingeschienten Straßen, mit vorgeschriebener Richtung, Halte- und Fahrtsignalen und weichenähnlichen Abzweigungen? Bei einer Rad-Schiene-Kombination, wie sie kürzlich das Bundesministerium für Forschung und Technologie in einem 140-Millionen-DM-Projekt angegangen hat, werden also gewiß nicht mehr unvereinbare Welten konfrontiert[141]. Bedauerlich ist nur, daß sich eben auch die öffentliche Hand für großtechnische Lösungen, von denen die heutigen Verkehrsausstellungen nur so wimmeln, weit rascher begeistert als etwa für neue Fahrradkonzeptionen[142] – oder für gar noch sanftere Transportarten, die auch entsprechend weniger Kapitalinvestitionen verlangen. Wie wohltuend mutet dann z. B. der aus Zeit- und Kostengründen (!) in England jetzt offiziell genehmigte Transport von medizinischen Blutproben, Abstrichen und Seren durch Brieftauben an. Ein wahrlich umweltfreundlicher Einsatz für Notfälle, der in Plymouth zwischen dem Devonport-Hospital und dem am anderen Ende der Stadt liegenden Diagnoselabor errichtet wurde. Kosten: ein Zehntel des bisherigen Autokuriers und ein Bruchteil der benötigten Zeit.

Bei aller Faszination neuartiger großtechnischer Transportpläne, wie Schwebebahnen und Kabinentaxis, in denen der Fahrgast sein individuelles Fahrtziel per Knopfdruck wählt[143], Stafetten-U-Bahn-Züge, die ohne Zwischenhalte auskommen, Transportbänder für Güter und Menschen[144], Magnetschwebezüge, die wie der geplante »Transrapid 06« mit 400 km/h die Landschaft durchbrausen[145], oder Pipeline-Transporte für Güter und Personen, besteht deren größte Gefahr darin, daß man wie in der Vergangenheit die technische Machbarkeit als allein ausreichendes Kriterium ansieht. Sie alle müßten sich daher vor Festlegung durch größere Investitionen erst auch im Gesamtzusammenhang als sinnvoll erweisen. Gerade in einem so umfassenden System, wie es die Raumplanung ist, die Organisation unseres Lebensbereichs und die funktionierende Kommunikation zwischen seinen Teilen, kann unkybernetische Planung katastrophale Auswirkungen haben[146]. Das gilt nicht zuletzt auch für – überdies heute schon unnötige – Verkehrsmonstren wie den geplanten Münchner Flughafen II im Erdinger Moos, der, abgesehen von der Zerstörung eines ökologisch wichtigen Feuchtgebietes, Straßenverkehr und Zersiedelung nur weiter erhöht (falls nicht ohnehin der Nebel den Flugverkehr zum Erliegen bringt). Und ob immer größere Flughäfen – wie man es sich von einer weiteren Startbahn in Frankfurt erhofft – der Wirtschaft etwas bringen oder sie nur belasten, weil vor allem Transitpassagiere davon profitieren, bleibt fraglich[147]. Die von den Ausbaubefürwortern bestellten Gutachten zeigen in ihren Passagier- und Flugbewegungs-Hochrechnungen jedenfalls Werte, die schon heute völlig an der Wirklichkeit vorbeizielen. Nur zu oft haben sich bei entsprechenden Investitionen, besonders kraß z. B. beim Flughafen Köln-Bonn, die üblichen Trendprognosen als gewaltiger Reinfall erwiesen.

Eine neue Verkehrsepoche

Unkybernetische Planung äußert sich immer wieder darin, daß man
die gegenwärtigen Systeme, in diesem Falle Verkehrssysteme, und
Verhältnisse unter dem Zwang des zeitlich-linearen Ursache-Wir-
kung-Denkens in die Zukunft projiziert, sie extrapoliert. Und dies,
obwohl jeder bei kurzem Nachdenken erkennen kann, daß die heute
favorisierten Techniken in keinem Fall die Basis einer Zukunftsplanung sein *können*. Man braucht sich nur die folgende Tabelle des
Energieverbrauchs im Frachtferntransport mit ihrer Spannweite von
rund 1:100 anzuschauen, um zu ahnen, daß wahrscheinlich ganz
andere Lösungen zu einer energiegerechten Umstellung im Massenverkehr zwischen entfernten Ballungsräumen führen werden, solche,
wie sie sich im Gütertransport bereits abzeichnen.

Wenn es auch nicht gleich das mit Nullenergieverbrauch an erster
Stelle rangierende Solar-Luftschiff ist, welches in der Tat in heißen
Regionen bedeutende Zukunftschancen für den Transport schwerer
und sperriger Güter über unwegsamem Gelände hat[149], so sehen wir
doch, daß zumindest die nächste Stufe, die Rohrleitung, die im übrigen ja in allen lebenden Systemen längst ein beherrschendes Prinzip
ist, stark favorisiert ist. Energie- und Materialverbrauch, Raumbeanspruchung, ökologische und humanökologische Überlegungen und
immer wieder die Nachprüfung, ob nicht der betreffende Transport
durch eine andere Lösung vielleicht ganz wegfallen kann, müssen
endlich vor technisch-wirtschaftlichen Fragen Vorrang haben und
nicht umgekehrt. Nur dann werden auch die letzteren vorteilhaft
gelöst werden können.

So mögen aus dem in Zukunft unumgänglichen Übergang auf Recy-
clings- und Symbiose-Technologien, auf Biotechnologien und all
jene Grundprinzipien der Biokybernetik, auf deren Basis sich ein
komplexes System alleine am Leben erhalten kann, auch manche
Lösungen auf dem Transportsektor erwachsen. Denn dieser Übergang verlangt von ganz alleine auch in der Raumordnung und im
Transport viel mehr Kleinräumigkeit als bisher und in der Stadtstruktur und ihren Behausungen eine aus der Bionik, d. h. der Verbindung
von Biologie und Technik kommende Konzeption, wie sie einem echten Ökosystem adäquat ist. Die Prinzipien einer solchen bionischen
Gestaltung haben den Vorteil, daß sie nicht aus einer Theorie stammen, sondern Phänomene und Analogien aus der Natur selbst sind,
jenes größten und erfolgreichsten Organisationssystems, das wir ken-

Energieverbrauch im Frachtferntransport[148]

Transportmittel	kWh pro Tonnenkilometer
Rohrleitung	0,08
Eisenbahn	0,12
Binnenwasserwege	0,12
Lastkraftwagen	0,50
Frachtflugzeug	7,50

nen. Machen wir uns also von dem Zwang frei, von der heutigen technischen Wirklichkeit hochzurechnen, auf morgen zu schließen; versuchen wir umgekehrt – wie in unseren Betrachtungen über die Kybernetik gezeigt –, von der Zukunft auf heute zu projizieren, d. h. jetzt die Gedanken und Technologien zu entwickeln, die in der Zukunft bestehen können. Sie werden auch für heute in all ihren Auswirkungen die passenderen sein.

Wie ›passend‹ die moderne Organisation unseres Lebensraumes, die Kommunikation zwischen seinen Teilen daran gemessen ist, wurde schon durch den kleinen Vergleich mit einem kranken Organismus veranschaulicht. In ihrem Verhältnis von Aufwand und Leistung steht sie selbst gegenüber den früheren Rauchzeichen der Indianer und den Trommelsignalen der Urwaldbewohner recht kläglich da. Der moderne Tourist, der die Tamtam-Signale eines schwarzen Eingeborenen belächelt, diesen großzügig in seinen Landrover einlädt, um ihn in ein paar Minuten zu seinem Gesprächspartner ›am anderen Ende der Leitung‹ zu bringen, bietet damit seinem Fahrgast gewiß keine Vorstellung von einer eigentlich fortschrittlichen Verkehrstechnik. Mit dem Lärm des Motors, dem gewaltigen Energieaufwand und einer plumpen, die Raumordnung störenden Materialbewegung demonstriert er vielmehr gegenüber den Trommelsignalen einen eindeutigen Rückschritt. Im Gefühl unserer technischen Überlegenheit nehmen wir unsere Verkehrstechnik als gegeben hin, lassen uns durch die dadurch entstandenen Probleme einfangen, glauben gar, sie auf der bestehenden Ebene lösen zu müssen, und fragen kaum, ob wir vielleicht nicht an der Ursache jenes materiellen Verkehrs selbst ansetzen, ihn *als solchen* in Frage stellen können.

Auch hier greifen wir wieder, wie so oft, zur Therapie statt zur Prophylaxe. Es kann angesichts der geschilderten Lage heute weder die Aufgabe von Politik und Verwaltung noch die von Wissenschaft und

Technik sein, daran zu arbeiten, wie wir möglichst immer mehr Verkehrsmittel hin- und herlaufen lassen können. Die Aufgabe sollte vielmehr darin liegen, zu überlegen, wie wir erstens durch eine sinnvolle Kombination von Stadt-, Berufs- und Sozialstruktur den Transport generell reduzieren können, und zweitens, wie wir den materiellen Verkehr durch einen erhöhten immateriellen Verkehr entlasten können. Die dringendste Aufgabe vieler neuer Medien liegt somit weniger darin, die Informationsflut noch weiter zu erhöhen, als vielmehr darin, sie zu nutzen, um den materiellen Verkehr wirksam zu entlasten.

Wie wir vorhin sahen, kann ein Teil der Verkehrsvorgänge z. B. schon durch eine sinnvollere Raumordnung abgebaut werden, ein anderer Teil durch eine sinnvolle Organisation in seiner Effizienz erhöht und dabei die Unweltbelastung verringert werden. Der erste Schritt einer solchen Optimierung hat bereits damit begonnen, daß ein zunehmender Teil des *Material*transports, und zwar auch von Kohle, Eisenerz, Bauxit und Getreide, über Pipelines erfolgt statt über Bahn- und Lastwagenverkehr[146]. Die nächste Überlegung wäre, auch den *Energie*transport adäquat, d. h. in Form von Energie über Leitungen oder drahtlos laufen zu lassen und nicht in Form von Kohle, Erdöl oder Benzin über Schiene, Straße und Pipelines. Doch hier muß bereits wieder der Gewinn an Verkehrsentlastung gegen den Energieverlust abgewogen werden, der im materiellen Energiegut selbst ja null Prozent beträgt, in Form von Elektrizität über Hochspannungsleitungen aber gut 20 Prozent, von dem 65prozentigen Verlust bei der Energieerzeugung im Kraftwerk ganz zu schweigen. Hier ist also eine möglichst lokale Energieerzeugung durch kleinräumige Technologien die kybernetischste, d. h. verkehrs- und energiegünstigste Lösung, die außerdem der zum Teil schon grotesken Verkabelung der Landschaft durch die heutigen Fernleitungen ein Ende bereiten würde.

Soviel zum Energietransport. Wenn hier bereits der Aufwand dem Verkehrsgut nicht entspricht, um wieviel unsinniger ist es dann, den Transport von *Information*, also einer noch weit subtileren Einheit, mit dem gleichen materiellen Aufwand zu betreiben, obwohl Information als immaterielles Verkehrsgut praktisch ohne Raum- und Zeitbedarf transportiert werden könnte. In diesem Lichte müßten wir unsere gesamte kommunale, juristische und wirtschaftliche Organisation überprüfen. Es würde sich schnell herausstellen, daß in der Tat die meisten Fahrten und Gänge zu Behörden, Rechtsanwälten, Bibliotheken, Ämtern usw. überflüssig sind. Denn all diese immateriellen Aufgaben könnten auch über eine immaterielle Kommunikationsart erledigt werden. Statt dessen schleppen wir hierzu nicht nur unseren Körper, sondern dazu noch einen Haufen Blech in Form eines Autos mit herum, belasten unsere Gesundheit mit Lärm, Streß und Abgasen und die Volkswirtschaft mit einem nicht enden wollenden Straßenbau und einem unsinnig hohen Energiebedarf.

Im Prinzip, d. h. von der Natur der Sache her, könnten wir eigentlich jede Bewegung zwischen zwei Orten, die nur der Informationsübermittlung dient, streichen, und selbst wenn dies nur zum Teil gelänge, wäre allein dadurch ein Großteil des Verkehrsproblems gelöst[150].

Rechnet man es einmal energiemäßig aus, so würde eine dreistündige Telefonkonferenz zwischen zwei 600 km voneinander entfernten Gesprächspartnern 2 kWh benötigen, eine Flugreise jedoch 2500 kWh – die Kosten für die Infrastruktur und den zusätzlichen Zeitaufwand gar nicht gerechnet[151]. Eine Untersuchung des britischen Postministeriums kommt zu dem Schluß, daß 25 Prozent aller Konferenzen »materielos« erledigt werden könnten. Gleichzeitig wird der Nachweis geführt, daß sogar der Berufsverkehr bei einer Reihe von Jobs durch elektronische Kommunikation ersetzt werden könnte[152].

Wichtig wie bei allen Überlegungen ist auch hier wieder, die Dinge nicht isoliert, sondern im Systemzusammenhang zu sehen. So ergibt sich z. B. gleich die Frage, ob nicht in bestimmten Bereichen (Tourismus, Einkauf, Sozialdienste, Erholung) die neuen materielosen Kommunikationsmöglichkeiten durch einen automatischen »Werbeeffekt« auch wieder einen erhöhten Bedarf nach materiellem Transport erst wecken und damit vielleicht auch aufwendigere Kommunikationsarten erneut ankurbeln könnten. Eine andere Überlegung betrifft die ohnehin wachsende Bewegungsarmut mit ihren gesundheitlichen Folgen, die unsere Volkswirtschaft jährlich schätzungsweise rund 15 Milliarden DM kosten. Außerdem muß abgewogen werden, welche wichtigen direkten menschlichen Kontaktmöglichkeiten keinesfalls unterbunden werden dürfen. Allein diese drei Beispiele zeigen, wie die Realisierung auch wünschenswerter neuer Technologien in Abstimmung mit den zu erwartenden Wechselwirkungen erfolgen muß.

Unter dieser Voraussetzung wollen wir uns die Entwicklung einiger der zukünftigen materielosen Kommunikationstechniken selbst ansehen. Eine der vielen interessanten Möglichkeiten, den materiellen Verkehr zu reduzieren, ist inzwischen Wirklichkeit geworden:

Durch eine akustisch-optische Umwandlung per Telefon, die über Ultraschallsignale läuft, können authentische Unterschriften über die Ferne geleistet werden. Solche Signale werden von einer piezoelektrischen Schreibunterlage ausgesendet und übermitteln selbst bei schnellsten Bewegungen die genaue Position eines Kugelschreibers und ihre Veränderung an den Empfangsort, wo das Ganze erneut in Schrift umgesetzt wird[153]. Durch die Erfassung der individuellen Dynamik ist eine Echtheitskontrolle hier sogar weit sicherer als bei der Betrachtung einer bereits fertigen Originalunterschrift. In die gleiche Kategorie gehört auch die Bildübermittlung durch einen an ein normales Telefon anschließbaren »graphic-transceiver«[154], ein handliches Gerät, das jedes Schriftstück über elektronische Schallwellenumwandlung an den Gesprächspartner übermittelt, der es mit dem gleichen Gerät empfängt. Selbst komplett bebilderte Zeitungsseiten können inzwischen durch den Trick einer drastischen Datenreduktion[155] über normale Telefonleitungen zu entfernten Druckereien in druckfertiger Qualität übermittelt werden. Diese Zusatzgeräte zum Telefon werden bald so billig sein, daß in wenigen Jahren praktisch jeder Interessent auf diese Weise Bilder, wenn auch keine beweglichen, übertragen und empfangen kann. Ein Markt, der ab den neunziger Jahren sowohl im Privatbereich als auch in Form öffentlicher Fernkopierer und »elektronischer Briefkästen« eine wichtige Rolle spielen dürfte[156].

Besonders der Briefverkehr wird einmal durch solche Systeme revolutioniert werden. Die britische Post plant bereits, ihre defizitäre Situation und die sich immer mehr verzögernden Postauslieferungszeiten dadurch radikal zu ändern, daß sie ihre Briefzustellungen in zwei Gruppen aufspaltet: eine elektronische, bei der die Briefe sekundenschnell an jeden Telefonteilnehmer ›ausgetragen‹ werden, und eine Zustellung wie bisher, die dann jedoch mehrere Tage in Anspruch nehmen darf[157]. Die Deutsche Bundespost mit ihrem überlasteten Telefonnetz, die zwar lange mit einem elektronischen Wählsystem (EWS) geliebäugelt hatte (inzwischen ist es veraltet), wird sich nun wohl noch einige Jahre mit den jetzt installierten elektromechanischen Anlagen herumquälen, ehe sie sich auf die in anderen Ländern längst eingeführten vollelektronischen Verfahren umstellen kann. Diese übermitteln die Sprache zudem äußerst kompakt in digitalen Signalen, sozusagen »zerhackt«, so daß sie neben einer gewaltigen Zeitbündelung auch den Vorteil haben, wegen ihrer individuellen Kodierung nicht angezapft und zugleich sogar noch für andere

Zwecke, wie Bildschirm und Telekopierer, benutzt werden zu können[158]. Alles erste Versuche, mit Hilfe der Elektronik die zwischen-
menschliche *Kommunikation* – und eben nicht nur das Speichern von
Daten – bei vermindertem Aufwand zu erhöhen.

Wie steht es nun aber mit dem *echten* Fernsehtelefon, das den ersten
wirklich bedeutenden Umschwung zum materielosen Verkehr bringen würde? Technisch längst ausgereift, scheiterte ein solches
Zukunftssystem merkwürdigerweise zunächst nicht am System
selbst, sondern ausschließlich an der nötigen Kapazität des Leitungs-
netzes. Die gewaltige Mehrbelastung unserer Telefonnetze – ein
Fern*seh*gespräch würde gleich ein Mehrhundertfaches an Leitungs-
kapazität besetzt halten – macht eine Einführung für die Allgemeinheit heute noch illusorisch (ganz abgesehen von der dadurch monat-
lich zwischen 500 und 1000 DM liegenden Grundgebühr). So wurde
ein schon 1964 gestarteter Versuch mit mehreren hundert Anschlüs-
sen zwischen Chicago und Pittsburgh (etwa die Entfernung zwischen
Hamburg und München) wegen mangelnden Interesses wieder auf-
gegeben.

Der verzögerte Elektronensprung

Ist der Traum damit nun aus? Keineswegs. Er beginnt erst, und mit
ihm eine faszinierend erscheinende Wirklichkeit, die letztlich in einer
kleinen physikalischen Besonderheit ihren Ursprung hat: in dem
Trick eines verzögerten Elektronensprungs, dem Laser. Während
normales Licht seine Energie ungeordnet ausstrahlt, werden in einer
Laserlichtquelle die angeregten Elektronen bis auf Abruf zurückgehalten, um dann auf einen Schlag ihre Energie in Licht umzuwandeln. Die Photonen des austretenden Lichts marschieren dann sozusagen im Gleichschritt. Diese Entdeckung kann vor allem im Medien-
bereich technologische und, damit verbunden, auch soziale, politische, kulturelle und ethische Konsequenzen haben, die noch gar
nicht abzusehen sind. Die eigenartige kompakte Beschaffenheit der
elektromagnetischen Wellen eines Laserstrahls würde zunächst einmal schlagartig das erwähnte Kapazitätsproblem lösen. Hierzu ein
Vergleich: Zwischen New York und Philadelphia sind zur Zeit 15 000
gleichzeitige Telefongespräche möglich, die viele tausend Leitungen
(entsprechend einer Bandbreite von 50 Megahertz) verlangen. Die
Kapazität eines Laserstrahls ist so groß (Bandbreite mehrere tausend
Megahertz), daß über eine einzige Laserleitung nicht nur alle 15 000

Telefongespräche, sondern auf einen Schlag mehrere Millionen laufen könnten.

Doch wie sollte man ein Licht-Kommunikationssystem aus gebündelten Laserstrahlen über viele hundert Kilometer errichten? Denn ein Lichtstrahl läßt sich ja nicht einfach wie eine elektrische Leitung verlegen. So bahnte sich die Lösung auf eine ganz unkonventionelle Weise an: nach dem Prinzip der Glasfaserleitungen, wie man sie bereits mit gewöhnlichem Licht, z. B. bei biegsamen Magenlichtsonden und Mikroaufnahmen im Innern tiefliegender Blutgefäße anwendet.

Nun wäre aber in normalen Glasfasern selbst die gewaltige Lichtintensität eines Laserstrahls schon nach ein paar Metern so weit abgesunken, daß man in kurzen Abständen hätte Verstärker einbauen müssen. Mehrere Firmen und Forschungsinstitute arbeiteten daher in den letzten Jahren fieberhaft daran, diesen Lichtverlust zu mindern – mit sensationellem Ergebnis: In flüssigkeitsgefüllten, besonders reinen Spezialglasfasern mit verstärkter innerer Reflexion konnte der Lichtverlust inzwischen bis auf Bruchteile von Prozent pro Kilometer (!) heruntergedrückt werden. Ihr Durchmesser: wenige tausendstel Millimeter. Ihr Gewicht: 5–10 g pro km. Ihre Kapazität: 20 000 gleichzeitige Ferngespräche pro Faser[159]. Damit war der Durchbruch gelungen, der Weg zur Entwicklung eines funktionierenden Laser-Kommunikationsnetzes war offen.

Längst sind eine Reihe von Betriebsstrecken eingerichtet: In Berlin-Wilmersdorf wurden 480 gleichzeitige Telefongespräche auf einer Lichtleitung über 4 km getestet. Frankfurt ist seit Anfang 1979 mit dem 15 km entfernten Oberursel durch Glasfaserleitung verbunden, und seit 1980 können zwischen zwei kanadischen Städten 20 000 gleichzeitige Telefongespräche über sechs 40 km lange Glasfaserkabel geführt werden. Die bisher längste Strecke von 450 km verlegt zur Zeit das britische Postministerium; und in Japan werden bereits 14 Kabel-TV-Programme per Lichtleitung ins Haus geliefert.

Dies nur, um anzudeuten, wie rasant die Entwicklung fortschreitet, von der amerikanische Experten bis Ende der 80er Jahre allein für die Glasfasertechnik einen Umsatz von über 1 Milliarde Dollar erwarten, obgleich der Preis pro Kilometer und Kanal nach und nach auf 1 Dollar zurückgehen dürfte[160]. Neben der Tatsache, daß Glasfaserleitungen den wertvollen Rohstoff Kupfer überflüssig machen, besteht der letzte Pfiff in der gleichzeitigen Lieferung des nötigen Betriebsstroms – auch für die angeschlossenen Telefone –, der über eine Art Solarzelle das durchfließende Laserlicht gleich als Energiequelle benutzt[161].

Wenn wir uns übrigens diese neuen Techniken einmal unbefangen anschauen, so treten wir mit dem Einsatz der digitalisierten optischen Signalübermittlung eigentlich wieder in die Fußstapfen altbewährter Methoden: Leuchtturm, Blinkzeichen und die schon erwähnten Rauchsignale. Doch diesmal nicht als »Meldung an alle«, sondern über ein System ›gläserner Nervenfasern‹ zur gezielten, ja selbst exklusiven Übermittlung zwischen Sender und Empfänger. Der Sinn dieser neuen Techniken und der durch sie eingeleiteten Vervielfachung unserer Kommunikationsmöglichkeiten kann allerdings, wie schon betont, nicht darin liegen, den heute schon kaum zu bewältigenden Informationsfluß, etwa in Form zusätzlicher »Infotheken«, zu vervielfachen, sondern hauptsächlich darin, falsch eingesetzte Kommunikations*arten*, wie unnötigen materiellen Verkehr, aber auch inadäquate Kommunikations*formen* auf einer Reihe von Bereichen zu ersetzen. Und zwar durch geeignetere, wirksamere, zudem mit positiven statt negativen Nebenwirkungen behaftete Kommunikationsarten. Ob sich der unphysiologische Bildschirm hier weiter hineindrängen wird, mag daher fraglich sein. Der schlechte Ruf der inzwischen über 100 000 Sichtgeräte an unseren Arbeitsplätzen als optische Stressoren spricht eigentlich dagegen[162]. Insgesamt haben wir jedenfalls inzwischen durchaus die Mittel, um die anfänglich betonte und längst überfällige Umorganisation des gesamten Kommunikationsgeschehens anzugehen, und auch, um die Art der Nebenwirkungen – auf den Bildungsbereich, auf die Umwelt und den Energieverbrauch, auf die menschliche Psyche und Gesundheit sowie auf die Sozial- und Berufsstruktur – so abzuwägen, daß dieses Kommunikationsgeschehen einer neuen »Gleichgewichtsgesellschaft« entsprechen kann.

Wir müssen uns aber auch klarmachen, daß die neuen Medien auch die Schleusen für einen gewaltigen elektronischen Verbund öffnen und daß die Übergänge zwischen Telefon und Bildschirmtext, Presse- und Videotext oder gar Bildschirmzeitung fließend werden. Die passiven Medien Rundfunk und Fernsehen lassen sich auf einmal mit aktiven verbinden, so daß das Feedback mit dem Bürger, seine konstruktive Teilnahme auf einer ganz neuen Ebene wieder einfließen mag[163].

Dieser Nebeneffekt einer verstärkten Bürgerpartizipation erscheint mir besonders wichtig. Denn ebenso stark wie bei der Computerisie-

rung, vor allem der Informationsspeicherung und -abrufung aus
Datenbanken, ist auch hier die Wachsamkeit der Bevölkerung in
bezug auf das unkontrollierte Aus-der-Hand-Gleiten eines von der
Wissenschaft angebotenen neuen Machtmittels aufgerufen. Die von
Orwell in Form des »Großen Bruders« erahnte ständige Überwachung des einzelnen Bürgers durch Fernsehaugen wird möglich und
wirft neue staatsrechtliche und ethische Fragen auf. Die neuen Kommunikationstechniken müssen daher so ausgebaut werden, daß mit
ihnen gleichzeitig auch der »Große Bruder« – und das sind nicht nur
die von uns eingesetzten Organe des Staates, sondern vor allem auch
bestimmte wirtschaftliche Interessengruppen – überwacht und
gegebenenfalls vom Bürger unter Kontrolle gehalten werden kann.

Neue Welten der Kommunikation

Schauen wir uns noch eine weitere Neuentwicklung an, die unser
Kommunikationsgeschehen mit etwas weniger belastenden Konsequenzen ausstattet, dafür aber für unsere technische Phantasie mit
das Aufregendste ist, was uns ebenfalls die Lasertechnik gebracht hat.
Es ist die Holographie, jene fast gespenstische neue Möglichkeit der
Bildspeicherung und -wiedergabe, nach der offenar auch unser
Gehirn arbeitet. Mit ihr kann die dreidimensionale Wirklichkeit in
einem dem Auge unverständlichen Code von Interferenzlinien auf
eine Fotoplatte gebannt und aus den so gespeicherten vielen Bildebe-
nen jederzeit durch Projektion – selbst mit normalem weißen Licht –
wieder in das ursprüngliche plastische Bild verwandelt werden. Mit
den neuen, preislich erschwinglichen 3-D-Kameras, die mit einer
dem Fliegenauge entsprechenden mosaikartigen Linse arbeiten, lassen sich Hologramme sogar mit gewöhnlichem Licht aufnehmen und
wiedergeben. Lediglich die Entwicklung benötigt noch den Laser. Da
der Informationsinhalt eines Hologramms wie jedes andere Bild
abgetastet und damit selbst drahtlos über weite Entfernungen übertragen werden kann, rücken dreidimensionale, räumliche Fernseh-
übertragungen in den Bereich des Möglichen und erinnern an die
unheimliche Vision der gleichzeitigen Anwesenheit ein und desselben Körpers an mehreren Orten[164].
Die Holographie, schon 1948 (also schon lange vor Entdeckung des
für sie erforderlichen Lasers) von dem Engländer D. Gabor als Möglichkeit erkannt, ist heute kommerzielle Wirklichkeit. Sie bietet längst

weit mehr Anwendungsformen als zunächst erwartet: von medizinischen Diagnosen und der genauen Vermessung komplizierter Oberflächen angefangen, über die Verwirklichung des alten Verlegertraumes vom »Buchdruck in einem Schritt« auf laufenden Hologrammbändern[165] bis zu ihrer Verwendung für neue, sehr billige Informationsspeichereinheiten ungeheurer Kapazität (150 Millionen Bits pro cm^2), bei denen das Heraussuchen und Projizieren einer Information nur eine Sekunde dauert, also zur holographischen Registratur, für die mittlerweile eine ganze Industrie entsteht[166]. Die inzwischen gelungene Aufnahme und Wiedergabe holographischer Filme wird im Verein mit räumlichen Fernsehsendungen vor allem dann interessant, wenn einmal die ebenfalls im Versuchsstadium bereits funktionierenden flachen Riesenfernsehschirme ohne Bildröhre benutzt werden können[167], die dann die Wand eines Wohnzimmers in eine fast vollkommene Illusionswelt zu verwandeln vermögen. Alles in allem steckt die Entwicklung jedoch noch in den Kinderschuhen und erinnert – bis hin zur »Holoart« und »Holoscience«[168] – an die fotografische Ära der Daguerreotypie mit all ihren Variationen.

Übrigens sind die Eigenschaften des Hologramms selbst mindestens ebenso gespenstisch wie die Möglichkeiten der dreidimensionalen Projektion. Auch wenn man nur ein Bruchstück eines Hologramms projiziert, erscheint immer noch das gesamte Originalbild – lediglich etwas undeutlicher. Die einzelnen Informationen sind also gleichzeitig überall gespeichert, und hierin liegt auch die Analogie zu unserem Gedächtnis im Gehirn[34]. Von ihm und anderen biologischen Informationsprozessen können wir wohl noch am meisten lernen.

Die gesamte Lebewelt, deren Organisation und somit Existenz mit einer funktionierenden Kommunikation steht oder fällt, ist so von einem Netz unterschiedlichster und oft mysteriös erscheinender Kommunikationsarten durchzogen, die wir erst nach und nach entdecken oder in der Technik nachvollziehen. Man denke nur an die über viele Kilometer unfehlbar wirkenden Sexual-Lockstoffe mancher Insekten, an die chemische und mechanische Sprache (Geruchsstoffe und Betastungsriten), mit denen die Ameisen sich mit einer so ganz anderen Spezies wie den Blattläusen unterhalten, sie füttern, melken und beschützen[169]. Man denke an die berühmten Wanderfische, die sich über Hunderte von Kilometern an der von ihrem Laichplatz ausgehenden ›Duftlandschaft‹, im Grunde also an wenigen Molekülen, entlangtasten[170], oder an die über elektrische ›Trommel-

signale‹ kommunizierenden Zitterwelse[171] und das vielgestaltige
Sonar-Echo-System der Delphine, mit dem sie sich ein akustisches
Bilderlebnis ihrer Umwelt verschaffen[172], ganz zu schweigen von den
Orientierungsmöglichkeiten der Wandervögel am Erdmagnetfeld, an
Gravitationsschwankungen, Sonnenstand und kleinsten Luftdruck-
änderungen[173] – alles biophysikalische Wechselwirkungen, die ebensowenig wie diejenige zwischen Wünschelrute und menschlichem
Nervensystem in den Bereich außersinnlicher Wahrnehmungen
gehören[174], sondern im Grunde nur die hohe Diversität der Natur
auch im Kommunikationsbereich offenbaren – damit ihre Funktionen auch unter ungewöhnlichen Bedingungen gewährleistet sind.
Mit unseren technischen Neuentwicklungen haben wir erst einen
kleinen Zipfel dieser überwältigenden latenten Kommunikationswelt unserer Biosphäre ergattert – Kommunikationsmöglichkeiten,
die die Natur offenbar auch für uns für besondere Fälle parat hat.
Vielleicht halten wir uns dazu noch folgendes vor Augen: In der
Natur können wir beobachten, daß eine Spezies, die eine gewisse
Dichteschwelle überschreitet, sich neu organisieren und dazu vor
allem neue Verständigungsarten zwischen ihren Individuen aufbauen muß, will sie nicht durch eine Katastrophe auf die frühere
Dichte zurückfallen[175]. Eine gewisse Ähnlichkeit mit unserer eigenen
Situation ist hier nicht abzuleugnen. Die Entwicklung der Holographie,
der Laserstrahlen, der Infrarotsteuerung, der Ultraschallka-
mera und anderer neuer Informationsmedien öffnet uns in der Tat
weitere Fenster in die Kommunikationswelt. Ihr richtiger Einsatz
könnte uns bei der inzwischen eingetretenen Menschendichte helfen,
die offenbar auch bei unserer Spezies nunmehr nötige neue Verstän-
digungsebene zu erschließen – und damit auch eine wieder lebensfä-
higere Organisation. Dies mag damit beginnen, daß wir so, wie in der
Biosphäre üblich, endlich auch *unser* Kommunikationsgeschehen
der weisen Aufgliederung in grob materielle, in fließende und in
immaterielle ›Verkehrsarten‹ folgen lassen.

Teil 2
Die belebte Materie

Leben
Gesundheit
Mikrobiologie
Bionik

5 Leben

Im Anfang war das Wort

Wenn man sich etwas intensiver mit den Lebens-erscheinungen beschäftigt, so kommt man dort mit den kybernetischen Gesetzen ganz unmittelbar in Berührung. Die ausgereifte Organisation der lebenden Materie zeigt den eigentlichen Urgrund von Kommunikation und Informationsverarbeitung. Untersuchen wir also in diesem Kapitel, was das »Besondere« der lebenden Materie ist. Es geht um älteste Spuren und jüngste Versuche, die ihren Ursprung einkreisen – und sie zu kopieren versuchen. Mausmensch und Roboterzucht, künstliche Gene und Retortenbaby – Bedrohung der Evolution durch ein genetisches Babylon oder Papiertiger der Wissenschafts-publizistik? Ein Einstieg in die Geheimnisse des Lebendigen öffnet unser Denken für ganz neue und doch uralte Welten.

Die biologische Informatik und das, was sie zu gestalten vermag, begegnen uns am offenkundigsten und handgreiflichsten in der Welt der unendlich mannigfaltigen Formen der lebenden Natur. Auf Schritt und Tritt treffen wir auf hochkomplizierte, aufeinander eingespielte Strukturen und Funktionen, die letztlich alle einmal irgendwo in einer einzelnen Keimzelle begonnen haben. Also in einem Informationspaket, zu unsichtbar winziger Größe zusammengeballt, aus dem sich dann nach und nach die wundersamsten Organismen entfalten. Und zwar in ganz anderer Weise, als wir es durch Menschenhand, in unserer technischen und künstlerischen Gestaltung tun.

Das Aufregendste ist wohl, wie sich hier plötzlich eine ehemals tote Welt von Energie und Materie zu Lebensformen organisieren konnte, wie es kommt, daß auf der Schwelle von der unbelebten zur belebten

Materie diese ungeheure Informationsfülle von irgendwoher einfließt, alle der statistischen Wahrscheinlichkeit nach zu erwartenden chemischen und physikalischen Abläufe über den Haufen wirft und sie nach einem eigenwilligen Plan gezielt steuert.

Wie kann überhaupt etwas so Nicht-Substantielles wie Information einen Teil unserer materiellen Welt derart radikal umorganisieren? Sie kann es, weil sie selbst eine Wesenheit ist, die, wie wir schon sahen, weder mit Materie noch mit Energie identisch ist und damit auch nicht an Raum und Zeit gebunden: eine immaterielle dritte Entität, die nach Norbert Wiener zwar Materie und Energie als Träger benutzen kann, jedoch immer ihren eigenen Gesetzen gehorcht. Das auffallend Andersartige sehen wir schon in folgendem: Wenn wir Materie oder Energie weitergeben, so haben wir anschließend entsprechend weniger davon. Geben wir dagegen Information weiter, so besitzen wir sie nachher immer noch. Riesige Mengen von ihr finden wir so in den winzigen Molekülen eines jeden Zellkerns gespeichert. Milliardenmal in jedem Organismus. Sie konnte sich selbst vervielfältigen, gewaltige Kräfte und Energien in Bewegung setzen, ohne selbst Energie zu sein. In lebenden Systemen ist Information auf diese Weise immer mit im Spiel.

Wo könnten wir ihre Gesetzmäßigkeiten, wie sie sich auch in den biokybernetischen Spielregeln äußern, also besser studieren als an der Schwelle, über die sie in unsere Welt eingetreten ist? Vielleicht ist daraus die Neigung vieler Naturwissenschaftler – nicht nur von Biologen – zu erklären, sich mit dem Ursprung des Lebens auseinanderzusetzen; weil sie dort, an diesem Umschlagplatz, wohl am ehesten hoffen können, das eigentliche Wesen der Lebensgesetze zu erfahren. Finden doch in jeder der winzigen Zellen, aus denen alle Lebewesen, Tiere, Pflanzen, Menschen und Bakterien bestehen, bereits wie in einer kompletten Mikrofabrik alle typischen Informations- und Regelmechanismen statt, die wir auch im Großen kennen[176].

Mit dem sukzessiven Aufschließen der Geheimfächer der biologischen Informationswelt kreist die Naturwissenschaft in der Tat den Vorgang immer näher ein und ist sogar dabei, ihn nachzuvollziehen. Die erste Teilsynthese der Befehlszentrale eines Virus durch den Biochemiker A. Kornberg oder später die erste Vollsynthese eines arbeitsfähigen Gens durch den Biologen H. G. Khorana waren schon Teilschritte hierzu[177]. Die Tatsache, daß man dann den Abdruck eines solchen Gens nicht nur aus ›toter Materie‹ nachbauen konnte, sondern daß dieser wie ein Virus wirklich lebte, d. h. seine Infor mation an lebende Zellen weitergab und sich dadurch reproduzieren konnte[178], all das zeigt aber auch wieder, daß die belebte Materie von der *Substanz* her nichts anderes ist als die unbelebte.

Der Stoff und seine Anordnung

Das, was tote Materie zu lebender macht, ist die *Anordnung* des Stoffes oder, genauer, die sich in dieser Anordnung ausdrückende Information – und nicht der Stoff selbst! Bei der begrenzten Lebensdauer aller Zellen eines höheren Organismus besteht ja auch ein erwachsener Mensch schon längst von Kopf bis Fuß aus den ehemals ›leblosen‹ Atomen, die er durch Atmung und Nahrung aufgenommen hat. Das Chromosomenpaar und jene erste Keimzelle eines Menschen, aus der er unter ständiger Materieaufnahme und durch fortgesetzte Teilung entstanden ist, sind schon lange verschwunden. Nicht jedoch der ursprüngliche Informationsinhalt dieser Keimzelle. Er wurde bei jeder Teilung weitergegeben, ungeheuerlich vervielfältigt. Nach seinem Muster hat sich auch die jeweils aus der Umgebung herangezogene Materie immer wieder angeordnet. Die später dann wieder in uns produzierten und nunmehr erst recht aus ›toter Materie‹ aufgebauten Keimzellen werden ihn *wieder* weitergeben und in den Milliarden Zellen eines neuen Menschen wirken lassen.

Eigentlich geschieht auch mit der Gestaltung und Umgestaltung der Umwelt, die mit der Zivilisation begann, nichts anderes, als daß wir die seit Tausenden von Generationen in uns wirkende Informationswelt nach außen kehren. Auch dort entstehen nun ständig Formen, Technologien und Prozesse, wie sie ähnlich auch in unserem Inneren existieren. Nur daß dies einem blindwütigen Umsetzen gleicht, isoliert, nicht zu Ende gedacht, gerade wie es uns in den Sinn kommt. Da wir die im lebenden Bereich von alleine waltenden biokybernetischen Spielregeln nicht kannten und auch heute noch nicht bewußt anwenden, geschieht das Ganze eben unkybernetisch, ohne Beachtung der Systemgesetze. Damit geraten wir in immer größere Zwänge hinein, mit all den erwähnten Folgen, inklusive einprogrammierter Katastrophen. In dem Moment jedoch, wo wir neben den technischen Prinzipien selbst auch noch die sie steuernden Gesetzmäßigkeiten der Kybernetik aus uns hervorholen, denen wir bereits unser eigenes Leben verdanken, und mit ihnen auch unsere künstliche Umwelt gestalten, mag auch diese, gewissermaßen wie ein weiteres Lebewesen, die richtige innere Struktur und eine sich selbst erhaltende Anordnung besitzen und nun ebenfalls überleben können – und wir mit ihr.

Wir wissen jedenfalls heute, daß das kybernetische Wirken von Information wohl das Wesentlichste bei der Entwicklung eines Lebewesens ist. Wenn wir nun unser Augenmerk etwas näher auf diese eigenartige, sich vervielfältigende Ur-Information richten, die später in jeder der Milliarden Zellen eines Lebewesens zu finden ist, dann entdecken wir gleich ein weiteres wichtiges Geheimnis eines jeden lebenden Organismus, nämlich die Art seiner Entstehung, die so ganz anders abläuft, als wenn wir Menschen etwas konstruieren.

Gestaltung im Feedback

Die Gestaltung eines lebenden Organismus erfolgt nämlich keineswegs durch einen im einzelnen festgelegten Plan mit genauen Abständen, Längen, Krümmungen und Winkeln. Selbst zur Entwicklung so hochkomplizierter Formen wie Ohrmuscheln, Gehirnwindungen oder auch Pflanzenformen scheint die Natur nur wenige Schlüsseldaten in dem jeweiligen Genmaterial festzulegen – obgleich in dieser Riesenbibliothek durchaus genügend Platz für eine exakte Planung auch der subtilsten Gesichtszüge vorhanden wäre. Jede Zelle besitzt ja in ihrem genetischen Code ein ungeheures Informationsreservoir – noch zehnmilliardenmal dichter gepackt als die neuesten holographischen Speichereinheiten der Mikroelektronik. Man nahm daher auch lange Zeit an, daß diese enorme Speicherkapazität auch für die genaue Festlegung der unendlich vielen Formen der Lebewelt bis in ihre kleinsten Details genutzt wird. Aber genau dies ist nicht der Fall. Denn die Natur hat ihre Gründe, den an und für sich vorhandenen Platz gerade *nicht* für genaue Anweisungen zu benutzen.

Bei der Entwicklung eines »offenen Systems«, wie es ein Organismus ist, gibt es Störungen, Fehler und Rückkoppelungen, auf die es reagieren können muß. Mit einer quantitativen Vorprogrammierung der genauen Maße würden wir jedoch Gefahr laufen, daß die eine oder andere festgelegte Bedingung allein schon wegen der vielen äußeren Störfaktoren, auf die ein sich entwickelnder Organismus trifft, nicht eingehalten wird und daß, weil schon die Veränderung *einer* Zahl alle anderen Zahlen verfälscht, dadurch das ganze Programm zusammenbricht. Für das Funktionieren komplexer Systeme ist es selbstverständlich sehr viel wichtiger und auch sicherer, daß das Wesentliche ihrer Funktionen gewährleistet ist, und nicht etwa, daß ganz bestimmte Abmessungen eingehalten werden. Dies gilt natürlich für alle komplexen dynamischen Systeme, auch die künstlichen.

In diesem Gestaltungsprinzip haben wir übrigens einen großen Unterschied zur EDV. Die Natur nutzt mit ihren wenigen Schlüsseldaten auf kybernetische, also mit Selbststeuerung arbeitende Weise die Kenntnis der Zusammenhänge und speichert nur wenige Steueranweisungen. Diese geben dann dem Spiel die Richtung vor. Die endgültige Gestalt entsteht so nicht durch Zwang, sondern wie von selbst im Wechselspiel mit der Umwelt aus dem Systemzusammenhang heraus. Mit dieser Methode hat die Lebewelt immerhin einige Milliarden Jahre überlebt. Wir sehen daran, daß lebende Systeme nicht nur im Energie- und Materialverbrauch, sondern auch in der Informationsverarbeitung äußerst sparsam sind – und zwar wieder einmal durch selbststeuernde Rückkoppelung mit der Umwelt. Sie erreichen so auch ohne quantitative Festlegung von Einzeldaten exakt das gewünschte funktionsfähige Resultat. Was dann entsteht, ist zwar immer ein ungenaues, *aber* funktionsfähiges Gebilde, das in seiner Unvollkommenheit vollkommen ist – und somit geeignet für die flexible Aufgabe, die es erfüllen soll. Ein sich weiterentwickelndes System, das sich ständig selbst kontrolliert[179].

Wie ich in meinem Buch »Denken, Lernen, Vergessen« ausführlich dargelegt habe, gilt dieses Prinzip auch in einer noch um eine Stufe höheren Entwicklungsphase: bei der anatomischen Ausbildung unseres Gehirns[34]. Zunächst einmal scheint diese denkenden Zellen überhaupt nichts von allen anderen zu unterscheiden. Sie haben als Nervenzellen denselben Grundaufbau und dieselben Bestandteile wie andere Zellen unseres Körpers auch. Und doch verhalten sie sich in einem wesentlichen Punkt völlig anders: sie stellen schon wenige Wochen nach der Geburt ihre weitere Vermehrung ein. Für die Aufgaben, die von ihnen verlangt werden, spezialisieren sie sich so stark, daß sie ganz in ihrer Funktion für den Gesamtorganismus aufgehen und an eine eigene Vermehrung nicht mehr denken können. Wenige Monate nach der Geburt auf ihre volle Zahl angewachsen, werden aus ihnen im Laufe der Jahre nicht etwa mehr, sondern schließlich Tag für Tag etwa 100 000 weniger. Übrigens nimmt später auch die Zahl der Verknüpfungen ab, von denen zunächst etwa 50 Prozent mehr entstehen, als nachher übrigbleiben und benutzt werden[180]. Jeder von uns arbeitet also mit denselben grauen Gehirnzellen und ihren zu einem ungeheuer dichten, dreidimensionalen Netz verzweigten Fasern, die er schon im Säuglingsalter erworben hatte. Mit ihnen denken und lernen wir, erinnern wir uns, planen wir, zerstören wir, quälen wir uns. Doch diese Denktätigkeiten beginnen erst, wenn das Wachstum aufgehört hat. In der Zeit davor, der Säuglingszeit, entwickeln diese Zellen eine ganz andere Aktivität: sie setzen jede Wahrnehmung, die von außen über unsere Sinnesorgane eintrifft, in anatomische Veränderungen um, teilen sich, verzweigen sich, knüpfen Fasern und legen sozusagen die Hardware des Gehirns, das Grundmuster seiner Speicherplätze und › Verdrahtungen‹ fest.

Hier wiederholt sich also im geistigen Bereich dasselbe wie bei der körperlichen Entwicklung. Auch die Entstehung des für unsere geistige Tätigkeit nötigen Instrumentariums, des Gehirns, erfolgt wieder nur zum Teil durch die Erbanlagen, die restliche Ausbildung geschieht in kybernetischer Wechselwirkung und Rückkoppelung mit der Umwelt. Aus ihr empfangen wir in den ersten Monaten eine Art bleibendes Orientierungsnetz, welches von jener Umwelt selbst geprägt wird – das Prinzip unserer achten Grundregel.

Der Sinn ist klar: In diesem ihr eigenen Abbild findet die Umwelt dann später in unserem Gehirn automatisch Assoziationsmöglichkeiten. Und umgekehrt erkennt unser Gehirn sich auf diese Weise in der äußeren Welt wieder. Es entstehen Vertrautheit und Verständnis, wichtige Grundbedingungen des Lernens, des Sichzurechtfindens in dieser Welt. Ein Sichzurechtfinden, das über die Nervenzellen des Neugeborenen läuft, von denen zunächst Minute für Minute 100 000 weitere entstehen. Ein Sichzurechtfinden, das damit beginnt, daß diese Zellen ihre richtigen Plätze finden, weil sie um einen übergeordneten Gesamtplan wissen und gleichzeitig durch das Muster der ständig einströmenden Wahrnehmungsimpulse gesteuert werden[181]. Wäre auch hier durch die einzelnen Erbanlagen alles vorher genau festgelegt, so würden wir mit dieser Umwelt, mit diesem zunächst fremden Planeten, in den wir hineingeboren werden, später wahrscheinlich nie in Kontakt treten können[34].

Wir sehen also, daß von dem Gesamtplan eines Lebewesens weniger die Endform als gewisse Tendenzen gespeichert sind, nach denen sich die Zellen richten müssen. Also eher die Regeln für die Konstruktion des fertigen Lebewesens und nicht diese Konstruktion selbst. Woher weiß aber nun die eine Zelle, daß sie sich an ihrem Ort zu einer Herzzelle, eine andere woanders zu einer Darmzelle und eine dritte zu einer Gehirnzelle entwickeln muß? Hier stoßen wir auf ein weiteres Geheimnis des Lebendigen. Es ist die Verständigung zwischen den Einzelteilen eines Organismus, also auch hier wieder die Kommunikation, die wir in den bisherigen Kapiteln schon so eingehend behandelt haben. Das verlangt zunächst, daß alle Zellen einen gemeinsamen Code besitzen, mit dem sie sich verständigen können. Einen Code, der vielleicht gleichzeitig dafür sorgt, daß eine Art *Resonanz*, eben diese phänomenale Übereinstimmung aller Zellen eines Organismus zustande kommt, das erwähnte »Wissen um den Gesamtplan«.

Solche eigenartigen Kommunikations- und Resonanzphänomene lassen sich beobachten. Wenn sich aus vielen tausend Amöben ein Schleimpilz bildet, so erfolgt die Kommunikation zwischen ihnen durch Aussendung kleiner Moleküle, sozusagen »per Post«[182], bei anderen Organismen »per Funk«, durch ultraschwache Photonen oder elektromagnetische Felder[183] und vielleicht auch durch Biosignale, die wir heute noch gar nicht kennen. Offenbar gibt es so etwas wie ein unsichtbares Koordinatensystem, das die Zellen eines wachsenden Organismus benutzen, um ihre Position in den sich entwickelnden Organen zu bestimmen[184]. Es scheint das gleiche Koordinatensystem zu sein, anhand dessen auch die Nervenzellen ihre Fortsätze, die Axone, zielsicher ausfahren und zu einem funktionierenden Fasernetzwerk aufbauen[185]. So sind über die chemischen und elektrischen Signale hinaus auf jeden Fall auch Strahlen und Felder mit im Spiel, die offensichtlich nicht nur als passive Orientierungshilfe dienen, sondern auch selber in das Informationsspiel eingreifen, wie es von dem genetischen Reservoir der einzelnen Zellen ausgeht[183].

Wenn sich auf diese Weise die Zellen anhand gewisser Koordinaten zurechtfinden und differenzieren können, so müßte ein solches übergeordnetes Prinzip es eigentlich erlauben, Partien eines Organismus willkürlich auseinander zu zerren, andere einzusetzen oder sie zu vertauschen. Die davon betroffenen Zellen müßten durch die neuen Koordinaten sofort wissen, wie sie sich umzustellen haben, und der gleiche Organismus müßte wieder entstehen. Und genau das tritt auch ein – zumindest solange ein Organismus noch in einer sehr frühen Entwicklungsphase ist.

Entnimmt man zum Beispiel der Gebärmutter einer schwarzen Maus Zellen im frühen Embryonalzustand und läßt sie mit einem entsprechenden Zellhäufchen aus einer weißen Mäuseart in einer Gewebekultur zusammenwachsen, dann ist es möglich, dieses willkürlich zusammengesetzte Aggregat in die Gebärmutter einer dritten Maus zu verpflanzen und dort auswachsen zu lassen. Es entstehen nicht etwa zwei abartige Zellklumpen, auch nicht zwei aneinandergewachsene Mäuse, sondern eine einzige Maus – allerdings mit ›Zebrastreifen‹[186]. Jede Zelle der weißen Mausart ist demnach nicht nur über den eigenen Gesamtplan, sondern auch über all das informiert, was die schwarzen Zellen tun. Sonst würden sie nicht ganz verschiedene Bereiche des gemeinsamen Organismus ›Maus‹ in gegenseitiger Abstimmung übernehmen können. Eine solche ›Verschmelzung‹ von Embryonen gelingt selbst dann, wenn man auf diese Weise eine Mäusechimäre aus *sechs* verschiedenen Eltern zusammensetzt[187]. Alles eindeutige Hinweise auf ein übergeordnetes Gestaltungsprinzip, bei dem offenbar jede Zelle eines Organismus über das Tun aller anderen Zellen informiert ist.

Grenze oder Scheideweg?

Steigen wir nun einmal von den Dimensionen der Zellgewebe auf kleinere Lebenseinheiten hinunter und versuchen wir, die Wirkung der Informationskräfte bis zu den ersten Bausteinen des Lebens zu verfolgen. An irgendeiner Stelle werden wir dabei die Grenze von der belebten zur unbelebten Materie überschreiten und schließlich bei den einzelnen Molekülen und Atomen landen. Aus diesen mit Sicherheit ›toten‹ Einzelteilchen wird ja nun beides gemacht: tote Materie wie lebende Wesen. Die Entscheidung fällt also nicht auf der Stufe der Einzelteilchen – denn diese werden gleichermaßen für beide Arten, die unbelebte wie die belebte Materie, benutzt. Sie fällt dort, wo einzelne Teilchen sich zu größeren Einheiten aus vielen Teilchen zusammenschließen. Und genau hier stoßen wir auf den zentralen Punkt. Denn dieser Zusammenschluß kann auf zweierlei völlig verschiedene Arten erfolgen: entweder auf eine ›unlebendige‹ Weise, indem sich viele *gleiche* Teilchen zu einer großen Zahl zusammenfinden, etwa lauter Zuckermoleküle zu einem Zuckerkristall, lauter Wassermoleküle zu einem Wassertröpfchen, oder aber, indem sich wiederum viele, jedoch *verschiedene* Teilchen auf eine ›lebendige‹ Art, d. h. aperiodisch in unregelmäßiger Reihenfolge aneinanderreihen, so daß sie, wie die Buchstaben eines Textes, einen Sinn ergeben.

Im ersten Fall hätten wir also eine periodische Anordnung, eine Monostruktur, die sozusagen aus lauter A's oder B's bestünde:

AAAAAAAAAA oder BBBBBBBBBB, eine Anordnung, deren Informationsinhalt praktisch Null ist. Im anderen, dem lebendigen Fall, haben wir eine Struktur von hoher Diversität. Hier kann man die Teilchenanordnung mit den Wörtern und Sätzen einer Sprache vergleichen; bei ihr handelt es sich um eine Anordnung, deren Code eine Eingangspforte für praktisch unendlich viele Informationsinhalte bietet[188].

Auf diese Weise ergibt sich beim Aufbau lebender Materie zum Beispiel ein *Gen* und aus der Aneinanderreihung verschiedener Gene ein Nukleinsäurenstrang, jene berühmte *DNS*, das Kernstück jeder lebenden Zelle. Im einzelnen ergibt sich dabei die Information aus der Anordnung, in der vier verschiedene kleine Moleküle, sogenannte Nukleotide, wie die Buchstaben eines Vierer-Alphabets zu einem solchen Strang aufgereiht sind. Eine Einheit von drei ›Buchstaben‹ ergibt hier jeweils ein Codewort, so daß für alle in dieser Sprache geschriebenen Texte insgesamt $4^3 = 64$ verschiedene Wörter zur Verfügung stehen, die natürlich in unendlich vielen Kombinationen verwendet werden können[189]. In ähnlicher Weise sind auch alle *Proteine* durch ein aperiodisches Aneinanderreihen kleiner Moleküle, der Aminosäuren, aufgebaut. Auch Proteine besitzen einen hohen Informationsgehalt. Daneben tummeln sich natürlich in einer Zelle noch eine gewaltige Menge auch weiterhin ›lebloser‹ Moleküle, AAAAAAAAAA's und BBBBBBBBBB's wie Sauerstoff, Phosphorsäure, Kohlenhydrate, Aminosäuren, Vitamine, Hormone usw., mit denen die Gene und Proteine arbeiten oder die sie als Bausteine verwenden.

Die Grenze zwischen toter und lebender Materie ist also in Wirklichkeit gar keine Grenze, sondern ein Scheideweg. In beiden Fällen entsteht ein Stück Materie. Das eine ist und bleibt eine große Zahl zusammengeschlossener Einzelteilchen ohne wesentlich neue Information. Das andere – und hier finden wir einen weiteren phänomenalen Unterschied – ist darüber hinaus jedoch gleichzeitig zu einem neuen Superteilchen, einem neuen Individuum geworden; genauso wie auf höherer Ebene die beschriebenen einzelnen Amöbenzellen den Schleimpilz bildeten, indem das einzelne Individuum Teil eines neuen, völlig anderen Super-Individuums wurde.

Damit gehören lebende Einheiten – anders als unbelebte Materie – gleichzeitig zwei verschiedenen Welten an: einmal der mechanistischen Welt statistisch großer Zahlen (durch den Zusammenschluß vieler Einzelteilchen sind sie überhaupt materiell geworden, versehen mit allen Materieeigenschaften wie Dichte, Farbe, Schmelzpunkt usw., die ein Einzelteilchen noch gar nicht hat), zum andern – weil nämlich ihr aperiodischer Aufbau aus ihnen ein neues Individuum machte, sozusagen mit Kopf und Schwanz – auch gleichzeitig der sogenannten akausalen Welt kleiner Zahlen, für die keine statistischen Gesetze gelten. Diese Doppelzugehörigkeit, die, wie wir sahen, auch die Möglichkeit zur Informationsaufnahme einschließt, ist die Grundbedingung für kybernetische Vorgänge, die Grundbedingung für die interne Kommunikation in einem Organismus.

Nun wundert es vielleicht nicht mehr so sehr, daß es unseren Biochemikern möglich war, an dem erwähnten Scheideweg die verschiede-

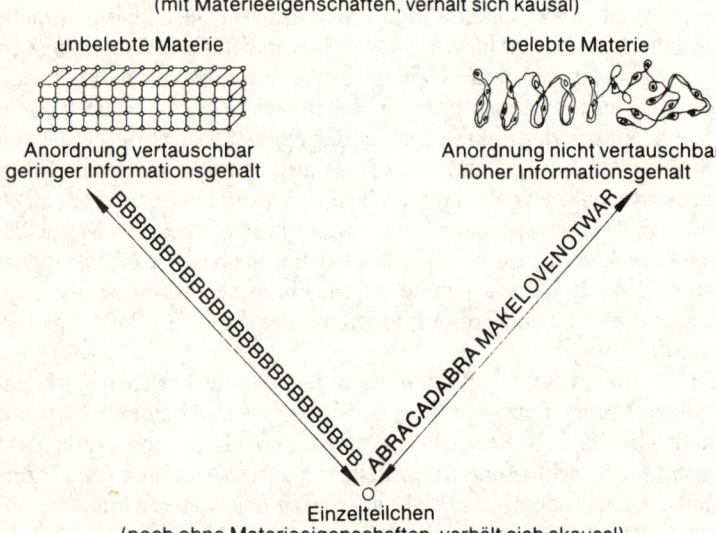

Statistisch große Teilchenzahl
(mit Materieeigenschaften, verhält sich kausal)

unbelebte Materie　　　　　　　　　　belebte Materie

Anordnung vertauschbar　　　　　　Anordnung nicht vertauschbar
geringer Informationsgehalt　　　　　hoher Informationsgehalt

BBBBBBBBBBBBBBBBBBBBBBBBBBBB　ABRACADABRA MAKELOVENOTWAR

Einzelteilchen
(noch ohne Materieeigenschaften, verhält sich akausal)

Belebte und unbelebte Materie sind im Grundaufbau verschieden. Die Assimilation von unbelebter Materie zu biologischen Einheiten verlangt daher eine Passage über den Zustand des Einzelteilchens unter völliger Wiederauflösung der Materie. Nur so kann eine periodische Anordnung gleicher Teilchen (BBBB . . .) in die a-periodische Anordnung verschiedener Teilchen (ABRAC . . .) übergehen, die als einzige in der Lage ist, den zu allen Lebensvorgängen nötigen hohen Informationsgehalt zu speichern. Ein direkter Übergang von unbelebter zu belebter Materie ist daher nicht möglich.

nen Kettenglieder eines Gen-Fadens, die man ja einzeln schon länger synthetisieren konnte, wie die Buchstaben eines Textes Glied für Glied aneinanderzuketten, bis ein Nukleinsäurenstück mit sinnvoller Information entstand. Mit einer Information, die sogar von einer Zelle verstanden und befolgt wurde.

An diesem Scheideweg stand nun offenbar auch einmal der Urbeginn des Lebens, dessen künstliche Nachahmung die Wissenschaft nicht erst seit heute beschäftigt. 1953 ließ ein amerikanischer Doktorand, Stanley Miller, in einer Mischung aus Wasserdampf, Wasserstoff, Ammoniak und Methan elektrische Entladungen vor sich gehen. Nach einer Woche konnte er aus der entstandenen Brühe alle wichtigen Aminosäuren isolieren und damit nachweisen, daß sie in der frühen Erdatmosphäre – denn dieser entsprach jene brodelnde Hexenküche – von alleine entstehen konnten. Bei solchen Entladungen, die übrigens auch durch Gamma-, Beta- und UV-Strahlung ersetzt werden können, wurden später sogar ganze Aminosäureketten wie auch Steroide, chlorophyllähnliche und andere komplizierte organische Verbindungen nachgewiesen[190]. Auf die gleiche Weise bildeten sich in anderen Versuchen die sogenannten Stickstoffbasen, die Grundmoleküle des genetischen Codes. Ja, selbst ihre Verknüpfung mit Zucker und Phosphor zu den erwähnten Nukleotiden, den energiereichen Bausteinen einer Nukleinsäurenkette, könnte lange vor der Lebensentstehung auf sonnenbeschienenen Felsen an den von verdunstetem Meerwasser zurückgebliebenen phosphorhaltigen Mineralien stattgefunden haben[191].

Bei dem weiteren Weg, dem Aufbau zu den spiraligen Nukleinsäuren und den ebenfalls helixartigen Proteinen, stoßen wir auf einmal auf ein ganz anderes großes Handikap, das nicht chemischer, sondern gestaltlicher Natur ist. Von bestimmten Molekülen, die wie ein linker und ein rechter Handschuh in zwei spiegelbildlichen Formen existieren können, kommt nämlich bei sämtlichen Lebewesen immer nur *eine* Sorte der beiden ›Handschuhe‹ vor. Zum Beispiel immer nur ›linke Aminosäuren‹. Diese Asymmetrie ist eine der Grundbedingungen für das Leben überhaupt, nämlich für jene spiralige Struktur der Gene und Proteine, ohne die die ständige Kopie und Vervielfältigung der darin gespeicherten Information nicht möglich wäre. Auf der anderen Seite ist eine solche Asymmetrie jedoch statistisch, d. h. nach den Gesetzen der Wahrscheinlichkeit völlig unerklärlich. Eine Zufallsentstehung scheidet aus. Die Folgerung, daß also hierfür bereits »Leben« vorhanden gewesen sein mußte, war seit der Entdekkung dieser Asymmetrie um 1850 durch den großen Chemiker Pasteur die allgemeine Auffassung. Der Arbeitsgruppe des Verfassers gelang es schließlich, die Ursache für diese Asymmetrie aufzuklären. Sie liegt in einer der Materie innewohnenden, erst in den fünfziger Jahren entdeckten Eigenheit (der sogenannten Paritätsverletzung) und hängt unter anderem mit dem »Linksdrall« der beim radioaktiven Zerfall entstehenden Elektronen zusammen[192]. Danach könnte auch dieses Stadium bereits ohne vorhandenes Leben erreicht sein.

Jetzt würde also nur noch die Aneinanderknüpfung all dieser Bausteine zu langen spiraligen Nukleinsäuren und Proteinketten, also die Polymerisation zu Riesenmolekülen fehlen. Da wir bis jetzt noch auf der Stufe der Einzelteilchen stehen, würden wir mit diesem Schritt auch gleichzeitig die Grenze zur Lebewelt überschreiten. Denn hierbei muß sich die Materie entscheiden, entweder den *unwahrscheinlichen* Weg zu informationsreichen ›Wortgruppen‹ zu gehen oder den *wahrscheinlichen* Weg zu periodisch wiederholten ›Buchstabenketten‹ (vergleiche die Abbildung auf S. 154). Da bis zu diesem Punkt jedoch noch kein Leben vorhanden ist, müßte auch dieser Schritt, ganz gleich wohin er führt, noch von alleine beginnen können. In der Tat scheint auch diese Polymerisation, die man bisher nur in lebenden Zellen beobachten konnte, im Prinzip noch kein Leben zu benötigen: Das Zusammenspiel all der bis dahin entstandenen Moleküle mit Wasser, mit Tonmineralien, magnesiumhaltigen Mineralien und der Energie des Sonnenlichts reicht auch dazu aus[193]. Die katalytischen Hilfsmittel zur identischen Vermehrung, zur geregelten Reproduktion, wie wir sie in den Zellen finden, scheinen sich demnach erst später ausgebildet zu haben. Die alte Frage, wer zuerst da war, die »Henne« oder das »Ei«, wäre damit eigentlich beantwortet: Es war die Henne!

Die Organisation der Zelle

Wie geht es nun weiter? Die nächsten Stufen zu größeren Lebensformen werden nicht etwa durch weiteres Aneinanderwachsen immer größerer Riesenteilchen erreicht, sondern nun wieder durch eine erneute aperiodische Organisation mehrerer Sorten der bis dahin entstandenen Superteilchen. Wir sehen also, die Natur verfährt immer wieder, wenn auch jedesmal auf höherer Ebene, nach dem Prinzip, verschiedene Einzelelemente zu kombinieren und dabei zu einem neuen Superindividuum anzuordnen. Die Entwicklung solcher Organisationsstufen kann heute mit verschiedenen Theorien erklärt werden: vom Chaos, aus dessen Fluktuationen vereinzelte geordnete Strukturen entstehen (I. Prigogine)[194], über die Bildung von Hyperzyklen (M. Eigen)[195] bis zum selbstgesteuerten Wachstum von Riesenmolekülen, den kooperativen Umwandlungen und autokatalytischen Polymerisationen[196].

Mit diesem durchgehenden Prinzip des Aufbaus höherer Organisationen aus mehreren Teilchensorten kommen weitere wichtige kybernetische Kriterien ins Spiel, wie Diversität und Symbiose, sozusagen in ihrer Urform. Doch schon hier erkennen wir deutlich, wie durch sie das Zusammenwirken von Einzelteilchen auf eine höhere Stufe, auf diejenige eines Systems gehoben wird, das mit gleichförmigen Bausteinen natürlich niemals zustande käme. Wie schon im Kapitel »Kybernetik« erwähnt, leben die winzigen Zellen der Tiere und Pflanzen sogar in einer Art innerer Symbiose mit Teilchen zusammen, die quasi einer fremden ›Spezies‹ angehören. In jeder Zelle unseres Körpers arbeiten so viele hundert bakteriengroße Partikel, die Mitochondrien, die als kleine ›Kraftstationen‹ Kohlenstoff verbrennen und mit einem eigenen Informationsprogramm die Atmung besorgen. Die Pflanzenzellen wiederum vollführen ihre Photosynthese in Symbiose mit kleinen ›Elektromotoren‹, den Chloroplasten, die die Lichtenergie in Arbeit und chemische Energie umsetzen. Beide könnten Überbleibsel früherer einzelliger Lebensformen – oder gar als Sporen aus dem All gekommen sein. Erst die Symbiose mit ihnen macht also Photosynthese und Atmung möglich, ja, sie ist die Grundlage dafür, daß es überhaupt vielzellige Organismen und damit auch uns selbst gibt[197].

Hier liegt der Urgrund der in diesem Buch immer wieder empfohlenen profitablen Kombination, der Symbiose verschiedener Wirtschaftszweige und Technologien, der Diversität und Kleinräumigkeit oder des im Kapitel 10 »Nahrung« so betonten Prinzips von Mischkulturen und ihren Kombinationsmöglichkeiten und der Absage an immer größere, einheitliche Monokulturen. Andererseits bedeutet die Organisation der Zelle als »komplexes System« aber auch, daß sie nicht beliebig klein sein kann[198], das biologische Leben sich also erst ab einer gewissen Größenstufe erhalten konnte. Diese Optimierung von Größenstufen in aufeinander aufbauenden Systemen ist, wie wir schon sahen, nicht zuletzt der Grund dafür, daß das Leben sich nicht in Form eines gleichmäßigen Plasmaschleimes um den

Globus ausgebreitet hat, sondern daß überhaupt Zellen, Organe, Organismen und schließlich die Vielfalt der Arten entstanden sind.

Die Frage nach der Ur-Information

Wir sind nun von oben wie auch von unten an die eigentliche Grenze der Lebensentstehung herangerückt, haben sie überschritten und stehen nur noch vor einem letzten Fragenkomplex: Was ist das für eine Ur-Information, die der Materie bei ihrem ›unwahrscheinlichen‹ Weg zum Lebewesen einverleibt wird? Stammt diese Information für alles Lebendige aus einer einzigen Quelle? Können wir sie verändern, mit ihr hantieren, ist sie überhaupt faßbar? Zeigt sie uns, woher wir selber stammen? Die Möglichkeit, daß Sporen aus dem Weltall, vielleicht von einer einzigen Quelle ausgehend, vor Milliarden Jahren hierher gelangt sind und das Leben auf dieser Erde (und vielleicht nicht nur hier) begründet haben, ist zum Beispiel nicht von der Hand zu weisen. Ja, die Wahrscheinlichkeit für eine einmalige Lebensentstehung irgendwo im Universum ist natürlich millionenfach größer, als wenn sie auf all den im Weltraum dafür infrage kommenden Planeten gesondert geschehen würde[199]. Aber auch der Gedanke, daß wir am Ende nur Gäste auf dieser Erde sind und unsere Ur-Heimat in fernen Welten haben, daß unseren Anstrengungen in der Raumfahrt vielleicht ein unbewußtes Heimweh zugrunde liegt, ist zwar faszinierend, dennoch wissen wir auch dann immer noch nicht, wo dieses ehrfurchtgebietende enorme Informationsreservoir seinen Ursprung hat. Ein Informationsreservoir, das, gemessen an der wahrscheinlichsten aller Anordnungen, dem Chaos, einem unendlich hohen Ordnungsgrad entspricht.

Da die Denkstrukturen unseres Gehirns offenbar für alles einen Ursprung verlangen und da, wie wir sahen, andererseits Information weder Materie ist noch Energie und somit weder an Raum noch an Zeit gebunden, wollen wir also diesen Ursprung getrost in eine außerräumliche, zeitlose Welt verlegen. Auch wo diese Information dann erstmals in unsere Raum-Zeit-Welt hineingeschlüpft ist (und vielleicht permanent schlüpft), wo ihre »Inkarnation« auch begonnen haben mag, wo und wann das »Wort« zum »Fleisch« wurde, mag uns hier nicht weiter interessieren. Viel aufregender scheint mir, *daß* es geschah und was daraus wurde. Denn gewiß hat diese Informationswelt, die durch ihr Eindringen in die Materie ja höchstens statistische Gesetze, jedoch keine physikalischen Gesetze verletzt, auch ganz spezifische *eigene* Gesetze, die uns, ähnlich wie die erwähnten Systemgesetze, bisher nur entgangen sind, weil sie einem Bereich entstammen, der eben mit dem kausalen Denken der klassischen Naturwissenschaft so leicht nicht erfaßt werden konnte – was nicht heißt, daß nicht auch diese Gesetze des Lebendigen im innersten Wesen der Materie selbst verborgen sein mögen (vgl. Bertalanffy, S. 29).

Die somit erst tastend bearbeitete Komplexität von ineinandergreifenden Entwicklungsstufen, von kybernetischen Programmen, die zum Teil in den Genen verankert sind, zum Teil aber erst in Rückkoppelung mit der Umwelt ihren Ausdruck finden, von Informationskreisläufen, die sich gleichzeitig über winzig kleine und gewaltig große Zeiträume erstrecken, sollte uns vorsichtig machen, wenn wir uns heute anschicken, in dieses Geschehen einzugreifen. Sehen wir uns daher im folgenden einmal an, was wir von Manipulationen mit unserem Gen-Reservoir, von künstlicher Befruchtung, Samenbanken und Reagenzglasbabys, von künstlichen Mutationen und ähnlichen »Bio-Spielereien« zu erwarten haben.

Der Griff in die Schöpfung

Wie wir gerade gesehen haben, können wir aus der Biologie, aus den Gesetzen des Lebens, noch ungeheuer viel lernen. Von dieser Seite gesehen muß man die auf dem Gebiet der Genetik betriebenen Forschungen und Entwicklungen als ungemein wertvoll und positiv beurteilen. Denn Erkenntnis ist eine Grundvoraussetzung für eine »Evolution« des Denkens, wie wir sie ja offenbar sehr nötig haben.

Da wir jedoch die Angewohnheit haben, jede Teilerkenntnis bereits »technisch« umzusetzen, bevor wir sie in ihrem Zusammenhang auch nur annähernd durchdacht haben (anstatt in der Gestaltung unserer Umwelt immer nur von bereits erkennbaren Zusammenhängen auszugehen), droht gerade auf diesem Gebiet die Gefahr, Weichen für die Zukunft zu stellen, die kein Zurück mehr ermöglichen. Die Essenz der in unseren Genen verankerten Erbinformation hat über Milliarden Jahre das Leben auf der Erde gesichert und uns mit den Fähigkeiten ausgestattet, die wir heute besitzen. Der Umfang des Gen-Reservoirs und die erwähnten kybernetischen Gesetze der Informationswelt lassen vermuten, daß gewissermaßen auch ein Teil der Zukunft längst in unseren Genen vorgezeichnet ist, daß also in der

Erbinformation nicht nur vergangene Entwicklungen stecken mögen, sondern auch evolutionäre »Skizzen«, zukünftige Rahmenbedingungen für weit vollkommenere Lebensformen als unsere. Ihre willkürliche Veränderung durch das planlose Herumpanschen in noch völlig unverstandenen Zusammenhängen kann daher zu einem permanenten Verlust sowohl bereits erreichter als auch uns noch völlig unbekannter zukünftiger Möglichkeiten führen.

Da im allgemeinen sämtliche Biomanipulationen in einen Topf geworfen werden, wollen wir uns die im Grunde sehr unterschiedlichen Ebenen solcher Eingriffe einmal etwas genauer anschauen. Das Besondere an Eingriffen in die Erbsubstanz – nicht nur des Menschen, sondern jeglicher lebender Organismen – liegt zunächst einmal darin, daß sie im Grunde irreparabel sind. Das zeigt uns die Evolution selbst, deren eine treibende Kraft letztlich genau hier, nämlich in der Neukombination von Genen liegt. Und so handelt es sich auch bei einer künstlichen Manipulation mit dem Genmaterial längst nicht mehr um einen Eingriff in das Leben einzelner Individuen, sondern in das Leben aller aus diesem Genmaterial entstehenden Generationen, ja der gesamten Evolutionskette.

Verglichen damit sind alle Eingriffe, die nur das Leben von Einzelindividuen betreffen, alle Veränderungen, die mit der betroffenen Generation zu Ende gehen, im Grunde harmlos. Auch Eingriffe in die von der Natur vorgesehenen Abläufe, wie bei der künstlichen Befruchtung durch konservierten Samen, vollziehen sich noch auf einer harmlosen Ebene. Gerade um die weit unauffälligeren, aber um so gefährlicheren, weil irreversiblen genetischen Eingriffe in ihrer Bedeutung abzuheben, sollen zunächst auf jene harmloseren, jedoch vordergründig weit makabrer erscheinenden Manipulationen einige Schlaglichter geworfen werden.

1964 erblickten die ersten amerikanischen und seit 1969 auch die ersten deutschen Babys, die aus konserviertem, monatelang tiefgekühltem menschlichen Samen gezeugt worden waren, das Licht der Welt. Aber nicht nur die Zeugung ließ sich auf diese Weise manipulieren, auch das nächste Stadium, die Schwangerschaft, ist, wie jeder weiß, inzwischen vor solchen Eingriffen nicht mehr sicher. So wurde 1978 in Oldham/England das erste »Retortenbaby« geboren, genauer: ein Kind, dessen Eizelle außerhalb des Mutterleibes, also *in vitro*, befruchtet und erst nach einigen Teilungsschritten wieder in den Uterus zurückverpflanzt wurde (homologer Embryo-Transfer). Auch dies war im Prinzip nichts Neues, da selbst der heterologe

Embryo-Transfer, also die Austragung in ›geliehenen‹ Müttern, bei der Aufzucht von Rindern längst Routine ist.

Was für einen Sinn haben nun solche Techniken? Das starke Interesse an Samenkonservierung und künstlicher Befruchtung beruht unter anderem auf der Möglichkeit einer wirksameren Geburtenkontrolle durch eine frühzeitige Sterilisierung von Männern – mit dem Vorteil, dann doch noch auf Wunsch jederzeit ein Kind zeugen zu können. Die amerikanischen Spermabanken berechnen für die Tiefkühlkonservierung einer menschlichen Samenprobe jährlich rund 20 Dollar. Das wäre also weit weniger, als die Kosten für die meisten Arten der klassischen Empfängnisverhütung betragen[200]. Vielleicht spielt auch der Gedanke mit, ein Reservoir an menschlichem Samen in einem Bleitresor anzulegen, um auch noch in Jahrhunderten, nach einem Atomkrieg, wieder genügend unbeschädigtes genetisches Material für ein neues Geschlecht zur Verfügung zu haben. Menschlicher Samen läßt sich ja genauso nach Rasse- und Typenmerkmalen katalogisieren, wie man dies mit Bullensamen, der normalerweise in flüssigem Stickstoff bei minus 196 ° C gelagert wird, schon lange praktiziert.

Die an dem »Retortenbaby« gezeigte Möglichkeit, Embryonalzellen aus der Gebärmutter zu entnehmen und für kurze Zeit außerhalb zu kultivieren, ermöglicht es außerdem, Erbschäden wie den Mongolismus, die Sichelzellenanämie oder die Dysautonomie ebenso zu entdecken wie das zukünftige Geschlecht, also ob Mädchen oder Junge. Die ausgewählten Embryonen würden anschließend wieder in die Gebärmutter eingesetzt und könnten sich bis zur Geburt weiterentwickeln.

Dies mag an Beispielen aus dieser Manipulationsebene genügen. Lassen wir einmal den seelischen und ethischen Aspekt noch beiseite und beurteilen wir das Ganze vom rein biologischen Wert. Wir sehen deutlich, negative wie auch positive Eingriffe auf dieser Ebene betreffen letztlich immer nur das einzelne Individuum. Weder verändern sie die Grundinformation des genetischen Reservoirs für die unmittelbaren und späteren Nachkommen, noch lenken sie – in größeren Zeiträumen gedacht – die Evolution in eine unabsehbare Richtung; weit weniger jedenfalls, als es unser Sanitätswesen und die moderne Hygiene getan haben, die eine allmähliche Konzentration negativer Erbmerkmale herbeiführten, weil diese nicht mehr auf ›natürliche‹ Weise ausselektiert wurden. Wir haben zwar auch bei der künstlichen Befruchtung – trotz der erwähnten Möglichkeit, Erbschäden auszusortieren – eine insgesamt negative Auslese: Im Reagenzglas ist es nämlich nicht wie bei der Befruchtung in der Gebärmutter das ›kräftigste‹ von Millionen Spermien, das die Eizelle erreicht, sondern nur ›irgendeines‹ der genetisch erwünschten Sorte. Aber auch diese Umgehung der Selektion bliebe immer Einzelfall, selbst wenn eines Tages die (heute auch bei Mäusen noch völlig unmögliche) Austragung eines Embryos außerhalb des Uterus, also eines *echten* »Reagenzglas-Babys« gelänge. Bedenklicher wäre eher die Vervielfältigung identischer Individuen, wie sie zum Beispiel bei Mäusen bereits funktioniert.

Mit Hilfe einer chemischen Substanz (Cytochalasin) bringt man den Chromosomensatz einer isolierten Eizelle zur Verdoppelung, ohne daß sich die Zelle teilt – so, als wenn die Zelle sich selbst befruchtet hätte. Den entstehenden Embryo überträgt man wieder in einen Uterus, wo nun »vaterlose«, d. h. genetisch identische Nachkommen der Mutter entstehen. Biologisch gesehen wäre das ein Schritt zurück in die Zeit der vorsexuellen Fortpflanzung und würde wahrscheinlich über kurz oder lang zur Entstehung immer weniger lebensfähiger Individuen führen[201]. Denn als die sexuelle Fortpflanzung entstand, hatte sie sich aufgrund ihrer genetischen Vorteile sehr bald durchgesetzt und fast sämtliche asexuellen Arten verdrängt. Bei aller Perversität der Manipulationen bleibt auch hier, daß an der Gen-Information selbst nicht manipuliert wird. Daran gemessen sind selbst harmlos erscheinende künstliche Mutationen zur Entwicklung neuer Pflanzenarten oder spezieller Mikroorganismen weit schwerwiegendere Eingriffe. Doch auch solche Eingriffe können wiederum auf zwei Ebenen geschehen: Das eine Mal werden die Gene selbst nicht verändert, sondern, ähnlich einer Kreuzung, mit fremden, jedoch aus dem natürlichen Gen-Reservoir, z. B. aus anderen Lebewesen, stammenden Genen ausgetauscht bzw. mit ihnen kombiniert. Eine andere Art von Eingriff geschieht an dem Genmaterial selbst und verändert den Informationsgehalt einzelner Gene, also das natürliche Informationsreservoir.

Mit ersterem Fall geschieht zwar etwas innerhalb der Evolutionskette nicht sehr Häufiges, jedoch immer noch nichts im engeren Sinne völlig Unbiologisches. Eine längst vorhandene Information der Lebewelt wird lediglich in anderer Weise zu einem »Bastard« kombiniert. Der Fehltritt bleibt »in der Familie«. Im anderen Fall wird dagegen die Information innerhalb eines Gens so verändert, daß es die Synthese gänzlich unnatürlicher Proteine befiehlt, mit Wirkungen, gegen die unter Umständen überhaupt keine Kontrollmechanismen in der Natur existieren. Schauen wir uns zunächst einige typische Beispiele des ersten Falles, d. h. aus dem Bereich ›natürlicher‹ Genkombinationen an.

Der universelle Code

Bietet man Kaninchenzellen einen »Informationstext« (eine Nukleinsäure) aus Mauszellen an, in denen der rote Blutfarbstoff, das Hämoglobin, gebildet wird, dann beginnen die Kaninchenzellen statt Kaninchenhämoglobin plötzlich Mäusehämoglobin herzustellen; genauso wie Affen nach entsprechender Genübertragung auf einmal Kaninchenhämoglobin produzieren[202]. Auch lebende Froscheier, also eine bereits entferntere Spezies, kann man dazu bringen, den Blutfarbstoff von Säugetieren zu produzieren[203], ja selbst die Informationsbefehle von Hefezellen zu lesen, wobei sich erwies, daß beide, Frosch und Hefepilz, eine ganze Familie von Enzymen gemeinsam besaßen, die sich offensichtlich seit der Zeit ihrer evolutionären Trennung nicht verändert hatten[204]. Auf ähnliche Weise konnten Krebszellen aus der Bauchhöhle von Nagetieren veranlaßt werden, auf Wunsch irgendein Hämoglobin oder auch das spezielle Material aufzubauen, aus dem die Linse von Kalbsaugen besteht. Ganz so, als ob man Krebszellen quasi im Dienstleistungsverfahren für beliebige Fabrikationszwecke mieten würde. Selbst Bakterien verstanden und befolgten den Befehl einer aus Kaninchenzellen isolierten Informationsmatrize und produzierten fleißig typisches Kanincheneiweiß[205].

Wir sehen also, auch entfernteste Gattungen gehorchen prinzipiell der gleichen genetischen Sprache. Beschäftigen wir uns daher noch einmal ein wenig mit dem zugrundeliegenden Text selbst. Wie oben schon angedeutet, ist er auf den spiraligen Nukleinsäuresträngen, dem mit DNS (Desoxiribonukleinsäure) abgekürzten Baumaterial unserer Gene ›eingraviert‹. Der größte Teil dieses Textes ist zum Schutz gegen ›unbefugtes‹ Ablesen mit einer Proteinhülle umgeben, also latent, verborgen wie die zugeklebten Seiten eines großen Buches. Und nur wenn – nach einem äußerst komplexen Regulationsmechanismus – der eine oder andere Abschnitt der aus vielen Millionen Codewörtern bestehenden DNS-Kette aufgedeckt wird, gelangt der dort gespeicherte Befehl zur Ausführung. Das bedeutet, die Zelle entfaltet nun eine bestimmte Aktivität, kurbelt Reaktionen an, synthetisiert Stoffe oder teilt sich.

Das »Wort« wird »Fleisch«

Wie geschieht das im einzelnen? Das »Wort«, das hier tatsächlich aller Dinge Anfang ist, wird selbstverständlich, wie es sich für eine wertvolle Bibliothek gehört, nicht im Original verwendet, sondern als Kopie. Der erste Ablesevorgang von dem sorgfältig geschützten DNS-Text führt in der Tat zu einem Abdruck, einer Boten-Nuklein-säure (*Messenger*-RNS), die nun die Bibliothek verlassen darf und draußen als Druckmatrize für die Konstruktion von Proteinen dient. Diese bauen sich im Kontakt mit der jeweiligen Matrize genau in der vorgeschriebenen Reihenfolge auf und dienen dann entweder als Zellbausteine und Stützmaterial oder als spezielle Katalysatoren (Enzyme) für Tausende von chemischen Reaktionen: Das »Wort« wird »Fleisch«.

Ist schon die Analogie der biologischen Informationsübertragung zur Symbolik des Johannesevangeliums beeindruckend, so ist der Bezug zu asiatischen Lehren, zum *I-Ging*, zur *Kundalini* und den *Chakras*, noch frappierender. Dort heißt es wörtlich: »Die Substanz des ewigen Schöpferwortes, durch das alles Entstandene geworden ist, ist die spiralige Kundalini. Sie ist die Matrika, die Genetrix des gesamten Universums. Sie rollt sich zusammen und schläft bis zu ihrer Wiedererweckung[206].« Verblüffende Parallelen zu den Vorstellungen der modernen Forschung, die uns bis in die Worte hinein an die Nukleinsäurenspirale, an genetische Matrizen und den in unseren Zellen schlafenden Informationstext erinnern!

So, wie wir hier den Bogen zu alten esoterischen Lehren spannen können, entdecken wir die Grundprinzipien der Bio-Informatik auch in den Kommunikationstechniken unserer Zivilisation. So geht, wie schon im letzten Kapitel angedeutet, in dem Mikrobereich unserer Gene seit Jahrmillionen etwas vor sich, das wir bisher als reine Erfindung des menschlichen Geistes betrachteten, nämlich die Speicherung von Informationen in Form von Schrift und ihre Vervielfältigung durch einen Druckvorgang: das Prinzip des Buchdrucks, sozusagen die erste Art technischer Computer, die die Menschheit entwickelte. Auch hier wurde offenbar wieder ein uns innewohnendes biologisches Prinzip unbewußt veräußerlicht: das der zellulären Informationsverarbeitung, die mit ihrer Molekülschrift alles Leben steuert. Ja, wir erkennen hier sogar das Prinzip der beiden grundsätzlichen Schriftarten, der abendländischen Buchstabenschrift und der chinesischen Bilderschrift wieder. Zum einen die *Nukleinsäurenschrift*, eingraviert auf den in unseren Chromosomen-›Büchern‹ enthaltenen Gen-›Seiten‹; sie besteht aus einem Buchstaben-Alphabet, aneinandergereiht zu langen Ketten, so wie unsere Wörter und Sätze. Dann gibt es die *Schrift der Enzyme*, die in einem regelrechten Übersetzungsvorgang diese in den Genen gespeicherte Information übernimmt. Dort liegt sie dann in einer Art verknäulter Bildersprache vor. Bei dieser kommt es nicht mehr auf die Reihenfolge, sondern auf das »pattern«, das Muster an, welches nunmehr von den Strukturen und Stoffen einer lebenden Zelle erkannt werden muß, um vom »Wort« in die »Tat«, d. h. in chemische Reaktionen, in Energieübertragung und in die Produktion von Stoffen umgesetzt zu werden[207]. Und wenn wir heute mit Buchstaben, Schrift und Bildern umgehen, so dürfte bei uns durchaus eine Resonanz, eine Art Vertrautheit zu unserem eigenen genetischen Informationssystem vorliegen. Bei uns im Westen eher zum genetischen Code, beim Asiaten vielleicht mehr zur Enzymschrift, bei der die »Bits« weniger zeitlich nacheinander als vielmehr simultan als Muster erkannt werden.

Angesichts der sich selbst hierin noch einmal spiegelnden Universalität des genetischen Codes ist die Entdeckung, daß unsere Chromosomen ein enormes Reservoir an schlummernden Texten beherbergen, welches womöglich nur zum kleinsten Teil genutzt wird, von erheblicher Tragweite. Sie bedeutet, daß auf dem Nukleinsäurenstrang einer jeden menschlichen Zelle nicht nur genügend Platz für die Eigenschaften aller Zellarten eines Organismus ist, sondern auch für die Anlagen zu sämtlichen auf der Erde vorhandenen Spezies und darüber hinaus für vergangene und zukünftige Evolutionsformen[208]. Auch wir Menschen sind ja heute nur »irgendwo« unterwegs, und nicht etwa »fertig«, und mögen weiterentwickelte Formen unseres Daseins genetisch-latent in uns vorgezeichnet haben.

Ähnlich wie bei Insekten die Metamorphose von der Raupe zum Schmetterling (entsprechend dem Aufklappen bis dahin verschlossener Buchseiten) durch Hormone ausgelöst wird, oder wie die Amöben sich auf das Signal eines kleinen Moleküls, des c-AMP, hin zu einem Schleimpilz organisieren[22], können beim Axolotl, einem Amphibium tropischer Gewässer, solche schlummernden Genanlagen auch künstlich freigemacht werden. Anlagen, die einer kommenden oder auch vergangenen Evolutionsstufe entsprechen könnten: Durch Zugabe von Schilddrüsenhormonen wachsen diesem Molch plötzlich die Beine weiter, die Kiemen bilden sich zurück, die Schwanzflosse verschwindet, und es entsteht ein Landtier, das es eigentlich gar nicht gibt[209].

Ein anderes Beispiel: Führt man den Kern der Darmzelle eines Frosches in eine von ihrem ursprünglichen Kern befreite Eizelle ein, so werden all die Gene wiedererweckt, die wegen der engen Spezialaufgaben einer Darmzelle dort inaktiv waren. Die neue Eizelle entwikkelt sich daher nicht etwa zu einem Haufen von Darmzellen, sondern wieder zu einem kompletten, völlig normalen Frosch[210]. Das sind deutliche Anzeichen für eine da und dort aufgelockerte Latenz des verborgenen Informationspools, für ein Lüften des ihn bedeckenden Schleiers. So lassen sich im Prinzip aus sämtlichen Zellen verborgene Anlagen herauslocken[176].

Ein genetisches Babylon

Nach diesem kleinen Ausflug wieder zurück zur Genmanipulation. Die im Informationsbereich des Lebendigen immer wieder durchscheinende enge Verwandtschaft aller lebenden Spezies, ihre einander so ähnlichen Programme und vor allem ihre völlig identische Art, diese Programme zu steuern, hat natürlich, was genetische Manipulationen betrifft, ganz besondere Konsequenzen. So müßte es theoretisch möglich sein, die Programme zweier verschiedener Lebewesen zum Aufbau eines gemeinsamen neuen, in der Natur noch nicht dagewesenen Lebewesens zu bewegen. Daß dem tatsächlich so ist, wurde inzwischen durch mehrere makabre Experimente deutlich gemacht.

So ist es gelungen, in Gewebekultur lebende Mäusezellen mit Menschenzellen zu verschmelzen. Als Werkzeug hierzu diente ein spezielles Grippevirus, das auch nach seiner Abtötung die bei vielen Viren beobachtete Fähigkeit besitzt, andere Zellen zu verschmelzen. Entgegen den Erwartungen starben nun die neuen Zwitterzellen nicht ab. Das Chromosomenmaterial der beiden Kerne durchdrang sich zu einem einzigen Kern, und die Zellen begannen sich zu teilen. Der Versuch konnte jetzt auch ohne Virus mit zellauflösenden Enzymen wiederholt werden und führte zu Bastard-Zellen, die über mehr als 100 Teilungsgenerationen hin am Leben blieben und sich vermehrten. In den Tochterzellen wurden die ersten Kerne gefunden, deren Chromosomensatz zugleich Menschen- und Mäusechromosomen aufwies. Ja, es gelang sogar, diese Zell-Chimären mit der Eizelle einer normalen schwarzen Mäuseart, ähnlich wie bei den schon beschriebenen »Zebra-Mäusen« zu verschmelzen und einen Mausbastard zu entwickeln, dessen farblose Partien aus jenen Mischzellen bestanden, wo also ein wenig »Mensch« in Form humanoider Chromosomen, wenn auch dem Gestaltprinzip Maus untergeordnet, herumspukte[211].

Was bei den Säugetierzellen gelang, hat in der Pflanzenzucht seit neuestem einen regelrechten Boom ungewöhnlicher Kreuzungen und Genübertragungen entfacht[212]. Man hofft, Pflanzen mit Wundereigenschaften zu entwickeln, die die Welt noch nie gesehen hat. Kreuzungen zwischen Kartoffel und Tomate werden nunmehr möglich und würden einen Zwitter ergeben, der sowohl von »oben« als auch von »unten« geerntet werden kann. Die Photosyntheseleistung von Pflanzen kann durch Einbau zusätzlicher Chloroplasten erhöht werden, und da selbst Bakterien nicht nur mit Maus und Huhn, sondern auch mit Gerste, Tomaten und Saubohnen gekreuzt werden können, hofft man, besonders wertvolle Eigenschaften, wie z. B. die Stickstoffassimilation, bald auf Pflanzen zu übertragen, was schon dadurch gelang, daß man den Sprossen ausgewählte Nukleinsäurenstücke solcher Bakterien zuführte[213]. Mausmensch, Hühnermaus, Tomatoffel, Kolibohne und Streptokraut sind keine Fiktion mehr, sondern bereits in der Zellkultur existierende Vorläufer eines genetischen Babylon, auf die wir in Kapitel 10 »Nahrung« noch einmal zu sprechen kommen. Neben solchen mehr oder weniger makabren Kreuzungen, die uns im günstigen Falle bei Pflanzen neue stickstoffbindende und krankheitsresistente Arten in die Hand geben können und damit solche, welche künstliche Dünger und Pestizide überflüssig machen[214], liegt die heute wichtigste Anwendung der Pflanzengenetik weniger in Neuzüchtungen als in der Anlage von Gen-Banken als Reservoir der durch Inzucht und Monokulturen fast verlorengegangenen Wildarten unseres Getreides (vgl. auch hier Kap. 10 »Nahrung«). Da lange Zeit nur die für das momentane Zuchtziel interessanten Eigenschaften der Nutzpflanzen gepflegt wurden, sind immer mehr ursprüngliche Erbeigenschaften verschwunden, ohne daß man ihren eigentlichen Wert je kennengelernt hätte. Um das Aussterben der Primitivformen zu verhindern und – falls aufgrund veränderter Umweltbedingungen eines Tages erforderlich – ihre Eigenschaften in Nutzpflanzen einkreuzen zu können, entstanden in verschiedenen Ländern die ersten Samenbanken, welche sich zum Ziel gesetzt haben, sämtliche wichtigen Wildsorten für alle Zeiten zu konservieren[215].

Die Übertragung solcher Züchtungs-, Rückzüchtungs- und Genauswahl-Methoden aus der Pflanzengenetik auf die menschliche Gesellschaft liegt nur allzu nahe. Bewußte Koppelung genetisch mißgebildeter Eltern kann so zur Züchtung von Sondermenschen für Spezialaufgaben führen: beinlose Astronauten, riesenfingrige Fließbandarbeiter, Flossenmenschen für Unterwasseraufgaben usw., deren Glieder und Organe einer speziellen Aufgabe angepaßt sind. Das Gruselkabinett eines jeden größeren anatomischen Instituts mit den in Formalin präparierten Auswüchsen der genetischen Kapricen unserer Rasse zeigt zumindest jedem Medizinstudenten, was hier biologisch möglich ist.

Und doch scheint mir der umgekehrte Weg der noch gefährlichere zu sein, weil ohne komplizierte Eingriffe durchführbar: eine die Inzucht fördernde ›Verbesserung‹ des Erbgutes der menschlichen Rasse, die Eugenik, welche bestimmte als ›wertvoll‹ erkannte Merkmale durch gezielte Paarung hochzüchtet (positive Eugenik) bzw. bestimmte Abweichungen von der ›Norm‹ unterdrückt (negative Eugenik).

Die Verkennung der biologischen und evolutionären Wirklichkeit läßt selbst manchen Biologen, sofern ihm ein genetisch einheitlicher Idealtyp als »Züchtungsziel« vorschweben sollte, den Wert der Variationen, der Abweichungen und Kapriolen des genetischen Spiels völlig falsch einschätzen. Gerade das gelegentliche Herausfallen sowohl aus dem ›normalen‹ körperlichen Schema als auch aus dem eingefahrenen Verhaltensschema vergrößert durch die erhöhte Variabilität und Flexibilität innerhalb der Arten die Überlebenschancen und macht es erst möglich, daß sich eine Art im Laufe der Evolution anpaßt und weiterentwickeln kann. Jede Stagnierung im Hinblick auf ein an heutigen Verhältnissen gemessenes Idealziel wäre biologischer Selbstmord[216]. Aus der gleichen biologischen Notwendigkeit heraus entwickelte sich ja schließlich auch die sexuelle Reproduktion, die, wie schon erwähnt, gegenüber der asexuellen (Parthenogenese) beim *Überleben des Tüchtigsten* weit größere Chancen hat, die optimale Genkombination zu finden[217].

Verlassen wir nun diese Ebene, und kommen wir noch kurz zur zweiten Form der genetischen Manipulation, zur künstlichen Veränderung des Informationsreservoirs selbst, zum »genetic engineering«. Was passiert dabei mit unserem Code?

Der zwielichtige Homunculus

Mutationen, wie sie auch durch radioaktive Strahlung eintreten, sind nichts weniger als Veränderungen am Original-Textinhalt durch Austausch oder Wegnahme sowohl ganzer ›Buchstaben‹ und ›Wörter‹ als auch nur einer Atomgruppe; so wie man aus einem R durch Weglassen des Schrägstrichs ein P machen kann. Der Satz: »Pakete vor Absendung auf Post nachsehen« würde die ursprüngliche Mitteilung: »Rakete vor Absendung auf Rost nachsehen« nicht mehr erkennen lassen. Automatisch verändert sich so schon mit kleinsten Eingriffen der ganze Sinn der ursprünglichen Information. Genauso verhält es sich in der biochemischen Wirklichkeit. Der veränderte Molekülbuchstabe wirkt dann so, als hätte man an einem komplizierten Schlüssel eine Zacke verändert. Der Schlüssel paßt nicht mehr in das vorgesehene Schloß, ja, kann dadurch vielleicht sogar ein falsches Schloß aufschließen. Eine Stoffwechselstörung, eine Mißbildung oder gar der Tod können die Folge sein.

Schon heute kann man diese Vorgänge nicht nur plausibel erklären, sondern konkret beobachten. Angefangen von den durch Strahlen erzeugten Veränderungen an einzelnen Genen bis zur Bildung der – wie auf einer Rotationspresse – entlang dem Urtext der DNS entstehenden Kopien[218]. Die inzwischen erreichten Möglichkeiten der Beobachtung bis in das Innere des Genmaterials haben den Ort des Geschehens jedoch so greifbar nahe gerückt, daß sie nur allzu leicht auch zu dem Wunsch verführen, mit diesen Buchstaben und Wörtern zu hantieren, ein wenig den Setzer, den Korrektor, den Drucker zu spielen. Wegen der identischen Verdoppelung des Textes bei jeder weiteren Zellteilung setzt sich dann aber – falls dieser neue Zelltyp überlebensfähig ist – jede einmal erfolgte Veränderung für alle Zeiten fort. Vor einer ›Verbesserung‹ des Erbgutes durch genetische Manipulation, im amerikanischen sehr treffend »genetic engineering« genannt, aber auch vor der leichtfertigen Interpretation selbst sehr schwacher radioaktiver Wirkungen von Strahlenschäden[219] kann daher nicht genug gewarnt werden.

Unsere heutigen Manipulationen an über Millionen Jahre optimierten Entwicklungsabläufen, unsere genchirurgischen Kreuzungs- und Mutationsexperimente, aber auch die unbeabsichtigten Eingriffe in das Erbmaterial durch radioaktive Verseuchung, durch Chemikalien aus Abgasen, Nahrung und Medikamenten, all dies ist allein schon wegen der Art der Eingriffe als solcher ein ungeheuerliches Geschehen in unserer Lebewelt[220]. Bedrohlich werden solche Mutationen jedoch vor allem mit ihrer Häufigkeit. Und die ist weniger bei den beabsichtigten Manipulationen gestiegen als bei den ungewollten Nebeneffekten aus unserer hochgradig verseuchten Umwelt. Eine viel sorgfältigere Untersuchung der möglichen erbverändernden Wirkung zahlreicher Arzneimittel und sonstiger von unserer Zivilisation in die Umwelt entlassener physikalischer und chemischer Wirkstoffe ist daher unerläßlich.

Oft hört man hier die Frage, ob nicht vielleicht doch unser vielzitiertes Anpassungsvermögen mit all dem fertig wird. Haben also vielleicht doch diejenigen recht, die sagen, daß wir ohnehin seit Äonen eine beträchtliche natürliche Strahlenbelastung verkraften? Dieser Einwand ist so schwerwiegend, daß wir uns noch kurz anschauen wollen, wie es mit dieser Anpassung tatsächlich steht. So ist zwar das Leben seit Milliarden Jahren einer natürlichen, jedoch stetig abnehmenden und inzwischen nur noch minimalen radioaktiven Strahlung ausgesetzt. Wir würden in der Tat nicht mehr existieren, wenn dieses Leben mit seinen ausgeklügelten Informationsmechanismen nicht für jene ständigen, wenn auch geringfügigen Einwirkungen auch einen Reparaturmechanismus entwickelt hätte. So kann man beobachten, daß sich zwar auf diese Weise manche genetischen Veränderungen, soweit sie an Einzelindividuen vorgenommen werden, nach mehreren Generationen durch Kreuzung und »Verdünnung« mit anderem Genmaterial von ganz alleine wieder »ausmendeln« können (nach Gregor Mendel, dem Entdecker der Vererbungsregeln), ja, daß sogar auch ohne weitere Kreuzung, und zwar schon am betroffenen Gen selbst, ein »Repair-Enzym«, ein Reparaturwirkstoff tätig ist, welcher durch Vergleich mit der vielleicht noch intakten Zwillingshälfte des Genfadens den Fehler entdecken und beheben kann[221]. Die Gefahr liegt nun darin, daß beide Reparatursysteme durch die künstlich geschaffene Situation eines Überangebotes an genverändernden Faktoren in unserer Umwelt heute weit überfordert sind, was schon bei geringfügigen weiteren Belastungen zu einer raschen Degeneration des Menschengeschlechts in wenigen Generationen führen kann[994].

Die Existenz solcher Aufgaben, wie das Reparieren von beschädigten Genen, das neben den normalen Zellfunktionen ständig im Innern von Organismen abläuft, bedeutet, daß in den Genen auch die Information zu all diesen Kontrollmechanismen gespeichert sein muß. Vermutlich werden wir erst nach und nach feststellen, wie erstaunlich viel sich die Natur zur Organisation und Kontrolle ihrer ursprünglich einmal in die Materie eingeschleusten Information einfallen ließ[222] und welche Bedeutung sie damit der Aufgabe beimißt, eine nur sehr allmähliche organische Evolution abzusichern, d. h. alle über dieses Evolutionstempo hinausgehenden Mutationen und Anpassungen auszuschalten. Schon eine geringfügige Beschleunigung dieses Tempos würde nicht nur unsere eigenen Anpassungsmechanismen, sondern auch diejenigen der in dieser Biosphäre aufeinander eingespielten Arten bis hin zu den Insekten und Mikroben über den Haufen werfen.

Abschließend sei noch einmal daran erinnert, daß die gesamte Lebewelt auf diesem Planeten mit ihrem Genmaterial einen großen, durch die Evolution mit Vergangenheit und Zukunft verbundenen Genpool darstellt, in dem ein Individuum nur ein Gefäß ist, dem ein winziger Teil dieses universellen Pools für kurze Zeit anvertraut ist. Wir sind noch weit davon entfernt, den eventuellen Sinn in den Wegen und Absichten der Natur zu erkennen. Da Eingriffe in diesen Genpool nicht nur durch einen Atomkrieg, sondern auch im Kleinen und unter wissenschaftlicher Kontrolle für alle Zeiten irreparabel sind, dürften wir weit mehr davon profitieren, wenn wir aus den gewonnenen Erkenntnissen und der immer tiefer vordringenden Beobachtung der biologischen Vorgänge für unsere eigene Lebens- und Wirtschaftsweise lernen[224], als wenn wir gleich wieder in diese neuentdeckte Informationswelt stümperhaft eingreifen.

6 Gesundheit

Der Mensch im Regelkreis

*Unser Körper zwischen Natur und Technik. Eine
Zerreißprobe, die unsere Lebensweise vergewaltigt
und uns mit Unfällen, Streß und Krebs konfrontiert.
Bevölkerungsexplosion auf der einen Seite, Kosten-
explosion der Heilverfahren auf der anderen. Ärzte,
Organklempner oder Zauberdoktoren, pharmakologi-
sches Arsenal oder körpereigene Apotheke, mehr Zärtlichkeit oder Tranquilizer? Die Pyrrhussiege eines immer
aufwendigeren Reparaturdienstes führen zu steigenden
medizinischen Konflikten. Zeichen einer paradoxen
Gesundheitspolitik, die überdeutlich werden, wenn wir
uns in diesem Kapitel einmal mit dem eigenen Organismus als System beschäftigen. Der Schlüssel liegt nicht in
seiner totalen Medikamentierung, sondern in einem
neuen Verhältnis zu Gesundheit und Lebensweise aus
kybernetischer Sicht.*

Es gibt wohl kaum etwas, worauf unsere Zivilisation stolzer ist als auf
ihre medizinischen Errungenschaften: Eindämmung von Säuglingssterblichkeit, Infektionen und Seuchen, das moderne Gesundheits-
wesen. Sie scheinen für das Leben der Menschheit ein Segen zu sein.
Beziehen wir größere Zeiträume ein, so müssen wir feststellen, daß
auf die Dauer als einziges Resultat dieser Bemühungen das übrigbleibt, was wir zur Zeit als den größten Schock dieses Jahrhunderts
erleben: das explosionsartige Anwachsen der Menschheit. Mit den
damit zusammenhängenden Problemen beschäftigen sich mehr oder
weniger alle Kapitel dieses Buches. Doch auch im medizinischen
Bereich selber haben jene Erfolge einen paradoxen Effekt. Vermehrte Gesundheit bedeutet unter Umständen auch gleichzeitig vermehrte Krankheit. Denn wird die Sterblichkeit einer Art künstlich

verringert, so sind die Überlebenden im Durchschnitt zwangsläufig weniger gesund und robust als im Falle hoher Sterblichkeit. Und wenn eine erhöhte Lebenserwartung lediglich darin besteht, daß die Zeit zwischen Krankheit und Tod verlängert wird, ja, Krankheit und Beschwerden am Ende gar eher eintreten, weil man im Vertrauen auf die Medizin schließlich getrost ungesund leben kann, dann weckt dieser Fortschritt doch auch Zweifel – ganz abgesehen davon, daß er ohne ein engagiertes Eintreten für eine ebenso wirksame Geburtenkontrolle das Dilemma unausweichlich macht.

Medizinische Konflikte

Irgend etwas stimmt also nicht, irgend etwas machen wir falsch. In der Tat haben wir mit der modernen Medizin und Hygiene in ein biologisches Gleichgewicht einseitig eingegriffen, zunächst bei uns und nun auch immer mehr in der dritten Welt, ohne gleichzeitig für die begleitenden Veränderungen im Gesamtgefüge verantwortlich vorzusorgen. In sturer Mißachtung der psychosomatischen Zusammenhänge ist diese Medizin zudem – auch was den Einzelnen betrifft – auf isolierte Eingriffe zugeschnitten. Im Kleinen wie im Großen werden Symptome angegangen, die Zusammenhänge verdrängt, die eigentliche Lösung vor sich hergeschoben. Erst recht läßt sich diese problematische Vorgehensweise nicht einfach auf andere Lebensräume übertragen. So ist für manche Entwicklungsländer die Einführung unserer orthodoxen Schulmedizin geradezu ein Unding. Nicht nur, weil sie dem tatsächlichen, auf das Psychosomatische gerichteten Bedürfnis der Bevölkerung zuwiderläuft; auch abgesehen von dem geistig-seelischen Bereich sind die zweischneidigen Erfolge mancher isoliert vorangetriebenen Medikamentisierungs- und Hygienemaßnahmen längst bekannt: zunächst zwar verringerte Säuglingssterblichkeit, dann aber rapide ansteigende Bevölkerungszahl mit Hungersnöten, Arbeitslosigkeit und Zusammenbruch des Sozialgefüges. Ähnliche Mißerfolge werden nun mit dem erneuten rapiden Vordringen der meisten, zunächst »besiegten« Tropenkrankheiten offensichtlich: Cholera, Bilharziose, Elephantiasis, Filariasis haben inzwischen wieder rund eine halbe Milliarde Menschen befallen, und die Ausbreitung der Malaria, für deren Bekämpfung das Versprühen von Insektiziden sich längst als falsche Maßnahme erwiesen hat, ist inzwischen weitgehend außer Kontrolle geraten. Alles Ergebnisse eines »engstirnigen Glaubens an die Existenz einfacher Lösungen für Probleme, die eine komplexe Umwelt stellt«[223].

Aber auch die *elementare* Gesundheitsversorgung *(primary health care)*, die Vorsorge vor Heilung stellt, Nahrung vor Vitamintabletten, einheimische Heilpflanzen vor Chemotherapie, Muttermilch vor Babynahrung, wird in dem Moment zum Paradoxon, wo sie nicht mit Aufklärung, einem Umschwung zur Geburtenkontrolle und einer entsprechenden Sozialentwicklung gekoppelt ist. Lediglich die Säuglingssterblichkeit zu verringern und damit schlagartig die Bevölkerungszahl über den Grenzwert hinaus zu erhöhen, den die jeweilige Region überhaupt tragen kann, hat eben noch nie die Leiden und den Hunger verringert, sondern letztlich immer nur auf weit mehr Menschen ausgedehnt als vorher.

Wie die folgenden Kapitel noch deutlicher machen werden, sind nun mal Bevölkerungsdichte, Nahrung, Ausbildung, Gesundheit und soziales Gefüge ein in sich vernetztes kybernetisches System, dessen Teile nie von den anderen isoliert verändert werden dürfen, sondern das sich *sinnvoll* immer nur als Ganzes verändern kann, indem sich die Teile optimal aufeinander einspielen. Jedes Vorgehen, das unsere Gesundheit betrifft, erstreckt sich daher in Wirklichkeit weit über den Menschen hinaus auf die Nahrung, auf die Landwirtschaft, auf Luft und Wasser, auf Traditionen, Politik und Tabus und wirkt von dort wieder zurück auf den Menschen und sein Wohlbefinden. Unsere Gesundheit hängt somit nicht nur vom reibungslosen Funktionieren unserer inneren Körpervorgänge ab oder von den direkten äußeren Einwirkungen, wie Bakterien, Viren, Giftstoffe und Unfälle. Sie ist vielmehr im großen Maße auch Ausdruck des ständigen vielfachen Wechselspiels mit unserer Umwelt.

Die Lehren der vitalen Greise

Da und dort beginnt sich in der medizinischen Wissenschaft die Erkenntnis durchzusetzen, daß man mit einer Therapie am weitesten kommt, wenn man diese humanökologischen Zusammenhänge beachtet, die Umwelt des Menschen also in die Therapie mit einbezieht. Nicht ohne Einfluß auf dieses Umdenken in Richtung einer mehr psychosomatischen Medizin waren die Untersuchungen über die ältesten Menschen dieser Erde, die gesund und munter bis weit über Hundert leben. In den für die Vitalität ihrer Bewohner berühm-

ten Dörfern in Ecuador, Kashmir und im Kaukasus schien nämlich
für das hohe Lebensalter der untersuchten Personen – die älteste war
168 Jahre alt – weder eine strikte Kaloriendiät noch Abstinenz von
Tabak, Alkohol und Sexualverkehr, noch die Abwesenheit von
Krankheit, noch eine besonders schonende Lebensweise eine Rolle
zu spielen. Auch Ginseng, Joghurt oder Sellerie und selbst die Erb-
masse waren ohne Belang. Als ausschlaggebender Faktor erwies sich
vielmehr das Verhältnis dieser Menschen zur Umwelt. Während in
unserer Gesellschaft Altsein ein Makel ist, war dort typisch für alle
über Hundertjährigen: ein Leben im aktiven Kontakt mit der
Gemeinschaft, tägliche Verrichtung nützlicher, meist körperlicher
Arbeit, ferner Anerkennung und Ratsuche durch die Jüngeren, Teilnahme an Vergnügungen und Festen und nicht zuletzt eine glückliche
Ehe und aktives Sexualleben bis weit über Hundert[225].

Danach waren es also die Beziehungen zur Umwelt, die zunächst einmal die Bedingungen lieferten, unter denen die hormonelle Regulation durch Freude, Erfolgserlebnisse, körperliche Tätigkeit, Zärtlichkeit und nicht zuletzt auch durch eine gesunde Portion Leistungsstreß
(nicht Konfliktstreß!) bis ins hohe Alter in Gang gehalten wird. Auch
bei uns leben geistig aktive Menschen, solche, die Kontakt suchen,
sich von anderen gebraucht fühlen und dadurch Erfolgserlebnisse
haben, im Durchschnitt länger. Das wurde in einer ausgedehnten
Altersstudie inzwischen ebenso statistisch belegt[226] wie die Tatsache,
daß praktisch nur Menschen mit einer engen Partnerbeziehung und
somit einer gewissen hormonellen Ausgeglichenheit ein so hohes
Alter erreichen. Eine Großuntersuchung in der Sowjetunion zeigte
dies an 15 000 Fällen[227].

In der Tat spielen die Hormone bei allen Lebensfunktionen, von unseren Beziehungen zur Umwelt bis hinunter zu den Mikrodimensio-
nen der genetischen Steuerung, eine ausschlaggebende Rolle, deren
Bedeutung immer noch weit unterschätzt wird. Bei dem ständigen
Prozeß der Anpassung des Körpers an die Umwelt sind sie eine uner-
setzliche Regulationshilfe. Sie spiegeln damit besonders deutlich das
Ineinandergreifen der verschiedenen Bereiche des täglichen Lebens
und der damit verbundenen Funktionen wider, die nicht nur in der
Medizin immer noch getrennt betrachtet und behandelt werden[47].
Nur so konnte es geschehen, daß der Schulmedizin bis vor wenigen
Jahren ein weiterer wesentlicher Zusammenhang entging: die enge
Verflechtung des Hormonsystems mit einem der in seinen Auswir-
kungen bedeutendsten Phänomene unserer Leistungsgesellschaft,

dem Streß. Dem kanadisch-ungarischen Biologen Hans Selye ist mit der Aufdeckung des Streßmechanismus, mit seiner Lehre vom »allgemeinen Adaptationssyndrom« (der nicht mehr verkrafteten Anpassung des Menschen an seine Umwelt) einer der wichtigsten Impulse der medizinisch-biologischen Forschung der letzten Jahrzehnte zu verdanken[228].

Hormone, Streß und Umwelt

Was ist Streß? Gewiß ist er keine Krankheit, für die es einen Erreger im klinischen Sinne gäbe. Ja, der Streßmechanismus ist sogar zunächst mal etwas ganz Natürliches: ein in allen Tierarten und auch im Menschen eingebauter Verteidigungsmechanismus, der instinktiv alle verfügbaren Energiereserven für eine extreme Muskelleistung mobilisiert und ursprünglich der blitzschnellen Vorbereitung auf Flucht oder Angriff dient. Diesen neuro-hormonellen Mechanismus mit der ganzen Skala seiner vegetativen, psychosozialen und meßbaren organischen Auswirkungen habe ich ausführlich in meinem Buch »Phänomen Streß« beschrieben[175]. Je nach der Konstellation kann seine Wirkung positiv, ja lebensrettend, oder auch schädlich, krankmachend und selbst tödlich sein. Sein Verständnis hilft uns, nicht nur unsere eigene Natur besser zu begreifen, sondern auch viele soziale und Kommunikationsphänomene in unserer Gesellschaft und im Geschehen zwischen Mensch und Umwelt. In diesem Zusammenhang scheinen mir die folgenden Erkenntnisse wichtig zu sein.
Durch Streß wird ein Körper auf Höchstleistung präpariert, damit er auf Bäume klettern, mit lautem Geschrei einen Feind anspringen oder einen Fluß durchschwimmen kann. Das gelingt durch die Ausschüttung dreier Hormone: des Fluchthormons Adrenalin und des Angriffshormons Noradrenalin, die beide den Kreislauf stimulieren und das Denken zugunsten vorprogrammierter Reflexhandlungen ausschalten, sowie von Hydrocortison, das die Blutgerinnung fördert, Verdauungssystem und Sexualfunktionen ruhigstellt und die Immunabwehr unterdrückt – alles, um sich auf den Kampf konzentrieren und ihn besser überstehen zu können. Was passiert aber, wenn die so vorbereitete Leistung nicht erfolgt, wenn der Körper bewegungslos verharrt?
Der ursprünglich sinnvolle, ja oft lebensrettende Streßmechanismus wird dann zum Feind des eigenen Körpers: Die nicht verbrauchten

Energien in Form von Fettsäuren und Traubenzucker werden abgelagert und beschleunigen die Arteriosklerose. Die Verschiebung des Hormonhaushaltes bedeutet weitere Kreislaufbelastung und erhöht das Risiko eines Herzinfarkts. Die Frustration, nicht agieren zu können, Unsicherheit und Nervosität stören die Regulation des vegetativen Nervensystems und regen den Magen zu erhöhter Salzsäureproduktion an, den Darm zu Verkrampfungen. Als Gesamtfolge der nicht abgebauten Streßreaktionen können damit Herzerkrankungen, verminderte Immunabwehr und dadurch Infektionsanfälligkeit, Stoffwechselstörungen, Magen- und Darmgeschwüre[229], Konzentrationsschwäche und Denkblockaden, Aggressionen, Impotenz, Neurosen und erhöhte Krebsdisposition erscheinen[230].

Der springende Punkt der Untätigkeit, des Bewegungsmangels zeigt also, daß gerade eine *nicht* erfolgte Anstrengung den Streß erst gefährlich macht, die weitverbreitete Meinung, eine starke Anstrengung sei mit Streß gleichzusetzen, also auf einem Irrtum beruht. In einem durch reine Anstrengung hervorgerufenen Streß werden auch bis zur Leistungsgrenze keine Schäden verursacht. Denn hier baut der Mensch die mobilisierte Energie gleich wieder ab. In völliger Bewegungslosigkeit dagegen, z. B. aggressiv hinter dem Lenkrad seines Autos sitzend oder vor dem Fernsehschirm aufgeregt einem Krimi folgend, kann er das nicht. Der aktivierende Streß wandelt sich in Dis-Streß, in einen krankmachenden Vorgang. Außerdem kommt es auf die Dosis an. Streß im Sinne einer Beanspruchung durch wechselnde Umwelteinflüsse, einer gewissen Abhärtung im Sinne der Kneipp-Kuren, aber auch Streß in Form von psychischer Anregung, die den Blutdruck leicht erhöht, die Aufmerksamkeit wachhält, sind Reize, die der Organismus gut verkraften kann, ja als Ansporn zur geistigen Arbeit und körperlichen Ertüchtigung sogar braucht. Erst wenn er eine Überfülle solcher Streßanstöße verkraften muß, gerät er in Konflikt mit seiner eigentlichen Aufgabe.

Schädlicher Streß, vor allem im psychischen Bereich, ist daher am treffendsten mit dem Begriff »Konfliktstreß«, vor allem in Ehe und Beruf[231] zu charakterisieren, dem zusätzliche Belastungen zugrunde liegen, welche die Leistungsmöglichkeiten verzerren oder zur Ausweglosigkeit führen. Als typisch hierfür zeigten z. B. neuere Untersuchungen an Fluglotsen, daß die enorme Streßbelastung dieser Berufsgruppe sich zwar in leicht erhöhtem Blutdruck, aber keinesfalls in erhöhten Krankenzahlen oder Spätschäden wie Herzinfarkt äußert – solange die Leistung erbracht werden kann, also das nötige

Erfolgserlebnis existiert und keine Unzufriedenheit durch Konfliktsituationen am Arbeitsplatz oder in der Familie auftaucht.

Streßsituationen und damit Krankheitsanfälligkeit werden somit verstärkt durch körperliche Faktoren wie Bewegungsarmut, durch sozial-psychologische und verhaltensmäßige Faktoren wie mangelndes Erfolgserlebnis oder sinnlose Tätigkeit ohne Bezug zum »Produkt« der Arbeit[232], ferner durch Verkehr, Lärm, Abgase und Klimaeinflüsse und – insbesondere – durch die Kombination dieser Faktoren[175]. Vieles führt dabei erst bei längerer Einwirkung oder gar mit Zeitverzögerung zu körperlichen Reaktionen und Krankheitssymptomen und wirkt noch dazu individuell sehr verschieden. Die Wirkungsweise der Faktoren als solcher dagegen ist unverkennbar, und ihre Summierung geht als Milliardenbelastung in die volkswirtschaftliche Rechnung ein. So enthält das Gesamtbild des Dis-Streß, dieser nicht mehr verkrafteten Anpassung der menschlichen Natur an die vom Menschen geschaffene Unnatur, eine ganze Skala von Rückkoppelungseffekten: Vermehrung der bereits erwähnten Krankheiten, erhöhte Sterberate, Neurosen und Verhaltensstörungen und nicht zuletzt ein Anwachsen der sozialen Auswirkungen, wie Auflösung der Familienstruktur, nachlassender Brutpflegeinstinkt, Aggressivität, Kriminalität, Alkoholismus und Drogenanfälligkeit[233].

Bereits der Geburtsverlauf wird heute gerade durch seine weitgehende Technisierung vielfach durch zusätzlichen Streß und Verkrampfungen kompliziert: bei der Mutter, die dadurch medikamentöse Hilfe benötigt[234], wie auch beim Säugling, den die ersten Stunden des Lebens auch in seinem Streßverhalten entscheidend mitprägen können. Die »sanfte Geburt« ist daher in immer mehr Kliniken im Kommen. Sie läuft ab bei gedämpftem Licht, leisen Geräuschen, mit langem Hautkontakt zwischen Mutter und Kind. Die Nabelschnur wird erst durchschnitten, nachdem sie zu pulsieren aufgehört hat, und technische Manipulationen wie Messen, Wiegen, Wickeln, Waschen usw. werden auf einen späteren Zeitpunkt verschoben. Eine Geburt also, die den neuen Erdenbürger mit Vertrautheit, Zärtlichkeit und Entspannung in die Welt des ihm noch so fremden Planeten einführt[235]. Selbst bei neugeborenen Ratten erhöht eine zu frühe Trennung von der Mutter drastisch die Streßbelastung – allein schon durch die Störung der Wärmeregulation –, die dann unterschwellig das ganze Leben anhalten kann und so bei den Tieren zu einer hohen Anfälligkeit für Magengeschwüre führt[236].

So sind viele beim Menschen durch Streß auftretende Störungen im

Prinzip auch bei Tieren zu beobachten, etwa Isolations- und Dichte-streß, die sich ja keineswegs gegenseitig ausschließen müssen, da gerade in einer großen Menge wieder Anonymität und somit Einsamkeit auftreten kann. Beide verzerren das vegetative Gleichgewicht. Von Kühen ist z. B. bekannt, daß sie sich in kleinen Gruppen (unter 100 Tiere) noch kennenlernen können, aufeinander einstellen und sich verstehen. Bei Massentierhaltungen, auch im Freien, ist es damit zu Ende. Die typischen Streßsymptome wie Aggressivität, Appetit-losigkeit, Infektionsanfälligkeit und Sterilität stellen sich ein. Dabei muß es durchaus nicht die Dichte selber sein, die hier als Hauptstreß-faktor wirkt, sondern, wie wir das schon bei der Organisation von »Systemen« gesehen haben, auch das Fehlen der Möglichkeit, Unter-strukturen zu bilden und dadurch entsprechende Kommunikations-ebenen zu schaffen; während Eingeschlossenheit, selbst in der Gruppe, den ebenfalls wichtigen Austausch des »Systems« mit der Umwelt verhindert[237].

So erleben wir auch in der Humanökologie oft, daß Städte mit gleicher Bevölkerungsdichte eine äußerst unterschiedliche Streßbelastung und z. B. auch Kriminalitätsrate haben können. Beispiel: New York 20, Detroit 50 Morde pro 100 000 Einwohner, mit entsprechenden Begleiterscheinungen[238]. Ja, die Wohnbevölkerung Manhattans scheint sich in ihrer psychischen Gesundheit sogar zu stabilisieren, während in den amerikanischen Dörfern und Städten mit *unter* 50 000 Einwohnern psychiatrische Hilfe inzwischen um 20 Prozent häufiger als in größeren Städten in Anspruch genommen wird[239]. Dennoch bleibt auch hier, daß mit unserer zunehmenden Urbanisierung und dem damit verbundenen »way of life« (auch in ›Dörfern‹) die soziale Regulationsfähigkeit zunehmend absinkt, die Rate schwerer Delikte ansteigt (in manchen Ländern in den letzten 20 Jahren auf das Doppelte)[240] und daß als weiteres typisches Merkmal des allgemeinen Streßsyndroms auch die sexuelle Potenz geringer wird. 1929 noch zeigte eine amerikanische Untersuchung bei College-Studenten einen Mittelwert von 90 Millionen Spermien pro Milliliter Samen-flüssigkeit, 1979 nur noch 60 Millionen, wobei 23 Prozent der jungen Männer sogar weniger als 25 Millionen aufwiesen, also praktisch steril waren[241].

Die Zwänge der modernen Industriegesellschaft lassen sich nicht nur hier bis in die Biochemie des Körpers hinein verfolgen[242], bis zu Störungen, die nun ihrerseits wieder die normale Fähigkeit, mit äußeren Infekten und Umweltgiften fertigzuwerden, erschweren. Verschiede-

ne Abgase wie Kohlenmonoxyd und Aerosole mit Bleispuren senken
z. B. den Sauerstoffgehalt des Blutes und stören das für die Herzkon-
traktion so wichtige elektrolytische Gleichgewicht zwischen Kalium,
Magnesium und Natrium. Blei beeinträchtigt außerdem die Denk-
und Lernfähigkeit sowie die körpereigene Abwehr und wirkt als
Enzymgift auch auf das für die Sauerstoffversorgung so wichtige
Hämoglobin[243]. Andererseits hat der Herzmuskel gerade unter Streß
einen besonders stark erhöhten Sauerstoffbedarf. In unseren Groß-
städten werden wir jedoch gleichzeitig sowohl mit jenen Abgasen als
auch mit Streß konfrontiert. Beide wirken also am gleichen Hebel
und verstärken sich gegenseitig. Hinzu kommt, daß die bei Streß
ebenfalls erhöhten cortisonähnlichen Hormone (oder auch Cortison-
behandlungen) das Elektrolytgleichgewicht zusätzlich stören und die
körpereigene Abwehr schwächen[244]. Alles zusammen – Umweltgifte,
Sauerstoffmangel, Streßfaktoren und medikamentöse Behandlung
vom Cortison bis zu ephedrinhaltigen Schnupfenmitteln – erhöht so
den schädlichen Effekt, ja potenziert ihn durch eine multiple Wirkung an den gleichen Ansatzpunkten[245].
Angesichts dieser Situation hieße es natürlich das »Reparaturdienstverhalten« unserer Medizin auf die Spitze treiben, wenn wir nun, statt
diese Belastungen unseres Organismus abzubauen, zur Einnahme
von sogenannten Schutzstoffen Zuflucht nehmen würden, was in der
Tat erwogen wird[246]. Der Wahnsinn hätte dann sogar Methode: Die
Produktion von Umweltgiften brauchte nicht reduziert zu werden
und würde gleichzeitig einen Verkaufsboom an pharmazeutischen
Schutzstoffen nach sich ziehen. Es ist der gleiche Zynismus, wie wir
ihn bei den noch zu besprechenden Praktiken der Agrarindustrie
antreffen, wo der mit Hilfe der Chemie forcierte Intensivanbau die
Pflanzen anfälliger macht und damit einen ebenso massiven Pestizid-
einsatz herausfordert. Hier wie da wird der allein lebenserhaltenden
natürlichen Selbstregulation vollends der Boden entzogen.
Doch schauen wir noch weiter in die Wechselbeziehungen unseres
Organismus mit der Umwelt. Sie komplizieren sich dadurch, daß das
Spiel der körpereigenen Abwehr nicht nur den Streßhormonen unterliegt, sondern auch noch durch eine andere Hormongruppe, die
Sexualhormone, und den damit zusammenhängenden psycho-sozialen Bereich stark überlagert wird. Während z. B. sexuelle Anregung
bei der Frau durch die Ausschüttung von Östrogenhormonen und
durch die Stärkung der körpereigenen Abwehr eine geringere Anfälligkeit und erhöhte Leistungen bewerkstelligt, kann sexuelle Frustra-

tion zur erhöhten Ausschüttung der Cortisonhormone und damit wieder zur Dämpfung des Immunsystems, also zu verminderter körpereigener Abwehr und schließlich zu starkem Leistungsabfall und Krankheit führen[247]. Die Verknüpfungen gehen jedoch noch weiter: Es hat sich herausgestellt, daß nicht nur die Infektionsgefahr erhöht ist, wenn der Spiegel der Sexualhormone abgesunken ist, sondern auch die Neigung zur Entstehung von Krebs.

Krebs und Psyche

So wurde vor allem der enge Zusammenhang zwischen einer anormal geringen Produktion von Geschlechtshormonen und dem Brustkrebs anhand umfangreicher Untersuchungen mit insgesamt 5000 Frauen bewiesen, die zehn Jahre lang ihre Urinproben für die Untersuchung zur Verfügung stellten[248]. Während der Laufzeit der Untersuchung entwickelte sich bei 33 Frauen ein Mammakarzinom, und diese 33 Frauen zählten sämtlich zu jenen, bei denen die Produktion an Sexualhormonen nur die Hälfte des Normalwertes betrug. Umgekehrt sollte man erwarten, daß dann genauso z. B. ein besonders niedriger Cortisonspiegel die Widerstandskraft erhöht, und zwar nicht nur gegen Infektionen, sondern grundsätzlich auch gegen Krebszellen – ein Zusammenhang, der tatsächlich vielfach bewiesen ist[249].
Wie erklärt sich diese enge Beziehung zwischen Immunabwehr und Krebsgeschehen? Zunächst einmal ist es sehr wahrscheinlich, daß wir alle ständig bösartige Zellen in uns entwickeln, diese jedoch als Fremdkörper abstoßen, ehe sie sich vermehren. Ein klinischer Krebs würde sich demnach erst ausbilden, wenn die Immunabwehr nicht mehr ausreicht, jene Zellen abzustoßen. Verstärkte Immuntätigkeit, z. B. durch eine natürliche Stimulierung bestimmter Sexualhormone (und nicht deren Zuführung von außen, was den Hormonhaushalt eher durcheinanderbringen würde!), könnte daher das Krebswachstum hemmen und vielleicht für eine der immer wieder beobachteten Spontanheilungen verantwortlich sein. Die Bedeutung des Krebsproblems innerhalb der Lebensvorgänge habe ich in dem Buch »Krebs – fehlgesteuertes Leben« in seinen vielen Beziehungen ausführlich dargestellt[176] und will deshalb hier nur einige wichtige Punkte herausgreifen, die sich mit den Krebsvorgängen als typisches kybernetisches Kommunikationsgeschehen zwischen den einzelnen Zellen[995], dem individuellen Organismus und seiner Umwelt beschäftigen.

Da diese Grundlage bis vor kurzem ignoriert wurde und man den Krebs als lokale Angelegenheit einzelner Zellen betrachtete, die mit dem Rest des Organismus nichts zu tun hat, wurde z. B. die Bedeutung des Immunsystems für die Krebsbekämpfung von unseren Gesundheitsbehörden und auch von vielen Forschungsinstituten jahrzehntelang sträflich vernachlässigt, ja, entsprechende Forschungen wurden zum Teil regelrecht abgewürgt[254]. Inzwischen ist auch dieser Bereich längst mit den entsprechenden Tier- und Zellversuchen abgedeckt, mit dem gehörigen akademischen Spezialjargon versehen und auf speziellen Tagungen vertreten. Aber auch dieser Ansatz hat, da man ihn wie viele andere Verursachertheorien dann doch wieder asystemisch anging, noch nicht aus der Sackgasse geführt. Auf der einen Seite liegen zwar genügend beweiskräftige Experimente vor, die den Krebs mit verminderter Immunabwehr in Verbindung bringen, auf der anderen hat man das Gefühl, festgefahren zu sein, da die Suche nach einem krebsspezifischen »Impfstoff« erfolglos verlief.

Mit dem Schritt in die Immunologie, mit der Einbeziehung der körpereigenen Abwehrkräfte und damit immerhin eines übergeordneten Regelsystems sind wir dennoch um eine Stufe weitergekommen. Nicht nur liegen Anzeichen dafür vor, daß der Körper eine »Immunität gegen Krebs« entwickeln kann[250]; längst haben klinische Forscher auch nachgewiesen, daß das Auftreten von Tumoren bei Patienten, deren Immunsystem künstlich geschwächt wurde, z. B. nach Nierentransplantationen, um ein Hundert- bis Tausendfaches höher liegt als bei vergleichbaren Kontrollpatienten[251]. Umgekehrt führt aber auch ein wachsender Krebs zu einer starken Hemmung der Immunabwehr, d. h. einmal gebildet, sorgt er dafür, daß nun der Körper die fremden Zellen noch weniger erkennen und abstoßen kann. Wir haben also hier einen sich aufschaukelnden Regelkreis, eine typische positive Rückkoppelung, mit der sich kein lebendes System lange aufrechterhalten kann (vergleiche Kapitel 2 »Kybernetik«).

Gerade beim Krebs – von den typischen Berufskrebsen einmal abgesehen – geht es weniger um direkt auslösende Ursachen als um günstige und ungünstige Konstellationen. Es geht um Gleichgewichte zwischen Hormonmuster, immunologischer Fremderkennung und psychosomatischen Einflüssen, die Mensch und Krebsgeschehen als Ganzheit erfassen. Wie sehr hier Ursache und Wirkung verschmelzen, Rückkoppelungen entstehen und Geistiges, Psychisches und Körperliches einander überlagern, zeigen selbst die konventionellen Ergebnisse der Krebsforschung, wenn man sie z. B. im Hinblick auf die Beziehungen zwischen den Immunvorgängen und den übrigen Bereichen interpretiert. So ist die enge Beziehung einer Krebsdisposition von hier über das Hormonmuster zu psychischen Vorgängen wie Depressionen und anderen Streßbelastungen nicht mehr zu übersehen. Allein durch die Einwirkung einer veränderten Hormonlage werden ja die Informationsmechanismen im Innern der Zellen – wir erinnern uns an die Rolle der Hormone beim Aufdecken latenter Genanlagen – ebenfalls automatisch in nächste Nähe zu den damit gekoppelten psychischen und selbst schicksalsmäßigen Umwelteinflüssen gebracht[252].

Doch gerade dadurch ist das Geschehen nicht mehr durch Einzelversuche in den Griff zu bekommen. Denn sobald Konstellationen im Spiel sind, also mehrere Ursachen und mehrere Wirkungen miteinander verflochten sind, ist der übliche Weg des wissenschaftlichen Kontrollversuchs nicht mehr anzuwenden. Und damit stoßen wir auf den Kern des Dilemmas: Konstellationen, die sich dadurch auszeichnen, daß sich mehrere Regulationsbereiche überlagern, können auch bei sehr unterschiedlichen Einzelwerten die gleiche Wirkung haben und bei identischen Einzelwerten oft gegenteilige Wirkungen. Denn hier kommt es weniger auf die absolute Höhe etwa eines bestimmten Hormonspiegels an, sondern darauf, ob z. B. ein Gegenspieler dieses Hormons in geringerer oder vielleicht *noch* höherer Konzentration vorliegt. In diesem Falle kehren sich die Verhältnisse um, ohne daß sich an der Konzentration des ersten Hormons etwas geändert hätte. Genauso wie hier bei einzelnen Wirkstoffen mag es auch mit der Steuerung und Rückwirkung ganzer Teilsysteme sein, sobald diese sich überlagern[47].

Gerade beim Krebsgeschehen wird man also über Untersuchungen der Rauchgewohnheiten, der Umweltgifte, der Erbanlagen, der Ernährungsgewohnheiten und anderer Faktoren hinaus vor allem auch *Verhaltensmuster* in das Gesamtstudium der Krankheitsgeschichte mit einbeziehen müssen: etwa die Verteilung von Aktivität und Inaktivität bei den einzelnen Persönlichkeiten, ihre berufliche Situation, ihre Schicksalseinschnitte, wie Tod des Ehepartners, und ihre sexuellen Verhaltensweisen[253]. Alles seelische Phänomene, die jedoch in dem vernetzten Gitter der hormonellen Vorgänge ihr stoffliches Abbild besitzen. Keines läuft ohne materielle Funktionen ab, und diese Funktionen wirken natürlich direkt wieder auf unser Zellgeschehen und werden von ihm beeinflußt, womit die ganze Erfolgsstatistik der klassischen Krebsbekämpfung ins Wanken gerät[254].

Stagnierendes Gesundheitswesen

Wie sehr wir von den Schäden, die wir unserer Umwelt zufügen, auch selber betroffen sind, ist uns inzwischen in mehreren Bereichen aufgegangen. Soweit es unsere Gesundheit betrifft, fällt dabei auf, daß hier seit einigen Jahrzehnten der absteigenden Tendenz in den akuten Erkrankungen ein Anstieg der großen chronischen Erkrankungen gegenübersteht. Krebs, Diabetes, Bronchialerkrankungen und Kreislaufschäden mit über 70 Prozent aller Todesursachen haben sich zu einer rapide ansteigenden Bedrohung unserer Gesundheitslage entwickelt. So überraschte es auch nicht, als im Jahre 1970 die durchschnittliche Lebenserwartung der Bevölkerung der Bundesrepublik nach jahrzehntelangem stetigen Anstieg – und trotz der Fortschritte in der medizinischen Versorgung – zum ersten Mal wieder absank und seitdem nicht mehr steigt. Mitverantwortlich sind nicht zuletzt schwerwiegende Mängel in unserer sonst so brillanten medizinisch-biologischen Forschung[255].

Hierfür ein paar Beispiele, die manches Dilemma der bisher angeschnittenen Umweltproblematik erklären. Zu den drei wesentlichen Lücken in unserer Umweltforschung gehört das Fehlen einer ausreichenden Bestimmung von Giftwirkungen. Standardmethode hierfür ist der sogenannte Kurzzeittest, der sich nur über einige Tage oder Wochen erstreckt. Langzeittests über Monate oder gar über Jahre mit kleinsten Dosen werden kaum durchgeführt. Doch die zunehmende Verbreitung chronischer Effekte wie Müdigkeit, Leistungsabfall, Abwehrschwächen, Rheuma, ja geistige Behinderungen[256] und schließlich auch Krebs dürfte in vielen Fällen auf solche Langzeitwirkungen von Gift- und Schadstoffen in unterschwelligen Dosen zurückzuführen sein. Erst jetzt beginnt man, ähnlich wie im Fall des Diäthyl-Stilböstrols, der »Am-Morgen-danach-Pille«, wo die Schäden am Genitaltrakt erst bei den Töchtern und Söhnen auftreten[257], die Wirkung auf die folgende Generation zu untersuchen. Die Contergan-Affäre mit ihren vielen mißgebildeten Opfern war offenbar nötig, bis man endlich auch auf dem übrigen Arzneimittelsektor damit begann. Bei Pestiziden und anderen Umweltgiften ist dies noch lange nicht selbstverständlich.

Eine weitere Forschungslücke liegt darin, daß die bekannten gesetzlichen Toleranzgrenzen auf der Giftwirkung von Einzelsubstanzen statt auf Kombinationstests beruhen. Die erwähnten Wechselwirkungen zeigen jedoch, wie außerordentlich wichtig, ja vorherrschend alle synergistischen Wirkungen sind, d. h, alle gleichzeitig sich verstärkenden Wirkungen verschiedener Stoffe[258]. Ein Beispiel auch hierfür: Benzpyren, ein bekannter krebserzeugender Stoff, kommt auch in Autoabgasen und damit im Smog vor. Durch die begleitenden Stoffe, die selbst nicht krebserzeugend sind, erhöht sich seine Wirkung auf das 600fache: In der Großstadtmischung genügt also 1/600 der sonst erforderlichen Benzpyrenmenge, um Krebs zu erzeugen. Toleranzgrenzen von Einzelgiftstoffen sind in unserer toxischen Gesamtsituation daher einfach unreal, weil in der uns umgebenden Wirklichkeit überhaupt nie Stoffe einzeln vorliegen, sondern immer im Gemisch mit einer großen Zahl anderer chemischer Verbindungen[259].

Eine dritte Lücke finden wir darin, daß die Dauerbelastung des menschlichen Organismus, die in einer ständig geforderten hohen Entgiftungsleistung gegenüber allen möglichen Stoffen aus Luft, Wasser und Nahrung besteht, kaum beachtet wird. Durch die zusätzliche Arbeit unserer Zellen, diese laufend anfallenden Gifte abzubauen (die Zellen werden ja zunächst einmal lange Zeit damit fertig), werden Kreislauf, Stoffwechsel und Immunsystem gewaltig überfordert. Das merkt man jedoch erst, wenn diese Systeme plötzlich verstärkt ihre eigentlichen Aufgaben erfüllen müssen: normale Infekte abwehren, mit einer plötzlichen Überbeanspruchung fertigwerden und Nerven, Gefäße und Organe regenerieren. Wir tragen somit eine ständige zusätzliche Bürde, die wir zwar gerade noch schaffen, die jedoch bei den kleinsten Anforderungen Krankheiten auslöst, ohne daß man diese auf die vorliegende Umweltsituation zurückführen würde. Man gibt sich damit zufrieden, daß man eben »anfällig« ist.

Wie eng die tatsächlichen Beziehungen sind, zeigt die amerikanische Krankheitsstatistik anhand eines unfreiwilligen Großversuchs: Als die epidemiologische Forschungsstelle der University of California die Statistik der Todesraten vor und nach der Ölkrise 1973/74 verglich, übertraf der krasse Unterschied alle Erwartungen. Mit dem etwa zehnprozentigen Verkehrsrückgang (gemessen am Benzinverbrauch) ging ein Absinken der Kreislaufkrankheiten um 16,7 Prozent und der Lungenschäden sogar um 32,9 Prozent einher, und selbst die allgemeine Todesrate lag um 13,4 Prozent tiefer als normal[260]! Abgesehen von solchen Zufallsexperimenten wird natürlich dieser Bereich der unspezifischen Gesamtbelastung praktisch nicht erforscht, obwohl gerade er durch Leistungsabfall, Produktionsausfall und Krankenkosten auch für hohe wirtschaftliche Einbußen verantwortlich ist. In der Bundesrepublik haben wir zur Zeit etwa 450 Millionen Betriebskrankentage pro Jahr. Das ist ein ungeheurer volkswirtschaftlicher Verlust (ca. 40 Mrd. DM allein an Arbeitsausfall), von dem ein großer Prozentsatz auf diese Belastungen zurückzuführen ist[261].

Die Erforschung der Ursachen chronischer Leiden, aber auch ihrer Therapie verlangt, wie wir sehen, eine völlige Neuorientierung der medizinischen Forschung auf entsprechend kybernetische Möglichkeiten[262]. Solange der medizinische »Apparat«, d. h. die übliche Krankenhausorganisation die seelischen Bedürfnisse des Patienten in so erschreckender Weise vernachlässigt, dürfen wir uns nicht wundern, wenn selbst eine noch so gezielte und im Grunde erfolgreiche *physische* Heilwirkung wieder zunichte gemacht wird durch eine lieblose Krankenhausumgebung und falsche, d. h. mangelnde *psychische* Betreuung und Führung[5]. Dem »Krankenhaus als Reparaturwerkstatt«[263] steht daher zur Zeit als wirksamste Alternative eigentlich nur eine rechtzeitige Vorbeugung gegenüber.

Dort, wo sie angewandt wird, scheint sie auch weit besser als jede Therapie zu funktionieren. So sanken in den letzten zehn Jahren die durch Herzinfarkt verursachten Todesfälle in den USA (wo sie auch heute noch um ein gutes Drittel höher liegen als bei uns) um beachtliche 26 Prozent. Doch nicht, wie man annehmen könnte, dank verbesserten medizinischen Techniken, sondern nach dem Urteil der Fachleute eindeutig dank besserer Information[264]. Der amerikanischen Aufklärungskampagne war es gelungen, die wichtigsten Risikofaktoren wie Zigarettenkonsum, Bewegungsarmut, Bluthochdruck, psycho-sozialen Streß und Fehlernährung, insbesondere den hohen Fettverzehr – wenn auch nicht die Fettleibigkeit selbst – mit Erfolg zu senken. Ein Ergebnis prophylaktischer ›Therapie‹, die in der Tat an der Gesamtkonstellation ansetzt.

Allerdings wird man, um die erforderliche vernetzte Denk- und Anschauungsweise auch in die medizinische Ausbildung hineinzubringen, mit wissenschaftlichen Tabus ebenso brechen müssen wie mit den Tabus der bestehenden Forschungs- und Lehrstätten, die ja an feststehende, historisch bedingte Konzepte von Zeit- und Lehrplänen gebunden sind (vergleiche Kapitel 19 »Lernen« und 20 »Wissen«). Denn feststehende Lehrpläne führen zu feststehenden Forschungsprogrammen, zu feststehenden Untersuchungsschemata und schließlich auch zu feststehenden Schablonen darüber, wie selbst *neue* Forschungsrichtungen anzugehen seien. Nur deshalb reagieren auch die eingefahrenen Strukturen unseres Gesundheitswesens heute weder auf das dringende Bedürfnis des Umweltschutzes noch auf das einer echten Krebsvorbeugung (nicht zu verwechseln mit der umstrittenen Früherkennung)[265], noch auf die veränderte Situation in der Arbeitswelt, in unserer Lebensweise oder Ernährung. Die zunehmenden Erfahrungen mit den zweischneidigen Erfolgen unseres Industriezeitalters – nicht nur mit Energieverbrauch, Verpackungsproduktion, Abgasen, Pestiziden und anderen auf die Umwelt gerichteten Eingriffen, sondern auch mit manchen auf den Menschen selbst angewandten ›Hilfen‹, darunter eine Reihe zunächst mit Enthusiasmus angewandter Medikamente – tragen dazu bei, den notwendigen Wechsel in unserer Grundeinstellung stärker voranzutreiben.

Mit dem Hineinstellen der ärztlichen Eingriffe in einen größeren Zusammenhang rühren wir an einen wesentlichen Punkt – nicht zuletzt, was die meist zu eng gesehene Wirkung unserer modernen Arzneimittel betrifft. Denn unter diesen Medikamenten gehen nicht nur die Psychopharmaka und Schlafmittel mit ihrer Suchtgefahr oder solche mit zunächst unerkannten dramatischen Nebeneffekten auf die Folgegeneration, wie Contergan, in ihrer Wirkung längst über den behandelten Patienten hinaus, sondern auch eine weithin respektierte Medikamentengruppe, die Antibiotika. Mit ähnlich gemischten Gefühlen, wie man nachträglich die Nobelpreisverleihung an Paul Müller für die Entdeckung des DDT sieht, muß man – trotz aller Teil-Segnungen – auch diejenige an Alexander Fleming für die Entdeckung des Penicillins und damit den Aufbruch in die Antibiotika-Ära betrachten. Ähnlich wie die Pestizide sind auch sie inzwischen zu einem akuten Umweltproblem geworden. Da dieser Komplex ein interessantes Beispiel für typisch unkybernetisches Vorgehen darstellt, soll die damit zusammenhängende interessante Entwicklung hier noch etwas eingehender geschildert werden.

Antibiotika als Bumerang

Antibiotika werden von Mikroorganismen produziert, um andere Mikroorganismen zu unterdrücken. Ihre positiven Seiten sind unbestreitbar. Viele von uns haben sie an sich selbst erlebt. Doch allzu schnell erwuchs aus der Nichtbeachtung von Regelkreisen ein Paradoxon, welches über die Nebenwirkungen dieser konzentriert verwendeten, erstmals aus Schimmelpilzen gewonnenen Abwehrstoffe hinaus sogar wieder ihre erwünschte Hauptwirkung und damit die großartigen Möglichkeiten dieser medizinischen Wunderwaffen zunichte zu machen droht. Besonders alarmierend, weil es nicht nur den behandelten Patienten, sondern die Allgemeinheit betrifft, ist dabei die allmähliche Anpassung vieler Bakterien an Antibiotika und ihre Umwandlung in neue, oft besonders gefährliche Stämme.

Durch den enormen Antibiotikakonsum zur Vorbeugung gegen alle möglichen Infektionen, vor allem in den chirurgischen Kliniken, hat sich dort verschiedentlich eine regelrechte Hospitalflora entwickelt[266], ja, viele Bakterien sind bereits so sehr mit den Antibiotika vertraut, daß sie Streptomycin oder Chloramphenicol inzwischen direkt als Nahrungsquelle benutzen und sich ohne diese gar nicht mehr vermehren[267]! Selbst die Gonorrhö, einst mit Penicillin voll beherrschbar, ist wegen ihrer zunehmenden Resistenz gegen Penicillin und Tetracyclin inzwischen wieder zu einem Problem geworden. Die fast verschwundenen Geschlechtskrankheiten nehmen – wie von weitsichtigen Wissenschaftlern vorausgesagt – inzwischen wieder um jährlich rund zehn Prozent zu[268]. Das gleiche gilt in noch stärkerem Maße für die jährlich bis zu 50prozentige Zunahme ansteckender Darmentzündungen durch Salmonellen und inzwischen sogar für die Pneumokokken der wieder häufigeren Lungenentzündung.

Es ist völlig klar, daß die moderne antibiotikafreudige Ära der Humanmedizin bald ebenso der Vergangenheit angehören wird wie der in mehreren Ländern inzwischen verbotene unbedenkliche Einsatz von Antibiotikafutter in der Massentierhaltung. Wahrscheinlich war es auch dieses unbekümmerte und isolierte Vortreiben dieser Medikamentengruppe, mit der man wie mit Kanonen auf Spatzen schoß, das der ganzen Entwicklung den Todesstoß gegeben hat[269] – ohne daß hier zunächst eine Verbindung zur Humanmedizin sichtbar war.

Die große Überraschung kam in den sechziger Jahren, als die Antibiotikaanwendung in der Tierhaltung immer mehr antibiotika-resistente Krankheitserreger auftauchen ließ, die überhaupt nicht bei den Tieren vorkamen. Das Rätsel löste sich, als japanische Bakteriologen eines Tages im Elektronenmikroskop beobachten konnten, wie eine solche Resistenz von einem Bakterienstamm auf einen ganz anderen übertragen wurde. Dies geschah über einen plötzlich ausgebildeten Verbindungsfaden in Form winziger Nukleinsäurenmatrizen, die, wie bei der Übertragung des genetischen Codes, bestimmte Instruktionen enthielten, hier also diejenige, »das Antibiotikum chemisch abzubauen«. Diese Instruktion wanderte über die von einem Bakterium in das andere hineinragende Brücke und wurde diesem regelrecht aufgezwungen – ganz gleich, ob das Bakterium der eigenen oder einer anderen Mikrobenart angehörte[270].

Die Konsequenzen liegen auf der Hand. Sobald z. B. unsere normalen Darmbewohner, die Kolibakterien, durch Antibiotikagebrauch oder über antibiotikahaltige Nahrung eine für uns zunächst nicht nachteilige Resistenz gegen das verwendete Antibiotikum erlangt haben, können sie diese Eigenschaft jederzeit auf eindringende gefährliche Bakterien übertragen, ohne daß diese vorher mit dem Antibiotikum überhaupt in Kontakt gekommen zu sein brauchen. Ja, die Kolibakterien geben diese heimtückische Resistenz schon zwischen gesunden Ehepartnern weiter.

Als auf diese Weise Mitte der sechziger Jahre die ersten resistenten Salmonellenstämme in Kälbern auftauchten, griffen sie über die Darmbakterien auf den Menschen über, wo sie dann mit keinem Antibiotikum mehr bekämpft werden konnten[271]. Die unbeschränkte Anwendung von Antibiotika in der Tierzüchtung – heute hauptsächlich noch illegal über den »grauen Markt« – ist daher tatsächlich auf dem besten Wege, zum Zusammenbruch der inzwischen erreichten Kontrolle vieler menschlicher Infektionen zu führen. Neben bereits vielen wieder aus der medizinischen Kontrolle geratenen Erkrankungen stehen hier als erste größere Beispiele die schon an eine mittelalterliche Seuche erinnernde (und während mehrerer Jahre nicht einzudämmende) Ruhr-Epidemie in Japan vor uns, dann die 1969 in Mittelamerika wütende Bakterien-Ruhr, an der 16 000 Menschen starben, drei Jahre später die auf kein Antibiotikum mehr ansprechende mexikanische Typhus-Epidemie und 1974 erneut die Ruhr, diesmal in Guatemala, mit 12 000 Opfern[272].

So wie immer mehr Moskitoarten gegen die herkömmlichen Insektizide immun werden und trotz erhöhter DDT-Dosen die Malaria sich wieder ausbreitete, exerzieren uns auch die Bakterien eine äußerst rasche Anpassung vor. Wie kommt es nun, daß somit zwar Insekten und Bakterien sich immer gleich an *unsere* Eingriffe anpassen können, d. h. resistent werden, wir selbst jedoch nicht? Warum sind höhere Organismen zu einer solchen Anpassung so wenig fähig? Nun, das Überleben der Insekten basiert auf der harten Selektion aus einer pro Einzeltier gewaltigen, oft aus mehreren Millionen Eiern bestehenden Nachkommenschaft. Eine Selektion, bei der nur wenige Individuen überleben. Nur diese pflanzen sich weiter fort und bauen eine neue Population auf. Aus der dadurch vorliegenden großen

Variationsvielfalt kann natürlich weit eher als bei wenig Nachkommen eine bestimmte genetische Abart ausgelesen werden, die mit den neuen Bedingungen besser fertig wird. In der nächsten Generation wird sie es sein, die dann bereits millionenfach vertreten ist. Bei Bakterien ist es nicht die Nachkommenzahl, sondern die unerhört schnelle Reproduktionsrate, die innerhalb eines Tages zu über 60 aufeinanderfolgenden Generationen aus einem einzigen Bakterium führen kann, das sind in 14 Tagen knapp 1000 Generationen – am Menschen gemessen eine Zeit von 30 000 Jahren. Über diese Generationenfolge bleiben ebenfalls wieder, durch die natürliche Auslese verschiedener Mutanten und Abarten, dann diejenigen übrig und vermehren sich erneut, die mit der gegebenen Situation fertig werden. Beides Wege, die – der eine aus humanen Gründen, der andere aus Zeitmangel – uns Menschen verwehrt sind. Insofern sind wir also den Insekten wie auch den Bakterien weit unterlegen.

Der Irrtum der totalen Medikamentierung

Es scheint so, als ob unsere im Laufe von vielen hundert Millionen Jahren geprägten genetischen Anlagen angesichts der schnellen Wandlung der biologischen, psychologischen, sozialen und ökonomischen Bedingungen der modernen Gesellschaft für den Menschen untauglich geworden sind. Es wäre jedoch weder sinnvoll, noch ist es, wie wir sahen, heute möglich, die Programmierung unserer Gene zu ändern. Aus dieser Situation heraus bleibt uns effektiv keine andere Wahl, als unsere genetischen Anlagen zum Maßstab zu machen und nicht eine erst seit kurzem erzeugte, fast willkürlich gestaltete technische Umwelt. Sie und nicht die Struktur unseres Organismus müssen wir verändern, und zwar, indem wir sie durch eine mit allen Lebensbereichen abgestimmte Langzeitplanung den unveränderbaren biologischen Grundgegebenheiten anzupassen versuchen.

Doch was uns die heutige Medizin bietet, der wir unseren Organismus mehr und mehr zur Betreuung überlassen, ist wohl alles andere als dies. In ihrer monokausalen Strategie *schießt* sie sich auf Symptome ein, *bekämpft* Krankheiten, *vernichtet* Erreger und feiert *Siegeszüge* irgendwelcher Medikamentengruppen. Diese dem Militärischen entlehnte Killermentalität läßt demzufolge auch alles außer acht, was rechts und links des Vormarschs zusammenfällt, verbrannt und verwüstet wird. Doch der › Feind‹ ist kein technisches Ziel, keine hereinbrechende Truppe, als die wir etwa die Bakterien so gerne sehen, sondern Teil eines subtilen Gesamtsystems, das wir erhalten wollen. Es gibt diesen Feind also eigentlich gar nicht, und selbst sein imaginäres Bild löst sich in Nichts auf, wenn das gestörte komplexe System, um das es geht, seine Harmonie wiedergefunden hat – wobei die Krankheit oft nichts anderes ist als der normale Weg des Organismus, diese Harmonie wiederherzustellen. Und wenn es uns schon nicht gelingt, die Störung zu vermeiden, so sollten Medikamente nur angewandt werden, um den Organismus auf *diesem* Weg helfend zu begleiten, statt durch ein medikamentöses Kupieren seine Anstrengung in ein Loch fallen zu lassen (wobei die Voraussetzungen, die zur Krankheit führten, meist bestehenbleiben und die Störung, wenn auch vielleicht an anderer Stelle, oft noch größer wird).

Wir wissen zwar viel über Krankheiten, aber sehr wenig über die Gesundheit[273]. Denn was ist zum Beispiel als Norm zu betrachten und was nicht? Die Streuung der Meßdaten ist von Individuum zu Individuum bedeutend größer, als man bisher annahm. Eine medikamentöse Korrektur einzelner Werte, um jene ›Norm‹ zu erreichen, zielt daher meist am eigentlichen Behandlungsziel vorbei. Das Bestreben des Arztes kann es nicht sein, einzelne Befunde zu korrigieren, sondern das beim jeweiligen Individuum funktionierende spezielle Gesamtbild intakt zu halten. So betrachtet wirkt es erschreckend, wie leicht die Medizin immer noch mit Eingriffen bei der Hand ist, um jenen nur als statistischer Durchschnitt existierenden »Normwert« bei einem Patienten herzustellen.

Ob für die westliche Zivilisation oder die sich explosionsartig entwickelnde dritte Welt, die Zukunft der Medizin dürfte weit weniger auf der Linie einer lückenlosen Behandlung aller Krankheiten und einer allumfassenden Medikamentierung zu finden sein – mehr Medikamente für mehr Menschen – als vielmehr in der technisch und personell weit rationelleren, vielleicht bald nur allein noch durchführbaren allmählichen Abstellung von Krankheitsursachen und Schadensquellen, der *Prophylaxe*. Die zur Zeit noch weit verbreitete Hoffnung der Arzneimittelindustrie, die totale Medikamentierung als das Nonplusultra zu erreichen, wird immer mehr erschüttert, und dies nicht nur aus biologischen, sondern auch aus rein pragmatischen Gründen.

Ein Blick in die moderne Pharmakologie zeigt, daß für die Entwicklung eines einzigen Medikamentes mehrere tausend Verbindungen synthetisiert werden müssen – man spricht von einem »Molekular-

Roulette« –, von denen dann 10 oder 20 bis zum klinischen Versuch und schließlich davon wieder nur eines bis zum marktfähigen Produkt gedeihen. Alles zusammen eine Durchschnittsinvestition von über 20 Millionen DM pro Medikament. Das neue Arzneimittel behauptet dann meist nur für kurze Zeit das Feld, verschwindet wieder und wird durch andere ersetzt, von denen ebenfalls viele nichts wert sind.

Die Deutsche Gesellschaft für Innere Medizin befand bereits 1971 von den damals rund 30 000 allein in der Bundesrepublik kursierenden Medikamenten 21 000 als überflüssig oder sogar als gefährlich[274]. Inzwischen sollen ein Großteil von ihnen auf den Index gesetzt, d. h. nicht mehr von den Krankenkassen erstattet werden. Mit der Anzahl der pro Person verschriebenen Rezepte (in den 70er Jahren jährlich 3,9 in Schweden, 6,5 in der Bundesrepublik, 13,3 in Österreich und 20 in Israel) steigt daher auch der Prozentsatz der iatrogenen, d. h. durch die ärztliche Behandlung und Medikamentierung erst *hervorgerufenen* Krankheiten, schädlichen Nebenwirkungen und Todesfälle. Wie kann es anders sein, wenn praktisch alle sechs Strategiefehler im Umgang mit komplexen Systemen, wie sie im ersten Kapitel genannt wurden, gleichzeitig begangen werden: mangelhafte Zielbeschreibung, isolierte Behandlung eines Ausschnitts, einseitige Schwerpunktbildung, unbeachtete Nebenwirkungen, Tendenz zur Übersteuerung und zum autoritären Verhalten.

Hierzu einige Zahlen. Nach einer amerikanischen Statistik kommen 3,6 Prozent der Todesfälle in Krankenhäusern auf das Konto dieser iatrogenen Krankheiten[275]. In Israel, das hier an der Spitze liegt, sind allein durch Medikamentenmißbrauch ständig über sechs Prozent der Betten der Inneren Abteilungen belegt. Daß eine forcierte medikamentöse Bekämpfung in das biologische Gleichgewicht weitaus störender eingreifen kann als die Krankheit selbst, ist durch viele Untersuchungen belegt[276]. Die Fülle solcher Pannen hat die bekannten stoffwechsel- und kreislaufschädigenden Wirkungen vieler Abmagerungspillen, wie die des Menocil, fast schon wieder in den Schatten gestellt[277].

Besonders sei hier noch auf die schon fast die Volksgesundheit ruinierenden vielfältigen Nebenwirkungen der meisten Schlafmittel verwiesen[278] und auf die der unbekümmert gesteigerten Behandlung mit Cortison bei Rheuma, der ›teuersten Krankheit der Welt‹[279]. Die Cortisonbehandlung kann bis zur Lahmlegung der Nebennierenrinde führen, und mit dem Abstellen der Symptome sieht der Arzt die The-

rapie meist als beendet an, ganz zu schweigen von der Cortisonbehandlung allergisch bedingter Krankheiten wie Heuschnupfen und
vor allem asthmatischer Erkrankungen, bei denen ebenfalls eine
Unterstützung des gestörten Regelkreises durch eine ganz andere
Basisbehandlung von weit größerem Nutzen wäre[280]. Über die Antibiotika und die weit über den Einzelnen hinausgehende *indirekte*
Wirkung ihres Mißbrauchs wurde oben schon gesprochen. Auch sie
werden inzwischen (vor allem was Kombinationspräparate betrifft,
deren Bestandteile sich in ihrer Wirkung oft potenzieren) von der
amerikanischen Arzneimittelbehörde oft in ganzen Gruppen wieder
aus dem Verkehr gezogen. Bei ihnen zählen wir als *direkte* Nebenwirkungen: Schwächung des Immunsystems und Nierenschädigung[281],
Schwerhörigkeit und Gleichgewichtsstörungen (Streptomycin),
Darm- und Leberschäden (Tetracycline) und Knochenmarkschäden
(Chloromycin). Alles Zeichen dafür, daß eben in komplexen Systemen nicht nur jede Wirkung viele Ursachen hat, sondern auch jede
Ursache und damit auch jeder Eingriff viele Wirkungen. Regelkreise
werden nicht gestützt oder wieder in Gang gebracht, sondern im
Gegenteil völlig auseinandergerissen.
Das betrifft natürlich im Grunde auch jeglichen hormonellen Eingriff, insbesondere den mit der empfängnisverhütenden »Pille«. Da
es neben der Hormonpille ebenso sichere, unschädliche, während
des Verkehrs ebenfalls unspürbare und den vollen Kontakt ermög-
lichende lokale Mittel gibt, welche die körperliche und psychische
Verfassung der Frau nicht beeinflussen (z. B. Vaginalmembranen in
Verbindung mit antikonzeptionellen Gelees), sind diese ebenso wie
die Kondome den zur Zeit angebotenen hormonellen Mitteln in den
meisten Fällen vorzuziehen, ja, für Jugendliche sind sie nach Meinung vieler Fachleute die einzigen unschädlichen Verhütungsmit-
tel[282].
Als letzte, vielleicht gefährlichste Gruppe möchte ich die Psychopharmaka herausgreifen. Obgleich die zur Zeit noch angestrebte zügige weitere Medikamentisierung unserer Lebewelt sich für die Zukunft der menschlichen Gesellschaft als ein Irrweg zu entpuppen beginnt, werden gerade die »Seelendrogen« wohl noch eine Zeitlang
eine besondere Rolle spielen. Denn wir leben in einer Welt, in der sich
die wirtschaftlichen und damit auch die sozialen und kulturellen Bedingungen rascher verändern, als wir dies mit unseren eingeprägten
Traditionen und Tabus nachvollziehen können; und diese Entwicklung geht mit einem alarmierenden Anstieg von Verhaltensstörun-

gen und psychischen Erkrankungen parallel. Die Zunahme läuft dabei paradoxerweise proportional zur Verbesserung der sozialen und wirtschaftlichen Bedingungen, so daß für die Industriestaaten eine Belegung von 50 Prozent der Krankenbetten mit psychisch Kranken (wie zur Zeit in den USA) bald keine Seltenheit mehr sein wird[283].

Psychokrücken und andere Reparaturen

Statt den Gegebenheiten der Wirklichkeit ins Auge zu sehen, statt umzulernen oder die Ursachen unseres Mißbehagens anzugehen, greifen wir angesichts der zum Teil vermeintlichen, zum Teil echten Ausweglosigkeit mancher gesellschaftlicher, wirtschaftlicher und technischer Zwänge (auch im privaten Bereich, wo diese Ausweglosigkeit im Grunde ja nicht existiert) heute zunehmend lieber zu Beruhigungsmitteln, zu Tranquilizern und anderen Psychopharmaka[175]. Was dadurch geändert (verschönert, verbessert, verwandelt) wird, ist jedoch nur unsere Vorstellung von der Realität, nicht die Realität selbst. Gerade die lange als harmlos angesehenen Psychodrogen, die ähnlich wie Marihuana und Haschisch nach den sehr groben Kriterien der klassischen Schulmedizin keine bleibenden körperlichen Veränderungen verursachen, führen, wie inzwischen genauere Untersuchungen ergeben, zu eindeutigen, z. T. irreversiblen Hirnschäden. Längst wird LSD nicht mehr unbekümmert zur Abkürzung psychoanalytischer Behandlungen eingesetzt, wo es zwar krampfhaft unterdrückte Erinnerungen schlagartig freisetzen, aber natürlich auch zur völligen Katastrophe führen kann[284]. Seine halluzinogene Wirkung, die ähnlich wie beim Meskalin den Blick auf höhere Welten und Erkenntnisse vortäuscht, beruht auf einer simplen biochemischen Störung subtiler Gehirnfunktionen.

So blockiert z. B. LSD die Gehirnzellen einer bestimmten Region des Hypothalamus. Diese Zellen hemmen normalerweise die visuelle Region der Hirnrinde, damit sie nur auf tatsächliche Wahrnehmungen oder entsprechende gedankliche Vorstellungen hin, also in beiden Fällen durch gezielte Anregung bestimmter Neuronen in Aktion tritt. Eine Hemmung, die somit unser visuelles Zentrum vor unkontrollierten Nervenimpulsen sichert. Wird sie aufgehoben, so haben die Zellen freie Fahrt, sich beliebig zu betätigen, was dann unter Verlust eines funktionierenden Zusammenspiels zu den bekannten chaotischen Assoziationsbildern und Halluzinationen führen kann[285].

Auch Neuronenfelder, die nur bei echten, gedanklich oder gefühlsmäßig erfaßten Erkenntnissen mit der Erzeugung eines Aha-Erlebnisses reagieren, können nunmehr bei jedem banalen Gedanken in Aktion treten und den Eindruck einer in Wirklichkeit gar nicht erfolgten »tiefen Erkenntnis« erzeugen. Gehirnschäden von Haschisch-Rauchern wiederum sind an bleibenden Veränderungen des Elektroenzephalogramms und selbst an direkten Schädigungen des Gehirngewebes zu erkennen. Veränderungen, die ihrerseits z. B. wieder zu Lern- und Konzentrationsstörungen, insbesondere zu Störungen der Kurzzeitspeicherung führen und damit die Fähigkeit vermindern, sich an unmittelbar zurückliegende Ereignisse zu erinnern[34].

So können wir Psychodrogen, aber auch Schmerzmittel und vor allem Antidepressiva, die zur Zeit bedeutendste Gruppe echter Psychopharmaka, sozusagen als »Antibiotika der Psyche« bezeichnen, als eine Waffe, die in extremen Fällen zwar segensreich sein mag, bei allgemeinem Gebrauch jedoch eines Tages erschreckend zurückschlagen wird. Die heutige Praxis vieler Kliniken, laufend irgendwelche Beruhigungsmittel zu geben, allein um vor Störungen und Fragen von seiten der Patienten Ruhe zu haben, ist im Grunde erschütternd. Denn abgesehen von den Nebenwirkungen auf Hirndurchblutung, Herz, Blutdruck, Blutbild, Leber, Niere usw. ist auch die Suchtgefahr bei all diesen auf das Zentralnervensystem wirkenden Schmerzmitteln, Sedativa, Tranquilizer, Antidepressiva, Hypnotika und Energetika gewaltig – »eine bequeme Flucht in die Verantwortungslosigkeit, sowohl beim Patienten als auch beim Arzt« – und liegt zudem im direkten Geschäftsinteresse der Pharmaindustrie[286].

Mit Werbemethoden, wie wir sie von Intimsprays oder Waschmitteln her kennen, werden hier nicht etwa lebensrettende Medikamente, sondern gefährliche Psychokrücken angepriesen und in astronomischen Mengen (und bei horrendem Profit) gegen die lächerlichsten Symptome, d. h. letztlich zur Bewältigung der Anforderungen des täglichen Lebens verschrieben – Kindern oft schon bei geringsten entwicklungsbedingten ›Verhaltensstörungen‹[287]. Die Slogans lauten dann: »Psycho-physische Stabilisierung«, »steigert die Streßtoleranz«, »erhöht das Wohlbefinden«, »gegen ungenügende soziale Einordnung«, »beseitigt Verhaltensstörungen«, »stärkt das *Ich* durch spezifische Angstbefreiung« usw., wobei unter »Kontraindikation« dann meist noch »keine« steht. Allein an *Valium* und lediglich in der Bundesrepublik setzte z. B. die Firma Hoffmann-La Roche in einem einzigen Jahr (1971) 360 Millionen Einzeldosen ab[288].

Durch das Zusammenwirken von Unwissenheit bei Patient und Arzt, oft Bequemlichkeit beim Arzt und Geschäftsinteresse bei der Pharmaindustrie wird hier wie auf dem Schlafmittelsektor und selbst bei den gegen Streßgefährdung neuerdings so freizügig verschriebenen Beta-Blockern[289] in vielen Fällen (wenn auch vielleicht nicht bewußt) die gleiche gesundheitszerstörende Drogenabhängigkeit erzeugt, wie sie beim Heroinhändler, der sich einen abhängigen Kundenkreis aufbaut, längst als schweres Verbrechen gilt.

Weit erfreulicher als auf dem Medikamentensektor gibt sich die moderne Medizin dort, wo nicht in unverstandene Regelkreise eingegriffen, sondern lediglich technisch repariert wird. Und hier sind auch Reparaturen durchaus sinnvoll. Bei allen zu erwartenden Umstrukturierungen innerhalb der medizinischen Fachgebiete wird daher auch wohl die Chirurgie in Zukunft stärker denn je ihren Platz behaupten. Dank einer Reihe neuer Techniken wird z. B. die Anfertigung künstlicher Gelenke, Glieder und Organe einer Perfektion zustreben, die viele Menschen von einem Krüppeldasein befreit.

Die Mikrochirurgie, die abgetrennte Gliedmaßen wieder als voll funktionsfähig anbringen kann, die magnetische Chirurgie, die eingespritztes kolloidales Eisen an jede Stelle innerhalb des Körpers dirigiert, um nach Belieben zu verstopfen, zu unterbinden oder zu verschieben[290], und nicht zuletzt die Anwendungsmöglichkeiten der Laserstrahlen, welche z. B. als »Lichtskalpell« beim Wundnähen ebenso wie in der Augenchirurgie subtile Reparaturen durchführen helfen, sind nur wenige Beispiele für die Fülle neuer Entwicklungen, die nicht gleich wieder genauso viele Probleme mit sich bringen, wie sie zu lösen vermögen.

Nicht so bei einer anderen Art von Reparaturen: bei dem mit viel Publicity und Sensation begonnenen Gebiet der Organverpflanzungen. Dem Problem des hierzu nötigen Abbaus der körpereigenen Abwehr, der oft bis zur Zerstörung des Immunsystems geht, sind wir im Zusammenhang mit dem Streß- und Krebsgeschehen bereits begegnet. So wird hier nicht nur eine erneute Lebensgefahr durch den nächstbesten Schnupfen heraufbeschworen, sondern auch die Bereitschaft zur Krebsbildung gefördert. Trotz dieser Gefahren werden die bisherigen Immununterdrücker (bestimmte Chemikalien bzw. radioaktive Bestrahlung) mit ihren gefährlichen Nebeneffekten eifrig weiter eingesetzt. Nach Untersuchungen des *National Cancer Institute* in den USA zeigten die Daten von 6297 Fällen von Nierentransplantationen, daß die Wahrscheinlichkeit zur Krebsbildung 35mal größer ist als im Normalfall. In bestimmten Altersgruppen liegt diese »Chance«, wie schon erwähnt, sogar 100- bis 4000mal höher[291].

Abgesehen von diesem Dilemma zwischen gefährlicher Immununterdrückung oder Abstoßung des implantierten Gewebes werden Transplantationen immer einen unverhältnismäßig hohen Anteil an Klinik- und Ärztekapazität blockieren und so teuer sein, daß sie als Routinetherapie wohl nie in Frage kommen. Insbesondere Herzverpflanzungen bieten zwar, nachdem sie zur nationalen Prestigefrage wurden, gute Studienmöglichkeiten für die Ärzte, bedeuten aber für den Patienten in manchen Fällen nur den Ersatz der einen Todesursache durch eine andere, und das gibt wenig Sinn.

Die Zukunft wird daher mit Sicherheit nicht weiteren Transplantationen gehören, sondern eher den heute schon klinisch gut funktionierenden, wenn auch zur Zeit noch etwas kritischen mechanischen Herzen und den mittlerweile über 100 000 in Betrieb befindlichen Herz-Schrittmachern (vor allem solchen mit biologischer Energiequelle, z. B. der eigenen Zellenergie) und nicht zuletzt den tragbaren künstlichen Nieren in Mikrokapseln mit einer 100mal schnelleren Blutwäsche als bisher. Künstliche Organe, künstliche Nervenstränge, Metallknochen, Kunststoffknorpel und natürliche Knochengewebe, die man an Keramikmatrizen und neuerdings sogar an pazifischen Riffkorallen entsprechender Porengröße nachwachsen läßt[292], können jedenfalls eingesetzt werden, ohne daß, wie bei den Organverpflanzungen, die Körperzellen immunologisch vergewaltigt werden müßten.

Eine Medizin der Selbstregulation

Wenn wir alle in diesem Kapitel angeschnittenen medizinischen Möglichkeiten mit ihren oft problematischen Nebenwirkungen im Rahmen der Gesamtsituation unserer inneren wie äußeren Umwelt sehen, so stellt sich zwangsweise die Frage nach einer neuen, subtil steuernden, d. h. kybernetischen Medizin. Statt massiv einzugreifen und Kraft mit Gegenkraft zu bekämpfen (entgegen unserem Jiu-Jitsu-Prinzip), könnten sie in der Unterstützung der Selbstheilung und Autoregulation des Körpers – nicht in einem *Ersatz* dieser Selbstheilung – einen wichtigen Platz einnehmen. Da auch die Aussichten für eine Beherrschung der krebsartigen Erkrankungen mit den an ihrem Ende angelangten klassischen Methoden und deren

Variationen wohl endgültig geschwunden sind[254], dürften, über die schon besprochene und wohl am meisten bringende Prophylaxe hinaus, die neuen Wege zur Immunstimulierung und Aktivierung der Selbstregulation hier die besten Chancen haben[293].

Für eine entsprechend kybernetisch orientierte Pharmakologie sind die molekularbiologischen Grundlagen heute gelegt. Unser Organismus selbst besitzt eine komplette innere Apotheke, die lediglich mobilisiert werden muß: vom Insulin, Glukagon, Cortison und Adrenalin angefangen, über Schilddrüsen- und Sexualhormone, blutdrucksenkende und -steigernde Substanzen bis hin zu Blutgerinnungsfaktoren, verdauungsfördernden und schmerzstillenden Substanzen, ja selbst körpereigenen Morphinen[294]. Aber auch in der übrigen Lebewelt wimmelt es von Wirkstoffen pflanzlichen, tierischen und bakteriellen Ursprungs, bis hin zu Pflanzenantibiotika[295], deren Beziehung zu den Heilvorgängen im Menschen angesichts der inzwischen als weit enger erkannten genetischen Verwandtschaft aller Erdenorganismen, wie sie uns im vorausgegangenen Kapitel begegnet ist, wieder in einem ganz neuen Licht erscheinen wird.

Interessant ist hier die plötzliche Aufwertung der so lange Zeit bespöttelten Eingeborenenmedizin zu beobachten, die sowohl die besprochenen psychosomatischen Prinzipien als auch jene einer kybernetischen Pharmakologie, wenn auch mit primitiven Mitteln, so doch mit Erfolg angewendet hat[296]. In der offiziellen medizinischen Forschung erhielt das Arbeitsgebiet der Zauber-Doktoren inzwischen sogar die recht seriös klingende Bezeichnung »traditionelle Medizin«. Insbesondere die Weltgesundheitsorganisation (WHO) hat sich in jüngster Zeit eingehend mit diesen einst »Unberührbaren« der Medizin befaßt und ist dabei, ihnen den gebührenden Stellenwert zu verschaffen[297]. Sie organisiert darüber hinaus Symposien, auf denen Angehörige der »traditionellen Medizin« und westliche Wissenschaftler zusammenkommen und ihr Wissen austauschen[298]. Immer mehr beginnt man zu erkennen, wie enorm die im Körper selbst verborgenen Heilungsmöglichkeiten und -kräfte sind und wie »unökonomisch« es wäre, diese nicht einzusetzen oder sie gar, wie bisher so oft der Fall, zu blockieren.

Das gilt auch für die Homöopathie, insbesondere die »echte«, die erst bei höheren Verdünnungen beginnt (z. B. D 30, wo garantiert kein einziges der ursprünglich eingesetzten Moleküle mehr vorhanden ist). Denn es ist keineswegs physikalisch ausgeschlossen, daß dem Verdünnungsmedium, z. B. Wasser, von der Anfangssubstanz ein biologisch wirksames strukturelles Muster übertragen wird, das durch die weiteren 1 : 10-Verdünnungen stabilisiert wird – auch wenn die Initiator-Substanz längst wieder verschwunden ist.

Welches sind nun weitere Hilfen, die wir im kybernetischen Sinne einsetzen können? Zu ihnen zählt mit Sicherheit eine kybernetische Psychiatrie, die die vorhandenen Regelkreise zwischen Organismus und Psyche erkennt, einsetzt und zur Stabilisierung, d. h. ganz im Sinne eines kybernetischen Gleichgewichts, nutzt[299]. Hier dürften auch die äußerst subtilen und exakten Diagnosemöglichkeiten der Akupunktur, etwa durch die Ohrendiagnostik, von großer Hilfe sein, wo der Mensch praktisch selbst als Meßinstrument, sozusagen als Bioindikator, figuriert.

Die Wirkung der Akupunktur bei vielen sonst schwierig zu behandelnden Leiden und auch bei der noch umstrittenen, obgleich selbst bei Tieren nachgewiesenen Schmerzbetäubung[300] wird hoffentlich bald ebenso genutzt werden, wie dies mittlerweile auf die Yoga-Techniken zutrifft oder auf die Meditation, deren Physiologie im großen und ganzen aufgeklärt ist[301]. Inzwischen gibt es längst objektive biochemische und dynamische Meßparameter für die Akupunkturwirkung, und auch die willentliche Beeinflussung von Herzschlag und Verdauungsvorgängen durch entsprechende Schulung unterliegt keinem wissenschaftlichen Zweifel mehr.

Hierzu wird der Meßwert z. B. des eigenen Blutdrucks oder Herzschlags in ein Tonsignal verwandelt, an dessen Höher- oder Tieferwerden man jede Veränderung unmittelbar erfährt. Das Meßinstrument wird somit über das Ohr mit dem Körper rückgekoppelt. Ein Regelkreis entsteht, der es bei einiger Übung erlaubt, einen gewünschten Sollwert anzusteuern[302].

Diese Biofeedback-Methode gewinnt zunehmend an Boden und ist ein großartiges Mittel, den Patienten zu einer aktiven Kommunikation mit seinem Körper und dadurch zu dessen Beeinflussung ohne jedes Medikament zu bringen. Spezielle Möglichkeiten dieser Selbstregulation bieten dabei die Methoden der neuro-biologischen Rückkoppelung[303]. So ist neben dem Training des Herzschlags, des Blutdrucks oder der Sekretion von Magensäure auch die Kontrolle und Steuerung der eigenen Gehirnwellen bei einigen Wissenschaftlern zu einem regelrechten Sport geworden[304] und dürfte durchaus geeignet sein, einmal bei der Bewältigung von Streß und seinen Folgen eine wichtige Aufgabe zu übernehmen[305].

Der Mechanismus eines solchen Rückkoppelungs-Trainings ist recht interessant. Es geht ja hier um normalerweise dem Willen nicht unterworfene Gehirn- und Körperfunktionen, die, elektronisch registriert und in Schwingungslinien, Farben oder Töne umgewandelt, auf einmal mit den Sinnesorganen beobachtet werden können. Dabei erfährt man, wie sie sich je nach der geistigen Verfassung und Konzentration verändern. Sehr bald bilden sich mit Hilfe solcher »physiologischer Lernmaschinen« nach einer kurzen bewußten Eingewöhnungszeit dann auch sehr viel direktere unterbewußte Reaktionswege aus – wie beim Autofahren, wo man auch sehr bald alle Handgriffe ›automatisch‹ vollzieht. Auf diese Weise kann man sich rasch an den gewünschten Zustand herantasten und z. B. in kürzester Zeit lernen, mit seinem Gehirn auf Wunsch Alphawellen zu produzieren, d. h. sich jederzeit in einen völlig entspannten Zustand zu versetzen. Anders als bei der Hypnose hat man hier selber die Hand am Hebel.

Für unsere Ärzte, von denen sich viele mittlerweile unbewußt zu Funktionären der pharmazeutischen Industrie degradiert haben[306], indem sie ihre Kenntnisse den Indikationszetteln der Musterpackung entnehmen, wird es schwierig sein, aus der dort vorgefundenen Darstellungsweise ein kybernetisches Denken zu entwickeln. Daß dieses Denken ausgerechnet in der Medizin, die sich ja mit dem Urgrund der Kybernetik, mit den biologischen Regelkreisen im Organismus, beschäftigt, erst mühsam Eingang finden muß und noch lange nicht das ständig wachsende Spezialistentum und das punktuelle Vorgehen ersetzt hat, ist besonders tragisch. Denn wir werden dem Wesen biologischer Mechanismen und damit uns selbst nur gerecht werden, wenn wir die vorhandenen Regelkreise mit ihren komplizierten und vernetzten Wechselwirkungen erkennen und beachten; wenn wir auch hier bestehende Symbiosen schützen, nutzen und davon profitieren – wozu nicht zuletzt auch das noch kaum erforschte Gebiet der Wetterfühligkeit, der Einwirkung von Luftionisation, von elektromagnetischen Feldern, ja selbst von Farben, Rhythmen und Tönen, auf unsere hormonellen und vegetativen Funktionen zählt[307].

Doch das heißt eindeutig: Vorsorge betreiben, Prävention, wie sie übrigens in China oberstes medizinisches Gebot ist, jedoch in unserer morbiden Gesellschaft von einer Medizin, die ausschließlich der Krankheit verpflichtet scheint, außer durch Lippenbekenntnisse kaum Förderung erfährt[308]. Obgleich diese Prävention, z. B. die Verhütung von krankhaften Zuständen durch eine situationsgerechte Lebensweise, und eine schon in der Schule beginnende Gesundheitserziehung[309] als einzige den allgemeinen Gesundheitszustand nachhaltig verbessern würde, kommt sie also, vielleicht weil sie keinen direkten Marktwert hat, im medizinischen Geschehen eindeutig zu kurz. Selbst ein Auto erfährt gut fünfmal so oft eine vorbeugende Untersuchung und Pflege, wie wir sie uns selbst angedeihen lassen. Da wir im Gegensatz zum Kraftfahrzeughandwerk in diesem Sinne keine Unterstützung von der Industrie erwarten können, werden es die Ärzte selbst sein müssen, die vorbeugende Maßnahmen einführen. Ob dies bei unserer schon in den klassischen Bereichen katastrophalen Ärzteausbildung über die Universitäten erreicht werden kann, bleibt fraglich[310]. Hier scheint mir eher ein völlig neuer Ansatz der Ärzte*weiterbildung* erforderlich, der die Ärzte unabhängig von der Gängelei durch ihre Standesorganisation, aus der individuellen Initiative heraus zu einem neuen Arzt-Patienten-Verhältnis führt, wie es so unermüdliche Kritiker der offiziellen Gesundheitspolitik wie Hans Schaefer oder Ivan Illich seit jeher fordern und wie es etwa auch der Leiter des Münchener Gesundheitsparks, Rainer Haun, in Richtung auf einen gezielten Einsatz der Selbstregulationskräfte des Organismus anstrebt – als Alternative zum Medizin-Konsum[311].

Gleichzeitig ist auch auf einem anderen Gebiet ein Umdenken notwendig, nämlich auf dem der Diagnostik. Denn wenn Lord Florey, ein bedeutender britischer Gesundheitspolitiker, auf dem berühmten CIBA-Symposium »Health of Mankind« in London sagte[312]: »Wir werden zwar immer besser im Diagnostizieren, aber nicht in der Therapie«, dann müssen wir uns fragen, ob das wirklich stimmt. Ganz abgesehen davon, daß im Durchschnitt ohnehin jede zweite Diagnose falsch ist – wie jetzt eine größere amerikanische Obduktionsstudie zeigte[313] –, wird das Diagnostizieren überhaupt nicht dort angesetzt, wo es der Natur der Sache nach hingehörte, nämlich – wie es in diesem Kapitel immer wieder angesprochen wurde – am Systemzusammenhang Mensch-Umwelt, sondern am einzelnen Organ.

Die Frage ist also: Müssen wir nicht endlich von einer symptomatischen Diagnostik, die auf die Anzeichen von Störungen, also auf Folgeerscheinungen gerichtet ist, umschwenken auf eine ätiologische, die eigentlichen tieferen Ursachen und Zusammenhänge erfassende Diagnose, und sollten wir nicht im Hinblick auf unsere bio-psycho-soziale Gesundheit die Konsequenzen ziehen, nämlich die seit hundert Jahren dominierende Stellung der inzwischen zu einem Monstrum angewachsenen kurativen Medizin zugunsten eines allgemeinen prophylaktischen Bewußtseins abzubauen?

7   Mikrobiologie

Helfer aus dem Unsichtbaren

Bakterien, Algen, Protozoen. Wir existieren mit ihnen, auch von ihnen – und sie von uns. Wir sind von ihnen durchdrungen, verdanken ihnen unser Leben und manchmal auch unseren Tod. Die wohl älteste Symbiose der Welt. Doch bewußt nutzen wir sie noch kaum. Eine Begegnung mit diesem »Wirtschaftspartner der dritten Art«, diesem Geheimdienst der Biosphäre, wird uns manchen Ausweg aus unseren Problemen zeigen. Wir werden Dienstleistungen entdecken, die im wahrsten Sinne kybernetisch, nämlich mit geringfügiger Steuerenergie zu erzielen sind. Ein Antippen, das richtige Medium – und die Natur arbeitet für uns mit ihrem ganzen Milliarden Jahre alten Know-how: eine neue Ära der Biotechnologie, vom Strom aus der Kokosnuß über Allzweckzellen und lautlose Metallgewinnung bis hin zu einer Fülle neuer Recycling-Verfahren.

Immer wieder ist es erstaunlich, auf wie wenig technischen Bereichen – die direkten Naturprodukte für Nahrung und Kleidung einmal ausgenommen – der Mensch die Natur für sich arbeiten läßt. Fast als hielte sich unsere technisierte Gesellschaft etwas darauf zugute, von der Natur unabhängig zu sein, ja, selbst ihre speziellen Mechanismen wie die natürlichen Regelkreise eher zu zerstören als sie zu benutzen – sogar, wie gezeigt, in der Medizin. Die Aversion gegen den Einsatz biologischer Wirkstoffe von Heilpflanzen z. B. ist so stark, daß man lieber komplizierte Synthesen und den Bau teurer Reaktionsanlagen in Kauf nimmt, um eine Substanz künstlich und dafür chemisch »rein« herzustellen, als etwa von dem fertig gelieferten Produkt einer Pflanze »abhängig« zu sein (als wäre die dagegen eingetauschte Abhängigkeit von technischen und energiewirtschaftlichen Imponderabilien kleiner)[314]. Tatsächlich war der Mensch bis heute so sehr von den Erfolgen seiner *unbelebten* Technik fasziniert, daß er die Welten, die sich durch eine *belebte* Technik, nämlich durch die industrielle Nutzung der Fähigkeiten lebender Systeme eröffneten, fast sämtlich übersah. Die Biotechnik ist dadurch noch weitgehend ein Brachland, auf dem man erst begonnen hat, den Fabrikationsbetrieb Zelle und seine Einzelmaschinen und Wirkstoffe, aber auch seine Organisations- und Steuerungsmöglichkeiten in einer völlig neuen Art gezielt einzusetzen, ganz gleich ob diese Zellen pflanzlicher, tierischer oder bakterieller Herkunft sind.

Obwohl der Mensch schon vor einigen tausend Jahren begonnen hatte, einzelne biotechnologische Verfahren, wie z.B. die Gärung, einzusetzen, ahnte man bis in die Neuzeit nicht, daß sich an solchen Prozessen lebende Zellen beteiligten – nicht einmal, als man schon längst Mikroskope baute, mit denen man sie studieren konnte. Und als man den Zusammenhang entdeckt hatte, war das Interesse auf andere Dinge gerichtet. Der menschliche Erfindungsgeist brachte die kompliziertesten mechanischen Techniken, Dampfmaschine, Auto und Telefon hervor, während sich in der Biotechnologie, die auf ihrem vor Jahrtausenden begonnenen Stand stehenblieb, bis weit in die Mitte dieses Jahrhunderts nicht mehr das geringste ereignete.

Auch hier war es wieder unsere fachspezifische, mechanistische Logik, jahrhundertelang einseitig an unseren Schulen und Universitäten gezüchtet, die die Gesetze dieser kybernetischen Abläufe und ihre Regelkreise einfach nicht verstand. Selbst wenn der Ansatz zu einer Nutzung der biologischen Technik gemacht wurde, endete er meist mit einem Fiasko, weil er die dort vorliegenden, nichtlinearen Rückkoppelungsmechanismen, die natürlich über das arbeitende Biomaterial hinaus auch die jeweilige Umwelt mit einbezogen, nicht berücksichtigt hatte. Ein Fehlschlag wurde dann als erneuter Beweis dafür gewertet, daß eben Naturprozesse in der modernen technischen Welt nicht zu gebrauchen seien. Eine Haltung, die sich trotz der in jüngster Zeit rasant zunehmenden Entwicklung biotechnischer Verfahren darin widerspiegelt, daß – von einigen, meist der Initiative einzelner weitsichtiger Wissenschaftler zu verdankenden Ausnahmen[315] abgesehen – die Biotechnik unter den Lehrfächern der deutschen Universitäten bis heute praktisch nicht vertreten ist. In den USA, in Japan oder auch in den Ostblockländern ist sie dagegen innerhalb kurzer Zeit mit zu einer der wichtigsten naturwissenschaftlichen Disziplinen geworden – vielleicht nicht zuletzt aus der wachsenden Erkenntnis, daß die zwangsweise mit ihr verbundene kybernetische Denk- und Arbeitsweise besonders brauchbare Hilfen bietet, den heutigen Erfordernissen gerecht zu werden. Erfreulich festzustellen, daß die EG-Kommission nunmehr verstärkt auf die Zukunftschancen der Biotechnologien hinweist und zu einer europäischen Aktion aufgerufen hat, wobei sie die Auswirkungen sowohl auf die Wirtschaft als auch auf die Rohstofflage und den Arbeitsmarkt einbezieht[316].

Die Welt der Einzeller

Als am 17. September 1683 der holländische Tuchhändler und Amateuroptiker Antoni van Leeuwenhoek der Royal Society in London seine mikroskopischen Beobachtungen mitteilte und der Welt die unglaubliche Tatsache eröffnete, daß er in seinem Mund mehr an lebenden Tieren herumtrage, als es in den ganzen Vereinigten Niederlanden an Menschen gebe, wobei 1000 von ihnen zusammengenommen nicht mehr an Material ausmachten als der hundertste Teil eines Sandkorns, tat sich für die Biologie eine neue Dimension auf: die Welt der einzelligen Lebewesen.

Seitdem wurden unzählige Mikrobenarten untersucht und in ihre Einzelteile zerlegt und vor allem die dem Menschen schädlichen Stämme mehr oder weniger erfolgreich bekämpft. Man stellte fest, daß diese winzigen Einzeller in der Lage sind, die unterschiedlichsten Stoffe herzustellen, umzuwandeln und abzubauen. Man erkannte die Tätigkeit der Knöllchenbakterien, die an den Pflanzenwurzeln leben und bei der Bindung des Luftstickstoffs helfen, ebenso wie die der Fäulnisbakterien, die durch Verwesung von organischem Material den Humus bereiten oder im Wasser Verunreinigungen abbauen. So klassifizierte man nach und nach viele tausend Arten und Abarten, ordnete sie nach verschiedenen Gruppen und entdeckte, daß ihnen kein Lebensraum fremd war, daß die einen *mit*, die anderen *ohne* Sauerstoff leben und schließlich wieder andere tief in der Erde von der Umwandlung von Mineralien existieren[317].

In der Tat sind unsere Einzeller schon recht besondere Lebewesen, allein schon dadurch, daß sie bis heute nicht auf ihr Eigenleben verzichtet haben, sich weder zu einem Zellverband zusammenschlossen noch einer höheren Funktion unterordneten. Sie scheinen in ihrer Undifferenziertheit einer Urform des Lebens zu entsprechen, in die in gewissem Maße auch Zellen höherer Organismen zurückfallen können, z. B. wenn sie zu Krebszellen werden. Unzweifelhaft stellen die Einzeller die älteste Lebensform dar, die die Erde kennt. Nicht nur, daß wir in fast allen Urgesteinen archaischen Bakterien- und Algenformen begegnen, mehrere hundert Millionen Jahre alte fossile Bakterien konnten offensichtlich sogar wiederbelebt werden[318]. Durch Eintrocknungs- und Einsalzungsprozesse, wie sie auch bei der Sporenbildung stattfinden, können sie ihren Stoffwechsel zum Stillstand bringen und selbst Weltraumbedingungen überdauern. So waren auch die ersten Lebewesen, die aus Meteoriten isoliert wurden, Mikroorganismen, sogenannte Ozakerit-Bazillen, hitzebeständige Einzeller, die als erste auf die Existenz außerirdischen Lebens hinwiesen[319]. Manche finden sich dort, wo anderes Leben längst erstickt wäre, während die Luft, die wir atmen, für sie wiederum tödliches Gift ist. Überbleibsel der frühen Erdgeschichte? Die NASA entdeckte 1977 eine erste Art Archaebakterien, die auch heute noch, z B. in Vulkanen, von Kohlendioxyd, Wasserstoff, Schwefel und anorganischen Salzen vegetieren, ganz ähnlich der im Kapitel »Leben« geschilderten Uratmosphäre von vor 3,5 Milliarden Jahren[320].

Das Spektrum ihrer Fähigkeiten ist in der Tat gewaltig, und es macht sie zu den wohl vielseitigsten, wenn auch noch verkannten Hilfskräften einer zukünftigen Biotechnologie. Einzellige Bakterien-, Pilz- und Algenarten können als Arbeitskraft, als Spezialmaschine, als Lieferant chemischer Grundstoffe oder als Katalysator dienen, aber auch selber das gewünschte Endprodukt sein. Ihre Haupteigenschaft, nur aus einer einzigen Zelle zu bestehen, macht diese Art Bio-Arbeiter für technische Prozesse wie geschaffen. Ihr Leben hängt weder von empfindlichen Verdauungsprozessen ab noch vom Säftetransport zwischen entfernten Organen, noch von komplizierten Befruchtungs- und Reproduktionsmechanismen oder von einem Standort mit bestimmter Bodengüte. Alle Lebensfunktionen sind hier im Innern der Einzelzelle konzentriert – so winzig diese auch ist – und daher weit besser zu handhaben und zu steuern.

Die zweite hervorstechende Eigenschaft ist, daß sie sich in einer Stunde mehrmals teilen, d. h. ihr Gewicht verdoppeln können – was bekanntlich einem Mastschwein erst in einem knappen Jahr gelingt. Unter geeigneten Bedingungen und bei ausreichendem Nahrungsangebot kann so aus einer winzigen Impfkolonie von einem Milligramm im Laufe eines Tages – natürlich nur bei entsprechender Ausbreitungsmöglichkeit – die unglaubliche Menge von mehreren hundert Tonnen entstehen. Während eine Kuh von einer halben Tonne Gewicht pro Tag anderthalb Pfund Eiweiß produziert, synthetisiert eine halbe Tonne Algenmaterial oder einzelliger Hefe die 1200fache Menge davon, Proteine, die trotzdem zu unseren eigenen keine größeren Unterschiede aufweisen als diejenigen tierischer oder pflanzlicher Eiweiße.

Unser Dasein ist sowohl indirekt über die Nahrung als auch direkt mit den *in* uns und *auf* uns lebenden Mikroorganismen eng verbunden. Ohne sie würde unser Leben bald erlöschen, ja, die großen Kreisläufe der Biosphäre und damit das Gleichgewicht zwischen Sauerstoff, Stickstoff und Kohlendioxid würden in wenigen Jahrzehnten zusammenbrechen.

Doch Waschmittelkonzerne und Kosmetikfirmen, unterstützt von fachblinden Hygienikern, haben in jahrelanger Kleinarbeit durch ihre Werbung eine neurotische Angst vor Mikroben, Schmutz und Pilzen aufgebaut; gefährlichste Feinde, die wir mit Seife, Mundwässern, Desinfektionsmitteln und Intimsprays auszurotten hätten[321] – so, als ob es nur krankheitserregende Bakterien gäbe. In diesem Kapitel soll daher nicht von den Mikroorganismen als Krankheitserregern die Rede sein, noch sollen hier die makabren Möglichkeiten analysiert werden, die ihre Eignung als verderbenbringende Bakterien-Waffe für eine biologische Kriegführung betreffen. Beschäftigen wir uns lieber einmal mit ihnen im Hinblick auf das Meistern und nicht das Zerstören unserer Zukunft.

In der Tat verblaßt ihre Rolle als Krankheitsträger bei näherem Hinsehen völlig gegenüber der unentbehrlichen Hilfe der meisten Arten bei fast sämtlichen Lebensprozessen – eine Tatsache, die noch kaum in unser Bewußtsein gedrungen ist. Mikroorganismen haben die gewaltige Aufgabe, alles abgestorbene Leben in Humus zu verwandeln, und Pflanzen, Tiere und auch wir Menschen leben in einer engen Symbiose mit ihnen. Die Bakterien und Spaltpilze der Darmzotten – zu Milliarden helfen sie uns bei der Verdauung. Allein in unserer Mundhöhle hausen 80 verschiedene Arten, wobei sich aerobe und anaerobe Varianten, also mit und ohne Luft lebende, gegenseitig in Schach halten. Hier ist es dann z. B. durchaus möglich, daß ein Eingriff in dieses Gleichgewicht durch desinfizierende Zahnpasten für manche Kariesbildung und andere Störungen verantwortlich ist. Ich selbst putze mir daher seit sieben Jahren die Zähne nur noch mechanisch, von da an ging es mit dem Kariesbefall drastisch zurück. Auch außen sind wir von Mikroorganismen besiedelt. Über 100 000 Milliarden tummeln sich auf unserer Hautoberfläche und sorgen dort für wichtige Austauschprozesse. Seit Urzeiten arbeiten sie also für uns höhere Lebewesen, verdauen die Pflanzenzellulose im Pansen der Kuh, die ohne sie auf der saftigsten Wiese verhungern würde[322], und sorgen ganz allgemein für unser Wohlergehen und eine gesunde Umwelt. Es ist also nur allzu naheliegend zu fragen: Warum setzen wir diese kleinen Zellen und ihre sanften, lautlosen, energiesparenden Prozesse nicht mehr und mehr auch in der Technik ein, wo wir oft genug durch unbiologische Methoden und viel Lärm, Qualm und Energieverschleiß die natürlichen Regelkreise zu unserem eigenen Schaden durcheinanderbringen?

Lautlose Metallgewinnung

Erst nach und nach – oft durch Zufall – wurde entdeckt, zu welchen Tricks Mikroorganismen fähig sind[323]. In Australien beobachtete man, daß ein Straßenasphalt, der bisher als äußerst beständig galt, auf einmal innerhalb kurzer Zeit zerbröckelte. Die Ursache: eine seltene Art von Mikroorganismen, die sich auf Teerstoffe spezialisiert hatte. In Erdgasfeldern fand man Arten, die Methan zu Fettsäuren oxydierten, andere wiederum, die von Rohölabfällen lebten. Ja, eines Tages entdeckte man bei der Kontrolle von Düsenflugzeugen in den Tanks unerklärliche Schlammablagerungen, die zu einer höchst gefährlichen Verstopfung der Treibstoffleitungen hätten führen können. Man ging der Ursache nach und stieß auf die verblüffende Tatsache, daß selbst im Jet-Treibstoff Bakterien leben, die nicht nur Leitungen verstopfen, sondern auch das Metall korrodieren können. Bald fand man heraus, daß sich eine ›Ernte‹ besonders der auf Kohlenwasserstoffen wachsenden Bakterien lohnen würde, denn sie bestanden rund zur Hälfte aus Proteinen, zur anderen Hälfte aus Fetten und Kohlenhydraten.

Aber auch die korrodierenden Eigenschaften der Bakterien entpuppten sich bald als von großem Wert. Interessanterweise wurden sie früher schon einmal zur Kupfergewinnung genutzt. Zur Zeit Shakespeares, in der Blütezeit von Alchimie und Erzbergwerken, gewann man in England und Spanien aus kupferreichen Gewässern das von den Kupferstechern und Waffenschmieden gleichermaßen begehrte Metall, ohne allerdings zu wissen, daß es mit Hilfe von Bakterien wie *Thiobazillus ferrooxydans* dorthin gelangt war. Durch die Entdeckung dieser Tatsache neugierig gemacht, untersuchte man zunehmend ihre Brauchbarkeit zur Erzaufbereitung durch ein solches *Leaching* (= Auslaugen). Das ist heute, wo hochwertige Kupfer-, Nickel-, Chrom- und Zinnerze immer seltener werden, natürlich besonders interessant, z. B. für eine Metallgewinnung aus minderwertigen Lagerstätten und Abfällen durch präzise und selektiv arbeitende Bakterien[324].

Der Erfolg der ersten Versuche war verblüffend. Die geologisch-mineralogische Abteilung der »Sowjetischen Akademie der Wissenschaften« gewinnt nun seit Jahren mit Hilfe von Bakterien aus kupferhaltigen Erzen reines Kupfer – und dies bei normaler Temperatur und etwa zweieinhalbmal so billig wie mit allen bisherigen Methoden. Ein ähnliches Intensiv-Leaching wird jetzt auch in den USA, Kanada und anderen Ländern praktiziert. So produzieren die Vereinigten Staaten auf diese Weise mittlerweile schon ein Viertel ihrer Jahresproduktion von 1 Million Tonnen Kupfer aus sonst recht unergiebigen Erzen (in Utah z. B. aus solchen von nur 1 Prozent Kupfergehalt)[325]. Und ähnlich wie man in Australien mit diesem Verfahren alte Kupferminen reaktivierte, gewinnt man durch Leaching aus einer Reihe bereits stillgelegter Goldgruben die Reste des Edelmetalls in praktisch hundertprozentiger Ausbeute, indem man geeignete Bakterienarten zusammen mit ihrer Nährlösung in das Gestein pumpt[326]. Alles Entwicklungen, die manche der von mir in schon sehr viel früheren Veröffentlichungen aufgezeigten Aussichten mehr als bestätigt haben. Ich bin sicher, daß wir hier sogar erst ganz am Anfang stehen. So mögen in Zukunft einmal in großem Maße die verschiedensten Erze mit Hilfe ausgewählter Bakterienstämme ohne Rauch und Lärm zu freiem Metall verhüttet werden. Wegen ihrer Fähigkeit, zwischen den verschiedenen Metallen genau zu unterscheiden, sind sie besonders gut auf Mischerze und selbst auf die sonst nicht mehr nutzbaren Abraumhalden anwendbar, nicht zuletzt auch auf Abfälle aus Gebrauchsgütern, deren Recycling bisher kaum auf Interesse stieß, weil sich ihre unterschiedlichen Bestandteile nicht trennen ließen. Daß Mikroorganismen die Metalle, wie schon das Beispiel aus dem Mittelalter zeigt, in lösliche Form überführen, macht ihre Anwendung an Ort und Stelle, d. h. in den Erzlagerstätten selbst oder – in geeigneten Buchten – sogar aus dem Meerwasser möglich, wenn auch in manchen Fällen, z. B. zur Gewinnung von Uran mit Hilfe von Algen, hier der Flächenaufwand undiskutabel hoch wäre[327].

Ambulante Chemiefabriken

Derartige biotechnische Fabrikationsverfahren direkt auf der Rohstoffquelle lassen im Systemzusammenhang gesehen höchst interessante Möglichkeiten aufkommen. Nicht nur, daß, je nach den lokalen Gegebenheiten, verstreute Abbaustellen kleinster wie größter Ausmaße mit praktisch denselben Verfahren angegangen werden können, auch viele Transportwege fallen weg – typisch für alle symbiotischen Verfahren –, und der Aufbau wie auch die Demontage jener ›ambulanten Fabriken‹ verlangt weder großen Material- und Energieeinsatz, noch hinterläßt er ausgedehnte Produktionsstätten wie in unseren herkömmlichen Hüttenlandschaften, noch zwingt er zur Amortisation hoher Investitionen und damit oft künstlichen Verlängerung oder gar permanenten Installation des betreffenden industriellen Prozesses, wie wir dies im Kapitel »Verkehr« so deutlich gesehen haben.

Was hier für die Gewinnung mancher Metalle so ideal ist, läßt sich daher ebensogut auf andere Rohstoffe ausdehnen, ja, selbst mit *Fertigungs*verfahren kombinieren, wie z. B. zur biotechnologischen Herstellung von Kalkstein im Meer. Formgebende Teile und Stützen aus Draht oder Kunststoff, ins Meer versenkt, werden von Meeresorganismen – wie wir von versunkenen Schiffen her wissen – rasch mit Kalkstein überzogen. Jährliche Mindestleistung oft vier Zentimeter Dicke; durch Zuführung von Sauerstoff und entsprechender mineralischer ›Nahrung‹ läßt sich der Vorgang noch beschleunigen. Bauteile, die üblicherweise viel Energie verbrauchen, dabei Luft und Wasser verschmutzen, können so praktisch unsichtbar auf natürliche Weise gewonnen oder auch an der Produktionsstätte selbst als Basis unterseeischer oder schwimmender neuer Wohnstätten belassen werden – mit dem Plus, daß sie sozusagen in voller Harmonie mit ihrer Umwelt entstanden sind[328].

In Australien ist auf analoge Weise die Herstellung von Dünger zu einem industriellen Verfahren gediehen, das den dafür bisher erforderlichen beträchtlichen Energieverbrauch auf Null reduziert. Dort schüttet man neuerdings Naturschwefel direkt auf Phosphatgestein und läßt *Schwefelbakterien* einwirken. Anstatt wie bisher das Gestein erst über große Entfernungen zu transportieren und in Düngerfabriken mit Schwefelsäure zum Phosphat aufzuschließen, gewinnt man so direkt an der Lagerstätte ein fertiges »Superphosphat« mit besonders guten Düngeeigenschaften.

Den Schwefel selbst kann man natürlich ebenfalls bakteriell gewinnen. Bei dem steigenden Schwefelbedarf einerseits und andererseits dem großen Problem, die sulfithaltigen Zellstoffabwässer und den am Smog beteiligten Schwefelgehalt in Erdöl und Kohle zu beseitigen, handelt es sich hier also um ein interessantes und vor allem energiesparendes Verfahren.

Daß es funktioniert, zeigt ein See in Libyen, in dem schon von Natur aus die Mikroorganismen *Thiobazillus* und *Desulfovibrio salexigens* jährlich 100 bis 200 Tonnen elementaren Schwefel bilden[329]. Die vielen sulfatreichen und deshalb unbrauchbaren Wasserstellen in Trockengebieten könnten so mit Hilfe sulfatreduzierender Bakterien in einfachen, billigen Anlagen im Handumdrehen neben wertvollem Schwefel große Mengen trinkbares Wasser liefern[330].

Reiniger und Müllverwerter

Die zum großen Teil durch Bakterien, Algen und Rädertierchen[331] und deren Zusammenspiel garantierte Selbstreinigungskraft unserer Gewässer sei an dieser Stelle nur angedeutet. Wir kommen in unseren Betrachtungen zum Wasser noch näher darauf zurück. Denn ihr biotechnologisches Prinzip läßt sich nicht nur in der Natur durch geeignete Maßnahmen unterstützen[332], sondern mit entsprechenden »Bioreaktoren« für die Technik der Abwasserreinigung[333] wie auch für die Kompostierung von deren Rückständen direkt übernehmen[334].

Was weit weniger erkannt wird, aber nach dem Vorausgegangenen sofort einleuchtet, sind die erst sporadisch genutzten Möglichkeiten der Biotechnologie zur spurlosen Beseitigung aller möglichen Abfälle bzw. zu deren Wiederverwendung. Die Tragweite solcher Prozesse für die kommende Umgestaltung und Neugestaltung äußerst energiesparender industrieller Verfahren wird noch kaum gesehen, obwohl es längst Müllverwertungsanlagen gibt, die durch die Kombination mit biotechnischen Prozessen zu kompletten Recyclingfabriken weiterentwickelt wurden (vgl. Kapitel 14 »Werkstoffe«). Geeignete Bakterien- und Pilzstämme können hier die unwahrscheinlichsten Abfälle – von Lebensmitteln und Fäkalien, von Textilien, Papier, Pappe, Rinden, Holz und Leder, von Ölen, Teeren und Farbrückständen – in Humus überführen. Auch die in tropischen Gegenden von Afrika über Venezuela bis in die USA die Gewässer überwuchernden Wasserhyazinthen, z. B. die Art *Eichhornia crassipes,* lassen sich, statt durch teure Großeinsätze mit umweltgefährdenden Herbiziden, auf biotechnologische Weise nicht nur ebensogut, sondern vierfach nutzbringend beseitigen: Durch Kompostierung werden sie zu einem erstklassigen Humus für Sandböden, durch anaerobe Fermentierung zur billigen Energiequelle: einem Biogas mit 60prozentigem Methangehalt, durch einfache Salzextraktion läßt sich ein Proteinkonzentrat mit hohem Nährwert gewinnen, und als Abwasserreiniger beseitigen sie in wenigen Tagen Kohlenwasserstoffe, eutrophierende Nährstoffe und Schwermetalle[335]. Von der enormen zukünftigen Bedeutung der Biogasherstellung, wie sie in Indien, auf Ceylon, den Philippinen, aber auch in Mitteleuropa durch den gezielten Einsatz von Mikroorganismen immer stärker anzulaufen beginnt, wird im Kapitel 16 »Energielösungen« ohnehin noch die Rede sein.

So können in Symbiose mit Mikroben Schwermetalle gelöst und wieder gebunden, Gifte in harmlose Stoffe verwandelt werden, organischer Abfall in Nahrung, Energie und andere nützliche Produkte und schmutziges Wasser in sauberes – was nicht zuletzt, wie wir noch sehen werden, einmal die gesamte Abwasserbehandlung revolutionieren wird[336]. Die meisten dieser Verfahren setzen im Grunde nur die natürliche Rolle der Mikroorganismen gezielt ein, nämlich ihre Rolle als Abbaupolizei organischer Substanzen, z. B. zu den Endprodukten CO_2 und Wasser, dies jedoch über die unterschiedlichsten Zwischenstufen. Zur »Abbaupolizei« kommen dann noch die »Fährtensucher«. Denn wenn ein Organismus zur Umwandlung eines Schadstoffs geeignet ist, dann läßt er sich meist auch zu dessen Aufspürung verwenden. Speziell hierfür gezüchtete Bakterien bewährten sich in der Tat als eine neue Art von Polizeihunden, die man inzwischen auf die Fährte von gut 500 verschiedensten Giften, Dämpfen, Drogen und Chemikalien ansetzen kann[337].

Auch Moose und Flechten, die ja biologisch gesehen interessante Symbionten aus Algen und Pilzarten sind und z. T. die Bäume mit Stickstoff versorgen, reagieren stark auf Umweltbedingungen und sind deshalb als Schadstoffindikatoren glänzend geeignet[338].

Nicht unerwähnt bleiben dürfen hier auch die bisher größten, bereits seit vielen Jahren laufenden Anwendungszweige der industriellen Mikrobiologie: die Herstellung von Antibiotika aus Pilzkulturen in riesigen Fermentieranlagen, die Massenfabrikation von organischen Säuren wie der Zitronensäure oder die Herstellung von Steroiden und Hormonen (deren Synthese sonst oft über 30 Schritte verliefe) und schließlich der industrielle Einsatz von Hefezellen und anderen Mikroorganismen für die Produktion von Enzymen, Vitaminen, Nukleinsäuren, Alkaloiden und anderen Wirkstoffen[339], ein Gebiet, aus dem wir nun noch einige interessante Beispiele herausgreifen wollen.

Spezialisten für neue Nahrung und Energie

Das für den Anwender aufregendste an all diesen biotechnischen Verfahren ist ja, daß die Ausgangsstoffe, die den Bakterien oder anderen Organismen zum Aufbau hochwertiger Substanzen geliefert werden müssen, extrem einfach bzw. industrielle Nebenprodukte wie Methanol sein können – und somit auch oft extrem billig. Manche Organismen, wie die Spezies *Hydrogenomonas,* benötigen lediglich einfache Stickstoffverbindungen, Wasserstoff und normale Luft (aus deren CO_2-Gehalt der Kohlenstoff entnommen wird), um aus Wasser mit geeignetem Mineralgehalt für den Menschen verwertbare Nahrung zu fabrizieren. Kombiniert man diese Spezies noch mit stickstoffliefernden *Knöllchenbakterien*, so muß außer Luft nur noch Wasserstoff zur Verfügung stehen, wobei die Luft sogar noch obendrein gereinigt wird. Gehen wir noch einen Schritt weiter und schließen dieses Verfahren an eine mit Sonnenenergie betriebene Wasserzersetzungsanlage an, dann wird auch der energiereiche Wasserstoff mitgeliefert. Auf diesem mit der Photosynthese verwandten Gebiet sind zur Zeit die verschiedensten Verfahren im Vormarsch: von russischen Wissenschaftlern in Tümpeln entdeckte »Wasserspalter« und andere Kombinationen mit Algen und eben auch mit den erwähnten Knöllchenbakterien, die sowohl Wasserstoff als auch Nährstoffe sozusagen aus dem Nichts gewinnen[340]. Verblüffend simple Möglichkeiten, aus den praktisch unbegrenzt zur Verfügung stehenden Ausgangsstoffen Luft und Wasser ohne jeden Energieverbrauch, ohne Ackerland, Düngemittel oder Pestizideinsatz Energie und Nahrung zu produzieren. Die Vorstellung von der Zelle als komplettem Fabrikationsbetrieb gewinnt durch die Biotechnik auf einmal auch in ganz anderen Größendimensionen allmählich konkret an Gestalt.

Natürlich funktionieren solche Wunderprozesse, wenn man das ›Betriebspersonal‹, also die spezielle Bakterien- oder Zellart austauscht, auch genausogut in der umgekehrten Richtung. Statt Energie in Nahrung zu verwandeln, läßt sich ›Nahrung‹ durch entsprechende

Bakterien in einer Art biologischer Brennstoffzellen selbst in elektrische Energie umsetzen. Zwei kuriose Beispiele hierzu. Die ersten Brennstoffzellen dieser Art sind im Auftrag der amerikanischen Streitkräfte für eine Energiegewinnung in kleinem Maßstab entwickelt worden, und zwar unter Zuhilfenahme von Bakterien, die Fruchtfleisch abbauen. Über eine Art Akkumulatorsystem liefern sie z. B. aus zehn Kokosnüssen einen Strom von 300 Watt, der eine Funkstation auf einsamem Posten für viele Stunden betreiben kann[341]. Nach einem anderen Verfahren läßt sich durch das *Bakterium pasteurii* oder das Enzym *Urease* sogar Urin zu Ammoniak abbauen. Das auf diese Weise entwickelte Gas kann in einer einfachen Brennstoffzelle zum Minuspol, der Luftsauerstoff zum Pluspol geleitet werden. Aus einer Batterie von 64 solcher Zellen können dann bei 28 Volt Spannung ständig 20 Watt abgezapft werden, und zwar so lange, wie Urin zur Verfügung steht[342].

Will man Strom nicht unmittelbar abzapfen, so bieten sich eine Reihe von Biosystemen zur Produktion energiereicher Brennstoffe an, deren wichtigste schon genannt wurden: Wasserstoff, Methangas[320], Ammoniak, Methanol und Alkohol, die man dann nach Bedarf als Treibstoff (vergleiche Kapitel 4 »Verkehr«) oder zum Kochen, Heizen und Beleuchten, zum Betreiben eines Stromgenerators oder als chemischen Ausgangsstoff wieder einsetzen kann. Daß sich bei der Biogasherstellung in vielen Fällen der Rückstand zudem noch als Dünger nutzen läßt, wie es in einer Reihe von Verfahren in den Entwicklungsländern praktiziert wird[343], ist ein willkommenes Plus im Sinne unserer fünften biokybernetischen Grundregel, der Mehrfachnutzung.

Trainierte Untereinheiten für Sonderaufgaben

Dieser kleine Einblick in die so vielfältigen Einsatzmöglichkeiten von Mikroorganismen zeigt jedoch immer noch erst einen winzigen Ausschnitt aus dem, was sich auf diesem Gebiet anzubahnen scheint. So können wir z. B. nicht nur diese einzelligen Lebewesen als Ganzes, sondern auch Teile von ihnen als Spezialmaschinen für uns arbeiten lassen. Insbesondere die Enzyme, wie die oben erwähnte *Urease*. Enzyme sind in der lebenden Natur mit die wichtigsten Wirkstoffe, weil sie durch ihre bloße Anwesenheit selbst komplizierte chemische Reaktionen herbeizuführen oder ihren Verlauf zu bestimmen vermögen, die sonst nur mit großem Energieaufwand oder überhaupt nicht durchgeführt werden könnten. Als *Biokatalysatoren* werden sie daher für chemische Prozesse in der pharmazeutischen, der Foto-, Wäscherei-, Papier- und Gummiindustrie oder bei der Herstellung künstlicher Zellulose zunehmend herangezogen, nicht zuletzt, weil sich mit ihnen auch weit billiger als mit klassischen Verfahren arbeiten läßt, vor allem, wenn man sie an einen unlöslichen Kunststoffträger bindet, so daß sie nicht jedesmal wieder mühsam aus der Reaktionslösung zurückgewonnen werden müssen[344]. Seit längerem kennt man Enzyme, die selbst unter extrem hohen Temperaturen und Drukken arbeiten können und damit Reaktionsbedingungen aushalten, wie man sie sonst nur in der »harten« Industriechemie findet[345].

Natürlich macht die Biotechnik auch nicht vor menschlichen Zellen halt. So dressiert man in Kulturen gehaltene menschliche Lymphzellen auf die Synthese spezieller Abwehrstoffe, andere infiziert man mit Viren und gewinnt daraus neuartige Impfstoffe, wieder anderen gibt man durch Zusatz von Nukleinsäurenmatrizen genetische Anweisungen, um die verschiedensten Stoffe zu fabrizieren. Dazu läßt man »Allzweckzellen« wachsen, also unspezialisierte Zellen, die je nach Befehl eine speziell gewünschte Produktion von Enzymen, Nahrungs-, Impf- oder Wirkstoffen durchführen.

Vereinzelt werden heute Zellkulturen auf diese Weise schon kommerziell als kleine ›Fabriken‹ benutzt, um mit fremder Gen-Instruktion die gewünschten Stoffe zu synthetisieren, etwa der *Bazillus subtilis,* der schon seit längerem als eine solche Allzweckzelle nach dem Programm fremder Nukleinsäuren Virusimpfstoffe herstellt[346]. Die Möglichkeit, die für die Stickstoffassimilation verantwortlichen Gene der *Knöllchenbakterien* auf andere Bakterien oder vielleicht sogar einmal direkt auf Pflanzen zu übertragen, wurde schon bei den Gen-Manipulationen erwähnt. Durch einen besonderen biologischen Trick, der über eine Art sexueller Bakterienpaarung (ähnlich wie bei der Übertragung der Resistenzfaktoren gegen Antibiotika) eine Massenübertragung des gewünschten Gens erlaubt[347], ist dieses Ziel recht nahe gerückt, wobei natürlich die Bedenken jeder genetischen Manipulation bestehen bleiben – auch wenn so gut gelungene Neuzüchtungen entstehen wie die ölfressenden Bakterien, die 1978 Schlagzeilen machten, weil sie die ersten Lebewesen waren, deren Entwicklung patentiert wurde[348]. Man hofft, mit ihnen vielleicht die Ölteppiche nach Tankerunfällen in biologisch unbedenklicher Weise beseitigen zu können (vergleiche Kap. 12 »Meer«)[349].

Auch den Traum von der *großtechnischen Photosynthese* versucht man nicht nur mit ausgewählten, natürlich vorkommenden Mikroorganismen und intakten Zellen zu verwirklichen, sondern auch mit solchen gezielten genetischen Instruktionen, mit abgetrennten Zellpartikeln wie den Chloroplasten oder Mitochondrien und anderen Spezialmaschinen und Biokatalysatoren pflanzlicher und tierischer Herkunft[350]. Nichts spricht dagegen, daß auf diese Weise eines Tages Photosynthese-Fabriken riesige Mengen Zucker aus Luft, Licht und Wasser fabrizieren, was über die Nahrungsgewinnung hinaus z. B. auch zur Herstellung von Zellulosefasern dienen kann. Schon Spuren bestimmter Bohnenenzyme genügen so, um aus kleinen Zuckermolekülen in gerader Linie eine hochwertige, für Faserstoffe geeignete Zellulose zu produzieren – ohne Ackerland, ohne Erdöl oder andere Energiezufuhr. Ähnliches gilt für eine weitere energielose Düngerherstellung. Denn was die Chemie z. B. beim Haber-Bosch-Verfahren zur *Ammoniak-Synthese* bei hohem Druck und sehr hohen Temperaturen macht, bringen Mikroorganismen bei 28 ° C und unter atmosphärischem Druck fertig, ohne die Umwelt irgendwie zu belasten[351].

Mit Metallverhüttung, Abfallbeseitigung, der Massenherstellung von Proteinnahrung, mit neuartigen Baustoffen, mit der ganzen Skala wertvoller chemischer Verbindungen, der katalytischen Kraft hunderter Arten von energiesparenden Enzymen, mit einer revolutionären Abwasserreinigung und Düngerherstellung, mit Biodetektoren als Hilfe für Geologen, Mediziner, Kriminalisten und Lebensmittelchemiker und nicht zuletzt mit einer alternativen Energie- und Brennstoffherstellung haben wir immerhin ein ganz beachtliches Spektrum biotechnischer Verfahren zur Verfügung, zu denen im Prinzip auch noch die gesamte biologische Schädlingsbekämpfung gezählt werden muß. Die Einführung natürlicher Feinde, die Anwendung spezifisch wirkender Bakterien und Viren, der Einsatz sterilisierter Schädlingsmännchen (wie bei der erfolgreichen Ausrottung des amerikanischen Schraubenwurms), der Einsatz von Sexualduftstoffen zur Reduktion der Populationsvermehrung, all diese zum Teil noch in späteren Kapiteln diskutierten Methoden sind im Grunde klassische Biotechnologie.

Weil es nicht nur einfach andere Verfahren sind, etwa so, wie sich ein Dieselmotor von einer Dampfmaschine unterscheidet, sondern Technologien, die vom Grundansatz her etwas völlig anderes als die herkömmlichen sind, werden sie zweifellos nach und nach ganze

Industriezweige verändern – vielleicht noch am ehesten vergleichbar dem Wandel, den die elektronischen Mikroprozessoren ausgelöst haben[352]. In der Zukunftsbranche der *biologischen* Mikroprozessoren liegt jedoch wahrscheinlich eine noch weit umfassendere innovative Kraft verborgen. Und doch sind auch diese Verfahren, obgleich sie aufgrund ihres biologischen Grunddesigns und ihrer unmittelbaren Herkunft aus den Quellen der Biosphäre fast automatisch unsere acht Grundregeln berücksichtigen dürften, mit der gebotenen Vorsicht einzuführen. Denn sobald wir sie technisch umsetzen, mit anderen Techniken koppeln, greifen wir in bestehende Systeme ein – wenn auch hier der Mensch weit weniger als etwa bei der Gen-Manipulation oder beim Hantieren mit Bakterien-Waffen groben Unfug anstellen kann.

Jedenfalls liegen in all den aufgezählten und vielen tausend anderen Fällen geniale Verfahren der Natur fertig entwickelt, d. h. in einem in der Geschichte wohl einmalig ausgiebigen Prozeß von *Versuch und Irrtum* erprobt, unmittelbar vor unserer Nase. Es wäre also sträfliche Borniertheit, sie angesichts des durch unsere herkömmlichen Technologien angerichteten Desasters nicht zu nutzen. Wenn wir diese Bio-Technologien einmal richtig in Gang bringen, werden aufgrund ihres kybernetischen Grunddesigns viele der heutigen, z. T. gewaltigen technischen Nebenprobleme, die auf dem Rohstoff-, Abfall- und Schadstoffsektor und im Bereich der Enthumanisierung der Arbeitswelt immer mehr zu Hauptproblemen wurden, reihenweise und von ganz alleine wegfallen. Ein Doppeleffekt, der eine deutliche Parallele zur Medizin hat, wo wir genauso von den Grundprinzipien der Natur zu lernen versuchen sollten. Daß dieses Lernen sich aber nicht nur auf den hier beschriebenen *direkten* Einsatz biologischer Prozesse im ›Stall der Technik‹ beschränken muß, sondern noch einmal genauso viele Möglichkeiten aufzeigt, sobald wir auch die von uns geschaffenen Technologien und ihren Einsatz bei der Gestaltung unserer Umwelt nach biologischen Prinzipien ausrichten und die Natur auch in unseren *künstlichen* Strukturen und Organisationsformen nachahmen, das soll das nächste Kapitel zeigen.

8   Bionik

Schatzkiste des Lebendigen

*Natur und Technik – der große Gegensatz? Durchaus
nicht! Technik als solche ist weit älter als der Mensch.
Die moderne Bionik – eine Wortschöpfung aus den
Begriffen Biologie und Technik – lehrt uns ihre uralten
Geheimnisse: nach welchen Grundregeln sie in lebendigen Systemen, dieser Quelle aller Technik, funktioniert
und was wir davon lernen können. Welche Entdeckungen sind allein schon im grünen Blatt verborgen, welche
Energietricks nutzen Leuchtfische, Stechmücken und
Eulen? Wie sähe eine »bionische« Stadt aus, ein
»bionisches« Unternehmen? Befassen wir uns daher hier
einmal mit der Übertragung derjenigen Technologien,
die Billionen Jahre auf dem Prüfstand hinter sich haben,
sowie mit der Frage, was uns eigentlich daran hindert,
auch unsere Technik in Übereinstimmung mit den dort
befolgten Prinzipien zu handhaben, und wie wir sie mit
unserer eigenen Natur vereinbaren können.*

Wir haben nun ein wenig das Besondere der belebten Materie kennengelernt und uns darüber Gedanken gemacht, was das Leben ist,
dann, im Kapitel »Gesundheit«, wie wir die Probleme unserer eigenen Lebensfähigkeit vielleicht besser angehen können, und schließlich, wie wir die belebte Natur selber, und dort vor allem ihre kleinsten Organismen auf dem Feld der Mikrobiologie handhaben können. Wir sollten den zweiten Abschnitt dieses Buches, den ich »Die
belebte Materie« überschrieb, nicht beschließen, ohne uns auch
damit auseinandergesetzt zu haben, wie wir sie als Vorbild für unser
technisches Handeln nutzen können. *Technik* verstehe ich hier im
allerumfassendsten Sinne als Umweltgestaltung durch den Menschen und *Gestaltung* wiederum umfassend in ihren drei Aspekten:
Struktur, Funktion und Organisation.

Natur – die Quelle aller Technik

Die bisher geschilderten Vorgänge in lebenden Systemen und ihre
Technologien lassen eines wohl klar erkennen: daß Technik an sich
nichts Unnatürliches ist. Wer das glaubt, hat die lebende Natur nicht
genügend beobachtet, weiß nicht, was sich in der belebten Welt, im
Innern von Zellen, bei der Energieumwandlung, Informationsverarbeitung und Chemie, bei der Mechanik von Organen und Gefäßsy-
stemen wirklich abspielt. Es mag manchen Naturfan erschrecken,
aber auch unsere moderne Technik hat ihren Ursprung in Lebensvorgängen und nur dort. Es ist die tote Materie, die tote Welt, die *keine*
Technik kennt. Genauso wie die im Kapitel »Kybernetik« beschriebenen acht Grundregeln den Lebensvorgängen entnommen sind,
sozusagen als Organisationsschema, nach dem dort alle Techniken
ablaufen, sind natürlich auch die Techniken selbst (bis auf einige
wenige anorganische Erfindungen wie das Rad, die Atomspaltung
oder die Laserstrahlen) in weit ausgereifterer Form, wenn auch oft
sehr versteckt, dort längst zu finden. In ihrem »biologischen Design«
steht uns ein unentgeltlicher Lehrmeister zur Verfügung, den zu fragen der Mensch jedoch in seiner mit zunehmender Loslösung von der
Natur sprungartig angestiegenen Überheblichkeit sich immer mehr
geweigert hat. Obgleich der Gegensatz zwischen Natur und Technik
im Kern also nicht existiert, ist dennoch die von uns nach außen proji-
zierte Technik mit dem biologischen Urgrund, aus dem sie stammt, in
Kollision geraten. Es lohnt sich also durchaus, nicht nur, wie zum
Ausklang des letzten Kapitels angedeutet, lebende Systeme als solche
in profitablen Symbiosen zu nutzen, sondern auch, soweit wir eigene
Techniken entwickeln, diese möglichst nach biologischen Prinzipien
auszurichten.
Genau dazu hat sich dieser neue Wissenschaftszweig gebildet, die
Bionik, die den lebenden Systemen ihre Tricks abschaut und sie dann
mit technischen Mitteln verwirklicht. Der Begriff wurde übrigens erst
1958 von dem amerikanischen Luftwaffenmajor Jack E. Steele
geprägt. Er verstand darunter die Erforschung und Entwicklung technischer Systeme, deren Funktionsweise den natürlichen Systemen
nachgebildet ist bzw. die diesen in charakteristischen Eigenschaften
gleichen oder ihnen analog sind. Wir sehen, es geht in der Tat nicht
darum, wie wir biologische Vorgänge selber einsetzen können, sondern wie wir mit ihren Prinzipien arbeiten, mit den Informationen,
die wir von lebenden Systemen erhalten können[353]. Doch dies bedeu-

tet eine völlig ungewohnte Strategie für Forschung und Entwicklung.

Während es sonst immer darum geht, noch unerprobte Systeme zu erfinden, schwierige Techniken und komplizierte Strukturen neu zu entwickeln und zu verbessern, arbeitet man in der Bionik nach technischen Vorbildern, die sich längst im Wechselspiel mit der Umwelt und all ihren Einflüssen vervollkommnet haben und sich auf unserem Erdball z. T. seit mehreren Milliarden Jahren behaupten konnten. Unbewußt haben wir das im Laufe der Jahrtausende schon ständig getan und viele der lebenden Materie innewohnende Techniken erneut – wenn auch recht unvollkommen – in die Außenwelt übertragen, unsere Organe durch Werkzeuge ›verlängert‹, so daß praktisch alle unsere Erfindungen, die wenigen oben genannten ausgenommen, in Wirklichkeit Abbilder unserer biologischen Funktionen sind und nicht etwa umgekehrt.

Unser Herz ging der Pumpe, unsere Niere dem Filter und das Auge der Fotografie voraus. Ein Motor, der elektrische Energie in Arbeit umsetzt, ist dem Prinzip der Chloroplasten in der Pflanzenzelle nachgebaut, jener chlorophyllhaltigen Körnchen, die Sonnenenergie verbrauchen und sie in ›Bausteine‹ umsetzen. Ein Kraftwerk, das Gegenstück zum Motor, ist dagegen ein vereinfachtes Abbild der Mitochondrien, jener eigenständigen Teilchen in unseren Körperzellen, denen wir schon im Kapitel »Leben« begegnet sind und die in einer ganzen Kette biochemischer Reaktionen den angebotenen Brennstoff, also z. B. Zucker und Fettsäuren, in Energie umwandeln. Selbst das Lesen und Schreiben, eine unserer größten kulturellen Errungenschaften, ja sogar die unterschiedlichen Schriftarten: Morsezeichen, Buchstabenalphabet, chinesische Bilderschrift und Hieroglyphen sind, wie wir gesehen haben, in biologischen Dimensionen längst vorgezeichnet. Lange bevor wir den Buchdruck erfanden, speicherten unsere Chromosomen komplizierte Nachrichten in Molekülbuchstaben und übertrugen sie bei jeder Zellteilung, und seit Millionen Jahren werden die so gedruckten Informationen und Betriebsanweisungen vom genetischen Code kopiert und vervielfältigt, gibt es chemische Fabriken in Bakteriengröße mit ausgereifter Katalysatortechnik, hochstabile Netz- und Überdachungskonstruktionen bei winzigen Diatomeen (Kieselalgen) und Radiolarien (Strahlentierchen), deren geniale Statik erst jetzt erkannt wurde, arbeiten pflanzliche und tierische Organe mit Membranpumpen, Ventilen und Mikrosieben, während Nervenzellen als Sender und Empfänger kodifizierter Signale

all dies über ausgefeilte Regeltechniken steuern – alles glänzend aufeinander eingespielt, ohne daß sie andere Funktionen oder gar das
Gesamtspiel der Biosphäre stören.

Von Leitungsdrähten über Filteranlagen, Akkumulatoren und Flugzeugen bis zu optischen Geräten, Radarmessungen und Elektronenrechnern haben wir demnach als lebende Organismen kaum etwas
anderes als immer nur weitere Analogien unserer eigenen biologischen Strukturen und Funktionen erschaffen – und damit mehr oder
weniger gute Kopien von einem Original. Vor allem *weniger* gute.
Denn selbst die feinste von uns hervorgebrachte Technik (wir sahen
dies bei der Mikroelektronik) ist gemessen am natürlichen Original
immer noch unvergleichlich roh und unvollkommen. Insgesamt also
ein Abklatsch von künstlichen Organismen, künstlichen Maschinen
und Kraftwerken, die zwar das Prinzip nachahmen, dies jedoch mit
einem weit geringeren Wirkungsgrad, einer miserablen Energiebilanz
und einer im Vergleich mit der Natur lächerlich primitiven Organisation[175]. Selbst die umgesetzten Mengen, die die Natur mit ihren Kraftwerken, Rohstoff-Fabriken und Informationszentralen pro Jahr verarbeitet, liegen, wie wir schon sahen, mit ihren vielen hundert Milliarden Tonnen weit über dem, was unsere Maschinen trotz ihres gewaltigen Energieaufwandes schaffen – ganz abgesehen von der Eleganz
der Verfahren, dem Kunststück, Anpassungsfähigkeit *und* Präzision
zu vereinen, und einem energetischen Wirkungsgrad, von dem unsere
Ingenieure nicht einmal zu träumen wagen.

Einer Reihe von biokybernetischen Technologien sind wir inzwischen begegnet, und auch zwei Gründe für deren hohen Stand haben
wir kennengelernt. Zum einen hatte die Natur viele tausend Male
mehr Zeit als wir zur Verfügung, um all dies über Versuch und Irrtum
zu vollendeter Reife zu entwickeln. Zum andern, weil ihre Organisation nicht aufgepfropft ist, sondern entsprechend unserem achten
Grundprinzip »biologisches Design« aus den Gesetzen überlebensfähiger Systeme heraus entstand und ihnen somit automatisch entspricht. Dadurch kann all das, was bei uns mit Hilfe von Stahl und
Eisen, Hochöfen, Turbinen, Megawatt, Güterzügen, Öltankern und
Bulldozern geschieht, mit Hilfe von Algen, Plankton, Bakterien, verletzlichen Tieren und zarten Pflanzen ablaufen, die letztlich stabiler
sind als alle unsere künstlichen Systeme.

Natürlich sind wir noch weit davon entfernt, all die erprobten technischen Vorbilder der Natur überhaupt zu kennen. Eine Menge von
ihnen liegen noch brach. Der Wiener Bioenergetiker Engelbert

Broda hat einmal aufgezeigt, daß allein in jeder Zelle eines grünen Blättchens über ein Dutzend epochale und bisher nicht nachgeahmte Prinzipien ruhen[354]. Erfindungen also, nach denen sich unsere Ingenieurschulen die Finger lecken sollten, statt ihre Studenten so auszubilden, als gälte es immer noch, den Otto-Motor und die Dampfmaschine zu entwickeln. Ich nenne nur einige von ihnen: das Prinzip

- der sich selbst verdoppelnden Informationsmatrix,
- der chemo-dynamischen und chemo-osmotischen Energiegewinnung,
- der universellen Energiewährung in Form phosphatreicher Moleküle,
- der kybernetischen Steuerung durch Induktion (Auslösung) und Repression (Unterdrückung),
- des aktiven Transports durch Membranwände,
- der photosynthetischen Antenne,
- der Wasserphotolyse,
- des respiratorischen (atmenden) Stickstoffkreislaufs[355].

So weit das Beispiel nur eines einzigen unbeackerten Feldes.

Anstatt uns mit Feuereifer auf solche Entwicklungen zu stürzen, quälen wir uns, wie schon im Kapitel »Kybernetik« betont, Jahr für Jahr weiter mit jenen groben und ineffizienten Technologien herum, zu denen letztlich auch die Energieerzeugung aus fossilen oder Kernbrennstoffen oder etwa der Transport durch das Auto zählen. Es sind Techniken, die wir zwar der Natur entnommen, aber nicht erneut in die Natur eingepaßt, nicht ihren Gesetzen angepaßt haben, weshalb sie mit dieser Natur und ihren Lebewesen, also auch mit uns, unweigerlich in Kollision geraten mußten. Isolierte, nicht zu Ende gedachte Techniken sind entstanden und belasten allmählich unsere Anpassungsfähigkeit und auch die der Natur bis an die Grenze des Erträglichen.

Da es uns nicht gelingen wird, den menschlichen Organismus und seine Regulationsprogramme, die über die Äonen der Menschheitsgeschichte genetisch verankert wurden, an die Technologien, Wirtschaftsformen und Infrastrukturen unserer Zivilisation anzupassen, bleibt uns nichts anderes übrig, als eben diese technische Umwelt (die ohnehin nicht im mindesten vergleichbare Ausleseprozesse oder gar eine entsprechende Garantiezeit aufzuweisen hat) so zu gestalten, daß sie den biologischen Gegebenheiten Rechnung trägt. Das Hineinpressen der menschlichen Struktur in eine naturwidrige und noch

unsäglich primitive Kunstwelt wäre im Grunde keine Weiterentwicklung, sondern eine Rück-Anpassung, obwohl sich immer noch eine
Reihe Leute vermessen, dies dann Fortschritt zu nennen!

Machen wir es uns ganz klar: Sich an der Natur orientieren heißt eben
nicht zurück zur Primitivität, zurück zur Steinzeit, heißt nicht, die
Technik abschaffen, sondern sie verfeinern, sie allmählich zu einer
Höhe entwickeln, die entsprechend der achten Grundregel mit unse-
rer eigenen Natur ein wenig Schritt hält, mit ihr kompatibel ist. Längst
sind wir zu zahlreich (und gleichzeitig zu schwach), um uns ohne
Technik auf diesem Planeten behaupten zu können. Die geforderte
Anpassung der technischen Umwelt an ihre biologischen Partner
Mensch und Natur wird aber in dem Moment einfach und wirkungs-
voll zu bewerkstelligen sein, sobald wir beginnen, diese technische
Umwelt nach bionischen Gesichtspunkten zu konzipieren. Wie rasch
dann auch die anderen Grundregeln zu greifen beginnen, ja greifen
müssen, dürften die bisher behandelten Themen schon erwiesen
haben. Technik kann ja, das zeigt die Natur, auch etwas Wunderschö-
nes sein – wenn wir sie auf eine neue Ebene heben. Das Wort von
Francis Bacon: »Um der Natur zu befehlen, muß man ihr gehorchen« steht auch hier für die einzig diskutable Strategie[356].

Soweit heute schon Bionik betrieben wird – leider geschieht dies eben
erst in einigen wenigen Gebieten –, wird diese Strategie im Grundansatz befolgt. Sehen wir uns also einmal an, wie weit dieses bewußte
Nachahmen der Natur inzwischen gediehen ist und in welche Gefilde
es nach und nach vorstoßen sollte.

Strukturen und Funktionen

Die Übertragung bionischer *Strukturen* hat schon vor Jahren in der
Architektur begonnen, als man Bauprinzipien wie z. B. die von
Schachtelhalmen studierte und von ihren statischen Daten und
Werkstoffeigenschaften lernte, äußerst stabile, neuartige Stützpfeiler
zu konstruieren. Die erste internationale Konferenz für Raumstruktur in London in den 60er Jahren zeigte dann, daß eine Reihe von Ingenieuren schon länger dabei war, die Natur systematisch nach Ideen
zu durchsuchen. Hierzu gehören auch die recht komplizierten statischen Verhältnisse der modernen bodenfreien Netz- und Überdachungskonstruktionen oder die das Bauprinzip von Schneckenhäu-
sern, Eierschalen und Insektenpanzern nachahmenden tragenden

Flächen, von denen viele aus der Zusammenarbeit des Architekten Frei Otto mit dem Biologen J.G. Helmcke hervorgingen. Beispiele hierfür sind schon die von B. L. Nervy in den vierziger und fünfziger Jahren konstruierten riesigen Kuppeldächer von Sportpalästen und Bahnhofshallen[357] oder auch die berühmten freitragenden Raumkonstruktionen von Buckminster Fuller, die den Mikrostrukturen von Diatomeen und Radiolarien und den flugbeanspruchten flexiblen Membranen von Insektenflügeln abgeschaut sind[358]. Selbst die innere Architektur des menschlichen Oberschenkelknochens zeigt eine hochinteressante, an die gotische Bauweise erinnernde Statik, deren komplizierte Druck- und Zugverhältnisse jedoch noch nicht annähernd erfaßt sind.

Die neuen bionischen Raumstrukturen sind heute z. T. billiger als solche auf Säulen und ersetzen nach und nach die alte Bauweise. Auch das Naturprinzip des *Pneu*, der in allen Biosystemen anzutreffenden gas- und flüssigkeitsumhüllenden Membran, wurde als weitere Konstruktionshilfe neu entdeckt und dringt in unterschiedliche Bereiche vor[359]. Doch all das ist noch statisch, ist fixierte Struktur. Bewegungsprinzipien, wie die Dynamik von Strudelformen, die bei der Entfaltung der in jungem Zustand eingerollten Farnwedel genauso wie in unserer eigenen Embryonalentwicklung beobachtet werden können, sind dagegen noch wenig in ihrer Bedeutung und Einsatzmöglichkeit erkannt[360]. Aber gerade sie erfüllen das im Kapitel »Leben« betonte kybernetische Prinzip der funktionsstabilen Formenbildung, wie sie nur im »Feedback« mit der Umwelt geschehen kann.

So wundert es nicht, daß erst recht die Übertragung biologischer *Funktionen* auf außerbiologische Bereiche noch sehr wenig erforscht ist. Sie wurde erst in neuester Zeit angegangen. Doch gerade diese Quelle wird, wenn man sie einmal systematisch anzapft, zu einer Fülle technologischer und organisatorischer Umstrukturierungen führen, die sich schon deshalb durchsetzen werden, weil sie sich als ungeheuer rationell erweisen werden. Das beginnt im kleinen technischen Rahmen und geht bis hinauf zu den großen gesellschaftlichen Strukturen. Hier ein paar Kostproben.

Als man den pfeilschnellen Raubfisch *Barracuda* unter die Lupe nahm, erfuhr man, daß er seine hohe Geschwindigkeit einer abgesonderten Schleimschicht verdankt, die die Reibung im Wasser zu über 60 Prozent verringert. Eine Technik, die man außer in Feuerwehrschläuchen jetzt auch in Unterwasserfahrzeugen zu nutzen versucht. Auch die eigenartige Herabsetzung der Turbulenz des vorbeiströmenden Wassers durch das Schlängeln der Fische wie auch das nachgiebige Fettpolster der Delphine sind so einfache und wirksame Mechanismen und Konstruktionen, daß man sie jetzt in Form elastischer Bordwände für den Schiffsbau anwenden will[361]. Schleim wiederum benutzt man als Grundlage zur Entwicklung neuer Gleitchemikalien, ähnlich wie man die noch unübertroffenen Klebeeigenschaften der Spinnwebfäden durch einen Leim mit proteinartiger Zusammensetzung zu erreichen versucht, der sich wie diese von alleine ständig feucht hält und vor bakterieller Zersetzung geschützt ist[362]. Die Kunst der Delphine, oft zu neun Zehntel über dem Wasser zu stehen, waren Vorbild für einen neuartigen Schiffsantrieb mit enormer Schubkraft: der sogenannte Schwinghebelantrieb bringt die dreifache Schlepperkraft auf wie herkömmliche Schrauben[363].

Auch die Technik der Flugtiere ist mit der Übernahme der Aerodynamik der Vogelschwingen in unseren Flugzeugbau oder mit dem libellenähnlichen Hubschrauber noch längst nicht ausgeschöpft. Hier hält das Studium der völlig trudelsicheren Insekten ebenso interessante Neuentwicklungen parat wie die Sägezahn-Kante an den Schwungfedern der Eulen, die sie zu den leisesten Vögeln macht. Aus ihr ergeben sich wieder Hinweise für verbesserte Jet-Schaufeln und Rotorblätter[364]. Ein weiteres großes Feld liegt in der von uns noch nicht erreichten Koppelung aerodynamischer Gesetze mit Sinneswahrnehmungen, wie sie in Käfern, Fliegen und anderen Insekten stattfindet, die in ihrem millimetergroßen Gehirn eine bisher unerreichte Kybernetik in punkto Flugüberwachung, Steuerung und Navigation erzielen[365]. Nach unseren herkömmlichen technischen Maßstäben dürften nämlich manche Käfer überhaupt nicht fliegen können. Allein die rationelle Energieumsetzung mancher Flugtiere lohnt ihr technisches Studium. Würde z. B. ein Warbler (amerikanischer Wandersingvogel) in seinem ›Motor‹ statt des verbrauchten Depotfetts Benzin als Treibstoff benutzen, so käme er mit einem Liter auf eine ›Fahrtleistung‹ von 270 000 km[366].

Dies zeigt noch einmal die krasse Diskrepanz zwischen unseren Techniken, auf die wir uns soviel einbilden, und den von der Natur entwickelten, aber auch die ungeheuren Ideenreserven, wie sie allein aus der Struktur und Funktion des Bewegungsapparates biologischer Vorbilder noch zur Verfügung stehen.

Ähnlich verblüffende Möglichkeiten bietet uns das Studium spezieller Sinnesorgane. Analog dem Bau kleinster Horchantennen der Stechmücke wurde inzwischen ein neuartiges, äußerst wirksames akustisches Peilgerät entwickelt. Mit ihrer zwischen den Augen hervorragenden Antennenanlage filtern und orten die Stechmückenmännchen den Summton des Flügelschlags selbst weit entfernter Weibchen aus einer Vielfalt weit stärkerer Nebengeräusche, wobei der eigene Störschall auf noch ungeklärte Weise unterdrückt wird[367]. Auch die elektrischen Ortungssysteme von Fischen versucht man jetzt in die Technik zu übertragen, während das Auge der Hufeisenkrabbe, genauer dessen enorme durch ein geniales Kollektorsystem bedingte Lichtsammelfähigkeit z. B. Hinweise für eine weit bessere Ausnutzung der Sonnenenergie gibt. Denn die Krabbe empfängt die gleiche Lichtleistung, egal ob das Licht punktförmig (bei wolkenlosem) oder völlig diffus (bei bedecktem Himmel) eintritt[368]. Andere Insekten wiederum können mit ihren facettenartigen Augen ihre Grundgeschwindigkeit über dem Boden messen. Doch anders als in der Luftfahrt erfolgt dies erstaunlicherweise direkt, d. h. unabhängig von Wind und Höhe! Ein Prinzip, das jetzt zum gleichen Zweck für Flugzeuge weiterentwickelt wird[369].

Von diesen und vielen anderen erprobten Kommunikationsmöglichkeiten der Lebewelt, wie sie schon unter dem Thema »Verkehr« angeschnitten wurden – ebenso von der Art und Kombination ihrer Verwendung –, werden wir in Zukunft noch eine Menge lernen können. Aber auch von solchen biologischen Einrichtungen, die bestimmte von der Technik bereits gelöste Probleme auf gänzlich andere Weise angehen, z. B. die Klimatisierung. So wurde schon vor Jahren ein neuartiger Be- und Entfeuchter entwickelt, bestehend aus einem farblosen Anstrich aus verklebten hygroskopischen Kristallen, der ohne Geräusch, ohne Stromverbrauch und ohne Elektronik die Raumfeuchtigkeit automatisch reguliert. Er ist der Funktion unserer Haut nachgebaut[370]. Ein anderes Befeuchtungsprinzip finden wir beim afrikanischen Mehlkäfer. Er sammelt selbst in trockener Wüstenluft Feuchtigkeit: Mit Hilfe einer Mikrowärmepumpe kühlt er seinen Hinterleib und nimmt dort bis zu 34 Prozent seines Gewichts an nächtlichem Tau auf, ja, zieht zur Sammlung von Kondenswasser sogar etwa ein Meter lange feine Gräben und »erntet« die an deren Kanten niedergeschlagene Feuchtigkeit am nächsten Tag ab – Vorbilder für eine unaufwendige technische Wassergewinnung in der Wüste, der wir noch einmal im Kapitel »Wasser« begegnen werden.

Doch selbst in den kleinsten biologischen Dimensionen, im Innern der Zellen, ruht ein unerschöpfliches Ideenpotential. Im Kibbuz Yotvatah nutzt man z. B. mit der in der Wüstenstadt Beersheba entwickelten Großanlage zur Wasserentsalzung das gleiche Prinzip, mit dem eine Pflanzenzelle die letzte Feuchtigkeit aus dem Boden aufsaugen kann (vgl. Kapitel 11 »Wasser«). Auch einer Nachahmung der Stickstoffassimilation der *Knöllchenbakterien* ist man auf der Spur: ungewöhnliche Wechselwirkungen von Metallatomen mit Luftstickstoff, die erstmals 1973 auch künstlich mit Nickelverbindungen gelungen sind[371]. Die heutigen energieaufwendigen Verfahren zur Stickstoffbindung könnten also nicht nur durch den direkten Einsatz von Mikroorganismen ersetzt, sondern vielleicht auch eines Tages durch eine sanfte bionische Stickstoffchemie abgelöst werden. Selbst aus noch kleineren Dimensionen als denen von Bakterien und Zellen entwickeln Bioniker der Stanford University neue Techniken. Sie sind dabei, Kohlenstoffverbindungen mit Eigenschaften herzustellen, wie sie die Nukleinsäuren in unseren Chromosomen besitzen: eine spiralige Atomkette mit angeknüpften kurzen Seitenketten. Das Besondere daran: Man hofft, ein Material zu finden, das statt bei minus 270° C schon bei Raumtemperatur *supraleitend* ist. Die technischen Konsequenzen – vor allem auf dem Energiesektor – wären unabsehbar.

Bei der notorischen Energieverschwendung unserer derzeitigen Verfahren kommt jede Neuentwicklung, die diese Verschwendung verringert, einer neuen Energiequelle gleich. Gerade auf diesem Gebiet können wir von der Bionik ungemein profitieren. Schon 1973 wurde von amerikanischen Firmen ein neuartiges Notlicht, das das System der Glühwürmchen und Feuerfliegen benutzt, mit einem Anfangsumsatz von 1 Million Dollar auf den Markt gebracht[372], und seit 1980 sind die ersten Glühlampen mit dem Dreifachen der bisherigen Lichtausbeute im Handel[373]. Doch die Entwicklung geht weiter: Der Taschenlampenfisch, der durch eine Symbiose mit lumineszenten Bakterien leuchtet und seinen Scheinwerfer beliebig an- und ausschalten kann[374], die fast 100prozentige Lichtausbeute beim *Luciferin* der Tiefseefische bis hin zu all den Energiekoppelungen, wie sie vom Einfangen der Sonnenphotonen durch die ganze Nahrungskette hindurch ablaufen[375] – sie alle zeigen uns, daß sich Energielösungen auch auf ganz andere, raffiniertere und zugleich bewährtere Weise finden lassen, als wir sie zur Zeit nutzen.

Im Bereich Verkehr sahen wir ja schon, daß auch hier in bezug auf die Umweltproblematik eine Reihe innovativer Lösungsmöglichkeiten zu holen sind, indem wir einmal untersuchen, wie denn nun biologische Systeme mit ähnlichen Aufgaben fertigwerden: mit Abfallbeseitigung, Nahrungszufuhr, Energieversorgung usw., und wie diese dort, z. B. auf dem Niveau der Zellen, der Organe oder des Nervensystems, gelöst werden. Dabei geht es keinesfalls darum, biologische Vorgänge um jeden Preis zu kopieren, die Analogien unreflektiert zu übernehmen. Nur weil sie biologisch, d. h. natürlich sind, sind sie noch lange nicht a priori für uns gesund und gut. Sie sind es nur im richtigen Gesamtzusammenhang. Auch Wachstum und Vermehrung sind z. B. biologische Prozesse, die sofort zum Übel werden, wenn sie am falschen Platz, zur falschen Zeit oder in ungehemmter Fortschreibung stattfinden. Alles, was uns die Lebewelt vorexerziert, sollten wir zunächst als wertfreie Hinweise und vor allem als Quelle für neue Ideen nutzen, auf die wir von alleine vielleicht überhaupt nicht oder erst viel später gekommen wären, sie dann aber natürlich wie alles andere in der richtigen Kombination und entsprechend ihrem Stellenwert im Gesamtsystem einsetzen.

Organisation der Umwelt

Die Möglichkeiten der Bionik gehen dabei viel weiter, als dies heute noch gesehen wird. Noch ergiebiger als das Studieren biologischer *Strukturen* und *Funktionen* erweist sich mittlerweile das, was wir von der *Organisation* biologischer Vorgänge lernen können, von der speziellen Art der Dynamik ihres Auf- und Abbaus, ihres Wachstums, ihrer Kommunikation und Selbstregulation. In der Tat haben wir ja, anders als im biologischen Bereich, kaum Techniken im Verbund entwickelt, kaum Symbiosen, kaum Recycling, Mehrfachnutzung und andere Arbeitsformen einer kleinräumigen Technologie. Vielleicht liegt es daran, daß unser Denken, wie wir sahen, nicht auf komplexe Systeme, sondern auf deren Teile ausgerichtet ist. Nicht von Haus aus natürlich, denn es läuft ja selber in biologischen Zellen ab. Es ist die Art unserer Ausbildung, die es sozusagen abiotisch programmiert, was dann insbesondere das Erfassen biologischer Organisationsformen und damit komplexer Systeme erschwert. Insbesondere müssen wir uns von der Art lösen, wie uns das Planen und Konstruieren beigebracht wird, und uns z. B. fragen: Warum entsteht ein Lebewesen durch das Wachsen eines Embryos aus einer einzigen Keimzelle, in der alle Anlagen bereits latent vorgezeichnet sind? Warum bildet es sich nicht dadurch, daß zunächst fertige Organe und Verbindungsnetze in ihrer Endgröße konstruiert und dann zum kompletten Organismus zusammengesetzt werden? Offenbar, weil der andere Weg der rationellere, energiesparendere und im Hinblick auf die Aufgabe des Endprodukts wohl auch der sicherere ist.

Bei aller Ähnlichkeit zur Technik der Endprodukte verläuft also das Konstruieren in der Natur völlig anders. Wie wir schon gesehen haben, entstehen ›lebende Maschinen‹ in einem höchst dynamischen Prozeß unter Wachstum und Differenzierung aus einem zunächst unstrukturierten Zellhäufchen. Auch all die unterschiedlichen ›Werkzeuge‹ eines Organismus haben letztlich alle einmal irgendwo in einer einzelnen Keimzelle begonnen. Von dieser schon so völlig anderen *Speicherart* der Bau- und Funktionspläne ausgehend erfolgt nun auch das Entfalten, also deren *Umsetzung* in ganz anderer Weise, als wir das in unserer technischen Fabrikation tun: Die endgültige Gestalt entsteht nicht durch Zwang nach einem detaillierten Plan, sondern nach einigen vorgegebenen Regeln und gezielten Impulsen wie von selbst im Wechselspiel mit der Umwelt, d. h. immer aus dem Systemzusammenhang heraus. Offenbar die einzige Methode, mit der die Lebewelt sich gegenüber dem ständigen Wechsel der Umweltbedingungen bis heute behaupten konnte. Denn was dabei entsteht, ist, wie wir im Kapitel »Leben« sahen, zwar immer ein ungenaues, aber funktionsfähiges Gebilde – trotz seiner Unvollkommenheit vollkommen – und somit geeignet für die Aufgabe, die es erfüllen soll.

Welche Impulse könnten sich daraus für die Gestaltung unserer künstlichen Systeme ergeben, z. B. für den Städtebau? Für unsere Architekten scheint es vielleicht nichts Neues, ja längst passé zu sein, die Stadt mit einem biologischen Organismus zu vergleichen, wie dies vielleicht einmal in den zwanziger Jahren modern war. Doch längst hat sich diese Biologie von einer statischen, sich in der morphologischen Einteilung der Arten erschöpfenden Biologie zu einer völlig anderen, hochdynamischen Biologie gewandelt. Eine Biologie mit Turn-over-Systemen, Erkennungs- und Kommunikationsnetzen, Katalysationsprozessen und Recycling-Systemen, die alles bisher von der menschlichen Technologie Geschaffene weit in den Schatten stellt.

Eine danach konzipierte Stadt würde wie ein Embryo von Anfang an auf dynamisches und zugleich kontrolliertes Wachstum konzipiert sein, d. h. alle zukünftigen Aufgaben wie in einer Keimzelle latent angelegt haben, um diese später nicht zu blockieren. Das Wachstum selbst würde sich nicht durch ständiges Größerwerden der anfänglichen Einheiten vollziehen, sondern, so wie bei Körperzellen, sich zu größeren ausbaufähigen Einheiten, zu Gruppen, und wieder übergeordneten Gruppen zusammenschließen. Wir hätten dann ähnlich wie innerhalb eines Lebewesens mehrfache Risikoverteilung, kurze Entfernungen und keine Abkapselung zusammengehöriger Lebensbereiche, wie Leben, Wohnen und Arbeiten[376]. Aus den schon aufgezeigten Analogien zwischen unseren Verkehrsproblemen und entsprechenden Krankheitsverläufen im menschlichen Organismus ergeben sich weitere Konsequenzen für die Transport-, Versorgungs- und Entsorgungssysteme, für einen dreidimensionalen Aufbau, für die Oberflächenstruktur und vieles andere. An großartigen bionischen Entwürfen ist somit auch kein Mangel. Labyrinthische Gebilde wie die »Arkologie« des Amerikaners Soleri, die organismischen Wohn- und Schulfelder von Hugo Kükelhaus, urbane Modelle, abgeschaut den Korallengärten des Roten Meeres, den Waben der Bienen und der vieldimensionalen Welt unserer Zellengewebe – soweit sie mit einer ebenso genialen Technik und Energiekonzeption verbunden sind, mögen sie eines Tages Wirklichkeit werden.

Bei alldem dürfen wir ein weiteres Kriterium nicht vergessen: Unser Organismus braucht eine Architektur nach Menschenmaß. Ob bionisch oder nicht – an ihr führt kein Weg vorbei. Hochhäuser mit weiten Grünflächen, parkähnlich zwar, doch nach Gigantenmaß, beängstigen. Die Erfindung der Wand, die die soziale Tendenz des Menschen, zusammenzukommen, und seine individuelle Tendenz, allein zu sein, gleichermaßen ermöglicht[376], gilt auch für den Städtebau. Engere Straßen, mehr kleinere Grünflächen geben biologische Geborgenheit und reißen die Kommunikation zwischen Mensch und Umwelt nicht auseinander.

Zur Zeit steht das zukünftige Weltdorf jedoch immer noch aus. Es müßte reizen, es entstehen zu lassen. Durch Versuch und Irrtum, unter Nutzung kybernetischer Technologien. Ein Öko-Dorf, das, als »Zelle« begonnen, zur Stadtlandschaft werden kann. Ein humanes Ökosystem, das einerseits die modernsten Technologien, andererseits die ältesten Gegebenheiten in der biologisch-genetischen Struktur des Menschen einbezieht, das die lebendige Natur mitspielen läßt und davon selbst wieder profitiert, statt sie zu vergewaltigen und sich damit gleichzeitig auch ihrer zusätzlichen Unterstützung zu berauben.

Wenn wir an die Möglichkeiten denken, die uns hier die schon mehrfach angesprochenen Simulationsmodelle liefern, so läßt sich eine solche Entwicklung durchaus schrittweise vorbereiten, um die Aus-

wirkungen von Versuch und Irrtum, vor allem des letzteren, in der
Wirklichkeit zu mildern und die beneidenswert lange Evolutionszeit,
wie sie der Natur zur Verfügung stand, dennoch ein wenig, wenn auch
stark abgekürzt und nur im Modell, nachzuvollziehen. Auch dies ist
ein weiteres großes Feld organisatorischer Bionik: die Übernahme
einer Art von Evolutionsstrategie in Forschung und Entwicklung.
Technische Systeme durch »Mutation« und »Selektion« zu optimieren, ohne alle Fehlschläge und Variationsmöglichkeiten einzeln aus-
zuprobieren. Von Brücken und anderen Tragwerken über die Anpassung von Tarnfarben und die Entwicklung neuer Fahrzeuge bis zur
Raumklimatisierung reicht hier das Spektrum[377].
Genauso läßt sich die Bionik auch auf wirtschaftliche und betriebli-
che Organisationen anwenden. Verkauf, Tausch, Zulieferung, Wettbewerb und Konkurrenz oder im innerbetrieblichen Bereich der Aufbau und die Hierarchie eines Unternehmens berühren ja Kommunikationsphänomene, die wir ebenso in der biologischen Natur haben.
Ähnlich wie bei einer Stadt, kann auch der Aufbau eines betrieblichen Organismus auf zwei grundverschiedene Arten erfolgen: nicht-
bionisch, als ein von Anfang an fertig konzipiertes Unternehmen.
Z. B. die Erstellung und Einrichtung eines Zweigbetriebs nach einer
augenblicklichen Zielsetzung und seine Ausfüllung mit Mitarbeitern,
deren Funktion bereits vorbestimmt ist. Bionisch dagegen wäre die latente Anlage mehrerer möglicher Entwicklungen in kleinster Form,
also auch wieder als Keimzelle, die sich durch begrenztes Wachstum
und anschließende Teilung multipliziert[378]. Ähnliche Überlegungen
gelten für die Kommunikationsstruktur direkt, ja hier besonders für
die gegenseitige Abhängigkeit einzelner ›Organe‹, ›Leitungssysteme‹
und ›Zellen‹, und zwar von kleinsten ›betrieblichen‹ Einheiten, wie
einer Familie, bis zu großen, wie etwa einem Staat.
So ist es z. B. äußerst interessant, einmal den Aufbau einer *Hierarchie*
von der Bionik her zu durchleuchten. Denn gerade hier unterläuft
den Amateurbionikern leicht ein Lapsus. Eine Hierarchie, wie sie in
biologischen Systemen vorliegt, wird oft zur Verteidigung der gesellschaftlichen Hierarchie im herkömmlichen Sinne herangezogen, also
der ausschließlichen Befehlsgewalt von oben nach unten. Dafür
scheint zu sprechen, daß das Gehirn denkt und z. B. über die Hirnan-
hangdrüse, die Hypophyse, Hormone ausschüttet, die dann wieder
anderen Hormondrüsen wie der Schilddrüse, der Nebenniere oder
den Keimdrüsen Befehle erteilen, ihrerseits Hormone auszuschütten,
bis schließlich diese dann auf der ›untersten Ebene‹ den Stoffwechsel

in unseren Zellen, den Kreislauf, Blutdruck usw. befehligen. All dies scheint zu zeigen, daß die Hierarchie, wie wir sie in unseren klassischen Unternehmen haben, durchaus naturbedingt ist. Doch weit gefehlt.

Wir haben zwar in der Natur, wie z. B. im Hormonsystem, eine Hierarchie, aber diese ist keine Weisungshierarchie, sondern eine Feedback-Hierarchie. Die Kommunikation und damit auch die Befehlsweitergabe läuft in beiden Richtungen. So befiehlt zwar die Hypophyse in unserem Gehirn zu gegebener Zeit der Nebenniere, das Hormon Hydrocortison auszuschütten, aber sobald dieses im Blut ist und über den Blutkreislauf eine Rückmeldung an die Hypophyse erfolgt, spielt sie nicht mehr den Chef, sondern sie gehorcht dieser Rückmeldung und wird schleunigst mit der Stimulation der Nebenniere aufhören. Selbst im allerinnersten Zellgeschehen, beim Ablesen des genetischen Codes, im Zentrum der Ur-Information, geben nicht etwa die Chromosomen die Befehle zu allen Programmen, sondern sie verwahren nur diese Programme. Ob ein solches Programm dann abgelesen wird, hängt letztlich genauso stark von den äußeren Umständen ab wie von dem genetischen Impuls selbst. Dies sahen wir z. B. bei der Darmzelle, die sich, in eine neue Eizelle verpflanzt, wieder zu einem ganzen Frosch entwickelte.

Man ahnt schon den weiteren Schritt, den wir in der Bionik gehen können, nämlich die Biosysteme einmal nach Ideen für eventuell weit angenehmere und fruchtbarere Sozialstrukturen abzusuchen – ohne dabei in die Dogmatik einer etwas zu vordergründigen »Bio-Soziologie« zu verfallen. Stellen wir uns also ruhig einmal vor, wie es in einem Unternehmen zugehen würde, in dem es, wie in unseren Zellen, von sich gegenseitig regulierenden, stimulierenden, induzierenden, hemmenden Befehlsträgern unterschiedlicher und oft wechselnder Funktionen nur so wimmelt. Wo neben den Zielprogrammen, den ›Erbanlagen‹, sorgfältig auf die Umwelt abgestimmte Regulationsprogramme existieren und wo vor allem die Steuerung nicht durch Ausschreiben bestimmter Befehle und jedesmal zu entwerfender Arbeitsprogramme geschieht, sondern durch *Auswahl* aus einer fast unendlichen Fülle von Arbeitsmöglichkeiten, Anweisungsmöglichkeiten, Beziehungsmöglichkeiten usw., indem alles *Nicht*zutreffende gestrichen wird (negative Programmauswahl). Durch diese mehrfache indirekte Regulation würde ein verschachteltes Regelkreissystem entstehen, in welchem weder die Ursache noch die Wirkung, noch der Befehlsgeber, noch der Befehlsempfänger im alten

Sinne feststellbar sind. So befremdend sicher die Vorstellung solcher Systeme im gesellschaftlichen Bereich ist, obwohl – oder auch weil – sie hier mit den (im Grunde am Kern vorbeigehenden) Begriffen unserer herkömmlichen Sozialstrukturen versehen wurden, so sollte es doch zu denken geben, daß solche Regelkreissysteme in den lebenden Organismen in einer einmaligen Perfektion funktionieren.

Neben der eben erwähnten eigenartigen Arbeitstechnik nach *negativer Programmauswahl* (was übrigbleibt, wird gemacht) begegnen wir in biologischen Organisationen noch einem weiteren typischen Informationsphänomen. Es betrifft die ›Berufsausbildung‹ ihrer Einzelelemente, die so ganz anders ist, als wir sie in den Schulen und Universitäten unseres Jahrhunderts betreiben. So ist es ein auffallendes Merkmal biologischer Einheiten, selbst der kleinsten Zellen, daß sie nie in der *Methode*, im Fach spezialisiert sind, sondern immer im *Thema*, in der *Aufgabe*. Keine Zelle treibt z. B. nur Chemie, sondern immer auch Physik und Elektronik, Informationsverarbeitung und Mechanik. Sie schreibt und liest ab (»arbeitet geistig«), beeinflußt andere Zellen und wird von diesen beeinflußt (»treibt Politik«), setzt gleichzeitig enorme Mengen von Stoff und Energie um (»treibt Handel«) und baut sogar selber Stoffe auf und ab (»arbeitet körperlich«).

Wie steht es damit in der menschlichen Gesellschaft? Selbst wenn wir über den einzelnen Menschen mit seinem meist haarscharf definierten Berufsbild hinausgehen und uns z. B. die Forschungs- und Entwicklungsstätten herkömmlicher Strukturen anschauen, werden wir feststellen, daß es sich auch bei ihnen immer noch um Einheiten handelt, die weit weniger themen- oder aufgabenorientiert als methodenorientiert tätig sind und daher jede Aufgabe zwangsläufig zu einseitig angehen. Im Sinne vieler neuer Bestrebungen, dieses Dilemma zu überwinden, auf die wir noch in den Kapiteln 19 »Lernen« und 20 »Wissen« zurückkommen, würde man also auch von der Bionik her eine neue Organisationsform etwa des Studiums empfehlen. In Analogie zu der obigen Aufzählung wäre man in dieser Organisationsform jedoch nicht nur interdisziplinär, also in mehreren Fachbereichen tätig, sondern auch »interfunktionär«, auf verschiedenen Arbeitsebenen[378].

Die praktische Lösung läge dabei keinesfalls in einem »Studium generale«, sondern durchaus in einer Fachausbildung, die spezielle Fertigkeiten und Fähigkeiten entwickelt, jedoch von Anfang an die Blickrichtung nicht in das Fach *hinein*, sondern aus dem Fach *hinaus* lenkt und damit zu dessen Vernetzung mit der Wirklichkeit, wie dies von meiner Studiengruppe in einem Gutachten zum Umweltstudium schon einmal ausführlich dargelegt wurde[379].

Daß sich dieselben Forderungen auch im Hinblick auf eine der vernetzten Wirklichkeit gerechten Landesentwicklung und Regionalplanung realisieren lassen und die Voraussetzungen für ein entsprechendes Planungsinstrumentarium inzwischen gegeben sind[13], wurde schon in den ersten Kapiteln dieses Buches ausführlich aufgezeigt, wobei sowohl dies als auch die dort beschriebenen acht Grundregeln überlebensfähiger Systeme nichts anderes sind als praktizierte Bionik. Sowohl in dem ökonomisch höchst interessanten evolutionären Management, wie es von Probst, Malik und anderen an der St. Gallener Wirtschaftshochschule entwickelt wurde[40] – nicht zuletzt durch bewußte Orientierung an der Funktionsweise von Ökosystemen – als auch in dem umfassenden, neuen Werk des Bionikers Werner Nachtigall »Biostrategie. Eine Überlebenschance für unsere Zivilisation«[353], wurden diese grundlegenden Erkenntnisse in einem weiteren Schritt für die Praxis umgesetzt.

Im Licht dieser Bionik stellt sich unsere technische und organisatorische Welt auf einmal auf eine gänzlich andere Weise dar, als wir es einerseits von der Museumsphilosophie des »wie herrlich weit haben wir es gebracht« und andererseits von der Naturphilosophie einer emotionalen Technikfeindlichkeit her gewohnt sind. Nämlich als eine *Technik des Überlebens*, die Mensch und Biosphäre auf einem neuen Niveau wieder integriert.

Teil 3
Nahrung und Lebensraum

Anbau
Nahrung
Wasser
Meer

9   Anbau

Vom Sündenfall zur Henkersmahlzeit?

*Nahrung, Mensch und Lebensraum bilden ein
ökologisches Dreieck, das durch die Landwirtschaft
verbunden ist. Von der Natur der Sache her wurden hier
»Biotechnologie« und »Bionik« seit jeher praktiziert,
denn biologische Regelkreise sind direkt mit im Spiel.
Wie sehr, erfahren wir in diesem Kapitel. Der Versuch
einer großtechnischen Industrialisierung ausgerechnet
des Nahrungsanbaus kann daher nur scheitern. Ihre
Auswirkungen werden immer deutlicher: Scheinerfolge,
deren steigende Kosten auf Umwelt und Gesamtwirt-
schaft abgewälzt werden, und grüne Revolutionen, die in
der Sackgasse enden. Langfristige Lösungen liegen in
der profitablen Kybernetik eines modernen ökologischen
Anbaus.*

Rund 15 Millionen Quadratkilometer, ein Zehntel der Landoberfläche unseres Planeten, werden vom Menschen kultiviert: für Holz,
Baumwolle, Tabak, Gummi, Weidefläche oder Nahrungsanbau. Die
Art der Bodennutzung wird von wirtschaftlichen Interessen ebenso
mitbestimmt wie von dem primitiven Bedürfnis nach ausreichender
Ernährung. In beides spielen unsere durch Geschmacksmoden, Sitten, Religionen und Werbung gesteuerten Eßwünsche hinein, und
diese wiederum hängen mit all den beteiligten Industrien zusammen,
den unterschiedlichen Anbau-, Ernte- und Nahrungsverarbeitungs-
methoden, der dazu nötigen Wasserversorgung, den Pestiziden und
Düngemitteln und mit vielem anderen, was alles zusammen wieder
zurück auf den Organismus des Menschen wirkt, auf seine Gesundheit, seine Lebensweise.

Da die heutige Zivilisationsgesellschaft um ein Vielfaches intensiver
in die Umwelt eingreift als je zuvor, sie vergewaltigt und vergiftet,
werden wir nicht umhinkönnen, neue Überlegungen darüber anzu-

stellen, wie nicht nur die Menge, sondern auch die Qualität der aus dieser Umwelt stammenden Nahrung garantiert werden kann. Dies schließt ihre Vereinbarkeit mit den Bedürfnissen unseres Organismus wie auch mit den Bedürfnissen der lebendigen Umwelt ein, aus der sie hervorgeht.

Ökologie und Lebensraum

Die zunehmende Nutzung des Bodens, eines biologischen Systems mit Millionen von Kleinlebewesen wie Würmern, Milben, Bakterien, Algen und Protozoen, nach rein industriellen Wirtschaftsmethoden verführt zu Techniken, die ihn als Träger all jener ihm entsprießenden Reichtümer allmählich zerstören. Die trostlose Versteppung durch jahrelange Monokulturen in verschiedenen Regionen Kanadas und der USA[380], die um sich greifenden Erosionserscheinungen in Armenien und Kasachstan, die Versalzung der Böden in den Erdnußplantagen des Sudans als Folge der ständigen künstlichen Bewässerung oder die Wüstenbildung im südlichen Afrika durch den ununterbrochenen Mais- und Tabakanbau sind offenkundige Beispiele. In Japan nahm die ohnehin geringe landwirtschaftlich nutzbare Fläche durch Intensivwirtschaft, Bodenerosion, Bebauung, Straßen und Industrialisierung im letzten Jahrzehnt um weitere zehn Prozent ab[381]. Selbst im amerikanischen Getreidestaat Illinois verringert sich der Bodenwert Jahr für Jahr um ein Prozent, und in Wisconsin wird der jährliche Bodenverlust unter dem Einfluß der modernen Agrartechnik allein durch Wassererosion auf 15 Tonnen pro Hektar geschätzt – dreimal so viel, wie selbst bei bester Pflege wiederaufgebaut werden könnte[382]. 1979 gingen so in den USA jede Woche 2000 Farmerfamilien »out of business«, während sich die Riesenkonzerne der Agrarindustrie, bei denen Chemie, Maschinentechnik und Landverpachtung gleich in einer Hand sind, immer mehr ausbreiten und die Verluste beschleunigen[383].

Der Umweltbericht der Vereinten Nationen stellte 1977 eine weltweite jährliche Bodenerosion von insgesamt 2,5 Milliarden Kubikmeter Mutterboden fest, zu denen weitere Mengen hinzukommen, die jährlich versalzen.

All diese Meldungen scheinen uns hier noch wenig zu berühren. Und doch sind sie deutliche Alarmzeichen einer sich weltweit anbahnenden ökologischen Katastrophe, die auch in Ländern mit noch halbwegs intakten Ökosystemen nicht überhört werden dürfen. Auch bei uns, etwa in der Eifel, in der Schwäbischen Alb, in verschiedenen Nutzwaldgebieten oder auch in manchen Weinbaugebieten sind mittlerweile ausgedehnte Erosionsflächen entstanden, die kaum mehr eine Revitalisierung erlauben. Als Grenzertragsböden und später Sozialbrache werden sie schließlich als Bauland ausgewiesen und gehen dem Nahrungsanbau unwiederbringlich verloren[384].

Bei unserem Vorgehen vergessen wir nur allzu leicht, daß wir es in der Landwirtschaft mit einem lebendigen Gefüge zu tun haben, einem so komplizierten, daß Änderungen an einem Faktor leicht völlig unerwartete Auswirkungen an ganz anderen Ecken haben. Die Wechselwirkungen betreffen das Grundwasser ebenso wie die Art der Bodenbearbeitung, der Schädlingsbekämpfung, der Düngung und Humusbildung; ja, Luftverschmutzung, Besiedlungsdichte und das Mikroklima mit seinem eigenen subtilen kybernetischen Gefüge aus Luftdruck, Feuchtigkeit, Wind, Luftchemie und -ionisation, Abstrahlung und Grundwasserbildung – um nur einige weitere Randfaktoren zu nennen – spielen ebenfalls mit hinein. Nur mit dem Wissen um diese Zusammenhänge und einem Durchdenken der einzelnen Funktionen und ihrer Randbedingungen läßt sich die Landoberfläche unserer Erde in einen dauerhaften und profitablen Regelkreis überführen – natürlich für jeden Standort wieder auf andere Weise.

Gewiß werden es nicht die Maximierung des Flächenertrags, die Erhöhung der Mineral- und Pestizidzusätze, der Großeinsatz von Maschinen sein, die unsere Nahrungsversorgung den Bedürfnissen des nächsten Jahrhunderts anpassen werden, sondern allein eine Stabilisierung und Revitalisierung und damit Eingliederung des kostbaren Bodens und seines Anbaus in ein funktionierendes Ökosystem, wobei Kreisprozesse von Produktion und Abfallverwertung eine zentrale Rolle spielen werden[385].

Von diesem Ziel sind wir jedoch heute weiter entfernt denn je. Wenn die Entwicklung so weitertreibt wie bisher, ist das Finale abzusehen: Die Landwirtschaft endet als weltweites ökologisches Katastrophengebiet. Und ist die Lage einmal irreversibel (wie schon heute in vielen Gebieten, darunter auch in den gerodeten Urwaldregionen), dann ist dieser Boden für alle Zeiten für einen Anbau verloren. Nur allzu leicht vergessen wir, daß unter dem dünnen Firnis jenes delikaten Organismus »Boden« nicht etwa weiterer Boden liegt, sondern ein Planet, so leblos wie der Mond[386].

Darüber hinaus dürfen wir nicht außer acht lassen, daß neben den

Anbaugebieten selbst auch die übrigen Ökosysteme eine fundamentale Rolle für die Erhaltung des Gesamtgleichgewichts unserer Landoberfläche spielen. Wichtige stabilisierende Flächen wie die restlichen Moore und Feuchtigkeitsgebiete werden jedoch immer noch zunehmend zerstört und anderen Zwecken zugeführt[387]. Auch wieder nicht etwa zum Vorteil, sondern zum Nachteil der Allgemeinheit und nicht zuletzt der Volkswirtschaft. Denn unökologisch heißt im Endeffekt auch immer unwirtschaftlich. Gerade darüber existieren mittlerweile aufschlußreiche Kosten-Nutzen-Rechnungen. Der Ökologe Westman veröffentlichte sie im Herbst 1977 in der amerikanischen Fachzeitschrift »Science« unter dem Titel »Welchen Wert haben die Leistungen der Natur?«[388] Erstmals wurde hier in einer größeren Übersicht der materielle Wert intakter natürlicher Systeme dargestellt, ausgedrückt in Dollars. Danach spart uns zum Beispiel die Leistung eines gesunden Feuchtigkeitsgebietes 20 Millionen Dollar pro Quadratkilometer. So viel würde es nämlich die Volkswirtschaft kosten, um diese unentgeltliche Leistung durch Wasserreinigungsanlagen, Fischkulturen, Grundwasserspeicherung, Bodenverfestigung, Immissionsschutz und künstliche Düngung zu ersetzen. Es kann nichts schaden, sich auch einmal von der Seite des nüchternen Kalküls her vor Augen zu halten, daß ein Ökosystem nicht, wie man es leider immer tut, nur nach dem Materialwert seiner Bestandteile zu beurteilen ist, sondern in erster Linie nach seiner permanenten *Leistung*. Meist erscheinen dann auch unsere oft unüberlegten Eingriffe in einem ganz anderen Licht: angefangen von den bei der Flurbereinigung zerstörten Nistplätzen einer Vogelart, mit deren Verschwinden die Selbstregulation eines Gebietes einschließlich des Schädlingsbefalls und der Wasserhaltung auseinanderbrechen kann[43], bis hin zur Vernichtung der letzten Baumbestände von Gebirgsregionen und der unbekümmerten Abholzung riesiger Urwälder.

Die gewaltige Intensivierung der Bodenbewirtschaftung hat die pro Kopf und Jahr für die menschliche Ernährung nötige Landfläche von 1 000 Hektar zu Beginn des Ackerbaus im Laufe einiger tausend Jahre bis auf 0,4 Hektar reduziert[389]. Dadurch kommt zwar heute trotz der rapide angestiegenen Menschendichte auf jeden Erdenbürger weit mehr Nahrung als je zuvor in der Geschichte; weil aber dabei die letzten Reserven aus den Böden herausgepeitscht werden, gleicht dies eher einem Ausverkauf. Der Boom ist vorgetäuscht und bereits in sich selbst voller Widersprüche: Auf der einen Seite beträgt die Zahl der Menschen, die auf der Welt Hunger leiden oder chronisch unter-

ernährt sind, gut 400 Millionen. Hungernde Afrikaner verspeisten ihr
für die kommenden Ernten vorgesehenes Saatgetreide (was, da es mit
giftigem Quecksilbermethylat haltbar gemacht war, weitere Opfer
forderte). In Indien werden oft über ein Drittel aller Getreidevorräte
von Ratten gefressen, so daß selbst Rekordernten dort den Hunger
nicht lindern[390]. Auf der anderen Seite werden wir mit unseren Über-
schüssen nicht fertig, machen sie zu Millionen Tonnen unbrauchbar,
ja »investieren« groteskerweise Milliardenbeträge – in manchen Jahren 80 Prozent der gesamten staatlichen Zuwendungen für die Landwirtschaft – als Subventionen zum Abfangen jener Überschüsse, um
die Preise zu halten. 1979 betrugen die Kosten für die EG-Agrarpoli-
tik 35 Milliarden DM (bei einem Volumen des *gesamten* EG-Haus-
halts von knapp 45 Milliarden DM). Längst übersteigen die Subventionen den Wert der Produktion und heizen zudem vielfach unsinnige
Entwicklungen an, wie etwa die Überproduktion von Zucker, Rindfleisch und Milchprodukten, obwohl der Verbrauch rückläufig ist.
Das Ganze ein hirnverbrannter Mechanismus (zusammengesetzt aus
einem Wust von Einzelmechanismen, wie sie nur eine unkybernetische Planung hervorbringt), der die Europäische Agrargemeinschaft
eigentlich nur in den wirtschaftlichen Ruin steuern kann[391].
So wird die Nahrungsverteilung auf der Welt zunehmend zu einem
Problem, noch dadurch erschwert, daß künstliche Preisstrukturen
und Subventionen zwar Überschüsse verursachen, deren Ankauf sich
jedoch hungernde Länder gerade dadurch wieder nicht leisten können. Andererseits lassen Hilfsaktionen durch Nahrungsverschickung
in Entwicklungsländer oft die Landwirtschaft gerade dort zurückgehen, wo eine eigenständige Nahrungsproduktion am nötigsten
wäre[392]. In anderen Fällen dient diese wiederum vielfach nicht der
eigenen Ernährung, sondern dem Anbau teurer Futtermittel für den
Export in die reichen Länder – ebenfalls unerschwinglich für die
Armen im Lande[393]. Ein deprimierendes Bild von Verworrenheit,
Widersprüchen und einer aus den Fugen geratenen Ökonomie – von
der Ökologie ganz zu schweigen.

Der Sündenfall

Wie ist es zu dieser Entwicklung gekommen? Blicken wir zurück in
die Vorzeit, so finden wir dort die Wirtschaftsform der Jäger und
Sammler. Immer mehr setzt sich bei den Anthropologen die Ansicht

durch, daß die Steinzeitmenschen, obgleich ihnen der Anbau fremd war, keinen Hunger kannten, ja kaum Ernährungskrankheiten, und daß ihre Nahrungsvielfalt die unsere weit übertraf. Einige Buschmännergruppen essen noch heute 85 Frucht- und Beerenarten, 30 verschiedene Wurzeln und Knollen und 54 Arten von Fleisch – inklusive Würmer, Insekten, Reptilien[394].

Zwei Millionen Jahre lang, etwa 99 Prozent seines Erdendaseins, lebte der Mensch so in ungestörter Selbstregulation mit der Natur. Erst in den letzten 10 000 Jahren begann er Pflanzen anzubauen und Tiere zu zähmen, Metalle zu nutzen und andere als seine Körperenergien einzusetzen. Die heutige Agrarindustrie gar nimmt erst ein Vierzigtausendstel auf der Zeitskala des Menschengeschlechts ein. Die Jäger-Sammler-Form ist somit die älteste und auch wohl dauerhafteste, die wir kennen[384]. Und die genetische Ausrüstung auch des heutigen Menschen ist sicher noch weitgehend durch den speziellen Selektionsdruck dieser Ära geprägt[395]. Anders das menschliche Bewußtsein. Es mußte sich mit dem Beginn des Anbaus schlagartig geändert haben, sowohl hinsichtlich der in die Planung einbezogenen Zeiträume als auch in seiner Beziehung zur Umwelt (vergleiche Kapitel 17 »Kulturstufen«).

Während nämlich der Mensch bis dahin die Natur als integriertes Glied durchstreifte und sich mit ihr eins fühlte, erfolgte mit dem Nahrungs*anbau* eine erste Trennung zwischen ihm und seinem Lebensraum. Das Ich-Bewußtsein erwachte. Denn mit der nun möglichen Seßhaftigkeit konnte er sich erstmals selbst als etwas anderes als die äußere Umwelt erkennen. Erst damit entstand aber auch die Möglichkeit, jene Umwelt zu gestalten. Wenn in den alten Mythen der Bibel eine Wahrheit steckt, dann waren Sündenfall und Vertreibung aus dem Paradies – so formulierte es einmal der Verhaltensforscher Leyhausen – nichts anderes als dieser Übergang vom Jäger-Sammler-Dasein auf die Wirtschaftsform des Pflanzers und Hirten. Eine recht plausible These. Der Sündenfall kann danach durchaus als das Herauslösen des Menschen aus der ökologischen Gemeinschaft und das Essen vom Baum der Erkenntnis als jener Bewußtseinsschritt verstanden werden.

Mit zunehmender Trennung begannen wir jedoch außer der Gestaltung der natürlichen Umwelt durch Anbau, Rodung, Bewässerung usw. auch künstliche Systeme zu entwickeln: Werkzeuge, Maschinen und Fabriken. Technische Systeme, die zumindest in ihrem Ablauf in sich geschlossen waren und dort auch nach neuen, sogenannten indu-

striellen Methoden organisiert werden konnten. Dort, wo sie nach
außen offen waren, nämlich in der Rohstoffzufuhr, der Güterpro-
duktion und der Entstehung von Abfall, mehrten sich allerdings dann
prompt die Kollisionen mit der Umwelt. In der Gestaltung natürlicher Systeme, also bei Anbau und Viehhaltung, wo auch der Ablauf
selbst in offener Symbiose mit der Natur geschieht, mußte die Einführung industrieller Methoden dann auch in der ›Fabrikation‹ selbst zu
Kollisionen führen. Anbau und Viehhaltung gingen daher so lange
gut, wie wir die Natur mit ihren eigenen Mitteln und unter Beachtung
ihrer Systemgesetze gestalteten. Jeder Versuch, diesen Bereich mit
inadäquaten Methoden zu organisieren, muß daher – anders als in
der Industrie selbst – auf der *ganzen* Linie zu einem Desaster führen.
Aber heißt es nicht immer, daß dem Hunger in der Welt anders gar
nicht beizukommen sei? Nach früheren Berichten der UNESCO
müßten uns der steigende Einsatz von Düngemitteln und Pestiziden
und die weltweite Verbreitung der aggressiven Bodenbearbeitungs-
methoden, wie sie insbesondere in Japan und in den Niederlanden
Fuß gefaßt haben, ohne weiteres aus der Klemme helfen können. Mit
ihnen, so heißt es, könne man theoretisch 31 Milliarden Menschen,
also fast das Siebenfache der heutigen Weltbevölkerung ernähren[396],
ja, durch noch weitere Intensivierung der Anbauflächen gar das Vier-
zehnfache[397].
Seit jenen UNESCO-Schätzungen sind zehn Jahre vergangen. Inzwischen führte unser Anbau genau in diese Richtung – doch das Ergebnis sieht völlig anders aus. Den Wunschträumen einer Produktions-
vervielfachung steht eine Weltnahrungsmittelproduktion gegenüber,
die immer weniger mit dem Bevölkerungswachstum Schritt halten
konnte. Laut FAO (Welternährungsorganisation) stieg die Pro-Kopf-
Erzeugung schon 1970 nicht mehr an, 1972 ging sie bereits um drei
Prozent zurück und sank im Krisenjahr 1973 noch weiter ab. Wesentlichen Anteil daran hatten Zerstörungen durch die Kriege in Asien,
anhaltende Dürreperioden, wie sie in der Sahelzone sechs Millionen
Menschen an den Rand des Hungertods brachten, Monsune und
Überschwemmungen in der Kornkammer Pakistans, die das Land
zwangen, seine letzten Devisen für Getreideimporte herzugeben, und
andere sozio-ökonomische Probleme. Doch auch die anschließenden guten Welternten ab 1975 brachten nicht etwa eine erhöhte Pro-
Kopf-Versorgung, sondern erreichten nicht einmal die Steigerung
von jährlich vier Prozent, die zur Aufrechterhaltung der derzeitigen

Versorgung nötig wäre – trotz Rationalisierung der Techniken, steigenden Energieeinsatzes, immer größeren finanziellen Aufwands und vielversprechender neuer Getreidesorten. Die Konsequenzen des Sündenfalls scheinen nach wie vor zu gelten.

Grüne Revolution in der Sackgasse

Die größte Hoffnung für eine ausreichende Ernährung der zur Zeit noch jährlich um mehr als 70 Millionen Menschen anwachsenden Erdbevölkerung hatte man in den sechziger Jahren auf die »grüne Revolution« gesetzt. Genetische Tricks und Kreuzungsversuche führten zur Züchtung extrem ertragreicher, witterungsunabhängiger und gegen bestimmte Schädlinge resistenter Getreidesorten[392]. In der Tat steigerte ihre Einführung in manchen Ländern zunächst die Getreideproduktion auf ein Mehrfaches[398]. Israel konnte durch geschickte Kombination solcher Methoden seinen landwirtschaftlichen Ertrag zwischen 1956 und 1968, also in zwölf Jahren, auf das Fünffache erhöhen, und auch Kenia wurde durch die Einführung neuer Getreidekreuzungen sehr bald zum Getreide-Exportland: Sein Ertrag war auf das Sechsfache gestiegen. Selbst China, noch 1970 einer der größten Getreideimporteure der Welt, war 1977 praktisch autark, sowohl in der Düngerproduktion, die ohne große Investition in unzähligen Kleinbetrieben erfolgte, als auch – vor allem durch die Einführung einer neuen, niedrigen Reissorte – im Getreide.

Und doch scheint die »grüne Revolution« im großen und ganzen wieder gescheitert zu sein[399]. Denn es fehlte an den hierfür nötigen künstlichen Bewässerungssystemen, an einer raschen Verteilungsmöglichkeit, an genügend nährstoffreichen, nicht ausgelaugten Böden und nicht zuletzt an günstigen Wetterbedingungen, um so großartige Bastardgetreide wie den Borlaug-Weizen mit seinen zwei- bis dreifachen Ernteerträgen überhaupt ernähren zu können. Ein weiterer Nachteil liegt jedoch noch ganz woanders.

Die genetische Basis von Nahrungspflanzen wird durch Züchtung und Spezialisierung stark auf bestimmte »Resistenzgene« eingeengt[400], was zur Folge hat, daß sich die Anpassungsfähigkeit der neuen Sorten verringert und die Anfälligkeit für unvorhergesehene Krankheiten erhöht. Diese grundlegende Veränderung gilt, so paradox es klingt, gerade für die Züchtung besonders »widerstandsfähiger« Sorten[401]. Ein Beispiel bietet der gewaltige Rückschlag der amerikanischen Maisernte, der statt zu den für die siebziger Jahre zu erwartenden Rekordüberschüssen bald zu Ernten führte, die zwanzig Prozent unter der Bedarfsmenge lagen. Und dies mit einem Wundergetreide, das hohe Resistenz gegen bestimmte Krankheitserreger, rasches unkompliziertes Aufwachsen und weit mehr Körner pro Pflanze aufwies. Was war passiert?

Wegen der einseitigen Veränderung innerhalb des ökologischen Systems hatte sich ab 1970 ein bis dahin kaum auffallender Pilz, eine Mehltauart, rapide entwickeln können, und von Florida bis Nebraska, wo die Farmer ihre Felder schon zu 80 Prozent mit der neuen Wundersorte bestückt hatten, diese mit einer milchigen Schicht überzogen und zum Abfaulen gebracht. Feld für Feld der neuen Monokulturen wurden heimgesucht und fielen in wenigen Tagen dem Siegeszug des sich explosionsartig mit dem Wind verbreitenden Pilzes, dem keine Bekämpfungsmethode etwas anhaben konnte, zum Opfer. Ähnlich verhielt es sich mit dem auf den Philippinen gezüchteten Wunderreis – für Indonesien brachte er eine Katastrophe: Die Erträge stiegen dort zunächst um 18 Prozent an, doch an Düngemitteln mußten gleich 125 Prozent mehr zugeführt werden. Dann, 1974, als die Hälfte von Indonesiens Anbaufläche mit der neuen Sorte besetzt war, rächte sich die Verwundbarkeit der Monokultur. Das *Passy-stunt*-Virus, ein Erreger, der die Pflanzen vertrocknen läßt, breitete sich plötzlich über fast ganz Indonesien aus, so daß ihm schon ein Jahr später 200 000 Hektar der wertvollen Anbaufläche zum Opfer gefallen waren[402].

Unsere genetischen Kenntnisse erlauben also zwar die Züchtung sensationeller Getreidesorten, führen aber gleichzeitig zu noch spezialisierteren Monokulturen auf Kosten der Pflanzenvielfalt[401], zu Kulturen, denen ein einziger Schädling den Garaus machen kann. Wie bei allen unkybernetischen Planungen wurden auch hier die Konsequenzen erst an den Rückschlägen erkannt. Außerdem waren – durch das Züchtungsverfahren bedingt – die Pflanzenkreuzungen mit den gewünschten Eigenschaften in vielen Fällen steril – also nicht von alleine fortpflanzungsfähig. Sie ergaben zwar Supererträge, doch jedes Jahr mußten ungeheure Mengen von neuproduziertem Saatgut angefordert werden. Seitdem ist jedenfalls die Euphorie im Anbau neuer Sorten sowohl in hochentwickelten Ländern als auch in solchen der dritten Welt in eine Katerstimmung umgeschlagen. Und dies weniger, weil die Sorten nicht gehalten hätten, was sie versprachen, als vielmehr wegen der auf kurzsichtige Ertragssteigerung aus-

gerichteten unökologischen Agrarpolitik, die, den Blick starr auf die
Mehrproduktion gerichtet, für Nebeneffekte blind war.

Mit Bitterkeit muß man feststellen, wie afrikanische Länder, die
begonnen hatten, Getreide zu exportieren, wie Kenia, Sambia und
Zimbabwe, in ihrer Produktivität Jahr für Jahr zurückfielen, wieder
zu Importeuren wurden oder erneut Hunger litten. Längst hält die
Nahrungsmittelproduktion mit der Zuwachsrate der Bevölkerung
von 2,9 % nicht mehr Schritt, sondern ist bereits in den 70er Jahren in
der Pro-Kopf-Erzeugung um jährlich 1 % zurückgegangen.

Der von den Bürokraten der Landwirtschaftsindustrie ausgeübte
Druck zur besseren Ausnutzung durch erhöhte Gleichförmigkeit
führte auch in den gemäßigten Zonen bestenfalls zu einer Scheineffi-
zienz, weil weder die Subventionen noch die Nebenwirkungen volkswirtschaftlich bewertet worden waren. Anbaufehler wurden durch
die steigende Mineraldüngung im Grunde nur kaschiert[403]. Denn
durch die einseitige biochemische Wechselwirkung mit dem Boden,
die bis in die Assimilierung der Mineralien und Spurenelemente und
deren Abhängigkeit vom Mikroleben hineinwirkt, wird die natürliche
Widerstandsfähigkeit der Pflanzen gegen Krankheiten und Schädlinge, die nur aus dem System heraus funktionieren kann, praktisch
aufgehoben[404].

Die fehlende Diversität, wie sie etwa in kilometerweiten Maisfeldern
vorliegt, bedeutet daher, daß ein sich selbst regulierendes Netz von
Lebewesen nicht mehr existiert. Auch die normale Biochemie des
Bodens und seiner Mikroorganismen ist nicht mehr funktionsfähig
und muß durch künstliche Eingriffe ersetzt werden. Sobald sich aber
nichts mehr von selbst reguliert, wird das System biologisch anfälliger, Schädlinge können plötzlich in Massen auftreten und sich unge-
stört über riesige Flächen ausbreiten. Nun setzt der Teufelskreis erst
richtig ein. Statt vorhandene Kräfte nutzen zu können, muß ein steigender Aufwand an Düngemitteln und Pestiziden in den Anbau
gesteckt werden, der die Landwirtschaft, weil er teuer ist, nicht nur
biologisch, sondern auch wirtschaftlich labiler macht, sie zu noch
größerer Rationalisierung zwingt, zu noch höheren Hektarerträgen,
die wiederum ein Vielfaches an Mineralzufuhr und Energieaufwand
verlangen. Dadurch steigt die Anfälligkeit gegenüber Wirtschaftskri-
sen. Ein Engpaß in der Düngemittelversorgung, zum Beispiel durch
eine Energiekrise, würde hier schlagartig die Produktion zusammenbrechen lassen. Denn der Boden ist nun längst nicht mehr in der Lage,
ohne Zufuhr Erträge zu bringen.

Anbau ohne Regelkreis

Zur Zeit verstellen kurzfristig erzielte Ertragssteigerungen noch den Blick für den Preis, der für eine unverändert wahnwitzige Anbaupolitik unter Mißachtung der kybernetischen Spielregeln, wie sie den erwähnten Wechselwirkungen zugrunde liegen, zu zahlen ist und den wir nun kennen:

- Höhere Anfälligkeit von Pflanzen und Tieren
- Hoher Bedarf an künstlichen Mineraldüngern und Pflanzenschutzmitteln
- Intensive Maschinisierung und Rationalisierung unter Wegfall von Arbeitsplätzen
- Drastische Erhöhung des Energieaufwandes
- Rückgang der freilebenden Pflanzen- und Tierarten
- Auslaugung der Böden bis zur Erosion
- Gewässerverschmutzung bis zu ihrem Absterben und Belastung des Grundwassers
- Steigende Preise bzw. höhere Subventionen
- Verminderte Qualität der Nahrung, Rückstände und Fremdstoffe in den Endprodukten
- Höheres Gesundheitsrisiko durch Schadstoffbelastung und Fehlernährung beim Menschen.

Angesichts dieser Aufstellung ist das bisherige Programm der FAO, nämlich unser Welternährungsproblem durch eine weitere Intensivierung der *klassischen* Anbauverfahren unter Einsatz höchst ertragreicher Getreidearten zu lösen, ein kurzsichtiges und vielleicht tödliches Vorhaben. Denn wird das dafür erforderliche gesteigerte Bodenleben nicht in Gang gesetzt oder gar zerstört, so tritt die Katastrophe über kurz oder lang mit aller Konsequenz ein: Gerade in den tropischen Ländern wird die bei großflächigem Anbau (und erst recht bei Monokulturen ohne Fruchtfolge) gesteigerte Anfälligkeit gegen spezielle Krankheiten und der dadurch erforderliche gewaltige Pestizid- und Düngemitteleinsatz die lokalen Ökosysteme auseinanderbrechen, eine Langzeitproduktion torpedieren und die Entwicklungsländer gleichzeitig in höchstem Maße von den agrarchemischen Industrien der reichen Länder abhängig machen. Hinzu kommen die sozialen Folgen, wie zuletzt wieder auf den Philippinen der Fall, wo, nach einer Studie der Universität von Manila, die industrielle Agrarwirtschaft die ländliche Verelendung und Verarmung beschleunigte. Der Profit wanderte in die Hände transnationaler Großunternehmer, während gleichzeitig die traditionelle Agrarstruktur ruiniert wurde[405].

Es zeugt von Unwissenheit und Mangel an vernetztem Denken, daß heute die klassische Landwirtschaft immer noch mit Milliardenbeträgen unterstützt wird, während man einen ökologischen Anbau als unwirtschaftlich abtut. Die landläufige Meinung ist ja, daß dieser zwar gut und schön sei, aber viel zu umständlich, von geringem Ertrag und dadurch nicht wettbewerbsfähig. Das Gegenteil wurde jetzt in gründlichen agrarwissenschaftlichen Untersuchungen der National Science Foundation in den USA festgestellt. Die detaillierte Bilanz von 32 größeren Farmen des gleichen Getreidegürtels, von denen 16 mit den üblichen und 16 mit ökologischen Anbaumethoden arbeiteten, ergab, daß die ökologische Gruppe den gleichen Ertrag und den gleichen Marktwert pro Hektar erzielen konnte wie die konventionelle Gruppe – ein Intensivanbau also auch auf ökologische Weise möglich war. Der wirtschaftliche Hauptvorteil lag interessanterweise in der Energiebilanz. Denn die konventionelle Gruppe mit ihren Monostrukturen und ihrem hohen Einsatz an Pestiziden, Industriedüngern und Maschinisierung war dreimal so energieintensiv wie die ökologische und lag auch in den Gesamtbetriebskosten pro Hektar um 50 Prozent höher[406]. Dabei war in der Nutzenrechnung des organischen Anbaus die gesamtvolkswirtschaftliche Seite noch gar nicht einmal berücksichtigt: die erhöhte Wasserhaltefähigkeit der Böden, die verringerte Gewässerbelastung, die gesparten Klärwerke, die rückstandsfreien Nahrungsmittel, die Vitalisierung der Böden, die verhinderte Erosion und vieles andere.

Was die Energieseite betrifft, so zeigten ausführliche Energiebilanzen in der Tat schon länger, daß selbst bei der bisher immer ins Feld geführten primitiven Input-Output-Rechnung eine weitere Industrialisierung der Landwirtschaft ein ökonomischer Unsinn ist: Von 1950 bis 1970 stieg zum Beispiel im amerikanischen Maisanbau der Einsatz an Stickstoffdünger auf das Siebenfache, von Insektiziden auf das Zehnfache, von Herbiziden auf das Zwanzigfache, und auch der Stromverbrauch selbst war sechsmal so hoch wie zwanzig Jahre zuvor. Die Maisernte dagegen hatte sich lediglich verdoppelt[407]. Die gleiche unökologisch hohe Steigerung des Energiebedarfs finden wir auch bei uns. Seit dem ersten Weltkrieg hat sich die Getreideerzeugung pro Hektar Anbaufläche zwar verdoppelt, die dafür hineingesteckte Energie in Form von Kunstdünger, Maschinen usw. jedoch verzwanzigfacht.

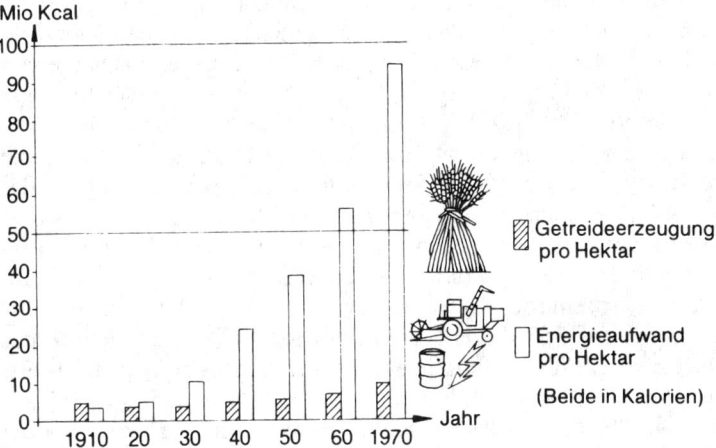

Energieaufwand und Nahrungsgewinnung.

So zeigt die landwirtschaftliche Energiebilanz zwischen Input und Output heute in gewissen Bereichen das absurde Mißverhältnis von 9:1. Würde das System unserer Agrarwirtschaft weltweit angewandt, so machte dies in der Energierechnung ein Öläquivalent von über zwei Milliarden Tonnen oder eine Erhöhung unseres Gesamtenergieverbrauchs um 30 Prozent aus[408].

Woran liegt das? Eine ökologische Bewirtschaftung hat nun einmal mit ihrem größeren Artenreichtum und ihrer Nutzung der Leistungen des biologischen Gesamtsystems generell auch eine höhere Sonnenenergieausnutzung. Durch die zunehmende Monostrukturierung, durch unüberlegte Flurbereinigung, Flußbegradigung, Entfernung von Hecken und Feuchtgebieten wird jedoch, wie schon erwähnt, die natürliche Vielfalt und damit die Stabilität und Produktivität unserer Ökosysteme Jahr für Jahr weiter herabgesetzt, was einfach durch erhöhten Energieeinsatz wettgemacht werden muß[44]. Trotzdem laufen einmal angesetzte Programme der Flurbereinigung weiter, auch wenn ihre Nachteile offensichtlich sind und man die Preise nur dadurch halten kann, daß viele Kosten unbemerkt auf den Konsumenten und die Allgemeinheit abgewälzt werden.

Mit dem Hinweis auf den Hunger in der Welt, der manchen der beteiligten Industrien als willkommenes Argument dient, lassen sich auf der Basis undurchsichtiger Preisstrukturen, fehlender Aufklärung über die Zusammenhänge und kurzfristiger, an das Doping im Sport erinnernder Ertragsspitzen mit ihrer kosmetischen Scheinqualität zur Zeit noch glänzende Geschäfte machen. So schnellte der Düngerverbrauch in den Entwicklungsländern von Mitte der sechziger bis Mitte der siebziger Jahre von durchschnittlich sechs Kilogramm auf 20 Kilogramm pro Hektar, also um rund das Dreieinhalbfache in die Höhe. Selbst in den Industrieländern stieg die Düngermenge in der gleichen Zeit noch einmal von bereits 77 (!) Kilogramm auf 100 Kilogramm pro Hektar an. Die in den letzten Jahrzehnten in der Bundesrepublik erzielte Erhöhung des landwirtschaftlichen Ertrages um rund 50 Prozent pro Hektar verlangte somit allein 350 Prozent mehr Dünger und 1350 Prozent mehr Pestizide[407]. Die Ausgaben in der deutschen Landwirtschaft für die Chemie stiegen dadurch in den letzten 15 Jahren von 143 Millionen DM auf rund 840 Millionen DM.

Das größte Geschäft scheinen dabei die Herbizide zu sein, die Unkrautvernichtungsmittel.

Mit ihren Beimengungen können sie, wie viele andere Pestizide auch, embryonale Mißbildungen und andere Schäden verursachen, die meist erst in Folgegenerationen auftreten, beim Menschen vielleicht erst nach mehreren Jahrzehnten[409]. Und dies, ohne oft überhaupt noch etwas zu nutzen, wie bei dem Großeinsatz zur Schädlingsbekämpfung in Kanada und Schottland mit dem inzwischen völlig wirkungslosen, jedoch für Mensch und Tier äußerst gefährlichen Nervengift Fenitrothion[410].

Die Verantwortung der Industrie reicht hier typischerweise nur bis zur Prüfung des Endproduktes und dessen unmittelbarer Wirkung, erstreckt sich jedoch weder auf Spätfolgen noch auf indirekte Wirkungen oder solche der Abbauprodukte[411]. Doch nicht nur der gelegentliche Nachweis ihrer Gefährlichkeit zwingt zur Lancierung immer neuer, zunächst für harmlos befundener Produkte – ihre Gesamtzahl war bei Abschluß dieses Manuskripts auf 1761 verschiedene Stoffe angestiegen –, auch die zunehmende Resistenz der bekämpften Schädlinge ließ die Liste jener Stoffe weiter anwachsen. Nach Mitteilungen der WHO (Weltgesundheitsorganisation) sind aus den im Jahre 1962 bereits 80 resistenten Insektenarten inzwischen 364 geworden[412]; Schädlingsvarianten, die mit bisher wirksamen Insektiziden nicht mehr bekämpft werden können, darunter mindestens 105 Überträger epidemischer Krankheiten wie Malaria und Gelbfieber – ganz abgesehen davon, daß allein die Herbizide bisher bereits 200 Pflanzenarten ausgerottet haben[413] und das Bodenleben mitsamt seiner kostenlosen Hilfe erheblich schädigen[414].

Gefährliche Nebenwirkungen, immer höhere Kosten und allmähliche Wirkungslosigkeit für den eigentlichen Zweck lassen nun auch viele Landwirte allmählich daran zweifeln, ob die Durchtrennung der natürlichen Regelkreise, ob Massentierhaltung hier und Monokulturen dort tatsächlich auf die Dauer etwas bringen und ob das für hunderttausende Tonnen von Bioziden, Kunstdünger, Kraftfutter und Medikamenten sowie für einen riesigen Maschinenpark ausgegebene Geld sich auf lange Sicht tatsächlich in einer dauerhaften Ertragssteigerung und einem Rückgang der Schädlinge und Unkrautarten niederschlägt, oder ob man mit etwas intelligenteren und dafür billigeren Methoden nicht vielleicht sehr viel weiter kommt[415].

Nutzung biologischer Systeme

Die Möglichkeiten zur klugen Steuerung sind vielfältig. Wir stehen hier noch am Anfang einer Entwicklung. Erst wenn das kybernetische Bewußtsein, das sanfte Mitspielen mit vorhandenen Kräften, die anfangs erwähnte Jiu-Jitsu Methode als die den Biosystemen einzig adäquate erkannt wird und die heutige »Boxer-Mentalität« verdrängt hat, wird es einen Durchbruch und eine allmähliche Auflösung der wachsenden Probleme geben. Mit den folgenden Beispielen soll ein Teil der vielfältigen Ansatzpunkte dieses so ganz anderen, kybernetischen Managements etwas näher skizziert werden.

So läßt sich allein durch Beachtung der äußeren Randbedingungen, unter sinnvollem Einsatz moderner technischer Methoden, die erwünschte Wirkung mit einem Bruchteil des sonst nötigen Einsatzes erzielen. Da ja nicht nur Pflanzen, sondern auch Schädlinge temperatur- und wetterabhängig sind, können wir zum Beispiel durch die heute mögliche Wetterregistrierung oft unmittelbar erkennen, wo und wann eine Gefährdung vorliegt[416]. So übermitteln die Infrarotspektrometer unserer Wettersatelliten heute selbst bei bewölktem Himmel eine völlig neuartige Landkarte, da sie feinste Temperaturunterschiede von 0,5 °C erfassen und diese durch Wolken hindurch an »Verfärbungen« des Bodens feststellen können. Auf diese Weise kann man etwa in Trockengebieten diejenigen Partien ausfin-

dig machen, die gerade einen kurzen Regenschauer erlitten haben
und somit typische potentielle Brutstätten für Heuschrecken sind.
Eine sofortige Überprüfung der so entdeckten Gebiete und eventuell
die dann lokal äußerst begrenzte Zerstörung solcher Brutstätten hat
sich als weitaus einfacher herausgestellt, als ausgewachsene Heuschreckenschwärme zu verfolgen und zu vernichten[417].

Die Spannweite von solchen an modernste Techniken gebundenen
und vom Anbaugebiet oft weit entfernten Vorbeugungsmaßnahmen
bis zu denen in der Anbautechnik selbst ist gewaltig. Nicht immer
sind dabei jedoch die aufwendigen Verfahren auch die wirksamsten.
Ein verblüffend einfacher Ansatz bei der Unkrautbekämpfung liegt
allein schon in leichten Steuerungen der Pflanzenentwicklung. Schon
eine Verkürzung der Zeit zwischen Saat und Durchbruch der Nutzpflanzen durch ein verändertes Timing der Düngung reicht aus, um
den Unkräutern zuvorzukommen und sie im wörtlichen Sinne zu
»überschatten«. Umgekehrt genügt es oft, den Winterschlaf des
Unkrauts mit einfachen Techniken zu unterbrechen und es zu einem
verfrühten und damit tödlichen Wachstum zu bringen[418]. Auch eine
kluge Fruchtfolge vermindert die Anfälligkeit ohne zusätzliche Maßnahme, und ebenso wirksam sind manche Fruchtkombinationen. Ein
Beispiel: In Kuba konnte auf ausgedehnten Maisplantagen ein
Schädling allein durch Dazwischenpflanzen von acht Meter breiten
Sonnenblumenstreifen, deren Samen natürlich ebenfalls geerntet
wurden, erfolgreich und drastisch reduziert werden[419].

Natürliche Bekämpfungsmittel, zum Beispiel Pyrethrin aus der weltweit wachsenden, margeritenähnlichen Pyrethrumpflanze oder das
aus dem Lehmbaum oder der Chinabeere von den Bauern selbst
gewonnene Acatirarchnin[420], oder wirksame Knoblauchverbindungen wie das Di- und Triallyl-trisulfid sind umweltfreundliche Insektizide, von denen z. B. das letztere für Moskitolarven bereits in Konzentrationen von 0,002 Gramm pro Liter tödlich wirkt. Da solche Stoffe
seit Jahrhunderten als für den Menschen unschädlich erprobt sind,
dürften sie einen klaren Vorteil zum Beispiel gegenüber dem DDT
besitzen[421]. Ein weiterer Vorteil ist die hohe Spezifität solcher aus der
Natur stammenden Insektizide, die meist nur für wenige Arten unverträglich sind. So wird vermieden, was in Japan eintrat, wo Breitband-
Pestizide auch die Bienen ausgerottet hatten und einige Landwirte
dazu übergehen mußten, die Blüten mit der Hand bestäuben zu lassen.

Wie steht es aber inzwischen mit einer Verbreitung des ökologischen

Anbaus selbst? Bis zum Ende der siebziger Jahre hatten in der Bundesrepublik rund 440 Landwirte insgesamt 7 500 Hektar nach modernen biologischen Grundsätzen, d.h. ohne Chemie angebaut, von denen Bayern allein ein Drittel stellt. Damit bearbeiten sie jedoch lediglich erst einen verschwindend geringen Anteil von 0,1 Prozent der Agrarfläche; ein Anteil, der im Grunde rasch und zügig erhöht werden könnte. Denn über die Problemlosigkeit einer Umstellung liegen inzwischen genügend Berichte einzelner Landwirte vor – auch solche von ehemals eingefuchsten »Chemiebauern«[422]. Aber auch die Winzer fangen an zu erkennen, daß die Zunahme von Krankheiten und Fäulnis mit dem Aufgeben des Mischbetriebs, also mit dem Ersatz des Viehdungs durch Kunstdünger begann. Die Chemie mit ihren unzähligen Präparaten gegen Viren- und Pilzbefall, Unkraut und Insekten half zunächst zwar weiter, tötete aber das Bodenleben und griff selbst auf die natürliche Gärungshefe über, die nun ebenfalls durch Reinzuchthefen ersetzt werden mußte. Zu den mittlerweile gut 100 französischen Winzern, die sich mit cleveren ökologischen Methoden von der Chemie gelöst haben und auf einem wieder gesundeten Boden einen immer begehrteren »Öko-Wein« anbauen, gesellen sich inzwischen gut 30 deutsche Winzer, die diesen alles erstickenden Chemikalieneinsatz nicht mehr länger mitmachen wollen[423].

Wäre nicht die landwirtschaftliche Beratung so überwiegend in Händen derjenigen, die mit ihren vorzüglichen Werbemethoden den Bauern das Wissen um natürliche und damit kostenlose Regulationsmöglichkeiten vorenthalten (das Bayerische Landwirtschaftsministerium versucht dieser einseitigen Beeinflussung mit dem Aufbau einer unabhängigen Beratungsgruppe entgegenzutreten[424]), so hätte sich wahrscheinlich schon länger herumgesprochen, was einige objektive Studien nicht nur bei uns, sondern auch in England und den USA gezeigt haben. Nämlich daß eine Reduktion des Chemikalieneinsatzes den Landwirten ein höheres und nicht, wie in der Werbung immer behauptet wird, geringeres mittleres Einkommen beschert[425] – ganz abgesehen davon, daß gerade die Bio-Bauern im Gegensatz zu den agrarindustriellen Großbetrieben eben nicht auf Kosten der Allgemeinheit wirtschaften[426]. Noch krasser gilt dies in tropischen Ländern, etwa in Afrika, wo die wirksamste und billigste Schädlingsbekämpfung, ähnlich wie bei dem kubanischen Mais, in einem ausgewogenen Mischanbau unter Bewahrung intakter Ökosysteme liegt[427]. Nach dem Tropenexperten Wolfgang Weischet sind Eingeborenen-Landwirtschaften, die uns als unterentwickelt erscheinen, im Grunde die bestmöglichen Anpassungen an die dort gegebenen Umweltbedingungen[428]. Diese können wir nur aus sich heraus verbessern und nicht durch eine stupide Übertragung technokratischer Methoden, die schon bei uns in einen Teufelskreis hineingesteuert haben[429].

Das beste Vorgehen geschieht auch hier – wie wäre es anders zu erwarten – auf der Basis der im Kapitel »Kybernetik« aufgezeigten Grundregeln: mit negativer Rückkoppelung, nach dem Jiu-Jitsu-Prinzip, durch Recycling und Symbiosen. So kann im Prinzip unter Nutzung natürlicher Regelmechanismen jedes Glied der Nahrungskette als biologische Hilfe gegen Unkraut und tierische Schädlinge mobilisiert werden. Die erzielten Erfolge sind zum Teil umwerfend.

Um aus unserem bunten Fächer von Möglichkeiten auch einen kleinen Einblick in die Hilfen zu geben, die uns auf diese Weise ausgewählte Einzelglieder biologischer Systeme zur Sicherung unseres Nahrungsanbaus bieten, seien hier wenigstens wieder einige Methoden stellvertretend angeführt: Während Blattläuse im Getreideanbau mit den üblichen chemischen Mitteln zwar zunächst vernichtet werden, aber schon nach zwei Wochen sogar die Populationsdichte auf chemisch unbehandelten Kontrollflächen übertreffen, bewirkt die Einführung von Marienkäfern, die pro Tag etwa 3 000 Blattläuse vertilgen können, eine dauerhafte Kontrolle. Plattwürmer reduzierten in kalifornischen Anbaugebieten die Mücken- und Mottenlarven auf einen ungefährlichen Restbestand[430], und Kanada exportiert seine im Kampf gegen den Kohlwurm erfolgreiche Wespe *Apanteles rubecula* inzwischen nach China.

Eines der wohl seltensten Handelsabkommen zwischen zwei Regierungen stellte 1972 der Export vieler Millionen Mistkäfer im Wert von einer halben Million Mark von Moçambique nach Australien dar. In Australien hatte die Zahl krankheitsübertragender Fliegen beunruhigend zugenommen. Ihre Eier und Larven konnten sich in den rund 200 Millionen Kuhfladen, die täglich auf das australische Land niedergingen, offensichtlich ungehemmt vermehren. Dieser Dung, der von den aus Schottland und Texas importierten Rinderherden stammte, war offenbar im genetischen Programm der australischen Mistkäfer nicht vorgesehen und wurde von ihnen verschmäht. Sie waren auf Känguruh-Dung eingeschworen. Statt die australischen Weideflächen mit einer DDT-Wolke zu übersprühen, ging man an die Ursachen und fügte mit den importierten Mistkäfern das fehlende Glied in den Kreisprozeß Boden → Gras → Rind → Abfall → Boden ein. Bei dem reichhaltigen Nahrungsangebot genügte ein Antippen mit einem Tausendstel der nötigen Anzahl Käfer, deren Vermehrung sich rasch von alleine auf die richtige Zahl einpendelte. Ein Programm, das nach und nach mit großem Erfolg auf weitere Gebiete Australiens ausgedehnt wurde[431].

Mit Käfern läßt sich auch Unkraut bekämpfen. Der Getreidekäfer *Rhinozyllus conicus* wird seit 1971 in Kalifornien, Nebraska und Virginia mit sehr gutem Erfolg gegen Distelunkräuter eingesetzt, wobei er ihnen ähnliche Pflanzen, wie Artischocken, ungeschoren läßt. Da der biologische Unkrautvertilger überwintert, reicht eine einmalige Behandlung aus[432]. Der umgekehrte Mechanismus, also daß bestimmte Pflanzen andere gegen Insekten schützen, ist natürlich häufiger. Das betrifft nicht nur die oben erwähnten Sonnenblumen im Maisfeld, sondern zum Beispiel auch den Einsatz von Tagetes. Zwischen Tomatenpflanzen verstreut angepflanzt, schützen sie diese vor schädlichen Nematoden. Die Tagetes (Studentenblume) arbeitet wie die Mafia: Zunächst sendet sie einen Stoff aus, der die Nematoden schlüpfen läßt, dann einen zweiten, der sie anlockt, und als dritten eine Killersubstanz, an der sie zugrunde gehen. Da die Tagetes selbst gar nicht einmal durch Nematoden geschädigt werden, muß man in dieser Technik einen größeren Regelkreis vermuten, nämlich Nachbarpflanzen zu schützen, deren Existenz wiederum für das Gesamtbiotop von Vorteil ist[433]. Ganz ähnlich schützen einige Wildkartoffeln wie *Solanum berthaultie* sich selbst und ihre Nachbarpflanzen durch Aussendung eines Klebstoffs vor Blattläusen. Das entsprechende Gen dürfte sich übrigens in Speisekartoffeln, Luzerne und Tomaten leicht einkreuzen lassen[434].

Viele dieser natürlichen Hilfen sind jedoch inzwischen lahmgelegt: Raubmilben, die die Rote Spinne in den Gärtnereibetrieben vertilgen, Marienkäfer und Florfliegenlarven, die sich von Blattläusen ernähren, bestimmte Vogelarten, die den kleinen Frostspanner verspeisen, sie alle sind natürliche Feinde, die zum großen Teil den synthetischen Insektiziden ebenso zum Opfer fielen wie die eigentlichen Schädlinge, was dann zur Freude umsatzgieriger Firmen zu der totalen Abhängigkeit von der Chemie führte. So werden auch die äußerst billigen Methoden einer Wiedereinführung solcher Spezies und letztlich die gesamte biologische Schädlingsbekämpfung in diesen Kreisen wohl ungern gesehen, denn sie resultiert leider nicht in einem Endprodukt, das die chemische Industrie waggonweise produzieren und verkaufen kann.

Um unser Spektrum zu vervollständigen, müssen wir nun noch eine
Ebene tiefer steigen: zu den Mikropilzen, Bakterien und Viren. Auch
bei ihnen finden wir natürliche Bekämpfungsmöglichkeiten. Eine bei
der australischen Kartoffelmotte entdeckte Viruskrankheit konnte
mit durchschlagendem Erfolg gegen weitere Schädlinge angesetzt
werden. Die aus 200 000 infizierten Raupen gewonnene Virusauf-
schwemmung führte zu einem Rückgang der Knollenschäden auf 0,8
Prozent, während man mit DDT nie unter 21 Prozent kam[435]. Auf
Samoa half ein deutsches Entwicklungsprojekt gegen einen einge-
schleppten Käfer, der dort keine natürlichen Feinde hatte und den
Bestand der Kokospalmen zu zerstören begann. Auch hier wurden
einige Käfer mit einem Krankheitsvirus infiziert, das ihre Verdau-
ungsorgane zerstörte, wonach sie wieder ausgesetzt wurden und die
übrigen Käfer mit Erfolg infizierten. Schließlich ist auch die Beeinflussung des Sexlebens der Insekten durch Lockstoffe und Sterilisierung eine weitere wirksame Strategie der Biologen[436]. Tränkt man
zum Beispiel kleine Gummistückchen mit nur einem Millionstelliter
einer zehnprozentigen Lösung des Pheromons Tetradecinylacetat, so
sind diese Gummistückchen hundert Tage lang für die Männchen des
schädlichen Lärchenwicklers weitaus attraktiver als Weibchen – eine
simple und doch außerordentlich wirkungsvolle Art des Vermeh-
rungsstopps.

Die Entwicklung biologischer Schädlingsbekämpfungsmittel verlangt natürlich ebenso umfangreiche Kenntnisse über die Physiologie, die Ökologie, das Verhalten und die Chemie der Insekten wie die
Arbeit mit klassischen Pestiziden. Inzwischen arbeitet eine multina-
tionale Gruppe von Wissenschaftlern auf diesen Gebieten[437]. Denn
auch biologische Bekämpfungsmethoden, plant man sie nicht im
Systemzusammenhang, können schieflaufen. Das zeigte der Einsatz
von Mungos gegen die Rattenplage in den westindischen Zucker-
rohrplantagen. Als es keine Ratten mehr gab, machten sich die Mungos an Eidechsen, die jedoch ihrerseits den Maikäferbestand kontrollierten. Als die Eidechsen aufgefressen waren, konnten sich plötzlich
die Maikäfer ungehemmt vermehren und nun dem Zuckerrohr den
endgültigen Garaus machen. Als mehr lästig denn zerstörerisch
erwies sich in einem anderen Zuckerrohrprojekt die »Biohilfe« der
Aga-Kröte. Vor 45 Jahren wurden 100 Exemplare dieser Krötenart
nach Australien eingeführt, um den Zuckerrohrkäfer zu vertilgen.
Die Kröte wird jedoch nicht nur bis zu 40 Jahre alt, sondern legt auch
30 000 Eier im Jahr. Kein Wunder, daß sie inzwischen zur Landplage

geworden ist, Straßen in Schleuderstrecken verwandelt, Schwimmbäder besetzt und mit ihrem lauten Gegröle bei Sonnenaufgang jeden aus dem Schlaf reißt[438].

Während sich in Europa nur vereinzelte Gruppen mit dem Studium eines ökologischen Pflanzenschutzes befassen, beteiligen sich mittlerweile fast alle großen amerikanischen Universitäten mit mehreren hundert Wissenschaftlern an einem Großforschungsprojekt zur biologischen Schädlingsbekämpfung. Dabei geht es vor allem um den Schutz von Citruspflanzen, Baumwolle, Luzerne, Obstplantagen und Sojabohnenanbau, wozu möglichst alle Faktoren der jeweiligen Ökosysteme erfaßt werden sollen; ein erstes wirklich kybernetisches Vorgehen, denn die Bekämpfung soll ja nicht nur wirksam sein, sondern auch das Auftreten neuer Schäden vermeiden[439]. Die bisherige Schädlingsbekämpfung dagegen entspricht eher dem Ansatz der Operations Research, wie er bei militärischen Zielen und Vernichtungsaktionen vielleicht nützlich, in der Landwirtschaft als Langzeitmethode jedoch unbrauchbar ist.

Eine Entwicklung zur Mischwirtschaft kann dieser Tendenz am besten entgegenwirken[440]. Die Schweiz, Frankreich und Bayern zeigen hier erste Anzeichen einer Umkehr, zu der im letztgenannten Land zum Beispiel auch die Landesanstalt für Pflanzenbau offiziell aufgerufen hat. Danach soll in den achtziger Jahren der chemische Einsatz in allen Bereichen drastisch eingeschränkt und dafür die biologische Schädlingsbekämpfung ihrer Bedeutung gemäß gefördert werden.

Nutzung ökologischer Kreisprozesse

Unser Weg vom vorgeschichtlichen Menschen, der zwei Millionen Jahre lang »in ungetrübter Selbstregulation mit seiner Umwelt« lebte, über die geschichtliche Entwicklung seit dem »Sündenfall« bis zum Paradox eines gleichzeitigen Überschusses und Hungers, zeigte die Folgen einer Trennung der Landbewirtschaftung in isolierte Bereiche von Anbau, Viehhaltung und Siedlung. Die Unterbrechung des rationellen Kreisprozesses von Abfall →Düngung →Pflanzenwachstum →Nahrung →Abfall →Düngung usw. zerstörte die großartigen Symbiosen zwischen Bodenbakterien, Pflanzen und Kleinlebewesen und begann die Bodenqualität und Pflanzenernährung entscheidend zu beeinträchtigen. Ein unterbrochener Kreisprozeß kommt jedoch nicht mehr von allein wieder in Gang. In solchen Fällen müssen *wir* den Steuermann, den Kybernetes, spielen, d. h. durch sinnvolle Kombinationen und durch Ankurbelung neuer Symbiosen eine Funktion übernehmen, die früher die Natur erledigt hat. Ehemals verbundene Glieder normalerweise kontinuierlich ablaufender biologischer Prozesse müssen wir an den Nahtstellen der einzelnen Einheiten bewußt wieder ineinander überführen, nicht zuletzt durch die Rückverwandlung geeigneter Abfälle in bodenverbessernden Kompost und Humus[441].

Nichts auf der Welt – außer vielleicht radioaktiver Abfall – ist ja nicht in irgendeiner Weise umwandelbar. Es gibt nur Stauungen innerhalb von Kreisprozessen. Und eine Beseitigung sogenannten »Abfalls« ist erst dann erfolgt, wenn man ihn in einen solchen Kreisprozeß wieder eingeschleust hat. Das geschieht nicht zuletzt durch Symbiose artfremder Branchen. In diesem Falle würden völlig andere Technologien, andere Marktstrukturen und auch andere Organisationsformen zum Zuge kommen, als wenn man, wie üblich, die Probleme einzeln angeht. Solange man dies tut und nur branchenorientiert denkt, wird man daher solchen Lösungen gegenüber blind sein, selbst wenn man sie vor Augen hat. All dies ändert sich, sobald man die Probleme im Verbund angeht.

So lassen sich in einer Art »Abfallkarussell« Kombinationen finden, die, wählt man für die entsprechenden Betriebe den richtigen Standort, schlagartig mehrere Probleme lösen. Die Klärwerke könnten ihr Phosphat- und Nitratproblem mit Hilfe von Algen lösen, da diese von den Massentierhaltungen abgenommen würden, um dort wiederum den zu scharfen und bakteriell verseuchten Mist aerob zu verrotten und zu hygienisieren – und man könnte wieder Stroh in die Ställe einführen. Die Holzabfälle der Sägewerke und geeigneter Siedlungsmüll und Klärschlamm[442] könnten kompostiert werden und würden zu dem verrotteten Mist das nötige organische Strukturmaterial und reichhaltig Mikroben zur Revitalisierung der Böden liefern. Die *nicht* verkompostierbaren Siedlungsabfälle wiederum würden der Bauindustrie Müllsteine liefern, der Papierindustrie Zellulose und, als neue Energieträger, Biogas oder durch Pyrolyse gewonnene Produkte. Die Nährmittelfabriken könnten ihre Abfälle ebenfalls verkompostieren und wertvolle Humusstoffe beitragen, so daß man ein profitables, marktfähiges Endprodukt herstellen könnte – gegebenenfalls unter Zumischung von Mineralstoffen, Kalk oder Gesteinsmehlen, das genauso streufähig ist wie Kunstdünger, jedoch Bodenstruktur und

Wasserhaltung verbessert, eine langsam wirkende Düngung sichert, den Boden belebt und gesündere, giftfreie Pflanzen erzeugen hilft. Der gesamte Circulus vitiosus (in unserem Beispiel würden ohne diese Kombination sechs verschiedene Abfallprobleme trotz teurer Beseitigungsverfahren zu sechsfacher Umweltbelastung führen) könnte so ohne zusätzliche Kosten ein Ende finden[443]. Hier kann eine umsichtige Landesentwicklung durch geschickte Standortvorschläge für die verschiedenen Betriebe und entsprechende Vergünstigungen die Wege zu aller Vorteil ebnen. Im Großen wie im Kleinen für den Hausgebrauch lassen sich mit etwas Biotechnologie solche Verfahren oft schlagartig optimieren: sei es durch eine kleine Zugabe enzymreicher Mikrobenflocken, welche die monatelange Kompostierungszeit zu reifem Humus auf wenige Wochen abkürzen[444], durch den Einsatz von pflanzlichen Wuchsstoffen, etwa dem Triacontanol der Luzerne, von dem 8 Milligramm (!) pro Hektar genügen, um zum Beispiel bei Reis-Setzlingen eine zehn- bis zwanzigprozentige Wachstumssteigerung auch *ohne* Düngererhöhung zu erzielen[445], durch Einsatz von Mikroben und Bodenpilzen, die ebenfalls Phosphatdünger ersetzen und die mikrobielle Stickstoffbindung erhöhen[446], oder sei es der direkte Einsatz blaugrüner Algen, der jetzt in einem Versuch auf indischen Reisfeldern den bisherigen Einsatz an Chemiedünger um ein Drittel reduzierte[447].

Methoden wie diese oder wie die biologische Schädlingsbekämpfung und noch viele andere steuerbare Symbiosen und Kreisprozesse führen zu einer nahezu kostenlosen Gesundhaltung des Bodens, zur Vermeidung seiner Erosion, kurz zu einer kybernetischen Gesamtmethodik, die alleine in der Lage ist, unseren Anbau aus seiner hohen ökologischen Unstabilität herauszuführen[448]. Daß dies funktioniert, zeigen nicht nur die zahllosen Einzelerfahrungen, sondern auch der erwähnte überzeugende Großversuch der National Science Foundation mit den 32 amerikanischen Farmen.

Unsere Hilflosigkeit in der rechten Koordination ist aber nicht zuletzt auch Ausdruck der bestehenden fachorientierten Universitätsstruktur. Die Fixierung auf ein naturwissenschaftlich-analytisches Denken und der komplette Mangel an systemischen Ansätzen führten zu einem gewaltigen Forschungsdefizit in bezug auf einen modernen ökologischen Anbau[449]. Und dies, obgleich das Wissen um die zukünftigen Verfahren eigentlich weitgehend vorhanden ist, aber verstreut in tausenden von Fachpublikationen. Erst deren Synopse, also ihre Gegenüberstellung und Verbindung, ergibt jedoch die Einsicht in das tatsächliche Spiel der Zusammenhänge, und wiederum erst dessen Auswertung, Koordinierung und Verbreitung führen, wie dies die bisherigen positiven Beispiele zeigen, zu entsprechendem Handeln.

In einer systemkybernetischen Untersuchung des gesamten landwirtschaftlichen und Ernährungssektor der Bundesrepublik werden zur Zeit vom Institut des Verfassers nach dem Verfahren des Sensitivitätsmodells[13] die Grundlagen für eine auch ökonomisch vertretbare Umstellung in größerem Maßstab erarbeitet und in Form von Arbeitsberichten als »Systemstudie Ökoland«[449] von der Hochschule der Bundeswehr, München, herausgegeben.

Allerdings erscheint es mir unausweichlich, daß neben der praktischen Umsetzung auch die klassische Landwirtschaftsausbildung in den Industrie- wie auch in den Entwicklungsländern völlig umgekrempelt werden muß. Angesichts der gewaltigen Mengen in Zukunft erforderlicher Grundnahrung sollte also unsere Tendenz sein: den Landbau nicht weiter in einer hier völlig unangebrachten blinden Industrialisierungswut und unter Berufung auf sogenannte Sachzwänge im Kampf gegen den Boden bis aufs äußerste zu strapazieren, sondern ihn, beginnend mit den erwähnten ökonomisch und ökologisch weitaus sinnvolleren Übergangslösungen, allmählich zu entlasten.

10 Nahrung

Regelkreise der inneren Umwelt

Nach welchem Speisezettel sättigen wir die kommenden Menschenmilliarden? Mehr Pflanzennahrung anstelle von Steaks löst bereits Hauptprobleme auf drei Gebieten: der Gesundheit, der Umwelt und der Bekämpfung des Welthungers. Die wieder damit zusammenhängende Sicherung des Friedens und der wirtschaftlichen Sanierung basiert letztlich auf einer neuen Welternährungsordnung: zügiger Rückgang der industriell ausgerichteten Produktion, die teuer, unökologisch und verschwenderisch ist. Allmähliche Gewinnung wertvoller Grundnährstoffe durch »Direktnahrung« und Recycling-Verfahren, Übergang auf eine neue, schadstoffreie Nahrungsvielfalt und Abkehr von dem Unsinn einer bloßen Kalorien-Rechnung.

In unserer modernen Zivilisation fällt auf, daß wir uns immer weniger sowohl mit der Beschaffung der Nahrung als auch mit deren Zubereitung beschäftigen wollen. Ein maschinisierter, möglichst rationeller Anbau, ohne Zeit für Bodenpflege oder gar für die Bereitung von *dessen* Nahrung: von Humus. Abgepackter Dünger, abgepacktes Viehfutter, ein Arsenal von Chemikalien, alles großtechnisch hergestellt. Genauso abgepackte Fertiggerichte, Dosen, Tiefkühlkost für den Menschen – ebenfalls großtechnisch hergestellt. Was sich für Millionen hungernder Menschen zur permanenten Existenzfrage verdichtet, die Nahrungsbeschaffung und -zubereitung, für uns scheint es Nebensache. Woher stammt das, was wir essen? Wie wurde es angebaut, geerntet, transportiert? Über welche Verarbeitungsprozesse gelangte es schließlich in die so hübsche Packung? Von welchem Rind stammt dieses Steak, womit wurde es gefüttert? Wie lange noch wird uns so etwas zur Verfügung stehen – all die in Massen fabrizierten Hähnchen, Butterberge, exotischen Fruchtsäfte, Brotsorten und Fertigknödel?

Über die Hintergründe und Zusammenhänge von Wirtschaft, Politik, Umwelt und Lebensweise mit dem, was wir heute essen, und wie es weitergehen soll, machen wir uns kaum Gedanken. Weder der anhaltende Boom von Kochbüchern noch das Interesse an »Nouvelle Cuisine« und »Makrobiotik« können darüber hinwegtäuschen. Die Frage, ob der Mensch wirklich das ist, was er ißt – und wohl auch, *wie* er es ißt –, sollte uns vielleicht etwas mehr beschäftigen. Denn unsere Nahrung ist mehr als nur etwas, um unseren Magen zu füllen – sie ist sozusagen unsere innere Umwelt.

Möglicherweise wird die Erde in der nächsten Generation acht Milliarden, in der folgenden 16 Milliarden Menschen ernähren müssen. Mit einer früheren Verlangsamung des Bevölkerungszuwachses rechnet selbst die optimistischste Expertise der UNO nicht mehr. Eine Steigerung des herkömmlichen Anbaus und der Massentierhaltung bis ins Extrem – die Folgen wurden eben beschrieben – kann nicht ad infinitum weitergehen und daher keine Lösung sein. Auch die volle Berücksichtigung und Ausschöpfung der im vorigen Kapitel aufgezeigten Möglichkeiten, wie Mischlandwirtschaft und profitable Kreisprozesse, allein reichen nicht aus. Hinzu kommen muß neben einer massiven Geburtenkontrolle die zügige Umstellung unserer Eßgewohnheiten auf eine unserer Lebensweise wie auch den Produktionsmöglichkeiten unserer Erde angemessenere Nahrung. Eine Ansicht, die inzwischen auch in den Schriften der Deutschen Welthungerhilfe zum Ausdruck kommt[452].

Überfluß durch Nahrungsumstellung

Bei den vielen Ernährungsdebatten unserer Politiker und Wirtschaftler drückt sich die Sorge um die Welternährungslage meist in Steigerungsraten von nur wenigen Prozenten aus, seien es die Zahlen der Ernteerträge im Getreideanbau oder die der Fleisch- und Milchproduktion. Es wird um Preisstrukturen gefeilscht und um die Anbaupolitik für Zuckerrüben und Kartoffeln, und man vergißt dabei, daß die isolierte Betrachtung von Ertragssteigerungen oder -einbußen als solche für den Hunger in der Welt völlig ohne Aussage ist. Entscheidend ist die Verwendung dieser Erträge. Denn es kommt ganz darauf an, ob man sie zum Beispiel für Kraftfutter zur Hähnchenmast verarbeitet oder aber direkt für die menschliche Nahrung verwendet – was den Beitrag einer bestimmten Ernte zur Welternährungslage schon gleich auf das Zehnfache hochschnellen läßt.

Obgleich sich schon bei dieser einen Überlegung all die üblichen, so ernsthaft betriebenen Berechnungen als illusionär erweisen und für die Beurteilung der Nahrungslücke ohne jeden Belang sind, ist doch davon kaum die Rede. Und doch liegt es klar auf der Hand, daß – wollten wir die zur künftigen Sättigung der Menschheit nötigen Nahrungsmengen weiterhin zu einem so hohen Anteil aus Fleischprodukten decken – die Möglichkeiten unseres Planeten in Kürze überschritten wären. Denn tierische Nahrung steht am Ende der Nahrungskette, die bekanntlich mit der Photosynthese der grünen Pflanzenzelle beginnt. Und da wir bei jedem Übergang von einer Stufe zur anderen einen beträchtlichen Energie- und Nährstoffverlust haben, bedeutet dies, daß wir für den gleichen Nährwert auf eine von Stufe zu Stufe größere Anbaufläche zurückgreifen müssen. Die Rechnung ist also einfach: Wollen wir aus der vorhandenen Fläche mehr Nahrung gewinnen, so müssen wir den nötigen Protein- und Kohlenhydratbedarf zunehmend direkt aus Pflanzen beziehen anstatt diese erst als Kraftfutter an Tiere zu verfüttern und dann erst deren Fleisch zu essen. Die simpelste und wirkungsvollste Forderung angesichts unserer Welternährungslage hieße demnach: Abkürzung der Nahrungskette, wo immer dies möglich ist.

So liefern die Industrienationen seit Jahren zwar zwei bis drei Millionen Tonnen Gesamtproteine in die Entwicklungsländer, importieren aber von dort gut drei bis vier Millionen Tonnen an oft noch hochwertigerem Protein in Form von Fischmehl, Ölkuchen und Sojaeiweiß, lediglich um mehr Steaks und Hähnchen zu erzeugen[450]. Riesige Anbauflächen und Fischgründe, also bereits höhere Glieder der Nahrungskette, werden so für Kraftfutter abgzweigt, das Schlachtvieh mit Nahrungsmitteln gefüttert, die den Entwicklungsländern entzogen werden, wo sie ein Vielfaches an hungernden Mündern stopfen könnten. Durch den Übergang auf einen höheren Anteil an proteinreicher Pflanzennahrung, unter Verringerung unseres ohnehin ungesund überhöhten Fleischkonsums, könnten wir dagegen auf der gleichen Anbaufläche und ohne Chemie die pro Kopf zur Verfügung stehende Nahrung gleich um das Fünf- bis Zehnfache erhöhen – ohne den gewaltigen Aufwand, den wir auf dem bisherigen Weg betreiben müßten.

Der gordische Knoten, in Zukunft mit weniger Anbaufläche und trotzdem gesünderer und ausreichender Ernährung zu leben, ist also verblüffend einfach zu durchschlagen. Ein Trick, mit dessen Hilfe wir den Hektarertrag auf einen Schlag vervielfachen können, und zwar um weit mehr, als wenn wir mit immer höherem Aufwand das Letzte aus unseren Böden herausholen und so bestenfalls noch eine Erhöhung des Hektarertrages um weitere 20 oder auch 50 Prozent erreichen.

Um es noch einmal deutlich auszusprechen: Die Intensivwirtschaft unserer Agrarindustrie mindert den Hunger in der Welt also nicht, sondern erhöht ihn. Bei der Schweinemast gehen 70 Prozent, bei der Eiererzeugung 86 Prozent, bei der Hähnchenmast 94 Prozent der Nahrungskalorien verloren, die dafür ursprünglich an Primärnahrung geerntet wurden. Das ist nicht etwa eine neue Erkenntnis. Seit Jahren wird dieser Raubbau in unserer Ernährungslandschaft auch in der Presse immer wieder angeprangert und an die Öffentlichkeit gebracht. »Das sind Lebensmittel«, so kommentiert Martin Urban in der »Süddeutschen Zeitung«, »die zum Beispiel in Form von Sojaeiweiß den Entwicklungsländern vorenthalten werden, weil sie sie nicht bezahlen können. Eine Kuh, die im Jahr 7 000 l Milch gibt, lebt nicht allein vom – intensiv gedüngten – Gras, sie braucht vielmehr jährlich 3 000 kg Kraftfutter[451]«. Und schon 1974 wurde in mehreren Presseartikeln die Absurdität angeprangert, daß die so gewonnene Milch mit erneut gewaltigem Energieaufwand in Magermilchpulver überführt und nun mit Entwicklungsgeldern oder als Spende in hungernde Länder zurückexportiert wird. Ein Irrsinn an Landverschwendung, Nahrungsverschwendung, Energieverschwendung und Geldverschwendung, von dem auch die Öffentlichkeit keinesfalls sagen kann, sie habe nie davon gehört.

Zumindest in einigen politischen Kreisen beginnt es inzwischen zu dämmern, daß die ständige Intensivierung der Landwirtschaft schwerwiegende strukturelle und ökologische Schäden mit sich bringt und daß es die Gesamtinteressenlage – auch unseres Landes – verlangt, durch eine vernünftigere Agrarpolitik den gegenwärtigen Trend jener paradoxen »Veredelung« sofort zu stoppen und längerfristig umzukehren, wie dies etwa vom Bayerischen Landwirtschaftsministerium deutlich gemacht wurde[452]. Dieser »Veredelungsverlust« beschränkt sich nicht nur auf die Übergänge in der Nahrungskette, sondern findet auch schon in den Verwertungsmöglichkeiten eines einzigen Tieres statt: Die Kuh gibt ein Drittel des aufgenommenen Nährwertes in Form von Milch weiter, jedoch nur ein Elftel in

Form von Fleisch. Für den Hunger in der Welt ist also bereits die Milcherzeugung drei- bis viermal ökonomischer als die Rindviehmast. Beides jedoch (bezogen auf das zur Viehwirtschaft dienende Land wie Weide, Futterpflanzenanbau) ist bis zu zehnmal unergiebiger als reine Pflanzennahrung, zum Beispiel als Kartoffeln, ja sechzigmal unergiebiger als die proteinreiche Sojabohne – und bis zu mehreren tausendmal unergiebiger als der direkte Einsatz von Mikroorganismen, zum Beispiel Hefen oder Algen[453].

Mikrokokken nach Hausfrauenart

Mikroorganismen als Nahrung? Das klingt zunächst widerlich, gefährlich. Seit vielen tausend Jahren werden jedoch von der Menschheit mikrobielle Produkte verspeist, ohne daß man wußte, daß es sich dabei um die Arbeitsleistung von Bakterien oder Pilzen handelte. Mikroorganismen sind bei der Wein- und Biergärung beteiligt, und auch Sauerteig und Essig zählen zu ihren Erzeugnissen. Unbedenklich essen wir Joghurt, Käse und Hefekuchen, ohne uns bei der Vorstellung darin herumkrabbelnder Bakterien zu schütteln. Auf der Suche nach neuen Nahrungsquellen werden wir an diesen untersten Gliedern der Nahrungskette, den Bakterien, Pilzen, Algen und Hefen, nicht mehr vorbeikommen.

Wir sahen schon in unseren Betrachtungen zur Biotechnologie, daß Mikroorganismen Lebewesen sind, die nur aus einer Zelle bestehen, so winzig, daß 500 Millionen von ihnen die Größe eines Stecknadelkopfes ausmachen. Sie können sich in einer Stunde mehrmals teilen, d. h. ihre Menge verdoppeln bis verdreifachen, so daß unter geeigneten Bedingungen und bei entsprechender Ausbreitungsmöglichkeit aus einer Impfkolonie von einem Tausendstel Gramm im Laufe eines Tages viele Kilogramm entstehen können. Diese Eigenschaft macht sie zu ebenso gefährlichen wie wirtschaftlich interessanten Organismen. Die Kenntnis ihrer vielen Arten und Lebensbedingungen ist daher auch für die Nahrungsversorgung ungemein wichtig[339]. Und in der Tat geben ihre Verwendungsmöglichkeiten Anlaß zu großen Hoffnungen: Bakteriennahrung zunächst hauptsächlich als Viehfutter; Algen und Hefen auch für den Menschen, als hochwertige Proteinnahrung, die durchaus Fleisch ersetzen kann.

Der Ölkonzern BP hat als erster bei Lavéra in Südfrankreich eine Anlage gebaut, die pro Jahr 17 000 Tonnen Bakterienprotein aus Erdöl produziert – als Konkurrenz zu Fischmehl. Auf ähnlichen Prozessen basieren Proteinfabriken für den Futtermittelhandel in Schottland und Neuseeland. Nachdem das Fischmehl auf dem Weltmarkt vorübergehend knapp geworden war – in Peru, einem der bedeutendsten fischmehlexportierenden Länder, brach Anfang der siebziger Jahre durch zu hoch angesetzte Fangquoten der Sardellenfang und damit auch die Fischmehlproduktion zusammen –, hatte sich die Futtermittelindustrie sofort stärker auf Bakterienproteine umgestellt. In der Sowjetunion zum Beispiel übersteigt deren Jahresproduktion inzwischen 300 000 Tonnen, und bei Nahrungshefe, zu deren Herstellung 150 verschiedene Hefestämme zur Verfügung stehen (und die uns nach dem Kriege in Form von Hefeflocken über manche Hungertage hinweghalfen), kommt sie dort wahrscheinlich inzwischen an 1 Million Tonnen heran. In der Bundesrepublik dagegen geschieht noch wenig. Immerhin haben die Farbwerke Hoechst 1978 eine vom Bundesforschungsministerium geförderte Pilotanlage in Betrieb genommen, die jährlich 1 000 Tonnen Protein aus Methanol produziert. Abnehmer wird hier zunächst einmal die Landwirtschaft sein[352].

Wie steht es mit der Verträglichkeit? Nach mehrjährigen Tests hat nunmehr ein Nahrungsausschuß der Vereinten Nationen die prinzipielle Unbedenklichkeit von Bakterien- und Algennahrung für Mensch und Tier deklariert. Dennoch kämpft diese Entwicklung noch mit einer Reihe von Schwierigkeiten. So wurde in Italien, wo die BP eine 100 000-Tonnen-Anlage auf Sardinien gebaut hat, plötzlich die amtliche Genehmigung nicht erteilt. Die BP hat sich daher entschlossen, das Werk auf Sardinien zu demontieren und vielleicht an die Sowjetunion oder an Saudi-Arabien zu verkaufen[454]. Konkurrenzneid oder Skepsis gegenüber der Verträglichkeit? Beides scheint möglich. Einmal weil sojamehlexportierende Länder, darunter auch die USA, der Bakterienkonkurrenz zurückhaltend gegenüberstehen, zum anderen wegen trotz alledem noch bestehender Bedenken, insbesondere was mögliche Verunreinigungen betrifft. Die chemische Reinheit der Ausgangsprodukte, selbst von hochwertigem Paraffin, überschreitet in der Tat selten 98 Prozent. Diese Einwände zu entkräften, ist jedoch nur eine Frage der besseren Reinigung und Kontrolle bzw. Auswahl des Ausgangsproduktes; deshalb bleibt der prinzipielle Einsatz dieser Methoden für die Zukunft davon unberührt[455].

Während die Bakterienproduktion weitgehend von Erdöl abhängig ist (obwohl die hierfür erforderlichen Erdölmengen, verglichen mit denen, die wir täglich durch den Auspuff jagen oder in unseren Kraft-

werken zu Strom verwandeln, sehr gering sind), wird die Proteinher-
stellung aus Algen vielleicht noch mehr Zukunft haben, zumal der
Nährwert eines Algenfutters beträchtlich ist. Chlorella-Algen zum
Beispiel enthalten normalerweise 50 Prozent Protein (also weit mehr
als Fleisch!), etwa 30 Prozent Kohlenhydrate und 20 Prozent Fett,
Vitamine und Spurenelemente. Eine Zusammensetzung, die man –
ein gewaltiger Vorteil gegenüber sonstigen Nahrungspflanzen – je
nach Diätwunsch allein durch die Zusammensetzung des Mediums
variieren kann. Die bisherigen Ernährungsversuche bei Tier und
Mensch, besonders bei Behandlung akuter Proteinmangelzustände,
führten zu sehr günstigen Ergebnissen[456]. Gelegentliche Hinweise auf
die ›Gefährlichkeit‹ von Algennahrung, auf einen möglichen Gehalt
an Benzpyren, an Arsen, Blei und Quecksilber[457] beziehen sich
genauso wie bei den Bakterienproteinen auch hier immer nur auf das
jeweilige Ausgangsmaterial, auf die Nährlösung. Diese bedarf selbstredend wegen der Anreicherung eventueller Schadstoffe im Produkt
einer mindestens ebenso sorgfältigen Prüfung und Reinigung wie
unser Trinkwasser.

So erntet seit fast 20 Jahren das japanische Mikroalgeninstitut in
Kyoto jährlich pro Hektar über 30 Tonnen der erwähnten Chlorella-
Alge, die dort längst eine gängige proteinreiche Zusatznahrung dar-
stellt. In der Qualität mindestens ebenbürtig, gewann auch die Algen-
Forschungsstation in Dortmund über Jahre hinweg zweimal pro
Woche einzellige Algen mit einem Proteingehalt von 55 Prozent.
Damit erbringen sie jährlich 20 Tonnen Rohprotein pro Hektar und
somit den vierzigfachen Eiweißertrag der bereits so proteinreichen
Sojabohnen[456]. Eine Entwicklung, die inzwischen zu einer Reihe von
internationalen Gemeinschaftsprojekten geführt hat[458]. Das Algen-
mehl des Dortmunder Instituts (das inzwischen nach Jülich übersie-
delte) wurde über mehrere Generationen an Karpfen und Schweine
verfüttert, wobei es sich als besonders wirtschaftlich herausstellte,
wenn die Tiere ihren Kot an die Algen zurückgaben und somit wieder
einen Großteil der Stickstoffquelle selber bestritten – ein durchaus
der Natur nachgeahmter Kreislauf.

Nahrung aus Abfall

Wenn wir uns klarmachen, daß alles, was wir essen, wegen des natürlichen Kreislaufs ohnehin schon unzählige Male Abfall gewesen war,

dürfte uns auch das obige Beispiel nicht schrecken. Es zeigt, daß wir auch bei der Direktnahrung den Schritt gehen können, den wir beim Landbau so dringend tun müssen: den Schritt zum echten Recycling, zur Wiedereinführung von Abfällen in den Gesamtkreislauf der Stoffe. Da man wertvolles Nahrungseiweiß aus Erdöl gewinnen kann, liegt es natürlich nahe, dies genauso mit anderem organischen Material wie alten Zeitungen, Lappen, Büchern, Holz, Sägespänen oder Ananasabfällen zu versuchen. Die unübersehbare Skala der verschiedensten Bakterienarten läßt, da die Natur selbst seit jeher nichts produziert, für dessen Abbau sie nicht auch ein Enzym parat hätte, bei einiger Suche für fast jedes organische Abfallprodukt den geeigneten Hebel zum Ingangsetzen eines ununterbrochenen Kreislaufs finden. So wurden in einem Labor der Louisiana State University schon vor einigen Jahren Zelluloseabfälle der Rohrzuckerproduktion zu einem Sechstel ihres Gewichts in Protein umgewandelt. Die Ausdehnung des Verfahrens auf Altpapier, Kisten, Möbel, Unkraut, Stroh und Lumpen ist in vollem Gange[459].

Ähnliches gilt für die Direktumwandlung des Dungs von Viehherden mit Hilfe von hitzebeständigen Bakterienstämmen. Eine Versuchsanlage der Firma General Electric in Arizona bewies dieses Prinzip an dem Abfall von 100 Stück Vieh (3 Zentner Trockenfladen pro Tag). Der Dung wurde auch hier zu einem Sechstel seines Gewichts in eiweißreiches neutrales Pulver verwandelt, das sich als Hühnerfutter eignete oder auch wieder von den Rindern selbst gefressen werden konnte. Aus dem Mist entwickeltes Methangas kann zugleich zum Heizen der Fermentationsanlage dienen[460] oder auch wieder zur Produktion weiterer Direkt-Nahrung[461]. Biogas, das sich zu Kochzwecken, zum Heizen und als Treibstoff verwenden läßt, wird ja längst in vielen Ländern der dritten Welt in tausenden von Anlagen aus Kamelmist und anderen organischen Abfällen hergestellt. Der Hauptvorteil ist dabei, daß man einmal den Brennwert der Abfälle direkt nutzbar macht, gleichzeitig aber aus den Rückständen noch einen vollwertigen Dünger zurückerhält (vergleiche Kapitel 16 »Energielösungen«).

Ein Verfahren zur Herstellung eines äußerst preiswerten, hochproteinhaltigen Viehfutters aus städtischem Klärschlamm hat sich bereits seit einem Jahrzehnt für die Aufzucht von Hühnern, Fischen und Muscheln bewährt[462]. Auch Abwasser selbst kann nach einem israelischen Verfahren mit Algen gereinigt werden, die dann gleichzeitig als proteinreicher Futterzusatz dienen[463]. Nach einem schwedi-

schen Prozeß können Abwässer, besonders solche mit hohem Stärke-
gehalt, wie sie etwa bei der Verarbeitung von Kartoffeln anfallen,
durch die symbiotische Wirkung zweier Hefearten vorteilhaft zu Zuk-
ker hydrolisiert und zugleich in Protein umgewandelt werden. Während des zehnstündigen Prozesses wird außerdem der für das
»Umkippen« der Flüsse (Eutrophierung und anschließendes Absterben) verantwortliche Stickstoff- und Phosphatgehalt stark gesenkt[464].
Die entstandene Hefe, im Nährwert vergleichbar mit Kasein, enthält
45 Prozent Protein und ist reich an Vitamin B.

Neben der besprochenen Algen- und Bakteriennahrung und den vor-
nehmlich für die Tierfütterung eingesetzten Abfallproteinen bietet
die Natur natürlich noch eine ganze Skala heute kaum genutzter Pro-
tein- und Kohlenhydratquellen an. Beispiele sind die Blätter, Nadeln
und Pflanzen der Wälder, soweit sie bei der Forstwirtschaft anfallen
und damit ohnehin dem Waldboden entzogen sind. Auch sie sind in
Minutenschnelle zu einem vitaminreichen Nadelfutter verarbeitet
und steigern als Zusatznahrung zum Hühnerfutter Gewicht und Eier-
produktion um 10 bis 25 Prozent[465].

Einen ähnlichen Zyklus wie beim Stickstoffkreislauf der Dortmunder Algen, die auf dem Dung der mit ihnen ernährten Tiere wachsen,
hat sich übrigens die Raumfahrt im Hinblick auf längere Planeten-
flüge zunutze gemacht und damit ein einzigartiges Beispiel für die
Möglichkeiten des Nahrungs-Recycling vorexerziert. Im Rahmen
eines sowjetischen Raumfahrtprogramms begab sich eine Wissen-
schaftlerin in eine hermetisch von der Außenwelt abgeschlossene
Kapsel – ohne Luft- und Nahrungszufuhr. Sie atmete ausschließlich
die durch eine Algenkultur regenerierte eigene Luft und trank ein aus
ihren eigenen Exkrementen regeneriertes Wasser. Die Algen waren
eßbar und lieferten Proteine und Kohlenhydrate, deren Kohlenstoff
bald wieder in Form von Kohlendioxyd ausgeatmet wurde. Auf diese
Weise verbrachte sie in der Kapsel, in der sie normalerweise höchstens einige Minuten – bis zum Verbrauch des Sauerstoffs – gelebt
hätte, die unglaublich lange Zeit von einem ganzen Monat, ehe sie sie,
gesund und munter, wieder verließ[466].

Im Prinzip spiegelt dieser Vorgang die großen, natürlich weit vielfälti-
geren biologischen Kreisprozesse auf unserem Raumschiff Erde im
kleinen wider. Produktionsformen und Verarbeitungsprozesse, die
wir mit einiger Phantasie, Intelligenz und einer anwendungsbezoge-
nen Forschung und Entwicklung ebenfalls nutzen können. In diesem
Sinne ist auch wieder die kleine Auswahl der obigen Beispiele zu ver-

stehen, die vor allem Hinweise auf die vielfältigen, noch meist ungenutzten Möglichkeiten dieser Art geben sollte.

Das Fleisch ist willig

Nahrung für Mensch und Tier aus Erdöl und industriellen Rückständen, die verschiedenen Algenprodukte, bakterielle, Hefe-, Pilz- und Pflanzenproteine – mit Sicherheit sind diese neuartigen Naturprodukte gesünder und appetitlicher als manche heutige Proteinnahrung in Form von Wurst- und Fleischwaren mit ihrer ganzen Skala von Zusätzen, Rückständen und Fremdstoffen[467]. So breitet sich zum Beispiel erst allmählich die Erkenntnis aus, daß das so beliebte weiße Kalbfleisch im Grunde von künstlich hämoglobinarm gehaltenen, also blutarmen Tieren stammt, d. h. von kranken Tieren, die unter völligem Eisenmangel und ohne Licht dahinvegetieren und lediglich mit Medikamenten und Wuchsstoffen für die Dauer der Mast halbwegs aufrechterhalten werden. Das wiederum bedeutet mangelnde Durchblutung und ungesunde Lipoiddurchsetzung des Fleisches und somit alles zusammen ein mit Fremdstoffen angereichertes und durch die ganze Manipulation nicht nur denaturiertes, sondern auch noch teures Fleisch. Alles aus einer reinen Modefrage heraus.
Unsere modernen Aufzucht-, Anbau- und Verarbeitungsmethoden liefern in der Tat eine immer größere Skala an Fremd- und Schadstoffen durch Verfahren der Schönung und Konservierung im Interesse einer, wie wir gesehen haben, im Grunde unnötigen Ertragssteigerung. Dies beginnt schon bei der Produktion mit dem Einsatz von Schädlings- und Unkrautbekämpfungsmitteln; in der Tierzucht sind es die medikamentösen Zusätze, bei der Be- und Verarbeitung die Konservierungsmittel, Färbemittel und anderen Zusatzstoffe, und schließlich kommen hinzu die allgegenwärtigen Umweltgifte wie Blei, Quecksilber, Cadmium, kanzerogene und radioaktive Stoffe in Boden, Luft und Wasser und indirekt über die einzelnen Glieder der Nahrungskette.
Gerade bei dem letzten Vorgang findet häufig eine Anreicherung statt, die zu tausend- bis hunderttausendfachen Konzentrationen führt, wobei die Fleischnahrung und schließlich der Mensch als Endstufe der Nahrungskette natürlich auch die höchsten Werte aufweisen. Auf diese Weise nahm bereits im Jahre 1966 jeder US-Bürger mit der Nahrung pro Tag im Durchschnitt 66 Mikrogramm allein an

chlorierten Kohlenwasserstoffen wie DDT zu sich. Entsprechende Werte gelten für Quecksilberverbindungen, die einerseits als Fungizide in der Landwirtschaft verwendet werden und andererseits, ähnlich wie Kadmium, Arsen, Nickel und Blei, in Abwässern bestimmter Industrien enthalten sind. Eine Umweltvergiftung, die nicht nur direkt die Nahrung des Menschen betrifft, sondern auch lebenswichtige Ökosysteme des Bodens, der Gewässer und der Meere schädigt und damit indirekt auch wieder die Nahrungsgewinnung als Ganzes gefährdet[468].

Alle diese Schadstoffe belasten den Stoffwechsel und die Entgiftungsleistung des menschlichen Organismus. In einer Zivilisationsgesellschaft mit ihrer zusätzlichen Belastung durch Abgase, Streß, Lärm und Leistungsdruck, mit denen ja unser Körper ebenfalls fertigwerden muß, fällt aber die Nahrungsqualität nicht etwa weniger ins Gewicht, sondern um ein Vielfaches mehr, als wenn sie als einziger Umweltfaktor verändert wäre. Permanente Abwehrschwäche, Müdigkeit, Hormonverschiebungen, Krebsdispositionen und die gestörten Stoffwechsel- und Kreislauffunktionen machen uns um so empfänglicher für all das, was wir mit der Nahrung zu uns nehmen – oder in unserer Ernährung falsch machen[469].

Fragen über den biologischen Wert unserer Nahrung, über Streß in der Tierhaltung, über Gemüse ohne Gift, glückliche Kühe und traurige Hähnchen beschäftigen daher inzwischen eigentlich jeden von uns. Dennoch ist die Öffentlichkeit gerade über die am meisten verbreiteten Eingriffe, wie etwa über die Sache mit dem weißen Kalbfleisch, oft am wenigsten informiert. Eine ähnlich fehlgeleitete Ernährungsmode betrifft zum Beispiel den Trend zu magerem Rind- und Schweinefleisch – aus Gesundheitsgründen zunächst durchaus zu begrüßen. Das führte schon bald zur Züchtung von Tieren mit geringen Fett- und Speckschichten. Dies aber scheint offenbar reine Augenwischerei zu sein, denn das Fleisch mancher dieser Tiere ist, wie man unter dem Mikroskop sehen kann, weit mehr lipoiddurchsetzt – also in sich fett – als etwa das Fleisch eines Schweines mit dickerer Fettschwarte. Mit dem Unterschied, daß man dort das Fett wenigstens abschneiden kann. Hinzu kommt die Verabfolgung wachstumsbeschleunigender Arsenverbindungen und Hormone sowie zunehmend Psychopharmaka gegen den Streß, zum Beispiel zur Beruhigung bei gedrängter Massenviehhaltung oder auf dem Transport. Alles Praktiken, die mindestens ebenso problematisch sind wie ihr Pendant beim Pflanzenanbau.

Ein besonderes Problem bieten dabei die schon im Kapitel »Gesundheit« angesprochenen Antibiotika. Von der USA Food and Drug Administration inzwischen für gefährlich erklärt und teilweise auch in Europa verboten, aber über den grauen Markt unvermindert in die Ställe geschleust, vernichten die Rückstände der in der Viehhaltung verwendeten Antibiotika nicht nur eine Reihe gutartiger Bakterienstämme, darunter wichtige Symbionten, sondern sie zerstören später auch beim Menschen die Darmflora und lösen allergische Reaktionen aus. Die bedrohlichste Folge ist das schon erwähnte rapide umsichgreifende Auftauchen krankheitserregender Bakterienstämme, die, plötzlich resistent geworden, auf kein Antibiotikum mehr ansprechen und diese Eigenschaft sogar anderen Stämmen übertragen können (vgl. Kapitel 6 »Gesundheit«). Dieser vorauszusehende Mechanismus erklärt das zunehmende Aufflackern nicht mehr zu bändigender Epidemien, die wir mit unseren Antibiotika vor einigen Jahren noch gut im Griff hatten: Typhus, Paratyphus, Gonorrhö und nicht zuletzt die sich trotz DDT wieder ungehemmt ausbreitende Malaria. Auch hier wieder Folgen eines unvernetzten Angehens von Einzelproblemen.

Es überrascht nicht, daß die Manipulationen auch beim Schlachtvieh selbst in den letzten Jahren zu erhöhten Sterblichkeitsraten, verminderter Widerstandskraft gegen Krankheiten und vor allem Fruchtbarkeitsstörungen führten. Die beim Menschen so bekannte Koppelung zwischen Ernährungsweise, Bewegungsarmut und Streß läßt sich in der Tat auch bei Haustieren an den Folgen der modernen Züchtungs- und Haltungsmethoden in erschreckenden Krankenzahlen, Vergiftungen und Verletzungen beobachten[470]. Man fragt sich, wo dann noch die Vorteile sind. Es gibt sie nicht einmal in wirtschaftlicher Hinsicht.

Die quantitative Verbesserung der Produktion wird durch die Mehrkosten praktisch aufgehoben, und ein Arbeitsplatz auf dem Land ist inzwischen teurer als in der Industrie[471]. Qualitativ hat sich ohnehin das meiste verschlechtert. Ist aber nicht insgesamt wenigstens die Produktion als solche gestiegen und dadurch ein Beitrag gegen den Hunger in der Welt geleistet worden? Mitnichten – wie wir weiter oben schon gesehen haben. Und wie steht es mit der immer wieder proklamierten Bedeutung einer proteinreichen Ernährung und den zu vermeidenden Kohlenhydraten? Hat unsere aufwendige Nahrungsindustrie – abgesehen davon, daß sie den Bundesbürger mit rund der doppelten Menge vollstopft, wie er sie eigentlich braucht – wenigstens hier eine Änderung zum Positiven gebracht? Versuchen wir auch diesen Fragen nachzugehen.

Der Unsinn mit der Kalorienrechnung

Das Essen ist bekanntlich eine Beschäftigung, die wir im Grunde wie jedes andere Lebewesen als lustvoll empfinden. In gewissen Kreisen und zu gewissen Zeiten entwickelten wir sie zur höchsten Kultur – auch im Hinblick auf unsere Gesundheit –, zu anderen Zeiten wieder degradieren wir sie zur Völlerei und zu einer der häufigsten Krankheitsursachen. Heute scheint uns ein Gefühl für das Natürliche, Wertvolle verlorengegangen zu sein; und zwar nicht nur, was die Nahrungsmittel*produktion*, sondern auch, was die Ernährung selbst betrifft. Darüber, was wir tatsächlich an Grundnahrungsmitteln brauchen, und über die biochemischen Vorgänge bei ihrer Verarbeitung in unserem Körper herrscht leider bis in Ärztekreise hinein eine erschreckende Unkenntnis, werden Irrtümer nachgeplappert und mit bewundernswerter Selbstsicherheit falsche Ratschläge gegeben. Ein primitives Input-Output-Denken beherrscht die Szene der Ernährungswissenschaft, zumindest so, wie sie der Öffentlichkeit präsentiert wird.

Das zeigt sich zum Beispiel in der Nichterkennung der so wichtigen Rolle derjenigen Nahrungsbestandteile, die selbst keinen Nährwert besitzen, wie Gewürze, Geschmacksstoffe, Aromen, Vitamine und Spurenelemente. Ähnlich bedeutsam – oft weit mehr als die Absolutmenge – ist das Verhältnis der verschiedenen Nährstoffgruppen wie Fettsäuren, Kohlenhydrate und Proteine *zueinander* und schließlich die strukturelle und chemische Beschaffenheit der Nahrungsmittel, die wiederum über die Kaubewegungen, die Speichelbildung, den Säuregrad und die Enzymbildung im Magen entscheidet. Mit diesen zusammen bestimmen dann nicht zuletzt auch die Schlackenstoffe, die Ballast- und Faserstoffe über einen der wichtigsten Punkte der Ernährung, nämlich über die Dauer des Nahrungsverbleibs im Darm.

All dies zusammen entscheidet also weit mehr über Appetit und Stuhlgang, Ablagerung und Entgiftung, und damit über Dick- und Schlankwerden und selbst über die Beschaffenheit der Haut, als etwa die Nährstoffe selbst oder gar die primitive Rechnung mit Kalorien bzw. Joule, Proteinen, Fettgehalt usw. Auch mit wenig Kalorien kann man dick werden und mit vielen Kalorien schlank. Hier werden Regelkreise und Wechselwirkung ignoriert, die leider auch von der Wissenschaft höchstens am Rande behandelt werden[472]. Neben völlig abstrusen und oft jeder Physiologie widersprechenden Diätprogrammen, wie etwa der Punkte-Diät, ist es letztlich eine Folge dieser mangelnden Aufklärung, daß innerhalb einer Generation der Verbrauch von Kartoffeln, Getreide und Hülsenfrüchten um rund die Hälfte zurückging, der Verbrauch von Roggenmehl um zwei Drittel und daß die verbrauchte Schrotmenge sogar auf ein Zehntel sank. Umgekehrt schnellte der Pro-Kopf-Verbrauch von Zucker um 42 Prozent, von Fleisch um 50 Prozent und von Fetten um 75 Prozent in die Höhe.

	Jahr 1950	1970
Tierisches Eiweiß	38	55
Gesamt-Fett	80	140
Roggenmehl	112	41
Weizenmehl	187	126
Kartoffeln	553	276
Gemüse	117	173
Hülsenfrüchte	6,0	2,7
Obst und Südfrüchte	106	332
Zucker	65	93

Änderung im Nahrungsverbrauch der deutschen Bevölkerung (Bundesrepublik Deutschland) im Abstand von 22 Jahren (in Gramm pro Kopf pro Tag).

Diese Schattenseite unserer Ernährungsweise, ganz zu schweigen von den Gift- und Fremdstoffen in unserer Nahrung, ihrem oft denaturierten Zustand, ihrer zum Teil unsinnigen Zusammenstellung, sollte nur noch einmal deutlich machen, daß auch auf dem Ernährungssektor dringend ein Umdenken vonnöten ist. Das hieße: eine ständige intensive Aufklärung in den Schulen (innerhalb einer längst fälligen Neugestaltung des Biologieunterrichts) und Medien (die hier ja teilweise schon recht aktiv sind) und vor allem eine weltweite Schulung zum Übergang auf einen *ökologischen* Intensivanbau und eine Nahrungsproduktion unter biologischen Gesichtspunkten. Gleichzeitig müssen aus dem hier unbedingt zugrunde zu legenden Systemansatz heraus neue Strategien zum verstärkten Anbau proteinreicher Getreide, Blattpflanzen, Knollen- und Hülsenfrüchte, wie auch zum Beispiel zum Einsatz von salztolerierenden Pflanzen für süßwasserarme Gegenden entwickelt werden. Und das hieße weiterhin: ausgedehnte Anbau- und Verarbeitungstests für all die neuen Pflanzenzüchtungen und Mikroorganismen[473].

Die neue Vielfalt

Schon 1974 äußerten sich hohe Ernährungsbeamte der Vereinigten Staaten dahingehend, daß auch die Amerikaner sehr bald tierische durch pflanzliche Nahrung ersetzen müßten. Sie wiesen darauf hin, daß die Technologien längst bereitstehen, um zum Beispiel aus Sojabohnen weitaus bessere »Hamburger« zu machen als aus Rindfleisch. Von der Allgemeinheit kaum bemerkt, hält die Nahrungsindustrie in der Tat eine Reihe neuer Verfahren längst parat, so zum Beispiel das in den USA entwickelte TVP, die Sojaprodukte der deutschen DeVauGe oder das britische Produkt KESP. Alles von Natur aus schmackhafte Proteinerzeugnisse aus Sojabohnen und anderen Hülsenfrüchten, die zur Faserbildung durch eine Spinnflüssigkeit gezogen werden. Je nach Zusatz, der dann allerdings nicht aus chemischen Fremdstoffen bestehen sollte, ähnelt die Masse gekochtem Schweine-, Rind- oder Kalbfleisch, auch Fisch. Von KESP, das etwa 80 Prozent des produzierten Proteins für die Nahrung ausnutzt, existieren bereits 20 vollständige Menüs, darunter nicht nur »Koteletts«, sondern auch »Obstsalate« und »Kuchen«[474]. Natürlich fragt man sich auch hier wieder, warum die proteinreichen Hülsenfrüchte nicht direkt verzehrt werden (der störende Beigeschmack von Sojaproteinen läßt sich nach einem neuen Verfahren ohne weiteres beseitigen[475]), sondern erst durch einen »Veredelungsprozeß« wieder verteuert und vielleicht auch denaturiert werden müssen.

Unter den rund 400 000 bekannten Pflanzensorten auf der Erde gibt es mit Sicherheit noch viele, die, ohne daß wir es wissen, unseren Speisezettel auf interessante Art bereichern könnten. So hat der amerikanische »National Research Council« neben den 100 im Anbau gebräuchlichen Arten weitere 400 Pflanzen beschrieben, die sich ebenfalls für den Anbau eignen und von denen 36 sogar einen ganz ungewöhnlich hohen Nährwert besitzen. Vor allem Gemüsearten, die ihren Stickstoff aus der Luft beziehen und deshalb keinen Nitratdünger brauchen, sind hier interessant, wobei allein 200 Hülsenfruchtarten für den Anbau in den Tropen zur Verfügung stehen. Auch bisher nicht verwendete Getreidearten, die überraschenderweise weit mehr Protein und Stärke liefern als sogar Mais, befinden sich darunter. Ähnliches gilt für die auch bei uns anbaubare, ungemein ergiebige und schnellwachsende ›Comfrey‹-Pflanze[476].

Abgesehen von ihrer eigenen Verwendung im Anbau bieten nun all diese neu untersuchten Wildarten darüber hinaus auch eine breite Ausgangsbasis zur Gen-Kombination im Hinblick auf völlig neue Nahrungspflanzen. Denn unter ihnen finden wir einige, die hochinteressante Erbmerkmale besitzen und daher zur Einkreuzung in andere Pflanzenarten in Frage kommen. Durch Kreuzung einer Gerstenart mit salzverträglichen Pflanzen entstand auf diese Weise eine neuartige Körnerfrucht, eine »Salzgerste«, die kein Süßwasser benötigt, also zum Beispiel auf Brackwasser und versalzten Böden gedeiht. Neben der »Tomatoffel«, die gleichzeitig oben Tomaten und unten Kartoffeln ernten läßt, erscheint auch die »Tabakmöhre«, also oben Tabak, unten Möhre, machbar: durch Verschmelzung des Genmaterials zu einer einzigen Bastardzelle und deren Aufzucht. Inzwischen wurde auch ein »Erbsenweizen« entwickelt, der seine eigene, bodenunabhängige Stickstoffversorgung betreibt; ferner eine Rübe mit nadelartigen Blättern, die weniger Wasser verbraucht; ein »Bohnenbaum«, der es erübrigt, daß man jedes Jahr neu säen muß, ein »Kohlrettich« aus den Kreuzungsversuchen der Rockefeller Foundation und viele andere. Zwei Hauptzentren dieser ganzen Richtung seien genannt: in den USA die Arbeitsgruppe von Prof. Carlson am Brookhaven National Laboratory bei New York und die Arbeitsgruppe von Prof. Melchers am Max-Planck-Institut für Biologie in Tübingen.

Eine besondere Zielrichtung dieser »Zweiten grünen Revolution« liegt in der Entwicklung von »Lichtpflanzen«, die durch Einbau zusätzlicher Chloroplasten die Photosynthese-Rate vervielfachen und in kurzer Zeit große Mengen Zucker und Stärke aufbauen sollen[477]. Die Alfalfa-Pflanze (Luzerne) läßt sich zum Beispiel schon heute in riesigen Gewächsballons durch Anreicherung von Kohlendioxyd zu einer viel höheren Photosynthese-Rate und damit einer stärkeren Ausnutzung des Sonnenlichts bringen. So wird die Proteingewinnung aus Luzerne auch ohne Kreuzung stark erhöht und ohne teure und energieintensive Kunstdünger einzusetzen. Nach dem, was wir inzwischen über die Universalsprache bei der genetischen Nachrichtenübermittlung wissen, können erwünschte chemische Prozesse

schließlich auch durch direkte genetische Befehle in den Pflanzen in
Gang gebracht werden, zum Beispiel indem man sie durch Injektion
bestimmter Nukleinsäuren Wirkstoffe produzieren läßt, die sie gegen
bestimmte Krankheiten resistent machen[478].

All diese Techniken ermöglichen es also im Grunde, je nach Wunsch
Eigenschaften verschiedenster Arten, ja selbst Fähigkeiten von Bakterien in einer einzigen Pflanze zu vereinigen, und es wundert nicht,
daß das Interesse an diesen Züchtungen rapide angestiegen ist[479].

Die großartigen Möglichkeiten, die uns im Prinzip Kreuzungen und
genetische Kombinationen zur Herstellung neuer Pflanzensorten bieten – hierzu gehört vor allem die Entwicklung stickstoffbindender
krankheitsresistenter Pflanzen, die künstliche Düngung *und* Pestizide überflüssig machen sollen[480] –, werden jedoch nur dann über
einen kurzfristigen Produktionsrausch hinausgehen und eine echte
Milderung der Welternährungskrise herbeiführen, wenn man die
Wechselwirkungen der neuen Pflanzenarten mit den existierenden
Symbiosen berücksichtigt. Wechselwirkungen, die, wie wir sahen, in
einem Ökosystem mit tausenden anderen Lebensformen und darüber
hinaus mit der Bodenstruktur und seiner Mikroflora, mit Wasserkreislauf, Wind, Wetter und ihrer speziellen Verteilung im Raum in
einem Gleichgewicht stehen müssen.

Fangen wir erst einmal richtig an, kybernetisch zu denken, so werden
uns auch auf dem Nahrungssektor eine Menge machbarer und dauer-
hafter Lösungen einfallen. Dazu gehört zum Beispiel auch eine kluge
Nutzung von *Abwärme* etwa zu Warmwasser-Fischzuchten in der
Nähe von Kraftwerken, in denen sich bereits Karpfen so schnell entwickelt haben, daß ihr Gewicht nach einem Jahr das Vierzigfache des
Normalwertes betrug[481]. Auch Gewächshäuser für ›südliche‹ Ernten
ließen sich durchaus mit sonst vergeudeter oder gar schädlicher
Abwärme aufheizen. Entwicklungen und Entdeckungen solcher Art
werden in Zukunft viele gemacht werden. Über ihren Sinn oder
Unsinn im Systemzusammenhang wird man jedoch im Einzelfall entscheiden müssen. So wird sich auch der Wert von reinen Hydrokultu-
ren, in denen Tomaten und andere Gemüse ohne Erde wachsen[482],
oder von bis zu drei Meter hochgestapelten Erdbeerbeeten, die auf
einem Quadratmeter Bodenfläche bis zu 600 Kilogramm Früchte
ernten lassen, erst noch herausstellen. Das gleiche gilt für neuere Versuche zu einer ebenso platzsparenden Fischzucht in übereinanderge-
stapelten »Hängetuch-Teichen«[483] oder von mit Sonnenkollektoren
betriebenen und miteinander gekoppelten Fisch- und Algenkultu-

ren[484], die (ähnlich wie der kontinuierliche Pflanzenbau nach Ruthner) die Energiekette Sonne-Pflanze-Tier im Recycling nutzt[485]. Hier mögen ebensogut umwälzende Entwicklungen verborgen sein wie letzte Auswüchse unseres technokratischen Denkens.

Fraglos kann die Nahrung der Zukunft, welcher Art sie auch sein mag, nur dann die Menschheit weiter tragen, wenn sie in einem kybernetischen Verbund mit der Leistung natürlicher Systeme (einschließlich des lebendigen Bodens) hergestellt und in entsprechende Produktionskombinate eingegliedert wird. Dann wird sie nicht nur unserer Lebensweise und Gesundheit zugute kommen, sondern gleichzeitig für den Erhalt der Umwelt sorgen, in der wir leben müssen.

11   Wasser

Ein Lebenselement wird vergewaltigt

*Wasser – neben Erde, Feuer und Luft eines der vier
antiken Lebenselemente, ist womöglich das kostbarste
unter ihnen. Als Geburtsstätte der biologischen Evolution
durchdringt es auch heute noch die Zellen eines jeden
Lebewesens. Sein ewiger Kreislauf pulsiert zwischen
Sammlung und Verzweigung; feinste Verästelungen,
deren Verteilung wir steuern können. Wir erfahren,
inwieweit dies Wüsten fruchtbar machen, erschöpfte
Reserven auffrischen kann. Eingriffe in komplexe Regelkreise, die wir jedoch ohne ein neues Systemdenken nie
in den Griff bekommen werden. Wir verfolgen den
Mißbrauch des Wassers als Transportmittel der
Industriegesellschaft bis zu seiner Erschöpfung, das
Anzapfen seiner noch unausgebeuteten Reserven, des
Meerwassers und des Polareises, und die zunehmende
Besinnung auf seine Selbstregeneration durch ein leben-
diges Recycling.*

Was verschaffte dem Wasser auf unserem Planeten diese allgegen-
wärtige, alles durchdringende Bedeutung? Als Verbindung zweier
Gase, des Sauerstoffs der Luft mit dem einfachsten Element des
Weltalls, dem Wasserstoff, ist es eine Flüssigkeit mit ganz einzigartigen Eigenschaften. Es verbindet sich mit nahezu allen chemischen
Elementen zu einfachen wie höchst komplizierten Molekülverbin-
dungen und ist doch im direkten Kontakt mit ihnen zunächst meist
ohne chemische Reaktion.
Es lagert sich an Kristalle an, löst einen Großteil unserer festen Substanzen ohne Schwierigkeiten auf, während es andere völlig unberührt läßt. Es löst sich selbst in vielen Gasen, vor allem in der Luft, wo
es über Wolkenbildung und Regen zum bestimmenden Faktor des

Wetters wird. Sein Schmelzpunkt und sein Siedepunkt liegen im Bereich normaler irdischer Temperaturen. Und wenn nur die eine seiner Eigenschaften anders wäre, zum Beispiel daß es im gefrorenen Zustand leichter als im flüssigen ist (also Eis nicht auf dem Wasser schwimmen würde), wäre wahrscheinlich das Leben auf dieser Erde nie entstanden. Viele Meere, Flüsse und Seen blieben in der Tiefe gefroren. Vertikaler Wasseraustausch und Meeresströmungen fehlten, ja, vielleicht wäre alles Wasser der Erde längst an den Polen zu Eis versammelt.

Seine einzigartigen chemisch-physikalischen Eigenschaften, so wie sie sind, machen jedoch das Wasser nicht nur zur Geburtsstätte der ersten lebenden Zellen und der anschließenden Evolution der Arten, sondern auch zum Hauptbestandteil aller Lebewesen. Auch wir selbst bestehen zu über 60 Prozent aus Wasser. Seine größte Masse liegt jedoch in den Weltmeeren mit 1,4 Milliarden Kubik*kilo*meter. Vier Fünftel des globalen Wasserkreislaufs spielen sich daher dort selbst ab: Wolkenbildung und Regen über den Ozeanen. Nur ein Neuntel der Ozeanverdunstung zieht aufs Land, hält den dortigen Wasserkreislauf in Gang und wird über die Flüsse wieder an das Meer zurückgegeben. Dieser Wasserkreislauf kann als das Resultat eines gigantischen Destillationssystems betrachtet werden, das durch die Zirkulation der Atmosphäre aufrechterhalten wird. Beide stehen in einem komplexen Feedbackprozeß, dessen nicht-lineare Koppelung noch nicht annähernd verstanden wird und daher zur Zeit noch jeden absichtlichen Eingriff verbietet – so verlockend auch schon eine geringfügige Beeinflussung des Wetters zur Aufstockung unserer Süßwassermengen erscheint. Denn der Anteil, der uns in nutzbarer Form vom gesamten Weltwasser zur Verfügung steht, beträgt nur etwa 0,3 Prozent[486].

Zugleich lehrt uns der Wasserhaushalt aber auch, daß der Kreislauf zwischen Verdunstung, Regen und Abfluß nicht beschleunigt werden kann. Was wir dem Grundwasser entnehmen, verbrauchen und als Abwasser in die Flüsse und damit ins Meer schütten, was wir mit der Bewässerung über die Pflanzen verdunsten lassen, erhöht nicht wie in anderen Fällen den Umsatz – auf dem Ozean verdunstet deshalb nicht mehr Wasser –, sondern wir senken dadurch nur den Grundwasserspiegel. Und damit beeinflussen wir wieder ganz dramatisch den komplexen Stoffaustausch im Erdreich und eine Vielzahl kleinerer Kreisprozesse zwischen Boden, Pflanzen, Tierwelt, Klima und nicht zuletzt unserem eigenen Wohlergehen.

Das Problem der Verteilung

Dieses Bild läßt uns schon erkennen, daß für die menschliche Gesellschaft das Wasserproblem zunächst ein Problem der Verteilung der in engen Grenzen festliegenden Niederschlagsmenge ist. Natürlich erhebt sich die Frage, ob und wo uns bei der Vielzahl verflochtener Kreisläufe überhaupt ein sinnvolles Mitspielen gelingt. So kybernetisch zum Beispiel manche Eingriffe einer lokalen Wetterhilfe aussehen, so unkybernetisch mag ihre Wirkung im Großen sein, wo wichtige Regelkreise unterbrochen werden können. So würden zum Beispiel die örtliche Auslösung von Regenfällen in Trockengebieten mit Hilfe von aus Flugzeugen versprühten Kondensationskeimen oder die mit verschiedenen Methoden praktizierte Bekämpfung der von der Karibik ausgehenden gefürchteten Wirbelstürme am Entstehungsort[487] andererseits ein Ventil verstopfen, welches normalerweise die in den Tropen angestauten gewaltigen Wärmeenergien auf die kälteren Regionen unserer Erde ableitet. Neuere Überlegungen haben jedenfalls dazu geführt, daß man einige durchaus mögliche Wetterbeeinflussungsprogramme nicht mehr weiterverfolgt und sich mit dem Regenzauber afrikanischer Medizinmänner zufriedengibt[488].

Wie können wir nun ohne unkalkulierbare Auswirkungen die sich drastisch zuspitzende Wassersituation meistern? Sicherlich nur wenigen Mitbürgern (und auch nur wenigen Lesern, wie ich annehme) ist bewußt, wie nahe wir auch in den gemäßigten Zonen heute vor einem Wasserbankrott und damit allmählich vor den gleichen Grundproblemen stehen wie seit eh und je die Wüstenbewohner. Auch hier stößt wieder einmal unsere Wachstumsgesellschaft an Grenzen: Mehr Menschen benötigen mehr Wasser, erhöhter Pflanzenanbau benötigt mehr Wasser, intensive Tierhaltung benötigt mehr Wasser, und vor allem verstärkte Industrialisierung benötigt mehr Wasser. Pro Kopf und Jahr verbrauchen wir in der Bundesrepublik knapp 70 Kubikmeter Süßwasser für Trink-, Wasch- und Haushaltszwecke. Die Herstellung einer Tonne Stahl aber verlangt bereits 300 Kubikmeter, einer Tonne Kunstseide 500 Kubikmeter, eines Mittelklassewagens 1000 Kubikmeter Süßwasser[489]. In zwanzig Jahren mögen wir bei anhaltender Entwicklung (nicht zuletzt durch ein weiteres Anwachsen der chemischen Industrie) gut den doppelten Wasserbedarf haben wie heute, bedeutend mehr, als es selbst dem Weltbevölkerungszuwachs entspricht. Dabei würde der von der Elektrizitätswirtschaft beanspruchte Kühlwasserbedarf ihrer projektierten Kraftwerke auch diese Prognose sprengen: Er käme dann auf drei Viertel des gesamten Wasserbedarfs aller Verbrauchssektoren[490]. Die Niederschlagsmenge jedoch wird nach wie vor die gleiche bleiben.

Die vom Europarat im Mai 1968 verabschiedete Wassercharta wies bereits damals auf eine Fülle ernster Warnzeichen hin, die sich inzwischen keineswegs verkleinert haben. Allein in Oberbayern, einem mit Wasser gut versorgten Gebiet, würden bei Beibehaltung der bisherigen Wirtschaftsweise die Trinkwasserfehlmengen, die in den siebziger Jahren pro Tag rund 20 000 Kubikmeter betrugen und die Erschließung weiterer Grundwasservorräte nach sich zogen, im Jahre 2000 auf das Dreißigfache, also auf 600 000 Kubikmeter angestiegen sein[491]. Um politische Unannehmlichkeiten zu vermeiden, scheuen sich die Ministerien davor, die Bevölkerung über die Folgen aufzuklären. Ähnlich wie man bei der Energiekrise in einem naiven Fehlschluß die Rettung im Bau von Kraftwerken und Raffinerien sieht, wiegt man die Öffentlichkeit hier in dem Irrtum, daß zur Erschließung neuer Wasservorräte aus Quellen und Grundwasser lediglich der Bau weiterer Wassergewinnungsanlagen, also Geld nötig sei[492] – und selbst dies in einem weit geringeren Maße, als es tatsächlich der Fall ist. Das wirklich Alarmierende an der Situation, nämlich die *Endlichkeit* der Ressource Wasser, wird aber auch hier nicht erfaßt. So kommt es, daß das Grundwasser, welches bei uns 65 Prozent des Wasserbedarfs liefert, durch ein unbekümmertes Draufloswirtschaften bereits den tiefstvertretbaren Stand erreicht hat und daß Wassereinzugsgebiete wie der Vogelsberg, das Loisachtal oder das Hessische Ried, dessen drohender Versteppung jetzt mit Hilfe einer interdisziplinären Sonder-Arbeitsgruppe vorgebeugt werden soll, aus immer tieferen Brunnen rigoros weiter abgebaut werden[493].

Das Flußwasser, das demnach immer stärker herangezogen werden müßte, um den Rest unseres Wasserbedarfs zu decken, muß jedoch den Flüssen wieder in genügender Menge und ohne thermische Belastung[494] zurückgegeben werden, um die Erde feucht und durchlässig zu halten, die Schiffbarkeit zu sichern, Fisch- und anderes Wasserleben zu garantieren und durch Nachsickern in das Grundwasser eine Verödung der Landschaft zu verhindern. Ein weiteres Wirtschaftswachstum der herkömmlichen Art würde dies jedoch zunichte machen, denn steigt der Anteil, den Landwirtschaft und Industrie zur kontinentalen Wasserverdampfung beitragen, im gleichen Tempo weiter wie in den letzten Jahren, so wird er von den heutigen 3 Prozent bis zur Mitte des nächsten Jahrhunderts auf 50 Prozent geklettert sein und damit den Frischwasserumsatz in illusorische Höhen beschleunigt haben[495]. Daß dadurch auch die restlichen intakten Ökosysteme mit ihrer unbezahlbaren Leistung auf der Strecke bleiben würden, ergibt sich von selbst[496].

Ob je unsere Kenntnisse ausreichen werden, um eine sinnvolle globale Wasserverteilung möglich zu machen, weiß man nicht. Solange aber der enorme Wasserüberschuß des Amazonasgebietes für die Sahara und derjenige der Antarktis für unsere Stahlindustrie noch ohne Nutzen ist, müssen wir uns auf Methoden besinnen, die Wasserverteilung bereits an Ort und Stelle, nämlich zwischen Boden und Luft, zu unseren Gunsten zu regulieren. Denn es unterliegt keinem Zweifel, daß die bis aufs äußerste belasteten Ökosysteme unseres heutigen Lebensraumes bei weiterer Beanspruchung zusammenbrechen werden – und wir nach und nach mit ihnen.

Der Traum von grünen Wüsten

So wie die Jäger und Sammler nach Erschöpfung eines Reviers weiterzogen und später die Völkerwanderung und die Eroberung des amerikanischen Kontinents Ventile einer Überlastung des Lebensraums waren, bemühen wir uns heute, unseren Aktionsraum über die bisherigen Siedlungsflächen hinaus auszudehnen. Rohstoffgewinnung und Nahrungsanbau werden in bisher ungenutzte, unzugängliche oder aride Gebiete unseres Planeten zu verlagern versucht. Auch was die Süßwasserressourcen betrifft, beginnen wir, wie wir nachher noch sehen werden, bisher unzugängliche Reservate weit außerhalb unserer eigenen Ökosysteme anzuzapfen.

Zur Gewinnung neuen Lebensraums bieten sich neben den Tundren und Polargebieten als wohl größte Reserven die Wüsten an, deren Bewässerung, Bepflanzung und Besiedelung noch vor kurzer Zeit niemand ernsthaft erwogen hätte. Und doch gab es dort früher einmal Kulturen, welche die sporadischen Wasserstürze in Zisternen und unterirdischen Gängen zu fassen wußten und in heute verwaisten Wüstengebieten blühende Plantagen unterhielten[497]. Viele Trockengebiete in Peru, Chile, Mauretanien, Kurdistan usw., unter ihnen auch der Negev, zählen zu den ariden und semi-ariden, also nur *wüstenhaften* Gebieten, die eigentlich einen äußerst fruchtbaren Boden besitzen, einen Boden, der die zum Pflanzenwachstum nötigen Minerale in reichem Maße enthält. Ein Eimer Wasser, die

Sporen keimen, und alles grünt und blüht. Aber auch dort, wo Mineralien fehlen, in der reinen Sandwüste, lassen sich, wie im Wüstengarten von Eilath oder vor den ägyptischen Pyramiden bewiesen, zumindest einige Spezialkulturen von Pflanzen aufziehen – sogar durch Bewässerung mit salzhaltigem Wasser. Das ist nicht verwunderlich, da ja selbst völlig »bodenlose« Kulturen zum Beispiel in 30 Meter langen, 1 Meter breiten und 20 Zentimeter tiefen Kiesbetten (Hydroponic-Kulturen) mit entsprechenden Brackwasser-Nährlösungen aufgezogen werden können[498]. Beides sind Techniken, die natürlich vor allem für meeresnahe Landstriche in Frage kommen. Wie steht es jedoch mit den meeresfernen Binnenwüsten?

Hier war es ausgerechnet die größte unter ihnen, die Sahara, welche vor einigen Jahren mit einer besonderen Überraschung aufwartete. Man entdeckte, daß dieses in Vorzeiten einst fruchtbare Land unter der Oberfläche ein gewaltiges Wasserreservoir von insgesamt sieben Hauptbecken birgt. Sieben hydrologische Systeme, zwischen Felsformationen zum Teil unter Druck eingebettet. Die seit Urzeiten fließenden Oasenbrunnen ließen zwar unterirdische Adern vermuten, aber erst durch die neueren Ölbohrungen wurde dieser Wasserreichtum tatsächlich bekannt. Man schätzt ihn auf 15 Billionen Kubikmeter Grundwasser, von denen jährlich etwa 4 Milliarden durch die Wüstenfläche hindurch verdunsten und sich offenbar aus weit entfernten Niederschlägen und Flüssen unterirdisch wieder auffüllen. *Gegen* diese vermutete laufende Erneuerung spricht allerdings, daß das Sahara-Wasser entsprechend der C^{14}-Datierung seiner Inhaltsstoffe sehr alt ist, in der Größenordnung von 10^3 Jahren, sich also nicht ständig erneuert und demnach doch nur sehr begrenzt ausbeutbar ist[499].

Ist also – zumindest solange dieses Wasser reicht – die Kultivierung nur noch ein technisches Problem? Ganz sicher nicht. Denn die Dynamik der irdischen Wasserkreisläufe weist auf eine weit größere Vernetzung mit weitreichenden Ausläufern in andere Ökosysteme hin, als sie der lokale Augenschein vermuten läßt. Nur bei genauer Kenntnis dieser Dynamik mag es in bestimmten Fällen möglich sein, dort, wo Wüste Wüste bleiben soll, das Grundwasser auf 50 Meter oder mehr abzusenken, um dafür einen anderen Teil der Sahara, d. h. Stellen mit geeigneter Bodenbeschaffenheit wieder fruchtbar zu machen[500]. Abgesehen von dem dort ebenfalls neu entdeckten Öl mangelt es gewiß nicht an Sonnenenergie für brennstofflose Generatoren, um dieses Wasser aus mehreren hundert Metern Tiefe hochzupumpen.

Eine Reihe schwerwiegender Rückschläge zeigt jedoch, ein wie kurzer Traum die Begrünung der Wüste sein kann, wenn man unter Bewässerung lediglich das Anlegen von Tiefbrunnen versteht. Die allmähliche Grundwasserabsenkung im überweideten Sahel-Gürtel durch die Anlage ganzer Brunnenstraßen hatte die Lage nach einem kurzfristigen Boom nur verschlimmert[501], und selbst in Nordamerika gibt es wieder weite Gebiete, die nach einer kurzen Scheinblüte erneut verwüstet sind, weil die angezapften unterirdischen Süßwasservorräte rasch versiegten, der vormals fruchtbare Boden nun sogar noch versalzt und damit praktisch endgültig unbrauchbar war[502]. Bei der zum Teil ja recht tief liegenden Sahara sind außerdem Erdsenkungen sowie Einbrüche vom Meer her nicht auszuschließen, sobald man dem Tiefwasser näher zu Leibe rückt. Das Abpumpen des Grundwassers in London und Mexiko City, das zu Senkungen ganzer Stadtviertel geführt hat, steht hierfür als warnendes Miniaturbeispiel[503].

Jedenfalls läßt sich in Trockengebieten auch auf brauchbarem Boden mit Wasser allein kein dauernder Anbau erzielen. Ein solcher kann an den ökonomischen Grenzen einer Extrem-Landwirtschaft, also der Transportempfindlichkeit, der Marktentfernung und der technischen Rentabilität ebenso scheitern wie an den Trockengrenzen, an solchen der Hangneigung oder der Bodenbeschaffenheit[504] und nicht zuletzt an den ökologischen Grenzen des betroffenen Systems selbst. In krasser Weise trat dies dort zutage, wo man versuchte, diese Gebiete mit unserer modernen Intensivlandwirtschaft urbar zu machen, und dabei fast jedesmal scheiterte. Hier wurden, wie etwa im Sudan, viele bisher noch halbwegs intakte aride Gebiete in kurzer Zeit vollends in Wüsten überführt[505]. In Saudi-Arabien wird durch die immer zahlreicheren Bohrbrunnen bereits mehr Wasser entnommen, als neu gebildet werden kann; und was die projektierte Bohrung von jährlich 200 (!) Tiefbrunnen in Somalia bringen wird, bleibt abzuwarten[506]. Solche unvernetzt geplanten Vorhaben finden wir nicht etwa vereinzelt, sie sind leider die Regel.

Die Begrünung der Wüsten – sicher ist sie dennoch gebietsweise mit dauerhaftem Erfolg möglich. Die arabische Wüste mit ihren Anpflanzungen zwischen dem Toten Meer und Akaba, große ägyptische und mauretanische Plantagen in den Sanddünen, die berühmten Kibuzim im Negev, ein 40 000 Hektar großes Viehzuchtgebiet im ringsum verdorrten Niger und das wieder fruchtbare Wüstengebiet von Tien-Shan entlang der Chinesischen Mauer sind Beispiele für die erfolgreiche Verwandlung heißer Trockenzonen in ertragreiche Anbaugebiete[507]. Doch all dies sind Fälle, in denen in kluger Weise *mit* der Wüste und nicht *gegen* sie gearbeitet wurde. Es gelingt nur dann, wenn mit äußerster Sorgfalt und unter Nutzung der vorhandenen ökologischen Regelkreise vorgegangen wird.

Vorläufig jedenfalls sind die Wüsten und Trockenzonen noch im Vormarsch und machen mittlerweile 45 Prozent der Landfläche der Erde aus. Die Wüste Thar ›besetzt‹ bereits ein Fünftel ganz Indiens, und allein die Sahara erobert an ihren Randgebieten jährlich 20000 Quadratkilometer hinzu. Schuld daran sind fast ausschließlich unüberlegte menschliche Eingriffe in diesen Gebieten selbst wie auch, über klimatische Veränderungen, durch manchmal weit entfernte Abholzungen, durch Grundwasserabsenkung, Pestizideinsatz und vor allem durch eine nach wie vor falsche Bewässerungstechnik[508]. Und wenn sich die Sahara in 30 Jahren bis zum Kongo ausgebreitet haben wird, dann waren vielleicht nicht zuletzt jene gutgemeinten Bemühungen daran schuld, bei denen man wieder einmal ohne Beachtung des Verhaltens komplexer Systeme einer primitiven Technologie vertraute. Schon ist eine weitere ›Patentlösung‹ für die südwestlichen Randgebiete der Sahara in Vorbereitung: die auch von der Bundesregierung unterstützte Regulierung des Senegal-Flusses und seine Nutzung für die Bewässerung der westafrikanischen Sahel-Zone. Ein Milliarden-Projekt, das ein Ende der dortigen Dürreperioden verspricht. Ob die Hoffnung erfüllt wird, mag ganz davon abhängen, inwieweit man der Gesamtvernetzung Rechnung tragen wird und z. B. die grundlegenden Arbeiten des World Watch Instituts oder die von Z. Naveh (Israel) erstmals auf eine kybernetische Basis gestellte Landschaftsökologie zu Rate zieht[509].

Ein subtiles Zusammenspiel

Die beste Wassernutzung ist eben nur einer von vielen Faktoren des kybernetischen Zusammenspiels in dem betroffenen Ökosystem. Daß schon eine Mißachtung der lokalen Bodendynamik oft die bestgeplante Bewässerung zum Scheitern verurteilen kann, liegt einfach daran, daß wir die Leistung oft winziger Faktoren des Bodenlebens zu gering einschätzen. Ein eindrucksvolles Beispiel bieten die kleinen Wüstenasseln *Hemilepistus reaumurii* in der Wüse Negev, über die ich an anderer Stelle schon einmal berichtet habe[510]. Die Bohrleistung dieser kleinen Lebewesen ist so enorm, daß alle 25000 Jahre der gesamte Negev bis zu einer Tiefe von einem halben Meter einmal durch ihren Körper hindurchgeht. Unter Einsatz ihrer aus gut 80 Mitgliedern bestehenden ›Großfamilien‹ bohren sie 50 Zentimeter tiefe Löcher in den Boden, wobei sie den dort immer etwas feuchteren Sand durch sich hindurchschleusen, also gleichzeitig trinken, essen, arbeiten und verdauen. Der Boden erfährt dadurch eine gute Durchlüftung wie auch eine Struktur- und Nährstoffverbesserung, ohne die wiederum die spärlichen Pflanzen, von denen die Wüstenasseln leben, überhaupt nicht existieren könnten[511].

Solche Vorgänge der Bodendurchlüftung, des Einbringens von Humusstoffen und des Aufschließens von Mineralien (durch Mikroorganismen) sind natürlich erst recht entscheidend, wenn hier der Umsatz verstärkt werden, also ein Anbau erfolgen soll. Auch hier mag eine Dauerbewässerung genau das Verkehrte sein, denn nun erübrigt sich für die Kleinlebewesen das Bohren in feuchtere Schichten. Die Lockerung des Bodens unterbleibt, die Kapillartätigkeit vermindert sich, das Wasser dringt nur wenig unter die Oberfläche, verdunstet dort in einer dünnen Schicht, hinterläßt Salze, und in kurzer Zeit ist der Boden versiegelt, seine Vitalität erloschen, und auch intensive mechanische Bearbeitung nützt nun nicht mehr viel. So ist es gerade bei reichlicher Bewässerung oft ein Problem, daß das von den Pflanzen nicht aufgebrauchte Wasser in tieferen Bodenschichten Salze löst, die dann an der Oberfläche zu immer dickeren Krusten auskristallisieren. Es entstehen alkalische Brackmoraste, in denen die Pflanzen verdorren, weil ihre Wurzeln das Wasser nicht mehr aufsaugen können. Allerdings wirkt hier die Zufuhr organischer Stoffe, zum Beispiel von Zuckermelasse, manchmal direkt Wunder. Eine gründliche Bodenvorbereitung ermöglicht dann – vor allem bei wassersparenden Methoden wie der automatisch gesteuerten Tropfbewässerung, die nur die Wurzelzone befeuchtet – durchaus reiche Ernten in ehemaligen Wüsten[512].

Es ist schon grotesk, daß unserer Zivilisation erst mühsame wissenschaftliche Forschungsarbeiten diese Zusammenhänge nahebringen müssen, wenn wir bedenken, daß der Mensch offenbar einmal in der Lage war, dieses Zusammenspiel intuitiv zu erfassen. Denn, wie bereits angedeutet, unterhielten die Bewohner schon vor mehreren tausend Jahren in den gleichen Gebieten einen respektablen Anbau unter kluger Nutzung kybernetischer Technologien. So erhebt sich zum Beispiel mitten in der zerklüfteten Trockenheit der Wüste Negev ein Berg, auf dem die Reste einer alten Nabatäer-Stadt sichtbar werden. Hier, in Avdad, lebten vor mehr als 2000 Jahren viele tausend

Menschen, umgeben von fruchtbarem Land, von Gärten und Plantagen. Die damaligen Bewohner, anders kann man ihre Zivilisation nicht erklären, müssen die wenige Male im Jahr herabstürzenden Wassermassen, die innerhalb weniger Stunden ungenutzt durch die Wadis schießen, in einem ausgeklügelten Bewässerungssystem nutzbar gemacht haben. Und in der Tat zeigten Ausgrabungen ausgedehnte Höhlensysteme, riesige Zisternen und Leitungsanlagen unter der Erdoberfläche.

Ganz nach diesem Vorbild geht man seit einiger Zeit in Wüstengebieten – und in naher Zukunft wohl auch bei uns – zur Pipeline-Bewässerung über und zu unterirdischen Kanälen, von denen aus die bepflanzten Erdschichten und nicht die trockene Luft (mit einem Verlust von oft 90 Prozent des Wassers) befeuchtet werden. Ganz abgesehen von großen Gewächshäusern mit einem selbstregulierenden Wasserkreislauf, die auf dem gleichen historischen Boden entstehen[502], kann man auch im Freien die nötige Bewässerung mit schon länger bekannten Kniffen bis auf ein Hundertstel reduzieren: durch Bedecken ganzer Anbauflächen mit Plastikfolien oder mit in 1–2 Meter Höhe installierten Kunststoffnetzen (Hoechst) und durch Besprühen von Sanden mit Kunststoffgeweben, die ein Abdunsten der Feuchtigkeit in die Atmosphäre verhindern oder den Sand zu einer fast schwammartigen Wasserrückhaltung befähigen[513].

Da übrigens die normale Wasserverteilung zwischen Boden und Luft stark zugunsten der Luftfeuchtigkeit verschoben ist, führt dies zu einem kaum beachteten natürlichen Reservoir. Man vergißt allzu leicht, daß sogar in Wüsten die Atmosphäre noch beträchtliche Wassermengen enthält, die man theoretisch wieder dem Boden zuführen könnte. Selbst in Zentralaustralien, einem der trockensten Gebiete unserer Erde, speichert die Luft noch einen Teelöffel Wasser pro Kubikmeter.

In der Namib-Sandwüste sammelt so der afrikanische Mehlkäfer bis zu 34 Prozent seines Gewichts an nächtlichem Tau – durch Kühlung seines Hinterleibs. Ja, er kondensiert die Feuchtigkeit sogar an den Kanten von etwa 1 Meter langen feinen Gräben, die er zu diesem Zwecke zieht und dann am Tage wieder ›aberntet‹[514]. Auch die Pflanzen, meist sukkulente Arten, haben dort einen Mechanismus entwickelt, den Wechsel zwischen heißem Tag und kühler Nacht zur Wasserspeicherung zu nutzen[515]. Eine ›Quelle‹, die nicht nur von Insekten und pflanzlichen Zellmembranen, sondern mit Sicherheit auch von früheren Zivilisationen genutzt wurde, denn im Negev fand man

10 Meter hohe Tau-Pyramiden aus Felsblöcken, die offenbar in der Abendkühle in der Art von Kondensatoren wirkten. Die ersten, diesem Prinzip nachgebauten Taufallen aus Polyäthylen haben sich in der Tat bewährt. Die Plastikfolie sammelt pro Quadratmeter in einem Sommer 20 bis 30 Liter Wasser, eine Menge, die zum Beispiel für die Entwicklung junger Baumpflanzen bereits ausreicht. Diese und eine Reihe weiterer Methoden[516] bewirken nichts anderes als eine Umlenkung der Feuchtigkeit von der Luft über den Boden in die Pflanze und wieder in die Luft, ohne daß das klimatische Gleichgewicht dadurch gestört würde. Ob wir in ähnlich genialer Weise auch das Wasserproblem im Großen lösen können?

Gewaltoperationen statt kybernetischem Management

Unser Ausflug in die Wassernöte der Trockengebiete erschien mir wichtig, weil man oft erst an den Extremen deutlich erkennt, wo auch im gemäßigten Bereich die Crux liegt. So lehrt uns der globale Wasserkreislauf, daß man weder die Dynamik dieses Lebenselements isoliert betrachten darf noch vorne etwas wegnehmen kann, ohne hinten etwas hinzuzufügen – weder im Kleinen noch im Großen. Es ist höchste Zeit, dies zu erkennen, erreichen doch die von uns beeinflußten Wasserbewegungen mittlerweile globale Ausmaße. Stauwerke, Industrieverbrauch und Abwärme, Veränderung der natürlichen Vegetation, Trockenlegung von Sümpfen, Ausbeutung der Grundwasserreserven und landwirtschaftliche Bewässerung haben Wasserhaushalt und Wärmebilanz auf unserer Erde in den letzten 30 Jahren spürbar verändert.

Dies betrifft zum einen die gestörte Ökologie der Weltmeere selbst, auf die wir im nächsten Kapitel noch eingehen werden, aber auch die Veränderung vieler kleinerer Gewässer, wie den nachlassenden vertikalen Wasseraustausch der Ostsee, ihre Salzanreicherung und Sauerstoffverarmung[517] bis zur zunehmenden Verseuchung und dem »großen Sterben am Baikalsee«[518] und von dort bis zum bereits umgeschlagenen Toten Meer, dessen Schicksal einer raschen Austrocknung durch die steigende Wasserentnahme am oberen Jordan besiegelt scheint[519].

Zum anderen geht es aber auch um indirekte Effekte. Wie sehr zum Beispiel der Wärme- und damit Wasserhaushalt der Erde allein durch Oberflächenveränderungen beeinflußt werden kann, zeigt schon die äußerst unterschiedliche Abstrahlung der Sonnenenergie, die auf frischen Schneeflächen 80 bis 90 Prozent beträgt, auf Meereis dagegen 50 Prozent und über normalen Landflächen im Durchschnitt 10 Prozent. Eine eisfreie Oberfläche in der Arktis würde so zum Beispiel schlagartig den gesamten Wärmetransport verändern. Die Hochdruckbrücke über dem Pol und das berühmte Aleutentief würden sich ebenso ändern wie die damit verbundenen starken Winde, ganz abgesehen von den ungeheuren Mengen an Schmelzwasser, die alle zusammengenommen den Weltozeanspiegel um über 60 Meter ansteigen lassen würden.

Ähnlich würde auch die Kultivierung einer Wüste zum Schildbürgerstreich, wenn durch die veränderten Temperatur- und Feuchtigkeitsbedingungen sich etwa großräumige Winde, wie die Monsune, verschieben und andere, weit umfangreichere und bereits dicht besiedelte Alt-Gebiete durch neuauftauchende Überschwemmungen oder Dürreperioden veröden müßten[520].

In genau dieser drastischen Weise wird aber Brasiliens Urwaldökologie zur Zeit durch Rodung zerstört, verbrannt im Namen des Fortschritts. Da dieses delikate Ökosystem für Gesamt-Südamerika und darüber hinaus für die Aufrechterhaltung globaler Kreisläufe eine immense Bedeutung hat, haben sich inzwischen die Vereinten Nationen – mit ihrem leider immer nur sehr geringen Einfluß – eingeschaltet, um entsprechende Katastrophen zu verhindern[521]. Doch nichts scheint die dem Wahnwitz verfallenen Konzerne – darunter auch deutsche – daran zu hindern, an dem Kahlschlag der Urwälder, jener Hauptsauerstoffspender, -süßwasserspeicher und -wasserregulatoren der Erde, kräftig mitzumischen[522], was meist mit dem Bau eines Straßennetzes beginnt und mit dem völlig absurden Versprechen einer Urbarmachung »jungfräulichen Bodens zum Nahrungsanbau für hungernde Menschen« endet[523].

Ausführliche Berichte schon aus den sechziger Jahren zeigen die traurige Realität einer solchen ›Erschließung‹ tropischer Waldregionen, deren Fruchtbarkeit bei der äußerst dünnen Mutterbodenschicht schon zwei bis drei Jahre nach dem Abholzen verschwindet – eine Tatsache, die inzwischen durch zahlreiche agrarwissenschaftliche Untersuchungen am Ort bestätigt wurde[524]. Dies sei nur erwähnt, um anzudeuten, wie ernsthaft man die Folgen einer jeden Urbarmachung von bisher nicht besiedelten Landstrichen heute durchdenken muß. Die Abhängigkeit der restlichen Welt mit ihren durch die dichte Besiedelung schon bis zum äußersten strapazierten Ökosystemen von einer ungünstigen Beeinflussung durch globale Störungen ist heute weit größer als je zuvor[520].

Ein weiteres, ebenso trauriges Kapitel unkybernetischen Managements in punkto Wasserhaushalt betrifft die kurzsichtige ›Urbarmachung‹ unserer wenigen noch verbliebenen Moore und Feuchtgebiete für einen oft nur zweifelhaften Profit. Wegen ihrer hohen Bedeutung für alles Lebendige als Raststätte und Lebensraum ganzer Nahrungsnetze, vor allem der Wasservögel, und durch diese wiederum als unbezahlbare Regulationszellen inmitten einer industrialisierten Landschaft sind diese Oasen eben alles andere als nutzloses Ödland[525]. Schon bei einem Flächenanteil von 2 bis 5 Prozent und entsprechender Streubreite sind sie ein unentbehrlicher Stabilisierungsfaktor für die umliegenden Flächen – die Everglades in Florida und die Swamps in Louisiana genauso wie etwa die Feuchtgebiete im Lech-Donauwinkel, in der Binger Rheingegend, in Niedersachsen, den Elbe-Auen bei Lauenburg oder dem ostfriesischen Wattenmeer[526].

Wir sollten nicht vergessen, daß vieles, was uns an Überraschungen in der Umwelt begegnet, etwa eine plötzliche Erosion großer Anbaugebiete trotz ständiger Nährstoff- und Wasserzufuhr oder Hungerkatastrophen durch plötzliches Absinken des Grundwassers trotz gutgemeinter Entwicklungshilfe, seine Ursache in indirekten Wirkungen hat. In Zeitverzögerungen, Umkipp-Effekten und anderen typischen »Verhaltensweisen« natürlicher Systeme, wie ich sie in den ersten Kapiteln dargelegt habe. Es sind Ereignisse, die nicht durch einfache Logik zu erklären sind, sondern die ihren Ursprung in der meist unsichtbaren Vernetzung haben, welche die Glieder eines Systems verbindet. Wird irgendein Systembereich nachteilig verändert, stirbt irgendeine Wildpflanze oder ein Kleinlebewesen aus, so meist nicht, weil wir etwa genau dort eingegriffen hätten. Hier haben lediglich indirekte Rückkoppelungen dafür gesorgt, daß das gesamte Netz sich wieder nach und nach neu ordnet – und dies oft zum Nachteil des Verursachers[44]. Damit will ich nur noch einmal in Erinnerung rufen, daß ein System eigene Gesetzmäßigkeiten hat, die eben ganz andere sind, als wir sie von seinen Teilen alleine kennen.

Während man so mit kleinen Stauseen gelegentlich sogar das ökologische Gleichgewicht stabilisieren kann, greift man bei größeren Projekten oft so entscheidend in bestehende Regelkreise ein, daß die dadurch veränderten Bedingungen in ganz andere Richtungen als die erwarteten steuern. Etwa beim Assuan-Staudamm-Projekt in Ägyp-

ten, welches wie viele ähnliche Pläne grundlegende ökologische
Überlegungen vermissen ließ. In 15 Jahren für 4 Milliarden DM
erbaut, wurde sein Effekt von der Bevölkerungswoge überschwemmt, noch ehe er ganz fertig war: Er vergrößerte Ägyptens
Anbaufläche vorübergehend um 30 Prozent, während Ägyptens Bevölkerung noch während der Bauzeit bereits um 35 Prozent zugenommen hatte. Das nährstoff- und schlammarme Stauwasser verlangte auf
einmal teure künstliche Düngung im Niltal und zerstörte zunehmend
die Flußufer. Die Dauerbewässerung versalzte die Felder, das fruchtbare Delta an der Flußmündung hörte auf, weiterzuwachsen, und man
befürchtet, daß die Ernteerträge in den achtziger Jahren sogar unter
den Stand vor dem Dammbau zurückfallen werden[527].
Unerwartete Kosten aber nicht nur für die Landwirtschaft. Auch die
Küstenfischerei (vordem jährlich allein 18 000 Tonnen Sardinen)
wurde durch den Nährstoffmangel vorübergehend ausgelöscht, und
selbst der Hausbau wurde zum Problem, als die billigen Ziegel aus
gebranntem Nilschlamm plötzlich nicht mehr zur Verfügung standen[528]. Die Verdunstung des Stausees übertraf außerdem alle Berechnungen – unter anderem durch die sich in den anschließenden Kanälen ausbreitenden Wasserhyazinthen, die zudem noch zur Brutstätte
der die Bilharziose übertragenden Schnecken wurden. Sowohl die
Wasserpflanzen als auch diese Schnecken erforderten den Einsatz
von Giftstoffen, die weiterhin das ökologische Gleichgewicht zu verschieben begannen[529]. Auf die naheliegende Idee, aus der Not eine
Tugend zu machen, die Wasserhyazinthen zur Wasserreinigung wie
auch als biotechnologischen Rohstoff für die Gewinnung von Biogas
und Proteinen zu ernten, wie dies auf dem amerikanischen Kontinent
nunmehr anläuft[335], besinnt man sich auch hier wieder erst, nachdem
das klassische technokratische Vorgehen nur Fehlschläge und
Kosten gebracht hatte[527].
Der Bau des Assuan-Staudamms, den wir hier einmal als Musterbei-
spiel einer den Systemzusammenhang vernachlässigenden Planung
herausgestellt haben, war also, obwohl vor wenigen Jahren noch als
großartige menschliche Tat zur Rettung des Landes proklamiert,
keine Lösung, sondern er hat das große Problem der Wasserknapp-
heit lediglich hinausgeschoben, dafür aber viele kleine Probleme
neu geschaffen[530]. In neueren Plänen wird nun überlegt, ob man vielleicht durch die Anlage eines Nebenkanals oder durch ein Abpumpen des Schlamms aus dem Staubecken oder durch stärkeren Abfluß
unter Verkleinerung des Stausees den immer mehr auf Kunst-

dünger angewiesenen Feldern wieder kostbaren Nilschlamm zuführen könnte. Hier sind also vielleicht noch Korrekturen, wenn auch kostspielige, möglich. Die Praxis zeigt jedenfalls, daß eine kluge Nutzung der bereits gegebenen Möglichkeiten eines Ökosystems auf die Dauer weit mehr bringt als eine unbekümmerte Veränderung – auch wenn diese momentan Gewinn abwerfen sollte.

Doch wer glaubt, daß die Ingenieure von der Assuan-Lektion gelernt hätten, der irrt. Weder für den Bau des Cabora-Bassa-Staudamms am Sambesi, der die Ökologie der Landschaft positiv verändern sollte, ist dies der Fall – die ersten Katastrophen bahnen sich auch hier bereits an[531] – noch für die Erschließung des Okawango-Beckens – die vorliegenden Pläne versprechen schon jetzt eine Pleite insbesondere für die fruchtbare Delta-Region[532]. Und wie der Assuan-Staudamm schon nach wenigen Jahren, hat nun der Kariba-Staudamm in Simbabwe-Rhodesien – wenn auch mit etwas größerer Zeitverzögerung, nämlich 20 Jahre nach seiner Fertigstellung – gewaltige ökologische Schäden nach sich gezogen, so daß auch die dortigen, einst bevorteilten Bewohner inzwischen auf immer stärkere Hilfe von außen angewiesen sind[533]. Die Ingenieure aber sind nicht zu bremsen. Trotz bitterer Kritiken begann die Arbeit an einem neuen Bewässerungsprojekt, dem Jonglei-Kanal im Sudan, dessen verwüstender Effekt auf die umliegenden Weidegebiete schon jetzt abzusehen ist[534], und auch bei der schon erwähnten Senegal-Regulierung kümmert man sich intensiver um die Beschaffung der nötigen finanziellen Mittel als um eine den Einsatz dieser Mittel überhaupt erst sinnvoll machende kybernetische Untersuchung der beteiligten komplexen Systeme.

Ein noch gewaltigeres Projekt ist inzwischen für den Mekong in Indochina in Planung, das die gleiche ökologisch-ökonomische Borniertheit wie bei den bisherigen Projekten erwarten läßt. Die Folgekosten eines großen Dammes im Süden Indiens, der zwar das Wasserangebot erhöht hat, aber die Erde alkalisch machte und damit das Gleichgewicht der Spurenelemente in der Nahrung stört, sind inzwischen ruinös. Die tragische Folge allein dieser kleinen Verschiebung ist eine sich epidemisch ausbreitende Krankheit, das *Genu valgum*, die junge Menschen innerhalb kurzer Zeit zu Krüppeln macht[535].

Das Hauptproblem bei all diesen Fehlplanungen liegt darin, daß man zwar hochqualifizierte Experten heranzieht, aber eben nur hochqualifiziert, was ihr Fach betrifft. Von allem, was über ihr Fach hinausgeht, haben sie natürlich keine Ahnung. Ganz zu schweigen von einem Überblick über die kybernetischen Zusammenhänge ihres

Projekts. Ein Übel, an dem praktisch alle Großplanungen heute scheitern – bis hin zur Kernenergie. »Ein Spezialwissen«, so kommentierte es einmal P. Dürr, der Nachfolger auf dem Lehrstuhl von Werner Heisenberg, »fördert das Urteilsvermögen nicht unmittelbar. Die Konzentration auf bestimmte Details kann im Gegenteil sogar ein ausgewogenes Urteil behindern[733].«

Statt die Wasserkrise an der Wurzel zu packen, nämlich an dem ohnehin bald nicht mehr durchzuhaltenden Wachstum unserer Großindustrien und einem Umschwung zu kleinräumigen, systemrelevanten, an die Umwelt sich anpassenden und dadurch auch von ihr profitierenden Produktionen und Gestaltungen, wie sie in diesem Buche zur Genüge angesprochen sind, kuriert man wie auf allen anderen Gebieten nur an Symptomen herum. Auch in der Sowjetunion, wo man ähnlich eingreifende Verschiebungen des Wasserhaushaltes plant, denkt man da offensichtlich nicht anders. Obgleich es sich dort eher um Korrekturen bisheriger ›Sünden‹ handelt, ist es fraglich, ob man sich auf den Nutzen besinnt, den auch dabei die Einbeziehung einer mehr kybernetischen Betrachtungsweise haben könnte. Denn hier sind die Zusammenhänge besonders komplex, und gerade deshalb für eine Systembetrachtung recht interessant:

Es geht darum, den abgesunkenen Wasserspiegel des Kaspischen Meeres dadurch wieder anzuheben, daß man einige in die Arktis fließende Ströme, wie den Irtysh, den Yenisei und den Tobol, nach Süden umleitet und auch das Wasser der unzähligen nordrussischen Seen der Wolga zukommen läßt[536]. Auf der einen Seite hofft man, dadurch das ökologische Gleichgewicht wiederherzustellen, das in den zentralasiatischen Republiken durch die Landbewirtschaftung und die Industrialisierung mit ihrem enormen Wasserbedarf gestört wurde. Ob aber diese Wiederherstellung die Rückwirkungen auf das Klima im Norden, die durch die Umleitung der Flüsse zu erwarten sind, wieder aufwiegen wird, dürfte noch keineswegs sicher sein. Und schließlich beeinflußt dieser Plan schon wieder einen weiteren, der das Kaspische Meer über eine 700 Kilometer lange Kanalstrecke mit dem Asowschen Meer und über dieses mit dem Schwarzen Meer verbinden will. Der durch immer ausgedehntere Industrie- und Wasserkraftwerke verringerte Zufluß aus dem Don und dem Kuban ins Asowsche Meer hat nämlich auch dessen Spiegel inzwischen sinken lassen, was bereits einen Rückfluß von salzigem Wasser aus dem Schwarzen Meer bewirkt hat[537] und immer gravierendere Umweltprobleme aufwirft[538]. Daß hier selbst der neuentdeckte riesige

See unter der Karakum-Wüste auch wieder nur vorübergehend – vielleicht bis zur Jahrhundertwende – die Wasserversorgung für dort anzulegende Weideflächen sichert, mit wiederum unvorhersehbaren indirekten Folgen, sei hier nur am Rande vermerkt.

Letzte Reserven: Eisschmelze und Meerwasserentsalzung

Um das weite Spektrum der Wasserpläne unserer durstigen Industriegesellschaft zu vervollkommnen, darf an den beiden praktisch noch versiegelten Reserven, die allerdings verführerisch zu ihrer Nutzung locken, wohl nicht vorbeigegangen werden: den Eismassen der Antarktis und dem Meerwasser. Schon um die Jahrhundertwende versuchte man, größere Eisberge, in der Antarktis aufgefischt und geentert, per Dampfschiff an die peruanische Küste zu schleppen. Nach dem Auftauen sollten sie kostbares Süßwasser für das Callao-Trockengebiet liefern. Das gefrorene Süßwasser kam zwar ohne großen Verlust an, sein ›Abbau‹ (so müßte man bei Eisbergen wohl sagen) erwies sich jedoch als technisch so schwierig, daß nur ein winziger Bruchteil das Land erreichte. Das erfolglose Unternehmen, so faszinierend und so sehr es auch seiner Zeit voraus war, geriet daher bald in Vergessenheit.

Inzwischen hat dieser erste Versuch, das größte Süßwasserreservoir unserer Erde anzuzapfen, eine Renaissance erlebt. Der Vorrat der Antarktis – es sind schließlich 92 Prozent aller Eismassen der Erde (!) – ist in der Tat gewaltig. Würden sie restlos schmelzen, so stiege, wie erwähnt, der Spiegel der Weltmeere allmählich um über 60 Meter an, und hunderte von großen Städten, Industrie- und Anbaugebieten an den Küsten der Kontinente würden im Meer verschwinden. Wohl kaum größere Rückwirkungen hätte dagegen ein Abschmelzen zur Süßwassergewinnung in der Nähe von Trockengebieten, solange nur die sowieso ins Meer abbrechenden Gletscherblöcke transportiert würden. Denn diese lassen ohnehin jährlich ebensoviel Süßwasser in den Ozean ab, wie es der gesamten Niederschlagsmenge der Vereinigten Staaten entspricht. Man könnte also die in Polargewässern driftenden Eisberge in großer Menge wie Flöße rasch zu trinkwasserarmen Gebieten schleusen, wie dies 1977 zumindest vorübergehend für Saudi-Arabien und Kalifornien erwogen worden war[539]. Für ein erstes großtechnisches Pilot-Experiment wird jedoch wohl eher das näher am Südpol gelegene Australien in Frage kommen. Zur Zeit liegen jedenfalls die Eisbergprojekte wieder mal auf Eis. Da man jedoch inzwischen durch Satellitenaufnahmen etwas mehr über die Wanderstrecken und Abschmelzvorgänge großer Eisberge weiß, werden die dazu von mehreren Forschergruppen und Regierungen in Angriff genommenen Pläne sicher noch des öfteren auf den Tisch kommen[540].

Neben diesen ökologisch und auch technisch noch nicht voll ausgereiften Projekten drängt sich bei der steigenden Wassernot der schier unerschöpfliche, wegen seines Salzgehaltes nicht direkt nutzbare Vorrat der Weltmeere selbst immer mehr in den Vordergrund. Denn hier im Meer liegt der einzig verwirklichbare Zuschuß zu unserem Wasserhaushalt. Wie sind hier die Aussichten? Die Lösungswärme der Meeressalze beträgt 0,67 Kilokalorien (2,81 Kilojoule) pro Liter Wasser. Diese Energiemenge müßte also pro Liter in die Entsalzung hineingesteckt werden. Die naheliegende Methode der Destillation – sie benötigt 540 Kilokalorien pro Liter (2262 Kilojoule), also etwa das Achthundertfache – wäre somit für die Praxis undiskutabel, wenn man nicht einen großen Teil der hineingesteckten Wärme bei der Kondensation, beim Abkühlen zurückgewinnen würde, indem man sie zum Aufheizen neuer Wassermengen verwendet. Inzwischen laufen nach diesem Prinzip in der Welt über tausend Entsalzungsanlagen, von denen allein in Kuwait, wo das Öl zum billigen Aufheizen aus dem Boden sprudelt, an die hundert stehen, in England und den USA jeweils mehrere hundert.

Bereits zehn Jahre nach der Verabschiedung der schon erwähnten Wassercharta waren gut 600 verschiedene Patente erteilt worden – von dem Prinzip der ersten Kuwait-Anlage, einer Blitzdestillation von vielen Stufen, über das an die Nutzung der Eisberge erinnernde Gefrierverfahren im israelischen Eilath oder die Elektro-Osmose, die vor allem in Japan so erfolgreich ist, bis hin zu kompletten Entsalzungsschiffen, die, auf der Quelle selbst, täglich 2000 Tonnen Süßwasser produzieren können[541]. Da die Kosten für Grund- und Quellwasser steigen, die Kosten für entsalztes Meerwasser jedoch ständig sinken, dürfte in den achtziger Jahren die Meerwasserentsalzung wohl in vielen Fällen zur billigsten Süßwasserquelle und damit auf einmal auch für die gemäßigten Zonen interessant werden, zumal hier noch eine Reihe interessanter Techniken im Kommen sind[542]. Vor allem die bei weitem idealste Lösung, nämlich die immerwährende Sonnenenergie zur Destillation einzusetzen, was lange Zeit an dem Aufwand einer solchen Anlage zu scheitern schien, findet zu immer eleganteren Verfahren[543]. Eine der ersten und größten Anlagen dieser Art läuft bereits seit Jahren auf der griechischen Insel Patmos. In Zukunft dürften sich jedoch ausgedehnte Kunststoff-Folien über dem Meer selbst, in Schrägneigung und mit Auffangrinnen, wegen der dort fast unbegrenzt großen Kondensationsoberfläche am wirtschaftlichsten erweisen. Diese von mir bereits in den sechziger Jahren vorgeschlagene Methode ist allein schon wegen der bei anderen Entsalzungsanlagen anfallenden Salzsole, die ein neues Abfallproblem aufgeben könnte, vorzuziehen. Sonnenkraftanlagen arbeiten übrigens ökonomisch in bezug auf Angebot und Nachfrage: Je heißer das Wetter, d. h. je größer die Nachfrage nach Wasser, desto höher ist auch die Produktion.

Alle bisher erwähnten Anlagen liefern jedoch destilliertes Wasser, das für industrielle und landwirtschaftliche Zwecke nicht nötig ist und wegen fehlender Spurenelemente und Mineralstoffe zum Trinken sogar höchst unerwünscht. Wie steht es also mit weniger radikalen Entsalzungsmethoden? Neben der Elektrodialyse, mit der selbst unter der Erde Brackwasservorkommen in getrennte Zonen von Süßwasser und salzreichem Wasser geschieden werden können[544], ist vor allem die umgekehrte Osmose im Kommen, bei der salzhaltiges Wasser unter Druck durch Kunststoffmembranen gepreßt wird, in denen das Salz zurückbleibt. Einige Anlagen dieser Art bestehen bereits in Israel, den USA und Saudi-Arabien mit bis zu 50 000 cbm Tagesleistung, die allerdings kein Meerwasser, sondern salziges Brackwasser reinigen[545]. Die kleinste, mit umgekehrter Osmose arbeitende Anlage läßt sich von einer Art Heimtrainer-Fahrrad antreiben und liefert immerhin einen Liter Trinkwasser pro Minute[546].

Von besonderem Interesse, weil praktisch *ohne* Energieaufwand zu betreiben, ist die Installation von Anlagen, in denen die roten Bakterien *Halobacterium halobium* (die sich schon normalerweise in extrem salzhaltigen Wassern, z. B. des Toten Meeres aufhalten) unter Nutzung des Sonnenlichts kontinuierlich Meerwasser entsalzen. Ein Prinzip, das zur Zeit von NASA-Ingenieuren erprobt wird[547]. Im Verbund mit einem Kernreaktor ließe sich ein noch ungewöhnlicheres Verfahren einsetzen: die magnetische Abtrennung des Salzes, nachdem es durch Strahlung ionisiert wurde. Bei hohen Durchflußgeschwindigkeiten führt der Prozeß durch Hintereinanderschaltung weniger Stufen zu völlig salzfreiem Wasser. Eine schon recht verbreitete Möglichkeit bieten schließlich Entsalzungsanlagen mit Ionenaustauschermembranen, von denen bereits eine Reihe großer Anla-

gen in Japan in Betrieb sind und dort gleichzeitig 13 Prozent des Salz-
verbrauchs decken[548]. Auch diese Methode funktioniert im Taschen-
format. Läßt man durch Patronen, die mit einem ionenaustauschen-
den Harz gefüllt sind, Meerwasser laufen, so tritt es unmittelbar als
Süßwasser wieder aus. Eine ideale Lösung für Notfälle und die
rasche Gewinnung kleinerer Trinkwassermengen.

Erstaunlicherweise scheint der alte Moses uns hier bereits etwas vorexerziert zu haben. Auf dem Wege ins Gelobte Land machte er das
bittere Wasser des Sees Mara durch Eintauchen herumliegender Höl-
zer genießbar. Die durch die Wüstensonne teilweise oxydierte Zellulose des Holzes mag durchaus wie der Inhalt einer solchen Austau-
scherpatrone gewirkt und die Salzionen gebunden haben[549].

Transportmittel der Industriegesellschaft

All die genialen Verfahren, Anstrengungen und möglichen Hilfen bei
der Wasserversorgung für eine anwachsende Menschheit mit wachsenden Ansprüchen werden natürlich vergeblich sein, wenn es uns
nicht gelingt, außer dem quantitativen Problem auch das der Qualität
in den Griff zu bekommen, jenen zweiten Eingriff in den Wasserhaushalt, der alle diese Bemühungen zunichte machen kann: die zunehmende Benutzung des Wassers für all die flüssigen, löslichen und
breiigen Abfälle unserer Industriegesellschaft.

Als Flüssigkeit und damit als ein sich selbst transportierendes Gut ist
das Wasser durch die Fluß-, Kanal- und Leitungsnetze mit jedem
Gewerbe und jedem Haushalt direkt verbunden. Hier hat in der Tat
jedes Unternehmen bis hinunter zur einzelnen Privatperson seinen
eigenen, kostenlosen ›Gleisanschluß‹ für Abfalltransport. Allein in
der Bundesrepublik nimmt das Wassernetz pro Kopf und Jahr die
unglaubliche Menge von 500 Kilogramm Abwasserschlamm-Trok-
kengewicht (doppelt soviel wie die Menge des gesamten Siedlungs-
mülls) auf. Weit über die Hälfte davon aus Industrie und Gewerbe,
von den meist gar nicht erfaßten Ausschwemmungen der Landwirtschaft ganz zu schweigen[550]. Allein diese Inhaltsstoffe der deutschen
Abwässer würden, über die Schienen transportiert, Tag für Tag einen
von Bonn bis Peking reichenden Güterzug benötigen, bestehend aus
einer halben Million Waggons – der zudem noch Jahr für Jahr um
15 000 Waggons länger würde.

Diese ungeheure Transportleistung (damit erklärt sich auch das

Zögern der Industrie, an diesem Zustand etwas zu ändern) nimmt uns unser Fluß- und Grundwassersystem diskret und kostenlos ab – und geht daran zugrunde. Ganze Flußsysteme sind inzwischen tot. Sie enthalten keine Fische mehr, auch kaum noch Mikroorganismen, die sonst einen Großteil der Abfälle verdauen. Das Wasser beginnt zu stinken. Und hätten wir, wie noch vor einem Jahrzehnt geplant, den Bestand unserer Kraftwerke nach den Vorstellungen der Elektrizitätsgesellschaften ausgeweitet, so wäre heute bereits auch die Kühlkapazität der deutschen Flüsse erschöpft und damit ein ökologisches Desaster eingetreten. Denn Temperaturerhöhungen um wenige Grad verändern Sauerstoffgehalt, pH-Wert und oft radikal die Mikroflora und damit den Abbau von Schmutz- und Giftstoffen und die Regenerationsfähigkeit von Gewässern (vgl. die Behandlung des Abwärmeproblems in Kap. 15 »Kerntechnik«). Auf welche Weise zum Beispiel unser Nachbar Frankreich bei der geplanten Zupflasterung der Rhone-Ufer mit Kernkraftwerken das Abwärmeproblem lösen will, bleibt daher ein Rätsel. Es sei denn, daß es dort, ähnlich wie bei der Überschall-Luftflotte der Concorde, nur um die Erstellung von nationalen Prestigemonumenten geht, die dann irgendwann wieder eingemottet werden.

Die Bilanz der Giftstoffbelastung unseres Wassers ist jedenfalls deprimierend. Die Sedimente der deutschen Fließgewässer enthalten an Schwermetallen wie Cadmium, Quecksilber und Blei zwischen dem 30fachen und 300fachen der normalen Konzentration[551], wobei gerade in den Sedimenten wieder biochemische Umsetzungen stattfinden, bei denen zum Beispiel das eingebrachte Quecksilber durch methanbindende Bakterien in die noch weitaus giftigeren Methyl-Quecksilberverbindungen umgewandelt wird[552]. Im Rhein sind zwar in den siebziger Jahren z. B. Quecksilber und Chrom etwas zurückgegangen, dafür ist aber das noch weit gefährlichere Cadmium stellenweise angestiegen[553], und jedes Jahr werden rund 200 *neue* chemische Substanzen in den Fluß geleitet, unter denen die Schadstoffe nur mühsam zu erkennen und bei der Wasseraufbereitung zu erfassen sind. Denn nach Angaben von Experten enthält der Fluß über 50 000 chemische Verbindungen, wobei seine jährliche Fracht allein an den sieben giftigen Schwermetallen (Chrom, Kupfer, Zink, Cadmium, Quecksilber, Blei und Arsen) insgesamt im Jahr rund 20 000 Tonnen beträgt[554]. Von den auch allmählich in das Trinkwasser diffundierenden krebserzeugenden Stoffen oder den täglich 60 000 Tonnen Salz ganz zu schweigen[555].

Da auch hier über die Wirkung von Eingriffen in komplexe Systeme zu wenig bekannt ist, sind, wie nun auch der *Rat von Sachverständigen für Umweltfragen* feststellte, die meisten Probleme durch die Folgen nicht abgestimmter Maßnahmen entstanden[556]. Was die gesamtökologischen Folgen dieser Mißhandlung eines der lebenswichtigsten Reservate betrifft, sind sie jedoch nur die Spitze eines Eisberges[557]. Dennoch werden längst fällige Spezial-Klärwerke in den Abwasserausgängen nur zögernd installiert und sind von der stürmischen Weiterentwicklung der Industrialisierung zur Zeit ihrer Fertigstellung oft schon wieder überrollt. Die ebenfalls längst fälligen Abwassergesetze lassen auf sich warten oder werden so »verwässert«, daß sie zur Augenwischerei degradieren.

Ähnliches gilt für die Wasserbelastung durch die industrialisierte Landwirtschaft: In der Pfalz und auch in Schleswig-Holstein belegten schon vor Jahren Tausende von einzelnen Meßwerten und die Bohrung vieler Versuchsbrunnen, daß selbst bei hoher Grundwasser-Neubildung die Salzbelastung durch chemisch gedüngten Boden um ein Vielfaches höher liegt als bei ungedüngten Flächen[558]. Ein Faktum, das auch durch amerikanische Untersuchungen anhand ausgiebiger Messungen bestätigt wurde[550]. Fast alle Landwirtschaftsminister verstecken sich jedoch unter dem Druck der Chemie-Lobby vor der Tatsache, daß das berüchtigte Umkippen der Oberflächengewässer zum Teil auf das Konto der von den Äckern ausgeschwemmten Stoffe kommt. Diese Haltung ist weder ökologisch noch kaufmännisch verständlich; denn unsere Seen und Flüsse büßen ihre gewaltige natürliche Selbstreinigungskraft ein, deren Leistung dann neue und teure Klärwerke übernehmen müssen, wobei für Volkswirtschaft und Gemeinden oft kaum noch zu vertretende Folgelasten entstehen. Und dies, obwohl die Lösungen, wie schon gezeigt, auf der Hand liegen und die entsprechende Erkenntnis auch für die Landwirtschaft eine Sanierung und damit einen Gewinn bedeuten würde.

Natürlich leidet auch die Landwirtschaft ihrerseits unter Industrieeinflüssen, und zwar vor allem durch den oft von weither stammenden Niederschlag schwefelhaltiger Abgase mit dem Regen. Seit den Reklamationen der schwedischen Landwirte, deren Böden durch die Wetterabtriebe aus der Bundesrepublik immer mehr übersäuern, ist diese Tatsache allgemein bekannt geworden. Durch den gleichen Effekt, also durch die Verkehrs- und Industrieabgase gesäuerten Regen, ist inzwischen in vielen kanadischen Seen das Leben bereits abgetötet, und über 40 000 weitere Seen in der Provinz

Ontario sind bedroht – mit allen Folgeerscheinungen für die Ökologie der umliegenden Regionen[559].

Natürliche chemische-physikalische und mikrobiologische Prozesse haben bis heute eine dauerhafte Verseuchung unseres Wasserreservoirs gerade noch verhindert, und allmählich setzen sich auch wirksame Sanierungsmethoden durch. Begonnen mit dem Ersatz der Phosphate in Waschmitteln durch Natrium-Aluminium-Silikate[560] bis hin zum Bau von Ringleitungen, wie sie um den Tegernsee und andere Seen inzwischen gelegt wurden, oder zu noch umfangreicheren Sanierungsprogrammen wie das der *Internationalen Gewässerschutz-Kommission für den Bodensee.* In den USA kämpft man seit Jahren mit einem Großprogramm für die Sanierung des noch hundertmal größeren Michigan-Sees[561], und in der Sowjetunion mußte selbst für den ältesten, tiefsten und lange Zeit saubersten See der Erde, den Baikalsee, ein Antipollutionsplan ausgearbeitet werden[562].

Unsere Wasserbilanz[563] zeigt immer deutlicher, daß unsere Hauptanstrengung in keinem Fall mehr auf die weitere Ausbeutung des Grundwassers gerichtet sein kann, sondern auf eine möglichst häufige Wiederverwendung des Oberflächenwassers – allerdings nicht im Sinne von Flußbegradigungen oder Prestige-Kanalbauten wie dem Main-Donau-Kanal, der höchstens zur Kühlwasserlieferung der geplanten Mainkraftwerke herhalten kann[564].

Der einzelne Bürger und vor allem die Industrie müssen sich also darauf vorbereiten, daß mehrere Dinge unumgänglich sein werden, wenn wir weiterhin genügend Trinkwasser zur Verfügung haben wollen. Abgesehen von den steigenden Kosten für die Erholung der Wasserqualität, die zum Beispiel im Rhein allmählich besser wird, im Main jedoch noch nicht[565], zählt dazu, daß wir weit wirksamere und vor allem biologische und chemische Systeme der Abwasserreinigung einsetzen müssen.

Wir müssen den Abwasseranfall und den Ausstoß an Giftstoffen verringern und den Verbrauch an Wasser mit Trinkwasserqualität stark einschränken (man denke nur an den üblichen 15-Liter-Schwall in unseren WCs), indem je nach Gebrauchszweck Trockenverfahren oder mehrere Sorten Wasser und schließlich auch in erhöhtem Maße Kreislaufsysteme eingeführt werden. Denn schnellerer Umsatz des gleichen Wassers ist in der Tat das einzige Mittel, mehr Wasser zu benutzen, ohne mehr davon zu verbrauchen. In der DDR wurde errechnet, daß dort jeder Tropfen Wasser bereits dreizehnmal verwendet wird, so daß trotz intensiver Wassernutzung die durchschnittliche Belastung der Flüsse in den vergangenen Jahren nicht mehr angestiegen ist[566].

Die Einschränkung des Giftanfalls beginnt ebenfalls bereits im Haushalt, wo meist völlig überflüssigerweise (da dies nur in wenigen Gegenden mit hohem Wasserhärtegrad notwendig ist[567]) Weichmacher zum Waschen und Spülen verwendet werden, die, vor allem wenn sie Phosphat enthalten, zum Umkippen der Gewässer durch Eutrophierung beitragen. Bei der Großindustrie wird eine wirksame Bekämpfung des eingerissenen Mißbrauchs am Allgemeingut Wasser wahrscheinlich nur mit Hilfe weit höherer Strafen erreicht werden können, die sich an den Strafen für vergleichbare kriminelle Delikte orientieren und die heute üblichen Geldstrafen – gemessen an dem durch den kostenlosen Gifttransport erzielten unrechtmäßigen Gewinn sind diese völlig lächerlich – schleunigst ersetzen müssen. Dies mag, durchaus zum Nutzen der Industrie, vor allem die chemische und metallurgische Branche auf neue Ideen bringen, wie sie ihre Abfallprodukte einer Wiederverwendung zuführen und durch kombinierte Technologien zu einem profitablen Stoff- und Energiekreislauf beitragen können – wie gesagt zum Nutzen aller, auch der Industrie selbst. Die ersten »Abfallbörsen« sind schließlich aus dieser Erkenntnis heraus inzwischen eingerichtet worden.

Ein typisches Beispiel für eine Verbundlösung wäre die Koppelung der Dünnsäure-Beseitigung (20prozentige Schwefelsäure, von der jährlich Millionen Tonnen in die Nordsee verklappt wurden) mit der Entfernung der von den Klärwerken nicht bewältigten Phosphate. Das seit 1980 in den USA praktizierte Verfahren führt zu einem unlöslichen Inertmaterial und löst nicht nur auf einen Schlag zwei Abfallprobleme, sondern spart gleichzeitig erhebliche Kosten[568]. Daß ausgerechnet ein Chemie-Konzern wie *Bayer-Leverkusen* nicht auf solche chemischen Lösungen kommt und gar mit der Entlassung von 4 000 Arbeitskräften droht, falls ihm die Einleitung von Dünnsäure in den Rhein nicht gestattet werden sollte[569], zeigt wieder, daß unser so viel gerühmter technischer Erfindergeist sich gegenüber Lösungen im Verbund, also solchen mit fächer- und branchenübergreifenden Kombinationen nur allzu schwer tut. Inzwischen hat die an den Bayer-Konzern angegliederte Schelde-Chemie, Brunsbüttel, z. B. ein Verfahren der Naßoxydation angekündigt, das zwar die Einleitung oder Verklappung ihrer säurehaltigen Abwässer erübrigt, aber – da es nicht im Verbund arbeitet – auch entsprechend kostspielig ist.

Lebendiges Recycling

Die größte Abwasserreinigung auf der Erde verläuft mit Sonnenenergie: gespeist über Verdunstung (Destillation), Wolkenbildung
(Transport und Kühlung) und Regen (Bewässerung). Ein etwas kleinerer Prozeß findet ständig lokal durch die Grundwasser-Neubildung statt. Auch hier über mechanische Stufen der Filtration und solche der chemischen und biologischen Reinigung. Die Menschen sind
von Hause aus keineswegs zu dumm, diese natürlichen Prozesse mit
Hilfe vorhandener Energien und Mechanismen nachzuahmen.
Zumindest waren sie es noch nicht vor 2 500 Jahren, wie wir dies
bereits am Beispiel des Wüstenanbaus sahen. Wenn wir heute die
kybernetischen Verfahren der Natur erforschen und uns zunutze
machen, handelt es sich also weniger um Neuentdeckungen als um
Wiederentdeckungen. Das folgende Beispiel wird dies besonders
deutlich machen.

Die Wasseraufbereitungsanlagen der alten Griechen, als die man
inzwischen die Tholos-Bauwerke von Epidauros erkannt hatte[570],
waren ein kybernetisches Meisterwerk, das auch später von den
Römern, wie zum Beispiel aus den Ruinen bei Augst am Rhein
erkenntlich, zur Aufbereitung von Rheinwasser getreu nachgebaut
wurde. Durch die Kombination des entsprechenden Mauerwerks
und seiner Anordnung mit Durchlüftungs- und Belichtungsschäch-
ten entstand ein vielstufiges Verbundsystem, welches, außer dem
Wasserschöpfen selbst, praktisch ohne Energieaufwand arbeitete.
Die Stufen waren: die physikalische Filterung durch den kalkartigen
Tuffstein, der Entzug organischer Verunreinigungen durch die auf
den Mauern gewachsenen Mikroorganismen, die Aufhärtung des
Regenwassers beim Passieren durch den porösen Stein und schließlich die Entfernung von Phosphaten und Nitraten beim Durchfließen
eines belichteten Raums durch den Aufwuchs von Algen, bei dem das
Wasser gleichzeitig mit Sauerstoff angereichert wurde. Ähnlich, wie
ich dies im Kapitel »Energielösungen« für die kybernetische Bauweise noch zeigen werde, wurde hier bereits durch unterschiedliche
Farbgebung (außen weiß, innen schwarz) die Temperatur im Innern
der Anlage gesenkt und dadurch das Wasser sogar gekühlt.

Was hier verblüfft, ist vor allem die gründliche Kenntnis der Zusammenhänge, die trotz unseres tausendfach größeren Detailwissens in
mancher Beziehung über den heutigen Wissensstand hinausgeht. Der
Interpret dieser Wasseraufbereitungsanlage, H. Weber, schrieb hier-

zu: »Aristoteles studierte den Unterschied zwischen sauberen und verschmutzten Gewässern und beobachtete bei der Stadt Megara, unweit von Epidauros, die unterschiedlichen Lebewesen in diesen Gewässern. Ferner kannte er die Zuck- und Stechmückenlarven, die Röhrenwürmer sowie Abwasserpilze und Algen. Unter diesen Voraussetzungen waren die damaligen Wissenschaftler als hervorragende Naturbeobachter in der Lage, eine taugliche Wiederaufbereitung zu verwirklichen[570].« Ähnliche Systeme kennen wir von den erwähnten alten Nabatäerstädten in Kleinasien oder auch von den hydraulischen Systemen der Maya-Zivilisation im mittelamerikanischen Tiefland[571]. Was unsere heutige Abwasserreinigung betrifft, erscheint es in der Tat beschämend, daß uns meist nichts anderes einfällt, als nur unbekümmert Klärwerke drauflos zu bauen, ohne selbst *deren* Rolle, Verfahrensweise und Nutzen im Gesamtsystem zu beachten. Schon einfache Simulationsmodelle können hier in punkto Genauigkeit und Schnelligkeit wirklich Erstaunliches leisten – wie es bereits in Teheran, Jamaika und Santiago mit Erfolg ausprobiert, aber nun auch bei uns, zum Beispiel für den Großraum Hannover, in Angriff genommen wurde[572].

Wenn wir uns schon mit dem Problem herumschlagen müssen, die Störung und Unterbrechung komplizierter Reaktionsketten der natürlichen Selbstreinigung der Gewässer technologisch wieder auszubügeln, dann sollten wir von dieser biologischen Selbstreinigung zunächst selber lernen. Sie beruht auf einer erstaunlichen Wirkung höherer Pflanzen, Rädertierchen, Wimperntierchen und einzelliger Organismen auf organische und anorganische Stoffe, auf die Regulation des Säuregrads und das Gleichgewicht der unterschiedlichsten Bakterien- und Algenarten, auf Wurmeier und Viren und was noch alles zum Umfeld des Abwassers gehört[573]. Längst steht hier eine Fülle vorzüglicher und erprobter Verfahren parat, die oft weit wirksamer und vor allem billiger als die herkömmlichen Kläranlagen sind[574]. Denn auch bei diesen kommt man bald mit der bisherigen mechanischen, biologischen und chemischen Stufe nicht mehr aus, da inzwischen eine Vielzahl neuer Inhaltsstoffe bis hin zu Bestandteilen der Antibabypille eine vierte Klärwerkstufe verlangen, die dann aus einer Kombination von Kontaktfiltration, Ozonierung, Umkehrosmose, Elektroflotation, Ionenaustausch und vielleicht noch anderen Verfahren bestehen müßte.

Auch wenn wir die immer teureren »technokratischen« Verfahren allmählich durch eine kybernetische Abwasserreinigung ersetzen, wird unsere zukünftige Wasserversorgung unseren Finanzhaushalt noch genug strapazieren. Denn auch die bloße Wiederverwendung selbst von ungereinigtem Brauchwasser wird ins Geld gehen. Allein die Einrichtung getrennter Leitungssysteme für Trinkwasser, WC-Spülung, Feuerhydranten, Straßenreinigung und Industriezwecke[575] würde zum Beispiel für die Bundesrepublik eine jährliche Investition von sieben Milliarden DM verlangen. Trotzdem würde diese Summe, ganz abgesehen von dem dadurch wiederum einzusparenden Bau neuer Klärwerke (der etwa auf die gleiche Kostenhöhe veranschlagt werden müßte), gesamtvolkswirtschaftlich mehr als ausgeglichen werden[576]. Denn das würde automatisch interessantere Recycling-Prozesse in Gang setzen. Vor allem in der chemischen und Energieindustrie wird ja Wasser bereits heute vier- bis sechsmal wiederverwendet. Dies ließe sich über geschlossene Kreisprozesse jedoch bis zur vielfachen Wiederverwendung steigern und würde damit der Forderung nach Verringerung des Gift- und Schmutzausstoßes von selbst entgegenkommen. Die bei den Durchgängen angesammelten Abfallstoffe würden sich in ihrer konzentrierten Form dann auch weit besser eignen, sie nach wiederverwertbaren Rohstoffen auszuschlachten. Von der Natur der Sache her werden auch dabei neue biotechnologische und enzymatische Prozesse[577] und vor allem wieder Mikroorganismen eine wichtige Rolle spielen können.

12 Meer

Die künstliche Kieme

Ozeane als neuer Lebensraum. Sehnsucht nach unserer eigentlichen Urheimat, aus der alles Leben stammt? Ihre ›Besiedelung‹ schreitet unaufhaltsam fort. Doch der Traum ist aus, wenn wir sie zur Abfallgrube machen. Die Weltbevölkerung scheint zwar zur Rohstoffsicherung auf den ›Abbau‹ der Meere durch Off-shore- und Unterwassertechniken angewiesen zu sein, aber wohl erst recht auf ihren ›Anbau‹ zur Nahrungsgewinnung. Eine Kollision bahnt sich an. Dieses Kapitel versucht zu zeigen, daß gerade dieser den Umschwung zum Positiven bringen mag: Je enger wir uns mit der Meereswelt verbinden, um so mehr sehen wir unser Interesse darin, daß wir sie nicht weiter zur Kloake machen, durch Raubbau zerstören, sondern ihre lebendige Kraft hegen und pflegen.

Eines der wenigen großen Abenteuer, die der Menschheit auf der Erde noch verblieben sind, ist die Erschließung der Ozeane, des größten natürlichen Reservoirs unseres Planeten. Auf der New Yorker Weltausstellung 1964 konnte man im Pavillon der General Electric auf einer Fahrt durch die Zukunft erstmalig bis ins Detail ausgearbeitete Modelle von Städten unter Wasser an sich vorbeiziehen lassen. Unterseeboot-Passagierzüge mit mehreren Anhängern kreisten auf dem Meeresboden, zwischen Korallen und Seesternen waren hübsche Wohnviertel zu sehen, die den Standort ohne Mühe wechseln konnten, und in vielseitig verwendbaren Unterwasserfahrzeugen gingen die Menschen ihrer Arbeit in der Tiefsee nach: Ölbohrungen, Erzgewinnung, Fischzucht oder Einbringung unterseeischer Ernten. Andere bewegten sich in aufblasbaren durchsichtigen Zellen – fast mit dem fremden Element verschmolzen – und schienen sich in dieser Welt schon ganz zu Hause zu fühlen.

Inzwischen ist fast kein Detail der damals gezeigten Zukunftsvision nicht in irgendeiner Weise bereits Wirklichkeit geworden, sei es im Versuchsstadium oder gar schon erprobt und eingesetzt. Es ist, als ob wir in kürzlich erwachter Nostalgie nach einer früheren, weit zurückliegenden Heimat die Brücken wiederherstellen und beschreiten wollten, die von den Landtieren zu ihrer Urheimat, dem Meer, abgerissen wurden. Ist doch eine gewisse »Erinnerung« an diesen Lebensraum uns vorausgegangener Urformen auch heute noch in unserem Erbmaterial enthalten. Ja, in der flüssigen, meerwasserähnlichen Umwelt des Embryos im Leib der Mutter erlebt ihn auch heutzutage noch einmal jeder von uns vor seiner Geburt.

Doch was wissen wir von den Gesetzen dieser Welt? Begehen wir nicht mit der Rückeroberung einer uns fremd gewordenen Erdregion, mit dem Vorstoß in unseren »inneren Weltraum« vielleicht einen der gefährlichsten Eingriffe in das kybernetische Gefüge der Biosphäre? Verzögert das gegenüber der Luft weit dichtere und unbeweglichere Medium Wasser den zeitlichen Verlauf der Auswirkungen künstlicher Eingriffe so sehr, daß diese von alleine ausgeglichen werden? Oder könnte gerade diese Trägheit zu um so höheren und dadurch tödlichen Konzentrationen von Giftstoffen führen? Versuchen wir einige dieser Fragen zu beantworten.

Ozean als Lebensraum

Während die luftige Atmosphäre nur Gase und Dämpfe aufnimmt, stehen mit dem flüssigen, korrodierenden und lösenden Element Wasser und seiner darin eingeschlossenen wie auch von ihm voll durchdrungenen Lebewelt weit mehr Stoffe im Austausch. Dort, innerhalb des flüssigen Mediums selbst, gibt es keine Deponie von Abfällen mehr, kein Ableiten von Abwässern, kein Versickern oder Beiseitestellen. Was löslich ist, wird auch Teil des Ganzen. Die Bedeutung der Meereswelt für unser eigenes Überleben wird daher wohl bald eine Reihe von Maßnahmen und deren Befolgung – gegebenenfalls über einen internationalen Gerichtshof – erzwingen. Erstens einen radikalen Verzicht auf jegliche Atombombenversuche. Bekanntlich ist bereits heute alles Meeresleben vom Plankton bis zum Wal radioaktiv kontaminiert. Zweitens den Stopp einer weiteren Verschmutzung der Ozeane mit Öl, Schwefelsäure, Pestiziden, Schwermetallen und anderen gefährlichen Abfällen. Drittens eine Kontrolle der Fischbestände und des intakten Meereslebens. Viertens eine kontrollierte Vergabe von Schürfrechten nach gesamtökologischen Überlegungen. Vielleicht wird gerade durch letzteres die dafür einzurichtende überstaatliche Organisation – anders als bisher die UNO – weder unter Prestigemangel noch unter Geldmangel zu leiden haben und folglich auch entsprechend wirksamer sein.

Eine Liste frommer Wünsche, deren Erfüllung jedoch als einzige all das garantiert, was sich auch solide Wirtschaftsinteressen versprechen. Über eine kurzsichtige und für die Beteiligten letztlich nie sonderlich ergiebige Goldsuchermentalität hinaus sollte es vielleicht doch der Menschheit einmal möglich sein, momentane Profitgier hinter langfristige Vernunft zu stellen. Wie sehr gerade bei unserer »zweiten Eroberung der Meere« die Argumentation aus dem Systemzusammenhang heraus die einzige Basis bildet, von der aus wir sinnvoll operieren können, und wie wichtig, ja insgesamt lebensrettend eine ausreichende Information insbesondere über die meeresbiologischen Zusammenhänge bei der Vorbereitung und Durchführung ist, sollen die folgenden Betrachtungen zeigen.

Jahrzehntelang vernachlässigt, hat sich die Meeresforschung inzwischen zu einem internationalen Schwerpunktprogramm entwickelt. Immer mehr Wissenschaftler und Ingenieure, sei es im staatlichen Auftrag oder als Experten transnationaler Konzerne, setzen sich heute mit der Einbeziehung der Ozeane in unseren Lebens- und Wirtschaftsbereich auseinander. Ihre Ergebnisse zeigen, daß es an Möglichkeiten nicht mangelt, ein Wohnen und Arbeiten unter dem Meere erträglich zu machen, wobei ein ganzes Spektrum großer Unterwasserprojekte hier bereits Pionierarbeit leistete[578]. Weit über 50 große Tiefseetauchboote, Unterwasserlabors für geringere Tiefen wie die Station »Helgoland«, aber auch eine große Zahl von tief oder weniger tief vorstoßenden Kleinst-U-Booten, Tauchgeräten, ferngelenkten Meeresbodenfahrzeugen[579] und nicht zuletzt von Forschungs- und Tiefseebohrschiffen wie die britischen *Glomar Challenger* und *Glomar Explorer* oder die deutsche *Valdivia* mit ihren Bohr-Expeditionen (die die Bewegungen der Erdkruste und der Kontinente auf dem flüssigen Magma nachwiesen und in verschiedenen Meeresregionen reichhaltige Metallsalze und wertvolle Erzschlammgräben entdeckten)[580] – all diese Aktivitäten zeigen, daß die Prospektierung und Eroberung der Meereswelt nicht nur in greifbare Nähe gerückt ist, sondern längst intensiv begonnen hat.

Auch in der für diese Eroberung erforderlichen Tauchtechnik hat sich einiges getan. Die »Tiefenhärtung« von Glas bei enormem Wasserdruck wurde entdeckt. Glasfasern, mit Epoxydharz verschmolzen, können als Tieftauchkugeln Drucke bis zu 11 000 Meter Tiefe aushalten; ein Material, das selbst an Edelstahl gemessen praktisch unkorrodierbar ist[581]. Die Tiefengrenze für freies Tauchen ist dank neuen Gasmischungen inzwischen auf 650 Meter vorgeschoben, und einer französischen Gruppe gelang es sogar, zehn Stunden lang bei 460 Meter Tiefe zu *arbeiten.*

Eine faszinierende Möglichkeit eröffnete die Entwicklung eines semipermeablen Silikon-Kautschuks, nämlich unter Wasser auch völlig ohne künstliche Beatmungsgeräte auszukommen[582]. In einem Käfig mit 0,02 Millimeter dünnen Wänden aus einer solchen Silikon-Folie kann ein Mensch unter dem Meer wie in einer riesigen künstlichen Kieme beliebig lange und völlig ohne zusätzliche Sauerstoffzufuhr atmen. Selbst das entstehende Kohlendioxyd geht in das Gleichgewicht mit ein und wird durch die gasdurchlässigen Poren mit dem umgebenden Wasser ausgetauscht. Ein weiterer Effekt: Durch die Membranwände dringt eine geringe Menge entsalztes Wasser, welches den Trinkwasserbedarf der darin lebenden Besatzung durchaus decken kann.

Doch selbst die Perspektiven, die sich aus solchen »künstlichen Kiemen« ergeben, werden noch weit überboten durch die sensationelle Möglichkeit der echten Wasseratmung mit der salzwassergefüllten, zur »natürlichen Kieme« umfunktionierten Lunge. Seit 1970 leben Mäuse und andere Tiere im Laboratorium des Entdeckers J. Kylstra wie Fische unter Wasser[583]. Kylstra setzte lediglich die Lungen als das ein, was sie entwicklungsphysiologisch sind: abgewandelte Kiemen. Sie atmen Wasser, halten höchste Drucke aus und gaben den Mut zum ersten – gelungenen – menschlichen Experiment: zur Einleitung von sauerstoffangereichertem Salzwasser zunächst in einen der beiden Lungenflügel. Die Umstellung wurde kaum empfunden und hat die Atmung weder beeinträchtigt noch gar unterbrochen[584]. Da man kein freies Gas mehr in der Lunge hat, sondern Wasser, mit dem *gelöstes* Gas ausgetauscht wird, ließe sich somit auch die bisherige Druckbarriere von größeren Tiefen umgehen.

Soviel zum Menschen, dem »Eroberer« selbst. Wie steht es mit der »Besiedelung« und einer entsprechenden Unterwasser-Architektur? Von Plänen einer biotechnologischen Bautätigkeit unter Mitwirkung von Meeresbakterien, wie sie im Kapitel 7 »Mikrobiologie« angedeutet wurde, ist offenbar noch nicht die Rede. Dafür haben andere

Techniken Mut zu recht phantastischen Besiedlungsprojekten gegeben. Das Vorhaben mehrerer amerikanischer Konzerne[585] zum Bau
einer Tiefseestadt 3 500 Meter unter dem Atlantik mit dem Namen
»Bottom fix« ist aus der Planungsphase bereits in die Vorbereitungs-
phase getreten. Die 4 Meter dicken Aufenthaltskugeln aus Corning-
Spezialglas, die über kurze Verbindungsrohre zu regelrechten Siedlungen der verschiedensten Gestalt aneinandergeflanscht werden
können, haben ihre Drucktests bestanden. Die ersten Wohnelemente
des neuen Systems sind inzwischen fertig und werden zur Zeit in fla-
cheren Gewässern in der Praxis erprobt.

Eingriffe in die Raumordnung des Meeres, um die es sich ja hier
handelt, sind zunächst einmal geringfügiger als jene, die wir auf dem
Lande vornehmen. Und zwar aus einem ganz einfachen, man könnte
sagen ›geometrischen‹ Grund. In unserer zweidimensionalen oberirdischen ›Flachwelt‹ durchschneiden unsere Straßen, Bahnen,
Kanäle und Siedlungen unweigerlich die natürlichen Landschaften
und damit deren Eigendynamik. Die Bewegungen von Luft und
Feuchtigkeit, von Grundwasser, Mineralstoffen, Kleinlebewesen,
Pflanzenpopulationen und der Tierwelt, die zum größten Teil an
Bewegungen auf dem Boden gebunden sind, werden entscheidend
gestört und gewaltige Grundflächen einfach zugedeckt. Demgegenüber läßt die dreidimensionale unterseeische ›Raumwelt‹, in der Hin-
dernisse nicht nur horizontal, sondern auch vertikal umgangen werden können, für alle um ein Vielfaches mehr Spielraum. Durch ein
Schweben in verschiedenen Höhen des nassen Mediums, in welchem
schon leichte Verankerungen genügen, und durch die volle Nutzung
seiner ›Räumlichkeit‹ auch bei der Besiedelung würde eine Stadt
über dem Meeresgrund von der rein baulichen Seite her weit geringer
in das ökologische Geschehen eingreifen als auf dem Land, wo sie
auch bei noch so hoher Bauweise letztlich doch an die Phasengrenze
Boden – Luft gebunden ist.

Außerdem scheinen mir unterseeische Bauten, da sie weit mehr als
Landbauten durch die physikalischen und chemischen Eigenschaften der dortigen Umwelt bestimmt werden, von Beginn an *gezwungen*
zu sein, biologisch-kybernetischen Gesetzen zu gehorchen. Der hohe
Widerstand des Wassermediums zum Beispiel gibt einem Transport
durch Röhren (ähnlich der Blutbahn in lebenden Organismen) von
vornherein den Vorzug. Und die Produktion von Abfall wird wegen
dessen schwieriger Entfernung aus dem alles umschließenden
Lebensraum – hier gibt es keine Flüsse, die ihn unentgeltlich fort-

schaffen – von Anfang an abfallvermeidenden Recycling-Prozessen und technischen Kombinationsverfahren Platz machen müssen. Eine Entwicklung, die, wenn sie einmal angelaufen ist, als Ideenlieferant auch die zukünftige Bauweise auf dem Lande mit Sicherheit befruchten dürfte.

Allerdings sollte man sich nicht der Hoffnung hingeben, daß eine Besiedelung der Meere etwa einen Großteil unserer Bevölkerungsprobleme lösen könnte. Sie wird, selbst wenn die Entwicklung zügig weitergeht, in erster Linie den Aufenthaltsraum für die mit dem ›Abbau‹ und ›Anbau‹ des Meeres beschäftigten Menschen liefern und vielleicht noch für einen gewissen Abenteuer-Tourismus sowie für spezielle Heilverfahren interessant werden.

Wege und Irrwege zum industriellen Abbau

Inzwischen sind längere Aufenthalte unter dem Meer jedenfalls aus dem Stadium avantgardistischen Experimentierens heraus in dasjenige wirtschaftlich höchst interessanter Großprojekte gerückt. Die Rechtslage ist allerdings noch sehr konfus. Auf der einen Seite plädieren natürlich alle Binnenländer und solche mit kaum weiter auszudehnenden Hoheitsgewässern wie die Bundesrepublik eher für eine Internationalisierung der Meeresschätze. Dies ist ganz im Sinne der ersten, allerdings völkerrechtlich unverbindlichen UNO-Resolution der sechziger Jahre, wonach Rechte von Staaten oder Personen auf Teile des Meeresbodens oder der darin enthaltenen Bodenschätze außerhalb der nationalen Hoheitsgewässer nicht anerkannt werden sollen. Die USA wie auch die Sowjetunion und eine Reihe anderer Küstenstaaten, denen eine damit verbundene internationale Kontrolle in der Ausbeutung der Bodenschätze auf dem Grunde der Weltmeere nicht schmeckte, hatten, wie zu erwarten, gegen diese Entschließung gestimmt. Abgesehen von einigen ebenso unverbindlichen Umweltschutzresolutionen hat sich an dieser ungeklärten Lage bis heute nichts geändert.

Heftige Dispute ohne Einigung auf den Seerechts-Konferenzen der siebziger Jahre in Caracas, Genf und New York, auf denen die Meeresforscher und Ozeanographen selbst immer weniger zu melden hatten[586], lassen jedoch befürchten, daß die 131 Küstenstaaten der Welt ihre Ansprüche auf eine 350-Seemeilen-Grenze ausdehnen werden – ohne Zugang, Einmischung oder Kontrollmöglichkeit von fremder

Seite oder eines internationalen Gremiums. Schlagartig könnten so die meisten Meeresanlieger die Grenzen ihres Landes um viele Millionen Quadratkilometer in die Meere hinein ausdehnen, und die Welt wäre wieder einmal neu verteilt. Eine Verteilung, von der allerdings zum Beispiel die Bundesrepublik aufgrund der geographischen Verhältnisse nicht im mindesten profitieren würde. Lediglich für die Ausbeutung der küstenfernen und gegenüber den Schelfgebieten weit weniger attraktiven Tiefsee würde dann eine internationale Behörde die privatwirtschaftlichen oder staatskapitalistischen Interessen noch etwas in die Schranken weisen können[587].

Der gewaltige Anreiz des Meeresabbaus erklärt sich nicht zuletzt aus dem nahezu unerschöpflichen Reichtum der Ozeane. Ihre 1,4 Milliarden Kubikkilometer Meereswasser enthalten 5 000 Billionen Tonnen festes Material in gelöster Form. Das entspricht einer 45 Meter dicken, die ganze Erde umspannenden Mineral- und Salzschicht. In jeder Minute werden den Weltmeeren weitere 6 000 Tonnen neues Material durch die Flüsse zugeführt. Es handelt sich dabei um Phosphate und Nitrate, um Nickel, Magnesium, Vanadium, Öl, Gold und andere Schätze. Allein an Mangan enthalten die Ozeane etwa das Tausendfache des Festlandvorrats, und der Meeressand übertrifft mit seinem Eisenvorrat alle heutigen Erzlagerstätten.

Aus dem Meerwasser wird man Rubidium, Cäsium und vor allem Magnesium in solchen Mengen gewinnen können, daß sich ganz neue Anwendungsmöglichkeiten für diese Metalle anbahnen könnten. Selbst für das im Meer (wenn auch nur zu 0,0000003 Prozent) enthaltene Uran bieten sich Extraktionsverfahren auf der Basis neuer Kunstharz-Ionenaustauscher an[588]. Diese dürften allerdings ebenso kostenaufwendig sein wie eine wegen des gewaltigen Flächenbedarfs kaum durchzuführende Anreicherung durch Algen oder Plankton, die vom Prinzip her unseren erst spät entwickelten *technischen* Anreicherungsverfahren für Schwermetalle schon lange voraus war. Anders ist es mit dem Abbau der bereits auf dem Ozeanboden, zum Beispiel im Sediment des Schwarzen Meeres vorliegenden und auf diese Weise um das Tausendfache konzentrierten Uran- und Schwermetalldepots in Form des über viele Millionen Jahre hinweg abgesunkenen Planktons, ehemals freischwebender *Coccolithen*[589]. Weitere Schätze, wie mehrere Millionen Tonnen Zink, Eisen, Kupfer und Silber, bergen die 2 000 Meter tiefen und bis zu 30 Meter dicken Schlammschichten des Roten Meeres, die zur Zeit von dem schon erwähnten Forschungsschiff *Valdivia* näher geortet werden.

Da die Exploration der Meere zur Zeit noch nach dem Faustrecht vonstatten geht, man also lediglich rein technische Probleme zu überwinden hat, schreitet sie äußerst rasch vorwärts. Mindestens 400 Firmen erschließen mit einem Milliardenaufwand die gigantischen Öl- und Erdgasfelder in der Nordsee. Seit Jahren werden in der Bucht von Tokio Eisenerze gewonnen und Zinnerze aus dem Meeresboden der Schelfgebiete um Malaysia, Thailand und Indonesien geschürft. Das Meerwasser mit seinem Magnesiumgehalt von fast 1,3 Gramm pro Liter liefert bereits den gesamten Magnesiumbedarf der USA. Ja, 60 Prozent der Magnesium-Weltproduktion und 70 Prozent der Brom-Produktion stammen aus dem Meer.

Ein besonderes Kapitel sind die seit mehr als hundert Jahren bekannten Manganknollen in der landfernen Tiefsee, über die man heute schon mehr weiß als über manche Erzlagerstätten des Festlandes. Neben den Hauptelementen Mangan (25 Prozent) und Eisen (5–10 Prozent) enthalten sie noch 1–2 Prozent Nickel, Kupfer, Kobalt sowie Beimengungen von Chrom, Molybdän, Vanadium, Barium und Titan, von denen die meisten für eine Reihe von Industrienationen, zum Beispiel für die USA, bisher Einfuhrartikel waren. Mit ihren insgesamt 500 bis 1 000 Milliarden Tonnen bedecken die meist kartoffelgroßen Metallklumpen gut ein Viertel des Ozeanbodens. An guten Fundstellen liegen pro Quadratkilometer Erze für zweieinhalb Milliarden DM, im Pazifik allein 600 Milliarden Tonnen Manganeisen und über 30 Milliarden Tonnen Buntmetalle[590]. Wem sie gehören, darüber streiten sich noch die an den bisherigen Entwicklungsarbeiten beteiligten und inzwischen zu fünf Konsortien zusammengeschlossenen 22 Firmen der westlichen Industrienationen[591].

Neben der Untersuchung der Manganknollenvorkommen selbst, von denen natürlich genau wie bei den anderen Rohstofflagern nur ein Bruchteil abbauwürdig ist, sind auch die wichtigsten Fördertechniken inzwischen erprobt, wobei japanische und amerikanische Verfahren führend sind. Mit dem Bohrschiff *Sedco 445* gelang 1978 der erste größere Förderversuch von pazifischen Manganknollen aus 5 000 Meter Tiefe[592]. Für die Mitte der achtziger Jahre rechnet man mit einer Förderkapazität der dann zur Verfügung stehenden Spezialschiffe von jeweils 10 000 Tonnen pro Jahr. Erst in den neunziger Jahren, nämlich ab einer jährlichen Förderleistung von 3–4 Millionen Tonnen, dürfte dies dann in wirtschaftlich rentable Größenordnungen übergehen. Eine gewaltige Vorleistung also an Forschung, Entwicklung und technischer Investition.

Das gleiche gilt für die unterseeischen Öl- und Erdgasreserven, aus deren bis heute erschlossenen Quellen bereits rund 20 Prozent der Weltölproduktion stammen und die allein für den Nordseeraum einen Milliardenaufwand auf den Plan gerufen haben, wobei von den Gasvorräten erst ein Viertel überhaupt angebohrt sind. Obgleich allein Großbritannien pro Jahr über 100 Millionen Tonnen Erdöl aus der Nordsee fördert, steckt es doch dafür immer noch jedesmal 1–2 Milliarden Pfund in die Vorhaben hinein[593]. Das norwegische Erdgasfeld *Ekofisk* will die 1980 über seine Pipelines gelieferten 27 Millionen Tonnen SKE (Steinkohleneinheiten) Erdgas bis 1985 vervierfachen. Und während die einen den Großteil der Arbeiten von den kostspieligen und, wie man durch die Katastrophe auf der Wohninsel *Alexander Kjelland* weiß, auch riskanten Plattformen weg in Unterwasserstationen auf dem Meeresboden verlegen wollen, gehen andere, vor allem holländische Firmen, an noch gigantischere Überwasserprojekte wie ein neues Erdöl-Industriezentrum auf einer 50 Quadratkilometer großen künstlichen Insel[594]. Zum Glück ist die Begeisterung für ein weiteres Vordringen in die Schelfgebiete des Atlantik etwas abgekühlt[595], so daß man hoffen kann, daß die Ära der überstürzt geplanten und gebauten Förderanlagen vorbei ist und man die so wichtigen ökologischen Fragen, an denen inzwischen die Gesundheit der gesamten Nordsee hängt und die seit dem gewaltigen Ölausbruch im Mexikanischen Golf nicht mehr zu übersehen sind, nicht einfach weiterhin übergeht. Dennoch ist natürlich die Herausforderung durch den bisherigen Erfolg gewachsen und läßt die Meerespioniere vor allem in immer *tiefere* Regionen vordringen. Die neue *Glomar Explorer*[596] zum Beispiel ist in diesem Jahr, über 4 000 Meter Meerestiefe stehend, 7 000 Meter tief in den Boden selbst vorgestoßen, also mit einem Bohrgestänge von insgesamt 11 000 Meter Länge – auch dies natürlich vorwiegend im Blick auf Ölfunde.

Alles in allem ein ungeheurer Entwicklungsaufwand, der sich zwar für die beteiligten Länder lohnen mag, aber andererseits bedeutet, daß sich bei diesem neuen Boom der Rohstoffgewinnung wieder einmal die Kluft zwischen den Industrienationen (deren Zukunftssicherung von der Ausbeutung der Vorräte abzuhängen scheint) und den Entwicklungsländern (die sich gar nicht erst an den kostspieligen neuen Technologien beteiligen können) weiter vertieft. Eine Sorge, die schon 1974 auf der Seerechtskonferenz in Caracas klar zum Ausdruck kam[597]. Und wenn z. B. die Planer der General Electric meinen, daß der Meeresabbau schon ab dem Jahre 2000 die bereits spürbare

Rohstofflücke wieder zu füllen beginnen könne, dann fragt man sich, für wie lange! Denn letztlich entspringt diese Lösung, so wie man ihr bisher gegenübertritt, nur einem Weiterdenken im alten technokratischen Sinne, welches sich nicht einen Deut von der Ausbeutungsmentalität der amerikanischen Metallschürf- und Bergbaumagnaten des vorigen Jahrhunderts unterscheidet.

Es besteht, wie eingangs gesagt, die große Gefahr, auch dabei wieder unüberlegt in die Regelkreise von Ökosystemen einzugreifen, die für das irdische Leben ausschlaggebend sind. Nicht nur was die Gefährdung des Meeresplanktons und der sauerstoffproduzierenden Algen als Grundlagen ganzer Nahrungsketten und unserer Sauerstoffversorgung betrifft, sondern auch kleinere Bereiche wie den Abbau einzelner Mineralien. Gerade die Manganeisenknollen geben hierfür ein gutes Beispiel, das hier, wieder stellvertretend für viele ähnliche in Wechselwirkung mit der Lebewelt ablaufende Prozesse, kurz erläutert werden soll.

Unter anderem mit der Hilfe metallfressender Mikroorganismen gebildet, wachsen diese Knollen in einer der langsamsten Reaktionen heran, die die Wissenschaft kennt; nur um wenige Millimeter in einer Million Jahre lagern sich winzige Metallmengen und andere im Seewasser gelöste Stoffe um einen »Kristallisationskern« herum ab. Durch eine natürliche Regulation unter Mitwirkung von Bakterien werden in einem ausgewogenen Spiel sowohl die übermäßige Lösung der Metalle im Meerwasser als auch ihre endgültige Ablagerung und somit ihr Entzug aus dem Kreislauf verhindert[598]. Bestimmte Bakterien fördern die Ablagerung, andere bewirken, daß die Metalle sich im Meerwasser lösen und wieder von den Knollen abwandern.

Schon dieser eine Vorgang lehrt uns, daß wir, bevor wir nun wieder einmal mit einem blindwütigen Raubbau beginnen, zunächst die Folgen (z. B. auf das Meeresleben) einer von uns eingeleiteten Störung genauestens prüfen sollten. Denn immerhin greifen wir hier in ein über viele Millionen Jahre eingestelltes Gleichgewicht ein, was möglicherweise nicht mehr aufzuhaltende Kettenreaktionen und damit harte Rückschläge auch für unsere Abbauvorhaben nach sich zieht. Vielleicht schaffen wir es auch einmal, auf die »Hebung eines Schatzes« zu verzichten!? Die Hoffnung sollte man nie aufgeben. Ein unbekümmerter Abbau würde jedenfalls mit Sicherheit massiv in das Bodenleben des Meeres eingreifen. Allein die Vermischung und Dispersion des dabei aufgewirbelten Feinschlamms in den Wasserkörper und seine Verteilung durch die Strömung kann durch die Veränderung der Licht- und Absorptionsverhältnisse die Primärnahrung der Meerestiere, aber auch das Fischleben in unberechenbarer Weise schädigen. Auch das Hochbringen von Planktonformen aus dem oft mehrtausend Jahre alten Wasser der Tiefsee in die Oberflächenwässer bedeutet dort eine Veränderung der Artendiversität und des gesamten ökologischen Gleichgewichts. Denn daß der ›tote‹ Tiefseeboden weitaus lebendiger ist als bisher angenommen, ist durch die Beobachtungen der letzten Jahre ans Licht gekommen[599]. So entdeckte man, daß er neben bisher nicht vermuteten Mikroorganismen rund 2 000 verschiedene höhere Tierarten beherbergt. Die durchschnittliche Häufigkeit beträgt 30 000 Tiere pro Quadratkilometer – das sind im Schnitt etwa alle drei Meter ein Tier!

Verwüstungen in Neptuns Reich

Trotz der inzwischen getroffenen internationalen Übereinkünfte gegen die Ölverschmutzung der Meere ergießen sich jährlich etwa 1 Million Tonnen Öl allein durch den Erdöltransport und die Säuberung der Tanks auf hoher See in die Meere. Das sind 1 Prozent der gesamten Erdöltransporte. Hinzu kommt mindestens noch einmal die gleiche Menge aus den Flüssen durch Industrieabfälle und verschiedene Ölprodukte[600]. Der Persische Golf, bereits bis in die Hälfte verseucht, droht durch die rasant zunehmende Verschmutzung aus der laufenden Ölförderung zu einem einzigen Ölsumpf zu werden[601]. Nach Messungen des Ozeanographischen Instituts der Universität Halifax hat die Gesamt-Teerverschmutzung des Nordatlantiks (in einem Meter Tiefe bis zu 100 Milligramm pro Kubikmeter) bereits die Menge des dort vorhandenen Zooplanktons übertroffen. Das war zu Anfang der siebziger Jahre. Inzwischen haben trotz immer schärferer Auflagen und neuer, ›perfekter‹ Transporttechniken gerade bei den Großtankern die Ölunfälle mit ihren langanhaltenden Folgen, wie zu erwarten, eher zu- als abgenommen[602]. Ihre Zahl hat sich von der 1967 auf Grund gelaufenen *Torrey Canyon* bis zur 1980 auseinandergebrochenen *Tanio* auf insgesamt über 200 summiert. Das gleiche finden wir bei den Ölbohrungen. Aus der 20 000-Tonnen-Verseuchung beim 1977er Öl- und Gasausbruch der *Ekofisk*-Station in der Nordsee sind die 450 000 Tonnen der erst 1980 nach neun Monaten (vorläufig!) geschlossenen Ölquelle der explodierten Bohrinsel *Ixtoc I* geworden. Eine Lache, deren Ausläufer vom Mexikanischen

Golf bis nach Texas reicht[603] und die ihre ökologischen Auswirkungen auf die Lebewelt und das Gleichgewicht dieser empfindlichen Region wahrscheinlich noch über viele Jahre entfalten wird[604].

Es ist übrigens unfaßbar, daß sowohl hier wie auch bei der Ölpest an der bretonischen Küste den um Hilfe angegangenen Behörden und Firmen bei der Kette der eingetretenen Ölkatastrophen außer mittelalterlich anmutenden Einsätzen zur Strandreinigung höchstens noch die chemische Holzhammermethode zur Beseitigung schwimmender Öllachen einfällt, bei der das restliche Meeresleben noch gleich dazu kaputtgeht. Die Öllache verschwindet zwar für das Auge, aber die Vergiftung der Meeresorganismen wird eher erhöht als gesenkt und der natürliche mikrobielle Abbau noch dazu ausgeschaltet.

Dabei hat die Forschung längst ungefährlichere Verfahren der Ölbeseitigung entwickelt. So zum Beispiel statt einer Abtötung die *Anregung* der Mikroorganismen durch einen auf die Öllachen versprühten ›Dünger‹ aus langkettigen Phosphaten und Amiden, die sich nur in Öl, nicht aber in Meerwasser lösen. Als Stickstoff- und Phosphornahrung dienen sie den im Meer vorhandenen ›Ölfressern‹ und mobilisieren sie zu gewaltigen Leistungen. Die Verrottung des Öls erfolgt auf diese Weise mit mindestens zehnfacher Geschwindigkeit und bei Zugabe zusätzlicher Bakterienkulturen noch weit rascher[605]. Auch ungiftige »Photo-Sensibilisatoren« sind in der Entwicklung, die den natürlichen photochemischen Abbau der Ölfilme durch Sonnenlicht beschleunigen helfen[606]. Daneben gibt es Bindemittel, zum Beispiel Altpapierfasern, die das 28fache ihres Gewichts an Öl binden und ohne Schwierigkeiten ausgesiebt werden können. Ein sowjetisches Verfahren verklumpt Ölteppiche innerhalb weniger Minuten zu bequem einzusammelnden Gummikugeln und wird jetzt mit gutem Erfolg in den baltischen Häfen eingesetzt, wobei zum Beispiel ein 50 000 Quadratmeter großer Ölfleck in 15 Minuten beseitigt werden konnte[607]. Die *Ausbreitung* des Öls wiederum läßt sich durch unter Wasser versenkte perforierte Luftschläuche stoppen, deren Blasenvorhang innerhalb weniger Sekunden auch bei beginnenden Ölbränden den Herd eindämmt[608]. Dies sind nur einige Beispiele aus einer Reihe von Neuentwicklungen, in deren Bereitstellung für den Ernstfall jedoch noch kaum investiert wird.

Noch schlimmer als Öl – immerhin ein organisches Material – sind im Meer gelöste giftige Schwermetalle. So hat die *Valdivia* nicht nur Erze entdeckt, sondern – selbst fern der Küste – eine steigende Vergiftung der Meeresorganismen mit Arsen, Quecksilber und anderen Schwermetallen[609]. Sie lagern sich an Enzyme und blockieren dadurch lebenswichtige Vorgänge in den Meeresorganismen, hemmen den natürlichen Abbau organischer Reststoffe und können bereits mit Spuren buchstäblich alle Regelkreise der Nahrungskette durcheinanderbringen. Neben großen Mengen Cadmium, Zink und Blei strömen jährlich allein 5 000 Tonnen hochgiftigen Quecksilbers aus Industrie und Landwirtschaft in die Meere. Schon bei 0,005 ppm (partes per milliones) – einer Menge, die im Trinkwasser noch zugelassen ist – wird jedoch die Entwicklung des Meeresplanktons bereits um mehr als die Hälfte gehemmt und bei der zehnfachen Konzentration völlig unterbrochen; mit ähnlichen geringen Mengen werden sie durch Kohlenwasserstoffe geschädigt[610]. Durch den Boom der Schädlingsbekämpfungsmittel wurden außerdem die Flußmündungen in wenigen Jahrzehnten zu wahren Depots von Pestiziden, von denen viele vor allem den Vermehrungsmechanismus kleiner Meeresorganismen unterbrechen[611]. Weitere, über die Niederschläge und die Atmosphäre das Meer erreichende Mengen werden zusammen mit in die Luft gelangten Treibstoffen, Kühl- und Reinigungsmitteln über große Entfernungen transportiert und ergänzen das Werk der giftigen Schwermetalle[600].

Allein in die Nord- und Ostsee gehen so täglich mehr als 20 000 Tonnen Abfallstoffe, darunter jährlich bis zu 8 000 Kubikmeter Rotschlamm aus der Aluminiumverhüttung, dessen winzige Partikel durch alle filternden Meerestiere strömen und selbst in hunderttausendfacher Verdünnung das Zooplankton der Weltmeere (und damit die Ernährung der Meerestiere) massiv schädigen und die Kiemen der Fische irreversibel verkleben. Das aus den sulfathaltigen Abfällen der Titanfabriken sich bildende Eisenhydroxyd ist inzwischen zu einer 1 000 Quadratkilometer großen Wolke in 5 000 Meter Wassertiefe angewachsen und greift auf ähnliche Weise, beim Plankton beginnend, durch die ganze Nahrungskette hindurch nicht nur in das Wechselspiel der Arten ein, sondern auch in den Sauerstoffkreislauf. Störungen, die vielleicht erst sehr viel später zurückschlagen werden.

So bedeutet zum Beispiel das vom Rhein in die Nordsee verschleppte Phosphat von täglich 100 Tonnen ein zusätzliches Wachstum von täglich 10 000 Tonnen Algen, die zwar zunächst zusätzliche Mengen Sauerstoff in die Atmosphäre entwickeln, aber nach dem Absterben und Absinken dem Meer Tag für Tag 13 000 Tonnen Sauerstoff für ihre Verwesung entziehen. Inwieweit der dem Wasser fehlende

Sauerstoff aus der Luft regeneriert wird, hängt dann ganz von der Bewegung und vertikalen Durchmischung der Wassermassen ab. Neuere Untersuchungen und Kurven über Salzprofile der verschiedenen Meerwasserschichten zeigen aber, daß sich das Ozeanwasser in manchen Regionen erstaunlich geringfügig mischt[612].

Kybernetik tut not

Nun sind alle diese Abfälle im Prinzip ja auch wieder Rohstoffe und könnten in Kreisprozesse eingeführt, wenn nicht durch alternative Techniken überhaupt eingespart werden; der Rotschlamm ließe sich als Zuschlag für Baustoffe oder als Füllstoff im Teerstraßenbau verwenden, Papier könnte nach neueren Prozessen ohne Cadmium hergestellt, die Dünnsäure, wie schon im vorigen Kapitel erwähnt, mit Phosphatrückständen neutralisiert und organische Abfälle mikrobiell zu wertvollem Humus überführt oder in die so nötigen, die Bodenstruktur verbessernden Mittel umgewandelt werden[613]. Ein paar Beispiele nur, und doch würden schon sie die verfahrene Situation entscheidend bessern.

So stehen wir in der Tat auch in bezug auf das Meer vor einem dringend erforderlichen Wendepunkt in unserem Planen und Handeln. Die Nordsee ist zu einem kranken Ökosystem geworden. Die Ostsee steuert ihrem ökologischen Tod entgegen, und das Kaspische Meer ist bereits dabei, umzukippen. Allein um das Wattenmeer vor der endgültigen Zerstörung zu bewahren, wären einschneidende Beschränkungen für Tourismus, Jagd, Öl- und Gasbohrungen erforderlich[614]. Das Mittelmeer ist so verseucht, daß seine Sanierung einen 5-Milliarden-Dollar-Plan verlangen würde, wovon die 18 Anliegerstaaten jedoch zunächst nur 6,4 Millionen, also lediglich etwas mehr als ein Tausendstel zusammenbrachten[615].

Selbst küstenferne Regionen werden mehr und mehr betroffen. Denn die marinen Mülldeponien bleiben nicht an Ort und Stelle. Die großen Meeresströmungen und insbesondere die dadurch bedingten Ring- und Wirbelbildungen von oft mehreren hundert Kilometern Durchmesser und einer Tiefe von mehreren tausend Metern transportieren nicht nur Nährstoffe, sondern auch jene verseuchten Wassermassen[616]. Das vom Golfstrom in einen großen stehenden Meereswirbel versetzte Sargasso-Meer, der berühmte Laichplatz aller später nach Europa wandernden Aale, in dem sich seit jeher das natürliche

Oberflächentreibgut, wie Tang und Pflanzenreste, mit den daran hängenden Organismen staut, ist durch die angehäuften Öl- und Abfallmengen, die dort nicht wie die schweren Stoffe allmählich nach unten gezogen und abgeleitet werden, inzwischen zu einer Riesenkloake geworden[600]. Zum Glück existiert zwischen Atlantik und Pazifik durch den mittelamerikanischen Festlandgürtel wenigstens noch eine natürliche Barriere. Die ökologischen Folgen, wie sie am Ende ein von der amerikanischen Regierung vorgeschlagener zweiter Panama-Kanal in Meereshöhe, d. h. bei freiem Durchfluß mit sich brächte, wären wahrscheinlich unabsehbar.

Angesichts der Fülle von beabsichtigten und unbeabsichtigten Eingriffen darf es eigentlich als glückliche Fügung bezeichnet werden, daß das Meer dem Menschen nicht nur als Abbaugebiet dient, sondern in zunehmendem Maße als Nahrungsquelle, d. h. als Anbaugebiet. Der Rückgang wesentlicher Fischfangquoten, die Empfehlungen der Regierungen von hauptsächlich auf Fischnahrung eingestellten Ländern wie Japan, wegen zunehmender Giftkonzentrationen weniger Fisch als Fleisch zu essen, zeigt, daß man beim Meerwasser die Vergiftungen und Zerstörungen wichtiger biologischer Regelmechanismen nicht erst nach großer Zeitverzögerung über eine indirekte ökologische Wirkung, sondern direkt über die Nahrung, d. h. am eigenen Leibe zu spüren bekommt. Über ein solches kurzgeschlossenes »Feedback« ist man vielleicht doch rascher als sonst gezwungen, nach ökologischen Lösungen zu suchen – und *ihre* Vorteile zu nutzen.

Wenn wir daher nicht nur das gewaltige Abenteuer des Meeres*abbaus*, verbunden mit Meeresbesiedelung und Meerestechnisierung, in Angriff nehmen wollen, sondern auch den bald unumgänglichen Meeres*anbau*, die Nahrungsgewinnung aus den Ozeanen und die Umstellung unserer Ernährung auf vermehrte Meeresnahrung, dann muß zunächst diese permanente Schädigung beendet, die weitere Vergiftung gestoppt und jeder neue Eingriff gegen mögliche Spätfolgen abgesichert sein. Die schwerwiegendste unter ihnen wäre wohl der Rückgang der globalen Sauerstoffproduktion durch allmähliche Schädigung des Phytoplanktons. Katastrophen also, gegenüber denen die bisherigen Kriege, Seuchen, Inflationen und Hungersnöte sich wie kleine Randerscheinungen ausnehmen könnten. Ein Umschwung vom Raubbau zur Pflege der Meere liegt daher im Interesse aller Staaten der Erde – und im Grunde, d. h. langfristig gesehen, auch aller daran beteiligten Wirtschaftsunternehmen.

Umschwung vom Raubbau zur Pflege

Zur Zeit werden 12 Prozent des Proteinbedarfs der Welt durch Fische gedeckt. Bei entsprechenden ökologischen Technologien und Anbauverfahren könnte aber die Proteinproduktion aus dem Meer verfünfzigfacht werden, d. h. sie würde das Sechsfache des heutigen Gesamtbedarfs an Eiweiß decken können – natürlich nur bei drastischem Rückgang der zur Zeit vorliegenden Giftkonzentrationen. Von einer der größten Eiweißpfründe des Meeres, vom *Krill* (einer höheren Planktonart, von der sich die Wale ernähren), wußte man bis zu den ersten Veröffentlichungen nach einer britischen Discovery-Expedition im Jahre 1962 praktisch noch gar nichts. Gerade er könnte aber schon in den nächsten zehn Jahren zu einem bedeutenden Faktor der menschlichen Ernährung aufrücken[617]. Dazu einige Zahlen.

Seit der Dezimierung der Wale haben sich die gut 80 Arten von Krill auf der Südhalbkugel explosionsartig vermehrt. Man schätzt ihre Biomasse zur Zeit auf 500 Millionen bis 5 Milliarden Tonnen. Obgleich es sich um eine Planktonart handelt, darf man sich darunter nicht mikroskopisch kleine Lebewesen vorstellen, sondern Tiere, die zwischen 3 und 5 Zentimeter lang sind[618]. Die Russen haben als erste die Möglichkeit einer Nutzung als Nahrungsmittel erkannt und arbeiten intensiv an entsprechenden Verfahren zur Verarbeitung, bei der unverdauliche Bestandteile entfernt werden. Auch der relativ hohe Fluorgehalt läßt sich voraussichtlich senken[619]. Der erste Krill-Käse ist dort seit Jahren auf dem Markt, und weitere beträchtliche Mengen Krill-Eiweiß werden als Tierfutter verwendet.

Was wir also dringend brauchen, ist ein *geplanter Meeresanbau.* Zur Zeit betätigen wir uns in diesem Lebenselement noch auf dem Niveau des primitiven Jägers und Fallenstellers. Das erklärt unter anderem, warum sich die einzelnen Fischereinationen so schwer über die Fangquoten verständigen können, die nötig sind, damit nicht auch hier wie auf dem Lande eine gefährliche »Überweidung« eintritt. Die Küstenstaaten dehnen die Zonen ihrer Fanggrenzen aus und schließen so den Ring um die frei zugänglichen Fischgründe immer enger[620]. Die Krise wird verstärkt durch den zunehmenden Energieaufwand der Seefischerei, der denjenigen in der Landwirtschaft allmählich einholt[621]. Die immer raffinierteren großtechnischen Fangmethoden lassen die Bestände mehr und mehr zusammenschmelzen – man denke nur an den Hering, der aus der Nordsee praktisch verschwunden ist, an die in letzter Minute erfolgte Besinnung, was den Walfang betrifft[622], oder an den Zusammenbruch der peruanischen Sardellenfischerei. Gerade das letzte Beispiel, das ich immer gerne anführe, ist eines der typischsten dafür, wie eine hochmoderne, aber völlig unökologische Ausbeutung der natürlichen Rohstoffquellen wichtige Wirtschaftszweige des Landes ruinieren kann:

Die Fischmehlproduktion sollte seinerzeit durch eine Steigerung der Anchovisfänge intensiviert werden. Von hochdotierten Experten wurde ein Großmanagement ausgearbeitet, das nach einem kurzen Boom prompt ins Chaos führte. Was war geschehen? Man hatte bei den auf Gewinnmaximierung angesetzten Kalkulationen, die zwar wissenschaftlich exakt, aber eben nur fachorientiert durchgeführt worden waren, die Angelegenheit wieder einmal als geschlossenes System betrachtet. Ökologische Parameter, wie bestimmte veränderliche Meeresströmungen, wurden unbeachtet gelassen und daher die Fangquoten falsch angesetzt. Als dann der nährstoffreiche kalte Humboldt-Strom einmal vorübergehend durch den nährstoffarmen Niño-Strom verdrängt wurde, reichten die übriggelassenen Fischreserven zur Fortpflanzung nicht mehr aus. Die Fischgründe waren plötzlich erschöpft, die Fischmehlproduktion brach zusammen, und auch die Guanovögel, die sich von den Fischen ernährten und deren Dung die zweite Absatzquelle abgab, waren ebenso plötzlich verendet oder hatten sich nach anderen Gegenden verzogen[2]. Ein typisches und relativ gut untersuchtes Beispiel dafür, wie in bester Absicht eine Monowirtschaft ins Extrem getrieben wurde und sich prompt selbst vernichtete, weil man die Regelkreise, von denen sie ein Teil war, ignorierte.

Wir sehen, gerade die Fischereinationen schneiden sich ins eigene Fleisch, wenn sie die Fischgründe erschöpfen, statt sie im Blick auf die kommenden Jahre zu pflegen oder gar vom Raubbau zum Anbau überzugehen. Im Ozean, in diesem so ganz anderen Lebenselement, sind allerdings Anbau, Hege, Pflege, Zucht und Schutz vor natürlichen Feinden etwas ganz anderes als auf dem Lande. Geplanter Meeresanbau bedeutet: Fischkonzentrierung durch gezielte Bepflanzung des Meeresgrundes, Anlage von Algenfeldern und die Entstehung von Fischfarmen, wo die Tiere in Plantagen während der gefährdeten ersten Lebensabschnitte vor ihren natürlichen Feinden bewahrt werden[623]. 1978 wurde auf der von internationalen Organisationen geförderten Athener Konferenz endlich ein gemeinsames Programm der Mittelmeerländer verabschiedet, das die Zucht von Muscheln und Austern, von Seebarschen und Aalen zum Schwerpunkt hatte. Man kann also nur hoffen, daß auch die Beschlüsse der 1980er Konferenz über die Meeresverseuchung, die nach vierjährigem Ringen im Mai 1980 von 18 Staaten unterzeichnet wurden, in der Praxis zum Tragen kommen.

Zum Meeresanbau gehören aber auch Mehrzweckmethoden wie die folgende: Mischt man nährstoffreiche Abwässer mit Seewasser, so lassen sich darin Meeresalgen mit einem hohen Nutzungsgrad kultivieren[624]. Der Effekt ist dann ein doppelter: Die Abwässer werden gereinigt, und gleichzeitig entsteht Futter für Fisch- und Muschelfarmen. Die erste Massenproduktion von Meeresalgen nach diesem Verfahren begann 1975 in den USA, wobei täglich zwischen 10 und 20 Gramm pro Quadratmeter anfielen. Wenig? Keinesfalls! Auf das Jahr umgerechnet, sind das 50 Tonnen pro Hektar Wasserfläche. Eine ähnliche Methode exerzieren uns übrigens seit langem die Seri-Indianer am Golf von Kalifornien vor: den Anbau schwimmender Meergrasplantagen. Auch Meergras *(Costera marina)* kann unsere künftige Ernährung auf billigste Weise unterstützen. Es benötigt kein Süßwasser, keine Pestizide noch etwa künstlichen Dünger[625].

Ähnliches gilt für das noch kaum erforschte »Neuston«, die oberste Meereshaut, in der, zum Teil durch Verdunstung auf das Zehn- bis Tausendfache angereichert, eine eigene Lebewelt aus Bakterienkolonien, Nährstoffen, Fischeiern, mikroskopisch kleinen Wasserkrebschen und bizarren Hochseeinsekten der Aufrechterhaltung des gesamten Wasserlebens zu dienen scheint. Die hier gebildete organische Substanz ›regnet‹ sozusagen schauerartig in die tieferen Schichten, für deren Bewohner sie wieder die Nahrungsgrundlage bildet[626].

Zu einem geplanten Anbau und einer ökologischen ›Ernte‹, also einer solchen, die sich an den am wenigsten problematischen Abschöpfungsmöglichkeiten orientiert, gehört außerdem eine sichere Fischortung, zum einen durch bessere Kenntnis der Meeresströmungen und auch der Biodynamik des Meereslebens, zum anderen beispielsweise durch Satelliten, die mit Infrarotzellen ständig die Temperatur der Ozeane und Meeresströmungen messen und daraus die Verteilung der Fische errechnen. Weiter wird man den Meeresboden und seine Muschelbetten, die neben dem Neuston und dem Krill den Fischen als primäre Nahrungsquelle dienen, wie den Boden des Landes schützen müssen. Denn ähnlich wie bei den fortschreitenden Wüsten werden auch sie immer wieder durch Sandbänke vernichtet[627] oder, weit schlimmer, durch Teerfilme aus dem von Tankern abgelassenen Öl hoffnungslos verkrustet – wie zur Zeit im Mittelmeer. Da viele für den Meeresanbau besonders geeignete Küstenzonen der Industrieländer schon weitgehend verseucht sind, gibt es hier allerdings nicht mehr viel zu kultivieren. Es sei denn die Anreicherung von Schadstoffen selbst: in Muscheln, Fischen und Algen. Die Quecksilberkonzentration an der französischen Mittelmeerküste ist so hoch, daß sie bereits einen Fischverzehr von mehr als zwei Kilo pro Woche verbietet. Man fragt sich nur, wie lange es noch dauert, bis die Quecksilberkonzentration ausreicht, um den Fischfang für die Quecksilbergewinnung rentabel zu machen.

Beurteilen wir den Lebensraum Ozean – zwei Drittel der Erdoberfläche unseres Planeten – in seinem Wert für den Menschen, dann erscheint der mögliche ›Nutzen‹ dieses größten Ökosystems der Erde überwältigend. Es wäre angebracht, uns dabei nicht als Ausbeuter, sondern als Partner aufzuführen, der, wenn er sich mit einbezieht, von allen Vorteilen einer solchen Partnerschaft profitiert.

Teil 4
Energie und Stoff

Kohlenstoff
Werkstoffe
Kerntechnik
Energielösungen

13 Kohlenstoff

Ein Baustein verpufft

Kohlenstoff – zentraler Baustein allen Lebens. Ähnlich vielseitig wie sein engster chemischer Partner, das Wasser, ist auch er Glied eines ständigen Kreislaufs, der durch die Zellen aller Lebewesen pulsiert und ihn für die unglaublichsten chemischen Kunststücke einsetzt. Auch wir können ihn dafür reservieren. Doch mehr und mehr wird er mißbraucht, verbrannt in einem Teufelskreis von Energieverbrauch, Konsum und Wachstum. In diesem Kapitel erfahren wir einiges über seine Zwitterrolle als idealer Baustein und als Energieträger. Wir müssen uns entscheiden, wofür wir die letzten Reserven an Kohle, Öl und Gas verwenden. Hier spielen Fragen ihrer »Veredelung« ebenso hinein wie solche der Umweltbelastung oder ihrer technischen Verwendung für die Produktion von Stahl und Eisen.

Die organische Welt, d.h. wir selbst und unsere Nahrung, die Tiere, Pflanzen und Mikroben, kurz die ganze Biosphäre, besteht zu rund 85 Prozent ihrer Trockenmasse (also ohne das Lebenselement Wasser) aus Kohlenstoff. Der jährliche Stoffumsatz dieser Lebewelt beträgt nochmals ein Vielfaches ihrer Biomasse. Etwa 200 Milliarden Tonnen organisches Material werden jährlich produziert und wieder abgebaut. Kohlenstoff ist also keineswegs nur der Hauptbestandteil der fossilen Brennstoffe wie Steinkohle, Braunkohle, Erdöl und Erdgas, obwohl dort die größere Menge versammelt ist, sondern ebenso Hauptbestandteil unserer Wälder, bunter Blüten, grüner Blätter, glitzernder Fische, von Haut und Haaren und sämtlichen Menüs auf unserem Teller. Wer schon einmal ein Hähnchen in der Pfanne verkohlen ließ, hat dies selbst erfahren. Auch die eben genannten fossilen Rohstoffe, die sich in der Erde im Laufe von vielen hunderttausend, ja Millionen Jahren aus ehemaligem Leben bildeten, sind nichts anderes als die Reste dieses Lebens, das sich über die Pflanzen mit Hilfe der Sonnenenergie den Baustein Kohlenstoff aus dem Kohlendioxid der Luft holte. Ein Reservoir, welches wir nunmehr erneut in den Kreislauf bringen, dies jedoch in einem Bruchteil der Zeit, in der es der Lebewelt entzogen wurde.

Gefährliches Spiel mit Kreisläufen

Knapp 700 Milliarden Tonnen Kohlenstoff befinden sich in der Atmosphäre. Kein festes Depot wie die vielleicht 100 000 Milliarden Tonnen, die im Laufe von Äonen in Sedimentgestein abgelagert wurden (in Kohle als abgestorbene Pflanzen, in Erdöl als tierische Reste und zum Beispiel in Kreideformationen direkt als Kohlendioxidgas aus der Luft absorbiert), sondern aktives Glied eines lebendigen Zyklus der Biosphäre, dessen Gesamtmenge allein schon durch Assimilation und Atmung alle 20 Jahre einmal umgesetzt wird. Ein Fließgleichgewicht also, das mit anderen großen und kleinen Zyklen wie etwa von Wasser, Sauerstoff, Stickstoff, Schwefel und einer Reihe von Spurenelementen, aber auch mit der globalen Symbiose zwischen Tier- und Pflanzenwelt über Photosynthese und Atmung und natürlich mit den klimatischen Regulationen von Wärmespeicherung und Rückstrahlung eng verbunden ist[628].

Massive Eingriffe in dieses Gefüge sind daher nicht ungefährlich. Ihre noch keineswegs abzusehenden Folgen beschäftigen die Wissenschaft schon seit längerem und nun auch zunehmend die Öffentlichkeit und unsere Entscheidungsträger in Politik und Wirtschaft. Denn ein Eingriff in den oberirdischen Kohlenstoffzyklus durch zunehmendes Einbringen der unterirdischen Reserven bedeutet automatisch auch die Störung jener anderen Kreisläufe[629]. Dadurch aber entstehen in der Atmosphäre wie auch im Klima und in der Lebewelt bis hin zu den Mikroorganismen Veränderungen, mit deren Ausgleich die Biosphäre in einer so kurzen Zeit nicht nachkommt[630].

Wie wir in den vorausgegangenen Kapiteln schon erfahren haben, hat sich die Zusammensetzung unserer Atmosphäre über einen Zeitraum von vielen hundert Millionen Jahren aus einer brodelnden Hexenküche giftiger Gase wie Methan und Ammoniak zu unserer heutigen Biosphäre entwickelt. Etwa 20 Kubikmeter dieser Luft, also den Rauminhalt eines kleinen Zimmers, atmet der Mensch an einem

Tage ein und aus. Daraus wird etwa ein halber Kubikmeter Sauerstoff verbraucht und als Kohlendioxid in die Atmosphäre wieder
abgegeben. Schon ein Volkswagen verbraucht in der gleichen Zeit im
Stadtverkehr 400 Kubikmeter Sauerstoff, also so viel wie 800 Menschen – ein kleines Heizkraftwerk sogar mehr, als eine Million Menschen verbrauchen. Während wir selbst nur das ungiftige Gas Kohlendioxid in die Natur abgeben, stoßen unsere Autos, Wohnhäuser,
Fabriken und dergleichen noch zusätzliche Giftstoffe in die Luft aus;
in der Bundesrepublik täglich allein über 20 Millionen Kubikmeter.
Eine Menge, die ihrer Größenordnung nach an die von den gesamten
Einwohnern dieses Landes eingeatmete Sauerstoffmenge heran-
reicht. Mit dieser Giftgasmenge eines einzigen Tages könnte man –
würde sie direkt eingeatmet – jedesmal die gesamte Erdbevölkerung
auslöschen.

Hier handelt es sich jedoch noch vorwiegend um *Belastungen* natürlicher Kreisläufe und weniger um *Eingriffe* in den Kreisprozeß selbst.
Belastungen, die in ihren gesundheitlichen Folgen direkt spürbar
sind und durch Verminderung des Schadstoffausstoßes wieder
schlagartig zurückgehen würden. Weit weniger augenscheinlich, da
unsere Gesundheit und die übrige Lebewelt nicht unmittelbar bela-
stend, dafür aber in der Langzeitwirkung unter Umständen weit
gefährlicher, weil meist irreversibel, sind Verschiebungen in den
Kreisläufen selbst.

Von den seit vielen Jahrzehnten durchgeführten Routinemessungen
der atmosphärischen Zusammensetzung an verschiedenen Kontroll-
punkten unserer Erde, von Spitzbergen über den Mauna Loa auf
Hawaii bis zur Antarktis, wissen wir, daß wir die uns so unendlich
groß erscheinende atmosphärische Hülle und damit das Großklima
der Erde langsam aber stetig verändern, daß wir in wenigen Jahrzehnten Eingriffe vollziehen, zu denen sich die Erde – unter allmählicher
Anpassung aller lebenden Gleichgewichte – normalerweise vielleicht
100 000 Jahre Zeit läßt. So ist der Kohlenstoffgehalt der Atmosphäre
(in Form von Kohlendioxid) seit dem Beginn des Industriezeitalters
von den bis 1850 rund 600 Milliarden Tonnen inzwischen auf die
erwähnten 700 Milliarden Tonnen angestiegen, um 40 Milliarden
Tonnen allein in den letzten 20 Jahren. Daß sich die atmosphärische
Zusammensetzung durch menschliche Eingriffe verändert hat, steht
also fest. Wie bei einem komplexen System nicht anders zu erwarten,
ist jedoch weder der Beitrag der beteiligten Faktoren noch der
Umfang der möglichen Folgen eindeutig zu bestimmen. Warum, das

zeigt schon der folgende Blick auf die Erklärungsmöglichkeiten der großen langzeitigen Klimaschwankungen auf der Erde, von denen nur drei genannt werden sollen.

So kann bei den irdischen Wärme- und Kälteperioden wie den Eiszeiten einmal die veränderliche Sonnenaktivität mitgespielt haben, ferner ein über große Perioden laufender Regelkreis von Festfrieren, Abgleiten (durch den zunehmenden Druck) und Auftauen der sich durch die Niederschläge im Laufe von mehreren zehntausend Jahren auftürmenden Eismassen der Antarktis[631] oder eben nicht zuletzt auch die ebenso langsamen periodischen Verschiebungen des Kohlendioxyd-Kreislaufs. Mit großer Wahrscheinlichkeit waren bei den sich jeweils zuspitzenden und dann wieder umschlagenden klimatischen Konstellationen mehr oder weniger alle drei Mechanismen beteiligt, von denen uns hier vor allem der letztere interessiert.

So entzog zum Beispiel in der Carbon-Zeit der die Erde überwuchernde Pflanzenwuchs der Lufthülle allmählich 100 000 Milliarden Tonnen Kohlendioxid (CO_2) – was aus dem Kohlevorkommen berechnet werden kann. Damit verschwand aus der Atmosphäre ein wichtiger Wärmespeicher, denn CO_2 absorbiert Infrarot und verringert so die Abstrahlung der empfangenen Sonnenenergie in den Weltraum. Die irdische Temperatur sank ab: permische Vereisung. Große Teile der Pflanzenwelt starben ab, versanken und wurden zu Steinkohle. Der CO_2-Entzug hörte wieder auf, aus Vulkanen, Kohlensäurequellen, Methaneruptionen, aus tierischen und Mikroorganismen erfolgte neuer Kohlenstoffnachschub in die Atmosphäre, wodurch die Temperatur und schließlich auch der Pflanzenwuchs wieder anstiegen. Wieder durch CO_2-Entzug, diesmal jedoch durch die Mineralbildung im Tertiär verstärkt, wurde dann die nächste Eiszeit hervorgerufen. Die Pflanzen des Tertiär bildeten die Braunkohle. Der CO_2-Gehalt konnte damals erneut ansteigen und die nächste Wärmeperiode einleiten.

Wie groß der Anteil dieses Vorganges war, inwieweit andererseits ein periodisches und sich selbst verstärkendes Abschmelzen polarer Eismassen und wieder deren erneute Auftürmung diese Effekte auslöste, verstärkte oder auch ihnen entgegenwirkte, wissen wir nicht. Jedenfalls erstreckten sich diese natürlichen Klimawechsel über sehr lange Zeiträume, die Eisdecke der Antarktis zum Beispiel ist schon seit den letzten 30 000 Jahren stabil[632]. Mit Sicherheit spielen bei dem Kohlendioxidkreislauf auch die Weltmeere als Puffer eine Rolle, in denen nicht nur das etwa 50- bis 60fache der in der Atmosphäre befindlichen CO_2-Menge als Gas oder Carbonat gelöst ist, sondern die mit jährlich 100 Milliarden Tonnen CO_2 noch einen größeren Umsatz haben als die Tier- und Pflanzenwelt auf dem Lande. Ja, noch einmal die gleiche Menge an Kohlenstoffverbindungen sinkt jährlich allein mit dem Faulschlamm ab, aus dem dann biologische Umwandlungsprozesse wie eh und je wieder Erdöl und Erdgas bilden. Ein Prozeß, bei dem Mikroorganismen ebenso beteiligt sind wie bei den Mineralisierungs- und Zersetzungsprozessen der organischen Materie auf dem Land.

Klima, Tiere, Pflanzen und Mikroben erscheinen so innerhalb des Kohlenstoffzyklus als vier sich gegenseitig regulierende Systeme, die deutlich aufeinander angewiesen sind und in ihrem Gleichgewicht von jenem Zyklus abhängen. Mit der Verbrennung der fossilen Kohlenstoffvorräte – zur Zeit pumpen wir jährlich rund 4 Milliarden Tonnen CO_2 in die Atmosphäre –, mit unseren Eingriffen in die Pflanzenwelt durch die rücksichtslose Rodung vor allem der tropischen Wälder (was noch einmal einer CO_2-Abgabe von jährlich 2 bis 4 Milliarden Tonnen entsprechen könnte[633]) und durch die zunehmende Erosion von Grünland verursachen die Menschen der Industriegesellschaft einen Anstieg im Kohlendioxydgehalt der Luft, den die Biosphäre immer weniger ausgleichen kann. Er steigt unaufhaltsam an und scheint aus der Selbstregulation jener vier Systeme bereits ausgebrochen zu sein. Man mag sich nun darüber streiten, ob der Hauptanteil auf die Zerstörung der Pflanzenwelt oder auf das Konto unserer Auspuff- und Industrieabgase kommt und auch, wieviel davon der Ozean noch zusätzlich aufnehmen kann[634]. Bei dem augenblicklichen Bevölkerungszuwachs mit seinem exponentiell ansteigenden Brennstoffverbrauch ist jedenfalls in den nächsten 40 bis 60 Jahren ein weiterer Anstieg des atmosphärischen CO_2-Gehaltes von zur Zeit 0,033 Prozent auf über 0,06 Prozent sehr wahrscheinlich. Auch eine vorübergehend verstärkte Kernenergienutzung würde hieran nichts ändern, da zusammen mit der dadurch gewiß nicht sinkenden Produktionslawine der Verbrauch fossiler Brennstoffe noch eher erhöht als gesenkt würde. Der eintretende Treibhauseffekt könnte die Welttemperatur *im Durchschnitt* um 2 bis 3 Grad C erhöhen, wobei die tropischen Gebiete weniger, die Polargebiete jedoch um 6 bis 10 Grad C erwärmt würden[635].

Wie steht es nun mit den Folgen? Ein Temperaturanstieg um 2 bis 3 Grad C erscheint uns angesichts der gewohnten jährlichen Schwankungen zunächst geringfügig. Als globaler Durchschnittswert kann er jedoch beachtliche Auswirkungen haben, die in vier Phasen zu sehen sind. Die erste Phase betrifft die Niederschlagsverteilung. Hier sind Entwicklungsländer im Gegensatz zu uns gegenüber geringen Änderungen der Verhältnisse bereits äußerst verletzlich. Als nächstes würde das Meereseis schmelzen. Der Meeresspiegel würde zwar dadurch nicht ansteigen, die durch die Eisschmelze verminderte Rückstrahlung jedoch die weitere Erwärmung beschleunigen. In der dritten Phase wäre mit dem Abrutschen des westantarktischen Schelfeises zu rechnen, was den Meeresspiegel dann innerhalb weniger Jahre oder Jahrzehnte um etwa 5 Meter ansteigen ließe. In der vierten Phase schließlich würden riesige polare Eisfelder schmelzen, der Ozeanspiegel um bis zu 60 Meter ansteigen, Meeresströmungen umgelenkt und gewaltige Landstriche überschwemmt werden oder veröden[636].

Vor dieser bei entsprechendem Temperaturanstieg zwangsläufigen Entwicklung könnte uns zur Zeit groteskerweise ein anderer Faktor der Luftverschmutzung noch bewahrt haben: die 300 Millionen Tonnen Staub, die jährlich von den Industrienationen in die Luft geblasen werden. Durch Streuung des einfallenden Sonnenlichts (Albedo) bewirkt er in den oberen Schmutzschichten eine Verringerung des Wärmeeinfalls und damit Abkühlung. Ein Effekt, der den des Kohlendioxidanstiegs zur Zeit übertreffen müßte. Denn in Wirklichkeit haben wir – abgesehen von einigen zwischenzeitlichen Schwankungen in den vierziger Jahren – eine seit nun fast 100 Jahren fortschreitende Abkühlung um jährlich rund 0,01 ° C. Die Zunahme der atmosphärischen Trübung selbst in entlegenen Gegenden des Pazifik oder des Kaukasus könnte durchaus dafür verantwortlich sein[637]. Könnte dann am Ende gar ein *Rückgang* des Kohlendioxidgehaltes gefährlich sein? Nun, ebenso wie eine *Erhöhung* der abgeblasenen Staubmenge müßte die *Senkung* des CO_2-Gehaltes die Durchschnittstemperatur der Erdoberfläche nach dem gleichen Mechanismus wie oben um mehrere Grad absinken lassen, was durchaus zum übergangslosen Eintritt in eine neue Eiszeit genügen könnte[638]. Man kann also fast von Glück sagen, daß in unserer Industriegesellschaft Verbrennung und Stauberzeugung gewissermaßen gekoppelt sind, so daß eine Reduktion des einen meist auch eine Verminderung des anderen bedeutet, was in diesem ohnehin sympathischeren Fall einer doppelten Entlastung der Atmosphäre gleichkäme. Umgekehrt würde eine Stauberhöhung allein außer einer Kälteperiode aber auch die Photosyntheserate drastisch verringern, den Pflanzenwuchs stark reduzieren und dadurch vielleicht wieder den CO_2-Gehalt ansteigen lassen. Wir sehen, wir sind noch weit davon entfernt, die unzähligen Rückkoppelungsmechanismen im klimatischen und Wettergeschehen zu durchschauen oder gar nachzuvollziehen. Das gleiche gilt für die äußerst riskante Beeinflussung des schützenden Ozongürtels der Stratosphäre durch die erst dort in Reaktion tretenden Frigen-Treibstoffe unserer Sprühdosen, deren Chlor in 20000 bis 25000 Meter Höhe in wenigen Jahrzehnten 10 bis 20 Prozent dieser Schicht zerstören könnte. Derselbe Effekt, wie er durch die ebenfalls katalytische Wirkung von Stickstoffmonoxid – etwa durch einen Überschall-Luftverkehr – zu erwarten wäre[639].

Dramatische oder weniger dramatische Effekte – die Experten liefern uns auch hier die unterschiedlichsten und widersprüchlichsten Theorien. Gerade deshalb aber gilt es auch hier wie bei allen kritischen Gliedern eines komplexen Systems, äußerste Vorsicht walten zu lassen und einen Langzeitplan auszuarbeiten, der dem subtilen kybernetischen Gefüge unserer Biosphäre Rechnung trägt und einer weiteren Störung der globalen Kreisläufe endgültige Grenzen setzt. Gerade die Entwicklungsländer, die gegenüber solchen Störungen wie gesagt am empfindlichsten reagieren, haben aber auch am ehesten die Möglichkeit, aus der Not der für sie ruinösen Ölpreise eine Tugend zu machen und ihren zukünftigen Energieverbrauch durch die kleinräumige Nutzung von Sonnenenergie und regenerierbarer Biomasse zu decken, d.h. im Rahmen des natürlichen CO_2-Kreislaufs zu bleiben und damit die sonst unausbleiblichen Störungen selbst maßgebend zu verhindern.

Reserven wofür?

In den letzten Jahren hat es sich allgemein herumgesprochen, daß der Kohlenstoff für nützlichere Dinge verwendet werden kann als zum Verbrennen, ja, daß letzteres nicht nur in klimatischer Hinsicht unverantwortlich ist. Ich erinnere mich noch gut, wie nach meinen ersten Publikationen über dieses Thema Mitte der sechziger Jahre eine Flut von verständnislosen Kommentaren aus der Branche auf mich zukam[640]. Inzwischen haben sich die Ansichten gründlich geändert. Dennoch hört man auch heute noch oft das Argument, der Vorrat vor allem an Kohle sei so reichlich, daß zumindest *er*, anders als beim Erdöl, auch bei intensivem Einsatz in der Energieerzeugung – und

nicht nur als Übergangslösung – noch Jahrhunderte vorhalten würde.
In der Tat schwanken neuere Erhebungen über den vermuteten
Gesamtvorrat an fossilen Brennstoffen der Erde zwischen 20 000
Milliarden und 500 000 Milliarden Tonnen. Gleichzeitig läßt sich
jedoch berechnen, daß davon nur ein winziger Teil verbrannt werden
kann, bis der CO_2-Gehalt der Luft – ganz abgesehen von den anderen
Giftgasen – auf einen Wert angestiegen ist, bei dem die bereits
erwähnten schwerwiegenden klimatischen Veränderungen beginnen; womöglich noch drastisch verstärkt durch die schon angebro-
chenen Waldrodungen.

Die Tatsache, daß es sich somit um Reserven handelt, die, auch wenn
man wollte, gar nicht mehr in vollem Maße für Brennzwecke genutzt
werden könnten, bedeutet aber immer noch nicht, daß wir, wenn wir
mit dem Verbrennen gezwungenerweise Schluß machen müssen,
dann wenigstens noch genügend Kohlenstoff als Baustein zur Verfügung haben werden. Denn die genannten Vorräte sind wiederum nur
zu einem kleinen Teil für einen wirtschaftlichen Abbau zugänglich.
Die Kosten für die immer schwierigere Gewinnung der fossilen
Brennstoffe (die leicht abbaubaren Lagerstätten werden immer weniger) vervielfachen sich mit zunehmendem Bedarf: Bis zur zehnfachen
Ausbeutung benötigen wir nicht das Zehnfache der heutigen Kosten,
sondern nach und nach das Vierzigfache und mehr[641]. Was die Kohle
betrifft, so würde nach einer »Welt-Kohle-Studie« die vorgesehene
Erhöhung der Kohlennutzung bis zum Jahre 2 000 (von derzeit 2,5
Milliarden auf 7 Milliarden Tonnen pro Jahr) allein innerhalb der
OECD eine Investition von 1 750 Milliarden DM verlangen[642]. Für
die Förderung des restlichen und weitaus größeren Teils der Vorkommen – bei der Kohle wie beim Erdöl – müßten dann schließlich mehr
Energie und Material eingesetzt werden, als wir aus ihm gewinnen
können.

So schwanken die tatsächlich ausbeutbaren Mengen zum Beispiel
beim Erdöl je nach Lagerstätte zwischen 1 Prozent und 60 Prozent!
Die bisherige durchschnittliche Ausbeute von 25 Prozent läßt sich
durch sekundäre Gewinnungsverfahren wie das Einpumpen von
Wasser auf 30 bis 35 Prozent erhöhen, durch tertiäre Gewinnungsme-
thoden wie die Injektion von Detergentien (die die Gesteins-Poren
vor Verstopfung bewahren) oder von heißem Dampf (der zähe
Anteile leichtflüssig macht) vielleicht noch auf 45 Prozent[643]. Der
Nettoenergiegewinn sinkt aber dadurch bei diesen Verfahren
beträchtlich.

Erst recht würde die bisher noch nicht angegangene Ausbeutung der Teersande und Ölschiefer, deren Vorräte alleine in Kanada, Venezuela und der Sowjetunion noch einmal gut und gerne so groß sind wie die bisher prospektierten Erdölreserven, riesige technische und finanzielle Probleme aufwerfen [644]. Rechnet man die Energieinvestition zum Beispiel für die Gewinnung von Ölschiefer, der erst noch unterirdisch durch Erhitzen auf über 300° C chemisch aufgeschlossen werden muß, dann kann eigentlich in der Energiebilanz nicht mehr viel übrigbleiben. Es würde mich nicht wundern, wenn man eines Tages den hierfür nötigen Dampf durch Sonnenenergie erzeugt, um dann das so gewonnene Öl zur Heizung von Wohnungen zu verbrennen, statt dafür die Sonnenenergie direkt einzusetzen. Unsere moderne Technik hätte nicht den ersten Schildbürgerstreich dieser Art vorzuweisen.

Mit dem Anknabbern der letzten Reserven tauchen zudem zusätzliche ökologische Probleme auf. Dazu zählen unter anderem die starke Grundwasserbelastung und Wasserbeanspruchung (bereits bei der sekundären Gewinnung erreicht die Fördermischung einen Wasseranteil bis zu 90 Prozent, von der Verseuchung mit Detergentien bei der Tertiärgewinnung ganz abgesehen), aber auch die Gefährdung und Zerstörung von Landschaften und Ökosystemen, die bereits mit der umstrittenen Alaska-Pipeline begonnen haben und mit einem zunehmenden und immer großtechnischeren Tagebau ins Gigantische anwachsen würden.

Diese Fakten sollten auch einmal Anlaß zu der Überlegung geben, ob mit der verstärkten Ausbeutung der letzten fossilen Rohstoffvorräte am Ende nur eine groteske Energievernichtungsmaschinerie in Gang gesetzt wird, die mit dem jeweils billigeren Energieträger eine womöglich geringere Energiemenge des teureren ausgräbt. Dies würde für die Beteiligten zwar einen gewissen Gewinn abwerfen, den nutzbaren Gesamtanteil an Energie jedoch nur weiter senken. Die derzeit häufig zu beobachtende ›Moral‹ vor allem transnationaler Großunternehmen läßt eine solche Vermutung als gar nicht so abwegig erscheinen. Es wird wohl unumgänglich sein, irgendwann gewisse Grenzbereiche unseres Planeten, wie die Ausbeutung und Verteilung der Ressourcen oder das Bebauen von Flächen, der Kontrolle von auf kurzfristigen Gewinn programmierten wirtschaftlichen Spekulanten zu entziehen, für die der Schaden, den sie möglicherweise dem Gesamtsystem zufügen, immer noch eine quantité négligeable ist. Die Hunt-Affäre um die gigantischen Silberspekulationen zeigt, wie weit heute selbst ein Einzelner gehen kann, wenn er die Hand auf eines der knapp werdenden irdischen Güter legt. Leider sind hier wohl neue Gesetze unerläßlich, die zwar der Privatinitiative durchaus freien Raum lassen sollten, aber dennoch solche Machenschaften zu vereiteln haben. Es werden dies neuartige Gesetze im Rahmen einer *dynamischen Norm* sein müssen, auf die in einem späteren Kapitel noch eingegangen wird.

Alles in allem kommen wir also an der Tatsache – die allerdings von manchen Kreisen gern überspielt wird – nicht vorbei, daß es sich bei den mit vertretbaren Techniken erreichbaren Vorräten nur um einen Bruchteil der bis heute prospektierten oder noch vermuteten Ressourcen handelt, nämlich lediglich um zirka 3 000 Milliarden Tonnen Steinkohle, 360 Milliarden Tonnen Erdöl (davon 96 Milliarden Tonnen nachweislich, der Rest »wahrscheinlich« gewinnbar) und 77 Milliarden Tonnen Erdgas (in Steinkohleneinheiten)[641]. Die neuentdeckte australische Kohle von rund 200 Milliarden Tonnen ist hier bereits berücksichtigt, ebenso die im Schelfgebiet der Halbinsel Yukatan und im Orinoko-Becken jeweils zwischen 60 und 100 Milliarden Tonnen lagernden Erdölvorräte, nicht jedoch die inzwischen auf 2 600 Milliarden Tonnen Braun- und Steinkohle veranschlagten möglichen Reserven Ostsibiriens[645] und die auf noch einmal 700 Milliarden Tonnen geschätzten Vorräte der erwähnten Teersande und Ölschiefer[644]. Die chinesischen Erdölvorräte, über die viel spekuliert wird, sind noch mit einem hohen Unsicherheitsfaktor versehen. Die Schätzungen schwanken zwischen 3 und 50 Milliarden Tonnen, wobei die Lagerstätten dieses Kontinentalbeckens anders als in ehemaligen Meeresgebieten nicht in wenigen großen Vorkommen versammelt sind, sondern den Sedimenten ehemaliger Flußläufe und Seen folgen und somit weit verstreut liegen.

Die Unterschiede in manchen Einzelschätzungen wie den obigen geben zwar den ausbeutbaren Gesamtvorräten an Erdöl und Erdgas eine gewisse Unschärfe, ändern jedoch wenig an deren Größenordnung und erst recht nichts an der Tatsache ihrer baldigen Erschöpfung. Sie werden bei dem derzeitigen Jahresverbrauch an Erdöl von 3,8 Milliarden Tonnen und einem Ausbeutungsfaktor von 25 Prozent noch rund 23 Jahre halten, mit Sekundär- und Tertiärgewinnung vielleicht 40 Jahre. Hält die Verbrauchssteigerung wie bisher an, so ist die Zeit noch kürzer, denn auch die Neufunde halten mit ihr längst nicht mehr Schritt.

Die angesichts der Erdölkrise aufgekommene Tendenz, wieder mehr

Kohle zu verbrennen (ihr Anteil beträgt zur Zeit 20 Prozent) – eine Tendenz, die von der Steinkohlen- und Braunkohlen-Lobby insbesondere in Deutschland als lang erwartete Rückkehr zum einheimischen Brennstoff freudig begrüßt wurde –, kann natürlich nur eine Übergangslösung sein. Die Hauptfrage ist eben nicht, woher wir weitere ›fehlende‹ Energie beziehen können, sondern – und darüber sollte uns die Krise vor allem die Augen geöffnet haben – wie wir mit weniger Energie auskommen und unseren schon viel zu hohen Energiedurchfluß senken können. Groteske Randerscheinung: Obwohl die Steinkohle inzwischen schon wieder billiger zu verstromen ist als das teure Schweröl, also ohnehin wieder gut im Rennen liegt, wird sie und damit ihre Verschwendung durch einen Dschungel von Verordnungen weiterhin mit 12 Milliarden DM (bei einem Umsatz von 15 Milliarden) subventioniert – jede Mark mit rund 80 Pfennigen[646]! Die Kohle ist in der Tat bedroht, ebenso wie das Erdöl, jedoch anders, als es in den Äußerungen der jeweiligen Lobby zum Ausdruck kommt. Daran ändern weder die neuen, für den Bergmann weit angenehmeren automatisierten Abbautechniken etwas[647] noch die Vergasung von Kohle in Untertage-Fabriken[648], noch ihre immer umweltfreundlichere Verbrennung[649], noch rationellere Verbrennungstechniken und Kraftwerkstypen wie die Wirbelschichttechnik oder die Kohledruckvergasung[650]. Genauso beim Erdöl und Erdgas. Solange im arabischen Raum weiterhin Jahr für Jahr 40 Milliarden Kubikmeter Erdgas (ein Äquivalent von 28 Millionen Tonnen Öl) abgefackelt werden, um die Ölpreise zu halten – das sind fast die gleichen Mengen Erdgas, wie sie England zur Zeit mühsam aus der Nordsee holt (obwohl auch dort abgefackelt wird!) –, haben auch die Ölländer selbst offenbar nicht verstanden, worum es eigentlich geht, nämlich die Preise deshalb anzuheben, um den Vorrat möglichst weit zu strecken. Wären die Energiepreise schon vor Jahren so hoch gewesen, wie es ihrem eigentlichen Wert entspricht – nämlich im Grunde noch einmal das Drei- bis Vierfache des heutigen Preises –, dann wären wir mit den ohnehin eines Tages unumgänglichen energiesparenden Technologien und der Entwicklung von alternativen Energiequellen sicherlich entschieden weiter.

Generell haben wir ja in der Tat zur Zeit auf der Erde noch ein völlig irreales Preisgefüge, bei dem der Wert für manche nur begrenzt vorhandenen Güter, zu denen auch die Bodenfläche gehört, gegenüber ›nachwachsenden‹ Gütern wie Nahrung oder Dienstleistung unverantwortlich tief liegt. Als ich vor 14 Jahren genau aus diesem Grunde für eine vorausschauende Entwicklung in der völlig vernachlässigten Kohlechemie plädierte, wurde dieser Vorschlag verlacht, obgleich es schon damals klar auf der Hand lag, daß jenes irreale Preisgefüge beim konkurrierenden, aber knapper werdenden Erdöl sich immer mehr an der Realität orientieren würde, weil eben diese Realität uns immer mehr auf den Leib rückt.

Aber auch bei Fortdauer kurzsichtiger Preismechanismen wird eine Unternehmenszielsetzung, die sich weniger an augenblicklichen Preisgefügen orientiert als an den unveränderlichen Gegebenheiten auf unserem Planeten, bereits ganz andere Technologien entwickeln lassen als die zuvor angedeuteten, die letztlich zum größten Teil nur dem erwähnten Energievernichtungsmechanismus dienen. Unsere Ingenieurwissenschaften werden daher auch an die Rohstoffgewinnungs- und -verarbeitungstechniken mit einer neuen, auf die Zukunft gerichteten Grundeinstellung herangehen müssen, die jede Technologie als Teil des gesamten kybernetischen Gefüges auf der Erde sieht und sie innerhalb desselben auf länger als nur auf 10 oder 20 Jahre profitabel erscheinen lassen muß. Gerade wegen der enormen Investitionen, die in manche industrielle Verfahren gesteckt werden – das sahen wir schon bei der Verkehrstechnologie –, zementieren solche Verfahren, einmal angewandt, auf lange Zeit die Entwicklung. Zur Zeit rationell erscheinende Technologien und der Einsatz der zugrunde liegenden Rohstoffe können, wenn diese Faktoren nicht berücksichtigt werden, morgen unbrauchbar sein, während solche, die die zukünftige Entwicklung mit einbeziehen, auch wirtschaftlich auf die Dauer interessanter sind.

Legen wir eine solche Systembetrachtung zugrunde, dann haben wir es bei den fossilen ›Brennstoffen‹ in wirtschaftlicher Hinsicht mit drei Problemen zu tun. Einmal mit dem externen und langfristigen Problem, den Kohlenstoff überhaupt zu schonen, ganz gleich, ob er aus Kohle, Öl oder Gas gewonnen wird. Die Wege hierzu werden im Kapitel »Energielösungen« noch näher behandelt werden. Zweitens stehen wir vor einem internen, kurzfristigen Problem, nämlich der Flexibilität der Verfahren, d.h. von Erdöl- und Erdgasverfahren auf Kohleverfahren und umgekehrt umsteigen zu können, und vor allem auch Petrochemie und Kohlechemie austauschbar zu machen – ein Problem, das ich schon in meinem Buch »Bausteine der Zukunft« vor zwölf Jahren als vordringlich hingestellt hatte. Diese technologische Lücke wurde mit der Ölkrise schlagartig in vielen Industriezweigen, wie zum Beispiel der fast ganz vom Erdöl abhängigen Kunststoffindustrie spürbar. Besonders seit man, von den USA ausgehend, begann, aus dem hauptsächlichen Kunststoff-Ausgangsprodukt, dem aus Erdöl gewonnenen *Naphtha*, auf einmal in großen Mengen Heizgas herzustellen. Drittens geht es um die Entwicklung neuer Werkstoffe, vor allem in der Kunststoffchemie, um die knapper werdenden Metalle zu ersetzen, wobei durch entsprechende Innovationen *solche* Zwischen- und Endprodukte der Kohle- und Petrochemie angestrebt werden müssen, die energetisch, ökologisch und humanökologisch voll vertretbar sind, d.h. den kybernetischen Systemkriterien standhalten. Bevor wir dies in einem kurzen Streiflicht, vor allem auf die Kohleveredelungsverfahren, noch etwas näher beleuchten, wollen wir uns den Stoff, mit dem all dies geschehen soll, zunächst noch näher anschauen.

Der ideale Baustein

Was macht den Kohlenstoff zu einem so vielseitigen Element, daß ihn sogar die Natur zum zentralen Baustein allen Lebens gewählt hat? Es ist sein Atombau, seine eigenartige Zwitterstellung zwischen den positiven und den negativen chemischen Elementen, die ihm eine unerhört vielseitige ›Geometrie‹ von Verknüpfungsmöglichkeiten mit sich selbst und anderen Elementen erlaubt und ihn dadurch zum idealen Skelett der lebenden Materie macht. Seine Rolle als Baustein beginnt bei den einfachen Zuckern und reicht über die Molekülketten der Zellulose, über die Molekülringe des Chlorophylls oder der Steroidhormone bis zu den komplizierten Eiweißstoffen und den spiraligen Nukleinsäuren, deren ›Gerüst‹ von einer Zuckerphosphatkette gebildet wird. Eigenschaften, die gleichzeitig die dauernde Umwandlung dieser Stoffe, ihre Flexibilität, ihr Leben ermöglichen.

Diese besonderen Eigenschaften des Kohlenstoffs lassen ihn nicht nur die gesamte Natur durchdringen, sondern mit der vor etwa 150 Jahren begonnenen Kohlenstoffchemie (die bezeichnenderweise die »organische« heißt) inzwischen auch sämtliche Bereiche unserer Zivilisation. Praktisch alle heutigen Arzneimittel, Vitamine, Hormone und Kosmetika, der Großteil unserer Anstrich- und Textilfarben, die ganze Skala der synthetischen Fasern wie Nylon, Perlon, Dralon, Kunstseide, fast sämtliche Reinigungsmittel, Verdünnungs-, Desinfektions- und Lösungsmittel, Schmier- und Gleitmittel, Klebstoffe, Aromastoffe, Paraffine, Kerzen, Wachse und Asphalt und nicht zuletzt die Fülle der Kunststoffe mit ihren diversen Abarten (den Folien, Schaumstoffen, Isolier- und Baumaterialien), sie alle sind Produkte der organischen Chemie.

Während von allen anderen 92 vorkommenden Elementen der Erde zusammengenommen nur rund 100 000 Verbindungen bekannt sind (dies wäre die Palette der *anorganischen* Chemie), lassen sich mit diesem einen Element Kohlenstoff (also auf dem Feld der *organischen* Chemie) bis heute rund 4 Millionen verschiedene chemische Verbindungen aufbauen – eine ganze Welt von Substanzen, für deren Herstellung bislang jedoch nur wenige Prozent der gesamten Kohle- und Erdölproduktion der Welt verbraucht werden[651]. In der Bundesrepublik waren dies 1979 ganze 7 Prozent des Erdölverbrauchs und unter 2 Prozent der Kohle[652].

Der »Rest« von über 90 Prozent unseres Kohlenstoffvorrats wird also leichtfertig verheizt, aus den Schornsteinen geblasen oder durch den Auspuff gejagt, was dazu noch die Luft verseucht und das atmo-

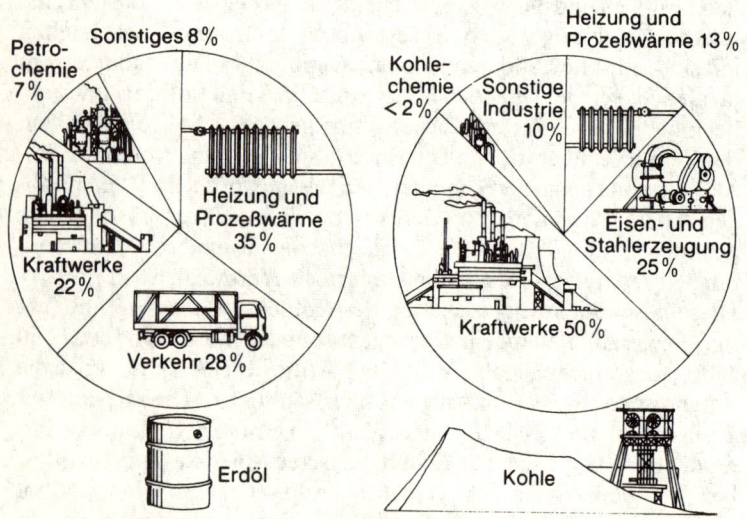

Die Verwendung des fossilen Kohlenstoffs als Baustein ist minimal gegenüber seiner Verschwendung als Energieträger.

sphärische Gleichgewicht stört; in primitiver, ungekonnter, weil weit verlustreicherer Nachahmung eines einzigen der vielen Verwendungsprozesse in der Natur, nämlich des Veratmungsprozesses zu Kohlendioxyd. Wir täten also gut daran, unseren Energieappetit nach besten Kräften zu zügeln, andere, brennstofflose Energiequellen zu fördern und dieses Element, das die Natur aus gutem Grund zum Baustein allen Lebens gewählt hat, ebenfalls nur als Baustein zu verwenden; als Baustein für all die unwahrscheinlichen Dinge, die man daraus zaubern kann. Doch dies verlangt, da die Möglichkeiten hierzu noch bei weitem nicht ausgeschöpft sind, einen erneuten Innovationsschub in unseren chemischen Verfahren – allerdings in einer neuen Richtung.

Die meisten chemischen Firmen haben hier in den letzten beiden Dekaden einen großen Mangel an Voraussicht offenbart, indem sie ihre Planung weit mehr auf die Erhöhung der Produktionskapazität ihrer derzeitigen Produkte als auf eine Absicherung auch des zukünftigen Ertrags gelegt haben. Da man auf eine zukunftsträchtige (und das heißt heute: umweltfreundliche, an neuen Verbundmöglichkeiten und Verschiebungen auf dem Rohstoffmarkt orientierte) Produktmischung nur wenig Wert legte, dafür jedoch Monostrukturen ausweitete, leidet praktisch die gesamte Branche unter z.T. beträchtlichen Überkapazitäten[653]. Wenn man technische Innovationen nur unter dem Aspekt ihrer augenblicklichen Wirtschaftlichkeit betrachtet, statt im Hinblick auf ihre zukünftige Rolle und ihre Wechselbeziehungen im Gesamtsystem, dann ist das nicht nur eine verkehrte Politik für die Unternehmen selbst, sondern langfristig auch volkswirtschaftlich ruinös. Es gibt Untersuchungen, die zeigen, daß die in Zukunft erforderliche organische Chemie frühere und heutige Wege zu einem neuen Weg verbinden muß[654]. Einmal muß sie den inzwischen verlassenen, von der Kohle und den Pflanzenstoffen ausgehenden Weg wieder aufgreifen, der über Synthesegas, Steinkohlenteer, Zellulose, Zucker und pflanzliche Fette bis zur Mitte dieses Jahrhunderts die Bausteine für all unsere Produkte lieferte, zum andern muß sie den Weg der heutigen petrochemischen Ära mit ihren Rohstoffen Öl und Erdgas erweitern und beide mit einem dritten Großlieferanten, den Abfällen, verknüpfen, um so zu einer neuen, energiesparenden, umweltschonenden und dennoch weitaus reichhaltigeren Palette von Zwischenprodukten zu gelangen.

Der Zugang zum »Bausteinweg« macht nun der Kohle im Gegensatz zum Erdöl in der Tat weit größere Schwierigkeiten, ja, er schien ihr, abgesehen von den Kokereiprodukten, über lange Zeit versperrt zu sein. Nicht nur durch den günstigeren Preis, sondern schon vom Materialcharakter her war das Erdöl, weil der Kohlenstoff durch die Vorarbeit der Mikroorganismen bereits mit Wasserstoff verbunden, also chemisch aufgeschlossen ist, für chemische Reaktionen begünstigt. In der Kohle dagegen liegt der Kohlenstoff hauptsächlich in Form von Riesenmolekülen aus 1 000 bis 500 000 zu sechseckigen Gittern angeordneten Einheiten vor (abgesehen vom Steinkohlenteer, der ja auch das erste Ausgangsprodukt der bisherigen Kohlechemie war) und ist in dieser polymeren Form ein ziemlich reaktionsträges Element. Als Startmaterial für chemische Synthesen war also die Steinkohle weit weniger geeignet als das Erdöl. Aus diesem stammen daher auch heute die meisten der anfänglich aufgeführten Produkte.

Probleme der Veredelung

Der alte Einwand, aus Kohle könne man doch nichts Besseres machen als Energie, ist längst von den inzwischen zur Verfügung stehenden neuen Kohleveredelungsverfahren widerlegt, obgleich auch diese sicher noch nicht das Nonplusultra sind. Viel zuwenig Grundlegendes wissen wir noch über die Kohle und ihre Struktur, um optimale Technologien zu ihrer Umwandlung entwickeln zu können[655]. Die ersten Wege in dieser Richtung sind jedoch beschritten.

Damit sind nicht etwa so umständliche, teure und energieintensive Verfahren wie das herkömmliche Karbid-Verfahren zur Erzeugung von Acetylen gemeint oder wie die bekannte »Kohleverflüssigung«, mit der sich Deutschland im letzten Weltkrieg aus rund 20 Hydrier- und Synthesewerken fast vollständig mit Treibstoff versorgte[656]. Vielmehr versucht eine neue chemische Technologie die bisherigen Klippen der Kohlechemie zu umgehen, indem Kohlenstoff in aktivierter Form – sozusagen energetisch angeregt – mit anderen Molekülen chemische Verbindungen eingeht und zum Beispiel statt bei 350 Grad C und 400 Atmosphären Druck (wie sie etwa bei der Bergius-Hydrierung nötig sind) bei minus 10 Grad C und normalem Druck ganz unerwartete Produkte hervorbringen kann.

Auch die Natur aktiviert ja den Kohlenstoff (sogar in der noch viel trägeren Form des Kohlendioxids) zunächst durch raffinierte katalytische Tricks, bevor er in der Pflanze umgewandelt und eingebaut wird. Und genau solche Tricks haben auch wir heute in der Hand. Die chemische Anregung, die bei der natürlichen Photosynthese das Sonnenlicht übernimmt, kann durch ionisierende Strahlung ersetzt werden, die Wirkung von Enzymen durch spezielle Metallkatalysatoren[652]. Die aktivierten Kohlenstoffatome können dann auf weit elegantere Weise als bisher zum Beispiel in das so wichtige Acetylen übergeführt werden, das als Ausgangsstoff und Reaktionspartner bisher die halbe moderne Chemie getragen hat. Auf der anderen Seite können aktivierte Kohlenstoffatome auch zur direkten Herstellung von Molekülketten mit ebenso großen synthetischen Möglichkeiten wie beim Acetylen verwendet werden[657]. Weitere Möglichkeiten bietet die Kohlevergasung, die zum Beispiel über Kohlenmonoxid auf energiesparende Weise Methangas ergibt[658]. Amerikanische und deutsche Demonstrationsanlagen gehen den Weg über das Methanol, welches dann entweder über einen Tonerde-Katalysator in einem Schritt in Superbenzin übergeführt werden kann[659] (was natürlich am eigentlichen Problem vorbeigeht, zumal auch Methanol selbst schon als Treibstoff in Frage kommt) oder aber in höhere chemische Verbindungen und Polymere.

Eine solche Kohlevergasung bringt, selbst wenn man das derart gewonnene Methanol oder Methan nur verheizt, d.h. als Energiequelle nutzt, bereits in anderen Bereichen, zum Beispiel durch stark verringerte Transportprobleme oder durch verminderte Luftverschmutzung, deutliche Vorteile gegenüber einer direkten Verbrennung von Kohle. Trotzdem sollte auch Methangas zunehmend als ein weiterer Grundstoff gesehen werden, zumal gerade die Methanchemie durch in tieferen Erdschichten noch vermutete Methanlagerstätten in späterer Zukunft weiteren Auftrieb erfahren könnte[660].

Ein weiteres Plus der Kohlevergasung ist, daß der in der Steinkohle enthaltene Schwefel, einer der Hauptverantwortlichen für unsere Luftverpestung, der Kohle bei diesem Prozeß entzogen wird. Nicht zuletzt deshalb ist aus der Kohle gewonnenes Heizgas mit der sauberste Brennstoff – auch als Autotreibstoff. Wie gewaltig die Verseuchung mit schwefel- und stickstoffhaltigen Abgasen ist, die dann als saurer Regen ganze Landstriche veröden können, sei hier nur noch einmal in Erinnerung gerufen. Insbesondere in Skandinavien und Kanada sind durch die aus den Nachbarländern Deutschland bzw. USA herübergetriebenen Niederschläge viele tausend Seen und Flüsse abgestorben oder vom Umkippen bedroht[559]. Allein dies dürfte schon ausreichen, den Schwefel *vor* jeglicher Kohle- und Erdölverbrennung oder eben durch die Kohlevergasung zu entfernen, wozu längst geeignete Verfahren existieren[661].

Widersinnigerweise wird als einer der Gründe gegen vermehrte Kohlevergasung ausgerechnet dieser Riesenanfall an unverbranntem Schwefel angeführt, den man offenbar als Abfall betrachtet. Abgesehen davon, daß eine weltweite Schwefelknappheit besteht, läßt sich Schwefel, wie wir im nächsten Kapitel noch sehen werden, als ausgezeichneter Träger für neuartige Baustoffe und viele andere Anwendungsarten verwenden. Immer wieder sind es also entsprechende Kombinationen, die ein Verfahren mit etwas »Über-den-eigenen-Zaun-Schauen« oft erst interessant machen können. Und das gilt vor allem – wie ich dies auch in den bisherigen Kapiteln an vielen Beispielen zeigen konnte – für das Umfunktionieren von Abfällen zu neuen Ausgangsstoffen. Daß damit oft auch gleich weitere Schadstoffe entfernt werden, ist meist ein zusätzlicher Bonus[662].

Von der Systembetrachtung her gesehen ist ein besonders interessanter Aspekt der Kohleveredelung die unterirdische Vergasung in situ (am Ort), die an die schon erwähnten mikrobiologischen In-situ-Aufbereitungsverfahren anderer Rohstoffe erinnert. Genauso wie dort könnte sich dieser Ansatz bei einer klugen Verbundplanung zu einem besonders sauberen, umweltfreundlichen und energiesparenden Weg entwickeln[663]. Als wieder andere Kombination bietet sich diejenige mit den bestehenden Kernreaktoren an, die ihre normalerweise nicht genutzte sogenannte Prozeßwärme direkt in die Kohleveredelung, d.h. entsprechende Synthesen lenken könnten[664]. Genauso eignen sich dafür Hochtemperatur-Sonnenöfen, die zum Beispiel für die Weiterverarbeitung der neuentdeckten australischen Kohle ideale Standortbedingungen vorfänden. Diese Nutzung ohnehin vorhandener Wärmeenergie würde bereits wieder 40 Prozent der zu vergasenden Kohle einsparen, nämlich denjenigen Anteil, der sonst zur dafür nötigen Energielieferung herhalten müßte. Sobald dann noch die Kohleveredelung mehr und mehr in die Baustein-Richtung getrieben wird und weniger in die Energieerzeugung, gehen dann noch einmal weitere gesundheitliche, Umwelt- und Klimarisiken zurück, wie sie ein lediglich auf Brenn- und Treibstoffe ausgerichteter Boom an Kohlevergasung und Kohleverflüssigung mit Sicherheit nach sich zöge[665].

Alle hier angedeuteten technologischen Ansätze sind längst ausgearbeitet und bergen darüber hinaus ein nicht unbeträchtliches Potential an Weiterentwicklungsmöglichkeiten. Ich bin sicher, daß in der

Umfunktionierung der Kohle zum Baustein und nicht in ihrem Comeback als Brennstoff die Zukunft liegt. Erst recht gilt dies für das Erdöl, in dem ja jener erste Veredelungsschritt bereits von der Natur und ihren Mikroorganismen getan wurde.

Kohle, Stahl und Eisen

Einen letzten inadäquaten Einsatz des Bausteins Kohlenstoff finden wir in der Eisenverhüttung. Ein Prozeß, der bei uns tagtäglich 20 bis 25 Prozent der gesamten Kohleproduktion verschlingt (in Japan sogar 66 Prozent!), den Kohlenstoff als Kohlendioxid unaufhaltsam in die Atmosphäre stößt und sich bisher einem Ersatz durch andere Verfahren zu entziehen schien. Aber auch dieser Prozeß wird, wofür heute deutliche Anzeichen sprechen, schon in den nächsten Jahrzehnten von kohlefreien Verfahren abgelöst werden. Die Eisenerze, hauptsächlich Eisenoxide, werden dann ihren Sauerstoff an ein anderes Reduktionsmittel als Kohle abgeben müssen. Ein solches Reduktionsmittel wäre zum Beispiel Wasserstoff. Die dann zur Stahlerzeugung noch nötige Reaktions- und Schmelzwärme könnten praktisch alle sonstigen Energiequellen liefern, von den bestehenden Kernkraftwerken[666] bis zu den regenerierbaren Quellen der Zukunft. Das gleiche gilt für die Wasserstoffgewinnung, die nicht nur durch Elektrolyse von Wasser, sondern, wie wir noch sehen werden, auch durch neue biokatalytische Technologien möglich ist.

Bis zur Mitte der siebziger Jahre ließ das billige Kohleangebot die Eisenverhüttung mit dem bisherigen Hochofenprozeß zufrieden sein und stempelte die schwedischen, japanischen und amerikanischen Versuche zur Direktreduktion als wirklichkeitsfremd ab. Daß solche Pläne jedoch keine Utopien sind, beweist die in den letzten Jahren rapide zunehmende Zahl von Veröffentlichungen und Patentierungen über die Erzaufbereitung mit Wasserstoff, Ammoniak oder – als Übergangslösung – mit Kohlenwasserstoffen wie Erdgas, Methan und Erdöl[667]. Die neuen Riesenhochöfen mit ihrem gewaltigen Appetit auf schwefelarme Kokskohle litten zunehmend an spürbarer Verknappung. Besonders die dramatisch angewachsene japanische Stahlindustrie war daher diesen Entwicklungen gegenüber von Anfang an aufgeschlossen[668]. Aber auch die Sowjetunion, Schweden, die USA wie auch deutsche Werke, unter anderem Krupp, haben in den siebziger Jahren Pionierarbeit geleistet und bereits eine stattliche

Zahl von Verfahren nicht nur patentiert und in speziellen Hochofen-Simulatoren durchgespielt, sondern auch zur kommerziellen Reife entwickelt[667].

In Minneapolis und im Industrierevier von Pittsburgh laufen schon seit Jahren Versuchsanlagen, die zwischen 300 und 600 Grad – also unter bedeutend geringeren Temperaturen als beim konventionellen Hochofenprozeß – Hämatite, Magnetite, aber auch andere Eisenerze mit Wasserstoff zu Eisen reduzieren. Eine Auswahl weiterer technischer Varianten steht aus den oben erwähnten Entwicklungen längst zur Verfügung. Die ersten größeren Anlagen – auch in Europa – dürften um die Jahrhundertwende anlaufen, wobei die Wirtschaftlichkeit der zur Auswahl stehenden Verfahren sich natürlich ganz nach der Preisentwicklung von Kohle, Lignit, Öl, Erdgas und anderen Energiequellen richten wird.

Ganz abgesehen von der Kohleeinsparung hätte diese neuartige Eisenverhüttung noch ganz andere Vorteile. Sie wäre auf einmal nicht nur unabhängig von Kohlenlagerstätten, sondern auch von allen anderen ortsgebundenen Energiequellen und würde die Konzeption von Mini-Stahlwerken begünstigen, die, wie etwa die Korfschen, bereits von den Stahlkrisen der siebziger Jahre typischerweise nicht berührt waren. Transportprobleme wären auf ein Minimum reduziert. Kraftwerke könnten sowohl auf den Erzlagerstätten stehen als auch umgekehrt entsprechende »Kleinhütten«, besonders in den Entwicklungsländern, mit Sonnenöfen oder Erdgas betrieben werden[669]. Insbesondere das den prähistorischen Verfahren entsprechende und gegenüber dem Hochofenprozeß nur ein Drittel so teure Stahlerzeugungsverfahren, bei dem das Eisenerz durch Direktreduktion ohne Schmelzprozeß in Eisenschwamm-Granulate und dann unmittelbar in kohlefreien Stahl übergeführt wird[671] – auch das Korfsche Midrex-Verfahren arbeitet danach –, könnte das Startsignal zu einer ganz neuen Generation sogenannter wurzelloser Kleinindustrien geben, die sich viel leichter als die heutigen Monsterwerke dem jeweiligen Bedarf anpassen können[670] (inzwischen ist Eisenschwamm zu einem immer begehrteren Handelsgut geworden[672]). Eines der erfreulichsten Verbundsysteme könnte sich in einigen Ölländern anbahnen, wenn man schon einmal beginnt, das dort bisher abgefackelte und somit verschwendete Erdgas für jene Direktreduktion einzusetzen.

Besonders günstig steht es bei der Direktreduktion mit den Abfallprodukten und Abgasen. Wasserstoff und Erz bilden – außer Eisen – bei den neuen Verfahren nur Wasser. Und soweit Wasserstoff aus Wasser gewonnen wird, wäre auch hier das Abfallprodukt lediglich Sauerstoff. Statt mit giftigen Kohlen- und Schwefeloxydgasen würde also bei kohlefreier Verhüttung die Luft höchstens mit Sauerstoff ›verunreinigt‹ werden. Ganz abgesehen davon, daß auch hier die weitere Zurückziehung von Kohle und Erdöl aus Verbrennungs- und Reduktionsprozessen den tiefen Eingriff in den Kohlenstoffkreislauf der Biosphäre unseres Planeten reduzieren helfen würde.

So könnte der Rückzug der Kohle aus dem Verhüttungsprozeß rohstoffmäßig einen doppelten Gewinn bedeuten. Nämlich dann, wenn sie als Baustein auch einen Teil der Aufgaben des Stahls selbst zu übernehmen beginnt. Um eine bestimmte Menge Stahl durch Spezialkunststoffe zu ersetzen, brauchten wir nur einen Bruchteil der Kohle, die allein zur Verhüttung dieses Stahls nötig wäre. Der Nutzeffekt, d.h. die Menge zur Verfügung stehender Werkstoffe bliebe der gleiche – allerdings bei weniger Verbrauch gleich zweier Rohstoffe, nämlich Kohle und Eisen und, vor allem wenn die im nächsten Kapitel diskutierten Verfahren Fuß fassen, auch bedeutend geringerer Umweltbelastung.

So kann auch in diesem Bereich die richtige Auswahl neuer Technologien mithelfen, den Prozeß des Umschwenkens von der »Wachstumsgesellschaft« auf eine »Gleichgewichtsgesellschaft« zu vollziehen. Wir sollten jedenfalls gelassen die Ablösung der Kohle und des Erdöls vom Energiemarkt verfolgen – im Bewußtsein, daß es eine bessere Verwendung für sie gibt. Ein ähnliches Umschwenken ist, wie wir im nächsten Kapitel sehen werden, auch dort erforderlich, wo wir den Kohlenstoff bereits als Baustein verwenden – also in besonderem Maße bei der Kunststoffentwicklung.

14 Werkstoffe

Materie mit neuen Eigenschaften

Die Materialschlacht der Industriegesellschaft hat ihren Kulminationspunkt überschritten. Die Rohstofflage schafft neue Preisgefüge, neue Abhängigkeiten, aber auch neue Ideen, um die herkömmlichen Werkstoffe zu ersetzen. Wir erfahren, inwieweit diese in die großen Systemkreisläufe integriert werden können. Besonders die Kunststoffe, bisher vielfach verteufelt, lassen für die Zukunft Materialien mit fast biologischen Eigenschaften erwarten – nicht zuletzt, weil sie auf dem vielseitigen Grundbaustein Kohlenstoff basieren. Auch sie können durchaus Glied eines neuen Gleichgewichts werden.

Beginnen wir wieder mit einem Blick auf die großen Zyklen unseres Planeten. Der oberirdische, relativ rasche Stoffkreislauf mit Verwitterung, Sedimentation und Erosion, Umverteilung durch die Biosphäre wäre schon wenige Millionen Jahre nach der Erdentstehung zum Stehen gekommen, von den Organismen aufgebraucht, und das Leben wieder erloschen – wenn er nicht durch den langsamen unterirdischen Stoffkreislauf der Gesteine durch Erdbeben, Vulkanismus, Kontinentalverschiebung und Tektonik, d.h. aus den Kräften des Erdinnern, ständig erneuert würde[628]. An das Gleichgewicht zwischen diesen beiden Stoffkreisläufen hat sich die Lebewelt im Laufe der Evolution voll angepaßt, d.h. »wer mehr verbrauchte, als die natürlichen Prozesse nachlieferten, der war dem Aussterben preisgegeben«[673]. Bis zum Beginn des industriellen Zeitalters schienen auch für den Menschen mit seinen besonderen Ansprüchen die Erneuerungsraten dieses Fließgleichgewichts auszureichen. Inzwischen haben wir jedoch das Tempo der natürlichen Regeneration weit überholt, wobei wir nicht nur das Kapital angreifen, sondern zusätzlich auch noch die Kybernetik des Zusammenspiels jener Kreisläufe stören.

Am Ende der Materialschlacht

Spätestens seit den für den Club of Rome angefertigten Studien, wie Dennis Meadows' »Grenzen des Wachstums«, wird die Öffentlichkeit laufend versorgt mit Perspektiven über die zu Ende gehenden Rohstoffreserven und mit Berechnungen darüber, wie lange diese oder jene Bodenschätze noch reichen. Eine Reihe von Metallen, wie Zink, Silber, Nickel, Uran, aber auch Asbest, Helium und Erdöl werden uns nur noch für eine Generation zur Verfügung stehen; andere, wie Kupfer, Zinn, Eisen und Erdgas, vielleicht für zwei und Aluminium, Chrom, Kohle und Phosphat für drei bis vier Generationen – immer vorausgesetzt, daß der Verbrauch sich nicht anders entwickelt als bisher.

Aus Perspektiven sind inzwischen einzelne spürbare Veränderungen geworden. Die Preise für einige Metalle sind enorm gestiegen – obgleich die Metallbörsen sie unabhängig von der Grenze ihrer Erschöpfbarkeit meist noch allein entsprechend der Nachfrage notie-

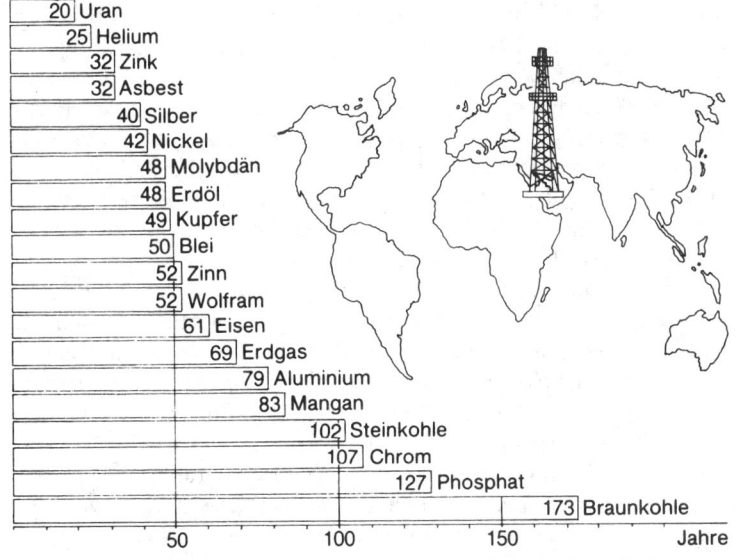

Reichweite einiger Rohstoffe in Jahren bei weiterem Verbrauchsanstieg.

ren: von 1,20 DM/kg für Zink über 11 DM/kg für Nickel bis zu 115 DM/kg für Uran. Eine Spanne von 1 bis 100, lediglich von Edelmetallen wie Silber mit 900 DM/kg oder Gold und Platin mit rund 40 000 DM/kg durchbrochen. Die Gewinnung wird kostspieliger, erste Engpässe tauchen auf, die Heliumlieferungen werden schwierig, Titan kann nicht mehr genügend für den Flugzeugbau geliefert werden, und soweit für die Gewinnung Energie, d.h. meist Erdöl nötig ist, spielt auch bei weniger knappen Rohstoffen, wie etwa beim Aluminium, das immer noch über die stromfressende Elektrolyse gewonnen wird, auch dies als begrenzender Faktor hinein.

Die sowjetische Ausfuhr von einigen Schlüsselmineralien wie Mangan, Chrom, Nickel, Vanadium, Blei, Asbest und Platin ist in der letzten Zeit stark abgefallen und beginnt zum Teil zu stocken[674]. Diese Entwicklung muß durchaus nicht in einen Rohstoffkampf ausarten, sie mag ebensogut zu einer verstärkten Symbiose führen. Denn autark ist bei der heterogenen Verteilung der irdischen Mineralien heute kaum noch ein Land. Wer die Entwicklung verfolgt, dem wird zudem aufgefallen sein, daß die Aussichten je nach Interessenlage sehr unterschiedlich geschildert werden. Die Erklärung ist einfach: Alle Berechnungen des Rohstoffrisikos stehen und fallen mit der angenommenen Wachstumsrate. Sie allein bestimmt die oft verwirrenden Schwankungen in den Schätzwerten. Jedenfalls weit mehr als die unterschiedlichen Annahmen über bereits festgestellte, für wahrscheinlich angenommene oder noch zu entdeckende Reserven. Denn ob die Eisenerzlager nun 250 Milliarden Tonnen umfassen, was nach der heutigen geologischen Prospektierung wahrscheinlich ist, oder das Doppelte (aufgrund vermuteter, aber noch nicht nachgewiesener Vorräte), beeinflußt die Versorgungsdauer weit weniger als wenige Prozent Unterschied im Anstieg oder Abflauen des Bedarfs. Eine zehnprozentige Wachstumsrate im Verbrauch, wie seit 1950 beim Aluminium[675], bedeutet, daß bereits in 30 Jahren pro Jahr zehnmal soviel herangeschafft werden muß wie heute, die Reserven also nur noch einen Bruchteil der Zeit reichen würden. Bei einem nur zweiprozentigen Anstieg wäre dieser Zustand erst nach 120 Jahren erreicht.

Unsere immer erneute Verblüffung über das große Ausmaß von zunächst unbedeutend erscheinenden Wachstumsraten spiegelt sich sehr schön in der alten Geschichte von dem indischen Brahmanen wider, der sich von seinem König auf den Feldern eines Schachbrettes, beginnend mit einem Weizenkorn, jeweils die doppelte Menge auf dem folgenden Feld erbat. Da dem König ebenso wie den meisten von uns ein Denken in Exponentialfunktionen fremd war, sagte er zu. Schon in der Mitte des Schachbretts mußte er kapitulieren und feststellen, daß bereits wenige Felder weiter der gesamte Weltvorrat an Weizen nötig gewesen wäre. So primitiv solche Rechnungen auch scheinen, wir müssen sie uns immer wieder vor Augen halten, weil unser Verstand das Ausmaß solcher dynamischen Entwicklungen nicht unmittelbar erfaßt. Auch sehen wir hieran, wie ungemein wichtig es ist, jegliche Art von Wachstumsraten, die uns durch jenen trügerischen Eindruck solche Überraschungen bescheren, mit Skepsis zu betrachten und möglichst abzubauen.

Hierzu gehört zunächst einmal, daß das Funktionieren unserer Gesellschaft entsprechend unserer zweiten biokybernetischen Grundregel grundsätzlich unabhängig vom Wachstum irgendwelcher Teilbereiche wird (vergleiche Kapitel 2 »Kybernetik«). Nur dann lohnt es sich überhaupt, bestimmte Überlegungen wie etwa staatlich geförderte strategische Rohstofflager[676] in die Praxis umzusetzen. Nehmen wir an, man würde von den von der Europäischen Gemeinschaft zu rund 100 Prozent importierten Rohstoffen Nickel, Wolfram, Phosphat, Zinn und Kupfer eine unter heutigen Verhältnissen für ein Jahr ausreichende »eiserne Reserve« ins Auge fassen, so würde diese bei weiter steigendem Produktionswachstum dann, wenn es darauf ankommt, nämlich in 30 oder 50 Jahren, nur einige Tage reichen. Ein permanentes Aufstocken käme bei den gleichermaßen mitsteigenden Preisen ohnehin kaum in Frage.

Die Werkstoffe, die uns die Natur zur Aufrechterhaltung unserer Zivilisation und zur Gestaltung unserer Umwelt liefert, sind aber nun nicht nur nach den vorhandenen Mengen und der Verbrauchsrate zu beurteilen, sondern ebenso nach den nötigen Aufbereitungsverfahren, insbesondere inwieweit diese wieder andere Rohstoffe, vor allem Energie verlangen; ferner nach ihren Eigenschaften und inwieweit diese durch andere ersetzbar sind; und schließlich nach den Möglichkeiten, sie innerhalb eines Kreislaufs zu benutzen – ohne ökologische und Systembelastung.

Wie groß zur Zeit allein die Unterschiede im Energiebedarf für die Gewinnung einiger Basisprodukte sind, zeigt schon die umseitige kleine Tabelle aus dem Bereich der Baustoffe.

Wenn diese Zahlen sich auch auf bestimmte Endprodukte beziehen (bis zum geschmolzenen Eisen etwa wird erst die Hälfte der hier für einen Stahlblechrahmen angegebenen Energie benötigt[677]), und wenn auch die unterschiedlichen Gewichtsmengen für den gleichen

Energieverbrauch zur Herstellung einiger Baustoffe
(Durchschnittswerte verschiedener Quellen[719] in kWh/kg)

Aluminium	50	Beton	3
Kunststoffe	30	Ziegel	1
Stahlblech	15	Mauersteine	0,5
Glas	5	Holz	0,1

Zweck die Prioritäten noch etwas verschieben (Aluminium- und Kunststoffrohre sind natürlich leichter als Stahlrohre, und ein Aluminiumfahrzeug verbraucht später weniger Treibstoff als ein schwereres aus Stahl), so ist doch klar, daß sich viele moderne Baustoffe nur durch das zeitweilig so billige Energieangebot gegenüber den klassischen Baustoffen im rechten Teil der Tabelle behaupten konnten. Gerade dort, im Bereich der Inertmaterialien, liegt aber nun auch ein gewaltiges Sparpotential an Energie, was nicht nur im Hinblick auf eingesparte Energie-Rohstoffe, sondern auch auf eingesparte Kraftwerkbauten gesehen werden muß. Denn hier läßt sich die Menge der Rohstoffe im Gegensatz zum oberen Teil der Tabelle fast unendlich vervielfältigen – insbesondere durch ein noch kaum genutztes Angebot aus dem Bereich der Abfälle. Eine ganze Liste von noch kaum ausgeschöpften Ausgangsstoffen und daraus entwickelten Baumaterialien läßt sich nach bereits kommerziell erprobten Verfahren und ohne großen Energieaufwand (z.T. schon durch Lufttrocknen oder durch die eigene chemische Bindungsfähigkeit) zu ziegelähnlichen Baustoffen ›verbacken‹; von Bergbauabraum über Flugasche, Getreiderückstände, Hochofenschlacke, Kreide und anderen Mineralien bis zu Lava, Rotschlamm und zu dem sogenannten Adobe, mit Lehm verbundenem Stroh[678]. Bei diesem Hinweis auf den Ersatz hochwertiger (und d.h. meist knapper werdender) Werkstoffe wollen wir es zunächst bewenden lassen. Denn als ebenso wichtig bedrängt uns die Frage nach den Recyclingmöglichkeiten der Werkstoffe selbst.

Konsum im Kreislauf

Im größeren Zusammenhang gesehen ist Konsum nichts anderes als die Umwandlung hochwertiger Güter in Abfall[718]. Diese Tatsache beginnt allgemein zu dämmern. Die andere, daß Abfall nicht nur lästig oder gefährlich sein muß, sondern auch verwertbarer, ja zum Teil sogar kostbarer Rohstoff sein kann, ist dagegen erst so kurz im allgemeinen Bewußtsein verankert, daß sie zum Beispiel in dem 1972er Umweltgutachten der Bundesregierung noch mit keinem Wort erwähnt wurde. Bei der seither stürmischen Entwicklung von Recycling- und Abfallbörsen vergißt man leicht, daß uns auch hier die ach so beliebten Wachstumsraten einen gewaltigen Strich durch die Rechnung machen und jedes Einpendeln in ein Gleichgewicht verhindern können. Auch der immer wieder angeführte Vorratszuwachs (durch Entdeckung neuer Lagerstätten), der eher linear ist, wird oder ist schon längst von dem meist exponentiellen Bedarfszuwachs irgendwo überschritten, so daß er überhaupt nicht mehr ins Gewicht fällt[673]. Da mit Wachstumsrate zudem meist der Pro-Kopf-Verbrauch gemeint ist, also durch die Zunahme der Erdbevölkerung der Anstieg dann sozusagen doppelt exponentiell verläuft, müßte, um mit den Vorräten Schritt zu halten, dieser Pro-Kopf-Bedarf nicht nur gleichbleiben, sondern sogar schrumpfen.

Inwieweit bringt hier ein Recycling eine Änderung? Nehmen wir an, die Vorräte eines wichtigen Legierungsmetalls wie Wolfram würden bei gleichbleibendem Verbrauch noch 50 Jahre reichen. Wenn man nach vielleicht zehnjährigem Gebrauch die Hälfte des dann auf den Schrott wandernden Wolframs zurückgewinnen würde, so ließen sich die Reserven von 50 auf 90 Jahre strecken. Schon eine sechsprozentige Wachstumsrate würde aber nicht nur ohne Recycling die Vorräte statt nach 50 bereits nach 24 Jahren erschöpfen, sondern, wie leicht auszurechnen ist, auch bei 50prozentigem Recycling nur von 24 auf 27 Jahre strecken können; sie würde also den Effekt des Recycling glatt überspielen.

Die Gründe, dennoch mit aller Vehemenz Recyclingmethoden zu entwickeln und einzuführen, gehen jedoch weit darüber hinaus. So können viele Probleme der heutigen Gewinnungsverfahren, ihres Energieverbrauchs und ihrer Umweltbelastung durch Recyclingprozesse gelöst oder verringert werden. Schon aus diesem Grunde eröffnen diese, auch wenn sie im Fall vorläufig noch andauernder Wachstumsraten zunächst an Vorratsstreckung wenig bringen, unserer Wirtschaft doch manchen Ausweg. Wenn wir sie heute einzuführen beginnen, stehen nämlich bei einem Rückgang des Wachstums, wie er in jedem Falle mit zunehmender Verknappung der Rohstoffe zu erwarten ist, die dann nicht nur unabdingbaren, sondern auch die Vorräte spürbar streckenden Recyclingverfahren wenigstens in ausgereifter

Form zur Verfügung, d. h. so, wie es einem kybernetischen Management der Rohstoffe unserer Erde entsprechen würde.

Werfen wir einen Blick auf den derzeitigen Stand. Den ersten Durchbruch in der Hausmüllverwertung machte die Papier- und Glasbranche. Während die Papierfabriken schon länger in hohen Prozentzahlen Altpapier verarbeiten, war es für die Glasindustrie, die 1973 noch spärliche 60 Tonnen umsetzte, praktisch ein Sprung aus dem Stand: Sie verarbeitete 1979 bereits 370 000 Tonnen Altglas – und machte daraus auch für sich selbst ein gutes Geschäft[679]. Untersuchungen an der Technischen Hochschule Aachen konnten nachweisen, daß letztlich nur 10 Prozent unseres Mülls wertlos sind und sich aus jeder Tonne Siedlungsmüll für 27 DM Rohstoffe zurückgewinnen lassen. Daß die Aufbereitung von Abfällen Gewinn bringt – auch für die organisierende Gemeinde[680] –, ist also nicht mehr zu bestreiten. Selbst wenn man für die jährlich in der EG verbrauchten 150 Millionen Tonnen Metalle eine Rückgewinnung von nur 10 Prozent veranschlagt, so macht dies allein einen Wert von 6 Milliarden DM aus. Aus den zu zwei Dritteln rückgewinnbaren 30 Millionen Tonnen Papier ergeben sich noch einmal 3,5 Milliarden DM, und die immerhin 30 Prozent, die man aus den rund 70 Millionen Tonnen Kunststoffen, Kautschuk, Textilien, Chemikalien, Schmierstoffen und Glas zurückgewinnen könnte, brächten weitere 7,5 Milliarden DM. Hinzu kommt die Landwirtschaft mit ihrer Jahresproduktion von rund 1 Milliarde Tonnen. Bereits bei nur fünfprozentigem Recycling ihrer Abfälle könnte sie auch noch einmal gute 5 Milliarden DM einbringen, so daß die Europäische Gemeinschaft durch Recycling insgesamt einen volkswirtschaftlichen Gewinn von 22 Milliarden DM verbuchen können müßte[681].

Seit dem Internationalen Recycling-Kongreß 1979 liegen solche in der Praxis nachgewiesenen Zahlen auf dem Tisch, inklusive der dazu nötigen Techniken: von modernen Schnellkompostierungsanlagen über eine ganze Reihe neuerer Kombinationstechnologien bis hin zu den Shredder-Sortieranlagen für die komplette Autoschrott-Verwertung[682]. Während man, was den Siedlungsmüll betrifft, in Europa erst jetzt den amerikanischen Vorbildern, auf die ich vor einem guten Jahrzehnt schon hingewiesen habe, nachzueifern beginnt[683] und hier rationelle Kombinationsanlagen noch auf sich warten lassen, entstehen zumindest für den Industriemüll die ersten Rohstoff-Rückgewinnungszentren[684]. So in Kürze im Ruhrgebiet, wo durch Pyrolyse (trockene Erhitzung, meist durch eine Teilverbrennung des Abfalls selbst) aus Industrieabfällen, wie Kunststoffen, Altreifen, Shredder-Material, Altkabel, Säureharzen usw., sowohl organische Chemierohstoffe und Heizgase erzeugt als auch gleichzeitig die in diesen Abfällen enthaltenen Metalle wiedergewonnen werden[685].

Nach der Einrichtung der ersten Abfallbörsen im Jahre 1974 durch die Industrie- und Handelskammern ist das »Rohstoffbewußtsein« in Industrie und Gewerbe dennoch sprunghaft angestiegen, und es hat längst über die Abfälle selbst hinaus auch die Abgase erreicht, wo man zum Beispiel durch Filteranlagen aus der Abluft der Stahlwerke Eisen, Zink und Blei zurückgewinnt. An die Abwässer dagegen, wie in unserem Kapitel »Wasser« schon ausgeführt, will man noch nicht recht heran. Der Rotschlamm unserer Stahlwerke beispielsweise, über dessen gefährliche Wirkung auf das Wasserleben schon berichtet wurde, hat immerhin einen Eisenoxydgehalt von 30 bis 60 Prozent, der nach neueren Verfahren wieder in den Kreisprozeß der Stahlerzeugung eingeführt werden könnte[686]. Darüber hinaus bieten sich gerade die metallhaltigen Schlämme, wie sie bei der Erzgewinnung, aber auch der Verhüttung anfallen, insbesondere für mikrobiologische Aufbereitungsverfahren an.

So liegen zum Beispiel in den Abraumschlämmen der Zinngruben Boliviens ungeheure Schätze, die mit biotechnologischen Verfahren von einer Umweltbelastung in eine neue Rohstoffquelle verwandelt werden könnten. Das gleiche gilt selbstredend auch für die Millionen Tonnen der in Sondermülldeponien eingelagerten Metallhydroxyd-Schlämme bei uns in der Bundesrepublik. Auf einem einzigen untersuchten Sondermüllplatz werden zum Beispiel pro Jahr rund 400 Tonnen Zink, 300 Tonnen Chrom und je 100 Tonnen Kupfer und Nickel einfach weggeworfen, obgleich sie sowohl mit mikrobiologischen als auch mit chemischen Verfahren profitabel zurückgewonnen werden könnten[687]. Auch hier ist also das Recycling wie oben angedeutet automatisch mit der Sanierung unserer Umwelt gekoppelt.

Die Liste der in Kreisprozesse überführbaren Abfälle wird Jahr für Jahr weiter ansteigen. Sie reicht vom Leder[688] bis zum Blei der Akkumulatoren[689] und stellt eine lohnende Herausforderung an das Innovationspotential unserer chemischen Industrie dar, die durch den Einsatz geeigneter biologischer und chemischer Katalysatoren eine ganz neue Gruppe von Umwandlungsprozessen etablieren kann. Durch die neueren Erkenntnisse der Festkörperphysik und über molekulare Superstrukturen läßt sich dabei auch das Spektrum der

von den Werkstoffen gewünschten Eigenschaften stark erweitern, so
daß die Rohstoffe weit mehr als bisher austauschbar gemacht werden
können[690].

Diese Austauschbarkeit rührt an einen entscheidenden Punkt, der mit
unserer dritten biokybernetischen Grundregel, nämlich der Unabhängigkeit vom Produkt zu tun hat. Letztlich sind es ja nicht bestimmte *Stoffe*, die wir wollen, sondern bestimmte *Eigenschaften*. In der Tat
wird die Ära der Verwendung von Rohstoffen, die gewünschte Eigenschaften gleich mitbringen, bald beendet sein. Eine Ära, die uns aber
auch gerade dadurch die größten Engpässe bescherte. Wie jeder
Übergang in großen Produktionsbereichen braucht auch derjenige
auf nicht-produktgebundene Werkstoffeigenschaften seine Zeit. Jeder Anstoß, der uns aus der gefährlichen Lethargie eines stumpfen
Weiterproduzierens herausreißt, wird helfen, diesen Übergang rechtzeitig einzuleiten. Denn wenn uns die Rohstoff- und Energielage,
aber auch die Denaturierung unserer Umwelt erst einmal dazu
zwingt, ist es für den, der diesen Übergang nicht rechtzeitig eingeleitet
hat, zu spät; seine Pleite ist praktisch vorprogrammiert.

Wenn daher durch verringerte Nachfrage oder höhere Preise das
Wachstum einer Rohstoffbranche wie zum Beispiel bei der Stahlerzeugung zurückgeht, wenn exponentielle Kurven, die so oder so in
eine S-Kurve übergehen müssen, dies allmählich tun und das Fehlen
eines Stoffes ein bestimmtes Produkt vom Markt verschwinden läßt
und damit auch die anderen dazu nötigen Stoffe einspart, so sollte
auch die Wirtschaft dies immer dankbar akzeptieren. Denn solche
Ablösungsprozesse lassen nicht nur den betreffenden Rohstoff länger reichen, sondern geben uns vor allem auch etwas Luft, rechtzeitig
nach Alternativen zu suchen.

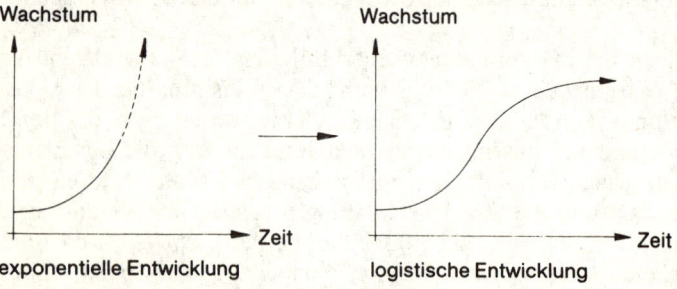

exponentielle Entwicklung   logistische Entwicklung

Werkstoffe mit neuen Eigenschaften

Die Frage nach dem Ersatz bisheriger Werkstoffe sieht ganz anders aus, wenn wir uns die eben erwähnte Tatsache klarmachen, daß wir keine bestimmten Stoffe, sondern bestimmte Eigenschaften brauchen – ähnlich wie kein Mensch Strom braucht, sondern Helligkeit, Wärme, Hilfe bei einem Arbeitsgang, Antrieb eines Fahrzeugs usw. Diese Suche nach bestimmten Materialeigenschaften bedeutet daher einen Innovationsschub auf einer ganz anderen Ebene als der bestimmter Stoffe oder Produkte. Ein solcher nicht durch das Material gebundener Innovationsschub verengt sich nicht auf ein bestimmtes Einzelprodukt, sondern erweitert sich eigentlich immer zu einem Fächer, so daß er zunächst mit einem Bündel von Alternativen aufwartet. Dies bietet uns die Gelegenheit, unsere Checkliste der biokybernetischen Grundregeln wie auch eine solche nach der Umweltverträglichkeit anzulegen, *bevor* wir dem einen oder anderen Verfahren den Vorzug geben.

Daß sich eine solche *systemische Werkstoffentwicklung* lohnen wird, sehen wir an der Tatsache, daß bereits heute eine Reihe von wirtschaftlich ruinösen Überkapazitäten nur deshalb entstanden sind, weil zum Beispiel entsprechende Umweltprobleme, Verfahren des Abfallrecycling oder solche humanökologischer Art nicht rechtzeitig mitgelöst wurden. Vielfach durch einen volkswirtschaftlich bedenklichen Protektionismus über Wasser gehalten, wurden dann veraltete Verfahren oft noch weit über ihren eigentlichen ›klinischen Tod‹ hinaus künstlich am Leben erhalten. Wenn wir uns zudem noch klarmachen, daß jede Zementierung dieser Art den für beide Seiten so wichtigen Technologietransfer in die Entwicklungsländer blockiert (der zukünftige Export verlangt, wie wir dies schon mehrfach angeschnitten haben, ganz andere Technologien), dann sind eigentlich gerade jene Industrien zu bedauern, die, statt sich weiterzuentwickeln, sich subventionieren lassen. Einen intelligenteren Weg, nämlich die Flucht nach vorne, hat z. B. die Asbest-Industrie eingeschlagen. Statt zu resignieren und auf der ›Unersetzbarkeit‹ des krebserzeugenden (und ohnehin bald erschöpften) Rohstoffs Asbest zu beharren, wurde man innovativ, fand in kurzer Zeit an die 300 Ersatzstoffe für die verschiedensten Anwendungszwecke und nennt sich seit neuestem »Faserverarbeitende Industrie«. Ein Umschwung von technokratischer Produktorientierung auf kybernetische Funktionsorientierung!

Hat man sich also von der Fixierung auf bestimmte Produkte gelöst, so sieht die Praxis vielversprechend aus[654]. Welche Fülle
von Eigenschaften allein noch aus herkömmlichen Werkstoffen her-
ausgeholt werden kann, setzt gelegentlich selbst Werkstoff-Fachleute
in Erstaunen. Keramisches Material, bei dem wir praktisch aus dem
vollen schöpfen können, kann heute durch Kontrolle von Fehlern bis
in den atomaren Bereich bedeutend stabiler gemacht werden und so
Metalle vielfach ersetzen. Neben Graphit und Diamant wurde vor
zehn Jahren eine weitere Kohlemodifikation entdeckt: die keramik-
artige Glaskohle. Sie kann durch Hitzespaltung aus verschiedenen
Polymeren erzeugt werden und vereint tatsächlich die Eigenschaften
von Kohle und Glas. Sie ist äußerst korrosionsbeständig, sehr schwer
oxydierbar, leitet aber Wärme und Strom[691]. Metallische Zusätze
können aus Graphit, also Kohle, einen exzellenten Leiter machen:
Mit eingebautem Antimonpentafluorid übertreffen dann Graphitfasern selbst die elektrische Leitfähigkeit von Silber[692]. Durch bloße
Beschichtung mit einer Kohlenstickstoff-Verbindung des Metalls
Niob lassen sich feinste Graphitfasern sogar in supraleitende Drähte
verwandeln, deren Zugfestigkeit doppelt so groß ist wie die von Stahl
und deren Supraleitbereich schon bei 18 Grad Kelvin beginnt, wo sie
dann extrem hohe Ströme transportieren können[693].
Ähnlich wie die Kohle läßt sich auch ihr Schwesterelement Schwefel
für eine Reihe von Werkstoffen direkt verwenden, wobei besonders
die Abscheidungs- und Wiedergewinnungsverfahren der z.T.
beträchtlichen Schwefelabfälle aus industriellen Prozessen an
Bedeutung gewinnen werden[694]. So wird Schwefel zunehmend für
Kunststoffe, Schaumstoffe und Überzüge verwendet, als Bestandteil
von Baustoffen und Konstruktionsmaterial, für Asphalt- und andere
Straßendecken, für Batterien und eine Unzahl von Gebrauchsgütern,
in denen er andere Bestandteile bis hin zu seltenen Metallen
ersetzt.
Unter den Metallen selbst wird natürlich der Stahl – vor allem durch
Spurenbeimengungen zu Spezialstählen verarbeitet – im Gegensatz
zu der Rezession bei den üblichen Gebrauchsstählen noch lange
nicht seinen Boom beendet haben. Eine verblüffende Entwicklung
zeigt hier zum Beispiel die Herstellung lichtdurchlässigen Stahls, auf
die ein New Yorker Erfinder ein Patent erhielt. Über einen elektro-
chemischen Prozeß wird dabei die Kristallstruktur ohne Verringerung ihrer Haltbarkeit bis zur Porosität aufgelockert[695].
Hier finden also auch herkömmliche metallische Werkstoffe, nicht

zuletzt angestachelt durch die Plastikkonkurrenz, revolutionäre Wege. Vor allem durch neuartige Legierungen bringen sie oft völlig unerwartete Eigenschaften. Ich will hier nur die neuen superplastischen Aluminium-Zink-Kalzium-Legierungen erwähnen, die sich äußerst billig zu hochfesten Formstücken pressen, stanzen und verschweißen lassen[696], oder andere, die sich wie Gummihäute zu sehr zähen Werkstoffen aufblähen lassen[697], oder wieder andere, die sich bei bestimmten Temperaturen sogar ein Erinnerungsvermögen einprägen können, so daß sie sich bei tieferen Temperaturen verformen lassen, bei Erwärmung jedoch zu ihrer ursprünglichen Gestalt zurückkehren. Hinzu kommen neue Wege zur Korrosionsbeständigkeit durch Strukturveränderungen unter Höchstdrücken von Billionen Atmosphären, vom unter ähnlichen Drücken erzeugten metallischen Wasserstoff ganz zu schweigen[698]. Alles bisher unbekannte Eigenschaften, die wahrscheinlich noch ein großes Feld brauchbarer Nutzungsarten eröffnen – solange uns die dazu nötigen Grundstoffe noch zur Verfügung stehen.

Der Reigen neuer Werkstoffe aus bisher wenig genutzten Grundstoffen ist zum Glück sehr groß. Es sei hier zum Beispiel das noch reichlich vorhandene Bor genannt, ein außergewöhnlich vielseitiges Element, das für Werkstoffe und Kunststoffe ebenso in Frage kommt wie als Ausgangsprodukt für neue Treibstoffe[699]. Hinzu kommt die ganze Skala der pflanzlichen Produkte, die als Baumaterialien wie auch als chemische Ausgangsstoffe wieder neu entdeckt werden. In erster Linie natürlich Holz, welches zum Beispiel durch Behandlung mit Ammoniak und anschließendem Druck die Festigkeitseigenschaften von Metallen annehmen kann. Es wird sogar stanzbar und ist gegen Faulen, Würmer und Feuer geschützt[700]. Selbst der in Zukunft wahrscheinlich wieder in größeren Mengen anfallende Ruß ist ein ausgezeichnetes, chemischen Angriffen widerstehendes Inertmaterial, das selbst unter dem Meer für Baustoffe in Frage kommt und auf diese Weise umweltfreundlich entfernt werden kann.

Bei diesem Streiflicht wollen wir es bewenden lassen. Wenn knapper werdende Rohstoffe die Lücken im Bedarf und Materialanspruch unserer hochtechnisierten Gesellschaft bald nicht mehr schließen können und wir über solche Übergangslösungen hinaus nach einem endgültigen Ersatz Ausschau halten müssen, so liegt die Lösung – das deuteten gerade die letzten Beispiele wieder an – zweifellos genau da, wo auch die belebte Natur sie längst gefunden hat, nämlich im Kohlenstoff. Wie wir im vorhergehenden Kapitel sahen, ist er das einzige

Basisprodukt, welches mit chemischen Reaktionseigenschaften aufwarten kann, die zu so unterschiedlichen Endprodukten führen, daß unter ihnen schließlich all jene Werkstoffeigenschaften vertreten sind, für die heute noch die ganze Palette der Metalle und Nichtmetalle unserer Erdkruste herhalten muß.

Schon als Biomaterial entwickelt der Kohlenstoff im Verbund mit anderen Elementen alle Werkstoffeigenschaften, die überhaupt denkbar sind. Als Knochen, Stützgewebe, Fäden und Membranen durchziehen die auf ihm aufgebauten Strukturen die Lebewelt: harte und weiche, elastische und starre, poröse und glatte, hitzebeständige und schmelzende, isolierende und leitende, lösliche und unlösliche, ja vielfach selber als Lösungsmittel dienende. Was liegt also näher, als daß in jene Werkstofflücke unserer technischen Welt die Kunststoffe als Produkte der Kohle- und Erdölchemie treten. Dennoch wird, wie wir in den nächsten Abschnitten sehen werden, ihr Einsatz nur sinnvoll, wenn er nicht zum Raubbau einerseits und zur Umweltbelastung andererseits führt.

Kunststoff-Perspektiven

Wir brauchen nur wenige verschiedene Bereiche unserer modernen Welt zu betrachten, um uns einen Eindruck von der unwahrscheinlichen Vielfalt in der Anwendung von Plastik-Werkstoffen zu verschaffen. Eine Vielfalt, die keiner der Beschränkungen zu unterliegen scheint, wie sie den anderen Werkstoffzeitaltern (Bronzezeit, Eisenzeit) doch letztlich durch das meist nur in *einer* Erscheinungsform auftretende Material aufgezwungen wurden. Das Kohlenstoff-Zeitalter – wenn wir es je erreichen – wird die gleiche Lebendigkeit widerspiegeln, die den Grundbaustein Kohlenstoff durch die oben angesprochene Wandelbarkeit seiner Verbindungen, Strukturen und Formen im ganzen Reich der Natur vor allen anderen Elementen so sehr auszeichnet. Vor 15 Jahren, als die Chemie der Riesenmoleküle gerade den Kinderschuhen entwachsen war, sagte der Nobelpreisträger Giulio Natta, von ihrer damals erst zu ahnenden Vielseitigkeit überzeugt, einen gewaltigen Siegeszug der Kunststoffe voraus. Er hatte recht, es begann ein Vormarsch, dessen Tempo zunächst nur durch die Kapazität der Kunststoffpressen begrenzt schien und der selbst manche von Nattas Prognosen weit hinter sich ließ[701]. Hier eine kleine Auswahl:

Über die tausende Kilometer neuer Wasserleitungen, Bewässerungsanlagen und Pipelines aus Kunststoff braucht hier wohl ebensowenig mehr gesprochen zu werden wie über ihre Verwendung im Baustoff-Sektor, in der Möbelbranche, der Verpackungsindustrie oder im Bereich der synthetischen Fasern. Weniger bekannt ist vielleicht ihre steigende Anwendung in der Mechanik und im Fahrzeugbau. Zur Veranschaulichung der Vielseitigkeit folgendes Streiflicht:

– Glasverstärkte Kunststoff-Federn sind wegen ihrer besseren Energieabsorption zwei- bis dreimal wirksamer als Stahlfedern; sie sind unkorrodierbar und haben auch in anderer Beziehung dem Kunststoff im Maschinen- und Motorenbau seit langem Eingang verschafft[702].

– Außer Federn sind auch andere hochwertige Mechanikteile wie Zahnräder und Gleitlager aus Spezialkunststoffen, vor allem auf der Basis von Polyurethan, Polyestern und Polyamiden, inzwischen ebensowenig aus der Technik mehr wegzudenken wie die Kunststofforgane aus der Chirurgie.

– Neuartige Plastikkleber erobern sich nach und nach ganze Gebiete der früher geschraubten und genieteten Materialverbindungen und dringen mit ebenso neuartigen Fertigungsweisen selbst in größte technische Konstruktionen wie in den Brückenbau vor.

– Riesige Schiffsschrauben aus Ultramid zerpflügen seit Jahren ohne Anzeichen von Korrosion die Weltmeere, ganz zu schweigen von der Eroberung des Bootsbaus durch Schiffsrümpfe aus Plastik, meist auf Basis glasfaserverstärkter Epoxidharze.

– Mit einer neuen Technik können die widerstandsfähigen Epoxidharze selbst unter Wasser auf große Flächen aufgesprüht werden, wodurch zum Beispiel Anstriche und Ausbesserungen von Schiffen ohne das teure Aufdocken möglich sind[703].

– Auch die Methode, Polystyrenschaum in gesunkene Schiffe zu blasen, wurde inzwischen perfektioniert. Der sich ausdehnende Schaumstoff verdrängt das Wasser und erlaubt ohne Reparatur von Lecks ein Schiff zu heben und auf Dock zu setzen. Es sind die gleichen Schäume, die schon manches Flugzeug mit blockiertem Fahrgestell vor dem Zerschellen bewahrt haben und ihm eine weiche Landung ermöglichten.

– Eine neuentdeckte molekulare Elastizität führte zu Kunststoffen, die selbst in dünnsten Folien, d.h. unter großer Materialersparnis einen wirksamen Lärmschutz erreichen. Sie wandeln die Schallwellen in molekulare Verformungen um – durch eine Art Mikro-Knautschzone, wie wir sie im Großen von Autos her kennen[704].

– Der Umfang, mit dem inzwischen Kunststoff-Treibhäuser und Plastikfolien zur besseren Ausbeute von Licht, Wärme und Feuchtigkeit benutzt werden, ist fast in keiner Landschaft mehr zu übersehen. Über ausgedehnte Anbauflächen gelegt, führen sie, wie wir schon in den Kapiteln 9 »Anbau« und 11 »Wasser« erfahren haben, neben der Speicherung von Feuchtigkeit (vor allem in Trockengebieten) auch zur schnelleren Reife oder zu zwei- bis dreimaligen Ernten pro Jahr. Sie dienen zugleich als Schutz vor Schädlingen und machen teure und in der Wirkung umstrittene chemische Bekämpfungsmittel überflüssig.

– Auch auf die ersten Versuche zur Festigung von Sandböden mit feinmaschigen Kunststoffnetzen oder eingesprühten Schaumteppichen, die in Trockengebieten das einmal eingeleitete Wasser in einer Art Rückflußkondensation am Boden festhalten, sind wir schon eingegangen.

– Eine ähnliche Wasserkondensation an Plastikfolien zu einer immerwährenden, energielosen Süßwassergewinnung über dem Meer wurde schon im Zusammenhang mit der Meerwasserentsalzung erwähnt.

– Darüber hinaus werden leitfähige Polyacetylene sich in Zukunft vielleicht als äußerst billige großflächige Solarzellen durchsetzen[705], die der längst fälligen dezentralen Stromgewinnung den Weg ebnen könnten.

– Einer der größten Nachteile der Kunststoffe, ihre Hitzeempfindlichkeit und Brennbarkeit, ist ebenfalls überwunden, und damit wurde ihr Weg in weitere sinnvolle Anwendungsgebiete geebnet. Es werden heute Fasern synthetisiert, die aus wasserstoffarmem, sogenanntem durcharomatisiertem Kunststoff bestehen und bis weit über 1 000 ° C beständig sind, beständiger als viele Metalle. In eindrucksvoller Weise demonstrieren dies die Plastik-Hitzeschilde von Raumschiffen, die beim Wiedereintritt in die Erdatmosphäre unter Abdampfen von Graphit für kurze Zeit Temperaturen von 6 000 ° C überstanden.

– Vom Ersatz von Metallen wie Zink, Aluminium, Stahl und Kupfer bis hin zu den Biopolymeren, die metallische Katalysatoren durch nachgebaute Enzymkatalysatoren ersetzen, wird daher mit der verstärkten Petrochemie und ihrer zügigen Ergänzung durch die neue Kohlechemie die Werkstofflandschaft noch mehrere Entwicklungsstufen durchlaufen.

– Hinzu kommen die vielen Kombinationen von Natur- und Kunststoffen, die zu einem gewaltigen neuen Produktionsglied anwachsen, das vor allem im Bauwesen durch die nun mögliche Vereinigung perfekter Schall- und Wärmedämmung mit Korrosionsbeständigkeit und extremer Leichtigkeit zu material-, heizungs- und energiesparenden Bauteilen führt, deren volkswirtschaftliche Bedeutung noch gar nicht abzuschätzen ist.

So schienen dem Erfindungsreichtum auf dem Kunststoffsektor keine Grenzen gesetzt zu sein. Immer wieder wurden Moleküle anders aneinandergesetzt und ergaben neue künstliche Stoffe mit den unwahrscheinlichsten Eigenschaften, Stoffe, von denen ein Teil auf den Markt kam und ein sicher ebenso großer Teil in den Schubladen der Wegwerfindustrie verschwand, da zu beständig, zu haltbar und unzerreißbar. Doch gerade seine Unverwüstlichkeit, die uns beim Abfallproblem so große Sorgen bereitet, sollte uns zu einer neuen Einstellung gegenüber dem Kunststoff bringen. Man sollte aus der Not eine Tugend machen, d.h. diese Unkorrodierbarkeit im positiven Sinne ausnutzen und sie ganz bewußt für Dauerprodukte ›unbegrenzter‹ Anwendungszeit einprogrammieren.

Für eine ›edlere‹ Verwendung – wertvoller Werkstoff statt Wegwerfstoff – und damit für die Steuerung der ganzen Entwicklung in der angestrebten Richtung sind dabei oft kleine technische Tricks maßgebend. Ein Beispiel: Mit den erwähnten Klebern als Dauerklebstoff für völlig fremde Materialien lassen sich Reparaturen an Stahl, Eisen oder Beton auf ein Fünfzehntel der heutigen Kosten reduzieren[706], was nun auch bei diesen Materialien den äußerst wichtigen Trend in Richtung langlebiger Güter unterstützt. So liegt auch der erste Schritt einer sinnvolleren Kunststoffpolitik eindeutig auf der Ebene ihrer Anwendung. Denn das stürmische Pionierzeitalter der Kunststoffe ist inzwischen abgeschlossen und in eine Konsolidierungsphase übergegangen, die sich weniger auf weitere neue Arten als vielmehr auf das Herauskitzeln interessanter Eigenschaften auf der Basis der *bestehenden* Plastikarten konzentriert[707].

Dies nur als kleiner Blick in die Verflechtung von Anwendungsart und Werkstoffentwicklung. Gerade durch die erwähnten Kombinationen mit anderen Materialien werden sowohl diese als auch die Kunststoffe aufgewertet, ihre Anwendungsbereiche vergrößert, aber auch ihre Vergeudung eingeschränkt und mehr Möglichkeiten geschaffen, die einzelnen Rohstoffe nutzbringender zu verwenden.

Kunststoffe im Gleichgewicht

Die jährliche Steigerung der Weltproduktion synthetischer organischer Chemikalien – die in Wirklichkeit oft sehr ›unorganisch‹ sind – von 10 auf 80 Millionen Tonnen in den letzten zwei Jahrzehnten – eine Produktion, die nach den Planungen des Chemie-Marketing in weiterer zehn Jahren 250 Millionen Tonnen erreichen soll, bedeutet immerhin eine Verdreißigfachung des jährlichen Ausstoßes künstlicher Stoffe innerhalb einer Generation. Dabei handelt es sich bisher weitgehend um Produkte, die nicht in der Natur vorkommen und daher auch nicht in sie zurückfließen können. Man hat sie ins Leben gesetzt und fügt täglich neue Sorten hinzu, ohne sich um ihre Eingliederung in den Kreislauf des Werdens und Vergehens zu kümmern.

Hierzu ein paar Zahlen: Von 1950 bis 1970 stieg die Verpackungsproduktion in der Bundesrepublik von 1,3 Milliarden DM auf 2,5 Milliarden DM, was sich im Gesamtabfallvolumen mit einer Beteiligung von 5 Prozent ausdrückte. Inzwischen ist der Verpackungsanteil an den rund 20 Millionen Tonnen Siedlungsabfällen auf 34 Prozent gestiegen, wobei man einen Großteil der heutigen Kunststoffproduktion (in der BRD über 6 Millionen Tonnen) dieser Verpackung zurechnen muß. Zumindest im Wert machte z. B. 1977 der Verpackungsanteil des Kunststoffsektors mit 3,5 Milliarden DM immerhin 46 Prozent (!) seines Finanzvolumens aus. Wir haben also die groteske Situation, daß durch eine bevorzugte Verwendung als Verpackungsmaterial ausgerechnet der Kunststoff, dessen Eigenschaften ihn zum Prototyp für langlebige, den Abfallberg in Grenzen haltende Güter machen könnte, zum Symbol der Wegwerfgesellschaft wurde.

Daß sich Kunststoffe nicht wie viele andere Müllarten zersetzen, verwittern oder umweltschonend verbrannt werden können, macht hier besonders zu schaffen. Gehen wir jedoch von unserer Betrachtung der Kreisläufe aus, so müßte gerade diese Tatsache eigentlich als positiv angesehen werden. Denn auf diese Weise trägt das dafür verwendete Erdöl zumindest nicht zur Störung des oberirdischen Kohlenstoffkreislaufs bei, es bleibt sozusagen Baustein. Doch dafür wird dann die Menge zum Problem. Was also tun?

Um den zwar leichten, aber voluminösen Kunststoffberg nicht zu einem Trauma werden zu lassen, bemüht man sich inzwischen, Kunststoffe abbaubar zu machen. Eine Zersetzung durch Sonnenlicht[708], durch eingebaute Bakterien oder Oxydationskatalysatoren ist bereits erprobt und kann in die Plastikherstellung einprogram-

miert werden. Die Entwicklung vom Wegwerfgut zum Verschwinde-
gut – einstmals Science-fiction – ist damit angelaufen. Becher,
Schachteln und Eierkartons aus *Ecolyte S* verkrümeln sich einige Zeit
nach dem Wegwerfen, andere verflüchtigen sich einige Monate nach
dem Picknick in Wasser und Kohlendioxid[709]. Auch kunststoffab-
bauende Mikroben wurden gezüchtet. Man wagte noch nicht, sie einzusetzen, da ihre weltweite Verbreitung auch die *nicht* auf den Müll-
bergen ruhenden Plastikstoffe wie einen Spuk verschwinden lassen
könnten – und mit ihnen die ganze Kunststoffära, noch ehe sie begonnen hat. Wenn überhaupt, so wird man also mit Bakterienarten arbeiten müssen, die nur unter künstlichen Extrembedingungen ihr Werk
beginnen können, im Normalfall also unwirksam sind.

So wichtig all diese Verfahren als umweltschonende Übergangslösungen sind, so sind sie doch, wie schon anfangs betont, immer nur
eine verzögerte, lediglich einen Umweg benutzende »Verbrennung«
und damit Verschwendung unseres Kohlenstoffvorrats. Viel zuwenig
Gedanken sind dagegen bisher darauf verwendet worden, das Ausgangsmaterial für Kunststoffe erneut aus ausgedienten Kunststoff-
produkten zu gewinnen. So tauchten erst Ende der siebziger Jahre die
ersten echten Wiederverwertungsverfahren auf. Zunächst einmal solche, die noch nicht mit anderen Stoffen verunreinigte Produktions-
und Fertigungsabfälle durch neue kontinuierliche Verfahren wieder
in den Produktionsprozeß zurückschleusen[710]; dann aber auch allge-
meiner verwendbare wie Pyrolyseprozesse, etwa mit dem inzwischen
gründlich erprobten Wirbelschichtreaktor. Ein japanisches Verfahren erlaubt – ohne dabei toxische Gase zu produzieren – sogar ein
Kunststoffrecycling aus *beliebigen* Abfällen, die Dreck, Schutt,
Papier und Metalle enthalten dürfen[711]. Die ersten automatischen
Recyclingmaschinen stehen nun ebenfalls zur Verfügung, etwa die
Klobbie-Maschine, die sofort von einem einzigen ungelernten Arbei-
ter bedient werden kann[712]. Durch ein neues Umschmelzverfahren
(Regenoform), das ähnlich wie die Klobbie-Maschine Abfälle (mit
mindestens 50% schmelzbaren Kunststoffen) in gut bearbeitbare und
vielseitig verwendbare Bauelemente verwandelt[713], haben auch die
steigenden Mengen der in der Landwirtschaft eingesetzten Polyäthy-
lenfolien ihren Weg zur Weiterverwendung gefunden.

Es leuchtet ein, daß das vernetzte Betrachten unseres Kunststoffpro-
blems, das ein schadloses Eingliedern in die Biosphäre zum Ziel hat,
sowohl die Endprodukte als auch die Herstellungsverfahren mit einbeziehen muß. Denn schon hier fallen ja zum Teil enorme Mengen an

Abfall- und Giftstoffen an, die zur Verseuchung von Gewässern und ganzen Fischgründen führen können – wie in den berüchtigten Fällen der bis heute nicht behobenen Quecksilbervergiftung der Minamata-Bucht durch eine japanische Kunststoff-Fabrik und der durch Cadmiumvergiftung hervorgerufenen knochenerweichenden Itai-Itai-Krankheit[714] auf der japanischen Insel Honschu.

Was die Umweltfreundlichkeit der *Endprodukte* betrifft, so dürfte der Ersatz der äußerst umweltverseuchenden PCB-haltigen Isoliermaterialien durch neue, ungiftige Produkte wie das vor einigen Jahren schon von General Electric entwickelte Dielektrol ein gutes Beispiel sein. Andere Probleme, wie die gesundheitsschädliche Wirkung bestimmter Weichmacher und Formaldehyd abgebender Kunststoff-Verkleidungen, müssen noch gelöst werden. Bei der *Herstellung* wiederum weisen energie- und rohstoffsparende Verfahren wie die neue Caprolactam-Herstellung der Japaner (bei der früher pro Tonne Kunststoff bis zu 5 Tonnen Ammonsulfat anfielen) und natürlich auch die bereits erwähnte kontinuierliche, statt der bisher schubweisen Polymerisation bereits in die richtige Richtung. Insbesondere gilt das für die einstufige Isopren-Synthese, die bei der Temperatur eines brennenden Streichholzes unter normalem Druck abläuft und abfallfrei zu Endprodukten von 99,5prozentiger Reinheit führt[715]. Solche Wege bedeuten oft zugleich eine radikale Senkung der Herstellungskosten, meist auch eine ebenso radikale Einsparung an Energie, damit wiederum an fossilen Brennstoffen und damit schließlich auch an Abfallwärme.

In einer wirtschaftlich optimal arbeitenden Verfahrenskette, die von den Rohstofflagerstätten ausgeht und über die Hydrierung, Polymerisation und schließlich Verarbeitung zum Fertigteil läuft, liegt der Gesamtenergiebedarf bei den Kunststoffen in der Tat sogar vielfach niedriger als bei anderen, vor allem metallischen Werkstoffen, ja selbst gelegentlich mit Papier gleichziehend. Abwasserrohre aus Gußeisen sind – nach Angaben der Kunststoffindustrie – über zwölfmal so energieintensiv wie solche aus PVC, und große Glasflaschen (allerdings ohne Recyclinganteil) brauchen zwei- bis dreimal soviel Energie wie Plastikflaschen, um nur zwei Beispiele zu nennen[716].

Wenn wir den Kunststoffsektor daher ökologisch sinnvoll integrieren wollen, was auch für ihn selbst die wohl dauerhafteste und profitabelste Politik ist, so lassen sich aus dem bisher Gesagten zusammenfassend folgende *Schwerpunkte der Verantwortung* erkennen:

● Ein erster Schwerpunkt liegt in der Chemie selbst, die aus der schier unerschöpflichen Zahl möglicher Kohlenstoffverbindungen eine ebenso unerschöpfliche Zahl brauchbarer und unbrauchbarer Stoffe mit giftigen oder wiederverwertbaren Abfallprodukten machen kann.

- Ein zweiter Schwerpunkt liegt bei den Produktdesignern und Planern, die aus diesen Stoffen Verbrauchsgüter und andere Produkte konzipieren und es in der Hand haben, ob aus ein und demselben Kunststoff später eine Wegwerfflasche, ein Elektronikteil oder ein Straßenbelag gemacht wird[717].

- Ein dritter Schwerpunkt liegt beim Abfallproblem des Kunststoffs, das nicht nur in den Bereich der Kunststoffhersteller, der Fertigungsindustrie und ihrer Planer, sondern auch besonders stark in den Bereich der Werbung und des Marketing fällt. Denn dieses Abfallproblem braucht gar nicht erst einzutreten, wenn man entweder die extreme Haltbarkeit des Kunststoffs wirklich nutzt und ihn für den permanenten Gebrauch konzipiert, oder wenn man den Kunststoffabfall als Ausgangsmaterial für neue Produkte wiederverwendet und damit einen ökologisch und ökonomisch profitablen Kunststoffkreislauf in Gang bringt.

Alle anderen Wege sind unkybernetische Notlösungen: Eine Verbrennung von Kunststoffmüll ist im Grunde nichts anderes als die im vorigen Kapitel kritisierte Verpuffung und Verschwendung des Bausteins Kohlenstoff und hat die entsprechende Luftverschmutzung zur Folge; eine gezielte Zersetzung und Integrierung von Kunststoffmüll in die Natur ist zwar nicht mehr umweltfeindlich, aber noch immer eine Einbahnstraße für die fossilen Brennstoffe; die Deponie, die bloße Ablagerung des Kunststoffmülls wird sogar zur ausgesprochenen Sackgasse und zugleich zum Raumordnungsproblem.

Erst wenn die drei oben genannten Aspekte in sinnvoller Weise verflochten sind, wird das so vielversprechende Kohlenstoffzeitalter wirklich beginnen – und auch von Dauer sein können. Es ist anzunehmen, daß angesichts dessen doch mehr und mehr Köpfe unserer Wirtschaft die Ebene eines entsprechenden Systembewußtseins beschreiten. Eine Ebene, auf der ihnen eine Gewinn*optimierung* mit ihrer stabilisierenden Langzeitwirkung interessanter und befriedigender erscheint als die im Grunde orientierungslose Jagd nach kurzfristiger Gewinn*maximierung* oder gar Produktionsmaximierung.

15 Kerntechnik

Scheinlösungen mit stürmischer, aber kurzer Zukunft

Für die einen das Ei des Kolumbus, für die anderen ein Ei mit Rissen, das sich zunehmend als faules entpuppt. Der faszinierende Aspekt der Kernspaltung ist längst einem Trauma gewichen – politisch wie wirtschaftlich. Die Gründe für die Umstrittenheit der Atomwirtschaft liegen nicht nur im Sicherheitsbereich, in der Angst, in der Sorge für das Schicksal kommender Menschheitsgenerationen. Sie liegen auch in der zunächst nicht erkannten Vernetzung der Kernenergie mit praktisch sämtlichen Lebensbereichen, denen sie ihren Stempel aufdrückt. Aufgabe dieses Kapitels soll sein, die wichtigsten Aspekte dieser Wechselwirkungen im Systemzusammenhang zu analysieren.

Der Traum der Alchimisten, eines Tages Blei in Gold verwandeln zu können, ist wahr geworden. Die Umwandlung der Elemente, jener einst als unveränderbar geltenden kosmischen Individuen, liegt in unserer Hand und dazu noch – als kostenlose Dreingabe – das Geschenk neugeborener Energie, für die sich ein kleiner Teil dieser Materie opfert. Ein Geschenk, das zum Hauptgewinn zu werden verhieß. Der mephistophelische Zauber von Atomspaltung und Atomverschmelzung, wie er der Umwandlung von Masse in Energie, dem Produzieren neuer Elemente, der Verwandlung eines Elementes in ein anderes zweifellos anhaftet – dieser ganze Komplex der modernen Alchimie könnte als ein tiefer Eingriff in das innerste Gefüge der Materie betrachtet und damit schon grundsätzlich als negativ abgestempelt werden. Die Art, wie sich dieses neue technische Abenteuer bei uns einführte – in Form der ersten Atombombenexplosion –, gab solchen apokalyptischen Gedanken recht. Seine Fortführung in Form gezähmter Bomben, die friedliche Nutzung der Kernenergie, scheint nichts an der Widernatürlichkeit, der Lebensfeindlichkeit des Prinzips zu ändern. Oder doch?

Man kann durchaus sagen, daß kernenergetische Prozesse an sich nichts Unnatürliches sind. Nicht nur, daß alles Leben auf der Erde seine Energie aus der Sonne bezieht (genauer: aus der im Sonneninnern stattfindenden Verschmelzung von Protonen zu Heliumkernen) – und damit aus einem gigantischen Fusionsreaktor –, auch die kontrollierte Kernspaltung wurde nicht erst durch den Menschen erfunden, sondern sie kam wohl schon des öfteren durch zufällige Konstellationen von alleine zustande – selbst auf der Erde. In einer Uranerz-Lagerstätte im afrikanischen Gabun entdeckten französische Wissenschaftler 1972 die Abfälle eines »Naturreaktors«, der, wie man aus den Spaltprodukten errechnen kann, vor zwei Milliarden Jahren mindestens 500 000, wenn nicht eine bis zwei Millionen Jahre lang aktiv in Betrieb gewesen sein mußte[720].

Ein Freibrief für den weltweiten Einsatz von Kernreaktoren, da der Prozeß offenbar auch natürlicherweise vorkommt? Nun, er ist, wenngleich viel seltener, wohl ebenso ›natürlich‹ wie gelegentliche durch Blitze hervorgerufene Waldbrände, der Ausbruch von Vulkanen, die flammenden Methaneruptionen mancher Erdbeben oder das Schwelen oberflächennaher Kohlenflöze mit ihrer jeweiligen Verseuchung der Umwelt. Der von selbst entstandene Reaktor ist also lediglich in die Liste der vielen Naturkuriositäten – wohlgemerkt solcher der unbelebten Natur – einzureihen, deren plötzliche Vervielfachung ein ebensolches Desaster für die Lebewelt des Planeten bedeuten würde wie Eiszeiten, Kollisionen mit anderen Himmelskörpern oder sonstige Weltuntergangsphänomene.

Auch wenn wir in der forcierten Nutzung der Atomenergie, dieses gelegentlichen ›Naturvorgangs‹, einen Rettungsprozeß aus der Energiemisere sehen, bleibt der damit verbundene Eingriff in den Energiekreislauf der Erde, in Klima, Nahrungsketten und darüber hinaus in das genetische Informationsreservoir der Lebewelt, ja, wie es sich immer mehr abzeichnet, nicht zuletzt auch in unser wirtschaftliches, politisches und soziales Gefüge, ein äußerst kritisches Spiel. Daß einige es blindwütig betreiben wollen, andere mit ebensolcher Vehemenz davor warnen und wieder andere es als Notlösung sehen, wirft ein Licht auf unser Grundproblem, das sich im Untertitel dieses Buches widerspiegelt: Die einen stecken noch voll im technokratischen Zeitalter, die anderen haben es bereits verlassen; oder wie der berühmte amerikanische Systemforscher Dennis Meadows etwas boshaft gesagt haben soll: »Bei der Kernenergie gibt es nur zwei Gruppen von Leuten: Kernenergiegegner und Leute, die nicht genug nachgedacht haben.«

Auf jeden Fall hat die technische Verwirklichung der Kernspaltung, kaum begonnen, bereits eine Spaltung der Gesellschaft nach sich gezogen. Auch die anderen »Eier«, die unsere großtechnischen Magier aus der Tasche zaubern, wie das halbausgebrütete Ei des Schnellen Brüters oder den Fusionsreaktor, jenes wohl nie verwirklichbare »heiße Ei des Kolumbus«, werden, so beeindruckend, genial und die Forscherneugier befriedigend die Arbeit an solchen Projekten auch ist, zwar noch eine Zeitlang bedeutende Forschungsmittel von sinnvolleren (und vielleicht sogar spannenderen) Projekten wegziehen, jedoch ohne aus der Sackgasse herauszuführen. Denn diese beruht letztlich auf dem grundlegenden Mißverständnis, daß die Menschheit zu ihrem Überleben mehr Energie brauche. In Wirklichkeit ist es umgekehrt: Genau dafür muß sie schleunigst beginnen, weit weniger Energie durch ihr System zu schleusen als heute. Doch dies einzusehen verlangt etwas umfassendere Kenntnisse ökophysikalischer und systemischer Gesetzmäßigkeiten, als sie unsere derzeitigen Experten in ihrer Ausbildung erfahren haben. Die heutige Energiewirtschaft als solche stellt daher für mich ein gigantisches Protobeispiel für unvernetztes Denken im Verein mit unkybernetischen Technologien dar. Und obgleich das erste brodelnde Gemisch aus Pioniergeist, Rausch, Entsetzen und Pannen jener Goldgräberzeit unseres auf einmal erwachten Energiebewußtseins auch bei den Adepten der Kernenergienutzung einer allgemeinen Ernüchterung gewichen ist, gibt es dennoch kein Thema, das nach wie vor die Gemüter leidenschaftlicher pro oder kontra erhitzen würde als dieses. Versuchen wir also, soweit es geht, das verworrene Bild etwas zu ordnen.

Der Boom der Atommeiler

Als ich 1956 in dem damals noch streng bewachten amerikanischen Atomzentrum Oakridge eine radiochemische Forschungsarbeit durchführte, hingen über dem ganzen Komplex der Atomspaltung noch die düsteren Wolken von Hiroschima und Nagasaki. Das schlechte Gewissen schaute selbst manchem unbeteiligten Wissenschaftler der dortigen Stamm-Mannschaft noch aus den Augen. Die friedliche Nutzung der neu entdeckten Kräfte beschränkte sich auf einige Forschungsreaktoren, auf den Einsatz strahlender Isotope in Medizin, Chemie und Werkstoffkunde. Eine Energiegewinnung durch Großkraftwerke wurde trotz zweier bereits stromerzeugender Versuchsreaktoren (der erste 1951 in Arco/USA, der zweite 1954 bei Moskau) auch von den Fachleuten als nicht sehr ergiebige, vielleicht sogar utopische Idee für die fernere Zukunft gesehen – etwa so wie heute von manchen noch die Nutzung der Sonnenenergie. Auch als im Oktober des gleichen Jahres im britischen Calder Hall das erste Leistungskraftwerk mit 35 Megawatt elektrischer Leistung anlief – damals die wohl teuerste Stromgewinnung der Welt –, zweifelten viele, ob die Kernenergie je wirtschaftlich genutzt werden könne, und entsprechend spärlich flossen noch die Forschungsmittel. Der wirtschaftliche Durchbruch kam in der Tat erst 1963 mit den neuen Druck- und Siedewasserreaktoren – und plötzlich hing der Himmel voller Geigen. In der ersten Euphorie gründete man gar Atomministerien, die Forschungsmittel flossen reichlich, und die staatlichen Subventionen für die neue Atomwirtschaft schienen fast unbegrenzt. Mit dem Aufatmen über die Zähmung der Atomenergie schienen sich goldene Zeiten anzubahnen. Die drohende Energielücke war offenbar durch die Reaktortechnik gebannt.

Aus der rapiden Bevölkerungszunahme unter gleichzeitigem Anwachsen des Lebensstandards – vor allem in den Entwicklungsländern – mußte man bei einfacher Hochrechnung notgedrungen eine vielfache, ja exponentielle Steigerung der Energienachfrage folgern, ohne daß man sich jedoch darüber Gedanken machte, wie diese Energie – wenn nicht durch gezielte Verschwendung – überhaupt verbraucht werden soll! So falsch sich alle diese Energieprognosen auch später herausstellten, einfach weil sie den Systemzusammenhang ignorierten, steuerten sie doch entscheidend die Entwicklung. Unter den zusätzlichen Energiequellen, die den erwarteten Bedarf auffangen sollten, faßte dann die Reaktortechnik tatsächlich als erste Fuß.

Noch 1965 lag bei Bestellungen für den Bau neuer Kraftwerke der Anteil der Kernreaktoren unter 10 Prozent. Dann gewannen sie, was niemand so schnell erwartet hätte, sozusagen über Nacht eine enorme Attraktion und eroberten sich Ende der sechziger Jahre plötzlich die Hälfte des Marktanteils aller neu in Auftrag gegebenen Kraftstationen[721]. Die Atomenergie, 20 Jahre ausschließlich eine Domäne des Militärs, schien sich in weiteren 20 Jahren zum beherrschenden zivilen Energiegiganten mausern zu wollen – zunächst auch was ihre Wirtschaftlichkeit betraf. Aus 5000 Megawatt Kernenergie im Jahre 1968 (1 MW = 1 Million Watt) waren fünf Jahre später bereits 20 000 MW geworden, und 1978 hätten es mehr als 180 000 MW sein sollen, die sich auf rund 320 Reaktoren in 27 Ländern verteilen[722]. Doch die Wende bahnte sich bereits an.

Der Anteil der Kernenergie am Gesamtenergieangebot, der 1971, zehn Jahre nach dem Bau des ersten deutschen Versuchskraftwerks in Kahl, knappe 1 Prozent betrug, hatte die ursprünglich bis 1976 veranschlagten 12 Prozent auch bis 1980 bei weitem nicht erreicht. Es waren die vielen technischen Pannen und Ausfälle und die den vorgesehenen Rahmen immer wieder überschreitenden Kapitalinvestitionen, aber schließlich auch die jahrelange Vogel-Strauß-Politik gegenüber den Sicherheitsfragen und den ungelösten Problemen von Endlagerung und Stillegung, die den Anteil des Atomstroms nicht wie erwartet erhöhten, sondern ihn bis heute letztlich nur eine marginale Rolle von 1 bis 2 Prozent in unserem Energieangebot spielen ließen. Immer mehr statt weniger Probleme tauchten auf, und während früher wirtschaftspolitische Standortüberlegungen die einzigen Sorgen der Kernindustrie zu sein schienen, gab es plötzlich auch solche der Umweltbelastungen, wenn auch anderer Art als bei den fossilen Brennstoffen, Probleme der Abwärme, solche von unerwarteten Rissen und Lecks, von radioaktiven Langzeitwirkungen, sowie Probleme der Infrastruktur, vor allem was Wiederaufbereitung, Ablagerung, Sicherheitskontrolle, Katastrophenpläne u. a. betraf, die man zwei Jahrzehnte lang vor sich hergeschoben hatte.

Ich erinnere mich noch mancher Hearings an geplanten Reaktorstandorten, wo meine Hinweise auf solche sehr bald zu erwartenden Probleme als abwegig oder zumindest als ohne Betreff für den lokalen Bereich abgetan wurden[723]. Inzwischen haben sich genau diese seinerzeit so am Rande betrachteten Überlegungen massiv in den Vordergrund geschoben und neue Kriterien mit ins Spiel gebracht, welche die Ära der unbekümmerten nuklearen Gründerzeit beendeten. Viele tausend Wissenschaftler, amerikanische, deutsche und französische, darunter viele Nobelpreisträger, unterschrieben Deklarationen gegen den weiteren Ausbau der Kernenergiegewinnung[724], und spätestens seit dem alle Sicherheits- und Wahrscheinlichkeitsberechnungen über den Haufen werfenden (und wahrscheinlich noch längst nicht beendeten) Desaster von Harrisburg[725] war dann die Selbstzufriedenheit der Befürworter endgültig dahin.

Der strahlende Stern verblaßt

Ein kurzes Streiflicht soll uns einige typische Anzeichen der beginnenden Wende in Erinnerung rufen. Die vorläufige Nicht-Inbetriebnahme des Kernkraftwerks Zwentendorf durch einen spektakulären – weil äußerst knappen – Volksentscheid hat in Österreich weitere Entwicklungen gebremst; das italienische Atomprogramm, ohnehin mit bisher 600 Megawatt bescheiden, hat zunehmend Standortschwierigkeiten wegen der Erdbebengefahr; der französische Staatspräsident Giscard d'Estaing versucht die Anrainer geplanter Kernkraftwerke mit 15prozentigen Stromverbilligungen zu locken, um ihren womöglichen Protest zu beschwichtigen; der schwedische Reichstag hat das dortige Atomzeitalter auf 30 Jahre, d. h. bis zum Jahre 2010 befristet; und selbst im extrem erdölabhängigen Japan ist die bisherige optimistische Atompropaganda durch die Ereignisse in Harrisburg wieder überschattet: Aktive Widerstände aus der Bevölkerung paaren sich mit steigenden Urankosten und dem kaum zu lösenden Abwärmeproblem; in den erdbebengefährdeten Standorten gehen Bürgerinitiativen gerichtlich gegen bereits erteilte Genehmigungen vor und stellen vor allem das geplante Schnelle-Brüter-Projekt in Monju in Frage[726]. Genauso stark wie bei uns oder in den USA wächst inzwischen der Widerstand in Brasilien, wo die Bevölkerung durch den Nuklearvertrag mit der deutschen Kraftwerk Union (KWU) überrascht wurde, dessen eigenwillige Klauseln trotz Pressezensur und politischem Druck an die Öffentlichkeit kamen. Selbst Abgeordnete der Regierungspartei erklären nunmehr, daß das Abkommen mit der Bundesrepublik gegen die Interessen der brasilianischen Nation verstoße[727]. In der Tat schießt dieser Nuklearvertrag über die finanziellen Möglichkeiten Brasiliens, aber auch über dessen Energiebedarf weit hinaus, denn es fehlt dort eher an Treibstoff als an Elektrizität. Die Protestbewegung der Reaktorgegner, mit der natürlich niemand der auch hier meist unvernetzt denkenden Betreiber rechnete, kann sich nach Meinung wirtschaftspolitischer Beobachter zu einem so starken politischen Druck ausweiten, daß auch in Südamerika, ähnlich wie im Iran geschehen, die Verträge wieder annulliert werden müssen.

Parallel zu der mehr und mehr Menschen ergreifenden Sorge, mit den Folgen dieser Entwicklung nicht fertig zu werden – ähnlich wie der Zauberlehrling, der die Kräfte, die er rief, nicht mehr loswurde –, begann aber auch die wirtschaftliche Entwicklung denjenigen

Systembetrachtungen recht zu geben, die auch von ökonomischer
Seite her das Ganze als ein ziemlich unsinniges und wenig einträgli-
ches Abenteuer klassifizierten. Mit finanziellen Problemen ist inzwischen vor allem die amerikanische Atomindustrie konfrontiert. Die
gewaltigen Kapitalinvestitionen kann sich praktisch keiner der amerikanischen Stromerzeuger mehr leisten. So wundert es nicht, daß
sogar einige amerikanische Energieversorgungsunternehmen den
gleichfalls nicht unbeträchtlichen finanziellen Aufwand einsetzen
wollen, nicht nur verschiedene Ölkraftwerke, sondern auch das ein
oder andere Kernkraftwerk auf Kohle umzurüsten[728]. Zudem entspricht auch dort das Wachstum des Stromverbrauchs bei weitem
nicht den noch vor einigen Jahren aufgestellten Prognosen, und die
nach Harrisburg nun als unumgänglich erkannte Verschärfung der
Sicherheitsvorschriften macht den Reaktorbau noch einmal weit teurer und langwieriger als von der Lobby erhofft und vor den Geldgebern immer wieder hingestellt[729].

Die Lage in der Bundesrepublik ist nicht viel anders. Auch hier sind
die Genehmigungsverfahren seit 1978 an ein Netz von Durchläufen
und Rückläufen gebunden, in denen neben der Genehmigungsbe-
hörde des Landes und dem Bundesminister des Innern auch weitere
Bundesbehörden, Stellungnahmen und Gutachten und nicht zuletzt
die Öffentlichkeit miteinbezogen sind, bevor der Antrag des Auftrag-
gebers entschieden wird. Das Geschäft ist allein schon aus diesem
Grunde verzögert und damit weit weniger attraktiv geworden, selbst
wenn man die Rückschläge durch grundsätzlich unvorhergesehene
Pannen und Stillegungen (zunächst werden ja beide bei jedem neuen
Reaktorbau als »diesmal nicht mehr möglich« hingestellt) gar nicht
mit einbezieht – ganz davon abgesehen, daß man auch dann noch ins
Blaue hinein wirtschaftet, solange nicht die Fragen der Wiederaufbereitung, der Endlagerung und des kompletten Abbaus ausgedienter
Kernkraftanlagen gelöst sind. Alles in allem also auch von der Technik her ein wenig ausgereiftes, von Anfang an unsystemisch geplantes
Unterfangen, wie dies im übrigen gerade bei Großtechnologien –
man denke nur an die ›unsinkbaren‹ Supertanker – nicht ungewohnt
ist.

Atomstrom ist billig. Atomstrom bringt saubere Energie. Atomstrom
schafft Arbeitsplätze. Atomstrom ist umweltfreundlich. Atomstrom
bedeutet Wohlstand. Diese Slogans tauchen immer wieder auf. Wie
sehr sich dieses Urteil wandelt, sobald man die Dinge im Zusammenhang sieht, habe ich in dem inzwischen auch als Bilderbuch veröffent-

lichten Ausstellungsexponat »Das Ei des Kolumbus« aufzuzeigen versucht, das von einigen Befürwortern heftig angegriffen wurde. Ich bin jedoch sicher, daß die Entwicklung diesem Szenario von Tag zu Tag mehr recht geben wird – und damit auch der dort ausgedrückten Hoffnung, daß die skizzierten Spätfolgen vielleicht gar nicht erst einzutreten brauchen[730].

In der Tat wurde ja von der Kernenergielobby und den von ihr bedrängten Politikern bisher grundsätzlich mit Thesen argumentiert, die sich meist nur aus einzelnen Sachbereichen ergeben. Die vielfältigen Wechselwirkungen und Rückwirkungen, wie sie sich nun einmal zwischen technischen, gesundheitlichen, politischen, gesellschaftlichen, ökologischen und wirtschaftlichen Fragen einstellen, fielen dabei meist unter den Tisch. Und doch sind sie es, die nun immer mehr die Hauptrolle spielen. Denn entscheidend für Weiterentwicklungen – wie auch für Rückschläge – ist ja immer die Gesamtkonstellation.

Das gilt in erster Linie für die Wirtschaft selbst, wenn sie sich durch gewaltige Kapitalinvestitionen festlegt, die ohne jegliche systemische Untersuchung auf primitiven Hochrechnungen basieren, und dann, wie etwa bei der Milliarden-Fehlinvestition in die drei europäischen Urananreicherungswerke im Rhonetal, bei Liverpool und an der deutsch-holländischen Grenze, plötzlich mit Überkapazitäten konfrontiert ist, die zu steigenden Verlusten führen. Nur ein Bruchteil der Brennelemente wird überhaupt gebraucht, was diese zudem noch teuer macht und bereits drei Jahre nach der Inbetriebnahme dieser Anlagen die Betreiber wie auch die vertraglichen Abnehmer in größte Schwierigkeiten gebracht hat[731].

Ein weiteres typisches Beispiel für ein solches unvernetztes Denken in der Energiepolitik ist der Wunsch der Industrie nach mehr Konsum, das Entsetzen über den nun auch bei uns stagnierenden Automobilverkauf und dennoch die gleichzeitige Klage, daß viel zuviel Erdölprodukte verbrannt würden. Die gleiche Chemieindustrie, die dies bedauert und ebenfalls, weil sie nicht umdenken konnte, mit ihren herkömmlichen Produkten stagniert, schiebt den Schwarzen Peter dem verzögerten Ausbau der Kernenergie in die Schuhe – obgleich an der Stromerzeugung (zu der ja die Kernenergie allein beitragen könnte) das Öl nur zu 6 Prozent beteiligt ist. All dies zum gleichen Zeitpunkt, zu dem die Elektrizitätswerke beklagen, daß der Verbrauch an Primärenergie im ersten Halbjahr 1980 zurückgegangen sei, und wieder einmal ein überschüssiges Stromangebot bestehe[732].

Ein übermäßiges Stromangebot also trotz langsamerem Wachstum der Kernkraftwerke. Hier scheint man nicht einmal mehr in zweiseitigen, geschweige denn in vernetzten Zusammenhängen zu denken.

Angesichts der in mehreren Bereichen aufkommenden Fragwürdigkeit einer forcierten Kernenergiepolitik wird vielfach als letztes Argument die Verantwortung für die Energieversorgung wenn schon nicht der Industrieländer, so doch der Entwicklungsländer herangezogen. Ähnlich wie in der Nahrungsversorgung zur Rechtfertigung unserer Massentierhaltungen und des Intensivanbaus von Monokulturen der Welthunger herhalten muß, wie wir im Kapitel »Nahrung« sahen, liegen die Dinge auch hier genau umgekehrt. So wird allen Ernstes einer forcierten Energieentwicklung in unserem Lande die humanitäre Aufgabe zugeschrieben, den armen Ländern damit unter die Arme zu greifen, ihren Wohlstand zu fördern und die Kluft zwischen Arm und Reich zu verringern. Auch hier ist das Gegenteil der Fall. Die Differenz des Pro-Kopf-Energieverbrauchs in Steinkohleneinheiten (SKE), die 1965 zwischen der Bundesrepublik (4,4 Tonnen SKE) und Afrika (0,3 Tonnen SKE) noch 4,1 Tonnen SKE betrug, erhöhte sich bis 1977 auf 5,7 Tonnen SKE. Die Energiepolitik, welche unter dem Motto lief, die Energiekluft im Nord-Süd-Gefälle allmählich zu schließen, hat diese Kluft in Wirklichkeit also nur vergrößert.

Auf keinem anderen Gebiet herrscht eine derartige Verwirrung bezüglich Daten und Zahlen wie auf dem der Kernenergie. Offensichtlich stehen auch unseren Entscheidungsträgern in Politik und Verwaltung nur äußerst unvollständige Informationen über den gesamten Komplex zur Verfügung; und ich bin mir nicht einmal sicher, ob den einzelnen Experten innerhalb der Energiewirtschaft wie auch der Kerntechnik und -forschung alle nötigen Fakten bekannt sind, geschweige denn, daß sie deren Zusammenhänge überschauen.

Der schon erwähnte Physiker H.P.Dürr sagte hierzu in einem wissenschaftskritischen Vortrag vor der Physikalischen Gesellschaft[733]:

»Wenn ein Kernphysiker oder Elementarteilchenphysiker zum Thema ›friedliche Nutzung der Kernenergie‹ seine Meinung äußert, dann mißt die breite Öffentlichkeit dieser Meinung automatisch ein besonderes Gewicht zu, da ja hier, wie sie meint, ein Fachmann seine Meinung bekundet. Dies ist strenggenommen falsch! Richtig ist, daß dieser Physiker aufgrund seiner speziellen Erfahrung bestimmte physikalische Fakten und Zusammenhänge umfassender, sicherer und tiefgründiger verstehen und würdigen kann. Solche Spezialkenntnisse befähigen ihn aber noch nicht dazu, in anderen, für das Kernenergieproblem *wesentlichen* Fragen, wie etwa wirtschaftlicher, soziologischer oder ökologischer Art, ein ähnlich sicheres Urteil zu erlangen. Darüber hinaus – und dies ist eigentlich der wesentliche Punkt – können Fragen, wie sie etwa im Kernenergieproblem zur Debatte stehen, überhaupt nicht ›wissenschaftlich eindeutig‹ beantwortet werden, da hierbei notwendig eine Bewertung erfolgen muß, die aus einer umfassenderen menschlichen Erfahrung als der naturwissenschaftlich-technischen bezogen werden muß.« Und wie im Kapitel »Wasser« schon zitiert, sagte H. P. Dürr schließlich weiter:

»Ein Spezialwissen fördert das Urteilsvermögen nicht unmittelbar. Die Konzentration auf bestimmte Details kann im Gegenteil sogar ein ausgewogenes Urteil behindern.«

Besonders riskant wird es natürlich dann, wenn bruchstückhafte Fakten zum Aufbau ganzer Argumentationsgebäude verwendet werden, die nun vollends den Boden der Wirklichkeit verloren haben – etwas, das natürlich engagierten Kernenergiegegnern genauso passieren kann. Einige hierfür besonders anfällige Gebiete seien im folgenden beleuchtet.

Vorräte und Wirtschaftlichkeit

Es ist schwer, verläßliche Angaben über die Uranvorräte zu erhalten. Nicht weil die Vorkommen erst unvollständig erfaßt wären, sondern wegen der unterschiedlichen Güte der Lagerstätten. Erze mit einem Urangehalt unter 0,1 Prozent sind reichlicher vorhanden, solche mit hohen Gehalten weit weniger. Vorräte mit mehreren Prozent, wie die anfänglich in Katanga gefundenen, sind längst erschöpft. Ein beliebtes Mittel, die Vorräte je nach Wunsch herauf- oder herabzusetzen, ist daher die Angabe eines Preislimits für die Gewinnungskosten. Kernenergiegegner operieren lieber mit den bis zu 20 Dollar/lb (etwa 80 DM/kg) ausbeutbaren Vorräten, Befürworter auch noch mit solchen, die gut und gerne dreimal soviel kosten dürfen und entsprechend länger reichen. Daß die offiziellen Statistiken die Weltvorräte an gewinnbarem Uran mit 2,5 bis 5 Millionen Tonnen angeben, stört die Atomindustrie nicht, mit noch zu entdeckenden Vorräten zwischen 80 Millionen und einer Milliarde Tonnen zu rechnen[734]. Ich habe daher versucht, den Dingen einmal auf den Grund zu gehen.

Die zur Zeit verläßlichsten Angaben, wie sie aus internationalen geologischen Studien und denen der OECD zu erhalten sind[735], rechnen mit 1,85 Millionen Tonnen Natururan, das bis zu 140 DM/kg abgebaut werden kann (was bereits über dem derzeitigen Preislimit von rund 115 DM/kg) liegt. Die außerhalb der westlichen Welt liegenden Reserven mögen noch einmal genausoviel betragen. Die Rate der Neufunde ist relativ gering, etwa 65 000 Tonnen Natururan pro Jahr, und nimmt mit der Entdeckung weiterer Reserven notgedrungen ab. Der geringe Urangehalt der Erze bedeutet, daß, gemessen an der gewonnenen Primärenergie, die Förderung von Kernbrennstoff mengenmäßig dann doch wieder an den Aufwand der Kohleförderung herankommt und – je nach Urankonzentration und Begleitgestein – die Umwelt mit einem Abraum bis zur 20 000fachen Menge des gewonnenen Natururans belastet. Da eine Tonne Natururan nach neueren Berechnungen dem Heizwert von 22 000 Tonnen SKE entspricht (ohne Wiederaufbereitung) und, in Kraftwerken verstromt, noch weniger als die fossilen Brennstoffe, nämlich rund 26 Prozent der eingesetzten Energie, also 5270 Tonnen SKE, an Strom liefert, ergibt sich daraus pro Tonne Uran eine Energieleistung von 46 500 MWh (Megawattstunden).

Um die oft so widersprüchlichen Angaben – auch in offiziellen Informationsschriften zur Atomenergie – beurteilen zu können, muß man zudem wissen, daß pro Tonne Uran für den Weg von der Gewinnung über die Anreicherung und Brennstabherstellung bis zur Abfallbehandlung 12 800 MWh Energieverbrauch berechnet wurden[736], womit sich die 46 500 MWh auf 33 700 MWh verringern.

Rechnen wir nun den Vorrat der westlichen Hemisphäre von 1,85 Millionen Tonnen Natururan auf die damit gewinnbare Stromleistung um und nehmen wir an, daß diese Menge auch tatsächlich verfügbar ist, wenn man sie braucht (was keinesfalls sicher ist[737]), dann ergibt diese Menge nach Anreicherung des zu 0,7 Prozent darin enthaltenen U-235 auf 3,1 Prozent (dies ist bei dem heutigen Reaktortyp nötig) rund 418 000 Tonnen Brennmaterial, welches eine Energiemenge von rund 86 Milliarden MWh an Stromleistung liefert. Nach Abzug von 1,85 Millionen mal 12 800 MWh an für die Aufbereitung aufzuwendender Energie verbleiben dann in der Bilanz noch rund 62,5 Milliarden MWh bzw. 7,7 Milliarden Tonnen SKE an tatsächlich gewonnener Energie. Und nun kommt die Überraschung: In manchen Informationsschriften begegnen einem Beträge von über 150 Milliarden Tonnen SKE, ja gelegentlich an die 200 Milliarden Tonnen, also 20- bis 30mal soviel (!), wonach natürlich die Vorräte entsprechend länger reichen würden, die gewaltigen Investitionen in die Kernenergie also eher gerechtfertigt erscheinen.

Wie kommt nun ein so gewaltiger Unterschied zustande? Leider habe ich es nicht völlig ergründen können. Selbst wenn wir den Energieverlust der Gewinnung und Aufbereitung vergessen (+ 2,9 Milliarden Tonnen SKE) und eine volle Wiederaufbereitung einschließen, was die Ausbeute maximal um 36 Prozent strecken könnte (+ 3,8 Milliarden Tonnen SKE), und wir annehmen, daß im Laufe der Zeit Lagerstätten mit nochmal der gleichen Uranmenge entdeckt würden (mal 2), und auch den häufig begangenen Kapitalfehler zulassen, den Heizwert des im Reaktor eingesetzten Urans (statt der daraus gewinnbaren elektrischen Energie) anzugeben (das Ganze mal 3,85) und so bei entsprechender Phantasie auf 111 Milliarden Tonnen SKE kommen (was dann bereits eine schon auf vierfache Weise manipulierte Zahl wäre), ist es mir unerfindlich, wie zum Beispiel in der offiziellen Energiefibel des Wirtschaftsrats der CDU unter den *gesicherten* Primärenergie-Reserven beim Uran in der Tat mit 153 statt der tatsächlichen 7,7 oder meinetwegen auch 10 Milliarden Tonnen SKE operiert wird (falls man von 2,5 statt 1,85 Millionen Tonnen Uran ausgeht, indem man auch die Reserven des Ostblocks mit einbezieht). Daß diesem so stark nach oben manipulierten Wert dann ausgerechnet ein extrem geringer Schätzwert bei der Angabe der Weltkohlereserven von nur 591 Milliarden Tonnen SKE gegenübergestellt wird (obgleich, wie wir im Kapitel 13 »Kohlenstoff« gesehen haben, der geologisch gesicherte Anteil mit 10 000 Milliarden Tonnen und selbst der wirtschaftlich abbauwürdige mit gut 3000 Milliarden Tonnen weit darüber liegen), zeigt nur, wie gezielt in diesem Bereich die Öffentlichkeit und wahrscheinlich sogar die Verfasser solcher ›Aufklärungsschriften‹ irregeführt werden, um die Aussichten der Kernenergie möglichst rosig erscheinen zu lassen. Dies ist selbstverständlich nicht auf eine bestimmte Partei beschränkt, sondern auch in den jeweiligen Lagern der anderen Parteien gang und gäbe. Tragisch wird es, wenn auf der Basis solcher Zahlen dann energiepolitische Weichen für die Zukunft gestellt werden. Gewonnen ist mit solchen Wunschbildern nichts, man betrügt sich nur selbst.

Die erste Kollision entsteht nämlich schon zwischen der gerne möglichst groß angegebenen Reichweite der Uranvorräte und dem

ebenso stark ersehnten Ausbau des Kernenergieprogramms. Bei
einem Stopp des weiteren Ausbaus reicht das Uran (die Bundesrepublik benötigt zur Zeit knapp 3000 Tonnen jährlich, der Weltverbrauch liegt bei 30 000 Tonnen) bis weit in die Mitte des nächsten
Jahrhunderts, ja, falls die bis dahin längst stillgelegten heutigen Reaktoren nicht durch neue ersetzt werden, natürlich bis in alle Ewigkeit.
Würden die bisher angestrebten Kernenergieprogramme jedoch
verwirklicht und bis zum Jahre 2000 allein in der Bundesrepublik
65 Atommeiler stehen, dann wäre die dazu nötige Menge Uran weder zu beschaffen, noch würde sie überhaupt länger als bis dahin reichen[738].
Eine äußerst kurze Notlösung also, für die eine gewaltige Hypothek
an heutigen und zukünftigen Belastungen bis hinein in den gesellschaftlichen und sozialen Bereich in Kauf genommen würde. Die
Abhängigkeit vom Ausland, die wir beim Öl so beklagen, würde sich
lediglich von den ölliefernden auf die uranliefernden Länder verschieben, wobei der Handel mit Kernbrennstoffen wegen seiner politischen, militärischen und Sicherheits-Implikationen noch weit größeren Restriktions- und Schwankungsmöglichkeiten unterworfen ist
als der mit fossilen Brennstoffen[739]. Auf die große Hoffnung, welche
man auf die im Vergleich zu den Spaltreaktoren noch weit weniger
ausgereiften Schnellen Brüter setzt, deren Inbetriebnahme – würde
sie je erfolgen – die Vorräte noch einmal etwas strecken würde (allerdings nicht um das Sechzigfache, wie dies immer wieder behauptet
wird), kommen wir gleich noch näher zurück.
Daß sich der Uranpreis seit 1972 verachtfacht hat, daß die Kapitalfestlegung in den Bau eines Kernkraftwerks längst die Milliarden-
grenze überschritten hat (ohne die 8 bis 12 Milliarden DM einer
sicher funktionierenden Wiederaufbereitungsanlage zu berücksichtigen – falls es je gelingt, eine solche zu erstellen), daß die Kernkraftwerke selbst durch die laufenden Störungen teure Wartungen verlangen und nur zu 60 bis 70 Prozent ausgelastet sind (z. B. 1977 im Welt-
durchschnitt zu 63 Prozent, in der BRD nur zu 54 Prozent, für 1980
erhofft man hier 64 Prozent[740]), daß andererseits schon heute der produzierte Strom gar nicht verbraucht werden kann, daß immer wieder
unvorhergesehene Pannen und Stillegungen auftreten und daß
schließlich innerhalb der vielleicht 15 Jahre einer intensiven Kernenergienutzung die mit diesem gewaltigen Aufwand an Kapital, Ver-
zinsung, Umweltbelastung, Sicherheitsmaßnahmen, Genehmigungsverfahren und ihrer ganzen Infrastruktur errichteten Anlagen wahr-

scheinlich nie amortisiert werden können, wird offensichtlich von niemandem zur Kenntnis genommen. Eine dennoch auf dieser Basis von vielen Seiten verfochtene Energiepolitik widerspricht jedenfalls allen Grundsätzen einer soliden Wirtschaftsplanung[741].

Was liegt solchen eigentümlichen Entwicklungen, die man auch bei anderen, wenn auch weniger einschneidenden Technologien beobachten kann, zugrunde? Man findet sie vielfach in Bereichen, wo besonders hohe Fachkenntnise nötig sind. Man verläßt sich auf die Zahlen und Fakten der Experten – die, wie wir oben gezeigt haben, für die dazu nötigen Beurteilungen in Wirklichkeit gar keine Experten sind, sondern verständlicherweise in erster Linie ihrer Forschungsrichtung weiterhelfen wollen, ihre technologischen Träume weiter finanziert bekommen wollen, was besonders leicht gelingt, wenn es sich um Prestigeprojekte möglichst großen Ausmaßes handelt. Wer von den staatlichen Geldgebern gibt dann später schon gerne zu, daß er sich übertölpeln ließ? Er wird im Gegenteil versuchen – wieder mit Hilfe der gleichen Experten und nunmehr in echter Interessengemeinschaft –, das gesunkene Schiff wieder flottzumachen.

Die Benachteiligten sind in erster Linie die Unternehmen selbst. Denn irgendwann müssen sie gewaltige finanzielle Rückschläge in Kauf nehmen. Benachteiligte sind auch die Arbeitnehmer, denn mit den Investitionen, die im Kernenergiebereich vielleicht 5000 Arbeitsplätze zumindest für die Bauzeit eines Kraftwerks schaffen, könnten

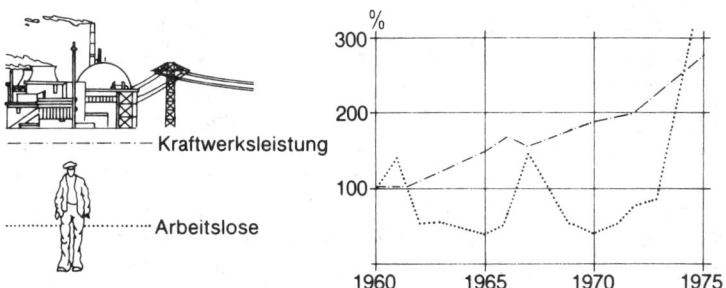

Arbeitsplätze und Energieversorgung hängen nicht zusammen. Die Kurven verlaufen völlig unabhängig voneinander.

in anderen technologischen Bereichen gut 50 000 Dauerarbeitsplätze geschaffen werden. Je teurer (und meist energieintensiver) ein Arbeitsplatz ist, um so weniger kann eine Volkswirtschaft davon bereitstellen. Diese einfache Aussage scheint mir weit weniger auf einer Milchmädchenrechnung zu beruhen als der immer wieder auftauchende Slogan: »Energie schafft Arbeitsplätze«, von dem sich selbst die Gewerkschaften bluffen ließen. Daß dieses Argument völlig haltlos ist, beweisen zahlreiche Statistiken.

Das schon heute ungünstige Energie/Arbeitsplatz-Verhältnis (der Energieverbrauch pro geleisteter Arbeitsstunde in der Industrie ist in den letzten 20 Jahren um mehr als das Sechsfache (!) gestiegen[742]) wird durch energieintensive Verfahren, die weitere Rationalisierung erfordern, noch ungünstiger, so daß bald wieder ein Vielfaches der vorübergehend für den Bau der Kraftwerke gewonnenen Arbeitsplätze verlorengehen dürfte. Ein so zweifelhaftes Projekt wie den Bau eines Schnellen Brüters am Ende gar deshalb als unabdingbar darzustellen, weil bei einem Baustopp 7400 Mitarbeiter entlassen würden (die sowieso nur für die Bauzeit da wären)[743], läßt daher wohl an Kurzsichtigkeit nichts zu wünschen übrig. Für die dafür investierten 3 Milliarden DM könnte man zum Beispiel im Bereich eines entsprechend qualifizierten Dienstleistungsgewerbes weit unproblematischer gut und gerne 150 000 Arbeitsplätze schaffen – und dies permanent.

Ein uneingeschränktes Votum für den Atomstrom ist aber noch aus einem weiteren Grunde gesamtvolkswirtschaftlich bedenklich. Mit ihm würden wir uns – abgesehen von der ausschließlichen Abhängigkeit vom uranliefernden Ausland – in eine unverantwortliche Stromabhängigkeit und einen weiteren unproportional hohen Energiedurchfluß hineinmanövrieren, der uns in wenigen Jahren unfähig machen kann, uns neuen Situationen anzupassen. Sind die Uranreserven zu Ende und die Atomöfen einmal aus, so ist ja die Wirtschaft immer noch auf zentrale Kraftwerke und hohen Energieverbrauch fixiert. Verstärkt müßten nun wieder die fossilen Brennstoffe herhalten, weil alles weiterhin auf einen hohen Energie- und Rohstoffverbrauch eingerichtet ist und rohstoffsparende Technologien wie auch Recyclingverfahren (und eine entsprechende Lebensweise!) nicht oder zu spät entwickelt wurden. Das Fazit: Man konzentriert die finanzielle und kreative Kraft auf eine Zwischenlösung, die so oder so nicht von Dauer ist, anstatt die früher oder später doch notwendigen Dauerlösungen anzustreben, wie sie im Rahmen unserer ökologischen und damit auch wirtschaftlichen Stabilität alleine vertretbar sind.

Im Gegensatz zu den meisten Energiepolitikern, die diesen gefährlichen Trend viel zuwenig beachten, sehen weitsichtige Industrielle wie etwa Ludwig Bölkow (MBB) dieses Blockieren von Forschungs- und Investitionsmitteln, die wir andererseits unbedingt brauchten, um die Abhängigkeit von hohem Energieverbrauch und veralteten energieintensiven Techniken abzubauen, sehr deutlich. Das Energieproblem mit Hilfe der Kernkraft zu lösen, hält daher auch Bölkow für eine Sackgasse[744]. Denn auf diese Weise wird sich die Nachfrage der Industrie nach Rohstoffen und Energie sehr rasch den Grenzwerten nähern. Und wenn einmal einige Fertigungszweige kollabiert sind, werden heute noch mögliche Alternativen kaum noch entwickelt werden können.

Besonders tragisch ist daher, daß auch in Forschung und Entwicklung die hohen Kosten und Folgekosten der Atomtechnik den zukunftsträchtigeren Entwicklungen nunmehr seit einem guten Jahrzehnt die Mittel entziehen. Anstelle langfristig nutzbarer kybernetischer Technologien wird so eine veraltete energieintensive Folgeindustrie begünstigt. Und wenn von der Kernforschungsanlage Jülich beklagt wird, daß 1980 einige Kernforschungsvorhaben leicht reduziert wurden und die Bundesrepublik dadurch ihren Vorsprung verlieren könnte, muß man wohl hier gerade eher sagen, daß sich dieser Vorsprung mit genau jenen Geldern woanders, nämlich an lohnender Stelle, gewinnen ließe.

Abfall und Endlagerung

Strom wird heute noch vielfach als »saubere Energie« propagiert, und Kraftwerke würden »benötigt, um Energie zu sparen«[745]. In Wirklichkeit betragen bei der Stromversorgung die Energieverluste bis zum Verwendungszweck beim Endverbraucher im Schnitt 80–90 Prozent der Primärenergie. Strom aus fossilen oder Kern-Kraftwerken zählt daher – gemessen an dieser eingesetzten Primärenergie – zu einer der umweltbelastendsten (Abwärme, Abgase, radioaktiver Abfall) und verschwenderischsten Energieformen. Deshalb sollte er möglichst nur für solche Zwecke eingesetzt werden, die auf seine besonderen Qualitäten auch wirklich angewiesen sind. Die starke Propagierung der Kernkraftwerke jedoch bedeutet genau das Gegen-

teil: nämlich den Stromverbrauch zu erhöhen, somit die Gesamtver-
luste an Primärenergie weiter zu steigern, ohne jedoch zur Schließung
der tatsächlichen Energielücke, hervorgerufen durch das Knapper-
werden von Erdöl, wirklich etwas beizutragen. Denn dieses bestreitet
ohnehin nur ca. 6 Prozent unserer Stromerzeugung, auf die wir bei dem
derzeitigen Überschuß verzichten könnten. Mit Kernenergie werden
jedoch weder Autos noch Flugzeuge betrieben, noch unsere Häuser
geheizt, noch die aus Erdöl stammenden Chemierohstoffe ersetzt.
Würde man sämtliche 1980 in Betrieb befindlichen Kernkraftwerke
abschalten, so entzöge dies dem Gesamtenergieangebot nur rund 1
Prozent, dem Stromangebot vielleicht 3 Prozent (wohlgemerkt *Angebot,* nicht Einsatz an Primärenergie, deren Anteil beim verlustreichen
Stromerzeugungsprozeß mindestens dreimal so hoch ist und deshalb,
wie bei der Berechnung der Uranvorräte schon angeführt, irreführen-
derweise gerne angegeben wird, um den Beitrag der Kernkraftwerke
höher erscheinen zu lassen).
Der Atomspaltprozeß hat ja keineswegs diesen verlustreichen Weg
revolutioniert. Auch ein Reaktor bietet uns seine Energie zunächst
nur in Form der beim Spaltprozeß entwickelten Wärme an. Diese tritt
zudem in so hohen Temperaturen auf, daß sie für die Stromerzeugung nur zum kleinen Teil genutzt werden kann. Auch die Kernreaktoren, obgleich immer als modernste Energieerzeuger hingestellt,
sind immer noch mit einer unserer ältesten Technologien gekoppelt:
mit dem Prinzip der Dampfmaschine – wenn auch nicht mehr über
Kolben, sondern, wie heute üblich, über Turbinen. Diese wandeln
zwar die Wärmeenergie in Strom um, jedoch nur, soweit ihr diese in
»annehmbarer« Form, nämlich unterhalb 700 ° C angeboten wird –
und auch dies nur mit einem Wirkungsgrad um 30 Prozent. Was darüber ist, geht als Abwärme verloren.
So fallen 74 Prozent der Primärenergie bereits beim Kernreaktor aus
thermodynamischen Gründen als direkte Abwärme an. Bedenkt
man, daß bis zur Endnutzung der verbleibenden 26 Prozent eine
ganze Kette weiterer ähnlicher hoher Energieverluste auftritt, so
erhöht dies den Abwärmeanfall auch eines modernen Kernkraftwerks auf das Fünf- bis Zehnfache, ja in Extremfällen (Glühbirnen)
auf das Fünfzigfache dessen, was dann tatsächlich genutzt wird. Der
weitaus größte Teil der so kostspieligen Atomenergie wird damit als
Abwärme an die Umwelt abgegeben. Selbstverständlich macht man
sich darüber Gedanken, wie diese Abwärme eventuell zu nutzen ist,
wofür es verschiedene Modelle gibt, von denen jedoch bisher keines

befriedigend ist. Eine Nutzung als Fernwärme wird durch die nötigen Sicherheitsabstände, die Leistungsverluste und Isolierkosten unerschwinglich gemacht, für die Aufheizung von Agrarflächen (z. B. nach dem Agrotherm-Verfahren) ergeben sich völlig unabsehbare ökologische Folgen und ein illusorisches Kosten-Nutzen-Verhältnis. Die bisherige Praxis, die Abwärme über Trocken- oder Naßkühltürme an die Umwelt abzulassen oder sie im Durchlaufverfahren an die Flüsse abzugeben, stößt bei der heutigen Kraftwerksdichte an klimatische und ökologische Grenzen, von denen ich nur eine beschreiben will.

So vermindert schon eine geringe Temperaturerhöhung die Gaslöslichkeit des Wassers und damit seinen Sauerstoffgehalt. Gleichzeitig steigert sie aber den Sauerstoffverbrauch der Wasserlebewesen, läßt pathogene Bakterien schneller wachsen, verstärkt die Fäulnisprozesse im Wasser, was dann letztlich zu dem bekannten Umkippen der Flüsse beiträgt. Sobald die Selbstreinigungskraft zusammenbricht, entstehen entsprechend teure ökologische Folgen, ganz abgesehen davon, daß die nunmehr fehlende Reinigungsleistung von zusätzlichen Kläranlagen übernommen werden muß. Will man dies vermeiden, d. h. die maximale Aufheizspanne der Flüsse nicht überschreiten, so müßte entsprechend mehr Wasser durchgeschleust werden. Damit stoßen wir wieder an ein Mengenproblem. Denn dies bedeutete pro Tag 18 Millionen Kubikmeter Kühlwasser (mehr als der zweifache tägliche Trinkwasserverbrauch unserer Bevölkerung). Der für die achtziger Jahre »programmierte« Strombedarf würde daher bei einer Wärmeabgabe über Frischwasserkühlung bereits die Kapazität der sechs größten Flüsse Deutschlands erschöpft haben[746].

Abgesehen von der damit verbundenen Energieverschwendung wird dadurch auch der natürliche Energiehaushalt weiterer Bereiche unserer Biosphäre und des Klimas ständig belastet, wobei die Effekte dieser primären Abwärme schließlich noch durch die der sekundären (beim Benutzer) verstärkt werden.

Die große Beklemmung gegenüber einer allzu raschen Verbreitung von Kernkraftwerken ist jedoch weniger auf das Problem der Abwärme gerichtet als nach wie vor auf das der radioaktiven Abfälle, der Spaltprodukte, die, vergleichbar mit den giftigen Abgasen der fossilen Brennstoffe, als das stetig anwachsende Endglied dieser neuen Energiegewinnung die Sorgen mitwachsen lassen. Sorgen, die an den Alptraum des Australnegers erinnern, wie er versuchte, seinen alten Bumerang loszuwerden. Wohin er ihn auch schleuderte, er kam

immer wieder zurück. Ähnlich kann auch radioaktiver Abfall letztlich überhaupt nicht beseitigt, sondern nur gelagert werden. Im
Gegensatz zu Giftstoffen läßt er sich nicht umwandeln, in harmlose
Produkte überführen, sondern akkumuliert – zumindest in seinen
langlebigen Isotopen mit großer Halbwertszeit – in jedem Fall.
Daraus ergibt sich eine ganz besondere Situation: Die jährliche
Menge an Atommüll steigt erstens mit der Anzahl der Kernkraftwerke und zweitens mit der Gesamtdauer ihres Betriebs. So sind pro
1 000 Megawatt Reaktorkapazität in wenigen Jahren 100 Millionen
Curie akkumulierter Spaltprodukte zu erwarten, zu denen alle bisherigen und kommenden hinzuaddiert werden müssen[747]. Diese Menge
würde, falls die Lagerung des Atommülls weder bei uns noch im Ausland geregelt ist, erfordern, daß zum Beispiel die bayerischen Kernkraftwerke im Jahre 1988 sämtlich stillgelegt werden müßten[748]. Für
die USA wurde schon 1967 errechnet, daß bis Ende des Jahrhunderts
der ursprünglich vorgesehene Anstieg der Atomstromausbeute (um
das Siebzigfache) von einem Anstieg radioaktiver Abfälle auf das Sie-
benhundertfache begleitet ist[749]. Für die Bundesrepublik errechnete
man, daß der jährlich anfallende Atommüll, der 1975 nur 6500
Kubikmeter betrug, bis 1990 auf 33 500 Kubikmeter im Jahr gestiegen sein würde. Die bis dahin angesammelte Gesamtmenge würde
sich dann jedoch bereits auf 279 000 Kubikmeter beziffern[750].
Das Problem des radioaktiven Abfalls wächst also, gemessen an der
erreichten Energieproduktion, schätzungsweise mit zehnfacher
Geschwindigkeit – die Abklingzeiten mit eingerechnet. Hier ein Blick
auf die wichtigsten radioaktiven Abfallprodukte mit ihrer unterschiedlichen Halbwertszeit, also der Zeit, in der die Strahlung durch
den radioaktiven Zerfall auf die Hälfte des Anfangswertes abgeklun-
gen ist:

Isotop	Halbwertszeit
Cäsium-137	33 Jahre
Jod-131	8 Tage
Jod-129	17 000 000 Jahre
Kobalt-60	5 Jahre
Krypton-85	11 Jahre
Plutonium-239	24 000 Jahre
Strontium-90	28 Jahre
Wasserstoff-3 (Tritium)	12 Jahre

Sämtliche bisherigen Deponien von radioaktiven Spaltprodukten sind somit Verlegenheitslösungen und überhaupt nur möglich, weil Atommüll verglichen mit anderen Abfällen von der Materialmenge her wenigstens zur Zeit noch äußerst wenig Platz beansprucht. Das Wort »Verlegenheitslösung« ist dabei nicht nur auf vorübergehende Kompaktlager und Zwischenlager anzuwenden, sondern auch auf die sogenannte Endlagerung, wobei für hochradioaktiven Müll, der etwa 1,5 Prozent der Gesamtmenge ausmacht, überhaupt noch keine Entsorgungsmöglichkeit besteht.

Über die widersprüchlichen Meinungen auch von Experten zur Lagerung in Salzstöcken und anderen Problemen der Endlagerung braucht seit dem in der Öffentlichkeit ausgiebig diskutierten Streit um das Gorleben-Projekt nicht mehr viel gesagt zu werden. Die komplexen geologischen Zusammenhänge sind hier noch nicht annähernd geklärt[751]. Auch das Einschmelzen in Glas ist nach neueren Untersuchungen keine Garantie dagegen, daß die kombinierte Wirkung von Hitze und Radioaktivität gerade bei kompakten Lagerungen das Glas allmählich schmelzen lassen und dann unter Umständen schon innerhalb einer Woche zu ersten Lecks vor allem an Strontium und Cäsium führen kann[752]. Etwa gar von einer Garantie für lange Zeiten zu sprechen, ist meiner Ansicht nach purer Zynismus. Die angegebenen ›Sicherheiten‹ für viele Millionen Jahre, zum Beispiel durch die 500 Meter tiefe Lagerung in schwedischen Felsgesteinen, müßten sämtliche Erdbeben und Eiszeiten ausschließen, von denen die Menschheit seit ihrer Existenz auf diesem Planeten immerhin eine große Zahl erlebt hat. Noch problematischer wäre die Versenkung im Meer, sei es in Betonblöcken oder auch nach Verschmelzen mit Borsilikaten in Form ›unlöslicher‹ Glasbrocken. Gerade hier wurden die Wechselwirkungen überhaupt nicht erst richtig untersucht[753]. Biologische Flüssigkeiten, deren das Meer ja genügend enthält, können durchaus Quarz auflösen, so daß sich eine Ablagerung im Meer, gleich in welcher Form, zur Katastrophe auswachsen könnte[754].

Alles in allem beschleicht einen angesichts der Grundtatsache, daß gelagerte Spaltprodukte zum Teil 200 000 Jahre lang ihre Gefährlichkeit behalten – für vielleicht 20 Jahre problematischer Verfügung über ein paar Prozent Atomstrom –, das ungute Gefühl, es hier mit einer gigantischen Unüberlegtheit zu tun zu haben.

Zweierlei Radioaktivität

Was ist nun, verglichen mit den übrigen Umweltbelastungen, so
Besonderes an der Radioaktivität? Zunächst einmal entfaltet sie die
bei weitem heimtückischste Wirkung, die wir kennen. So fiel auch, da
man zunächst an Schutzmaßnahmen nicht dachte, praktisch die
ganze erste Generation der Röntgen- und Strahlenforscher bis zur
Mitte dieses Jahrhunderts dem Strahlenkrebs zum Opfer. Die durch
die Sinnesorgane nicht erfaßbaren und erst nach Jahren oder gar bei
den folgenden Generationen auftretenden Strahlenschäden können
daher – von den Betroffenen ähnlich unbemerkt wie manche schon in
Spuren Krebs erzeugende Chemikalien – akkumulieren und weit
über das tolerierbare Maß ansteigen. Aber schwankt nicht bereits die
natürliche kosmische Strahlung je nach Wohnhöhe und Sonnenflek-
kenaktivität zwischen 28 und 40 mrem/Jahr und je nach Standort
auch die tellurische (aus den Gesteinen stammende) Strahlung zwischen 30 und 150 mrad/Jahr um weit mehr, als durch die künstliche
radioaktive Belastung hinzukommt[755]? Gewiß, doch die Gesamt-
strahlung auf der Erde nahm im Laufe der Jahrmillionen stets ab und
nie zu. Unsere genetischen Reparaturmechanismen haben sich auf
die Bandbreite der dadurch ausgelösten Mutationsrate eingestellt.
Schon geringfügige Erhöhungen mögen daher ihre Spuren hinterlas-
sen, die – außer durch Aussterben der Erblinie – nie mehr rückgängig
zu machen sind. Bei der heutigen, durch Medizin und Hygiene stark
verringerten natürlichen Auslese kann dies im Laufe der Generationen zu einem exponentiellen Anstieg von Erbschäden führen[756].
Abgesehen davon, daß also Dauerschäden durch eine insgesamt
leicht erhöhte Strahleneinwirkung nicht einfach nur ein wenig höher
sind, sondern daß eine Überschreitung unserer genetischen Reparaturmechanismen schlagartig alles ändern kann (vergleiche Kapitel 5
»Leben«), bestehen zwischen natürlicher Radioaktivität und künstlicher Verseuchung noch zwei weitere fundamentale Unterschiede.
Der eine betrifft die im ersteren Fall praktisch nicht gegebene Aufnahme der strahlenden Stoffe in den Körper selbst und der zweite die
dadurch mögliche biologische Anreicherung, insbesondere über die
Nahrungsketten.
Bei den natürlichen Strahlendosen von außen wird erstens ein großer
Teil schon von Kleidung und Haut absorbiert, und zweitens kann
man sich ihnen durch schützende Wände entziehen. Sobald jedoch
die strahlenden Stoffe selbst, also radioaktive Isotope von

Phosphor, Strontium, tritiumhaltiges Wasser und radioaktive Gase in den Körper dringen, ist diese Strahlenwirkung selbst bei dem nur schwach strahlenden Tritium viel gefährlicher als bei weit höheren Strahlendosen von außen. Tritium zum Beispiel wird über die Photosynthese in die Nahrungskette eingeschleust (wo es ähnlich wie bei DDT zu einer millionenfachen Anreicherung kommen kann) und schließlich auch in unsere Chromosomen aufgenommen; auch Edelgase, wie Krypton, können zeitweise von biologischen Membranen adsorbiert werden. Die nur unbedeutende Radioaktivität, die in den sechziger Jahren aus der amerikanischen Kernanlage Hanford in den Columbia River sickerte, wurde dort von einzelligen Organismen auf das 2000fache angereichert, von Fischen auf das 150 000fache und im Eigelb der Wasservögel auf das 1 000 000fache. Auch wenn außen längst nichts mehr gemessen wird, ist die Strahlung im Innern noch vorhanden. Sie ist erstens permanent und zweitens in unmittelbarer Nähe des empfindlichen Genmaterials. Alles Wirkungen, die ausführlich in der Literatur beschrieben sind[757].

Auf die oft vorgebrachte Behauptung, die Strahlenbelastung durch ein modernes Steinkohlenkraftwerk sei hundertmal größer als die eines Kernkraftwerks, sei hier nur insoweit eingegangen, als sie von dem »Wissenschaftlichen Komitee der UNO über die Wirkung atomarer Strahlen« widerlegt wurde. Dort heißt es, daß bei Berücksichtigung des gesamten Brennstoffkreislaufs und bei gleicher elektrischer Leistung die globale Folgedosis an radioaktiver Strahlenbelastung der Menschen durch Kernenergienutzung zwischen 150- bis 1300fach größer ist als die durch Kohleverstromung[758]. »Hundertmal mehr« wurde also offenbar mit »mehrere Hundertmal weniger« verwechselt. Daß eine Interessengruppe sich gelegentlich, wenn auch nicht gerade um dem Faktor 50 000, zum eigenen Vorteil verrechnet, scheint hier öfters vorzukommen. So ging aus den normalerweise der Öffentlichkeit nicht zugänglichen Jahresberichten für das Kernkraftwerk Obrigheim hervor, daß die zwischen 1971 und 1975 in der Umgebung des Kraftwerks gemessene künstliche Strahlenbelastung nicht – wie von der Kernenergiewirtschaft behauptet – bei 1 mrem/Jahr lag, sondern zwischen 50 und 250 mrem/Jahr (!) und damit ein Mehrfaches über dem höchstzulässigen Grenzwert von 30 mrem/Jahr[759].

Ähnlich ist es bei den zunächst immer weit bescheidener angegebenen Messungen nach Reaktorunfällen. So war beim Harrisburg-Unfall laut Berichten des amerikanischen Gesundheitsministers die

Strahlendosis in Wirklichkeit doppelt so hoch wie zunächst angegeben. Eine radioaktive ›Wolke‹ mit etwa dem tausendfachen Wert der normalen Xenon-133-Konzentration wurde mehrere Tage nach dem Unfall in der Atemluft im mehrere hundert Kilometer entfernten Albany N. Y. gemessen[760]. Auch die Zahl der Totgeburten und solcher mit Schilddrüsendefekten soll hier vorübergehend um 92 Prozent zugenommen haben – obgleich dies bei den insgesamt geringen Zahlenwerten statistisch wenig gesichert ist. Keinem Zweifel zu unterliegen scheinen jedoch der Nachweis einer Erhöhung der Mutationsrate, also der Häufigkeit in den Erbänderungen, um 30 Prozent in der Nähe eines japanischen Kernkraftwerks, ferner die hohe Zahl tödlich verlaufender Krebsfälle im Einflußbereich der schon erwähnten Anlage in Hanford, die auch Plutonium herstellt[761], ebenso wie die Chromosomenschäden in den Lymphozyten der mit der Betreuung von Atom-U-Booten beauftragten Dockarbeiter[762]. Doch »Kernenergie ist sicher«, heißt es. Welches sind also dann die Quellen dieser unerklärlichen, unsichtbaren und offenbar doch zunehmenden radioaktiven Verseuchung? Wo sind die Lücken, wo die Lecks?

Probleme der Aufbereitung

Es beginnt bei den Abraumhalden des Uranbergbaus, den Tailings, wo vor allem das langlebige Radium-226 von den verschiedensten lebenden Organismen der Umgebung gespeichert und dadurch in Umlauf gesetzt wird[763]. Untersuchungen von R. O. Pohl an der Cornell University zeigen, daß die Tailings nicht nur auf Jahrtausende radioaktive Wüsten bleiben werden, sondern daß auch z. B. durch Thorium-230 und seine Tochterisotope bei der Uranerzgewinnung 40 000fach höhere Strahlenbelastungen für die nächsten 10 000 Jahre zu erwarten sind als durch die Normalbetriebsbelastung der eigentlichen Kernkraftwerke. Diese Gründe haben das amerikanische Energieministerium bewegt, 50 Gebiete in den USA, wo früher Uran gewonnen und verarbeitet wurde, als gesundheitlich riskant abzugrenzen und zu versuchen, wenigstens die Hauptverseuchung unter einem Kosteneinsatz von einigen hundert Millionen Dollar in den Griff zu bekommen.

Die ›schmutzigsten‹ Quellen sind jedoch die Wiederaufbereitungsanlagen, wo der wertvolle Kernbrennstoff, der nur zum Teil ›verbrannt‹ werden kann, wieder neu angereichert werden soll. Die dabei anfallenden, extrem verseuchten Abwässer und Abgase werden zwar soweit wie möglich verdünnt, dann aber schließlich an die Umwelt abgegeben. So kommt es, daß unter allen Nuklearanlagen der Bundesrepublik die Wiederaufbereitungsanlage des Kernforschungszentrums Karlsruhe (obgleich nur eine Demonstrationsanlage) die meiste Radioaktivität an die Umwelt abgibt[764]. Wegen eines geringfügigen Lecks in der Anlage selbst mußte sie übrigens Mitte 1980 für eineinhalb Jahre abgeschaltet werden. Beim Übergang auf Kraftwerke des Schnellen-Brüter-Typs, an den allerdings (da noch weit weniger ausgereift als die derzeitigen Leichtwasser-Reaktoren mit ihren bereits zahllosen Unfällen) wohl vorläufig nicht zu denken ist, würden sich für den dann vervielfachenden Brennstoffzyklus vor allem diese Wiederaufbereitungsanlagen und damit natürlich die radioaktive Verseuchung vervielfachen[765].

Die Kernreaktoren selbst sind, soweit keine Lecks auftreten, relativ »sauber«. Aus den Reaktorkaminen strömen nur die radioaktiven Abgase (Krypton-85, Xenon-133, Radon-222 u. a.). Es sind Edelgase, die bisher weder chemisch noch durch Filter, noch durch Gefrierprozesse zurückgehalten werden konnten. Erst neuerlich entdeckte man, daß sie sich doch an bestimmte Chemikalien binden und auch in den Hohlräumen des Kristallgitters bestimmter Aluminiumsilikate oder korrosionsbeständiger Metalle absorbieren lassen[766]. Schwierigkeiten gibt es noch mit dem Tritium, dem schwach radioaktiven Wasserstoffisotop H-3, das zusammen mit Kohlenstoff-14, Krypton-85 und Jod-129 auch bei der Aufbereitung der abgebrannten Brennstäbe in größeren Mengen austritt. Für die Abscheidung stehen zwar einige Verfahren zur Verfügung, die Endlagerung macht jedoch nach wie vor Kopfzerbrechen.

Daß wir uns ausgerechnet bei der Wiederaufbereitung und der Endlagerung keineswegs auf die Hilfe des Auslandes verlassen dürfen, zeigen die doch recht unverbindlichen vertraglichen Verpflichtungen, die zum Beispiel Frankreich mit seiner Anlage in La Hague in dieser Beziehung eingegangen ist[767]. Schon bei Auftreten eines größeren Unfalls – eine geringe Verseuchung durch einen Feuerausbruch hatte schon Anfang 1980 die Aufbereitungsanlage vorübergehend stillgelegt – ist das Werk von jeglicher Abnahmeverpflichtung entbunden.

Fassen wir zusammen: Als Umweltgefahren aus der Uran*gewinnung* müssen wir erstens großflächige Landschafts- und Biotopzerstörungen und zweitens einen weiteren Anstieg der allgemeinen Radioaktivität durch Verteilung des Abraums in Gewässern, Stäuben und Nahrungsketten anführen. Als Umweltgefahren aus der *Wieder*aufbereitung ist vor allem die an die Umwelt abgegebene Radioaktivität zu nennen, deren Menge etwa das Tausendfache von dem ausmacht, was alle Kernkraftwerke, die sie betreut, zusammengenommen abgeben. Entsprechend verheerend wären daher z. B. auch die Auswirkungen bei einem Versagen der Kühlung in einer Wiederaufbereitungsanlage[768].

Risse und Sprünge im Ei

Zunächst schien es so, als seien die Strahlengefährdung und das »Durchgehen« eines Kernreaktors dank der vielen, ursprünglich aus dem militärischen Bereich stammenden Sicherheits- und Kontrollmaßnahmen ausgeschaltet und als seien Unfälle, Sabotage, Erdbeben und selbst der Kriegsfall keine ernst zu nehmenden Risikofaktoren. Trotz laufend erzielter Verbesserungen in der Strahlenkontrolle wuchsen jedoch bald die Zweifel an der Sicherheitspolitik der Atombehörden. Schon sechs Jahre vor dem Ereignis in Harrisburg wies ich beispielsweise in meinem Buch »Das kybernetische Zeitalter« darauf hin, daß diese Behörden bisher versäumt hätten, die Wirksamkeit der augenblicklichen Kühlsysteme des Reaktorkerns für Notfälle zu prüfen, und prophezeite nicht nur den früher oder später eintretenden – wenn auch sehr unwahrscheinlichen – Ausfall eines solchen Systems, sondern auch den – ebenfalls eingetretenen – wirtschaftlichen Rückschlag für die beteiligten Industrien (schon diese eine größere Panne reichte aus, den Betreiber des Kraftwerks von Three-Miles-Island, die General Public Utilities Co., in den Bankrott zu steuern).
In der Tat kann ein solcher Ausfall je nach den Umständen und selbst wenn die Spaltreaktionen abgestoppt sind, den Kern mit den Brennstäben schmelzen lassen. Die Konsequenzen wären horrend: Massive Strahlendosen würden die Umgebung des Reaktors meilenweit verseuchen. Diese letzte Entwicklung ist in Harrisburg nicht eingetreten, die dortige Gefahr aber auch noch keineswegs gebannt. Und nicht nur bei dem Typ des dortigen Druckwasser-Reaktors, auch bei Siedewasser-Reaktoren lassen sich nach Angaben der US-Atomkontrollbehörde ähnliche Ereignisse nicht ausschließen. Einer von ihnen ließ sich zum Beispiel bei einem daraufhin durchgeführten Test nicht automatisch abschalten[769]. Die Beteuerungen, daß etwa in der Bun-

desrepublik ähnliche Unfälle ausgeschlossen seien, entsprechen fast wörtlich den amerikanischen Beteuerungen *vor* der Harrisburg-Katastrophe, was jenen Reaktor betraf. Weder die Behörden noch die Betreiber haben sich um die noch unmittelbar davor von Ingenieuren ausgesprochenen Warnungen gekümmert[770]. Im Wirtschaftsteil des amerikanischen Wochenmagazins »Newsweek« wird daher nicht zu Unrecht gefragt: »Ist die Industrie ihr eigener schlimmster Feind?«[771]

Daß neben solchen bisher immer als völlig unwahrscheinlich hingestellten größeren Unfällen die ebenfalls immer wieder als nicht möglich hingestellten radioaktiven Lecks und entsprechend erforderliche Abschaltungen am laufenden Band auftraten[772], schien den Beteuerungen von der absoluten Sicherheit keinen Abbruch zu tun, obwohl gerade dies schon im Laufe der siebziger Jahre die offiziellen Verlautbarungen der Atombehörden immer unglaubwürdiger erscheinen ließ. Mehreren Sicherheitsbeauftragten der amerikanischen Atomkontrollbehörde war dies Anlaß genug, Anfang 1976 ihr Amt niederzulegen[773].

Wahrscheinlichkeitsrechnungen sind hier ohnehin ein mathematischer Nonsens. Denn es geht nicht darum, alle wieviel Jahre im Durchschnitt ein »Super-GAU« (*G*rößter *A*nzunehmender *U*nfall) auftritt, sondern um einmalige Ereignisse, die bisher noch nicht stattgefunden haben. Daß etwas, das physikalisch möglich ist, auch irgendwann eintreten wird, dürfte niemand bezweifeln. Und dies kann ohne weiteres morgen sein – denn über den *Beginn* der »Unfallreihe« sagt unsere Rechnung nichts aus.

Die Atomlobby selbst dürfte sich inzwischen darüber im klaren sein, daß die meisten Sicherheitsprognosen falsch waren – eine Reihe von »gar nicht möglichen« Unfällen hat dies ja gezeigt. Der klassische Rasmussen-Report (eine umfangreiche Studie zur Reaktorsicherheit), auf den sich Behörden und Sicherheitskommissionen bei ihrer Abschätzung der Risiken jahrelang gestützt hatten, wurde von Rasmussen selber inzwischen in Frage gestellt und nach dem Nachweis zahlreicher Fehler durch amerikanische Wissenschaftler offiziell zurückgezogen[774]. Ab einer bestimmten Größenordnung einer Einzeltechnik kommen eben Systemgesetze ins Spiel, die das Verhältnis von einem auftretenden Einzelfehler und dem daran hängenden Umfang der Folgeerscheinungen plötzlich unproportional auseinanderfallen lassen und unserer Gigantomanie einen Strich durch die Rechnung machen.

Zu dieser Labilität hypertrophierter Großtechnologien und der auf einfachen Systemgesetzen beruhenden Unvorhersehbarkeit ihrer Störfälle und Folgen gehören nicht nur die Rekatorunfälle von Harrisburg, Gundremmingen, Brunsbüttel usw., sondern auch analoge Ereignisse wie der Untergang der »Titanic«, die großen Tankerunglücke (z. B. der »Amoco Cadiz« und über 100 weitere), die Ölkatastrophe am Bohrloch »Ixtoc I« im mexikanischen Golf, der Zusammenbruch der Versorgungsinsel »Alexander Kjelland« in der Nordsee, der geborstene Weser-Ems-Kanal und Main-Donau-Kanal oder die Dammbrüche bei Fréjus und Agadir. Alles von den Erbauern zunächst als absolut sicher proklamierte Einrichtungen. Die falschen Prognosen beruhen hier wie da auf dem fehlenden Verständnis komplexer Systeme unserer für eine solche Aufgabe immer schlechter ausgebildeten Experten.

Obwohl sich zum Beispiel inzwischen mit Hilfe von Laserstrahlen eine ständige Überprüfung auf Fehlerstellen und Rostschichten selbst im Stahl der Reaktorkerne durchführen läßt, ohne daß dazu wie früher der ganze Reaktor auseinandergenommen und wieder zusammengebaut werden muß, lief in der letzten Zeit nur ein einziges der bundesdeutschen Atomkraftwerke (bei Stade) über zwei Jahre mit der vorgesehenen Spitzenleistung. Natürlich ist es auch nicht damit getan, unsere Atommeiler unter die Erde zu verlagern (was ihre Unwirtschaftlichkeit noch weiter treiben würde), noch helfen hier gar so rührende Überwachungssysteme wie die prozeßrechnergesteuerte Meßnetz-Zentrale des Bayerischen Landesamtes für Umweltschutz, die zwar zur Beeindruckung und Beruhigung der Bevölkerung beitragen mögen, an dem Risiko jedoch nicht das Geringste ändern. Hier wird lediglich das Pferd am Schwanz aufgezäumt.

Bereits in den vier Jahren vor dem Harrisburg-Unfall war es allein in den USA zu neun größeren Unfällen gekommen, und schon kurz nachher ereigneten sich weitere z. T. schwere Zwischenfälle[775]: Durch eine Strompanne im Crystalriver-Kraftwerk in Florida platzte der Reaktorbehälter mit 170 000 Liter radioaktivem Wasser; in Illinois liefen aus dem Kernkraftwerk Zion 12 600 Liter radioaktives Wasser aus; der Reaktor von Big Rock in Michigan mußte wegen eines hochradioaktiven Lecks abgeschaltet werden; ebenso das kanadische Kraftwerk Bruce, nachdem dort 90 000 Liter schweres (nichtaktives) Wasser ausgetreten waren; die Nuklearanlage der Universität von Kalifornien wurde durch ein Erdbeben beschädigt und leckte, wenn auch nur geringfügig, in den Boden; in Burgos, Spanien, wurde der Heißwasser-Reaktor wegen eines Lecks auf fünf Monate stillgelegt, und die Entdeckung radioaktiv verseuchter Algen an der bretonischen Küste läßt auf ein defektes Kühlsystem der Wiederaufbereitungsanlage von La Hague schließen. Inzwischen lassen sich auch in Frankreich, wo man Unfälle à la Harrisburg kategorisch ausschloß, die Risse in den Druckbehältern nicht mehr verheimlichen und dämpfen selbst die dortigen Gewerkschaften in ihrer bisherigen Euphorie[776]. Ähnliche Risse wurden nachträglich im stillgelegten Wrack des deutschen Reaktors bei Gundremmingen entdeckt und machen unsere für die Extrembeanspruchung noch viel zu geringe Materialkenntnis deutlich, was auch den als so besonders sicher hingestellten Reaktor Grafenrheinfeld betrifft[777]. Dasselbe in Japan, wo erst in der letzten Zeit durchsickerte, daß es seit 1966 weit über 100 Pannen gegeben haben soll – bei permanenter Versicherung, solche Pannen seien unmöglich. Auch hier hält also die Atomtechnologie nicht, was sie versprach[778]. Über die Lage in der Sowjetunion wird nur sporadisch einiges bekannt, z. B. der Feuerausbruch im Kernkraftwerk von Belojarsk. Er drohte zu einer ähnlichen Explosion auszuufern wie die von vielen Seiten berichtete, aber offiziell nie bestätigte Atomkatastrophe im Winter 1957/58, die anscheinend große Gebiete im südöstlichen Ural verseucht und viele Opfer gefordert hat[779].

Die Diskussion um die Sicherheit unserer Kernkraftwerke wird daher wohl weniger denn je verstummen[780]. Nicht zuletzt auch im Hinblick auf die Frage, wer denn nun versicherungsrechtlich bei einem größeren Unfall in die Bresche springt[781]. Denn eines ist sicher: ein physikalisch möglicher (wenn auch noch so unwahrscheinlicher) Unfall wird auch irgendwann eintreten, und der erwähnte Run auf das große Geschäft – unter weiterer Anheizung des Konsums durch die massive industrielle Werbung – kann nur den Erfolg haben, daß der wirtschaftliche Rückschlag dann um so größer ist.

Bomben, Tests und Politik

Leider sind damit die beunruhigenden Implikationen einer Atomwirtschaft noch nicht zu Ende. In jedem Atomreaktor entsteht unter anderem Plutonium-239, welches zum Bau von Atombomben verwendet werden kann. Nachdem die amerikanische Regierung die Arbeit des Betriebswirtschaftsstudenten Dimitri Rotow beschlagnahmen ließ, in der er den perfekten Plan zum Bau einer Atombombe entwickelte, und der Wissenschafts-Journalist Howard Morland auch den Bau einer Wasserstoffbombe aus ebenso zugänglichem Material beschrieb (auch hier hat die oberste Justizbehörde die Publikation in letzter Minute untersagt) und schließlich ja auch Indien seine erste Atombombe tatsächlich aus dem Nuklearmaterial seiner von Kanada gelieferten kerntechnischen Anlagen gebaut und 1974 zur Testexplosion gebracht hat, darf auch diese immer wieder geleugnete Verbindung zwischen friedlicher Kernenergienutzung und Atombombe nicht einfach übersehen werden. Nicht nur Israel kritisiert aus diesem Grunde die französischen Reaktor- und Uranlieferungen an den Irak, die dieses Land zur Atommacht machen könnten[782].

Neben der politischen Bedrohung durch allzu viele Atommächte sind es vor allem die Testexplosionen, die einen unverantwortlichen Eingriff bedeuten. So ist erwiesen, daß das Strahlungsgleichgewicht unserer Biosphäre längst gestört ist. Selbst das Plankton in der Antarktis ist bereits radioaktiv verseucht. Dies geht zum großen Teil auf die Atomtests der fünfziger Jahre zurück. Und nachdem eine Reihe von Untersuchungen die einst rundweg abgestrittenen gesundheitlichen Schäden aufgedeckt hatten, welche in diesem Zusammenhang entstanden waren (darunter Tausende zum Teil schwere Erkrankungen und zahlreiche Todesfälle) und die Bedeutung der biologischen Auswirkungen der Strahlen offensichtlich werden ließen[783], ist die willentliche Verseuchung unseres Planeten durch Atomexplosionen in keinem Fall mehr entschuldbar. Bei den geologischen Erschließungen durch unterirdische Atomsprengungen könnte man das – wenn auch unüberlegte – Ziel noch halbwegs einsehen[784], nicht im mindesten jedoch die Atomversuche im militärischen Bereich und ihre Duldung mit Rücksicht auf hyptertrophierte Wissenschaftler und prestigesüchtige Staatsmänner.

Daß sowohl für den Nuklearexport als auch für die Sicherung der Plutoniumvorräte völlig neue Richtlinien ausgearbeitet werden müßten, ist bei dem gefährlichen Mißbrauch gerade des Plutoniums wohl unerläßlich, wird aber ebenfalls das Betreiben sowie den Handel jener »Exportindustrie« noch weiter belasten[785]. Während die Zerstörung eines konventionellen Kraftwerks durch Sabotage oder im Kriegsfall lediglich zu einem regionalen Ausfall der Energieversorgung führt, ist mit der Zerstörung eines Kernkraftwerks die Freisetzung großer Mengen Radioaktivität verbunden und damit die jahrelange Verseuchung ganzer Landstriche. Weiteres Fazit: Länder mit

Kernkraftwerken können sich gegen Angreifer praktisch nicht verteidigen!

Ein entsprechend höherer Sabotageschutz verlangt aber polizeistaatliche Maßnahmen. Ob die damit verbundenen Nachteile für unsere andererseits so entschlossen verteidigte Freiheit und Demokratie durch das vorübergehend etwas erhöhte Stromangebot aufgewogen werden, dürfte zu bezweifeln sein. Wie steht es daher mit dem soviel zitierten Begriff des Atomstaats, dessen mögliche Entwicklung Robert Jungk in seinem aufsehenerregenden gleichnamigen Buch und inzwischen auch andere Autoren so ausführlich geschildert haben[786]?

Die erste Rückwirkung einer künstlich aufgebauschten und somit staatlich subventionierten Kernenergieversorgung wird wohl die freie Wirtschaft treffen, wobei die Betonung auf *freie* liegt. Wie ich das schon in meinem Energiebilderbuch ausgeführt habe, wird durch Überkapazitäten auf der einen und Versorgungslücken auf der anderen Seite kaum noch eine Selbstregulation funktionieren können. Der Staat muß zunehmend entscheiden, wo investiert und was produziert werden soll. Das heißt aber nichts anderes, als daß die freie Marktwirtschaft durch einen zunehmenden Dirigismus abgelöst werden wird.

Als nächstes könnte die in der Vergangenheit ja auch schon des öfteren versuchte Informationsunterdrückung Schule machen. Harmlose Vorläufer waren das Beförderungsverbot von Post mit dem Aufkleber »Atomkraft – nein, danke« oder die Verhinderung der Auslieferung von 5000 Exemplaren der Gewerkschaftszeitung »Metall« an die Belegschaft, da man vermutete, daß hier »die Kernenergie verteufelt« würde. Auch die Tatsache, daß Genehmigungen für neue Kernkraftwerke – wie etwa das von Grafenrheinfeld – durch Ausklammerung der letztlich überhaupt nicht davon zu trennenden Entsorgungsfrage trotz öffentlicher Proteste von den Gerichten durchgezogen wurden, zeigt eine bedenkliche Tendenz[787].

Die immer stärkere Auflehnung des Bürgers, sein Protest gegen eine uneinsichtige Energiepolitik und gegen die Abwälzung der finanziellen Risiken auf den Steuerzahler, bis hin zu Demonstrationen an Ort und Stelle forderte bereits umfangreiche ordnungspolitisch-polizeiliche Maßnahmen heraus, die bereits eine gewisse Einschränkung bürgerlicher Freiheiten bedeuten[787]. Solange jedoch die Energiepolitik wie auch das Vorgehen der Staatsorgane zu ihrer Durchsetzung noch in Frage gestellt werden und frei darüber diskutiert werden darf –

wenn auch mit noch so heftiger Reaktion von seiten der Lobby und einiger ihr höriger Politiker – und die aufflackernden Tendenzen eines Meinungszwanges immer noch allgemeine Empörung hervorrufen, ist die Welt noch halbwegs in Ordnung. Über eines nur müssen wir uns im klaren sein: Die nachfolgende Generation könnte uns eines Tages ähnlich vor den Pranger stellen wie wir unsere Eltern und Großeltern und uns dann ebenso unerbittlich fragen: Wie konntet ihr das zulassen, warum habt ihr keinen Widerstand geleistet, ihr habt doch alle Folgen voraussehen können!

Mein Vertrauen in eine sich doch letztlich durchsetzende Besinnung gründet sich nicht zuletzt auf die Wirtschaft selbst. Denn nicht mehr lange können ihr die Forschungsausgaben, die zusätzlichen Investitionskosten, die Folgekosten und die Versicherungsgarantie von der öffentlichen Hand abgenommen werden. Sobald sie diese aber selber tragen muß, wird sich unser Ei des Kolumbus sehr rasch endgültig als Windei entpuppen. Aber auch dann wird natürlich die Hypothek weiterlaufen. An Nachfolgekosten würden anfallen:

– laufende Überwachung der Endlagerstätten (über Jahrhunderte),
– Demontage ausgedienter Kernkraftwerke und Überwachung der strahlenden Ruinen (ebenfalls über viele Jahrzehnte),
– Soziallasten, Gesundheitsschäden, Erbschäden und verseuchte Bodenflächen,
– schlagartiger und daher teurer Aufbau neuer Technologien, die wegen der einseitigen Festlegung auf überdimensionierte Stromversorgung nicht rechtzeitig entwickelt wurden.

Da die Betreiber nicht ausreichend gegen Reaktorschäden versichert werden können – der Unfall in Harrisburg verlangt allein 400 Millionen Dollar an Reparaturarbeiten – und somit größere Reaktorschäden sich einfach nicht mehr wirtschaftlich reparieren lassen, die Betreiber zudem noch für die Ausfälle der Stromlieferungen aufkommen müssen, was im Fall von Harrisburg noch einmal zwischen 700 Millionen und 1 Milliarde Dollar an Fremdstromkäufen kostet, dürfte sich die ganze Richtung früher oder später von selbst ad absurdum führen.

Diese schon 1978 von mir aufgestellte Systemprognose[730] fand bald ihre Bestätigung: 1983 wurden in den USA praktisch sämtliche Kernkraftprojekte gestoppt, die so bewunderte EDF in Frankreich stand mit 180 Milliarden Francs in der Kreide, und für die Bundesrepublik hieß es Ende Mai 1984 in einer Titelstory der *Wirtschafts-*

woche: »Kernkraft – Ende einer Illusion. Das Geschäft mit der Atomenergie wurde zu einem Flop. Auf die einst prophezeite strahlende Zukunft wartet die Industrie noch heute.« Gelegentlich noch aufflackernde wirtschaftspolitische Bekenntnisse zum »Ei des Kolumbus« darf man daher getrost als mehr oder weniger geschickte Rückzugsgefechte verstehen.

Die Aussichten der Schnellen Brüter

Immer wieder hört man das Argument, daß die heutigen Spaltreaktoren lediglich die Übergangszeit zur Ära der Schnellen Brüter und schließlich der Fusionsenergie darstellten und man deshalb die Flinte nicht voreilig ins Korn werfen dürfe, sondern auch bei noch so hohen Kosten und Rückschlägen durchhalten müsse. In der Tat schien in dieser Situation und angesichts der Kostensteigerung bei zunehmender Erschöpfung der leichter zugänglichen Uranlagerstätten der Reaktortyp des »Schnellen Brüters« als rettender Engel. So wird als spezielle Eigenart hervorgehoben, daß selbst bis zu einer zehntausendfachen Erhöhung unseres Energiebedarfs die Kosten für die Beschaffung des für ihn nötigen Brennstoffs konstant blieben. Wie ist das physikalisch möglich?

Während man bei den bisherigen Reaktoren auf das im Natururan nur zu 0,7 Prozent enthaltene kostbare U-235 angewiesen war, könnte in einem Schnellen Brüter auch das Uranisotop U-238 und damit die Hauptmenge des Natururans nach und nach bis zu 60 Prozent ausgenutzt werden. Ja, die Brüter würden sogar allmählich mehr angereichertes Material liefern, als sie selber verbrauchen, so daß ihre Versorgung mit Reaktorbrennstoff kein Problem mehr sein würde. Soviel zur Bedeutung des Ausdrucks »Brüter«. Das Wort »schnell« bezieht sich jedoch nicht etwa auf das Tempo des Brütens – denn darin ist der Brüter sogar recht langsam –, sondern auf die die Spaltreaktion auslösenden Neutronen, die hier nicht wie in den herkömmlichen Reaktortypen auf geringe Energie abgebremst (moderiert) zu werden brauchen.

Die damit theoretisch auf das gut Sechzigfache steigende Ausnutzung des Urans, mit der auch alle Energiefibeln und PR-Schriften der Kernenergielobby werben, indem sie diesen Nutzungsgrad einfach als gegeben hinstellen, erweist sich allerdings leider als eine völlige Illusion. Längst ist von Fachleuten, auch solchen der Atombehörden, klargestellt worden, daß eine derartige Ausbeute vielleicht einmal in 200 Jahren »erbrütet« werden kann (was aber von der ›Brüterlobby‹ verschämt verschwiegen wird) und daß bis zum Jahre 2000 die Steigerung der Uranausbeute gegenüber dem Leichtwasser-Reaktor höchstens 10 Prozent betragen würde[788]. Die Beantwortung der Frage, ob sich die von ursprünglich 500 Millionen DM auf mittlerweile 4,5 Milliarden DM oder noch höher angestiegenen Kosten für den Bau eines mit flüssigem Natrium gekühlten Brüters lohnen[789], soll dem Leser überlassen bleiben. Die USA jedenfalls haben im April 1977 ihre diesen Reaktortyp betreffende Verzichterklärung ausgesprochen, nicht zuletzt wegen der noch äußerst schwierigen Probleme der hier besonders hohen Belastungen ausgesetzten Konstruktionsmaterialien und ihrer äußerst komplexen Wechselwirkungen mit dem Reaktorkern[790]. Dies hat jedoch die »Entwicklungsgemeinschaft Schneller Brüter« der »Interatom« nicht daran gehindert, ihr Projekt weiterhin in den leuchtendsten Farben anzupreisen[791], worauf dann letztlich alle Hochrechnungen unserer Politiker fußen. Den ganzen Unsinn dieser Entwicklung, die vor allem von dem jetzt vom IIASA in Laxenburg zur Kernforschungsanlage Jülich (als deren Leiter) übergewechselten Physiker Wolf Haefele betrieben wird, erhellt die Tatsache, daß dann, wenn die Mehrausbeute durch diese überhaupt nicht ausgereifte Technik wirklich beginnen würde, also vielleicht in 50 Jahren, die Vorräte an Kernbrennstoffen wahrscheinlich längst erschöpft sind.

Nicht viel besser sieht es mit der Sicherheit aus, die hier, wie eben schon angedeutet, noch ganz andere Hürden als bei den herkömmlichen Spaltreaktoren nehmen müßte. Dies haben die bisherigen Versuchsanlagen deutlich gezeigt. Nach einem schweren Unfall des amerikanischen Versuchsbrüters »Enrico Fermi« (bei dem die Stadt Detroit ihrem Untergang gefährlich nahe war[792]), der nur winzige Mengen Plutonium erbrütete und eine ebenso spärliche Menge Strom abgab, wurde seine Demontage 1972 beschlossen. Der britische Versuchsbrüter erwies sich als Reinfall, der sowjetische im südlichen Ural erbringt nur einen Bruchteil der erwarteten Leistung, und das französische Prestigeprojekt »Phénix« wurde nach einer riskanten Panne 1977 stillgelegt. Inzwischen haben dann auch mehr als 1000 Angehörige des Internationalen Atomforschungszentrums CERN gegen den Bau des »Superphénix« in Frankreich protestiert, da die Sicherheitsprobleme dieser ganzen Technologie ihrer Meinung nach noch völlig ungelöst sind. Hinzu kommt, daß der Schnelle

Brüter letztlich zu einer »Plutoniumwirtschaft«[765] führen würde. Die Giftigkeit von Plutonium-239 und seine Verwendbarkeit zum Bau von Atombomben lassen es aber zu einem Sicherheitsrisiko erster Ordnung werden. Nicht umsonst hat, wie erwähnt, die US-Regierung im Juni 1978 den von einem Amateur entwickelten und von der AEC (Atomic Energy Commission) als perfekt bezeichneten Do-it-yourself-Plan zum Bau einer Atombombe beschlagnahmen lassen. Ein weiterer Grund, weshalb die Schnelle-Brüter-Technik wohl kaum Aussicht auf Erfolg haben wird. Das gleiche gilt für andere Reaktor-Varianten, wie etwa den Thorium/Uran-Brüter, von denen man diese Probleme ursprünglich nicht erwarten sollte, die aber ähnlich ungelöste Abfallgefahren aufweisen[793].

In diesem Zusammenhang sei vor allem auf die Ergebnisse der »Risikoorientierten Analyse zum SNR 300« der *Gesellschaft für Reaktorsicherheit* (Garching 1982) und andererseits des unabhängigen Parallelgutachtens der *Forschungsgruppe Schneller Brüter* hingewiesen, die im selben Jahr im Auftrag der Enquête-Kommission des Bundestages von J. Benecke, Max-Planck-Institut für Physik und Astrophysik, herausgegeben wurde[793].

Es ist grotesk zu sehen, wie von der Lobby und manchen ihr nach dem Munde redenden Politikern die Brütertechnologie bereits als gegebener Ausweg aus der Energiekrise hingestellt wird, andererseits aber längst funktionierende Alternativ-Technologien, wie wir sie im nächsten Kapitel besprechen werden, als »nicht ausgereift« bezeichnet werden. Auch hier werden es wahrscheinlich wieder die Kosten sein, die einer solchen Argumentation irgendwann den Boden entziehen. Denn wenn die Sicherheit der Schnellen Brüter noch schwieriger zu garantieren ist als bereits die der herkömmlichen Reaktoren und somit die Sicherheitskosten noch weit höher sind, wird man sich wahrscheinlich gar nicht erlauben können, einen Schnellen Brüter wirklich sicher zu machen, womit das Projekt gestorben wäre[794]. Vielleicht – so hört man heute vielfach – brauchen wir sie auch nicht mehr, wenn einmal mit dem ersten Fusionsreaktor die Zähmung der Wasserstoffbombe gelungen ist. Aber auch die Kernfusion, bei der die Energie aus der Verschmelzung von Atomen statt aus deren Spaltung gewonnen wird und die sich zunächst ohne direkten radioaktiven Abfall vollzieht, wirft, sowohl was ihre Verwirklichung als auch was die vielleicht noch weit problematischeren *indirekten* Abfälle betrifft, noch ganz andere Probleme auf.

Das heiße Ei des Kolumbus

Nach der Einsteinschen Formel liegen in wenig Materie enorme Energiereserven. Während bei der Kernspaltung nur 0,1 Prozent der Uranmasse in Energie umgesetzt wird und bereits bei diesem Prozeß 1 Gramm reines Uran-235 der Heizkraft von 3 Tonnen Kohle, also der 3 000 000fachen Menge entspricht, sind es bei der Kernfusion 8 Prozent des eingesetzten Materials, die in Energie verwandelt werden, wonach 1 Gramm Fusionsmasse 240 Tonnen Kohle, d. h. dem 240 000 000fachen an thermischer Energie entspricht.

Diese ungeheuerliche Aussicht auf Riesenmengen billiger Energie aus einer Handvoll Wasser oder einigen Gramm anderer leichter Elemente bedeutet die Aussicht auf praktisch unbegrenzte Energiereserven. Frei von direktem radioaktiven Abfall, könnte die Fusionsenergie zu den, wie es heißt, für die Umwelt bisher sichersten und saubersten Kraftwerkanlagen führen. Der Pferdefuß: indirekt mag noch mehr radioaktiver Abfall entstehen als bei der Kernspaltung, und auch unsere Energieprobleme wären keinesfalls damit gelöst: Je mehr Energie wir uns auf diese Weise beschaffen, desto größer werden auch die Belastungen für das Gesamtsystem, denn alle Energie endet, auch wenn wir sie noch so gut nutzen, irgendwann in Abwärme. Doch all diese Überlegungen sind indessen bislang noch Theorie. Die kontrollierte Kernfusion muß erst gelingen.

Wenn ich die Fusionsforschung (oft auch Plasmaforschung genannt) in ihrer Entwicklung bis Anfang der siebziger Jahre mit derjenigen von 1974 bis heute vergleiche, so hat sich an dem nun seit 30 Jahren verfolgten Projekt nichts Wesentliches geändert. Sei es auf dem Weg der magnetischen Einschließung des Plasmas mit Hilfe immer vertrackterer geometrischer Anordnungen oder auf dem Weg einer durch immer gewaltigere Laserstrahlkanonen erzeugten Druckwelle, die auf ein winziges Deuterium-Kügelchen konzentriert wird[795] – nach wie vor gibt es, ähnlich wie in der Krebsforschung, in regelmäßigen Abständen Schlagzeilen, daß man kurz vor der Vollendung stehe, »neue, große Schritte vorwärts«, »Durchbrüche«, die gelungen seien, »endlich ein Prinzip, welches das Plasma lange genug gefangenhält«, die »letzte Stufe vor dem ersten Prototyp« eines Fusionsreaktors sei erreicht[796] – zum Teil wörtliche Wiederholungen derselben hoffnungsvollen Nachrichten wie sechs Jahre zuvor mit dem »Pinch-Effekt«, den magnetischen »Brunnen«, »Krapfen« und »TOKA-MAKs«. Lediglich andere hübsche Code-Namen wie ZEPHYR,

DELFIN, JET, STELLARATOR usw. tauchen auf, in denen die Kern- und Plasmaphysiker seit jeher sehr erfinderisch waren. Alle zwei Jahre steckt die Europäische Gemeinschaft eine gute Milliarde DM in diese Programme. Indessen muß der Zeitpunkt des Gelingens, einst auf 1980, dann auf 1990 und zur Zeit auf das Jahr 2000 vertagt, wohl bald noch weiter hinausgeschoben werden.

Natürlich muß man sich fragen, ob sich ein solcher Einsatz lohnt. Als erstes sollte man sich dazu vor Augen halten, daß wir es bei einem Fusionskraftwerk mit dem gleichen verlustreichen Prinzip wie bei den bisherigen Kernreaktoren zu tun haben. Ja, wahrscheinlich noch verlustreicher, da die Primärwärme noch konzentrierter, d. h. in noch höheren und damit nicht nutzbaren Temperaturen auftritt. Das Problem der Abwärme würde noch größer werden als bei den Spaltreaktoren. Zur Zeit sieht es so aus, als könnte ein Fusionsreaktor erst ab 5000 Megawatt Wärmeleistung, das sind rund 1200 Megawatt Stromleistung, rentabel werden; also ab der Größenordnung beginnen, wo unsere heutigen Großkraftwerke aufhören. Damit würde die Wirtschaftlichkeit unmittelbar mit dem Umweltschutz kollidieren. Denn die Aufnahmefähigkeit des umgebenden Raumes für lokal auftretende geballte Abwärmemengen hat eine absolute obere Grenze, die schon bei den heutigen Großreaktoren von 1200 Megawatt technisch kaum noch bewältigt werden kann.

Mit der Sicherheit sieht es noch schlechter aus. Gewiß, unser heißes Ei brütet zwar keine Spaltprodukte aus, dafür aber um so mehr Neutronenstrahlung. Der produzierte Neutronenfluß ist enorm. Ohne Abschirmung müßte man sich 15 000 Kilometer von einem Deuterium/Tritium-Reaktor entfernt aufhalten, wenn die Strahlendosis gerade eben noch tolerierbar sein soll. Auch wenn diese Energiestrahlung eines Fusionsreaktors ohne weiteres voll abgeschirmt und damit eingefangen werden kann – sonst würden wir sie ja nie nutzen können –, so müssen wir diese Rechnung doch anstellen, um uns die Größenordnung der hier mobilisierten Kräfte bewußtzumachen. Denn es ist diese gewaltige Neutronenstrahlung, die von Materie, zum Beispiel von einem dicken Mantel aus verflüssigtem Leichtmetall, eingefangen werden muß. Schon bei den Spaltreaktoren sehen wir aber, daß uns bei solchen Vorgängen die Zuverlässigkeit des verwendeten Materials Grenzen setzt. Darüber hinaus taucht hier der anfangs erwähnte Pferdefuß auf:

Beim Eindringen in das Material des Auffangmantels werden die Neutronen in dessen Atomkerne eingebaut. Diese werden dadurch

radioaktiv, und damit hätten wir – wenn auch indirekt – eigentlich
wieder das gleiche Problem wie beim herkömmlichen Reaktor: große
Mengen Atommüll. Erst Anfang der siebziger Jahre sind mir zum
ersten Mal Angaben über die somit auch hier unvermeidlichen radioaktiven Abfälle begegnet[797], wobei der direkte Anfall an radioaktivem Tritium vielleicht ein weiteres großes Problem darstellen wird[798].
Der bis heute aufrechterhaltene Nimbus der Fusionsenergie als »sauberer« Kernenergie, der, von wem auch immer, unseren Politikern
glaubhaft gemacht werden soll, ist jedenfalls ein wissenschaftliches
Märchen.

Alles in allem glaube ich mit vielen anderen Wissenschaftlern, daß
aus verschiedenen Gründen der Fusionsreaktor technisch nie verwirklicht werden wird[997]. Nach Meinung des bekannten amerikanischen Plasmaphysikers Henry Margenau spricht die offensichtlich
im gesamten Weltall im Gegensatz zur kontrollierten Kernspaltung
nirgendwo im kleinen Rahmen vorhandene kontrollierte Fusion
gegen ihre Machbarkeit durch den Menschen. Selbst Gestirne müssen, wie astrophysikalische Beobachtungen zeigen, erst eine Mindest-
größe aufweisen, ehe eine Fusionsreaktion, wie sie in der Sonne stattfindet, eintritt. Auch die Tatsache, daß bei der Fusionsforschung die
normale Entwicklungszeit, gemessen an allen anderen heute von der
Idee bis zur Marktreife verwirklichten Technologien, längst um ein
Mehrfaches überschritten ist, ist für Margenau ein weiteres Argument
für die geringe Wahrscheinlichkeit einer Verwirklichung eines
Fusionskraftwerkes.

Der grundlegende Trugschluß dieser ganzen Entwicklung liegt
jedoch noch woanders. Die Erwartungen bezüglich dieses verführeri-
schen Perpetuum mobile zielen ja vor allem dahin, daß es uns erlauben könnte, selbst bei einer unvermindert anwachsenden Weltbevölkerung noch einige Generationen lang – zumindest was den Energieverbrauch betrifft – so weiterzuwirtschaften wie bisher. Wie ich dargelegt habe, sind dies äußerst unsystemische Überlegungen, die völlig
an der Tatsache vorbeigehen, daß wir das für die Überlebensfähigkeit
eines Systems angemessene Optimum des Energiedurchsatzes längst
weit überschritten haben. Sie haben zudem noch den Nachteil, daß
sie durch Festlegung von finanziellen Mitteln und Forschungskapazi-
tät daran hindern, die wirklich nötigen technischen und sozialen
Innovationen vorzunehmen und sich auf die uns übertragene eigentliche Verantwortung für die kommenden Generationen zu besinnen.
Das Problematische an einer Fortsetzung der Fusionsforschung – so

sehr die brillanten technischen Teillösungen den Erfindergeist schärfen und die wissenschaftliche Neugier befriedigen – ist daher die
ständig weiter aufrechterhaltene trügerische Hoffnung, unsere Energieprobleme und damit gar unsere gesellschaftlichen und politischen
Probleme auf einem technokratischen Wege lösen zu können.
Solange dieser Glaube durch das massive Argument der in die
Fusionsforschung gesteckten Gelder aufrechterhalten wird, werden –
auch wenn der endgültige Durchbruch vielleicht nie gelingen wird –
die Gehirne so mancher Entscheidungsträger in Wissenschaft, Wirtschaft und Politik weiterhin gelähmt bleiben.
Diese Situation scheint mir symptomatisch für den Zeitgeist zu sein.
Die Starrheit, mit der an der überholten Wachstumsphilosophie und
damit an monistisch-linearen Denkformen festgehalten wird, kann
nur als Fluchtversuch vor dem nötigen Umdenken bezeichnet werden. Eine Erkenntnis, die nicht nur in den – im Kapitel »Systeme«
behandelten – Arbeiten von Dietrich Dörner, Joel de Rosnay u. a. zu
finden ist, sondern die auch in den Überlegungen des verstorbenen
deutsch-britischen Wirtschaftlers E. F. Schumacher, des Schweizer
Physikers Theo Ginsburg, des britischen Ökologen Edward Goldsmith, der Nobelpreisträger George Wald und Ilja Prigogine und vieler anderer Wissenschaftler deutlich zum Ausdruck kommt. Und
wenn wir erst einmal gelernt haben, auch in unserer Energieversorgung kybernetisch zu denken, werden wir Scheinlösungen, wie sie die
Kerntechnik bietet, nicht mehr anzustreben brauchen. Welche Wege
wir in ein solches »Neuland der Energie« beschreiten können, will
ich im nächsten Kapitel behandeln.

16 Energielösungen

Vom Solarmotor zur kybernetischen Klimatisierung

Die Evolution der Arten läuft grundsätzlich in Richtung größerer ökologischer Wirksamkeit – sprich: weniger Energieverbrauch pro Körpergewicht. Gemessen daran, war die industrielle Entwicklung der letzten hundert Jahre ein Rückschritt, und die nun auftauchenden Schwierigkeiten sind eine natürliche Folge. Kein Zweifel, daß das Überleben der menschlichen Spezies eine Innovationswende verlangt. Hier soll die Fülle der uns umgebenden Energiequellen aufgezeigt werden und wie wir sie nach dem Jiu-Jitsu-Prinzip nutzen können: aus dem Erdinneren, den Luftbewegungen, den Meereskräften, dem großen Angebot der Sonne und der Bioenergien. Das Ungewohnte ist, daß keine von ihnen die Lösung alleine bringt. Das Heil liegt in der Kombination, im Speichern und Sparen und in der verblüffenden Rückwirkung eines Verbundes all dieser sanften Technologien auf unsere Lebensweise durch ihr größtes Plus, die soziale Verträglichkeit.

Die vorausgegangenen Kapitel lassen uns erkennen, daß unsere heutige Energiesituation, genauer ihr pathologischer Zustand, zwei Ursachen hat. Die erste ist der ungebremste, ja bis zum heutigen Tage sogar künstlich gezüchtete Energieappetit, der insgesamt, alle Quellen mit eingeschlossen, inzwischen an die 10 Milliarden Tonnen SKE jährlich beträgt – davon knapp 3 Milliarden Tonnen Erdöl: $1/25$ aller bis heute gesicherten Vorräte in einem einzigen Jahr! Dennoch kann im Prinzip von Energie*knappheit* eigentlich keine Rede sein. Auch gestandene Kernphysiker wie der Oakridge-Chef Alvin Weinberg sehen die Dinge mittlerweile so, daß es nicht etwa eine Energielücke war, die den Ausbau der Atomenergie erfordert hätte, sondern daß es die Kerntechnik war, für die – zum Nachweis ihrer Existenzberechtigung – eine Energielücke erfunden werden mußte. In der Tat ist der Energieverbrauch keine gottgegebene Größe, oder wie der Philosoph Robert Spaemann es ausdrückte: »Soziale Bedürfnisse können nicht mit Naturzwängen gleichgesetzt werden«.

Hierzu ein kleiner Vergleich: Wir verbrauchen heute pro Kopf das Doppelte wie vor 15 Jahren und lebten damals auch nicht schlecht. Andererseits liegt der Pro-Kopf-Verbrauch in den Vereinigten Staaten noch einmal doppelt so hoch wie der unsere und gar dreimal so hoch wie der von Österreich. Die Amerikaner müßten demnach doppelt so glücklich, gesund und zufrieden sein wie wir, ihre Wirtschaft doppelt so gut prosperieren, und wir wiederum weit glücklicher und zufriedener als die Österreicher und erst recht, als wir es vor zehn Jahren waren. Nichts davon ist der Fall. Im Gegenteil: Von der Energiekrise und ihren Auswirkungen sind die Länder mit dem höchsten Verbrauch zur Zeit am meisten betroffen.

Der Ruf nach neuen Kraftwerken dürfte also vor allem dazu dienen, den Verbrauch noch weiter anzuheizen und damit die Abhängigkeit zu erhöhen. Insgesamt also eine unverantwortliche Entwicklung, da sie die Systemstabilität bedroht. Sie erzeugt, wie schon im vorigen Kapitel erwähnt, einen für ein lebensfähiges System viel zu hohen Pro-Kopf-Energiedurchfluß. Aufforderungen, wie etwa diejenige des Bayerischen Wirtschaftsministeriums, daß mehr für elektrische Heizungen geworben werden solle, bedeuten in ihrer Konsequenz einen höheren Stromanteil und damit für die eingesetzte Primärenergie eine Erhöhung von Energieverlust und Abfallwärme. Außerdem muß erzeugter Strom, da für ihn noch kaum Speichermöglichkeiten existieren, verbraucht werden. Neben unwirtschaftlicher Stromheizung heißt das: forcierter Maschineneinsatz. Dieser bedeutet mehr Produktherstellung und damit erhöhter Umsatz von Rohstoffen. Mehr und mehr muß konsumiert werden, was nur durch die Herstellung großer Massen wenig haltbarer Produkte gelingt, die nun immer rascher auf den Müll wandern. So steigert eine durch ein hohes Stromangebot forcierte energieintensive Produktion nicht nur den Raubbau an Energie, sondern auch an allen übrigen Rohstoffen. Bei gleichbleibendem Konsum brauchten wir jedoch, zum Beispiel in der Bundesrepublik, wo der Bevölkerungszuwachs inzwischen zum Stillstand gekommen ist, selbst ohne Umstellung auf Alternativen in Wirklichkeit weder einen Energiezuwachs noch ein einziges zusätzliches Kraftwerk. In der Tat ist z. B. der Stromverbrauch der an das

RWE angeschlossenen Haushalte und Kleingewerbebetriebe bis Mitte 1980 gegenüber dem Vorjahr um 2,2 % und unser Gesamtölverbrauch sogar um 8 % *gesunken*[799].

Hier liegt auch das Geheimnis des Widerspruchs, warum die gleichen Stromversorgungsunternehmen, die davon reden, ohne neue Kraftwerke gingen bald die Lichter aus, sich auf der anderen Seite jeglicher Einsparung und Energiekoppelung nach dem Jiu-Jitsu-Prinzip entgegenstellen (vergleiche Kapitel 2 »Kybernetik«). Hierzu gehört die tunlichste Verhinderung der Kraft-Wärme-Koppelung, also der Nutzung wärmeerzeugender Maschinen zur gleichzeitigen Stromerzeugung und umgekehrt, was den Wirkungsgrad eines Kraftwerks von 30 Prozent auf über 80 Prozent steigern könnte. Die dadurch mögliche Rückspeisung von Strom in das öffentliche Netz (nach langem Kampf hat es hierüber im Sommer 1979 eine erste teilweise Einigung gegeben) würde die Anzahl der bisher nach diesem Prinzip genutzten Kesselanlagen verdreißigfachen[800]. »Mit einem Dickicht beinahe undurchlässiger Wettbewerbsbeschränkungen« sorgten nach einem Energiebericht des »Spiegel« die etablierten Stromfabrikanten dafür, »daß die Firmen immer mehr Prozeßdampf in die Luft bliesen«[801]. In der Tat könnte die Industrieabwärme nach Schätzung der Fachleute praktisch mit einem Federstrich nach und nach 27 000 Megawatt zusätzliche Stromleistung mobilisieren – den Gegenwert von 20 großen Kernkraftwerken.

Daß es bisher nicht geschah, beruht auf einer für die freie Marktwirtschaft einmaligen Verzerrung durch die gesetzlich verankerte Monopolstellung unserer Elektrizitätsunternehmen. Denn deren wettbewerbsrechtliche Privilegien sind eigentlich mit einer freiheitlichen Wirtschaftsordnung unvereinbar. Sie verstoßen gegen den Gleichheitsgrundsatz des Grundgesetzes (Art. 3 Abs. 1), weil diese Unternehmen ohne ersichtlichen Grund den Kartellverboten, denen die übrigen Wirtschaftszweige unterworfen sind, nicht unterliegen[802].

Hinzu kommt, daß bisher weder die Industrie noch das Gewerbe, noch die Kommunen in der Lage waren, vernünftige Prognosen über ihren tatsächlichen Energiebedarf anzugeben[803]. So entstanden immer größere Überkapazitäten, die die Allgemeinkosten hochschraubten und schließlich ja auch die Wirtschaftlichkeit der Energieversorgungsunternehmen bedrohten. Um so unverständlicher, wenn dann deren Entscheidungsträger, wie etwa der Chef der VEBA AG, der Präsident des Deutschen Industrie- und Handelstages oder die Wirtschaftsminister von Bund und Ländern, weiterhin von gewaltigen Engpässen in der Stromversorgung reden[804]. Des Rätsels Lösung liegt darin, daß in der Tat die Prognosen über den Energiebedarf, wie dies auch die berühmte Enquete-Kommission 1980 festgestellt hatte, in der Tat weit auseinander gehen. Die einen entstehen von der Wirklichkeit losgelöst mit Hilfe linear-kausaler Extrapolationen, die anderen, unter Einbeziehung der Systemzusammenhänge[805]. Daß man die letzteren ignoriert und sich weiterhin auf primitive Hochrechnungen stützt, ist eigentlich erstaunlich. Offenbar hat es sich noch nicht herumgesprochen, daß es auch schon in der Vergangenheit nicht diese, sondern immer die systemischen Prognosen waren, die einigermaßen reale Werte abgaben.

Gewiß ist es also nicht der Mangel an Kraftwerken, der uns Sorge machen muß. Im Gegenteil: Jene Verführung, um nicht zu sagen Irreführung der Öffentlichkeit anhand von unsystemisch durchgeführten (Fehl-)Prognosen ist es, die uns mit eiserner Konsequenz – und zwar über jenen ständig gesteigerten Energieappetit – eigentlich erst in eine echte Energieknappheit hineinmanövriert. Nämlich dann, wenn unsere Abhängigkeit so groß wird, daß schon die ersten spürbaren Anzeichen des so oder so zu Ende gehenden Vorrats unserer Rohstoffe einen totalen Zusammenbruch bedeuten. Erst recht ist dies der Fall, wenn diese unsinnige Entwicklung auch noch auf die Entwicklungsländer übertragen wird, die, weil noch nicht auf Großtechnologien fixiert, weit elegantere Möglichkeiten hätten, ihren Wohlstand aufzubessern. Es sei noch einmal daran erinnert, daß die westliche Welt mit 19 Prozent der Weltbevölkerung 63 Prozent aller Energie verbraucht, während die Entwicklungsländer mit 50 Prozent der Weltbevölkerung nur 8 Prozent verbrauchen[806].

Bezeichnenderweise geht es bei dieser Technokraten-Ideologie nicht einmal mehr ums Geschäft (es sei denn dasjenige der Kraftwerks*hersteller*). Denn sonst würde man sich hüten, die gegenüber der noch hauptsächlich spekulativen Brüter- und Fusionstechnik weitaus greifbareren und zukunftsträchtigeren Energietechnologien, wie sie im folgenden besprochen werden, nicht ernst zu nehmen. Hier scheinen weit tiefer liegende Fragen des persönlichen Typus, der Mentalität, des Prestige, des Ansehens mitzuspielen und eine irrationale Zwangsvorstellung, welche die Zementierung eines veralteten Denkens mit Fortschritt verwechselt.

Der verzögerte Innovationsschub

1963 steckten die USA 89 Prozent ihrer gesamten Energieforschungs-
gelder allein in die Kernforschung. 1973, zehn Jahre später also,
waren es mit 380 Millionen Dollar immer noch jährlich 84 Prozent.
Damit floß der Hauptteil jener Gelder für viele Jahre in eine Energie-
technologie, die bis heute nicht einmal 2 Prozent des US-Energiebe-
darfs deckt – nicht zuletzt aufgrund ihrer bisher nicht bewältigten
Probleme. Auch hier hatte also der Glanz der Kernenergie bis Ende
der siebziger Jahre die Mittel von anderen, zukunftsträchtigen Technologien weggezogen. Nachdem jedoch zwischen 1973 und 1978
trotz eines Wirtschaftswachstums in der Europäischen Gemeinschaft
von 10,7 Prozent auch der Ölverbrauch um 50 Millionen Tonnen
zurückfiel und der Stromverbrauch weit hinter dem erwarteten
Zuwachs blieb, entdeckte man, daß unser Gedeih und Verderb offenbar doch nicht so sehr an die klassischen Energieformen gebunden
war, wie man immer glaubte[807].

Nachdem man dann noch die im Vergleich zur Kernenergie gewaltige Ausbeute der weit einfacheren, kostenlosen und ohne riskante
Technologie zu erreichenden Energiegewinnung durch simple Sparmaßnahmen erfahren hatte und das wirtschaftlich höchst interessante Innovationspotential der Alternativtechnologien auf einmal
ernst genommen wurde, stellte die US-Regierung nunmehr 20 Milliarden Dollar zur Verfügung, um den Sprung in ein neues Energie-
zeitalter nachzuholen. Hiervon werden nicht zuletzt die Forschungs-
aktivitäten bisher vernachlässigter, obgleich auf weit fortgeschritte-
nem technologischen Stand befindlicher »Denkfabriken« wie etwa
das Solar Energy Research Institute (SERI) und eine Reihe ähnlicher
Arbeitsgruppen und Institutionen profitieren[808].

In der Europäischen Gemeinschaft (EG) und in anderen Industrieländern der Welt ist die Situation mehr oder weniger die gleiche. So
sprang die von 1975 bis 1979 für regenerative Energien aufgebrachte
Fördersumme der EG von 42,8 Millionen DM für den Zeitraum von
1980 bis 1983 auf 98,3 Millionen DM allein für Sonne, Biomasse und
Wind. Auf die brachliegenden Möglichkeiten der Biotechnologie
und der vielen in den katalytischen Prozessen, besonders der Pflanzenzelle, noch verborgenen und von uns noch längst nicht gelösten
Prinzipien bin ich ja schon in früheren Kapiteln ausführlich eingegangen.

Die so späte, wenn nicht zu späte Besinnung auf dieses Reservoir liegt

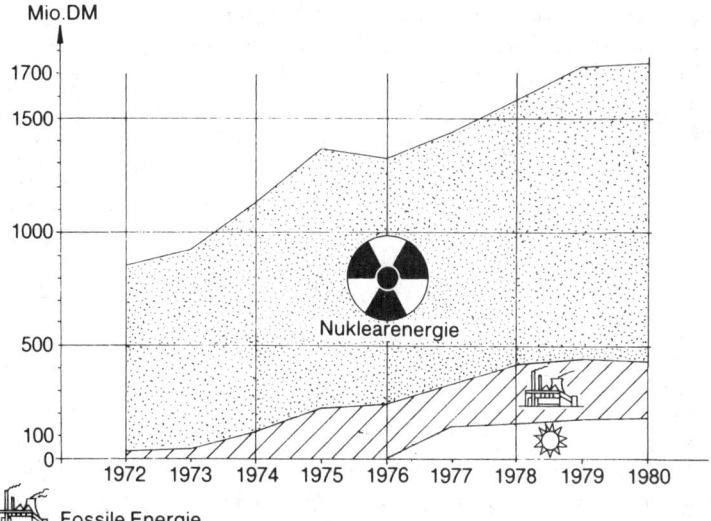

Mittelverteilung für die Energieforschung in der Bundesrepublik.

meiner Ansicht nach darin, daß dieser ganze Ansatz nicht nur ein
Umdenken in den Technologien selbst, sondern auch ein Umdenken
in ihrer Organisation verlangt. Denn ihre Verwirklichung liegt eben
nicht in Form von Großkraftwerken und konzentrierter Schwerindu-
strie, sondern mehr in einer Richtung, die wir vielleicht auf dem
Gebiet der Mikroprozessoren schon ein wenig zu verwirklichen
begannen: in kleinräumigen Verbundsystemen, im Rahmen einer
diversen, ja handwerklichen, aber dennoch auf hohem Erfindungsni-
veau befindlichen Technologie.
Ich bin daher sicher, daß Länder, die frühzeitig auf einen weiteren
Ausbau der klassischen Energiegewinnung aus fossilen und Kernbrennstoffen und deren Finanzierung durch die öffentliche Hand
verzichtet haben, in diesen modernen Technologien sehr bald weiter
und dadurch konkurrenzfähiger sein werden als andere. Schon heute
sind Länder wie Österreich, Schweden und Finnland, ja selbst Ägypten und Indien in manchen zukunftsträchtigen Technologien der
Bundesrepublik voraus:

- Seit März 1978 steckt Schweden 98 Prozent seiner Energieforschungsmittel in Alternativenergien (Bundesrepublik: 9 Prozent).
- Finnland bezieht bereits 14 Prozent seiner Primärenergie aus Abfällen.
- In Österreich reaktiviert man zur Zeit eine Vielzahl kleiner Wasserkraftwerke, und die Zahl der noch vereinzelten landwirtschaftlichen Betriebe, die ihren gesamten Energiebedarf mit Biogas decken, nimmt zu.
- In Brasilien kommen Alkoholmischungen (mikrobiologisch oder nach Art der Holzvergasung hergestellt) in immer mehr Kraftfahrzeugen zur Verwendung.
- Ägypten hat ein ausgedehntes Biogas-Programm gestartet.
- Indien verwertet zunehmend den Dung seiner heiligen Kühe in dezentralisierten Kleinstbiogas-Anlagen.

Der Technologietransfer solcher praktischer Verfahren in Entwicklungsländer wird unseren dafür völlig ungeeigneten klassischen Technologien sehr bald den Rang ablaufen. Nicht erhöhter Energieverbrauch ist es hier, der die Wirtschaft ankurbelt, sondern seine Senkung. Diese von systemisch denkenden Wirschaftswissenschaftlern wie Christoph Binswanger, Emil Küng, Jan Tinbergen u. a. schon lange aufgezeigte und nun auch aus den Reihen der Elektrizitätswirtschaft selber unter dem Stichwort »Entkoppelung« nachgewiesene Unabhängigkeit von Wirtschaftswachstum und Energieverbrauch[809] wurde inzwischen in eindrucksvoller Weise in der Praxis bestätigt. So verringerte sich in der Gesamtindustrie in den letzten zwei Jahrzehnten der Energieumsatz pro DM Produktionswert um rund 40 Prozent, obgleich in einigen gegenläufigen Sparten, wie z. B. in der Fahrzeugindustrie, der Strombedarf um über 80 Prozent anstieg. Diese enorme Schwankungsbreite im Energieverbrauch zeigt, welche Möglichkeiten allein im Produktionsbereich gegeben sind[810]. Die Hoechst AG erhöhte im Laufe der siebziger Jahre ihre Produktion um 38 Prozent, verbrauchte jedoch nur 8 Prozent mehr Dampf und sogar 1 Prozent weniger Strom[811]. In manchen Bereichen bewirkte der Energiemangel bereits einen kräftigen Innovationsschub, zum Beispiel bei der Gutehoffnungshütte, dem größten europäischen Konzern des Maschinen- und Anlagenbaus, dem er das höchste Auftragspolster seit Bestehen des Unternehmens bescherte. Ob es große Unternehmen oder zahllose kleinere sind, der Trend zeigt sich in vielen Branchen[812].

Die Annahme, daß sich aus der Energiekrise eine gewaltige Innovationskraft der Wirtschaft entwickeln kann, wird von vielen Seiten, nicht zuletzt auch von den Banken, mittlerweile bestätigt[813]. Nach einer gründlichen Untersuchung des berühmtesten amerikanischen Management-Zentrums, der Harvard Business School, liegen die Investitionen, die nötig sind, um uns durch Einsparung ganze 40 Prozent (!) zusätzlicher Energie zu verschaffen, weit unter dem, was uns bei einer Fortsetzung der bisherigen Wirtschaftsweise die Beschaffung von nur wenigen Prozent zusätzlicher Energie, vor allem aus fossilen und Kernbrennstoffen, kosten würde[814]. Wenn daher auf dieser Basis inzwischen schon die Energiedirektion der EG-Kommission offiziell erklärt, daß wir im Hinblick auf eine gesicherte Energieversorgung in erster Linie der Energievergeudung Einhalt gebieten sollten und daß Energieeinsparungen das Wirtschaftswachstum nicht verlangsamen, sondern im Gegenteil eine belebende Wirkung haben können[815], dann wirken die Anzeigen der »Informationszentrale der Elektrizitätswirtschaft« schon fast komisch, wenn es darin, noch dazu unter dem Motto »Mehr wissen – sicher urteilen« heißt: »Unser Ziel kann nicht sein, Strom zu sparen, um weniger Kraftwerke bauen zu müssen. Kraftwerke werden benötigt, um Energie zu sparen«.

Wahrscheinlich bezieht sich dies auf den in der Tat nicht unbeträchtlichen Stromverbrauch elektrischer Wärmepumpen, der von der Elektrizitätswirtschaft gerne als Grund für die Notwendigkeit weiterer Kraftwerke auch beim Einsatz von Alternativtechnologien angeführt wird. Es soll daher nicht unerwähnt bleiben, daß dieser Stromverbrauch bei den dabei verschämt verschwiegenen, weit wirtschaftlicheren Öl- und Gaspumpen oder auch solchen mit einem Stirling-Motor wegfällt (was z. B. inzwischen das britische Energieministerium veranlaßt hat, die *nicht*elektrischen Wärmepumpen stärker zu fördern[816]).

Bedauerlich ist es, daß solche Werbesprüche den nun allmählich anlaufenden Innovationsschub so lange verzögert haben. Denn je später er kommt, um so teurer wird er natürlich. Dabei hätte schon bei dem engen Zusammenhang zwischen Energiesituation und Umweltproblemen ein kleiner Blick über den Zaun die Planung so verändern können, daß wir heute weder im Energiebereich noch im Umweltbereich vor dem jetzigen Dilemma stünden. Frühzeitige Maßnahmen zur Vorbeugung gegen die Umweltbelastung hätten als Nebeneffekt zu einer Drosselung des Energieverbrauchs an sich und zu einem Umstellen auf brennstoffsparende kybernetische Technologien gezwungen – und damit zu einer weitaus krisenfesteren Situation geführt, als wir sie jetzt haben. Daß sich die Energieversorgung dazu jedoch verstärkt nach marktwirtschaftlichen Gesichtspunkten orientieren muß und – wie es jetzt eine Untersuchung des Öko-Instituts noch einmal bestätigt hat[817] – monopolistische, dirigistische und protektionistische Maßnahmen, wie sie heute noch existieren, abgebaut werden müssen, versteht sich von selbst.

Was hat es nun mit den »alternativen« Energielösungen als solchen auf sich? Besonders attraktiv sind hier natürlich die immerwährenden brennstofflosen Energiequellen, die seit Menschengedenken auf ihre Ausnutzung harren, aber nie voll eingesetzt wurden. All diesen permanenten Energieströmen wie Sonnenenergie, Wasserkraft, Gezeitenenergie, Umgebungswärme, Windenergie oder geothermale Energie kann ja prinzipiell der Umweg über den Menschen aufgezwungen werden, bevor sie, wie alle Energie, letztlich wieder in den Weltraum abstrahlen. Was hier möglich ist und inwieweit dies heute schon geschieht, sollen die nächsten Abschnitte näher beleuchten[826].

Die innere Wärme

An der Ausbeutung der geothermalen Energie, der Wärme aus dem Erdinnern, mit der zum Beispiel schon seit langem die Hauptstadt von Island, Reykjavik, beheizt wird und die uns in den Geysiren der amerikanischen Nationalparks wie in sämtlichen vulkanischen heißen Quellen begegnet, besteht ein zunehmendes Interesse, das auch von internationalen Organisationen wie der UNO voll unterstützt wird. Von dem bisher immer als recht bescheiden eingestuften Beitrag der Gewinnung geothermaler Energie könnten bei entsprechendem Ausbau außer einigen Industrienationen wie den USA und der Sowjetunion etwa 50 Entwicklungsländer mit entsprechend günstigen geologischen Bedingungen profitieren. So enthält Mexiko mehr als 100 mögliche Standorte für geothermale Kraftwerke, und Japan kann auf seinen Vulkangebieten ähnlich wie die Philippinen unzählige Energieparks kleinerer Kraftstationen errichten. Die Gesamtleistung aller geothermalen Kraftwerke, die zur Zeit 1800 Megawatt beträgt, wird, wie man aus den im Bau befindlichen Stationen schließen kann, schon bis 1982 rund 3500 Megawatt erreicht haben[818]. Gerade bei der bisher nicht sonderlich umweltfreundlichen Nutzung dieser Energiequellen wird es sich lohnen, kybernetisch vorzugehen und zur Minimierung von Nachteilen die Aktiv- und Passivseiten von Energiegewinnung mit denen der Trinkwasserversorgung und selbst der Rohstoffgewinnung zu kombinieren. So lassen sich in Vielzweckanlagen nicht nur entsalztes Trinkwasser aus dem meist salzhaltigen Heißwasser, sondern aus dem zugänglichen Erdmagma darüber hinaus auch wertvolle Mineralien gewinnen, wie es in einem ersten Modell der UNO für die heißen Solequellen Chiles vorgesehen ist. Eine weitere Kombination betrifft die Energie, die zusätzlich aus dem osmotischen Druck von Salzlösungen gewinnbar ist. Er beträgt bei starken Solen 500 atü und kann Wasser auf gewaltige Stauhöhen pumpen. Nach Berechnungen amerikanischer Forschungsinstitute hätte man, wenn geeignete Membranen dafür entwickelt würden, aus den unter- und überirdischen Salzsolen noch einmal soviel Energie zur Verfügung wie aus den zur Zeit in den USA existierenden Wasserkraftwerken[819]. Aber auch für die geothermalen Kraftwerke selbst, die nach Art eines Durchlauferhitzers arbeiten und relativ hohe Investitionskosten verlangen, bahnen sich umweltfreundlichere und zugleich billigere Wege dadurch an, daß man die Energieumwandlung an das untere Ende der Bohrung, also in die Erde hinein verlegt.

Drei geologische Entdeckungen ließen die Bedeutung der geothermalen Energiegewinnung in der letzten Zeit schlagartig anwachsen. Unter der westsibirischen Ebene wurde ein Riesenozean heißen Wassers entdeckt, der inzwischen mit über 200 Bohrungen bis in 2000 Meter Tiefe angezapft wurde – Sibiriens verborgene Zentralheizung. Sie dürfte genug Energie zur Entwicklung und dichten Besiedlung des ganzen Gebietes liefern. Kurz nachdem die Erdwärme auch in den USA an die Spitze neuer Entwicklungsprojekte gerückt war, stießen dort Versuchsbohrungen im Imperial Valley zwischen Kalifornien und Mexiko auf mindestens sieben unterirdische Felder kochenden Wassers, die Teile eines riesigen, dem sibirischen Heißwasserozean ähnlichen Reservoirs sind, das sich von Alaska bis Südamerika erstrecken könnte. Mit dem nördlich von San Francisco angezapften Trockendampf werden bereits heute mehr als 600 Megawatt Strom erzeugt. Genug Energie, um eine solche Stadt voll zu versorgen. Für 1982 sind Projekte bis zu einer Gesamtleistung von 1400 Megawatt im Bau, vor allem seit man die dritte große Quelle, das gewaltige Trockenwärmereservoir der Rocky Mountains entdeckte, das seine Energie direkt aus dem bis auf wenige tausend Meter Tiefe hinaufreichenden flüssigen Magma bezieht.

Soweit der mehr oder weniger großtechnische Aspekt dieser Richtung. Sie erreicht schlagartig eine andere Größenordnung, wenn man nicht nur jene sporadischen Hitzereservoirs, sondern auch die überall befindliche, wenn auch nur geringfügige Erdwärme mit ihrer konstanten Temperatur sozusagen als irdische Fußbodenheizung durch einfache Röhrensysteme nutzen könnte. Denn heiße Quellen und Magma sind nur nötig, wenn Kraftwerke gebaut werden sollen, nicht aber zum Heizen. Hier läßt sich je nach Standort, im Prinzip jedoch überall, durch mehr oder weniger tiefe Bohrungen und mit oder ohne Wärmepumpe ein beachtlicher Teil des großen Bedarfs an Niedrigwärme auf technisch machbare und wirtschaftlich relativ günstige Weise befriedigen[820]. Es ist bemerkenswert, daß allmählich auch von den großen Bausparkassen die sanfteren Wege einer Nutzung der Umweltwärme empfohlen werden, unter anderem auch solche Wärmesonden, die die konstanten 8–10 °C aus Unterfrosttiefe nutzen. Daß von einer Entwicklungsabteilung von Mercedes-Benz ein darauf basierendes System sogar zum Zwecke der Straßenheizung und Schneeräumung erprobt werden soll, sei hier nur am Rande erwähnt[821].

Der windige Wind

Ebenso abgasfrei, dazu noch immerwährend und technisch weit weniger problematisch ist die Energiegewinnung aus Wind, die bei jeder Brennstoffknappheit erneut ins Gespräch kommt. Um 1900 gab es an der Nordseeküste noch 100 000 Windmühlen, die Energie erzeugten. Die stürmische Industrialisierung mit ihren Brennstoffkraftwerken und -motoren verdrängte jedoch bald diese billige, sanfte, wenn auch ungleichmäßige Quelle. Während des zweiten Weltkriegs stieg das Interesse erneut an und ebenso wieder heute, wo – zumindest für kleine Einheiten – moderne Stromspeichermethoden, auf die wir weiter unten noch zu sprechen kommen, die Energielieferung trotz der vom Wind abhängigen Generatoren ohne Unterbrechung gestatten.

Jedenfalls scheint man lange Zeit den Wind als Energiequelle unterschätzt zu haben, vor allem, weil man eine Großnutzung der Windenergie für unmöglich hielt. Großtechnische Anlagen eignen sich in der Tat für diese Technologie weniger. Sie müßten, um auch Stürme überstehen zu können, natürlich für eine ganz andere Materialbeanspruchung ausgelegt sein als kleinere, die wiederum für schwache Winde eine nur geringe Ausbeute ergeben. Inzwischen haben jedoch amerikanische Untersuchungen und Pilotanlagen gezeigt, daß Windanlagen dann, wenn sie wirklich standortbezogen integriert sind, selbst bei all diesen Einschränkungen ein weit größeres Energieangebot erfüllen können als manche andere regenerative Energiequelle[822].

Auf Sylt steht seit Jahren ein Versuchskraftwerk, das den Energiebedarf von fünf Einfamilienhäusern deckt. Baukosten 120000 DM; Wartung: 2000 DM pro Jahr; Strompreis 7 Pfennig pro Kilowattstunde. Eine Reihe weiterer Windanlagen, unter anderem das 1977 in Auftrag gegebene 3-Megawatt-Kraftwerk Growian, und neun weitere auf der Insel Pellworm aufgestellte kleinere von je 10 Kilowatt, von denen das erste inzwischen in Betrieb ist, sind in der BRD die ersten Vorläufer dieser neuen Entwicklung[823]. Allerdings ist fraglich, ob die Antwort der Bundesregierung auf eine parlamentarische Anfrage vom Juli 1977, daß Windkraftwerke zwei Drittel des in der Bundesrepublik benötigten Stroms erzeugen könnten, sich bewahrheiten wird. Jedenfalls wird die Energieerzeugung aus Wind als eine unter vielen Quellen in Zukunft einen der Wasserkraft vergleichbaren Stellenwert haben, zumal sie praktisch keine Umweltbelastungen mit sich bringt. Selbst größere Windanlagen haben geringere lokale Umwelteinflüsse zur Folge als etwa Hochhäuser, und gewiß sind sie nicht häßlicher als die Hochspannungsmasten und -leitungen, die ebenso wie die dafür nötigen Waldschneisen durch sie eingespart werden.

Während bei uns für die Nutzung der Windkraft eigentlich nur der Umweg über die Stromerzeugung zur Diskussion steht (ja in einem durch das Forschungsministerium geförderten Projekt sogar ein doppelter Umweg: ein Sonnenkollektor erzeugt Warmluft, und der dabei entstehende Aufwind treibt einen Rotor an, dessen kinetische Energie schließlich in Strom umgesetzt wird)[824], läßt sich die Windenergie dann, wenn sie in vielen Kleinanlagen genutzt wird, auf sehr viel direktere und damit effizientere Weise einsetzen.

Dies ist besonders für die dritte Welt interessant. Vor allem die »Interdisziplinäre Arbeitsgruppe für angepaßte Technologie« an der TU Berlin hat hier bereits durchaus diskutable Entwicklungen vorgestellt[825]: einfache Windmühlen aus Holz und Stoff, die Wasser fördern, und Schlagflügel, die Kolbenpumpen antreiben. Wer in solchen kleinräumigen Entwicklungen etwas Lächerliches sieht, zeigt nur, daß er nicht rechnen kann. 10 Millionen primitiver, aber genialer Kleinkraftwerke zu je 1 Kilowatt, von denen jedes 100 DM kostet, bringen 10 000 Megawatt Leistung – und zwar genau an dem Standort, wo man sie braucht. Das ist genausoviel, wie 5000 jener hochtechnisierten 2-Megawatt-Anlagen bringen würden, für deren Bau jedoch mindestens das Zwanzigfache investiert werden muß, ohne daß die bis dahin gewonnene Elektrizität auch schon ihren Zweck erfüllt hätte – ganz abgesehen davon, daß man bei dem Umsetzungsverlust bereits eine weit größere Windmenge anzapfen müßte. Mit dieser zugegebenermaßen mehr symbolischen Berechnung sollte auch daran erinnert werden, daß sich bekanntlich mit dem Verkauf vieler kleiner »Artikel« auch weit mehr verdienen läßt als mit wenigen großen, die nur allzu leicht zu einem Zuschußgeschäft werden[827].

Neben den klassischen Publikationen, die über die technischen Möglichkeiten dieser regenerativen Energiequelle orientieren[828], sind eine Fülle von brauchbaren (und sicher auch etlichen unbrauchbaren) Konstruktionen, Plänen, Anleitungen und weiteren Büchern über kleinste und größte Windkraftwerke in dem Handbuch »Energy Primer« des Portola-Instituts, Kalifornien, zusammengestellt[829]. Die Grundidee des hier empfohlenen kybernetischen Designs auch vieler anderer Technologien findet sich in dem äußerst lesenswerten Buch des amerikanischen Designers Victor Papanek: »Das Papanek-Konzept«, das gleichzeitig eine kleine Denkschule darstellt[353].

Ebbe, Flut und Wellen

Anders als bei den unzuverlässigen Genossen Wind und Sonnenschein haben wir auf der Erde auch eine brennstofflose Energiequelle, die, vom Wetter unbeeinflußt, auf die Minute pünktlich Tag für Tag die gleiche Energie liefern kann, und dies ebenfalls, ohne Schmutz oder gesundheitsschädigende Stoffe abzuwerfen. Diese fast idealen Bedingungen liefern uns die Kräfte der regelmäßigen Meeresbewegungen, in erster Linie Ebbe und Flut, deren Gesamtenergiepotential 1 bis 2 Millionen Megawatt erreichen dürfte[830]. Das Gezeitenkraftwerk, eines der kühnsten Projekte der Menschheit, ist inzwischen Wirklichkeit geworden.

So wird in La Rance in der Bretagne das von einem Damm gestaute und bei Flut durch zehn Turbinen einströmende Meerwasser festgehalten und erst bei Ebbe wieder durch die gleichen Turbinen abgelassen. Das Projekt erzeugt einen Strom von maximal 544 Megawatt, soviel wie ein großes Wärmekraftwerk. Anders als in normalen Wasserkraftwerken verlangt hier das geringe Gefälle sehr langsam laufende Großblatt-Turbinen. Mit dem Stromgenerator zusammen als kompakte Zelle versiegelt und in den Öffnungen eines Dammes aneinandergereiht, können sie die Stromerzeugung vervielfachen, so wie es die Sowjetunion nunmehr in zwei Großanlagen plant: die eine im Weißen Meer mit 800 Aggregaten, welche mit 10 000 Megawatt die Leistung von einem Dutzend herkömmlicher Großkraftwerke erbringt, sowie ein noch gigantischeres Projekt, das die Abdämmung einer Bucht des Ochotskischen Meeres ins Auge faßt und mit dem dort sehr hohen Gezeitenhub von über 13 Metern eine Leistung von 34 000 Megawatt erbringen soll[831]. Voruntersuchungen für ein ähnlich spektakuläres Projekt in der kanadischen Bay of Fundy zeigen allerdings, daß die Änderungen in bezug auf den Kreislauf des organischen Materials in der Meeresbucht, auf die plötzlichen Anpassungszwänge der Ökosysteme und auf die Wasser- und Sedimentchemie sorgfältig gegenüber den übrigen positiven wie negativen Effekten eines solchen Projektes abzuwägen und in einer Sytemanalyse auf ihre Risikofaktoren zu untersuchen sind, bevor man zu einem solchen Eingriff ja oder nein sagen kann[832].

Weit harmloser, da in jedem Falle dezentral und weniger kostspielig, läßt sich die Wellenkraft unserer Ozeane nutzen. Eine Reihe von Instituten, aber auch Firmen wie Lockheed, haben inzwischen Prototypen kleinerer und größerer Stromgeneratoren entwickelt, die in Form von Energiebojen die unter einer Kuppel eingefangenen Wellenbewegungen von 10 bis 100 Kubikmeter Wasser in Strom umwandeln[833]. Die Umweltprobleme dieser sauberen und sicheren, wenn auch kleinen und nur lokal nutzbaren Energiequelle sind gegenüber denen von Gezeitenkraftwerken vernachlässigbar gering[834].

Anders mag es mit der Erschließung einer weiteren Meeresenergiequelle sein: der Nutzung des Temperaturunterschieds zwischen warmen und kalten Wasserschichten. Das technische Prinzip ist gelöst und auch in einem 50-Kilowatt-Kraftwerk bei Hawaii bereits erprobt. 5 °C kaltes Wasser wird aus 500 bis 1000 Metern Tiefe hochgepumpt und liefert so eine Temperaturdifferenz von über 20 °C zu dem 25° bis 30 °C warmen Oberflächenwasser, wobei allerdings 80 Prozent der daraus gewonnenen Energie wieder für den Pumpvorgang draufgehen[835].

Bei einer Vervielfachung solcher Anlagen – eine 1000 Kilometer lange Kette könnte den Energiebedarf von ganz Kalifornien befriedigen – würde allerdings durch den gewaltigen Wasserumsatz wieder massiv in das vernetzte Ökosystem des Meeres eingegriffen werden. So sind die tieferen, nährstoffreichen und kaum durchmischten Wassermassen normalerweise durch eine Art Inversionsschicht von dem warmen, aber nährstoffarmen Oberflächenwasser getrennt (vergleiche Kap. 12 »Meer«). Pumpt man das kalte Tiefenwasser durch die Kühlanlagen solcher Kraftwerke, so wird damit als Nebeneffekt eine nicht unbeträchtliche »Düngung« des Oberflächenwassers erreicht. Es mag sein, daß die dabei hochgeholten Mikroorganismen die Meeresbiologie nicht sonderlich verändern und man diesen Effekt sogar für die Nahrungsgewinnung nutzen könnte. Genausogut mag er aber auch ausgesprochen negative Folgen für das Wasserleben haben.

Wenden wir uns nun der größten und verführerischsten, weil direkten Quelle aller Energie zu, der Sonne, die im Jahre 1978 am »Tag der Sonne« in den USA als die »einzige unerschöpfliche, nicht verschmutzende, sichere, terroristenresistente und freie Energiequelle der Erde« gefeiert wurde[836].

Das große Angebot der Sonne

Unentwegt strahlt die Sonne, dieser glühende Gasball aus Helium und Wasserstoff, ihre in einem gigantischen Kernfusionsprozeß erzeugte Energie in den Weltraum. Ein winziger Ausschnitt davon, ziemlich genau vergleichbar mit einem Loch von 1 Quadratmillimeter in einer 2500 Quadratmeter großen Fläche, fällt davon auf die Erde. Und doch sind dies Tag für Tag 4,2 Millionen Milliarden Kilowattstunden, was einer Dauerleistung von 150 Millionen Großkraftwerken von je 1200 Megawatt entspräche. Eine immer noch ungeheure Energiemenge, von der jedoch schon gleich 30 Prozent von der oberen Atmosphäre reflektiert werden. 46 Prozent werden zwar von der Erdoberfläche aufgenommen, aber nach Umwandlung in längerwellige Wärmestrahlung ebenfalls wieder abgestrahlt; 23 Prozent werden für die Verdunstung von Wasser verbraucht, von denen wir einen Bruchteil in unseren Wasserkraftwerken nutzen. Damit sind schon 99 Prozent der eingestrahlten Sonnenenergie wieder weg. Der Rest von 1 Prozent findet sich in der Bewegung der Winde, der Wellen und Meeresströmungen wieder, und nur 0,027 Prozent, also ein knappes

Dreitausendstel, wird durch die Photosynthese der grünen Pflanzenzelle aus dem Sonnenlicht absorbiert. Dieser Teil allein erhält die Pflanzen, die Tiere und uns selbst am Leben. Warum die Biowelt nur diesen Bruchteil benutzt? Die Antwort kennen wir nun: Sie bleibt damit im Bereich des optimalen Energiedurchflusses. Trotzdem ist auch dieser winzige Bruchteil immer noch gut sechsmal so groß wie der gesamte heutige Weltverbrauch an Primärenergie.

Was wäre, wenn man diese Reserven anzapfen würde? Nun, in der Gesamtbilanz würde der Sonnenenergie lediglich ein kleiner Umweg aufgezwungen: Statt von der Erde direkt wieder als Wärme in den Weltraum abzustrahlen, würde sie erst in Heizwärme, in mechanische Energie, in Elektrizität oder chemische Energie und letztlich wie alle erzeugte Energie irgendwann einmal wieder in Wärme umgewandelt und dem Weltraum zurückgegeben werden. Abgesehen von einigen schon seit der Vorzeit bekannten Verfahren, wie der Getreidetrocknung oder der Salzproduktion, wurde die direkte Verwendung der Sonnenenergie bis in dieses Jahrhundert nicht ernsthaft betrieben. Obwohl der erste Sonnenkraftmotor wahrscheinlich schon 1913 in Ägypten gebaut wurde, glaubte man selbst dann noch, als Anfang der sechziger Jahre bei Odeillo in den Pyrenäen das erste französische Sonnenkraftwerk mit seinen 63 terrassenförmig angeordneten Planspiegeln und dem riesigen 40 mal 50 Meter großen Hohlspiegel entstand, der die gesammelte Strahlungsenergie auf einen 3800° C heißen Brennfleck konzentrierte, nicht an eine derartig stürmische Entwicklung, wie sie gegen Ende der siebziger Jahre im Großen wie im Kleinen stattfand.

Bald nachdem dieser erste sonnenbetriebene gigantische Schmelzofen seine Spezialaufgaben in der Metallurgie mit Erfolg übernommen hatte, entstanden eine Reihe weiterer Projekte, die dieses Prinzip des zentralen Kollektors benutzten: eine italienische Anlage mit dem Namen *Eurhelios* mit 6000 Quadratmeter Spiegelfäche, die über eine Dampfturbine 1 Megawatt Leistung produzieren soll, und zwei kleinere bei Almeria in Südspanien, von denen das eine mit 4000 Quadratmeter Spiegelfläche über eine auf 530° C aufgeheizte Natriumschmelze und von dort weiter über Dampfturbinen etwa die Hälfte dieser Leistung erbringen dürfte[837].

Nachdem die diesbezüglichen Etatmittel der einzelnen Länder wie auch diejenigen der Europäischen Gemeinschaft und zum Beispiel auch der National Science Foundation in den USA entsprechend angehoben worden waren, sind eine Reihe von Kraftwerken ähnlicher Größe geplant (in den sonnnenreichen US-Staaten Arizona, Nevada und New Mexico bis hin zu 60-Megawatt-Anlagen). Die Kosten für die kleineren Anlagen bewegen sich dabei um 50 bis 100 Millionen DM, das bedeutet 80 DM/Watt (die allerdings auch die Entwicklungskosten enthalten). Vergleichen wir dies mit dem Preis von 5 bis 10 Pf/Watt für einen kleinen Hohlspiegel-Solarkocher, so zeigt dieser undiskutabel hohe Preis nicht etwa ein grundsätzliches Manko der Sonnenenergie, sondern ein solches des hier offenbar unangebrachten Denkens in großtechnischen Dimensionen, von dem sich unsere Ingenieure auch bei den regenerativen Energiequellen noch nicht gelöst haben. Manche dieser Projekte, zum Beispiel das erwähnte in Spanien, sind allerdings wahrscheinlich ohnehin nur Versuchsanlagen mit dem Zweck, die Hitzebeanspruchung bestimmter Materialien im Hinblick auf die Energieerzeugung durch natriumgekühlte Brutreaktoren zu untersuchen.

Aus dem gleichen Hang zur herkömmlichen Großtechnologie erklärt sich auch die selbst vom Bundesminister für Forschung und Technologie immer wieder in der Öffentlichkeit wiederholte unsinnige Behauptung, daß die Solarenergie nur 3 Prozent unserer Energieversorgung bestreiten könne – und dazu noch mit gewaltigen Kosten. Wenn dies mit Hilfe solcher zentraler Solarkraftwerke geschehen soll, die zudem noch den verlustreichen Weg über die Stromproduktion gehen, mag dies vielleicht zutreffen. Daß in der vielseitigen Solartechnologie jedoch weit mehr steckt als dieser eine herkömmliche Weg, zeigt die inzwischen schon unübersehbare Fülle von in der Praxis verwirklichten dezentralen Lösungen allein zur Warmwasserbereitung und Raumheizung, mit denen ohne viel Aufhebens bereits weit verläßlichere Erfahrungswerte gesammelt wurden, als sie uns diese am grünen Tisch ausgedachten Großmodelle je liefern können. Da es hierüber inzwischen eine Fülle von Literatur gibt[838], erübrigt es sich, näher darauf einzugehen.

In wie rascher Entwicklung dieses Gebiet ist, sehen wir an der sich ständig nach unten bewegenden Preiskurve für Solarzellen, was auffällige Parallelen zur Mikroelektronik zeigt, wie ich sie im Kapitel 3 »Computer« geschildert habe. Während man in den sechziger Jahren für die aus der Raumfahrt stammenden Solarzellen noch 700 DM pro Watt rechnen mußte, Mitte der siebziger Jahre etwa 50 DM/W und die Kosten inzwischen auf weit unter 10 DM/W gesunken sind, darf man bis zum Ende des Jahrhunderts auf der Basis neuer Wege, wie sie jetzt zum Beispiel AEG-Telefunken angekündigt hat[839], mit einem weit drastischeren Preiseinbruch auf wenige Pfennige pro Watt rechnen[840]. Besonders billige Zellen aus amorphem Siliziumfluorid, aber auch aus weit einfacherem organischem Material mit hoher Photoleitfähigkeit und einer Lebensdauer von 20 Jahren versprechen einen Watt-Preis von weniger als 10 Pfennig[841]. Durch einen cleveren Verbund von Phosphatproduktion, Abfallrecycling und Aluminiumproduktion gelang es am Stanford Research Institute, nicht nur besonders reine Siliziumzellen herzustellen, sondern – getreu unserem Prinzip der Mehrfachnutzung – auch den Preis dadurch noch einmal drastisch zu senken[842].

Kein Zweifel also, daß gerade im dezentralen Bereich nicht nur die Sonnenwärme, sondern selbst der Solarstrom für kleinere Ortschaften, Industriebetriebe, aber auch Einzelhäuser allmählich wirtschaftlicher wird als die bisherige Elektrizitätserzeugung. Hinzu kommt, daß bei den Solarzellen auch die Sonneneinstrahlung selbst weit höher ist, als von unseren Metereologen gemessen. Die automatische Aufzeichnung der Sonnenscheindauer erfolgt in der Meteorologie nach dem Brennglasprinzip und meldet dann natürlich bereits bei einem leichten Dunstschleier: »Keine Sonne«. Solarzellen setzen jedoch, verstärkt durch den Effekt der Streuung bei diffusem Licht und Dunst, sogar manchmal noch mehr Energie um als bei klarer Sonne und blauem Himmel. Auch bei bewölktem Himmel beträgt die Verminderung gegenüber strahlendem Sonnenschein nur 22 Prozent und selbst bei Regenwetter nicht einmal 50 Prozent. Vielfach wird jedoch noch mit den offiziell registrierten Sonnenscheinstunden gerechnet, was natürlich im Hinblick auf die Sonnenenergienutzung völlig falsche, weil viel zu niedrige Werte ergibt.

Aber auch Sonnen*kollektoren* könnten, soweit es sich um Flachkollektoren handelt, diffuses Licht, in dem man ja keine Wärmeenergie vermutet, mit Hilfe von selektiven Absorptionsschichten z. B. im Winter die Energieausbeute herkömmlicher Kollektoren verdoppeln. Ferner können neuartige Spezialplatten aus sich abwechselnden Metall- und Isolierschichten Licht in die unsichtbare Infrarotstrahlung und damit in Wärmeenergie bis zu 500 Grad C verwandeln[843]. Diese könnte dann zum Beispiel über Heat-Pipelines (Rohre, die statt mit Luft mit geschmolzenem Metall gefüllt sind) in Form latenter, nicht abstrahlender Wärme praktisch verlustfrei zu Gasturbinen transportiert und hier, wenn man will, in Elektrizität umgewandelt werden.

Eine weitere Wirkungssteigerung der Kollektoren auf noch einmal hundertfach erhöhte Lichtausbeute – ebenfalls bei bewölktem Himmel – läßt sich durch neue Fluoreszenz-Kollektoren erzielen[844] oder durch die Benutzung von Kohlenstaub, der das Licht weit wirksamer absorbiert und gleichzeitig als äußerst verlustarmer Wärmeaustauscher dient[845]. Besonders die sogenannten passiven Kollektorsysteme, bei denen der Wärmetransport ohne Benutzung von Pumpen oder Ventilatoren erfolgt[846], die schon erwähnten stromleitenden Kunststoff-Folien[705] und die am laufenden Meter verwendbaren *Solaroll*-Plastikabsorber, die direkt an das Heizungssystem angeschlossen werden können, haben durch ihre Einfachheit und Billigkeit die Konkurrenz weiter belebt, so daß sich – wie in meinen früheren Veröffentlichungen vorausgesagt – die Solarindustrie, zumindest in den USA, explosionsartig entwickelt hat und ihren Ausstoß gegen Ende der siebziger Jahre fast alle halbe Jahre verdoppeln konnte[847].

Inzwischen hat sich das Angebot an Solaranlagen bzw. Energiedächern der verschiedensten Art so erweitert, daß das Deutsche Institut für Normung (DIN) in Zusammenarbeit mit 30 Ländern an eine erste Vereinheitlichung in diesem neuen technologischen Gebiet herangeht. Längst sind ja Solardächer entwickelt, die nicht nur den Energieverbrauch eines Haushalts halbieren, sondern wo die Solarzellen und Absorber praktisch in den Dachziegeln selbst stecken und somit in Zukunft auch das ›gewohnte Landschaftsbild‹ nicht mehr stören, auf das man sich eigenartigerweise bei den »sanften Technologien« auf einmal besinnt. Solarzellen, mit Kollektoren gekoppelt und dadurch gekühlt, ergeben dann Energiedächer, die während des ganzen Jahres hindurch auch dem schlechtesten Wetter noch Energie abgewinnen[848]. Und allen Unkenrufen zum Trotz läßt sich inzwischen auch in der Praxis demonstrieren, daß der Energiebedarf eines Gebäudes bei geschickter Kombination zu 80 Prozent allein durch Solarenergie gedeckt werden kann[849].

Das größte Handikap – und ein immer wieder vorgebrachtes Argument gegen die allgemeine Einführung solcher Technologien – war bisher die Langzeitspeicherung der Wärmeenergie. Hier wurde in letzter Zeit von verschiedener Seite ein Durchbruch erzielt. Während bisher große Wassertanks, Gesteinsspeicher oder Paraffintanks benötigt wurden, um über den Winter zu kommen[850], und auch die im Volumen bereits auf ein Fünftel reduzierten Glaubersalzkammern als Wärmespeicher noch unvollkommene Zwischenlösungen waren (beim Glaubersalz soll außerdem nach mehreren Kristallisationszyklen der Speichereffekt nachlassen), scheinen 1980 mehrere Entdeckungen das Problem praktisch vom Tisch geschafft zu haben. Das eine ist ein organisches Ammoniumfluorid, welches, ähnlich wie Glaubersalz (Schmelzpunkt 32° C), bei 25° C schmilzt und so lange Wärme aufnimmt, bis es vollkommen flüssig ist. In der Kälte kristallisiert es allmählich bis zur vollkommenen Starre und gibt dabei die Wärme wieder ab. Bei diesem chemischen Speicher, der die 80fache Wärmekapazität von Wasser haben soll, würde ein gut wärmegedämmtes Einfamilienhaus bereits mit einem 1-Kubikmeter-Tank auskommen[851]. Eine weitere Entdeckung gelang an der Münchner Universität und betrifft ein Speichersystem aus einem einfachen, umweltfreundlichen Tonerdemineral, dem Zeolith, welches unter gewaltigem Wärmeaustausch Wasser aufnimmt bzw. abgibt. Hier erlaubt die jederzeit mögliche Trennung der beiden Komponenten eine praktisch unbegrenzte Speicherung der von dem System aufgenommenen Wärmeenergie, wobei man den Speicher nicht einmal isolieren muß[852]. Diese und ähnliche Verfahren und natürlich auch die Kombination kleiner Sonnenkraftwerke mit Pumpspeicherwerken, wie sie in Österreich entstehen[853], werden der ganzen Entwicklung einen gewaltigen Auftrieb geben und vor allem im Haushaltsbereich über kurz oder lang eine Revolution der Energieversorgung anzetteln.

Die Deutsche Gesellschaft für Sonnenenergie hat also 1977 gar nicht so unrichtig prognostiziert, daß mit dem Beginn eines Durchbruchs im öffentlichen Bewußtsein jährlich bis zu 250 000 Solaranlagen in der Bundesrepublik gebaut werden können, wodurch der Ölverbrauch bis 1985 um 5 Prozent abnehmen könnte (in Wirklichkeit waren es dann schon im ersten Halbjahr 1980 gegenüber dem Vorjahr volle 8 Prozent!), der Stromverbrauchsanstieg gebremst würde und 100 000 neue Arbeitsplätze – vor allem im handwerklichen Bereich – durch die Einführung von Alternativtechnologien entstehen würden. Nach einer amerikanischen Studie wird bei einer Senkung des Energieverbrauchs um 15 Prozent dem Gesamtbereich der Alternativtechnologien bis 1990 die Schaffung von 2,9 Millionen Arbeitsplätze zugeschrieben[854]. Für die Bundesrepublik ergeben die Schätzungen bis zum Jahr 2000 allein durch den Milliardenmarkt der Solartechnik die Schaffung von 600 000 zusätzlichen Arbeitsplätzen[855].

Der Zeitplan der weiteren Entwicklung, wie er in den USA an dem schon erwähnten »Tag der Sonne« vorgelegt wurde, erstreckt sich bis zum Jahr 2025 und rechnet bis dahin mit 70 Milliarden Quadratmeter installierter Kollektorfläche und einer Solarzellenleistung, die dem Energieangebot von 6000 Großkraftwerken entspricht. Die direkte

Wärmenutzung würde noch einmal das Doppelte dieser Leistung betragen, und eine ebensolche indirekt gewonnene Sonnenenergiemenge dürfte dann noch einmal aus biologischem Material bzw. mit biotechnologischen Verfahren gewonnen werden, auf die wir gleich noch zurückkommen. All dies ergänzt durch die laufenden gemeinsamen Anstrengungen von Chemikern, die die Photoelectrochemie weiterentwickeln, von Physikern, die an Silizium-Lichtumwandlern arbeiten, und von Biologen, die das Prinzip der Photosynthese zu übertragen versuchen[856].

Daß alle diese Entwicklungen nicht nur für tropische Sonnenländer interessant sind, zeigt das Beispiel des nördlichen Schweden. Dieses strebt, zum Teil anderen Ländern weit voraus, entlang einem ähnlichen Zeitplan ebenfalls in Richtung einer Solargesellschaft und erwartet, was auch die schwedische Regierung bestätigt, daß das Land bis zum Jahr 2015 seinen gesamten Energiebedarf aus direkt oder indirekt genutzter Solarenergie bestreiten kann. In heißen Ländern wiederum dürfte die Sonnenenergie – abgesehen von der Stromerzeugung und der Meerwasserentsalzung – weniger zur Erhitzung als zum Kühlen in Frage kommen. So arbeiten bereits verschiedene solare Kühlanlagen als Zwischenlager für landwirtschaftliche Produkte wie auch im Haushalt[857]. Und zwar um so besser, je heißer es ist. Dennoch sind natürlich neben solchen praktikablen und aufgrund ihrer Anzahl und Verbreitungsmöglichkeiten bald einen gewaltigen Wirtschaftsfaktor darstellenden Lösungen auch spektakuläre Einzelprojekte im Gespräch. So zum Beispiel um die Erde kreisende Sonnenkraftwerke, die sozusagen an Ort und Stelle die von keiner Atmosphäre verschluckte volle Sonnenenergie einfangen und den erzeugten Strom mit einem gebündelten Mikrowellen-Energiestrahl gezielt auf irdische Empfangsstationen senden.

So soll das amerikanische Projekt *Powersat* (Stromsatellit) auf einer 128 km² großen Fläche mit 14 Millionen Solarzellen eine Dauerleistung von 10 000 Megawatt über Mikrowellen auf riesige Empfangsantennen auf der Erde übertragen. Der Zusammenbau dieses extraterrestrischen Sonnenkraftwerks soll in 36 000 Kilometer Höhe von einer Raumstation aus erfolgen. Die rund 100 000 Tonnen Material dazu müßten im Pendelverkehr mit dem zur Zeit erprobten Raumtransporter *Space Shuttle* in etwa 250 Raketenstarts hinaufgeschafft werden, gefolgt von einem Vielfachen weiterer Transportflüge. Das Ergebnis: Ungefähr 2 Prozent des Strombedarfs der USA würden damit gedeckt werden können.

Obwohl die Verluste bei der Mikrowellenübertragung auf die Erde mit nur 6 Prozent Minderung dabei minimal sind, zeigt hier eine wirtschaftliche und energetische Bilanz, daß solche Prestigeobjekte zur Lösung unserer Energie- und Rohstoffsituation beileibe nicht soviel beitragen würden wie das beschriebene dezentrale Vorgehen[858]. Ganz abgesehen davon wären die gewaltige Luftverschmutzung durch die vielen tausend Transportflüge, die Möglichkeit einer ungewollten – oder auch gewollten – Fehlleitung des gigantischen Mikrowellenbündels auf bewohnte Gegenden und nicht zuletzt auch die zu erwartende Störung des gesamten Funk- und Fernsehverkehrs durch Interferenzfelder[859] die typischen Nebeneffekte einer solchen auf ein Einzelziel gerichteten Gewaltplanung. Und wenn wir schon den Weltraum zu Hilfe nehmen wollen, dann ist wahrscheinlich eine Solaranlage in der Wüste, welche die erzeugte elektrische Energie per Mikrowellen auf einen kleinen Spiegelsatelliten steuert und von dort wieder zurück in kältere Regionen unserer Erde – bei zweimal 6 Prozent Verlust und unter Einsparung der kostspieligen Raumstation –, weit weniger aufwendig. Aber vielleicht ist es ja gerade der Aufwand, der hier lockt.

Ein israelisches Projekt sammelt die Sonnenergie auf etwas irdischere Weise: in sogenannten Solarseen. Während normalerweise warmes Wasser immer nach oben steigt und durch Verdunstung wieder abkühlt, ist in einem Salzsee die konzentrierte Sole auch bei großer Wärmeaufnahme immer noch schwerer als das darüberliegende salzarme Wasser. Dadurch bleibt die Wärmeenergie am Boden gespeichert und kann nach Bedarf abgezogen werden. Der See von Ein Bokek am Toten Meer liefert auf diese Weise über Wärmeaustausch und einen Turbinenantrieb zur Zeit 150 kW Strom. Die Anlage soll bis 1981 auf 5 Megawatt ausgebaut werden. Insgesamt erwartet man, mit weiteren Anlagen 2000 Megawatt erzeugen und damit einen Großteil der israelischen Energieversorgung decken zu können – was dann an ähnlichen Salzseen in Rumänien, Venezuela oder der USA, aber auch in künstlich angelegten Solarseen Schule machen dürfte[876].

Energien im Verbund

Aus einer der vielen Energiedebatten zwischen Fachleuten und Bürgern zitierte »Die Zeit« den vielsagenden Einwurf einer Oberstudienrätin auf die Beschwichtigungen der anwesenden Kernkraftexperten: »Sie behaupten, Sie hätten genug Phantasie, im voraus alle denkbaren Fehler und Pannen einzuplanen. Das nennen Sie vernünftig. Aber wenn andere ebensoviel Phantasie anwenden, sich eine Gesellschaft ohne Kernkraft vorzustellen, nennen Sie das unvernünftig.« In der Tat ist neben der Mobilisierung weiterer Rohstoffe und Energiequellen vor allem Phantasie, Intelligenz und Flexibilität nötig, um unser Energieproblem in den Griff zu bekommen. Die Tatsache, daß die benötigte häusliche Energie in unseren Breitengraden noch nicht durch diese oder jene Alternativtechnologie gedeckt werden kann, wird dem geistig Trägen immer Grund genug sein, sie als nicht brauchbar abzulehnen. Dem Cleveren sollte gerade dieser Umstand Ansporn sein, mit anderen, vielleicht ebenso genialen Methoden die erforderliche Restenergie nun auch noch aufzutreiben. Wie so oft liegt auch hier das Heil in der Kombination, die von dem meist absolutistischen Fachdenken in so eigenartiger Weise immer ignoriert wird. Denn ist es nicht auch hier das uns schon in der Schule eingepflanzte fachspezifische Vorgehen, das uns den Zugang zu Kombinationslösungen so schwer macht? Wenn wir Probleme wie die Energieversorgung eines Hauses, die Verwertung von Abfällen oder das steigende Verkehrschaos immer nur mit *einer* Methode – und mit dieser dann hundertprozentig – lösen wollen, so spricht hieraus in der Tat ein simples Ursache-Wirkung-Denken, welches für komplexe Systeme noch keine Antenne hat[860].

Wenn Windräder, Sonnenkollektoren, stromliefernde Solarzellen, Wärmepumpen und die Nutzung von Biogas von mancher Seite als exotische Wege zur Energielieferung bezeichnet werden, dann müßte man eigentlich doch erst recht von der Kerntechnik mit ihren Dampfturbinen sagen, daß sie weiß Gott ein exotischerer Weg ist, um Wasser zum Kochen zu bringen. Dennoch ist man auf der einen Seite bereit, der Menschheit mit ungeheuer komplizierten und unausgereiften Großtechnologien Risiken für ganze Generationen aufzuhalsen; man plant, baut und betreibt Kernkraftwerke, obwohl zum Beispiel allein die Frage der Endlagerung der radioaktiven Substanzen sogar offiziell (siehe zum Beispiel die Entschließung des Ministerrats der Europäischen Gemeinschaften vom 18. Februar 1980) als noch nicht geklärt gilt. Auf der anderen Seite schützt man Risiken und mangelnde Erfahrung vor, wenn es darum geht, Rohre zu verlegen und mit Warmwasser zu füllen oder Kollektoren auf dem Hausdach anzubringen, was für viele Laien eine einfache Bastelarbeit ist.

Solange unsere zentralen Kraftwerke noch nicht von prinzipiell ähnlichen Entwicklungen der Verbundwirtschaft, der Energie-Direktumwandlung durch thermoionische oder magnetohydrodynamische Generatoren profitieren[861] (was allerdings sofort einen ›unliebsamen‹ Stromüberschuß zur Folge hätte), bedeutet jeder Stromverbrauch eine ungeheure Energieverschwendung. Wir haben hier dasselbe Problem wie bei den im Kapitel »Anbau« besprochenen Nahrungsketten, also der immer weniger genutzten Direktnahrung und dem immer häufigeren Griff nach dem ›veredelten‹ Endprodukt Fleisch. Und ähnlich wie wir im Anbau versuchen, immer mehr Primärnahrung aus dem Boden herauszustampfen, um damit auf verlustreiche Weise einen Bruchteil an sogenannter hochwertiger (im Grunde nur denaturierter) Nahrung zu gewinnen, geht auch hier unser Bestreben dahin, das Angebot an Primärenergie kontinuierlich zu erhöhen, anstatt den zweiten Weg zu wählen, wie er zum Beispiel auch von dem amerikanischen Energieexperten A.B. Lovins mit all seinen Vorteilen belegt wurde[862]. Lovins sieht das eigentliche Energieproblem darin, »den jeweiligen Verwendungszweck mit einem Minimum an derjenigen Energieform zu füllen, die dafür am zweck-

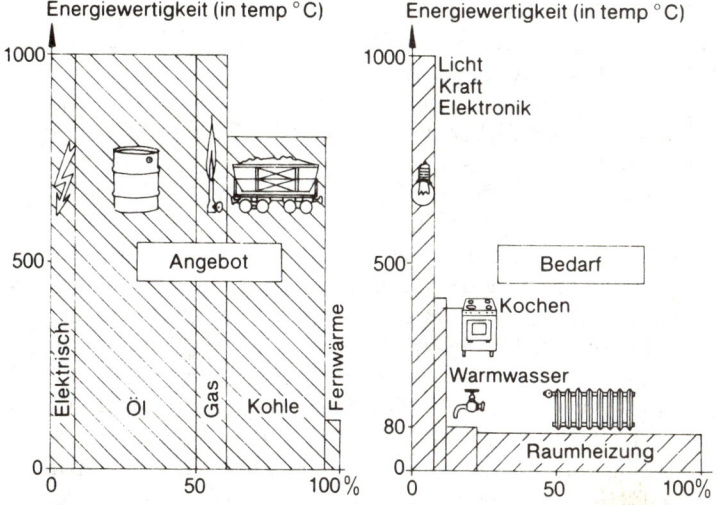

Die Wertigkeit der angebotenen Energie steht in krassem Mißverhältnis zum tatsächlichen Bedarf. 90% an hochwertiger Energie ist verschwendet, da ausschließlich für niedrigwertigen Gebrauch benötigt.

mäßigsten ist«. Doch bis heute wird allein schon durch die Staffelung der Strompreise die Verschwendung aus der Steckdose künstlich gesteigert. Die naheliegende Lösung, nämlich vom Status quo der einzelnen Branchen ausgehend ab sofort einen *progressiven* Energiepreis einzuführen, welcher nicht denjenigen mit einem billigen Stromtarif belohnt, der viel, sondern den, der wenig Strom verbraucht, wagte bislang niemand anzupacken. Denn letztlich brauchen wir nur eine kleine Menge hochwertiger Energie – sprich Strom – und eine große Menge niederwertiger Energie, während das Angebot unserer bisherigen Versorgungsunternehmen praktisch umgekehrt verläuft[863].

Doch was uns am schnellsten und ökonomischsten weiterhilft, ist das Anzapfen der in einfachen Verbund- und Sparmaßnahmen verborgenen Energie. Einer neuen Energiequelle praktisch ebenbürtig ist in der Tat schon bei der Ausnutzung bisheriger Quellen jedes neue Verfahren zur Senkung des Energieverbrauchs oder zur Vermeidung von Energieverlusten[864], wie ich dies in meinem Buch »Bausteine der Zukunft« schon 1968 – seinerzeit ein Sakrileg an unserem Konsumfetischismus – deutlich gemacht habe. Mit der ersten, schon damals vorauszusehenden Ölkrise wurde dieser Gedanke plötzlich weit weniger anrüchig und begann – allerdings noch viel zu langsam – allmählich Fuß zu fassen, wenn auch bei der Stromlobby noch eine Reihe von Barrieren zu überwinden sein werden.

Wegen der schon erwähnten eigenartigen Monopolstellung unserer Elektrizitätswirtschaft können ja viele Industrieunternehmen ihren sowieso anfallenden Wasserdampf heute noch nicht zur Stromerzeugung verwenden. Wie wir sahen, wird diese Industrie-Dampf-Koppelung – ähnlich wie die Kraft-Wärme-Koppelung –, damit sie den Kraftwerken keine Konkurrenz machen kann, von der Elektrizitätswirtschaft äußerst erschwert. Doch gerade hier liegt laut Aussage des Bundeskartellamtes vom Dezember 1977 eine sofort verfügbare Kapazität von 8500 Megawatt brach. Zum Vergleich: Selbst die Gesamtkapazität aller unserer Kernkraftwerke betrug im März 1978 nur 7335 MW. Nach einer BP-Studie wäre durch weitere Kraft-Wärme-Koppelung eine langfristige Steigerung der Industriekapazität auf 21 000 MW möglich! Allein das entspräche einer Einsparung von 24 Kernkraftwerken zu je 1300 MW (bei 60prozentiger Auslastung). Vor 1950 war das noch anders. Damals betrug der Beitrag, den die Industrie allein durch Nutzung von Prozeßdampf – also ohne Rohstoffverbrauch – zur Stromerzeugung leistete, noch 36 Prozent.

Durch die von der Stromlobby durchgedrückten Verordnungen fiel dieser Anteil bis heute auf etwa 16%, d. h. auf über die Hälfte zurück. Wie schon angedeutet, beginnen aber die Fronten aufzuweichen, zumal auch von seiten der Energieexperten der EG-Kommission eine grundlegende Änderung für die achtziger Jahre angestrebt wird.

Schon die unter dem Schlagwort »Energiebox« inzwischen zur Verfügung stehenden Mini-Heizkraftwerke von der Größe eines Fiat-Motors können mit einem Bruchteil der bisher nötigen Primärenergie – die sogar selbsterzeugtes Biogas sein kann[865] – ein Mehrfamilienhaus völlig unabhängig mit Wärme und Strom versorgen, weil die für den Hausgebrauch nötige Energie hier *direkt*, d. h. unter Abkürzung der »energetischen Nahrungskette« geliefert wird. Um die gleiche Menge der auf diese Weise erzeugten Gesamtenergie durch den Bau weiterer Großkraftwerke zu bestreiten, wäre zudem eine etwa zehnfache Kapitalinvestition nötig[866].

Inzwischen sind nicht nur in diesem Bereich die möglichen Einsparungen kalkuliert worden. Nach einer Studie des Freiburger Öko-Instituts betragen die Möglichkeiten, Energie ohne spürbare »Opfer« einzusparen, bei der industriellen Prozeßwärme 30 Prozent, beim Autokraftstoff 60 Prozent, beim Stromverbrauch der Haushaltsgeräte 65 Prozent, bei dem von Elektromotoren 30 Prozent und bei der Raumheizung gar 70 Prozent. Alles in allem ohne spürbare Beschränkung eine Senkung des Gesamtenergiebedarfs um 40 Prozent! Sämtliche relevanten Studien und Berichte, ob es sich um die der Harvard Business School, der Essener Arbeitsgruppe um Klaus Meyer-Abich oder der CONAES-Gruppe des amerikanischen National Research Council handelt, sind sich darüber einig, daß es für die gesamte Wirtschaft profitabler ist, in die *Ersparnis* einer Steinkohleneinheit zu investieren als in die *Produktion* einer weiteren[867]. Zur selben Überzeugung gelangte inzwischen als erste Elektrizitätsgesellschaft die Pacific Power and Light Company (PP & L), die sechs Staaten im amerikanischen Westen mit Strom versorgt und die – man wagt es kaum zu glauben – anstatt neue Kraftwerke zu bauen Kredite für Energiesparinvestitionen an ihre Kunden vergibt.

Soviel nur, um noch einmal auf die längst erarbeiteten Grundlagen und offenstehenden Möglichkeiten zur Nutzung des Potentials der gewaltigen Energiequelle hinzuweisen, die lediglich in einem Stopp weiterer Verschwendung liegt. Mit unserer im Kapitel »Kybernetik« erwähnten Systemstudie »Das Sensitivitätsmodell« ist außerdem der erste Schritt zu einem Instrumentarium getan, das mit Hilfe einer sogenannten kybernetischen Skala und entsprechender Simulations- und Bewertungsmodelle den wahrscheinlich noch weit darüber hinausgehenden positiven Effekt einer Nutzung von Verbundmöglichkeiten, energieextensiven Verfahren, kleinräumigen Organisationen usw. im Hinblick auf die Überlebensfähigkeit des betrachteten menschlichen Lebensraumes zu prüfen erlaubt[13].

Ein Gebiet, auf dem sich für Verbundmöglichkeiten ein besonders breites Betätigungsfeld bietet, ist das unserer Behausungen. Denn hier gilt es, die Naturkräfte wie Hitze, Kälte, Luftströmungen, Druckunterschiede, Feuchtigkeit usw., gegen die wir zur Klimatisierung unserer Wohnräume mit so viel Aufwand vorgehen, nach dem Prinzip des Jiu-Jitsu umzulenken und in unserem Sinne wirken zu lassen. Denn bisher heizen wir mit unserer Wohnung immer noch hauptsächlich die Außenluft und tragen damit in größeren Städten – abgesehen vom Energieverlust und der Abgasproduktion – auch noch zur Entstehung der smogfreundlichen Inversionslagen bei.

Eine solche *kybernetische Klimatisierung,* wie man sie aus den einst vorhandenen Kenntnissen der früheren Baumeister, von den Iglus über die Bauernhäuser der französischen Provence und die massiven Oasenbesiedlungen in der Sahara bis zu den leichten Schilfhütten der Tropen, neuerdings weiterentwickelt hat – der französische Ingenieur R. Ayoub war hier einer der Pioniere[868] –, steuert die Sonneneinstrahlung, den Wärmeaustausch, die Lüftung und das Tageslicht durch eine abgestimmte Kombination ihrer verschiedenen Wirkungen. Die Abstrahlung und der nächtliche Temperaturabfall werden zur Abkühlung, die Sonneneinstrahlung zur Erwärmung, der Temperaturunterschied der einzelnen Gebäudeteile und die damit zusammenhängenden Luftdruckunterschiede und Luftbewegungen zur Lüftung benutzt, wobei die gewünschte zeitliche Verschiebung bei der Übertragung bis zum Innenraum mit berücksichtigt wird. Sonnenstand, Jahreszeit, Wind und Himmelsrichtung, Veränderung der Luftfeuchtigkeit, Außenanstrich und Flächenneigung werden also alle zusammen in ein gemeinsames Regelsystem integriert[869]. So lassen sich selbst unter tropischer Sonne Häuser aus dünnem Stahlblech bauen, die, statt zu einem Brutofen zu werden, angenehmer klimatisieren als klassische Hauskonstruktionen mit noch so gut isolierenden Baustoffen oder gar teuren Klimaanlagen[870]. Wie man jetzt weiß, hat man schon in der Antike um diese Dinge gewußt und die Häuser dem klimatischen Standort entsprechend gestaltet[871]. Wobei Strahlungswärme – aus dicken Speicherwänden abgestrahlt und vom Körper des Bewohners direkt aufgenommen – gegenüber der heute meist geheizten Luft längst als das raumhygienisch gesündere Prinzip erkannt ist[872].

Kombiniert man solche, die Umwelt sinnvoll einbeziehende und bis zu 60 Prozent an Heiz- und Kühlenergie sparende bautechnische Überlegungen mit der Energie von Sonnendächern, die ebenfalls wieder (wie selbst im kalten Nordosten der USA bewiesen[873]) zwischen 50 und 85 Prozent der Heizenergie liefern, koppelt dann wieder diese mit einem zusätzlichen Windgenerator (weitere 10 bis 40 Prozent der Haushaltenergie) und verarbeitet vielleicht noch in einer hauseigenen Recyclinganlage die organischen Abfälle durch moderne Biotechnologien, d. h. mit Algen und Bakterien, zu Heizgas, Sauerstoff und Humus (noch einmal 20 – 40 Prozent an Energie- und Rohstoffgewinn), so dürfte allein schon diese Kombination auf alle Zeiten und ohne Brennstoffzufuhr für weit mehr als einen vollen Ersatz der Haushalt- und Heizenergie ausreichen. Gleichzeitig bedeutet dies aber auch: keine Fernzuleitungen, keine Abhängigkeit von Krisen, von Stromausfällen und Preisschwankungen – so wie wir das in der Wanderausstellung »Unsere Welt – ein vernetztes System« an einem kleinen technischen Modell »Das kybernetische Haus« demonstriert haben[874].

Das wohl bekannteste echte Alternativhaus dieser Art ist die berühmte *Arche* auf Prince Edward Island im nördlichen Kanada, das selbst unter extremen Klimabedingungen ständig zu hundert Prozent autark ist. Das gleiche gilt für das *Lingby*-Haus in Dänemark und eine Reihe anderer Alternativhäuser in gemäßigten Zonen[875].

Inzwischen sind nicht nur interessante neue Energiekonzepte für verschiedene Städte ausgearbeitet, wie etwa für die Stadt Schaffhausen oder die Stadt Tübingen[877], auch erste Siedlungen werden bereits ausschließlich mit Alternativenergie versorgt, so eine Gemeinde im Papagos-Indianerreservat in Arizona[878], ein ganzer Straßenzug in einer dänischen Stadt in Jütland[879] oder ein voll aus regenerativen Energiequellen gespeistes UNO-Dorf auf Ceylon[880]. Ähnliches gilt für die noch zu besprechende Biogasversorgung einer Reihe ägyptischer und indischer Dörfer, aber auch bereits mehrerer landwirtschaftlicher Betriebe bei uns. Angesichts der Möglichkeiten, die uns hier auf den Standort zugeschnittene kybernetische Verbundlösungen bieten, und ihrer Bedeutung für die gemäßigten Zonen wie auch für die dritte Welt fragt man sich wirklich, was unsere Ingenieurwissenschaften noch abhält, sich mit aller Kraft auf solche Technologien zu stürzen und sie für Handwerksbetriebe und Zulieferungsindustrien zu ausgereifter Form zu entwickeln. Dasselbe gilt natürlich für die unzähligen Möglichkeiten einer Reduktion von Energieverlusten und unnötigem Energieeinsatz bei bestehenden Technologien, wie sie ohne neue Kosten, lediglich durch entsprechende Information und Planung, also wiederum kybernetisch machbar wäre.

Das folgende bewußt willkürliche Spektrum soll lediglich mit ein paar weiteren Beispielen noch einmal dazu anregen, auf solche Möglichkeiten zu achten, von denen jede einzelne einer kostenlosen Energiequelle gleichkommt:

- Klimagerechte Bauweise und intensive Gebäudeisolierung.
- Einführung der neuen stromsparenden Lampen, die ein Drittel bis ein Fünftel der Energie verbrauchen und fünffache Haltbarkeit besitzen[373].
- Vorstellen der Uhren um eine Stunde im Winter, um zwei Stunden im Sommer.
- Nicht wie bisher 80 Prozent des Haushaltstroms zur Aufheizung der Spül- und Waschmaschinen verwenden, sondern diese an die Warmwasserleitung anschließen.
- Wo die Wahl gegeben, Benutzung arbeitsintensiver statt energieintensiver Rohstoffe, wie z. B. Holz oder Kompost (statt Aluminium oder Kunstdünger).
- Koppelung von Stallwärme und Milchkühlung mit Warmwasserbereitung und Melkmaschinenbetrieb[881].
- Nutzung der neuen, beliebig steuerbaren Halbleiter-Wechselstrommotoren.
- Bei Neuverlegung von Stromleitungen energiesparende unterirdische Kabel vorziehen oder solche mit Wasserkühlung, welche die Übertragungskapazität auf das Fünffache erhöhen[882].
- Konzeption neuer Siedlungsstrukturen im Hinblick auf unnötige Pendlerströme, Verkehrsaufkommen und Energieverbrauch (vergleiche Kapitel 4 »Verkehr«).
- Einstellung des auch vom Zeitgewinn her längst uninteressanten Kurzstrecken-Luftverkehrs. Dafür Ausbau der Bahnstrecken.
- Beim Autoverkehr zügiger Übergang auf begrenzten Hubraum und verminderte PS sowie allgemeine Geschwindigkeitsbegrenzung.
- Schwungradspeicherung und Bremskraftnutzung in Maschinen und Fahrzeugen, womit bis zu 25 Prozent Treibstoff eingespart werden können[883].

Eines dürfte hieraus klarwerden: Die längst begonnene Abkoppelung des Energiebedarfs vom Wirtschaftswachstum könnte durch
solche Maßnahmen direkt in eine gegenläufige Beziehung umschlagen. Die beginnende Tendenz zeigt sich schon in den immer wieder
korrigierten Energieprognosen des letzten Jahrzehnts: Bis 1973
glaubte man mit jährlichen Steigerungen bis zu 8 Prozent rechnen zu
müssen; 1977 waren es 4 bis 6 Prozent; 1979 auf einmal nur noch 1,8
Prozent. Im Laufe der 80er Jahre könnte daher der Energiezuwachs
durchaus unter Null fallen[884]. Denn das Käuferbewußtsein orientiert
sich immer mehr in dieser Richtung, und auch die Industrie ist wohl
gut beraten, sich auf energiesparende Produkte umzustellen. Unternehmen, die dies bereits 1979 taten, hatten damit die beste Konjunk-
tur der letzten fünf Jahre.
Einer der Gründe für das Unbehagen der Elektrizitätswirtschaft
gegenüber Sparmaßnahmen, wie sie zum Beispiel von der deutschen
Enquete-Kommission empfohlen und von dem Energiedirektor der
EG-Kommission, Guido Brunner, favorisiert werden, und somit
auch ein Grund für die unverminderte Werbung für Stromverbrauch
und damit für Energieverschwendung mag in den Schwierigkeiten
liegen, die einmal produzierte Elektrizität zu speichern. Dies kann in
der Tat nicht in Form von »Strom«, sondern immer nur indirekt – und
auch dies im Grunde nur dezentral – geschehen. Zum Beispiel in chemischer Form (Batterie), als potentielle Arbeit (indem man Wasser in
Staubecken hochpumpt), als isolierte Wärme (Nachtspeicher), als
latente Schmelzwärme (in Metallsalzen) und als Lösungs- und
Adsorptionswärme von Salzen und Mineralien, wie es zum Teil
schon für die Langzeitspeicherung von Sonnenenergie beschrieben
wurde, oder auf ähnliche indirekte Weise, von Schwungrädern (für
Kurzzeitspeicherung) bis zu mit Druckluft gefüllten Kavernen[885].
Unter den chemischen Speichern ist nun der Wasserstoff als hochwertiger Brennstoff in der letzten Zeit in ein besonderes Interesse
gerückt, denn er läßt sich aus dem überall vorhandenen Wasser (z. B.
durch dessen Zersetzung mit Hilfe von elektrischem Strom) in belie-
biger Menge gewinnen. So wurde er, vor allem in den USA, immer
häufiger als »neuer Energierohstoff« und damit als Retter aus der
Not propagiert – völlig zu Unrecht, wie wir gleich noch sehen werden.
Die Wasserstoffeuphorie, so wie sie in der allgemeinen Energiediskussion gelegentlich die Runden macht, nämlich als ob Wasserstoff
eine neuentdeckte Primärenergie wäre, basiert offenbar zum großen

Teil auf Unkenntnis. Die Wasserstofftechnologie liefert mit diesem Gas keineswegs eine Art zusätzlichen fossilen Brennstoff, dafür aber ein äußerst vorteilhaftes Mittel, Energie zu speichern und – vielleicht! – besonders günstig zu transportieren. Denn dies scheint nun auch ohne Verflüssigung oder hohen Druck möglich zu sein, da bestimmte Metallegierungen riesige Mengen des gasförmigen und feuergefährlichen Wasserstoffs in kompakter Form wie ein Schwamm aufsaugen können und mit ihm eine lockere Verbindung, ein Hydrid, eingehen, aus der er wieder leicht abgegeben werden kann[886]. Hat man ihn jedoch einmal eingefangen, so ist er unter allen Brennstoffen der sauberste: sein ›Abgas‹ ist reines Wasser.

Zunächst einmal muß aber der Wasserstoff unter genau dem gleichen Energieaufwand, den nachher seine Verbrennung erzielt, durch Zersetzung von Wasser gewonnen werden. Die dazu nötige Energie kann nun praktisch aus allen Energiequellen stammen, wobei natürlich die nicht speicherbaren wie Strom und die »unzuverlässigen« wie Wind und Sonne besonders geeignet sind. Für die Herstellung des damit gewonnenen neuen, umweltfreundlichen, wenngleich explosiven Brenn- und Treibstoffs, mit dem schon die ersten »Wasserstoffhäuser« einer amerikanischen Testsiedlung versorgt werden[887] und auch Fahrzeugmotoren betrieben werden können[888], existieren bereits die unterschiedlichsten Verfahren, unter denen die photobiologischen Prozesse am interessantesten sind[889].

Der dazu nötige Rohstoff Wasser ist für diesen Gebrauchszweck unerschöpflich, da er ja nach der Verbrennung wieder entsteht, also im Kreislauf genutzt wird. Die dezentrale Einsatzmöglichkeit verringert außerdem drastisch das Abwärmeproblem, das allerdings bei Herstellung des Wasserstoffs mit Hilfe von Sonnenenergie ohnehin in der Gesamtbilanz nicht auftritt. Dennoch muß noch manche Entwicklungsarbeit und Investition geleistet werden, vor allem da dieser ideale Energiespeicher nur im Rahmen einer kleinräumigen Solar-Wasserstoff-Wirtschaft wirklich interessant wird[890].

Unerschöpfliche Bioenergie

Energie aus Biomasse stellt ein beachtliches und vielfältiges Potential dar, von dem erst einige wenige der vielen brauchbaren Varianten in unsere Energiewirtschaft einzugreifen beginnen. In erster Linie wäre dies die Biomasse selbst, etwa die seit Menschengedenken auch als Energiespender genutzten, immer wieder nachwachsenden Rohstoffe Holz und Stroh, von denen man annehmen kann, daß sie auch heute noch im Pro-Kopf-Verbrauch den fossilen Brennstoffen in nichts nachstehen[891]. Leider hat sich jedoch seit dem Altertum die Weltbevölkerung verzwanzigfacht, so daß, wie schon in früheren Kapiteln gezeigt, der Kahlschlag an der Biomasse Holz sein Nachwachsen weit überrundet hat. In manchen tropischen Regionen erreicht die Wiederaufforstung nur 10 Prozent der verbrannten Menge[892]. Wohlgemerkt: verbrannt heißt noch nicht energetisch genutzt. Bei kluger Kultivierung und Nutzung der Vegetation, die über den photochemischen Prozeß der Assimilation einen Teil der Sonnenenergie in chemischer Form gespeichert hat, liegt auch heute in der Pflanzenwelt durchaus ein ständig erneuerbarer Vorrat an Nahrung, Fasern, Energie und Chemikalien vor, ohne daß man dadurch das Kapital angreifen müßte, also die Flächen für Nahrungsanbau oder gar, wie bisher der Fall, die Gesamtsubstanz der Biomasse[893].

Es ist auch hier das Prinzip der Mehrfachnutzung, des Verbundes, welches aus den anpassungsfähigen Biomassesystemen je nach Bedarf die unterschiedlichste Produktion ermöglicht. Denn nicht nur das ohnehin nicht geerntete Zellulosematerial, wie etwa die gewaltigen Schilfflächen der skandinavischen Gewässer, die in Form von Schilfpulver über einen lokalen Kohlenstoffkreislauf einen ausgezeichneten billigen Hausbrand ergeben[894], oder die alles überwuchernden und erstickenden Wasserhyazinthen, die, wie wir schon sahen, einen vorzüglichen Biogas- und Proteinrohstoff ergeben, sondern vor allem auch die unerschöpflichen, weil zum Kreislauf gehörenden organischen Abfallprodukte sind es, die über den Prozeß der Biogasentwicklung den mit der Sonnenenergie eingefangenen Kohlenstoff auf dem Umweg über die Energienutzung wieder in die Atmosphäre zurückgeben. Anders als bei direkter Verbrennung belassen sie jedoch so ihre wertvollen Spurenelemente, Mineralien und Humusstoffe mit ihrem als Dünger zu verwendenden Rückstand wieder dem Boden. Alles in allem sind die zum großen Teil schon in der Praxis erprobten Möglichkeiten der Gewinnung energiereicher, fester, flüssiger oder gasförmiger Rohstoffe aus Biomasse bis hin zum Klärschlamm[895] fast unzählig – sei es durch trockene Erhitzung (Pyrolyse, Holzvergasung), durch Raffination (von Latex, Harzen und Ölen) oder durch die schon in früheren Kapiteln aufgezeigten vielseitigen Verfahren, die uns Mikrobiologie und Biotechnologie bieten[896].

Lediglich auf das besonders interessante Reservoir des durch die Arbeit von Mikroorganismen gewonnenen Biogases aus Dung und anderen landwirtschaftlichen Abfällen sei daher hier ein Streiflicht erlaubt. Denn auf diesem Gebiet ist bereits weltweit ein Einbruch in bestehende Praktiken der Energieversorgung zu verzeichnen, insbesondere dort, wo Biogas praktisch den gesamten Energiebedarf deckt. Angefangen vom Kloster Benediktbeuren über ganze Dörfer in Ägypten und Indien bis nach China, wo Biogas nicht nur den Haushalt, sondern als Treibstoff auch die Landmaschinen versorgt[897]. Ein Schweizer Gehöft im Waadtland, das sich auf Biogas umgestellt hat, ist nicht nur autark, sondern kann sogar Energie abgeben. Die 12 Kühe liefern doppelt soviel Wärme und dreimal soviel Strom, wie die ganze Bauernfamilie braucht[898].

In all diesen Fällen wird mit genial einfachen Mitteln die bisherige Verbrennung von organischem und fossilem Material durch eine elegante biotechnische Energiegewinnung ersetzt. Der ehemalige Teilkreislauf, der zum Beispiel mit dem Verbrennen von Kamelmist den Boden an wichtigen Mineralien, Stickstoff und Strukturmaterial verarmen ließ, erhält nunmehr diese Stoffe aus dem Rückstand wieder, während das gewonnene Biogas nicht nur auf Abruf gespeichert, sondern auch weit gezielter als das frühere Feuer eingesetzt werden kann.

So sind diese Anlagen zum Beispiel in Nepal der letzte Ausweg für die Landbevölkerung und ihren Lebensraum, da sonst der restliche Waldbestand zum Heizen herhalten müßte. In Indien sind wahrscheinlich inzwischen an die 30 000 Anlagen in Betrieb. Doch noch 600 000 Dörfer warten auf ähnliche Lösungen[899]. Der pakistanische UNO-Vertreter sieht die größte Zukunft in einer zunehmenden Zahl dezentraler ländlicher Energiezentren[900], in Ägypten läuft ein ausgedehntes Biogas-Programm an, ebenso in Tansania und anderen Entwicklungsländern[901]. Ja, auf Ceylon wurde, wie schon erwähnt, inzwischen von der UNO ein ganzes Dorf durch ein Energieverbundsystem aus Sonnenwärme, Windgeneratoren und Biogasanlagen von fremder Energiezufuhr völlig unabhängig gemacht[902].

Bei unserer Entwicklungshilfe täten wir also gut daran, uns, wie etwa bereits in Kenia der Fall[901], auf solche immerwährenden Technologien zu konzentrieren, anstatt weiterhin der trügerischen Hoffnung nachzulaufen, daß unsere bereits hier versagenden Großtechnologien dort etwa einen ausgedehnten oder gar dauerhaften Markt finden könnten. Es ist allerdings auch nichts damit getan, nunmehr Milliarden in die Entwicklung von hochgeschraubten Geräten zu stek-

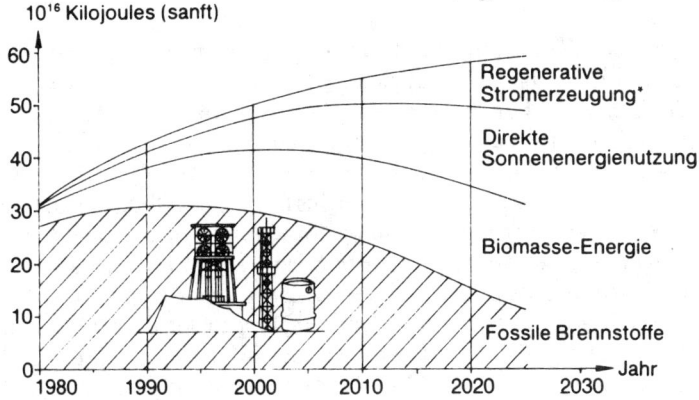

10¹⁶ Kilojoules (sanft)
60
50
40
30
20
10
0
1980
1990
2000
2010
2020
2030
Jahr
Regenerative Stromerzeugung*
Direkte Sonnenenergienutzung
Biomasse-Energie
Fossile Brennstoffe

*Elektrizität aus Wind, Biogas, Wasserkraft, Solarzellen etc.

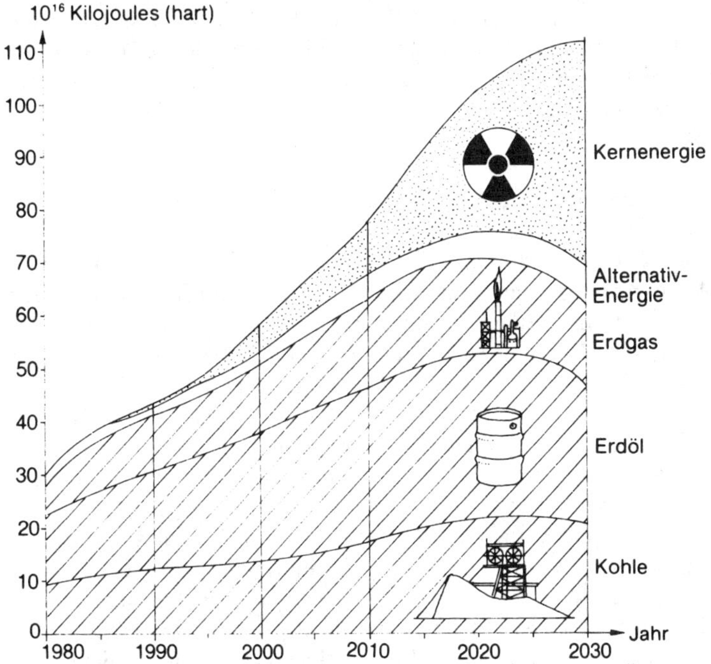

10¹⁶ Kilojoules (hart)
110
100
90
80
70
60
50
40
30
20
10
0
1980
1990
2000
2010
2020
2030
Jahr
Kernenergie
Alternativ-Energie
Erdgas
Erdöl
Kohle

Zeitpläne zur Energieversorgung.
Oben: Nach Berechnungen des World Watch Instituts, die auf dem ›sanften Weg‹ basieren. *Unten*: Nach Berechnungen der Energiewirtschaft, die auf dem ›harten Weg‹ basieren.

ken, die sich durch komplizierte, teure Technik und wenig Geist auszeichnen[903]. Das ganze Planungskonzept muß sich ändern, sonst werden sich unsere Chancen, mit solchen zukunfträchtigen Technologien im Exportgeschäft am Ball zu bleiben, stark verringern[904].
Wie ich schon mehrfach vorgeschlagen habe, ist es unabdinglich, die
Konzeption solcher neuen Verfahren bis in die Gestaltung der Geräte
hinein an einem Forderungskatalog abzuchecken, der sich an unseren kybernetischen Grundprinzipien orientiert. Ein Forderungskatalog, der ökologische und auch humanökologische Überlegungen bis
hinein in die Mentalität des Verbrauchers, Fragen der am zukünftigen
Standort vorzufindenden Materialien, der Infrastruktur, Sitten und
Gebräuche mit einbezieht. Nur auf diese Weise ist garantiert, daß
diese Geräte und Hilfsmittel dann auch am Ort in die bestehenden
Systeme integriert, bedient, repariert und weiterentwickelt werden
können[905]. In diesem Falle dürfte sich der Weltenergieverbrauch in
der Tat so entwickeln wie in der umseitig abgebildeten Skizze dargestellt, die einem Szenario aus einem der bekannten Worldwatch-
Papers entspricht[865].

Die soziale Verträglichkeit

Es gab eine Zeit, da die Fiktion vom »Volk ohne Raum« Massen in
Bewegung setzte, den Staatsapparat mit grauenhaften Vollmachten
ausstattete, zum totalen Krieg und zur totalen Zerstörung führte. Was
damals für Millionen Menschen eine Existenzfrage zu sein schien,
entpuppte sich als gegenstandslos: Heute leben 61 Millionen Menschen auf der gleichen Fläche, die 1939 schon für 43 Millionen angeb-
lich zu klein war, ohne daß die Frage des Lebensraumes noch ernsthaft diskutiert würde. Im Gegenteil, man bangt vor einem Rückgang
der Bevölkerungszahl.
Heute beherrscht uns das Schlagwort vom »Volk ohne Energie«.
Doch wir haben einen ähnlichen Stromüberschuß, wie er dem Flä-
chenüberschuß von 1939 gegenüber heute entspricht, und der Verbrauch wächst nicht annähernd so wie erwartet. Es wäre fatal, wenn
sich auf diesem ebenso unhaltbaren Schlagwort eine ähnliche Entwicklung aufbauen würde wie vor 45 Jahren. Denn mit dem Ruf nach
mehr Energie, das dürfte in diesem Kapitel klargeworden sein, zielen
wir genauso an den eigentlichen Problemen vorbei wie seinerzeit der
Faschismus mit seinem »Volk ohne Raum«.

Der »New Ecologist« schrieb einmal: »Selbst wenn wir reichlich
Energie beschaffen könnten, wären die gesellschaftlichen Probleme
nicht gelöst. Es ist nicht die Menge der verfügbaren Energie, die hier
zählt, sondern wie wir sie benutzen. Auch alternative Energien alleine
stoppen noch nicht die Industrieverschmutzung, die Landverwü-
stung und den sozialen Verfall: Von einer Energiequelle zu einer
anderen überzuwechseln, ohne dabei unsere Industriegesellschaft
umzustrukturieren, wird nichts lösen«.[906] In der Tat müssen wir mit
neuen Energielösungen auch die Rolle der Arbeit neu bestimmen, der
Dienstleistung einen anderen Stellenwert zumessen – nach einer Studie des amerikanischen »News and World Report« dürften bis Ende
der 80er Jahre die Service-Berufe 53 Prozent des Bruttosozialprodukts ausmachen[907] –, was wiederum dazu zwingt, jene neuen Technologien eben nicht in der bisherigen Form technokratischer Zentral-
versorgung zu etablieren, sondern – und das ist mit ihnen zum Glück
in optimaler Weise möglich – sie im Sinne von E.F. Schumacher an
das »Menschenmaß« anzupassen[908].

Von mehreren Seiten wurde daher die soziale Verträglichkeit als Kriterium zur Beurteilung unserer Energieversorgungssysteme herangezogen. So außer von meiner Studiengruppe[909] vor allem von den
Arbeitsgruppen von Klaus Meyer-Abich und dem Amerikaner Barry
Commoner[910], dem Physiker Harald Stumpf, dem Zukunftsforscher
Bruno Fritsch, dem Biologen Joël de Rosnay, dem Ökologen Karl-
heinz Kreeb, dem Philosophen Robert Spaemann, dem Politologen
P.C. Mayer-Tasch und nicht zuletzt auch von Robert Jungk, um nur
einige Wissenschaftler und Publizisten von den vielen zu nennen, die
sich mit dem Übergang auf neue technische und wirtschaftliche Formen im Hinblick auf die Umwelt und die Lebensweise des Menschen
beschäftigen[911].

Aber auch von der wirtschaftlichen Prosperität und damit dem Wohlstand des Einzelnen her wage ich die schon mehrfach angesprochene
Prognose, daß geringerer Energieverbrauch bzw. frühzeitige Entwicklung von Alternativtechnologien konkurrenz- und anpassungs-
fähiger macht. Dies zeigt im Prinzip schon heute die im Vergleich zu
anderen Ländern gegenüber den Schwankungen auf dem Energiemarkt besonders anfällige amerikanische Industrie und Landwirtschaft oder umgekehrt der Erfolg von Kleinkraftwerken, etwa in der
Stahlindustrie, oder der Boom neuer energiesparender Anlagen.
Dem steht entgegen, daß sich moderne energiesparende Verfahren
nur mühsam durchsetzen können, solange der Anteil stromintensiver

Industrien steigt – was natürlich theoretisch bis zum Kollaps fortgesetzt werden könnte. Ein übermäßiges Energieangebot lohnt nicht
den Großeinsatz neuer Verfahren, weil er deren zügige Amortisation
verhindert. Damit lohnen sich auch nicht die Entwicklungskosten.
Wir können also nur hoffen, daß der zur Zeit noch bestehende Schutz
unserer energiewirtschaftlichen Oasen in Kürze vor den realen wirtschaftlichen Verflechtungen kapitulieren wird. In diesem Moment
wird sich die Situation radikal ändern und auch im Energiebereich
den – letztlich auch für die Energiewirtschaft zukunftsträchtigen –
kybernetischen Technologien auf dreierlei Ebenen zum Durchbruch
verhelfen:

1. Biotechnologien zur Gewinnung von Rohstoffen, Nahrungsmitteln und Energie.
2. Erschließung rohstoffunabhängiger Energiequellen.
3. Energiearme Produktionstechnologien unter Nutzung von Recy-
   clings- und Koppelungsverfahren.

In meinen häufigen Diskussionen mit Politikern, Industriellen und
Wirtschaftsmanagern traf ich bei vielen auf ein offenes Ohr, während
für andere das Zeitalter der Großtechnologie überhaupt erst zu beginnen schien. Ich jedenfalls glaube, daß es vorbei ist. Gemessen am tatsächlichen Bedürfnis des Einzelnen ist mit Supertankern, Großsied-
lungen, Großkraftwerken, Mammutstahlwerken, Massentierhaltung, Großfarmen und einer Überschall-Luftflotte kein Blumentopf
mehr zu gewinnen, auch wenn es uns immer wieder eingeredet wird.
Dort, wo der Nonsens der Gigantomanie sich bereits wirtschaftlich
oder in nicht mehr erträglichen ökologischen Belastungen niederge-
schlagen hat, beginnen die kybernetischen Lösungen nur so aus dem
Boden zu schießen. Das amerikanische Energieministerium tendiert
in seinen neuen hydroelektrischen Planungen statt zu wenigen großen zu einer Vielzahl kleiner Wasserkraftwerke mit einer Leistung
nicht größer als 15 Megawatt und zu Staudämmen nicht höher als 20
Meter. Sie werden an Sammelgeneratoren angeschlossen, die ebenfalls nur zwischen 40 und 90 Megawatt Gesamtleistung liegen, so daß
sich eine Art lokal gesteuerte Selbstregulation einspielt, welche die
Investitionen in 10 bis 20 Jahren amortisiert hat[912]. Dieser Trend geht
weiter bis hin zu Basistechnologien wie den erwähnten heimtrainer-
ähnlichen Standfahrrädern, die, mit Muskelkraft betrieben und an
eine Membranpumpe angeschlossen, in einem zehnminütigen Sprint
immerhin den täglichen Trinkwasserbedarf einer Familie aus Salzwasser erzeugen[913].

Daß sanfte Technologien, wie sie in der Bundesrepublik durch eine Reihe von Vereinigungen propagiert werden[914], nicht notwendigerweise unintelligent, sondern im Gegenteil meistens weit genialer als harte Technologien sind, haben wir zur Genüge gesehen. Und daß sie darüber hinaus ein mindestens ebenso großes, wenn nicht weit größeres wirtschaftliches Potential beherbergen als jene, dürfte ebenfalls genügend angeklungen sein. So zeigte die Hannover-Messe '79 und '80 ein überwältigendes Engagement vor allem kleinerer Industriebetriebe auf dem Sektor der sogenannten Alternativtechniken. Aber auch große Unternehmen wie Hoechst, MBB, die Gutehoffnungshütte, das Programm der neuen AEG-Führung, die Kohleveredelungs- und Bioenergieprogramme von Krupp und selbst die RWE, das mächtigste Elektrizitätsunternehmen der Bundesrepublik, stehen Innovationsschüben, wie sie die Biotechnologie und andere sanfte Technologien mit sich bringen, immer aufgeschlossener gegenüber[915], ganz zu schweigen von den vielen Aktivitäten auf dem Bausektor und dem der Klimatisierung[41]. Eine Gesamtrichtung, die durch die Empfehlungen der Enquete-Kommission »Zukünftige Kernenergiepolitik« in vielen Bereichen gefördert oder zumindest nicht mehr unterlaufen wird[738]. Sie deckt sich mit den Ergebnissen des Energie-Reports der Harvard Business School[814] ebenso wie mit der von der »Deutschen Energie-Gesellschaft« (DEG)[99] und ihren Arbeitsgruppen geforderten Richtung.

Da von den staatlich unterstützten Instituten und Universitäten bei ihrer augenblicklichen fachorientierten Gliederung – zumindest in Mitteleuropa – nicht genügend entscheidende Beiträge hierzu erwartet werden können, muß wahrscheinlich die Wirtschaft selbst das meiste zur Entwicklung der zukunftsträchtigen Technologien beitragen. Dies scheint zunächst nur großen Konzernen möglich, die wiederum an großtechnische Verfahren gebunden und daher an kleinräumigen, sanften Technologien wenig interessiert sind. Wenn jedoch bereits diese, wie wir sahen, ihre bisherige einseitige Denkrichtung einer Revision zu unterziehen beginnen, werden es erst recht die kleineren Unternehmen und Handwerksbetriebe sein, die, obgleich ihnen eigentlich die nötige Forschungs- und Entwicklungskapazität fehlt, den Stein ins Rollen und damit unsere Technologie auf einen modernen Stand bringen. Denn der Innovationstrend der kleinen Unternehmen ist enorm gestiegen. So haben große Unternehmen mit mehr als 5000 Beschäftigten ihre Forschungs- und Entwicklungsausgaben von 1973 bis 1977 um 6,4 Prozent erhöht, mittlere mit

500 bis 1000 Beschäftigten jedoch bereits um 37 Prozent und kleinere mit weniger als 500 Beschäftigten sogar um 64 Prozent[916]! Gerade diesen Unternehmen, die bisher bei der Forschungsförderung benachteiligt waren, sollte daher vor allem die Entwicklungshilfe der öffentlichen Hand zuteil werden[917].

Es wäre ein nicht mehr gutzumachender Schaden, wenn die keimenden Aktivitäten in dieser Richtung durch überwiegende Begünstigung der etablierten Verfahren wieder im Sande verliefen. Meine Empfehlung ginge jedenfalls dahin, eine moderne, kleinräumige, weit weniger krisenanfällige Selbsterhaltungswirtschaft mit Kombinations- und Recyclingtechniken anzustreben, die auf vielen Beinen und nicht nur auf einem steht. Ein solcher kleinräumiger Verbund innerhalb eines Gebietes wird außerdem die Transportvorgänge vermindern und so insgesamt einen weiteren Schritt tun in eine Zivilisation mit weniger Energieverbrauch, mit sinnvollerer Freizeit, die statt seelischer ›Entfremdung‹ wieder eine unmittelbarere Beschäftigung mit den menschlichen Grundbedürfnissen bietet, mit wieder mehr körperlicher Bewegung und damit weniger Streß, mit geringerer atmosphärischer Belastung und einem Rückgang der Störungen von Raumordnung und Ökosystemen.

Teil 5
Bewußtsein

Kulturstufen
Denkmodelle
Lernen
Wissen

In den ersten vier Teilen dieses Buches ging es darum, die vielfältigen Beziehungen des Menschen zu den verschiedenen Bereichen seiner Umwelt, seiner Technik und seinem eigenen Körper von unserem systemischen Ansatz aus zu beleuchten. Hierzu war es unumgänglich, über viele Fakten zu informieren. Auch hielt ich es für notwendig, dies immer wieder anhand konkreter Beispiele bildhaft nahezubringen. So ausführlich und ins Detail gehend die vorausgegangenen Kapitel daher sein mußten, so knapp und apodiktisch können wir uns nun den vier letzten Themen widmen, die unser Bewußtsein betreffen. Denn vieles, was normalerweise hier zur Veranschaulichung gesagt werden müßte, ist bereits in den bisherigen Sachkapiteln und damit direkt an die Wirklichkeit angebunden zur Sprache gekommen, sozusagen innerhalb der verschiedenen Landschaften unseres Neulands des Denkens beschrieben und erörtert worden.

Mit diesem Teil, der mit einigen Gedanken zu weit zurückliegenden, ähnlich großen Wandlungen in unserer Wirtschaftsweise und unserem Selbstverständnis beginnt, dann zur Bedeutung und Notwendigkeit einer dynamischen Norm überleitet und schließlich aufzuzeigen versucht, daß solche Wandlungen eine neue Art des Lernens und Wissens verlangen, schließt sich der Kreis zu unseren ersten Kapiteln über Systeme und die Biokybernetik. Denn auch unser Bewußtsein, aus den Schwingungswellen unserer Gehirnzellen gewoben, ist ja als Teil jenes komplexen Systems zu verstehen, das wir in jeder Sekunde als lebendige Wirklichkeit erfahren.

17 Kulturstufen

Auf dem Weg
ins kybernetische Zeitalter

Viele hunderttausend Jahre lang vermehrte sich die Menschheit mit einer Wachstumsrate von rund 0,002 Prozent, so daß sich die Weltbevölkerung über Äonen hinweg nur etwa alle 37 000 Jahre verdoppelte. Dann, in einer dafür unglaublich kurzen Zeitspanne von wenigen hundert Jahren, sprang diese Rate auf rund 2 Prozent und damit auf das Tausendfache. Die Verdoppelungszeit schrumpfte auf wenige Jahrzehnte, und während von der Zeitenwende bis zum ausgehenden Mittelalter aus einer Weltbevölkerung von vielleicht 400 Millionen gerade eben 500 Millionen wurden, hatte sich bis 1830 diese Zahl schon wieder verdoppelt: die erste Milliarde war erreicht. Und nun überstürzten sich die Ereignisse: 1930 war es bereits die zweite, 1960 die dritte Milliarde. Für die letzte Milliarde, d. h. für den Anstieg von 3,5 (1970) auf 4,5 Milliarden (1980), haben wir gerade zehn Jahre gebraucht. Eine solche einschneidende Änderung in der Dichte des Zusammenlebens verlangt von einer Population ebenso einschneidende Änderungen in ihrem Verhalten und ihren Organisationsformen, verlangt den Schritt auf eine neue Kulturstufe.

Unsere Zivilisationsgesellschaft steht vor einem Scheideweg. Eine Situation, wie sie uns aus der Geschichte mehrfach bekannt ist und dort auch immer wieder auf gleiche Art und Weise ihrer ›Lösung‹ zutrieb: Die Lage spitzte sich immer rascher zu und endete mit einem Katastrophenereignis, einem Krieg, einem Zusammenbruch oder einer Revolution. Ein neuer Anfang mit unendlichen Hoffnungen – und das Spiel begann wieder von vorne. Wie bei Sisyphus, der seinen Felsbrocken immer wieder den Berg hinaufwälzte, bis er ihm kurz vor

dem Gipfel wieder entglitt. Kulturen brachen zusammen – die ägyptische, die sumerische, die griechische, die römische, die aztekische.
Dynastien wechselten einander ab – immer wieder beginnend vom
selben Startpunkt, ohne daß sich eigentlich etwas änderte.

Und so stehen wir auch heute im Grunde vor den gleichen geistigen
Problemen wie die Menschen des Altertums. Nach wie vor sind sie
ungelöst, und auch eine noch so hoch entwickelte Technik hat daran
nichts ändern können. Auch die Revolutionen der Neuzeit, die französische, die bolschewistische, die chinesische, die vielen in den
lateinamerikanischen Ländern, diejenigen von Pol Poth in Kambo-
dscha oder von Khomeini im Iran – sie alle brachten ein Aufatmen,
die Freiheit eines neuen Anfangs und dann eine erneute ›Erkran-
kung‹ des Systems. Manchmal weniger bedrückend, manchmal weit
schlimmer, lediglich mit jeweils anderen Vorzeichen. Warum? Weil
die Denkstrukturen seit 5 000 Jahren immer die gleichen geblieben
sind.

Die Funktion des Dichtestreß

Revolutionen, Zusammenbrüche und Katastrophen finden wir
selbstverständlich auch in der restlichen Lebewelt. Populationen,
angefangen von Bakterien und Amöben bis hinauf zu Säugetieren,
vermehren sich, überschreiten gelegentlich Grenzwerte und sind
dann nicht mehr in der Lage, ihre Existenz zu meistern. Der Dichte-
streß tritt auf. Fortpflanzung, Brutpflege- und Sozialverhalten werden gestört; Krankheiten und Aggression führen zur Vernichtung
unzähliger Individuen, und die »Revolution« endet mit einer neuen
Ausgangslage: weniger Individuen, die wieder genügend Platz und
Nahrung haben, und das Ganze beginnt auch dort von vorn. Es sei
denn – und diesen Ausweg zeigt uns die Natur ebenfalls an vielen Beispielen –, die Population ändert ihr Verhalten und paßt sich der
neuen Dichtestufe an. Statt Zerfall in die frühere Dichte erheben sich
nunmehr Organisation und Kommunikation auf eine höhere
Stufe[918].

Was wir brauchen, ist also keine Revolution, sondern eine Evolution,
eine Weiterentwicklung in unserem Denken, ja unserem ganzen
Selbstverständnis. Woran wir uns dazu orientieren können, habe ich
in den bisherigen Kapiteln dieses Buches zu zeigen versucht: an den
Systemgesetzen der Biosphäre, die es seit Äonen nicht nur geschafft

hat zu überleben, sondern auch, sich zu entfalten, einen Evolutionsschritt nach dem anderen zu vollziehen. Soll unser menschliches
System nicht an immer den gleichen Ausgangspunkt zurückfallen, bis
es sich eines Tages erschöpft hat und vielleicht ganz von der Bildflä-
che verschwindet, dann mag jetzt noch gerade Zeit sein, es mit einer
Evolution zu versuchen, einer Metamorphose, die an unserem Denken ansetzt, an einem neuen Verständnis der Wirklichkeit. Denn mit
Sicherheit haben wir Menschen längst eine neue Dichtestufe erreicht,
ohne uns ihr in unserem Verhalten angepaßt oder entsprechend
organisiert zu haben. Und niemand wird bestreiten, daß das Tempo
unserer Dichtezunahme – allein schon ausgedrückt in der Verstädte-
rung, die in einigen Ländern auf die 80 Prozent zustrebt – weit schneller ist als das Tempo der Veränderungen in unseren gesellschaftlichen
Verhaltensweisen, den damit verbundenen Traditionen und Ideologien.

Gerade eine Population wie die menschliche, die sich nicht nur selber
in 1000 Jahren verzehnfacht hat, sondern deren »künstliche Glieder«, wie Autos, Fabriken, Konsumgüter, Informationsnetze usw.,
ebenso plötzlich angewachsen sind, muß dieser neuen Dichte und
den aus ihr entstandenen vernetzten Systemen um so mehr Rechnung
tragen[2]. Daß die Menschheit zu einer grundlegenden Änderung ihres
gesamten Planens und Handelns fähig ist, hat sie bereits einmal
bewiesen. Doch dazu müssen wir weit zurückgehen, in vorgeschichtliche Zeiten, vor den Beginn der großen menschlichen Kulturen.

Sündenfall und Ich-Bewußtsein

In der Tat hat die Spezies Mensch schon einmal einen gewaltigen
Schritt in ein Neuland des Denkens getan, ihr Verhältnis zur Umwelt
neu gestaltet, ja selbst den Zeithorizont ihres Planens und Handelns
in andere Dimensionen gerückt. Erinnern wir uns an das im Kapitel
»Anbau« Gesagte: Während der vorgeschichtliche Mensch 1 bis 2
Millionen Jahre lang, vielleicht auch länger[919], seinen Lebensraum
als integrierter Bestandteil der Natur durchstreifte, brachte der Übergang vom steinzeitlichen Sammler- und Jägerdasein mit seiner Eintagesplanung auf die Wirtschaftsform des Pflanzers und Hirten eine
gewaltige Veränderung: Der Mensch konnte schlagartig mit weniger
Lebensraum auskommen und damit seßhaft werden.[920] In diesem
Moment muß eine ebenso einschneidende Änderung im Bewußtsein

der Menschen stattgefunden haben. Und zwar in dreierlei Beziehung. Man begann, sich auf einmal nicht mehr als untrennbaren Teil der Umwelt zu sehen, sondern als ein von dieser Umwelt getrenntes Ich, das sogar in der Lage war, diese Umwelt nach seinem Willen zu gestalten. Dieser Erkenntnisschritt, in den alten Mythen vielfach als Sündenfall dargestellt[395], fand erst vor recht kurzer Zeit statt, wenn auch lange vor den großen Kulturen. Vielleicht vor fünf- oder zehntausend Jahren, sozusagen erst in den letzten Minuten des über zwei Millionen Jahre alten Menschheitstages. Genetisch gesehen also lediglich vor ein paar hundert Generationen. Eine relativ kurze Zeitspanne, in der sich die in der freien Wildbahn erfolgte Programmierung unserer Erbanlagen – zum Beispiel auch, was den Streßmechanismus betrifft – bis heute noch kaum ändern konnte.

Gleichzeitig mit dem Erwachen des Ich-Bewußtseins nahm eine zweite Entwicklung, sozusagen als Pendant zu der im Großen erfolgten Trennung zwischen Mensch und Umwelt, nun auch im Organismus selbst ihren Lauf. So wie der einzelne Mensch die Sprache der Natur immer weniger verstand, verlernte er auch die Sprache seines Organismus. Von der Weisheit der Zellen und ihrer Regelkreise abgeschnitten, versuchte er nun auf anderem, indirektem Wege, nämlich abstrahierend und analysierend seinen Körper zu verstehen, ihn zu behandeln, seine Fähigkeiten durch technische Funktionen zu ergänzen, und endete dabei oft nur in kläglichen Reparaturen: ein Lebewesen, von der Weisheit seiner inneren Natur ebenso getrennt wie von der Weisheit der es umgebenden Biosphäre.

Jedoch noch eine dritte Veränderung fand statt, auf die ich im Kapitel »Kybernetik« schon hingewiesen habe. In jener Ära, in der die Menschheit über Zeiträume von über zehntausend Jahren weniger rasch zunahm als heutzutage in einem Jahrzehnt, bestimmte die Wirtschaftsform des Jägers und Sammlers nicht nur die Beziehung zur Umwelt und zum eigenen Körper, sondern auch das Verhältnis zur *Zeit*. Die Planung beschränkte sich, wie man das heute noch in von der Zivilisation »vergessenen« Reservaten, z. B. auf Neuguinea oder auf den Philippinen, beobachten kann, praktisch auf den Zeitraum von einem Tag[921]. Das nächste Jahr war den Jäger- und Sammlerkulturen wahrscheinlich ferner als uns die nächsten Jahrhunderte. Als dann mit zunehmender Menschendichte die alte Art der Nahrungsbeschaffung mit ihrem riesigen Raumbedarf nicht mehr aufrechterhalten werden konnte und sich der Übergang vom Sammler zum Pflanzer vollzog[320], war es auch mit der Eintagesplanung zu Ende.

Auf der neuen Stufe des Pflanzers und späteren Ackerbauers, die sich grob gesehen von der Jungsteinzeit bis ins Mittelalter hinzog, mußten die Menschen in ihrem Denken und Handeln auf einmal umschwenken auf eine 365mal längere Jahresplanung. In dem Moment, wo sie die ersten Samen, die ersten Pflänzchen setzten, statt sie gleich zu verzehren, begannen sie den nächsten Sommer in ihr Denken einzubeziehen.

Doch dabei scheint es bis heute geblieben zu sein. Selbst auf unserer Zivilisationsstufe des Industriezeitalters haben wir im Grunde nichts anderes als ein mehr oder weniger zufälliges Nebeneinander von Jäger- und Sammlerbewußtsein, von Pflanzerbewußtsein (siehe die immer noch jährliche Haushaltsplanung) und, wenn es hochkommt, eine Einbeziehung der nächsten Dekade, zum Beispiel durch die mittelfristige Finanzplanung. Die Entwicklung auf praktisch allen Bereichen des Lebens, das dürften auch die vorausgegangenen Kapitel gezeigt haben, verlangt jedoch, um richtig entscheiden und handeln zu können, daß wir das Stadium der jährlichen Haushaltsplanung überwinden und die nächsten 100 bis 200 Jahre mit einbeziehen. Zum Beispiel, indem wir die Tatsache einkalkulieren, daß die Vorkommen unserer wichtigsten Rohstoffe bei Beibehaltung unserer bisherigen Wirtschaftsentwicklung in spätestens dieser Zeit praktisch erschöpft sein werden[922]. Aber auch in allen anderen in diesem Buch genannten Lebensbereichen kommen wir ohne jenes »Planen von der Zukunft her« nicht mehr aus.

Ein zweiter Apfel für Adam

Leider ist dies einfacher gesagt als getan. Mit unseren Technologien, unseren Möglichkeiten, alle Rohstoffe zu nutzen und eine hohe Menschenzahl zu ernähren, sind wir zwar in unserer äußeren Welt in ein neues Zeitalter eingetreten, in unserer geistig-psychischen Struktur dagegen sind wir nicht mitgewachsen. So erscheint es uns heute noch als absurde Zumutung, über unsere Generation hinaus, also 50 oder 100 Jahre weiter zu denken. Ein Spektrum des Planens, das uns so fern ist und so wenig unsere augenblicklichen Sorgen zu berühren scheint, wie es für den primitiven Sammler das Bestellen eines Feldes für eine spätere Ernte gewesen wäre. Die Konsequenzen dieser Wirtschaftsweise haben wir in den vergangenen Kapiteln ausführlich untersucht. So zögernd und allmählich diese Entwicklung zunächst

auch war, so begann sie dann doch unter einem kurzsichtig betriebenen steigenden Raubbau an den Schätzen der Natur und unter massiven Eingriffen in ihre Regelkreise in den letzten Jahrzehnten auf einmal explosionsartig auszuarten. Aus Urlandschaften wurden Ballungsgebiete, wir bauten Fabriken und Kraftwerke, installierten Verkehrsnetze und Energienetze.

Wir können dies die Phase der »aggressiven Technologie« nennen.
Zur Zeit sind wir dabei, sie durch eine Phase der »korrigierenden
Technologie« abzulösen. Wir sind jedoch noch weit davon entfernt,
prophylaktisch im Hinblick auf die Zukunft zu denken. Dies scheint
mir nur möglich, und damit ziehe ich die Analogie zum »Sündenfall«
als dem *ersten* Bewußtseinssprung, wenn die menschliche Gesellschaft einen zweiten Bewußtseinssprung in ihrer Planung vollzieht –
die nächsthöhere Wirtschaftsform und damit eine neue Kulturstufe
erreicht. Wenn sozusagen Adam nach einem zweiten Apfel greift.
Diesmal in der Erkenntnis einer neuen Verantwortung für diese
Umwelt, die er gestaltet und von der er ein Teil ist. Eine Verantwortung, die uns früher durch die noch gewaltige, unberührte Natur
abgenommen wurde, die uns jedoch jetzt bei der von uns verursachten Vernetzung selber übertragen wird. Wie wir in den ersten Kapiteln
sahen, ist ja vieles, was früher unzusammenhängend nebeneinander-
lag, getrennt durch große Flächen unberührten Raumes, durch die
zunehmende Dichte und immer intensivere Wechselwirkung mit der
Umwelt zu einem System geworden. Zu einem neuen Ganzen, das
sich nun völlig anders verhält als ehemals seine Einzelteile.

Ebenso wie beim Übergang zu Anbau und Seßhaftigkeit eine neue
Dimension der Erkenntnis und der Erweiterung des zeitlichen Hori-
zonts in Planung und Verantwortung nötig war, verlangt nunmehr,
einige tausend Jahre später, die kritische Phase unseres heutigen Zeitalters einen erneuten aktiven Schritt in dieser Richtung. Denn unsere
Spezies wird bei diesem Vorgang nicht von Natur aus, sozusagen
automatisch wieder in ein neues lebensfähiges Gleichgewicht geführt
werden, sondern auch diesmal wohl nur durch einen bewußten Akt
und durch entsprechendes Umdenken.

Hierzu gehört als erstes eine weltweit um sich greifende Einsicht in
die Notwendigkeit einer sofortigen Geburtenkontrolle. Mehrere voneinander unabhängige Expertisen haben gezeigt, daß die Menschenzahl, die die Erde selbst bei kluger Anwendung aller heutigen Technologien optimal tragen könnte (dies betrifft nicht allein die Ernährung, sondern auch sämtliche anderen Umweltfaktoren), bereits

überschritten ist, d. h. weit unterhalb der inzwischen erreichten Bevölkerungsdichte liegt[923]. **Die gegenwärtige Kurve des Bevölkerungswachstums darf in der Tat nur als Übergangsphase angesehen werden.** Dies können wir auch in der übrigen Lebewelt beobachten: Als Übergangsphase ist Wachstum ein den Biologen wohlvertrauter Vorgang. Normalerweise wird er durch spezielle Ereignisse, wie veränderte Umweltbedingungen bezüglich Licht, Feuchtigkeit, Wärme oder Nahrungsangebot, ausgelöst und später durch ähnliche Phänomene wieder gestoppt, d. h. in eine stationäre Phase übergeführt. Im Prinzip ähnelt ein solcher dreiteiliger Phasenverlauf, ganz gleich ob er sich über Stunden, Jahre oder Jahrtausende erstreckt, immer einer typischen S-Kurve, wie sie hier abgebildet ist[924].

In der Natur gleichen daher alle Wachstumskurven überlebensfähiger Systeme mehr oder weniger diesem Kurventyp. Erfolgt nämlich aus irgendwelchen Gründen kein Abbiegen in die Waagerechte, son-

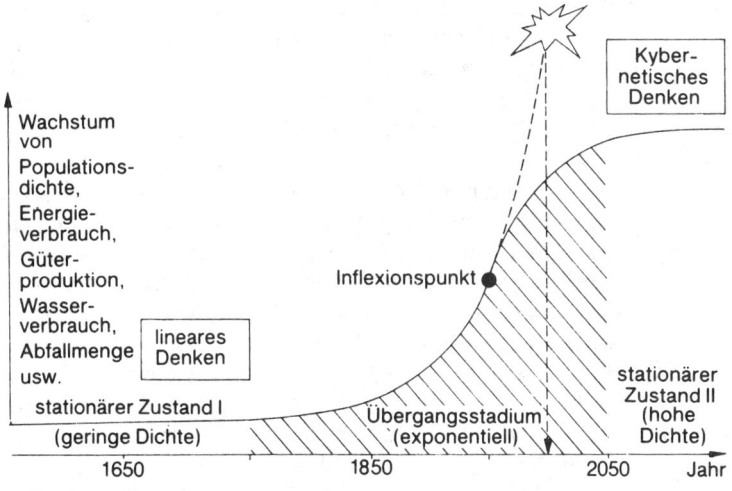

In allen lebenden Systemen sind Wachstumsphasen Übergangsstadien zwischen unterschiedlichen stationären Zuständen. Eine Fortführung des exponentiellen Wachstums über den Inflexionspunkt hinaus führt immer zur Zerstörung. Der Wechsel auf den neuen stationären Zustand höherer Dichte (und entsprechender Verflechtung) verlangt zudem eine höhere Organisationsform. In der menschlichen Entwicklung den Übergang von »linearem« auf »kybernetisches« Denken.

dern werden durch kontinuierliches Wachstum – zum Beispiel, indem man durch künstliche Nahrungs- und Energiezufuhr die natürlichen Regulationen beseitigt – die Grenzwerte nach oben verschoben, so nimmt die Kurve bei dem nächsthöheren Grenzwert meist schlagartig eine Wendung nach unten, wobei sich das System selbst vernichtet (vergleiche die gestrichelte Linie). Einige Beispiele dieser Art finden sich in den Anfangskapiteln »Systeme« und »Kybernetik«. Das Interessante dieses Mechanismus liegt darin, daß solche rücksichtslos wachsenden Systeme, wie zum Beispiel bei Krebszellen zu beobachten, somit zwar vielleicht anderen Teilsystemen gefährlich werden können, aber niemals dem Gesamtsystem Biosphäre, da sie sich längst vorher selber aus dem Spiel werfen. Die Geschichte der vier Milliarden Jahre alten Lebewelt ist der Beweis.

Neben der Notwendigkeit, alle Anstrengungen zu unternehmen, damit unsere *Bevölkerungskurve* in einen neuen stationären Zustand mit all den dazugehörigen Verhaltensänderungen umschwenkt, ist es natürlich erst recht notwendig, unsere *wirtschaftliche* Entwicklung und ihren wachsenden Produktionsausstoß in ein stationäres Fließgleichgewicht überzuführen. Denn hier liegt, wie schon früher angedeutet, ein doppelt exponentieller Verlauf vor, der eben nicht nur mit der Zahl der Menschen, sondern, etwa im Energieverbrauch, im Konsum und der Produktion von Abfällen und Giften, auch noch im Pro-Kopf-Anteil wächst.

Die große Aufgabe für unsere Wirtschaftssysteme westlicher wie östlicher Prägung findet sich daher gewiß nicht mehr in einem immer weiteren Anstieg des Bruttosozialprodukts, wie sich dies alle Beteiligten jahrzehntelang aufs Panier geschrieben hatten, sondern in einem Umschwenken vom selbstzerstörerischen quantitativen Wachstum auf qualitative Umstrukturierung oder, wie es etwas unglücklich heißt, auf qualitatives Wachstum. Dieses Umschwenken entspricht in seinen Grundvorgängen (verglichen mit der Lebewelt) dem Umschalten von Zell*teilung* auf Zell*differenzierung;* ein Umschalten, das – wie wir in den Kapiteln zur belebten Materie sahen – hier wie dort durchaus nicht Verzicht auf Gewinn heißen muß, Verzicht auf Stabilität oder gar Verzicht auf Wohlbefinden. Mit etwas Systemverständnis kann jeder erkennen, daß genau das Gegenteil der Fall ist.[925]

Nur der völlige Phantasiemangel einiger auf ihr Wachstumsethos eingeschworener Apparatschiks unserer Wirtschaft konnte daher die wiederholten Appelle zur Abkehr vom steten Wachstum, die letztlich

auch zu ihrer eigenen Rettung dient, so gründlich mißverstehen[926].
Ihnen ist entgangen, daß *Weiterentwicklung* keinesfalls gleichbedeutend mit Wachstum ist, daß Fortschritt nicht notgedrungen »mehr«,
»schneller«, »größer« bedeuten muß, sondern auch »anders«,
»schöner«, »besser« heißen kann. Allein die Möglichkeiten zum Beispiel der Diversifizierung, einer neuen Kleinräumigkeit, des Recycling oder der mit einer kybernetischen Wirtschaftsweise wieder stark
ansteigenden Dienstleistung[907] werden die Prosperität (gemessen an
der Lebensqualität, d. h. an einem Sozialindex und nicht am Bruttosozialprodukt!) wohl eher zunehmen lassen. Eine neue ökonomische
Theorie, die, wie wir im letzten Kapitel sahen, von verschiedenen
kybernetisch orientierten Schulen entwickelt wird[911], ist daher für die
neue Kultustufe des kybernetischen Zeitalters wohl ebenso unumgänglich wie eine neue Art von Politik. Auch diese kann nicht mehr
wie bisher auf jener verheerenden Prämisse vom fortgesetzten quantitativen Wachstum aufbauen, wenngleich so mancher Politiker immer
noch glaubt, daß ohne ein solches unsere Wirtschaft und unser Staat
zusammenbrechen müßten, und damit nach Lösungen sucht, die
keine sein können[999].
Für eine zukunftsbezogene Politik heißt es daher, »sich aus der Vier-
Jahres-Hypnose des Wahlrhythmus herauszulösen und langfristige
Vernetzungen in unsere Planungen miteinzubeziehen, wenn wir noch
einmal neue Entwicklungschancen haben wollen. Dazu müssen wir
auch in der Politik zunächst einmal lernen, zuzugeben, daß wir zur
Zeit, d. h. auf der Basis der derzeitigen Parteiprogramme, keine
Lösungen parat haben; zuzugeben, in welchen Zwängen wir sind,
anstatt sich in pseudowissenschaftliche Hochrechnungen und Kaf-
feesatz-Prognosen sogenannter Experten und Weisen zu flüchten –
was ohnehin von der Öffentlichkeit immer weniger honoriert wird.
Denn gerade die wachsende Zuflucht der Politiker zu Technokraten
wird, wie Ralf Dahrendorf es ausdrückt, nur für kurzfristige konjunk-
turpolitische Manöver reichen, aber nicht mehr für das große Design
einer politischen Zukunftsperspektive. Und endlich heißt es: sich von
den wirtschaftspolitischen Vorstellungen des vorigen Jahrhunderts
mit ihrem schon pathologischen Wachstumswahn lösen und in den
Gesetzmäßigkeiten überlebensfähiger Systeme zu denken anfangen,
die alleine für einen so hoch vernetzten Organismus, wie unsere Industriegesellschaft es ist, adäquat sind.«[927] Sie bilden die Basis, von der
ausgehend wir noch eine Chance haben, die Kulturstufe eines kybernetischen Zeitalters zu erreichen.

18 Denkmodelle

Auf dem Weg
zur dynamischen Norm

Einer Änderung unseres Denkens und Handelns, wie ich sie in diesem Buch propagiere, steht weniger der Mangel an geistigen und technischen Möglichkeiten entgegen als vielmehr ein ungeheurer Ballast an Traditionen und Tabus, an Lehrmeinungen und Dogmen. Obwohl keineswegs genetisch verankert, wurden sie doch von Generation zu Generation als unverrückbare »Wahrheiten« weitergegeben. Eine der wichtigsten Aufgaben in Richtung eines neuen Denkens wird es daher sein, die eigentliche Natur jener Normen zu analysieren. Es gilt, die Scheinkonstanten unter ihnen zu erkennen, die – abgesehen von der Tatsache, daß sie unsere festgefahrene Situation zum Teil mitverschuldet haben – mit unserer heutigen Realität nicht mehr das geringste zu tun haben.

Knöpfen wir uns zunächst jenes Dogma vor, welches das rechtzeitige Abbiegen unserer fast senkrecht emporschnellenden Wachstumskurve bisher verhinderte: unsere in Ost und West einmütig vorherrschende Wachstumsideologie. Denn gerade sie beruhte nicht etwa auf einem Verständnis des realen Systemverhaltens und daraus erklärbarer Fakten, sondern auf der irrationalen Denkschablone, daß alles Wachstum – sei es wachsende Geschwindigkeit oder wachsende Information – von vornherein als erstrebenswert gilt. Eine a-priori-Forderung, die zu beweisen sich niemand je die Mühe machte. Nun, Beweise dafür sind auch in der Tat nirgends zu finden. Denn Wachstum ist von Natur aus wertfrei und deshalb mal gut und mal schlecht. Doch wir haben ihm eine Qualität angedichtet, ein Wertmaß, das ihm gar nicht zukommt[928].

Verzicht auf steigende Produktion heißt, wie die Praxis zeigt, noch lange nicht Verzicht auf Gewinn, ebensowenig wie Produktionssteigerung etwa mit Stabilisierung gleichzusetzen ist. Daher wird auch heute zwar niemand mehr das bestehende Wirtschaftsdogma in allen Punkten voll akzeptieren, doch seine Ablösung durch eine im Prinzipiellen neue Ökonomie für eine nachindustrielle Gesellschaft scheint vielen undenkbar. Die Schwierigkeiten bei der Vorbereitung dieses Ablösungsvorgangs durch Unverständnis, Fehlbeurteilung, mangelnde Unterstützung, Erschwerungen bis hin zu massiven Behinderungen und Drohungen durch die an ihren Dogmen Hängenden sind jedoch keine Neuerscheinung. Ob es um die Abschaffung der Sklaverei in den Südstaaten der USA oder der Kinderarbeit in den englischen Textilfabriken im vorigen Jahrhundert ging oder um die Einführung des Achtstunden-Arbeitstags nach 1918, immer haben »Interessengruppen« und »Sachverständige« mit der Drohung eines wirtschaftlichen Zusammenbruchs notwendige Entwicklungen bzw. Korrekturen von Fehlentwicklungen zu blockieren oder aufzuhalten versucht.

Dennoch ist es unumgänglich, verschiedene feste Begriffe neu zu durchdenken. Nehmen wir zum Beispiel die Frage des Pro-Kopf-Einkommens. In Somalia, ähnlich wie in Ruanda, ist es mit 200 DM/Jahr nur ein Viertel so groß wie im übrigen Afrika, wo es bereits bei nur einem Zwanzigstel des Jahreseinkommens eines Bundesbürgers liegt. Dennoch herrschte dort, zumindest bis zum Eintreffen des großen Flüchtlingsstroms aus Äthiopien, in vielen ländlichen Gemeinden keine Not. Erstens, weil hier das Einkommen, also Geld, für die Selbstversorgung einfach ohne Belang ist, und weil zweitens für das Ansehen des Einzelnen sein soziales Verhalten weit höher zählt als zum Beispiel Fleiß. Wirkliche Armut gibt es dagegen gerade dort, wo das Pro-Kopf-Einkommen weit höher liegt, nämlich in den Städten. So gibt es Länder, die nach unseren ökonomischen Maßstäben sehr weit unten rangieren, die jedoch, wie zum Beispiel auch in Burma der Fall, eine äußerst niedrige Inflationsrate besitzen, keine Energieprobleme kennen, eine vernachlässigbare Umweltbelastung haben und wo weder Verkehrsprobleme noch Verbrechen existieren – alles Dinge, die wir als Traumziel anstreben. Aus der Sicht des Burmesen sind daher die Zustände in unseren hochentwickelten Ländern in der Tat auch äußerst unattraktiv[929]. Solche Fälle zeigen, daß offensichtlich eine starke Korrelation besteht zwischen bescheidenem Leben und Glücklichsein.

Diese Extrembeispiele sollten hier keineswegs als für uns nachahmenswertes Vorbild dienen, sondern nur zeigen, wie irrelevant die von uns als selbstverständlich angesehene Koppelung eines hohen materiellen Lebensstandards mit dem realen Wohlbefinden ist und daß es in der Tat Grenzen des Wohlstands gibt, der, wie der Soziologe Peter Atteslander sagt, an der Schwelle zum Zuteilungsstaat sich quasi selbst im Wege steht[999]. Denn gleicher Wohlstand für alle verlangt einen so gewaltigen Verwaltungsaufwand, daß dadurch der Gesamtwohlstand wieder überproportional vermindert würde.

Weder der Produktionsausstoß noch die Gewinnmaximierung, noch das Bruttosozialprodukt, die jahrzehntelang von unseren Wirtschaftlern als Maßstab für die Lebensqualität angesetzt wurden, haben heute noch Gültigkeit, sondern weit eher Sozialindikatoren, wie wir sie schon in den Kapiteln »Kybernetik« und auch »Energielösungen« besprochen haben. Was die tatsächlichen *Bedürfnisse* betrifft, so haben wir bereits gesehen, daß diese keineswegs mit dem auf der Basis solcher wirtschaftlichen Maßstäbe erzeugten *Bedarf* gleichzusetzen sind[930]. Gerade dieser Pseudobedarf war es, der uns in die großen Schwierigkeiten hineinkatapultiert hat.[932]

Oder nehmen wir das Dogma des Geburtenzuwachses. Während man sich einig ist, daß die Entwicklungsländer ohne eine drastische Reduzierung der Geburtenzunahme katastrophalen Zuständen entgegensehen, zittert man in den Industrieländern vor einem Rückgang der Bevölkerungszahl – in der irrigen Annahme, eine Drosselung der Geburtenzunahme und die damit verbundene (sowieso nur vorübergehende!) Überalterung der Bevölkerung stellten eine untragbare volkswirtschaftliche Belastung dar. In Wirklichkeit ergibt sich, da Kinder nachgewiesenermaßen weitaus teurer sind als alte Leute, eine spürbare *Entlastung* der berufstätigen Schichten[931], von all den übrigen, mit zunehmender Dichte immer unerträglicher werdenden wirtschaftlichen, sozialen und ökologischen Belastungen zu schweigen.

Oft sind es also gerade die sakrosankten Anschauungen und Bilder, sozusagen selbstverständliche und damit erstarrte a-priori-Aussagen, um die herum sich Katastrophen aufbauen. Diese Dogmen beginnen dann ein eigenes Leben zu führen, getrennt von dem Rest des Systems. Um sie zu schützen, muß man sie zum *Tabu* erheben, denn kämen sie mit den übrigen Teilen des realen Systems zusammen – und das geschähe ja bei jedem (tieferen) Nachdenken über sie –, dann würde sich ihre Unhaltbarkeit zeigen. Auf diese Weise lassen sich ohne weiteres im Grunde gar nicht haltbare Gedankengebäude lange am Leben erhalten.

Doch diesem Mechanismus liegt noch etwas anderes zugrunde. Aus unseren heutigen Erkenntnissen über die Vorgänge im Gehirn ist es durchaus erklärbar, warum Dogmen und Tabus wie jene Ideologie des quantitativen Wachstums sich überhaupt so lange und so beharrlich halten. Dogmen sind für ein zweiwertiges Denken sehr geeignet (wir erinnern uns an die binäre ›Denkweise‹ der Digitalcomputer). Sie erleichtern das Standardisieren, das Einordnen nach Klasse und Merkmal. Natürlich ist ein so aufgebautes und linear verknüpftes Denken äußerst unbeweglich. Im lebenden Bereich würde eine solche Standardisierung, wie sie im Bereich der Maschinen durchaus von Vorteil ist, in der letzten Konsequenz nichts anderes als Tod bedeuten, einfach weil keine Weiterentwicklung, keine Anpassungsmöglichkeit mehr gegeben ist. Wenn wir mit der Lebewelt zu tun haben – und das haben wir immer, wenn es um uns Menschen geht –, müssen wir uns von einer in der Technik durchaus angebrachten Standardisierung, Normierung und dem dogmatischen Festhalten an Standardwertungen lösen[933]. Ein Dogma erlaubt keine Befruchtung verschiedener Auffassungen, ja nicht einmal deren Koexistenz. Das soziale System ist jedoch – da es im Grunde ein biologisches ist – auf eine Diversität der Ideen ebenso angewiesen wie das biologische auf die Diversität der Arten.

Tabus sind in dieser Hinsicht noch schlimmer als Dogmen. An ein Tabu darf man nicht einmal denken. Es ist »undenkbar« und somit nicht überprüfbar. Hier können dann Streßmechanismen verstärkend mit ins Spiel kommen. Wird ein Dogma, das mit gesundem Menschenverstand umzuwerfen wäre, zum Tabu erklärt, so tritt neurobiologisch folgender Effekt ein: Die mit dem Tabu assoziierten Informationen sind durch die Tabuisierung mit der Wahrnehmung »Angst« verknüpft. Sobald die entsprechenden Neuronenfelder im Gehirn erregt werden, wird als Sekundärinformation gleichzeitig wieder das Gefühl der Angst miterinnert, der Streßmechanismus setzt ein und blockiert, wie ich es an anderer Stelle beschrieben habe, ein weiteres Verarbeiten, ein weiteres Denken in Verknüpfung mit jenem tabuisierten Informationsinhalt[934]. Dies hat zur Folge, daß selbst ein verbotener Versuch, das Tabu zu überdenken, schon rein biologisch erschwert wird.

Naturkonstanten, die keine sind

Auch in den Naturwissenschaften erweisen sich manche von uns als Konstanten und Dogmen angesehene Größen als veränderlich, korrekturbedürftig oder unvollständig, so daß sich die Wissenschaftler immer wieder, oft unter großen Kämpfen, bequemen mußten, diverse Dogmen als Erfindungen eines unbeweglichen menschlichen Geistes anzusehen und sie wieder aufzuheben. Selbst ganz einfache Dinge entpuppten sich so bei näherem Hinsehen als etwas ganz anderes als das, wofür wir sie bisher hielten. Zum Beispiel hat sich ausgerechnet die eine chemische Formel, welche jeder zu kennen glaubt, nämlich H_2O, letzthin als falsch erwiesen. Wasser enthält nachweislich höchstens 0,1 Prozent H_2O-Moleküle. Der Rest besteht aus komplizierten höheren Strukturen von Wasserstoff, Sauerstoff und OH-Gruppen[935].

Als ein anderes unumstößliches Axiom der Physik erschien auch bislang, daß die Lichtgeschwindigkeit (300 000 Kilometer pro Sekunde) – als oberste Grenze der Bewegung in Raum und Zeit – nicht überschreitbar ist. Nun machen seit neuestem ebenso exakte physikalische Berechnungen die Existenz überlichtschneller Teilchen, der sogenannten Tachyonen, wahrscheinlich[936]. Ja, die Zeit selbst braucht nicht einmal zu allen Zeiten immer gleich abgelaufen zu sein[937]. Bei einem sich ausdehnenden Weltall – und dies haben wir offenbar vorliegen – dehnt sich auch die Zeit mit. Gingen wir Milliarden Jahre zurück, so würde auch die Zeit mit dem Weltall zusammenschrumpfen, gerafft werden und somit immer schneller ablaufen. Auf sich selbst bezogen – und welche andere Bezugsgröße hätte es –, war also das sich seit jeher von Ewigkeit zu Ewigkeit erstreckende Weltall immer gleich alt, immer gleich groß und die Zeit seit seiner Entstehung immer gleich lang. Was war dann beim *Urknall?* Können wir hier überhaupt noch von einer Zeit Null, von einem Anfang sprechen?

Die Zeit braucht nicht einmal immer vorwärts zu laufen. So unfaßbar, so unmöglich umgekehrte Zeitläufe auch erscheinen – sie berühren doch nur wieder unser anerzogenes Kausaldenken, das sich weigert, die Ursache in der Zukunft und die Wirkung in der Vergangenheit zu sehen, obwohl dabei nicht einmal statistische Gesetze verletzt, sondern lediglich etwas strapaziert, geschweige denn Grundgesetze der Physik aufgehoben würden.

Wenn es um den Versuch geht, Verhaltensweisen zu ändern, fixierte

Vorstellungen zu lockern, um katastrophenartige Zuspitzungen, also Revolutionen zu vermeiden und einer Evolution den Weg zu bereiten, kommt in der Tat der Übung, sich mit dem Ungewohnten auseinanderzusetzen und das Bekannte in Frage zu stellen, eine wichtige Rolle zu. Eine große Hilfe bei diesem Versuch, einmal alles, letztlich auch das, was in diesem Buch steht, ein wenig zu relativieren, ist die Beschäftigung mit den Welten, die außerhalb unserer eigenen Größenordnung liegen, dem Mikrokosmos und dem Makrokosmos. Denn die laufenden naturwissenschaftlichen Entdeckungen halten uns hier ganz schön in Atem. Sie halten unser Denken beweglich, zwingen uns zu neuen Analogien, zu neuen Denkmodellen[938]. Vielleicht ist diese Funktion sogar höher zu bewerten als die Umsetzung naturwissenschaftlicher Erkenntnisse in »Machbares«, in die Technik. Ein kleiner Ausflug in einige solcher Gedankenspiele sei daher gestattet.

Lockerungsübungen im Relativieren

Wenn wir zum Beispiel versuchen, unsere Stellung im Universum zu erkennen, sie zu relativieren, sie im Maßstab der Gesetze des Alls zu sehen, kann gerade die Astronomie mit ihren so gänzlich anderen Raum- und Zeitvorstellungen unser Denken wohltuend befreien. Entfernungsbegriffe von Millionen Lichtjahren – wo eine Licht*sekunde* schon fast die Entfernung Erde-Mond bedeutet – veranschaulichen die Winzigkeit unseres Daseins ebenso, wie es die Fülle der unzähligen anderen Sonnen-, ja ganzer Milchstraßen-Systeme tut, all der Galaxien und Spiralnebel und nicht zuletzt die wiederum dadurch bedingte Wahrscheinlichkeit extraterrestrischen Lebens auf anderen Welten. Die Homogenität des Weltalls zeigt sich ja sicher nicht nur in der ständigen Repetition ähnlicher Typen von Spiralnebeln und anderer Himmelsobjekte[939], sondern legt wohl auch die, wenngleich seltene Wiederholung lebender Erscheinungsformen nahe[940] und läßt dadurch selbst den lieben Gott ein wenig größer erscheinen, als wir ihn in unserer Anthropozentrik meist sehen.

Andere geistige Lockerungsübungen ergeben sich aus der Verfolgung der Sternenentwicklung, der Entstehung einer Sonne, ihrer allmählichen Aufblähung zum roten Riesenstern oder ihrer Explosion zur Supernova und ihrem damit beginnenden Tod mit all den exotischen Stufen eines Sternenlebens. Die Forschungsberichte der Astronomen

– inzwischen haben einige von ihnen auch faszinierende Sachbücher geschrieben[941] – laufen jedem Science-fiction-Roman den Rang ab, wenn sie zum Beispiel die tatsächlich beobachtbare Explosion einer Supernova berichten, nach der dann ein ganzes Sonnensystem in einem gewaltigen Gravitationskollaps zu einem winzigen Neutronenstern schrumpft, auf dem ein Sandkörnchen eine Million Tonnen wiegt. Selbst dieser Neutronenstern kann sich dann noch einmal zusammenziehen zu einem jener geheimnisvollen »black holes«, in die alle Materie wie in eine sich selbst verschlingende Hölle stürzt. Ein schwarzes Loch, aus dem die Gravitation nicht einmal mehr einen Lichtstrahl entläßt, ja das sich am Ende gar zu einer punktförmigen »Masse« vom Volumen Null mit der Gravitation Unendlich zusammenzieht oder aber aus seinen Gravitationswellen neue Materie – und Antimaterie – gebären kann, wie das bei dem im Zentrum unserer eigenen Galaxie entdeckten schwarzen Loch vielleicht der Fall ist[942].

Auch die Vorstellung vom *Urknall,* der Entstehung des Universums aus dem »Nichts«, und das Für und Wider der unterschiedlichen Theorien zur Materie-(und Antimaterie-)Entstehung[943] sind geeignet, ein neues Verhältnis zur Materie und ihren Eigenschaften zu bekommen. Und bedenken wir dann, daß aus der gleichen Materie, den gleichen Protonen und den gleichen Energiearten auch unser Leben aufgebaut ist, daß sich daraus Dinge formen wie eine Blume, ein Schmetterling oder ein menschliches Gehirn, so erhalten wir ein Gefühl für die Spannweite dessen, was letztlich unterschiedliche Information (im Sinne von Ordnungsprinzipien) aus dieser Materie alles gestalten kann.

Befruchtende Wirkung auf unser Denken haben natürlich ebenso die physikalischen Entdeckungen aus dem Bereich der Elementarteilchen, wie etwa das seit 1925 bekannte »Pauli-Prinzip«. Aus seinen Konsequenzen geht hervor, daß auch ein nichtenergetischer Informationsaustausch zwischen Materieteilchen möglich sein muß, ja, daß ein Atom zum Beispiel ›wissen‹ und ›behalten‹ kann, ob es einem bestimmten anderen Atom einmal begegnet ist oder nicht, wie es der Plasmaphysiker Henry Margenau, ein Freund Einsteins, mir einmal erklärte[944]. So gibt es weitere, noch längst nicht erforschte Kommunikationsarten auch der Materie, wie sie sich in verblüffender Weise in der sogenannten »chemischen Uhr« jetzt manifestiert haben[945]: Moleküle ›wissen‹, in welchem Zustand sich andere Moleküle befinden, ja haben gewissermaßen ein Gedächtnis[945]. Und diese Fähigkeit der Materie, Information aufzunehmen, ja Unterschiede in ihrer Umgebung zu ›erkennen‹, nimmt um ein Vielfaches zu, wenn Materie sich im Ungleichgewicht, in einem labilen Zustand befindet, sei es, daß ein Atom gerade zerfällt oder daß sich ein Molekül gerade umwandelt[947]. Eine plötzlich hochschnellende Empfindlichkeit für immaterielle Wechselwirkungen scheint dann aufzutauchen, wie sie von mehreren Arbeitsgruppen, u. a. meiner eigenen, in physikochemischen Experimenten untersucht wurden[948] und wie dies von dem schon mehrfach erwähnten Ilja Prigogine nun von einer grundlegenden Seite her untermauert wurde[194]. All dies bedeutet – ganz in Bestätigung unseres systemischen Ansatzes und desjenigen der damit eng verwandten »Synergetik« des Physikers Hermann Haken[949] –, daß die Welt, wie es Eugene Wigner einmal auf einer Nobelpreisträgertagung ausdrückte, »enger zusammengebunden ist, als man bisher annahm«[950].

Doch damit genug. Aus alldem dürfte sich ergeben haben, daß selbst die jedem so absolut unumstößlich erscheinenden Größen und Begriffe der physikalischen Welt – wie Lichtgeschwindigkeit, Elementarladung, Gravitationskonstante, Atomdurchmesser, Raum und Zeit – in Wirklichkeit gar nicht konstant sind, sondern in ihrer Wechselwirkung mit Raum und Zeit Veränderungen unterliegen, durch die ihre Relativität und damit auch die gegenseitige Abhängigkeit all dieser Größen voneinander bedingt wird. Damit wurden übrigens Überlegungen bestätigt, wie sie bereits der Physiker Ernst Mach mit seiner Kritik des Kausalitätsprinzips im vorigen Jahrhundert angestellt hatte[33].

Mit solchen Gedanken ordnen wir die exakten Schlüsselkonstanten der Physik lediglich der Epoche zu, in der wir gerade leben, und das bedeutet eine gewaltige Umstellung unserer bisherigen Anschauungen von der Wirklichkeit. Auch Albert Einstein erkannte diese Diskrepanz zwischen mathematischem Denken und der Wirklichkeit, als er sagte: »Insofern sich die Sätze der Mathematik auf die Wirklichkeit beziehen, sind sie nicht sicher, und sofern sie sicher sind, beziehen sie sich nicht auf die Wirklichkeit.« (Was uns auch an die im Kapitel »Systeme« kurz besprochenen »Fuzzy Sets« erinnert.) Warum sollten nicht ›absolute Wahrheiten‹ aus anderen Bereichen als dem der Physik ebenfalls lediglich solche Quasi-Konstanten sein, die nur im Zusammenhang mit unserer Zeit Gültigkeit haben? Solche Denkmodelle können uns jedenfalls erleben lassen, daß die Welt keineswegs so aussehen *muß*, wie sie uns in den Schulbüchern oder in der Bibel begegnet. Lassen wir hierzu noch einen anderen großen Physiker sprechen, Max Born, der mit 81 Jahren, zehn Jahre nachdem er den Nobelpreis erhalten hatte, über die Gültigkeit von Ideen sagte: »Ich glaube, daß Ideen wie absolute Richtigkeit, absolute Genauigkeit, endgültige Wahrheit usw. Hirngespinste sind, die in keiner Wissenschaft zugelassen werden sollten.«[951]

Statische und dynamische Normen

Das bringt uns zurück zu unseren Traditionen und Tabus. Die Zeit ändert also Konstanten. Warum sollte es mithin nicht auch für so etwas wie Tabus einen begrenzten Zeithorizont geben? Wie wir in unserem Kapitel »Systeme« gesehen haben, sind mechanische Abläufe – und die Befolgung eines Tabus ist ein mechanischer Ablauf – immer nur für bestimmte Zeiten richtig. Die Realität dagegen, als offenes System, ist *nicht* mechanisch. Deshalb geraten ab einer bestimmten Zeitgrenze mechanische Abläufe mit den sich verändernden komplexen Systemen, insbesondere den biologischen, unweigerlich in Kollision und verlangen eine Korrektur. Natürlich ist auch die Länge dieses Zeithorizonts selbst, also die Gültigkeitsdauer einer Tradition, keine feste Größe. Auch sie ist veränderbar. So entsprach in früheren stationären Zeiten das lange Wahren einer Tradition der natürlichen Bevölkerungsbewegung. Bei der derzeitigen Vermehrungs- und Verdichtungsrate ist jedoch jener Zeithorizont so kurz geworden, daß das beharrliche Festhalten an Traditionen in gewissen Fällen Gift, ja tödlich sein kann. Wo die Festlegung auf eine starre Regel auch beginnt, sie mag zunächst noch so zeitnah sein, im nächsten Moment stimmt sie mit der neuen Wirklichkeit einer inzwischen schon wieder veränderten Umwelt nicht mehr überein. Auf der augenblicklichen steilen Wachstumskurve der Menschheit (siehe Abbildung auf Seite 453) schafft jeder weitere Millimeter, den wir auf der Zeitachse vorwärts gehen, völlig neue technische, soziale und politische Gegebenheiten auf unserem Planeten. Ein tradiertes Verhalten, das bei dem früheren, relativ stationären Zustand über ein ganzes Jahrtausend seine Gültigkeit bewahrte, solange die Veränderungen in den Lebensbedingungen über einen bestimmten Spielraum nicht hinaussprangen, hätte zur Zeit, wo die gleichen Veränderungen tausendmal schneller ablaufen, eine Gültigkeit von vielleicht nur einem Jahr; eine Tradition, die früher nach hundert Jahren ungültig wurde, mag heute ihre Gültigkeit schon einen Monat nach ihrer Einführung wieder verlieren.

Viele statische Normen sind also in unserer Zeit sicher schon im Moment ihrer Aufstellung wieder falsch und daher als Norm nicht zu gebrauchen. Dies zeigt sich bis in die Landesplanung hinein, wenn zum Beispiel einmal festgelegte Vorhaben wie Flurbereinigungen, Flughäfen, Kanalbauten eine lange Anlaufzeit haben, dann jedoch, wenn sie realisiert werden, völlig unsinnig geworden sind, so daß sie eigentlich niemand mehr will, aber – da der Ablauf durch eine statische Norm fest verankert ist – in ihrer Durchführung nicht mehr gebremst werden können.

Wenn nun aber statische Normen nicht zu gebrauchen sind, an was soll man sich halten? Gibt es dann überhaupt noch Richtlinien, auf die man bauen könnte? Ich glaube, daß es durchaus möglich ist, auch in dieser »Zeit der Übergänge« eine gültige Ordnung zu erreichen; allerdings nur, wenn sich diese nicht an etwas ›Totes‹ (Starres), sondern an etwas ›Lebendiges‹ (Flexibles) hält, an etwas, das sich selbst mit uns bewegt. Es wäre dies nicht etwa wieder eine entsprechend korrigierte neue Norm, sondern eine völlig neue *Art* von Norm, zu der wir finden müssen. Eine Norm, die nicht mehr feststeht, sondern auf Dynamik basiert und sich dadurch nicht an irgendeinem momentanen Bild der sich ständig verändernden Umwelt verankert. Eine Norm, die nicht die Lage von Punkten angibt, sondern die Richtung von Tendenzen, so, wie dies etwa auch in den neuen planerischen Strategien der Fall ist, die sich aus in den Anfangskapiteln besprochenen makroskopischen, d. h. *systemischen* Modellen ergeben. Was wir zur Bestimmung solcher dynamischer Normen brauchen, ist demnach vor allem eine bessere Kenntnis des realen Systemverhaltens und der ihm zugrunde liegenden Systemgesetzmäßigkeiten, aus denen wir die anzustrebenden (und möglichen!) Entwicklungen abzulesen vermögen. Die unseren gängigen Denkgebäuden entstammenden Theorien und Ideologien werden uns dagegen hierbei kaum helfen können. Eine erfreuliche Entwicklung in den Sozialwissenschaften markiert daher die von Herbert Stachowiak herausgegebene Aufsatzreihe »Bedürfnisse, Werte und Normen im Wandel«, die rückwirkend auf die verschiedenen dort zu Wort kommenden Schulen natürlich auch deren eigene Normen relativiert[52].

So gilt es, in Zukunft für viele Gebiete – auch im Bereich der Gesetze und Verordnungen – nicht mehr feste Größen, sondern eben Tendenzen, also Tempo und Richtung einer Entwicklung anzugeben, entlang der wir uns bewegen müssen. Mathematisch könnte man dies zum Beispiel durch die »Steigung« einer Geraden, die »Ableitung« einer Kurve, das »Differential« einer Formel oder auch durch einen »Vektor« ausdrücken. In all diesen Fällen wird ein solcher Wert – auch wenn wir uns auf der Zeitachse ein gutes Stück weiter bewegen – viel länger seine Gültigkeit bewahren und damit mehr Sicherheit und Halt geben als eine statische Norm.

Die ersten Vorläufer dynamischer Normen sind bereits aufgetaucht. Etwa im Umweltbereich bei den stufenweise in Kraft tretenden Abwasserbestimmungen oder bei dem über mehrere Jahre gestaffelten Benzin-Bleigesetz. Obwohl sich hier die einzuhaltenden Werte von Jahr zu Jahr ändern, bleibt eines konstant: die Art der Änderung selbst. Vertrautheit und Sicherheit stellen sich ein wie früher bei der statischen Norm. Ähnlich dürfte sich beim Energieverbrauch, bei den Strompreisen, der Nahrungsumstellung, dem Wasserverbrauch und vielen anderen unserem augenblicklichen Verhalten und Wirtschaften entspringenden Größen die Ausarbeitung dynamischer Normen anbieten, welche die nötigen Veränderungen *selbst* zum vertrauten Maßstab machen. Ein Maßstab, den dann die Allgemeinheit kennt, auf den sie sich vorbereiten kann, statt durch eine plötzlich notwendige und damit um so einschneidendere Aufhebung einer nicht mehr tragbaren *statischen* Norm den Boden unter den Füßen zu verlieren.

Wachstum, Krieg und Frieden

Damit kommen wir noch einmal zurück zum kontinuierlichen Wachstum als einer der bisherigen Hauptkonsequenzen unseres technisch-medizinischen Fortschritts. Wie wir gesehen haben, wird seine Beibehaltung immer zur Revolution und nie zur Evolution führen. Lediglich dann, wenn – entlang jetzt vorzubereitenden dynamischen Normen – neue Kommunikations- und Verhaltensweisen auftreten, wenn die Kurve wieder in die Waagerechte abbiegt, werden neue Gleichgewichtsgesellschaften entstehen, die mit ihrer Umwelt in fruchtbarer Symbiose leben, ohne daß die Population zusammenbrechen müßte. Diese hat dann eine höhere Organisationsstufe erreicht, die innere Struktur des Systems hat sich weiterentwickelt. Die Gesundung geschah von innen heraus und nicht durch Operationen von außen, die lediglich Krankheitssymptome beseitigen, jedoch die nächste Katastrophe, da immer noch einprogrammiert, schon wieder in sich tragen. Dieses Umschalten zum kybernetischen Denken und Handeln dürfte als einziges in der Lage sein, ein bestehendes Gefüge ohne jenen tödlichen Vorgriff aufrechtzuerhalten, ja bereits mit dem Beginn jenes Umschaltens für ganze Volkswirtschaften ein insgesamt gesehen weitaus profitableres Arbeiten ermöglichen[952]. Hier hätte dann eine echte »Evolution« stattgefunden.

Eine der verheerendsten Parallelen zum Wirtschaftswachstum finden wir im Wettrüsten, wo mit dem ständigen Wachstum des Waffenarsenals ebenfalls nichts anderes eingetreten ist als ein Aufschaukeln durch positive Rückkoppelung, das bei seiner Fortsetzung zwangsweise irgendwann in einer Katastrophe enden muß. Solche für das Geschehen in komplexen Gesamtsystemen durchaus üblichen Entwicklungen lassen sich mittlerweile äußerst anschaulich mit der neueren Katastrophentheorie (wie sie im Rahmen der algebraischen Systemtheorie von mehreren Autoren weiterentwickelt wurde) beschreiben[953]. Auch hier ist ein rechtzeitiges Umschalten dringend geboten, welches sich an unseren biokybernetischen Grundregeln orientiert und z. B. gerade einander ›artfremde‹ Gesellschaftssysteme wie das kapitalistische und sozialistische (West und Ost) oder das der Industrieländer und der Entwicklungsländer (Nord und Süd, wo sich die Denkstrukturen vielleicht noch mehr unterscheiden) zu einer echten Symbiose führt[905]. In einer scharfsinnigen Analyse unserer Sicherheitspolitik sagt der an der Bundeswehr-Hochschule in München lehrende Sozialwissenschaftler Klaus von Schubert: »Das Prinzip gewaltfreier Politikgestaltung auf das internationale System zu übertragen, verlangt die Abkehr vom Freund-Feind-Paradigma, die Anerkennung des je anderen als Subjekt und die gemeinsame Interessenwahrnehmung des zu organisierenden Überlebens als *solidarische Interaktion*. Sicherheit ist dann zuerst die Sicherheit des anderen, damit sie als gemeinsames Gut erworben und bewahrt werden kann.« Hier findet sich in der Tat eine verblüffende sicherheitspolitische Analogie zu unserem biokybernetischen Grundprinzip der Symbiose[954].

In unserem ersten Kapitel über Systeme haben wir erfahren, daß ein wachsendes System, soll es langfristig funktionieren und größte Freiheit der Entfaltung für seine Individuen bieten, dies nur durch rechtzeitiges Umschwenken vom quantitativen Mengenwachstum auf ein qualitatives Wachstum in Struktur und Gestalt erreichen kann, durch ein Umschwenken auf ein offenes Fließgleichgewicht. Nur ein solches ist frei von Zwängen, jederzeit an Umweltveränderungen anpas-

sungsfähig und von entsprechend geringer Störanfälligkeit. Noch ist
es vielfach bloß das mit einem solchen Umschwenken verbundene
Unbekannte, was uns schreckt, Streß erzeugt, uns erneut unbeweglich macht – oder auch die (im unvernetzten Denken fußende) Folgerung, daß dies dann abrupt (also nicht nach einer dynamischen
Norm) geschehen müsse.

Angetrieben durch ein wenig wissenschaftliche Neugier (die nichts
anderes ist als die ins Positive umgewandelte »Furcht vor dem Fremden«) und durch flexible Denkmodelle, kann uns bei dieser inneren
Befreiung die Beschäftigung mit der lebenden Natur, mit den sich
immer wieder wandelnden Erkenntnissen der Naturwissenschaften,
der Physik, der Astronomie, den Hintergründen unseres psycho-bio-
logischen Seins ein gutes Stück weiterhelfen und unser Bewußtsein
für den so notwendigen Sprung von der bisherigen statischen auf eine
dynamische Norm frei machen[938]. Die damit auf uns zukommende
Evolution, oder mit Arnold Buchholz auch *Transformation*
genannt[955], wird dann – und dies dürften die in diesem Buch gezeigten Entwicklungen schon andeuten – wahrscheinlich viel tiefgreifen-
der und umfassender sein als alle sogenannten Revolutionen politischer Bewegungen, die, gemessen an den uns real erwartenden Veränderungen, lediglich als Modifikationen vergangenen spießbürger-
lichen Denkens erscheinen.

19 Lernen

Auf dem Weg zu einer biologischen Lernstrategie

Wir stehen vor der Aufgabe, unsere Spezies zu einer neuen überlebensfähigen Integration mit der Umwelt hinzuführen. Das bedeutet Verhaltensänderungen, Revisionen unseres Verhältnisses zur Technik, zur Wirtschaft, zur Medizin bis hin zur Ernährung. Kurz, eine Evolution unserer Lebensweise.
Verhaltensänderungen setzen eine Beweglichkeit des Denkens voraus, über die wir im letzten Kapitel sprachen, und sind immer mit einem Lernprozeß verbunden. Die Art der heutigen Wissensvermittlung geht jedoch an dieser zukunftsorientierten Erziehungsaufgabe völlig vorbei. Warum wir zu einem neuen Lernen kommen müssen – und dies mit dem Organismus und nicht gegen ihn – und wie wir das erreichen, sind die Fragen, um die es in diesem Kapitel geht.

Es ist heute viel von der technologischen Lücke zwischen den Industrie- und den Entwicklungsländern die Rede. Weit weniger spricht man von der im Grunde viel dramatischeren *geistigen* Lücke innerhalb unserer *eigenen* Gesellschaft, die darin besteht, daß wir, wie schon weiter oben erwähnt, in unserer geistig-psychischen Struktur mit unserer technischen Entwicklung nicht mitgewachsen sind. Auch die Bildungsreform der siebziger Jahre ging an dieser Tatsache vorbei, ja zementierte mit ihrer Verakademisierung des Unterrichts (die fälschlicherweise oft Verwissenschaftlichung genannt wird) die Unfähigkeit, mit dem Gelernten umzugehen, es zur Realität in Beziehung zu setzen. Und dies zu einer Zeit, in der sich die unumgänglichen Entwicklungen in Richtung auf ein kybernetisches Zeitalter eigentlich nur in einem großen, immer weiter um sich greifenden

Erziehungsprozeß verwirklichen lassen. Denn anders *handeln* kann der Mensch nur durch anders *sein*.

Alles das, was unsere Kinder eigentlich hierzu lernen müßten, wird ihnen vorenthalten, und das, was sie nicht brauchen, ja gerade jene scheinbaren Notwendigkeiten einer nicht mehr lebensfähigen technokratischen Welt, wird ihnen eingeimpft. Eine Tragik, die viele Zeitgenossen, von Ivan Illich bis zu Buckminster Fuller, bloßlegten und mit konstruktiven Vorschlägen und beispielgebenden Ansätzen zu ändern suchten[956].

Stoff-Fülle statt Fähigkeiten

Es geht nicht darum, unser Wissen zu modernisieren, mit dem schnellen technischen und sozialen Wandel und der damit verbundenen Informationsflut lediglich im Stoffspeichern Schritt zu halten. Damit werden wir ohnehin nie nachkommen. Denn ebenso wie die Gültigkeitsdauer von Traditionen und Dogmen drastisch zusammenschrumpfte, wird auch die Gültigkeit unseres heutigen Schulwissens, soweit es statisch ist, von Jahr zu Jahr immer kürzer, und die Ausgebildeten werden von unseren Schulen und Hochschulen zu einem Zeitpunkt in die Praxis entlassen, an dem der Lernstoff zum großen Teil schon wieder überholt ist. Es ist vielmehr unser heutiges Input/Output-Verfahren der Informationsvermittlung, das unbrauchbar geworden ist – bis in die Bewertung der Lernleistung hinein[34].

So, wie bei den Normen ein Übergang auf eine neue Dimension der dynamischen Norm unausweichlich ist, müssen wir auch im Lernprozeß den Übergang von der Vermittlung eines statischen Wissensgebäudes zu einem dynamischen Wissen finden, d. h. den Übergang auf die Entwicklung von Denkfähigkeiten, die sich weniger auf den einzelnen Wissensstoff als auf den Umgang mit diesem Stoff konzentrieren. Dies um so mehr, als unsere Gesellschaft auch nicht mehr mit dem für das ganze Leben geltenden statischen Berufsbild existieren kann und sich immer mehr in Richtung auf eine Lerngesellschaft unter öfterem Wechsel der Aufgabenbereiche und Aktionsebenen bewegt.

Eine Reform der Lehr- und Lernmethoden wie auch der Lernzielbestimmung in Schule und Hochschule kann sich jedenfalls heute gewiß nicht mehr in einem erhöhten Speichern von immer mehr Stoff erschöpfen. Die dadurch bedingte schon perverse Verschulung und

Entfremdung von der realen Welt beläßt zudem unsere Studenten bis weit in das Erwachsenenalter hinein unselbständig und frustriert, so daß sie nicht im mindesten für die auf sie zukommenden Aufgaben gewappnet sind[957]. Doch die ersten Anzeichen eines Wandels lassen sich erkennen. Als eine der ersten Universitäten hat das Harvard College in Boston, welches immerhin gewisse Bildungsmaßstäbe für ganz Nordamerika setzt, begonnen, von der reinen Faktenvermittlung auf einen ganz anderen (aber bereits im Sinne einer dynamischen Norm dauerhaften) Lehrplan umzuschwenken.

In einer Art studienbeginnender Phase, wie sie übrigens von meinem Institut bereits 1971 im Auftrag der Bundesregierung entworfen wurde[958], aber nie zur Anwendung kam, wird hier vor allem beigebracht, wie man das Wissen anpackt, sich in ein Fachgebiet einarbeitet, dieses in den größeren Zusammenhang stellt und zunächst einmal bewertet[959]. Leider ist dies noch ein Einzelfall, ein Beginn in einer jedoch hoffnungsvollen Richtung.

Auch wir sollten allmählich den Mut haben, die Aufgabe des rein tabellarischen Speicherns soweit wie möglich Buch und Computer zu überlassen und den Menschen, wie gesagt, zum *Umgang* mit diesem Stoff vorzubereiten. Damit würden wir neben der Vermittlung eines Wissensgerüstes vom ersten Schuljahr an zum kritischen Denken, zur Synthese, zur Analyse, zum Erkennen von Analogien und tieferen Zusammenhängen innerhalb des gebotenen Wissensstoffs erziehen. Das heißt aber auch, daß wir den Schüler nicht mehr wie bisher zum »Einzelkämpfer«, sondern für die Arbeit im Team zu erziehen haben, für das Helfen und Sichhelfenlassen, wie es der Spezies Mensch als Gruppenwesen entspricht[960].

Dem steht zur Zeit noch entgegen, daß das Denken und Lernen nach Traditionen erfolgt, die willkürlich oder zumindest nicht nach den Erkenntnissen festgesetzt wurden, welche mit der (allerdings erst in den letzten Jahren) aufgeklärten biologischen Funktionsweise unseres Gehirns in irgendeinem Zusammenhang stehen. Die bestehenden pädagogischen Richtlinien müssen daher auf ihre Gültigkeit überprüft werden. Denn was nützt ein Unterricht, wenn er gegen die biologischen Gegebenheiten des menschlichen Organismus verstößt? Traditionen kann man ändern, die Struktur und Funktion unseres Gehirns und seine Wechselwirkungen mit dem übrigen Organismus dagegen nicht. Dabei wurden jene Wechselwirkungen zwischen »Körper« und »Geist« bisher nicht nur vernachlässigt, sondern es wurde zum Teil eklatant gegen sie verstoßen. In meinem Buch »Den-

ken, Lernen, Vergessen« habe ich daher versucht, die Grundlagen
einer modernen Lernbiologie und damit eines biologisch sinnvollen
Lernens aufzuzeigen, um der immer noch bestehenden beklagens-
werten Trennung von Intellekt und Organismus entgegenzuwirken.
Erfreulicherweise findet dieser Ansatz nun auch bei der Lehrerbil-
dung nach und nach Eingang.[34]

Wenn wir das Funktionieren und die Gesetzmäßigkeiten der lebenden Welt oder die Gesetzmäßigkeiten eines überlebensfähigen
Systems erkennen wollen, das dabei stattfindende Spiel durchschauen wollen, muß sich in erster Linie in unserer Ausbildung etwas
ändern. Schon im ersten Kapitel sahen wir, daß sie uns in ein asyste-
misches Spartendenken hineinführt – weg von dem wahren Wesen
der Wirklichkeit – und somit in erster Linie schuld daran ist, daß wir
uns mit dem vernetzten Denken so schwer tun. Die intensive Beschäftigung meiner Studiengruppe für Biologie und Umwelt mit lernbiologischen Problemen erklärt sich daher auch nicht primär aus der Frage
heraus, wie man schneller und mit weniger Streß lernen könne, sondern aus der Untersuchung der Situation unserer Industriegesellschaft, bei der uns sehr bald die Unfähigkeit auffiel, gewisse Zusammenhänge zu erkennen, was uns dann schließlich auf die Lernformen
unserer Schulen und ihre einseitige, verbal-abstrakte Ausrichtung
stoßen ließ.

Die Einheit von Körper und Geist

Natürlich haben auch diese Lernformen weit zurückreichende histo-
rische Wurzeln. Wenn, wie ich im Kapitel »Kulturstufen« sagte, die
Menschen, als sie mit Beginn der Ackerbaukultur vor einigen tausend
Jahren seßhaft wurden, sich von da an nicht mehr als untrennbaren
Teil der Umwelt sahen, sondern als ein von ihr getrenntes Ich, das in
der Lage war, diese Umwelt zu gestalten, so war dies der erste Schritt
zur Abstraktion. Mit dem Auftreten der Schulen nahm die Abtrennung des Geistigen vom Körperlichen dann immer extremere Formen an, wodurch schließlich die Beziehung zur Umwelt und damit
das Lernen auf das empfindlichste gestört wurde. Die Loslösung des
Intellekts vom Organismus, die Erklärung von Begriffen durch
andere Begriffe statt durch die dynamische Wirklichkeit führten zu
einer zunehmenden geistigen Einengung, die vielleicht noch ein vor-
übergehendes Merken, aber kaum noch das sinnvolle Umgehen mit

dem gespeicherten Stoff möglich macht. Die Trennung zwischen Geist und Körper, zumindest in unserer Vorstellung, wurde perfekt.

Unsere Gehirntätigkeit, das Denken und Lernen, ist jedoch nicht etwas rein Geistiges, sondern immer eng mit zellulären, hormonellen, biochemischen und biophysikalischen, also mit materiellen Vorgängen verknüpft. Es ist daher ein Unding zu glauben, daß sich die Erkenntnis unserer Welt und eine vernünftige Handhabung unserer Mittel lediglich mit den paar Neuronen unseres kognitiven Gehirnbereichs bewerkstelligen ließe. Sie kann es nicht, und sie darf es nicht. Deshalb müssen wir, nachdem wir jenen kognitiven Bereich und seine Logik so großartig entwickelt haben, auch die anderen, mehr unbewußten Gehirnpartien der Mustererkennung, der bildhaften und analog arbeitenden Bereiche, der emotionalen und intuitiven Vorgänge und damit den Gesamtorganismus wieder in unser Denken und Handeln einbeziehen. Bereiche, die wir – ohne in die Unbewußtheit des paradiesischen Menschen zurückzufallen – mit denen der verbal-logischen Denkvorgänge zu einem besseren, weil durch zusätzliche Wahrnehmungen ergänzten Verständnis der Wirklichkeit vereinen sollten.

Ein Lernen ohne Rücksicht auf den Organismus und ohne über ihn die Umwelt einzubeziehen, ist widernatürlich und sogar unökonomisch, was man an vielen Beispielen demonstrieren kann[961]. Und doch wird unser Denken seit den Klosterschulen des Mittelalters auf die verbal-abstrakte Verarbeitung der Umwelt beschränkt, der Unterricht verakademisiert, dem bloßen Herunterbeten von Terminologien und Jargonfetzen geopfert, was vielleicht dem Prestige einiger Linguisten und Philosophen gegenüber ihren wissenschaftlichen Kollegen dient, aber gewiß nicht der Aufgabe, Schülern etwas beizubringen, ihr Verständnis für die Welt zu öffnen[962].

Von einem Abenteuer des Lernens, wie es etwa George B. Leonard unter dem Titel »Erziehung durch Faszination« so konkret geschildert hat[963], kann daher fast nirgendwo die Rede sein. Empfindungen wie Frustration, Angst, Unsicherheit und Enttäuschung herrschen im Unterricht vor, während umgekehrt Entspannung, Freude, Sympathie, Neugier, Spaß und Erfolgserlebnisse, die von ihrer biologischen Aufgabe her die Speicherung und das gesamte weitere Verarbeiten des Stoffes, also das Denken und Lernen fördern, aus jenem schulischen Bereich verbannt werden. Auch hier bleiben wieder ganze Gehirnpartien ungenutzt, ganz zu schweigen von dem Einsatz des restlichen Organismus, dem haptischen Lernen, dem motorischen Lernen über die Körperbewegungen.

Auch die hierfür nötigen Grundlagen sind längst erforscht, seien es die natürlichen Gesetzmäßigkeiten der Sprachlernfähigkeit, an denen der herkömmliche Fremdsprachenunterricht blind vorbeizielt, seien es die vielfältigen Beziehungen zwischen Organismus und Technik, die, wie dies Hugo Kükelhaus in seiner großartigen Pionierarbeit aufgezeigt hat, die Sinne des Menschen und damit den Lernvorgang mit einfachsten Mitteln potenzieren können[964], die Untersuchungen von Nikolaas Tinbergen, Bernhard Hassenstein und anderen über Lernmechanismen, wie sie der natürlichen Aneignung der Umwelt durch das Kind entsprechen[965]; seien es die ganz an Erfahrungswerten orientierte zukunftsgerichtete Lerntheorie von Joseph Novak[966], die lernbiologischen Grundlagen und Hilfen aus der schon erwähnten eigenen Arbeit oder die suggestopädischen Erkenntnisse der entspannten Lernbereitschaft und auf musiktherapeutischen Erkenntnissen aufbauenden Lernhinweise des bulgarischen Pädagogen Losanov[967]. Allein die Auswirkungen von Rhythmus, Klang und Musik auf künstlerische und erzieherische Bereiche können alles übertreffen, was bisher auf rein kognitivem Wege erreicht wurde[968].

An all jenen Erkenntnissen gehen unsere staatlichen Schulen in der nämlichen Verkrampfung, die sie selbst wieder bei ihren Schülern erzeugen, geflissentlich vorbei. Und immer noch überschattet der an keiner realen Notwendigkeit orientierte Leistungsdruck oft das ganze Familienleben[969]. Doch von Leistung im wirklichen Sinne des Wortes kann keine Rede sein. Im Gegenteil: Nicht nur, daß uns auf diese Weise das erwähnte Abenteuer des Lernens entgeht, wir werden darüber hinaus zu lebenslänglichen Lernkrüppeln gemacht, die jene so wichtige Fähigkeit eines Lebewesens verloren haben, mit einer ständig sich ändernden Umwelt in lernendem Austausch zu bleiben. Zu diesem Dilemma schrieb sich die Mutter zweier Siebt- und Achtkläßler eines Gymnasiums kürzlich in der »Süddeutschen Zeitung« ihre Erfahrungen von der Seele. Am Schluß einer Reihe erschütternder Sachbeispiele meinte sie: »Wie sollen aber unsere Kinder je erfahren, welches Vergnügen und welche Lust es bedeutet, mit Wissensfakten zu spielen, sie zu kombinieren, in Zusammenhänge zu bringen, Verbindungen herzustellen von einem Fach zum andern! Wie sollen sie erfahren, daß Wissen die Voraussetzung zum selbständigen Denken ist, daß in der Schule erlernte Fakten Bausteine sind, die zusammengefügt und mit denen Denkgebäude errichtet werden können. Sie erkennen nicht die Poesie und nicht die Macht des Wissens. Sie lernen nicht, daß Wissen gleichbedeutend ist mit dem Besitz eines unermeßlichen Schatzes. Wie sinnlos und wertlos demgegenüber erscheint das nur teilweise verstandene Detailwissen auf Zeit. Ich begreife die Unlust unserer Kinder[970].« Treffender kann man es nicht ausdrücken.

Vernetztes Lernen braucht die Realität

Was also tun? Statt nur mit Begriffen, mit Symbolen von Dingen, sollten wir beim Lernvorgang auch mit den Dingen selbst arbeiten, mit ihren Wechselwirkungen, mit ihrer Beziehung zur Umwelt. Es liegt auf der Hand, daß bei dem hier geforderten integralen Lernvorgang, wie ich ihn in unzähligen Seminaren vor Ausbildern und in mehreren Filmreihen dargestellt habe (und hoffentlich auch bald in Form eines Intensivtrainings anbieten kann), dem sinnvollen Einsatz der verschiedenen Informationsmedien als Ergänzung des fast ausschließlich verwendeten abstrakt-verbalen Eingangskanals eine entscheidende Rolle zukommt[971]. Auf der Münchner VISODATA 1978 habe ich demonstriert, wie man die neueren Medien wie Lichtbild, Film, Fernsehen, Tonband, elektronische Lernmaschinen und Modelle, aber auch einfache Mittel wie Spiele, Denksportaufgaben, szenische Gestaltung, Musik, Körperbewegung usw. mediengerecht *und* biologisch sinnvoll ausschöpfen kann[972]. Die schon mehrfach erwähnte Wanderausstellung »Unsere Welt – ein vernetztes System« ist ein weiteres Beispiel dafür. Grotesk zu sehen, wie dann wieder unser Bildungsfernsehen, statt die enormen Möglichkeiten des eigenen Mediums zu nutzen, oft nichts anderes fertigbringt, als ausgerechnet wieder jenes schulische Medium des »Lehrers mit dem Zeigestock« abzufilmen, das auch in dieser »Übersetzung« sein Versagen erneut dokumentiert.

Ein nach lernbiologischen Erkenntnissen erarbeiteter Unterricht, der zum Verstehen und Analogdenken, zum Erkennen von Zusammenhängen zwingt und dadurch zu einer neuen (bei der heutigen Reizüberflutung so vermißten) Konzentration, könnte in Schulen und Universitäten ein der individuellen Lernart angepaßtes und damit weit effizienteres Lernen unterstützen, wie dies ja bereits in verschiedenen Ansätzen der sogenannten »freien Schulen« gelingt. Ausge-

rechnet diese jedoch haben nach wie vor gegen die Bevormundung
der auf diesem Gebiet nicht gerade kompetenten Kultusministerien
hart zu kämpfen[973] – angefangen von den Waldorf-Schulen bis zu
dem Münchner Montessori-Modell, welches vor allem durch die
Arbeit des Pädiaters Hellbrügge zu einer Form gefunden hat, die hier
wichtige Impulse vermitteln kann[974]. So ist es nicht verwunderlich,
daß immer mehr Elterninitiativen, wie etwa die »Aktion Humane
Schule«, es sich zur Aufgabe gemacht haben, diese Grundübel unseres mehr denn je bestehenden Bildungsnotstandes zu ändern[975].

Die positiven Beispiele sind zahlreich. Es gibt sie gelegentlich selbst
innerhalb herkömmlicher Schulen, wo einzelne gute Lehrer seit jeher,
soweit der Rahmen es erlaubte, einen guten Unterricht praktizierten –
obgleich auch sie erst allmählich die neueren Erkenntnisse der Lernbiologie einbeziehen. Drei beachtenswerte außereuropäische
Ansätze möchte ich hier noch erwähnen. Als erstes den unter dem
Namen Micro-Society bekannt gewordenen New Yorker Versuch,
eine Schule als »Lebensspiel«, als kleines Abbild des komplexen
Systems der menschlichen Gesellschaft aufzuziehen: mit einer demokratischen Regierung, einem Geldsystem, Zeitungen, Post, Recht-
sprechung, Geschäften usw., wenn auch leider noch ohne Landwirtschaft, Handwerk und anderes produzierendes Gewerbe. Bei dem in
dieses Rollenspiel integrierten Unterricht wird plötzlich jeder Lernstoff interessant, da er seinen Platz, seine Notwendigkeit im Gesamtgeschehen hat und reale Erfolgserlebnisse vermittelt. Inwieweit der
gesellschaftliche Ansatz tatsächlich zur Entfaltung der Persönlichkeit
beiträgt, bliebe noch sorgfältig zu prüfen. Didaktisch jedenfalls ist
dies ein gewaltiger Schritt vorwärts[976].

Das zweite Beispiel, ebenfalls aus den USA, betrifft die stärkere Einbeziehung von Museen in den Unterricht – amerikanische Museen,
wohlgemerkt, mit ihrer ohnehin weit besseren Didaktik, als sie noch
die meisten bei uns aufweisen. Diese Museumserziehung war,
obgleich freiwillig und sowohl technische als auch Natur-, Völker-
kunde- und Kunst-Museen einbeziehend, von Anfang an von einer
solchen Attraktivität, daß hier kaum ein Schüler »schwänzte«. Durch
die Koppelung von Unterrichtsthemen an das im Museum Erlebte
wird der nachfolgende Unterricht erleichtert und die Lernzeit drastisch abgekürzt[977].

Das dritte Beispiel bezieht sich auf eine sogenannte Field School, die
an den Kibbuz Sde Boqer in der Wüste Negev angeschlossen ist. Hier
erfolgt ein interdisziplinäres Lernen am Objekt in der vernetzten

Realität, zum Beispiel in den Ruinen einer Nabatäerstadt, in den Plantagen eines begrünten Wüstenabschnitts oder in einer Meerwasserentsalzungsanlage am Roten Meer. In zwei bis drei Stunden wird hier, anhand von Arbeitsbögen, mit integraler Speicherung realer Zusammenhänge unterrichtet. Man springt am gleichen Lernobjekt zwischen vielen Fächern hin und her: Technik, Biologie, Archäologie, Sprache, Mathematik, Religion usw. Durch die Nutzung dieses (interdisziplinären) Erlebnisskeletts kommt der anschließende Fachunterricht mit einem Bruchteil der Zeit aus, um eine Fülle spezifischer Details nicht nur sinnvoll im Gehirn aufzuhängen, sondern sie auch einem Bild der realen Wirklichkeit entsprechend zu verankern[978].

Solche Beispiele sind erste Schritte in Richtung eines neuen umweltbewußten Lernens, wie es die letzten beiden Jahrzehnte dieses Jahrhunderts eigentlich verlangen würden. Es wäre ein Unglück für die Länder der dritten Welt, wenn wir ihnen in Art eines Methodentransfers ausgerechnet unsere blutleeren Schul- und Lehrformen anbieten würden. Diese zu Menschen zu bringen, die noch von der akademisch-intellektuellen Begriffswelt verschont geblieben sind und somit die Chance haben, eine Ausbildung zu entwickeln, welche ohne Zerstückelung der Wirklichkeit zu einem unmittelbaren Verständnis ihrer vielen Aspekte führt, wäre ein kaum wiedergutzumachender Fehler.

Es ist klar, daß neben der primären Ausbildung an Schulen und Universitäten auch die Ausbildung der Ausbilder bis hinein in innerbetriebliche Lehrgänge entsprechend schöpferische Methoden verlangt, die auch hier die Motivation auf eine neue Ebene zu heben vermögen. Der Dichter Saint-Exupéry sagte einmal: »Wenn du ein Schiff bauen willst, so trommle nicht Männer zusammen, um Holz zu beschaffen, Werkzeuge vorzubereiten, Aufgaben zu vergeben und die Arbeit einzuteilen, sondern lehre die Männer die Sehnsucht nach dem weiten, endlosen Meer.« In der Tat gibt es kein einfacheres und wirksameres Mittel gegen Gleichgültigkeit als »Interesse erwecken«. In diesem Moment setzt der Lernvorgang ein, man wird auf Zusammenhänge neugierig, und ihr Begreifen ändert unser Verhalten – ohne Verbote, ohne Gesetze, ohne Zwang, nur durch Information.

Aber auch im Beruf selbst vergessen wir nur allzu leicht, daß jeder Tag, jeder Moment im Grunde ein wenig Lernen ist, für den Lehrling wie für den obersten Chef. Auch hier blockiert uns das anerzogene verbal-abstrakte Denken und ist gewiß nicht zuletzt mit schuld, daß wir in unserer technologischen Entwicklung, um die es ja in diesem

Buch vielfach ging, so phantasielos verfahren. Längst haben Untersuchungen gezeigt, wie bedeutend gerade in der Technologie ein bildhaftes Denken ist[979]. Da Bilder gewissermaßen »offene Systeme« sind, die fast automatisch Vergleiche, Gegenbilder und Analogien verlangen (vergleiche Kapitel »Systeme«), bietet ein bildhaftes Denken weit mehr Ansatzpunkte als ein verbales oder mathematisches, um etwa eine technische Idee, ja im Grunde jede Arbeit so zu entwikkeln, daß sie mit dem Rest der Welt in Einklang steht. Auf der Basis des hier nur andeutungsweise skizzierten biologisch sinnvollen Lernens eröffnet sich daher auch für die spätere *Arbeit* eine neue Perspektive. Auch sie läßt sich auf einmal ganz anders in das Gesamtgeschehen integrieren, so daß sie eines Tages nicht mehr als Last, sondern – wie ja in manchen einzelnen Bereichen schon immer der Fall – weit eher als Ausdruck der schöpferischen Entfaltung empfunden wird. Ähnliches gilt für die Freizeit, soweit sie die Pathologie des Berufslebens – Prestige- und Rollenzwang, Wettbewerb, Einzelkämpfertum, Spezialistentum usw. – übernommen hat und sich davon lösen will[980].

Die ganze eigenartige Entwicklung unseres Geistes in künstlichen, meist nur in sich selbst stimmigen Begriffsgebäuden, die in ihrer Realitätsferne selbst an der Realität jener Gehirnzellen vorbeigehen, mit denen sie gedacht wurden, diese Entwicklung war offenbar nur möglich auf der Basis einer Ignorierung der Einheit zwischen Denken und Fühlen, zwischen Intellekt und Organismus. Setzen wir diesen Weg noch weiter fort, so wird er uns höchstwahrscheinlich vollends unfähig machen, mit der Wirklichkeit sinnvoll umzugehen.

20 Wissen

Wege aus dem Datenfriedhof

Immer mehr lernen, ohne zu verstehen. Immer mehr Wissen, aber keine Weisheit. Immer mehr Forschung, die das Wissen vermehrt, den Lernstoff vergrößert und doch nicht weiß, wohin sie führt. Eine Explosion von Daten und Wörtern, brauchbar für Details, doch wenig für Zusammenhänge. So nützlich und lebenserhaltend die bisherige Art des Wissens in der Vergangenheit gewesen sein mag, die Erfahrung zeigt, daß sie nicht dazu taugt, uns aus den Problemen der heutigen Situation herauszuführen. Die folgende Betrachtung soll zeigen, daß dazu dreierlei notwendig ist: ein Herauslösen aus dem Fachjargon, eine aufgabenorientierte statt disziplinorientierte Wissenschaft und eine zunehmende Symbiose zwischen Wissenschaft und Gesellschaft.

Die Bevölkerungsexplosion mit ihren wachsenden Problemen von Ernährung, Wohnen und Zusammenleben der Menschen, einschließlich der mitgewachsenen Umweltprobleme, basiert, wie schon im Kapitel »Gesundheit« angeschnitten, im Grunde auf nichts anderem als auf den wissenschaftlichen Errungenschaften der Neuzeit und ihrer konsequenten Anwendung auf die Umwelt und uns selbst. Es ist nicht verwunderlich, daß diese Entwicklung in einer Art positiver Rückkoppelung zu einer mindestens ebenso alle Vorstellungen sprengenden Wissenschaftsexplosion geführt hat. Um ein paar Zahlen zu nennen: 600 000 hochbezahlte Wissenschaftler, deren Forschung jährlich über 50 Milliarden Dollar verschlingt, arbeiten in den USA, etwa 100 000 Forscher sind es in der Bundesrepublik, wo insgesamt rund 30 Milliarden DM für Forschung und Entwicklung aufgewendet werden. Sie alle werden von einem fast autonomen Wissenschaftsbetrieb unterhalten, der ebenfalls immer rascher anwächst. Dies jedoch »nicht, weil es so viel mehr zu entdecken gibt, sondern weil es so viele gibt, die dafür bezahlt werden wollen«, wie es Erwin Chargaff, einer der großen Nestoren der Biochemie, in seiner Autobiografie ausgedrückt hat[981].

Die Leistung für diese Bezahlung muß belegt werden – »publish or perish« ist hier das geflügelte Wort; veröffentliche oder geh zugrunde. So quillt Jahr für Jahr eine Flut von über sechs Millionen wissenschaftlichen Arbeiten aller Art aus den unzähligen Forschungslaboratorien der Welt. Täglich 17 000 Publikationen, die unsere bisherigen Erkenntnisse mit neuen Daten und Fakten überrollen und von denen jede einzelne das Ergebnis monate- und jahrelanger intensiver Beschäftigung ist. Was fangen wir mit all diesen Daten an? Wohin fließen sie, wer nutzt sie, wo führen die Ergebnisse hin? Offenbar nicht sehr weit. Die Neuentwicklungen überschlagen sich in einem unvorstellbaren Tempo, ohne daß sich durch jene Abertausende von Forschungsergebnissen das Elend auf diesem Planeten verringert. Jahr für Jahr gibt es mehr hungernde Menschen, Jahr für Jahr mehr Analphabeten und immer noch Kriege, Unterdrückung und wirtschaftliche Unsicherheit. Die wissenschaftlichen Bemühungen scheinen irgendwie in eine falsche Richtung zu laufen, eher der Selbstbefriedigung zu dienen als der Befriedigung gesellschaftlicher Belange. In der Tat setzen die meisten ›Verbesserungen‹ punktuell an, im Sinne einer puren Fortschrittsmentalität, einer unreflektierten Bewunderung neuer Errungenschaften, die offenbar schon als solche gerechtfertigt erscheinen. Im Sinne einer wirklichen Verbesserung unserer Lebensqualität sind sie es dadurch allein jedoch noch keinesfalls.

Die autonome Provinz

Ein Grund mag darin liegen, daß die wissenschaftliche Welt immer noch weitgehend abgeschlossen ist – wenn auch dank dem wachsenden Bemühen einzelner Wissenschaftler, den Elfenbeinturm zu öffnen, etwas weniger als noch vor 20 Jahren. Die lebendigen Berührungspunkte mit der Allgemeinheit, dem Bürger, der Gesellschaft, waren schon immer äußerst spärlich. Denn hier standen der Uninformiertheit des Laien, vor allem auch des Politikers, über naturwissenschaftliche Zusammenhänge das Desinteresse der Wissenschaft und die Orientierungslosigkeit des sogenannten wissenschaftlichen Fortschritts gegenüber, der, da ohne Ziel, auch keine Rechenschaft abzulegen hatte[982]. Inzwischen steht neben der Frage nach wissenschaftlicher Bedeutung und Qualität eines Forschungsobjektes jedoch längst die weitaus entscheidendere Frage, ob der dadurch zu erwartende »Fortschritt« auch zu wünschenswerten Zielen führt. Diese müssen durchaus nicht nur materiell gesehen werden, im Hinblick auf technische oder wirtschaftliche Anwendungen, auf Erleichterung der Arbeit, Verbesserung des Wohlstands usw., sondern auch im Sinne einer Erweiterung unserer Erkenntnis, einer Befriedigung der menschlichen Neugier, die erfahren will, »was die Welt im Innersten zusammenhält«.

Da wir längst auf die Hilfe der Wissenschaft angewiesen sind, um für die so rapide angewachsene Menschheit das Leben auf diesem Planeten überhaupt zu ermöglichen, werden für wissenschaftliche Planungen in Zukunft Entscheidungen nötig sein, die weder dem Zufall überlassen noch von Wissenschaftlern alleine getroffen werden können. Die damit angesprochene, bis heute ignorierte Symbiose zwischen der menschlichen Gesellschaft und der wissenschaftlichen Forschung als Ganzem ist in ihren Auswirkungen, in ihrem Nutzen – und umgekehrt in den teuren Konsequenzen ihrer Mißachtung – von dem gleichen kybernetischen Ansatz her zu verstehen wie die biologisch-technologischen Symbiosen, die uns bei den Ausflügen dieses Buches in die verschiedensten Lebensbereiche schon begegnet sind. Will man jedoch, um die Symbiosen überhaupt in Gang zu bringen, die erforderlichen Kontakte zwischen Wissenschaft und Öffentlichkeit vermehren, so verlangt dies, daß zunächst einmal die Wissenschaft zur Koordinierung mit der Gesellschaft bereit ist. Sie muß sich selber verstärkt bemühen, Brücken zu schlagen zwischen isolierten Forschungsergebnissen, deren Anwendungsmöglichkeiten in der Praxis und den allgemeinen Auswirkungen, die sich daraus für unsere Zukunft ergeben können. Kurz, sie muß ihre Arbeit *durchsichtig* machen.

Im großen und ganzen setzt sich auch in wissenschaftlichen Kreisen daher allmählich die Meinung durch, daß unsere Universitäten und Forschungsstätten aufhören müssen, sich abzuschließen und autonome Provinzen neben der außerwissenschaftlichen Welt zu bilden. Erfreuliche Ansätze in dieser Richtung, vor allem durch die endlich auch bei uns stärker entwickelte Wissenschaftspublizistik und ihren dadurch gewachsenen Stellenwert, gibt es bereits, doch sie sind nicht die Regel[983]. Das schwierige Paradox in der Moral der etablierten Wissenschaftler, die auf der einen Seite bessere Bezahlung und Anerkennung durch die Gesellschaft verlangen, auf der anderen Seite sich aber noch weitgehend sehr schwer tun, die sozialen Konsequenzen ihrer Forschungen zu diskutieren[984], hat in der Gesellschaft – und dort interessanterweise in den in ihrer Wissenschaftsgläubigkeit einst am weitesten vorgestoßenen angelsächsischen Ländern – inzwischen sogar zum umgekehrten Trend einer Anti-Wissenschaftsbewegung geführt, der in seinen Auswirkungen nicht unterschätzt werden darf[985]. Eine solche Strömung ist verständlich und wird weiter anwachsen, solange es Wissenschaftler gibt, die, etwa unter dem Schlagwort »Freiheit der Wissenschaft«, eine Verantwortlichkeit für die Konsequenzen ihrer Forschung oder gar eine Mitbestimmung der Gesellschaft ablehnen.

Einengender Fachjargon

Zu der angestrebten Öffnung gehört weiterhin eine Entthronung der »Verbalisten«, wie sie der große Semantiker Hayakawa nennt[957], eine Durchlöcherung und Quervernetzung all jener künstlichen Begriffsgebäude, die ohne Feedback mit realen Vorgängen entstanden sind und in denen das Vokabular den Inhalt beherrscht. Hayakawa sagte einmal vor dem amerikanischen Fernsehen zu einem Sozialpolitiker: »Sie haben also eine Wohnungs*theorie* für die Armen. Genau das ist der Grund, weshalb wir immer noch ein Wohnungs*problem* für die Armen haben«, und er deutete damit auf die Impotenz der in allen Fachbereichen anzutreffenden verbalen Inflation. Auch die Wissenschaftler selbst sind dadurch nur allzuoft Gefangene ihres speziellen Fachvokabulars, das der Schweizer Professor für Umwelttechnik Yves Maystre mit einem Gitter vergleicht, durch welches man die Realitäten betrachtet. So weigern sich viele Wissenschaftler, den schützenden Mantel des Fachjargons, der Beziehungslosigkeit zu anderen Lebensbereichen abzulegen, denn er erspart ihnen Kritik, Fragen nach dem Sinn, ja manche eigene unbequeme Reflexion.

Dies zeigt um so mehr, wie notwendig es ist, in der wissenschaftlichen Arbeit von ihrer bisherigen Disziplinorientierung auf einen aufgabenorientierten Ansatz umzuschwenken. Wie dies zu bewerkstelligen ist, haben wir in mehreren Studien dargelegt[986]. Das damit verbundene Arbeiten aus dem Fach heraus (statt in das Fach hinein) erleichtert ungemein die angestrebte Öffnung und sorgt dafür, daß die beteiligten Wissenschaftler nicht nach gegensätzlichen, sondern nach konvergierenden Gesichtspunkten suchen und darüber hinaus nicht nur mit anderen Spezialisten, sondern mit anderen Schichten der Gesellschaft zusammenzuarbeiten beginnen.

All dies macht natürlich die Abkehr von einem dem Uneingeweihten unverständlichen Fachjargon notwendig, womit ja automatisch ein Karten-auf-den-Tisch-Legen verbunden ist. Und davon profitiert nicht zuletzt der Wissenschaftler selbst. Er beginnt seine eigene Arbeit in weit tieferer Weise zu verstehen und wird feststellen, daß Kollegen, die etwa die Erkenntnis einer wissenschaftlichen Entdeckung nicht anders als im Fachjargon mitteilen können, im Grunde die Sache nie durchdacht (d. h. mit den übrigen Gehirnteilen in Verbindung gebracht) haben. Der Zwang der »Übersetzung« deckt oft grundlegende Denkfehler auf oder zeigt Lösungen, auf die man als »Insider« nicht gekommen war.

Ähnliches gilt für die nicht enden wollende und in eine Unzahl unterschiedlichster Fachcodierungen segmentierte Informationsfülle aus den vielen tausend Forschungssparten. Sie würde, wäre sie im Klartext zugänglich, wohl ebenfalls viel von ihrem Nimbus verlieren, und das Mißverhältnis von Aufwand und Datenflut zu ihrer Brauchbarkeit, ja selbst ihrer bloßen Auswertungsmöglichkeit würde dabei ebenfalls eklatant werden. So haben zum Beispiel die aus manchen Forschungssatelliten stündlich strömenden Datenschübe keine Chance, überhaupt je aufgearbeitet zu werden[987].

Lange Zeit versprach man sich eine große Hilfe von modernen Datenbanken, die all jene Fakten, säuberlich nach Klassen und Stichwörtern geordnet, elektronisch speichern und abrufbar halten. Sie entwickelten sich jedoch mehr und mehr zu auch hier im Verhältnis zum Aufwand kaum genutzten »Datenfriedhöfen«[988]. Aber selbst wenn der Zugang, das »retrieval«, durch eine etwas intelligentere und auf den Benutzer abgestimmte Informatik einmal genauso gut funktioniert wie das Ablagern, das Speichern (in dem viele Datenbankverwalter bereits den Sinn ihrer Arbeit erfüllt sehen), bleibt ein prinzipielles Handikap bestehen. Die bisherigen Informationsbanken speichern hauptsächlich statische Daten und machen diese – wenn überhaupt – nur innerhalb des Fachs, sozusagen systemimmanent zugänglich, sie sind im Grunde unkybernetisch angelegt. Eine dynamische Datenbank dagegen würde, anstatt immer neue – und damit bald veraltende – Daten zu speichern, vor allem ›lebende‹

Informationen, wie etwa die speziellen Fähigkeiten, Interessen, Ambitionen, Erfahrungen und Probleme von Forschern und Forschergruppen, einordnen und diese ebenso wie ausgewählte Ergebnisse und deren Konsequenzen mit den davon berührten Lebensbereichen koppeln[989]. Solche Datenbanken würden, ganz abgesehen von den enormen Kosteneinsparungen auf dem Sektor Forschung und Entwicklung selbst (durch erhöhte Kommunikation von den an der gleichen *Aufgabe* und nicht ausschließlich im gleichen Fach arbeitenden Wissenschaftlern), auch die Kommunikation mit Politikern, Wirtschaftlern, Administratoren usw. effizienter machen, dadurch wiederum die gesamte Wissenschaft auf ein höheres Niveau heben können und sie aus ihrer Spartenisolierung befreien.

Bestrebungen dieser Art werden mittlerweile von den meisten übergeordneten Gremien sehr ernst genommen, von der EG-Kommission bis hin zu weltweiten Programmen der UNESCO, wie etwa dem MAB-Programm »Man and the Biosphere«, und solchen der OECD (Organisation für wirtschaftliche Zusammenarbeit und Entwicklung), die zum Beispiel in einer neueren Studie empfohlen hat, in Zukunft die Wissenschafts- und Technologiepolitik stärker in die Sozial- und Wirtschaftspolitik zu integrieren[990].

Wenn die hier angestrebte Integration der Fachdisziplinen in ein größeres, vernetztes System wirklich helfen soll, ein Wissen zu erarbeiten, das uns mit den heutigen Aufgaben besser fertig werden läßt, dann ist allerdings auch hier eine »Spezialisierung« – wenn auch ganz anderer Art – erforderlich. Wie ich das zum Schluß des Kapitels »Bionik« angedeutet habe, führt sie, sozusagen als thematische Spezialisierung, unter öfterem Wechsel der Methodik – und selbst des Faches – in die Tiefe, an den Urgrund der Fragestellung, wo selbst sonst weit getrennte Disziplinen und Lebensbereiche wieder vereint sind[991]. Wenn es einen Weg zu einer neuen, umfassenden Bildung gibt, die die Aufgaben eines kybernetisch orientierten Zeitalters meistern kann, dann läuft er über diesen Prozeß.

Die Rolle der Naturwissenschaften

Die traditionelle Vorgehensweise der Wissenschaft bestand darin, auseinanderzunehmen und zu zerstückeln, um dann ehemalige Systeme in abgetrennten Teilstücken studieren zu können. Damit begann aber unsere *Vorstellung* von der Natur des Menschen und seiner Umwelt nicht mehr mit der *Wirklichkeit* übereinzustimmen. Hier half auch die astronomische Zahl wissenschaftlicher Untersuchungen der letzten hundert Jahre nicht weiter. Denn sie teilten, wie wir sahen, die Welt noch weiter in Fächer ein, beschäftigten sich mit immer engeren Einzelbereichen und ließen Systeme und ihre Gesetzmäßigkeiten links liegen. Und so waren es auch immer nur Einzelbereiche, auf denen, isoliert vom Rest des Geschehens, Besserungen erzielt werden konnten. Nichts änderte sich jedoch an unserem Unverständnis von ihrem Zusammenspiel und damit auch nichts an diesem Zusammenspiel selbst.

Dennoch brauchen wir die Naturwissenschaften heute mehr denn je. Denn ihre Erkenntnisse, zu denen ich hier auch die medizinischen zähle, sind die bisher einzige halbwegs zuverlässige Wissensquelle, die Aufschluß darüber geben kann, wo wir, ausgehend von der gegenwärtigen Situation, überhaupt noch eine Überlebenschance haben. Damit meine ich weniger die fachbezogenen Naturwissenschaften, wie man sie in unseren Fakultäten heute noch überwiegend versteht, als vielmehr das zugrunde liegende naturwissenschaftliche Denken, welches eigentlich ein systemisches Denken ist, da es sich permanent an der Natur, also der Wirklichkeit und damit unbewußt an deren Systemgesetzen korrigiert. Nur mit ihm ist garantiert, daß bei der Anwendung des erlangten Wissens diese Gesetze nicht verletzt werden. Denn *ihre* Nichtbeachtung ist es, die trotz unseres vorher nie dagewesenen wissenschaftlichen Potentials zu all den bekannten Rückschlägen, ja Katastrophen führte. Wie in den Anfangskapiteln gezeigt, ist es das leider auch die Naturwissenschaften immer mehr beherrschende lineare Ursache-Wirkung-Denken, das, wie es schon Ernst Mach in seinen naturphilosophischen Überlegungen gezeigt hat, nicht fähig ist, die Abläufe eines komplexen Systems zu erkennen, geschweige denn in unser Handeln einzubeziehen[33]. Denn dies sind Abläufe, die meist nur mittelbar, d. h. erst über Rückkoppelungen innerhalb der beteiligten Regelkreise und Vernetzungen zustande kommen.

Das Unbehagen unter Studenten und Wissenschaftlern angesichts des bestehenden Wissenschaftsbetriebs und seiner oft fehlenden Sinngebung wächst zusehends. Die Stimmen derjenigen, die mit ihrer bisherigen Rolle nicht mehr zufrieden sind, mehren sich. Der Biologe George Wald sprach für viele, als er auf der Nobelpreisträgertagung 1978 in Lindau sagte: »Sind wir Wissenschaftler, nur um zu studieren, zu messen und zu registrieren, während die Menschheit im

Abgrund versinkt? Sind wir nur passive und objektive Zeugen all dieser Zerstörung, ohne je versuchen zu wollen, sie zu verhindern? Mir genügt diese Rolle nicht. Ich glaube, ein Wissenschaftler zu sein, ist in vieler Hinsicht eine religiöse Aufgabe im weitesten Sinne des Wortes. Und wir müssen als Wissenschaftler versuchen, nicht nur die Natur zu ergründen, sondern wir müssen die Verantwortung übernehmen, die Natur zu bewahren: die Erde zu bewahren, das Leben und den Menschen zu bewahren.«[786]

Sind wir denn nun die ganze Zeit einen falschen Weg gegangen? Gibt es in der Natur überhaupt falsche Wege? Wir wissen es nicht. Wie beim einzelnen Menschen sich ein »unfähig« hinterher oft als »notwendig« für die weitere Entwicklung herausstellt, so kann auch bei der Menschheitsentwicklung die vorübergehende Trennung von Intellekt und Organismus, wie sie in unserer abstrahierenden Wissenschaft gipfelt, sich als notwendige Voraussetzung für eine neue Bewußtseinsebene erweisen. Es sind immer die Folgeschritte, die einen vergangenen Weg zu einem falschen machen können – oder ihm seinen Sinn geben. So hat die Epoche der zunehmenden Abstrahierung über die Wissenschaften ein analytisches Durchdringen der Natur und ihrer Funktionen erlaubt, sowohl in der Beschreibung ihrer Bausteine bis hinunter zu den Elementarteilchen und deren letztlicher Wiederauflösung in Energieschwingungen als auch in der Wechselwirkung und Organisation jener Bausteine, von der Molekularbiologie bis hinauf zur Ökosystemforschung, zur Astrophysik und Kosmologie.

Aus der gleichen Abstraktion heraus haben wir aber auch immer stärkere und raffiniertere Eingriffe in die Umwelt vollzogen und das Gesicht der lebendigen Natur verändert. Dennoch ist es möglich, daß jene innere Abstandnahme mit all ihren negativen Begleiterscheinungen nötig war. Dadurch sind wir sozusagen zu objektiven Betrachtern geworden. Gehen wir nun auf diesem Wege der Abtrennung unreflektiert immer weiter, so werden wir wahrscheinlich in den Zusammenbruch steuern. Nutzen wir dagegen die auf jenem Wege gewonnenen Erkenntnisse zu einer Besinnung auf unseren eigentlichen Stellenwert innerhalb der Biosphäre, so kann dies zu einer nie dagewesenen Integration von Intellekt und Organismus, von Mensch und Umwelt führen. Kein Weg zurück also, sondern eine neuartige Symbiose mit der Natur, wie sie in der Jäger- und Sammlerära einmal existiert hat; diesmal jedoch auf der Basis einer intimen Kenntnis ihres Funktionierens, auf einem völlig neuen, auch technologisch hohen

Niveau. Das oft beschriebene Sich-eins-Fühlen des Steinzeitmenschen mit der Natur ist in seiner dumpfen Mystik sicher nicht mehr wiederherstellbar; wer weiß, ob es wünschenswert wäre. Doch eine neue, Mensch und Natur wieder einigende Kraft könnte uns erwachsen: für ein wissendes Neugestalten in einer Art partnerschaftlichem Verhältnis[18].

Hier muß jedoch auch vor der Gefahr gewarnt werden, Wissenschaft und Technik weiterhin die Eigenschaft anzudichten, als seien sie, die uns zwar gelegentlich in gefährliche Situationen hineinführen, dafür auch in der Lage, uns mit ihrem Erfindungspotential in jedem Fall rechtzeitig vor Katastrophen zu schützen. Es gebe keinen zwingenden Grund, so hört man vielfach, unsere Lebens- und Wirtschaftsweise zu ändern, denn unseren Wissenschaftlern und Ingenieuren werde in letzter Minute schon etwas einfallen. Man stelle sich eine Nomadengruppe in der Wüste vor, deren Wasservorrat zu Ende geht, deren Anführer jedoch, um sein Ansehen besorgt, die Parole ausgibt: »Jeder kann weitertrinken wie bisher. Eine Einschränkung ist niemand zuzumuten. Irgend jemand wird schon etwas einfallen. Vertraut nur unserem Erfindergeist.« Ein tödlicher Optimismus, der zwar die Hilfe der Wissenschaft als selbstverständlich voraussetzt, sich jedoch wissenschaftlichen Erkenntnissen verschließt. Denn was erfinden? Eine Umgehung der chemischen Gesetze, damit aus Sand Wasser wird?

In einem ähnlichen Glauben befangen sind viele unserer Politiker und Wirtschaftler. Auch hier drängt es einen, angesichts mancher unbekümmerten Bekenntnisse zur Fortsetzung unseres bisherigen Lebensstils zu fragen, *was* uns einfallen soll: Neue thermodynamische Hauptsätze, damit das Perpetuum mobile möglich wird? Eine Abkürzung der Halbwertszeit strahlender Isotope, damit plötzlich die Radioaktivität erlischt? Eine Änderung der Schwerkraft und damit neue tektonische Mechanismen, damit es keine Erdbeben mehr gibt? Oder am Ende gar eine neue Mathematik und neue Systemgesetze, nach denen 2 und 2 nur 3 ist und das Leben ohne Vernetzung und Wechselwirkung, ohne Struktur und Kommunikation, ohne Materie- und Energieaustausch, ohne Evolution oder die Vielzahl der Arten auskommt?

Die Programme mancher unserer Entscheidungsträger beruhen zum beträchtlichen Teil auf solchen ›Erfindungen‹, also auf Utopien, die an grundlegenden Naturgesetzen vorbeigehen. Es gelingt sogar gelegentlich, Wissenschaftler zu mobilisieren, die mit dem Trick einer isolierten, also unvernetzten, in sich durchaus stimmigen Nachweiskette entsprechende Gefälligkeitsgutachten produzieren. Experten in ihrem Fach, doch – ähnlich wie die Experten der in den vorangegangenen Kapiteln verschiedlich geschilderten verfehlten Großprojekte – gewiß keine Experten im Verständnis der schließlich ausschlaggebenden Systemgesetzmäßigkeiten.

»Assessment« und Verantwortung

Längst hat die anzustrebende Bewertung technischer Eingriffe im Systemzusammenhang unter dem Schlagwort »Technology Assessment« die Runde gemacht. Hoffen wir, daß diese Gesamtabstimmung neuer Entwicklungen sich durchsetzt und zunächst einmal nachholt, was seit hundert Jahren versäumt wurde: das Abschätzen der indirekten Wirkungen und längerfristigen Konsequenzen bestimmter Technologien und ihrer Wechselwirkungen mit anderen Bereichen, bevor man ein neu erlangtes Wissen in (sich meist zufällig ergebende) machbare Technologien umsetzt und diese auf Mensch und Umwelt losläßt[992]. Dann mag es durchaus gelingen, die schöpferischen Kräfte von Wissenschaft und Forschung allmählich zu reorganisieren und die Prioritäten ihrer Umsetzung richtig zu setzen.

Das allmähliche Erwachen der Wissenschaft in bezug auf ihre soziale Verantwortung ist nicht zu übersehen. Es zeigt sich nicht nur in einer wachsenden Zahl darauf ausgerichteter neuer Gesellschaften, wie etwa der »Union of Concerned Scientists« oder des »World Watch Institute«[993], sondern auch darin, daß selbst etablierte wissenschaftliche Vereinigungen nach und nach ihre Satzungen ändern und diese Verantwortung und damit eine Symbiose mit der Gesellschaft in ihre Aufgaben mit einzubeziehen versuchen. So etwa die altehrwürdige American Physical Society (A. P. S.), die den Passus: »Die Ziele der A. P. S. sollen der Fortschritt und die Verbreitung des physikalischen Wissens sein« kürzlich mit dem Zusatz ergänzte: » . . . um das Verständnis der Menschen von der Natur zu erhöhen und zur Verbesserung der Lebensqualität für alle Völker beizutragen. Die A. P. S. wird ihren Mitgliedern in der Verfolgung dieser humanen Ziele beistehen und diejenigen Aktivitäten *verurteilen*, die dem Wohle der Menschen schaden könnten.«

Wer sich durch die Kapitel dieses Buches durchgebissen hat, wird eines festgestellt haben: Wenn wissenschaftliche Lösungen echte Lösungen sein sollen, muß neben der wissenschaftlichen Schulung im gleichen Maße eine neue Einsicht in die politischen, sozialen und ökologischen Konsequenzen solcher Ergebnisse erwachsen. Wenn gesellschaftliche Lösungen echte Lösungen sein sollen, können diese ebensowenig an den naturwissenschaftlichen Gegebenheiten, vor allem den biologischen Grundprinzipien vorbeigehen. Eine kluge, das Leben der menschlichen Gesellschaft erhaltende Lenkung des Gesamtgeschehens auf dieser Erde muß auch im Sinne einer Symbiose zwischen Wissenschaft und Gesellschaft kybernetisch sein.

So hoffe ich, daß der Leser nicht nur eine gewisse Orientierung über den Stand unserer heutigen wissenschaftlichen Erkenntnisse erlangt hat, sondern daß er darüber hinaus am Ende des Buches keine der angesprochenen Informationen und Probleme mehr betrachten oder ihnen begegnen kann, ohne sofort auch Verbindungen zu anderen Problemen zu sehen, ohne die Brücke zu weiteren Informationen zu schlagen – kurz, daß es ihm Spaß macht, *vernetzt zu denken*. Wenn dies eintritt, ist der erste Schritt getan von einem in der Schule aufgezwungenen, der Realität entfremdeten, abstrakten Denken innerhalb von Sparten hin zu einem Denken innerhalb der realen Wechselbeziehungen der Dinge. Ein Denken, das den naturgesetzlichen Gegebenheiten entspricht und damit nicht mehr so leicht zu so gewaltigen Fehlern führen kann, wie wir sie mit dem bisherigen isolierten Fachdenken – trotz der dadurch hervorgebrachten grandiosen Erfindungen und Teilerkenntnisse – zunehmend begangen haben.

Noch ein kleines Nachwort an meine Leser: Das Medium »Buch« mit der linearen Anordnung eines in diesem Falle zirka 1,9 Kilometer langen Buchstaben-Bandwurms ist, wie letztlich die Sprache überhaupt, nur bedingt geeignet für das Thema, das ich mir hier vorgenommen habe. Der Versuch, ein Gesamtbild der vernetzten Wirklichkeit zu geben, die eigentlich nur simultan erfaßt werden kann, muß daher zwangsläufig unvollkommen bleiben. Dennoch hoffe ich, daß ich mit den vorliegenden 20 Kapiteln ein Gefühl für die Vernetzungen in dieser Welt und ihre Systemgesetze vermitteln konnte – und damit die Einsicht in die Notwendigkeit, den Schritt in ein Neuland des Denkens zu tun.

Anhang

Anmerkungen und Literaturhinweise

Die folgenden Anmerkungen dienen mehreren Zwecken: Zur weiterführenden Information, als Quellenhinweis, zum Beleg bestimmter Meldungen und Zitate und gelegentlich als Zusatzbemerkung zum Text. Sie enthalten daher neben Hinweisen auf einschlägige Bücher und Schriften, Adressen und Firmenbezeichnungen eine große Zahl von Hinweisen auf zugrundeliegende oder weiterführende Fachaufsätze, aber auch informative Presseberichte und -meldungen. Die Originalliteratur, die heute zunehmend in englischer Sprache erscheint, wurde möglichst aus gängigen Fachzeitschriften angegeben, die in jeder Universitätsbibliothek zugänglich sind. Das gleiche gilt für die Sekundärliteratur, soweit sie in den großen fachübergreifenden Wissenschaftsmagazinen wie »Bild der Wissenschaft«, »New Scientist«, »Scientific American«, »Umschau für Wissenschaft und Technik« und ähnlichen vorliegt. Soweit es sich um Presseberichte handelt, deren Nachlesen sich vielfach lohnt, wurde auf gut informierende und recherchierte Artikel von Fachjournalisten der großen Tageszeitungen – wie »Süddeutsche Zeitung«, »Frankfurter Allgemeine Zeitung« – oder Wochenblätter wie »Die Zeit« oder »Der Spiegel« Wert gelegt, die ebenfalls vielfach in Bibliotheken zugänglich sind; desgleichen bei den Pressemeldungen und -nachrichten, die hier lediglich als Beleg dienen. So ergab sich ein – vielleicht nicht immer gelungener – Kompromiß aus dem Bemühen, einerseits den Zugang zum wissenschaftlich verläßlichen Original zu schaffen und andererseits eine auch dem Laien möglichst zugängliche Information zu bieten.

1 F. VESTER: Unsere Welt – ein vernetztes System. Klett-Cotta, Stuttgart 1978, Taschenbuchausgabe, dtv, München 1983
2 F. VESTER: Ballungsgebiete in der Krise. DVA, Stuttgart 1976, Taschenbuchausgabe, dtv, München 1983; vgl. auch die vielen Beispiele in Anm. 42
3 F. VESTER: Umwelt, Energie, Welternährung – Problemlösungen komplexer Zusammenhänge durch ein neues Denken. Politische Studien, Sonderheft *1*, 13 (1980)
4 Vgl. Anm. 1, S. 9 sowie H. A. PESTALOZZI: Nach uns die Zukunft. Kösel, München 1979
5 Vgl. z. B. H. SCHAEFER: Folgen der Zivilisation – Therapie oder Untergang. Umschau-Verlag, Frankfurt 1974; ders.: Plädoyer für eine neue Medizin. Piper, München 1979
6 H. G. BURGER: Warum Reformen und Krisenstäbe scheitern können. *Umschau 75*, 407 (1975)
7 D. DÖRNER: Problemlösen als Informationsverarbeitung. Kohlhammer, Stuttgart 1976; ders.: On the difficulties people have in dealing with comple-

xity, *Simulation & Games 11*, 87 (März 1980); ders. (Hrsg.): Lohhausen – Vom Umgang mit Unbestimmtheit und Komplexität. Verlag Hans Huber, Bern 1983

8 K. H. KREEB: Ökologie und menschliche Umwelt. G. Fischer, Stuttgart 1979

9 H. SCHAMPP: Schwierigkeiten beim Assuan-Damm, *Umschau 72*, 538 (1972)

10 W. E. OMEROD: Ecological effect of control of African trypanomiasis, *Science 191*, 815 (1976); M. EL-FOULY u. H. SCHIFFERS: Die Sahel-Katastrophe – es war nicht nur der fehlende Regen, *Bild d. Wissenschaft 12*, 50 (Dez. 1975)

11 A. GRAINGER: The state of the world's tropical forests. *The Ecologist 10*, 6 (1980)

12 Vgl. z. B. M. TANGI: Tourism and the environment. *Ambio 6*, 336 (1977)

13 F. VESTER u. A. v. HESLER: Das Sensitivitätsmodell. Regionale Planungsgemeinschaft Untermain, Frankfurt 1980

14 Gruppe Ökologie, Geschäftsstelle: H. Weinzierl, Parkstr. 6, 8070 Ingolstadt

15 L. D. HARMON: The recognition of faces. *Scientific American 229*, 75 (1973); zur Theorie der Mustererkennung vgl. z. B. H. HAKEN (Hrsg.): Pattern formation by dynamic systems and Pattern recognition. Springer, Berlin 1979

16 P. SITTE: Unterwegs zu einem Weltbild der Naturwissenschaften, *Naturwiss. 66*, 273 (1979)

17 I. PRIGOGINE: Vom Sein zum Werden – Zeit u. Komplexität in den Naturwissenschaften. Piper, München 1979; vgl. auch F. BECKER: Nobelpreis für Chemie 1977 – Irreversible Thermodynamik und dissipative Strukturen, *Umschau 77*, 784 (1977) sowie H. HAKEN, *Nachr.Chem.Techn. 25*, 631 (1977)

18 M. MARUYAMA: The epistemological revolution – Prigogine and reciprocal causal logic, *Futures 10*, 240 (1978); I. PRIGOGINE u. I. STENGERS: Dialog mit der Natur – Neue Wege naturwiss. Denkens. Piper, München 1981

19 B. S. GOH: Stability, vulnerability and persistence of complex ecosystems, *Ecol. Mod. 1*, 105 (1975)

20 E. GOLDSMITH: Complexity stability in the real world, *Ecol. Quart. 1978*, 305

21 Über die Musterbildung in der biologischen Entwicklung s. z. B. L. WOLPERT, *Spektrum d. Wiss. 1* (Dez. 1978); R. LEWIN: The need to recognize. *New Scientist 69*, 74 (1976)

22 G. GERISCH: Periodische Signale steuern die Musterbildung in Zellverbänden, *Naturwiss. 58*, 430 (1971); F. POPP: Biologie des Lichts. Parey, Hamburg 1984

23 J. DE ROSNAY: Das Makroskop. DVA, Stuttgart 1977

24 M. MARUYAMA: The second cybernetics: Deviation-amplifying mutual causal processes, *Cybernetica 1*, 1 (1963)

25 W. GRAHAM-SMITH, Organization in natural systems, *Ecol.Quart. 1978*, 113; E. GOLDSMITH: Adam and Eve revisited, *The Ecologist 3*, 348 (1973)

26 J. TOLSTOY: The age of uncertainty, *New Ecologist 8*, 125 (1978)

27 J. A. GOGUEN: Some comments on applying mathematical systems theory. In: H. W. GOTTINGER (Hrsg.): Systems approaches and environmental problems. Vandenhoeck & Ruprecht, Göttingen 1974

28 Vgl. die treffende Analyse des Politologen G. ZIEBURA: Der Westen hat versagt, *Stern* Nr. *11*, 299 (1978)

29 J. M. RICHARDSON: Global modelling, *Futures 10*, 386 (1978)

30 J. LOVELOCK u. S. EPTON: The quest for Gaia (Die Suche nach dem ›Organismus Erde‹), *New Scientist 65*, 304 (1975)

31 T. UMESAO: Soul and material things. 8. ICSID Kongr. Kyoto 1973

32 J. GEBSER: Asienfibel. Ullstein Taschenbuch, Frankfurt 1962

33 F. VESTER: Ernst Mach. In: Die Großen der Weltgeschichte, Bd. 8. Kindler, München 1978

34 F. VESTER: Denken, Lernen, Vergessen. dtv, München 1978
35 F. VESTER: Das Sensitivitätsmodell – ein Planungsinstrumentarium für komplexe Systeme, *Der Monat in Wirtschaft und Finanz* (Basel) 7/8 (1980)
36 N. WIENER: Kybernetik. Rowohlt, Hamburg 1969
37 A. ADAM: Informatik – Probleme der Mit- und Umwelt. Westd. Verlag, Opladen 1971; G. SCHAEFER: Biologie des Menschen – VII Steuerung unseres Körpers. Westermann, Braunschweig 1976; H. HASSENSTEIN: Biologische Kybernetik (4. Aufl.). Quelle u. Meyer, Heidelberg 1973
38 Siehe z. B. J. FITZSIMONS: A new hormone to control thirst, *New Scientist 52*, 35 (1971); vgl. auch Anm. 37
39 E. GOLDSMITH: Bringing order to chaos. *The Ecologist 1*. Nr. *1*, 20 u. Nr. *2*, 16 (1971)
40 Hier sei nur auf die diesbezügl. Vorstöße des European Management Forum Davos, des Marketing Management Institut in Frankfurt, der ›Energo-Kybernetischen Strategie‹ (EKS; Mewes-System), des MAB-Programms der UNESCO, der Regionalen Planungsgemeinschaft Untermain und nicht zuletzt auch der Weltbank hingewiesen – um wenigstens einige zu nennen. Vgl. auch L. KERN (Hrsg.): Probleme der postindustriellen Gesellschaft. Kiepenheuer & Witsch, Köln 1976. Besonderes Verdienst im Hinblick auf die Entwicklung eines »Evolutionären Management« gebührt der St. Gallener Wirtschaftshochschule, vor allem durch folgende Ausarbeitungen: G. PROBST: Kybernetische Gesetzeshypothesen als Basis für Gestaltungs- und Lenkungsregeln im Management. Paul Haupt Verlag, Bern 1981; F. MALIK u. G. PROBST: Evolutionäres Management. Die Unternehmung – *Schweiz. Z. f. Betriebswirtsch. 2/81*, S. 137 ff.; F. MALIK: Zwei Arten von Management. In: SIEGWART u. PROBST (Hrsg.): Mitarbeiterführung und Gesellschaftlicher Wandel. Paul Haupt Verlag, Bern 1983
41 Näheres durch H. GROTE, Gesellschaft für Baukybernetik e. V., Riemenschneiderstr. 9, 3450 Holzminden; vgl. z. B. auch: Die Bauwirtschaft heute und morgen. Ref. in *Allg. Bauzeitung* v. 24. 2. 1978; vgl. auch E. MAYER: Biokybernetisches Controlling als Unternehmensphilosophie? *Controlling Berater 3*, 21 (1983)
42 F. VESTER: Das Überlebensprogramm. Fischer-Taschenb., Frankfurt 1975
43 Vgl. H. STERN, G. THIELKE, F. VESTER u. R. SCHREIBER: Rettet die Vögel – wir brauchen sie. Herbig, München 1978
44 J. u. A. RUDLOE: Louisiana's Atchafalaya – Trouble in Bayou Country, *Nat. Geogr. 156*, 377 (Sept. 79); R. GOVE u. J. BLAER: A bad time to be a crocodile, *Nat. Geogr. 153*, 90 (Jan.78); H. STERN, W. SCHRÖDER, F. VESTER u. W. DIETZEN: Rettet die Wildtiere. Pro Natur, Frankfurt 1980
45 Vgl. Anm. 2, S. 70
46 K. JOHN u. D. FENSTER: Physical contact might reduce population. Ref. in *New Scientist 66*, 237 (1975)
47 F. VESTER: Hormone und die Umwelt des Menschen, *Die Kapsel* (R. P. Scherer) *31*, 1343 (1973)
48 D. PIMENTEL: Competition and the species-per-genus structure of communities, *Ann. of the Entomol. Soc. of America 54*, 323 (1961)
49 J. W. FORRESTER: Der teuflische Regelkreis (›World Dynamics‹). DVA, Stuttgart 1972
50 M. WINKLER: Untersuchungen zur Statistik und Dynamik der Jagd auf Enten, Anzeiger d. Ornithol.Ges. in Bayern *12*, 237 (1973)
51 T. HALLIDAY: Birds in danger – man in danger, *New Scientist 78*, 517 (1978); vgl. auch Anm. 42 sowie M. H. ROBINSON: Untangling tropical biology, *New Scientist 82*, 378 (1979)

52 H. STACHOWIAK: Allgemeine Modelltheorie. Springer, Wien – New York 1973; ders. (Hrsg.): Bedürfnisse, Werte und Normen im Wandel. Fink/ Schöningh, München 1982

53 M. SHACHAK: Some aspects of the structure and function of a desert ecosystem and its use in a teaching program of a field studies center. Ph. D. Thesis, Hebrew University, Jerusalem 1975; vgl. auch A. E. HALL, Anm. 429

54 Vgl. hierzu Anm. 2, den Papiercomputer (S. 60ff) und das Umwelt-Simulationsspiel (S. 77ff) bzw. Anm. 1, S. 114 sowie das Ökospiel in: *Natur* (Nullnummer 1980)

55 Typische Beispiele sind die Hochrechnungen von Wirtschaftsverbänden (z. B. der Energiewirtschaft) und politischen Wirtschaftsausschüssen, aber auch Energie- und Umweltstudien des Int. Inst. für angew. Systemanalyse in Laxenburg, mehrere umstrittene Wirtschaftsprognosen des Prognos-Instituts in Basel oder die umfangreichen Optimierungsmodelle des Sonderforschungsbereichs Raumordnung u. Raumwirtschaft der Deutschen Forschungsgemeinschaft

56 Vgl. z. B. S. COLE, J. GERSHUNG u. I. MILES: Scenarios of world development, *Futures 10*, 3 (1978); R. GOODLAND u. J. BOOKMAN: Can Amazonia survive its highways?, *The Ecologist 7*, 376 (1977); Z. NAVEH: A biocybernetic systems approach to the landscape and the study of its use by man. Technion Inst. Haifa, Juni 1978; P. BOHM u. C. HENRY: Cost-benefit analysis and environmental effects, *Ambio 8*, 18 (1979)

57 J. u. D. KEPPEL (Hrsg.): Choose life – messages to the leaders of American business and science. 25 North Main Street, Essex/Conn. 06426, USA

58 Vgl. z.B. J. M. RICHARDSON jr.: Global modelling, 2. Where to now?, *Futures 10*, 476 (1978); T. I. ÖREN u. B. P. ZEIGLER: Concepts for advanced simulation methodologies, *Simulation 32*, 69 (1979): K. W. THORNTON et al.: Improving ecological simulation through sensitivity analysis, *Simulation 32*, 155 (1979); H. HAKEN: Dynamics of synergistic systems. Springer, Berlin 1980

59 D. HASSELBLATT, *Diners-Club Magazin*, Okt. 1977, S. 24; F. VESTER: Ökopoly – Eine neue Ebene im spielerischen Erfassen unserer komplexen Umwelt. Ravensburger Spiele, Ravensburg 1984

60 M. MESAROVIC u. E. PESTEL: Menschheit am Wendepunkt. DVA, Stuttgart 1974; D. GABOR et al.: Das Ende der Verschwendung. DVA, Stuttgart 1976; vgl. auch den *Spiegel*-Bericht: Rettung durch gebremstes Wachstum v. 7. 10. 74

61 W. MÜLLER u. B. STOY: Entkopplung. DVA, Stuttgart 1978. Vgl. hierzu: E. BERENS über die Hintergründe des RWE-Kartellverfahrens, *Südd. Ztg.* v. 8. 12. 77

62 R. FREEDMAN: Moonlight molecules, *New Scientist 79*, 560 (1978)

63 L. MARGULIS: Symbiosis and evolution, *Scientific American 225*, 49 (August 1971)

64 H. KÖCK: Beziehungen zwischen Termiten und symbiontischen Mikroben, *Naturwiss. Rundschau 31*, 404 (1978)

65 F. VESTER: Das große Gleichgewicht. In: H. STERN et al., s. Anm. 44; R. DUBOS: Symbiosis between earth and humankind, *Science 193*, 459 (Juli 1976)

66 Praktiziert wird dies von der Hoerner Waldorf Corp. in der Gemeinde Ontonagon/Michigan, USA

67 Vgl. auch K. H. KREEB: Die ökologischen Grundlagen der Umwelt des Menschen, *Umschau 72*, 681 (1972)

68 F. VESTER: Aus der Vergangenheit für die Zukunft lernen? *Forum* (BVV, München) *4*, 3 (1977)

69 Vgl. hierzu z. B. G. Schaefer: Kausalität, Finalität und das Identitätsproblem in der Biologie, in: *Der mathem. u. naturwiss. Unterricht 24*, 85 (1971)

70 F. Vester: Planung, Forschung und Kommunikation im Team. Konstanzer Universitätsreden, Universitätsverlag, Konstanz 1969

71 Z. B. nach einer Entwicklung der Dektor Counterintellig. & Security Inc., Springfield, Virginia

72 Nach Arbeiten von Y. Raday, Lehrstuhl für Bibelstudien, Technion Institute, Haifa, Israel

73 R. W. Smith, ref. *Scientific American 219*, 64 (1968)

74 G. McKenzie (Shell), *New Scientist 27*, 268 (1965); F. H. Georg, ibid. *34*, 656 (1967)

75 S. A. Coons: The uses of computers in technology, *Scientific American 215*, 177 (Sept. 1966)

76 Z. B. mit der 1972 entwickelten Groß-Entwurfsmaschine der japanischen Firma IHI Ltd.

77 Hersteller: Fa. Sivler Seiko, Japan

78 H. C. Longuet-Higgins: Perception of melodies, *Nature 263*, 646 (1976)

79 B. Mandelbrot: Getting snowflakes into shape, *New Scientist 78*, 808 (1978)

80 Z. B. der Motronic Microcomputer von Bosch. Vgl. R. Heggen: Eine höhere Intelligenz für den Motor, *FAZ* v. 25. 7. 79

81 R. Thome: Produktions-Kybernetik. E. Schmidt Verlag, Berlin 1976

82 O. J. Loewer et al.: Toward a self-sufficient system for human housing, *Simulation 28*, 65, März 1977

83 Über chemische Computersynthesen vgl. H. Bruns, *Naturwiss. 66*, 197 (1979) sowie die Erfahrungen mit Synchem von H. L. Gelernter in *Science 197*, 1042 (1977); zur Naturstoffauffindung vgl. C. Djerassi et al. in *Naturwiss. 66*, 9 (1979)

84 Studiengruppe für Biologie und Umwelt: Zur Einführung eines computergesteuerten Feedback-Verkehrsleitsystems (Gutachten im Auftrag des Stadtentwicklungsreferats München (1973)

85 Inzwischen wurde das Prinzip des SLAM 16 (vgl. K. Smith: A Computer that works like the brain, *New Scientist 43*, 473 (1969) weiterentwickelt und mit dem DAP (Distributes Array Processor) der Firma ICL durch P. Marks am Queen Mary College in London für diverse Aufgaben programmiert.

86 Über eine entsprechende Entwicklung der Schweizer BBC vgl. R. Weber: Roboter lernt sehen, *Südd. Ztg.* v. 2. 3. 79

87 Entwickelt von R. L. Webster, Psychology-Dept. Hollins College, Roanoke, Virginia, USA

88 Nach einem 1979er Kursprogramm von E. Wooley über Hotelmanagement am Highbury College of Technology, London; ähnlich faszinierte das Umwelt-Computerspiel auf der Ausstellung »Unsere Welt – ein vernetztes System«, s. Anm. 1, S. 113 ff.

89 B. Twaithes: A new element in mathematics, *New Scientist 36*, 491 (1967)

90 V. Sigmund: Persönliche Rechner, *Umschau 79*, 335 (1979)

91 A. L. Zobrist u. F. R. Carlson jr.: An advice-taking chess-computer, *Scientific American 228*, 93 (Juni 1973)

92 D. Brown u. S. Dewsey: The challenge of Go, *New Scientist 81*, 303 (1979)

93 Vgl. den Bericht über die erste Computer-Schachkonferenz in *New Scientist 58*, 567 (1973)

94 H. Thim: Gunn-Flip-Flop, schneller als 10^{-9} sec., *Umschau 72*, 465 (1972)

95 Nach einer Entwicklung aus dem IBM-Laboratorium in Zürich-Rüschlikon kommen die Schalter mit einer Größe von nur $1,5 \times 3,1$ μ aus

96 W. D. METZ: Midwest computer architect struggles with speed of light, Science *199*, 404 (1978); A. L. ROBINSON: Superconducting Electronics: Toward an ultrafast computer, *Science 201*, 602 (1978)

97 Über computer-simulierte biologische Abläufe vgl. O. RICHTER: Enzyme im Computer, *Umschau 76*, 581 (1976); die ersten Arbeiten über computer-simulierte Wachstumsphasen von gesunden und Tumorgeweben von J. LAW erschienen schon 1969 in *Nature 221*, 244 (1969) und *236*, 19 (1972), über die Ausbreitung von Tornados von den Australiern R. SMITH u. L. LESLIE in *New Scientist 78*, 916 (1978)

98 Durchgeführt von der McDonnel Automation Company, USA

99 L. A. ZADEH: On the analysis of large scale systems, sowie P. LEYHAUSEN: Ecology, behaviour, quality of life and the method of quantification. Beide in H. W. GOTTINGER (Hrsg.): Systems approaches and environmental problems. Vandenhoeck & Ruprecht, Göttingen 1974

100 A. C. PICARDI: Practical and ethical issues of development in traditional societies: insights from a system dynamics study in pastoral West Africa, *Simulation 1*, 1 (1976)

101 P. ROBERTS: A model a day keeps starvation away. Ref. in *New Scientist 68*, 641 (1975)

102 Vgl. *Der Spiegel* v. 18. 9. 72

103 Ref. *New Scientist 58*, 699 (1973)

104 R. v. z. MÜHLEN: Computer-Kriminalität, Gefahren und Abwehrmaßnahmen. Luchterhand, München 1973

105 W. BOND: Electronic ambush of the stock market, *New Scientist 72*, 323 (1976); vgl. auch: Stock exchange resists computer dealing, ibid. *58*, 752 (1973)

106 S. BARLAY: Die geheimen Geschäfte. Ullstein, Berlin 1974

107 Gründer: H. MATUSOW, London, s. auch sein Buch: The beast of business.

108 H. KRAUCH: Computermarkt und Computermißbrauch. In J. REESE (Hrsg.): Die politischen Kosten der Datenverarbeitung. Campus Verlag, Frankfurt 1979; C. A. ZEHNDER: Daten und Menschenbild, Jubiläums-Ringvorlesung ETH Zürich am 5. 6. 80

109 H. F. HARLOW: Love in infant monkeys, *Scientific American 200*, 68 (Juni 1959); vgl. auch A. ALLAND: Aggression und Kultur. S. Fischer, Frankfurt 1974

110 I. HAYAKAWA: Wort und Wirklichkeit. Verlag Darmstädter Blätter, Darmstadt 1966

111 N. BRACHTHÄUSER et al.: Wirtschaftskybernetische Modellversuche. *Industr. Organis.* (Schweiz) *40*, 62 (1971); B. WAHLSTRÖM u. K. JUSLIN: Simulation with hard-wired analog subprograms, *Simulation 28*, 107 (1977); R. D. BENHAM: Simulation – one man's view of past, present and future, *Simulation 29*, 186 (1977).

112 Studiengruppe für Biologie und Umwelt (Hrsg.): Gutachterliche Studie zur Konzeption eines Studiums der Informatik. Im Auftrag des Bundesministers für Verteidigung. Bonn, Nov. 1971

113 Vgl. den Bericht über S. BEER von J. HANLON: Chile leaps into cybernetic future, *New Scientist 57*, 363 (1973)

114 Siehe z. B. G. W. SEUNIG: Siedlungsstruktur u. Energieverbrauch, *Aktuelles Bauen* (Zürich) *4* (1979)

115 A. GLÜCK (MdL): Vorschlag für eine Neuorientierung der staatlichen Lenkung der Siedlungsstruktur im ländlichen Raum, Bayer. Landtag, Sept. 1979

116 N. HILDYARD: Building for collapse, *The Ecologist 7*, 46 (1977); vgl. auch:

Stadtplanung – Die Entdeckung des Menschen, *Wirtschaftswoche* v. 26. 2. 79; vgl. Anm. F. VESTER, Anm. 678

117 Z. B. durch den Umweltausschuß der CSU ebenso wie etwa durch den Staatssekretär des Bundesernährungsministeriums

118 Vgl. das Euro-Roundtable-Gespräch im Juni 1978 in Luxemburg, ref. in *Umschau 79*, 105 (1979)

119 F. THOMA: Ersticken im Verkehr? Warum die Alternative Schiene oder Straße überholt ist, *Südd. Zeitung* vom 3. 11. 79; W. ERZ u. J. GÜNTHER: Die Tierwelt gerät in Unordnung, *Bild d. Wissensch. 15*, 106, April 1978

120 H. BORCHERDT: Überlegungen zur Stadt von morgen. In: Polio und Regio, Veröff. d.List Ges., Kykles-Verlag, Basel 1967; vgl. auch H. F. ERB u. F. VESTER (Hrsg.): Unsere Städte sollen leben. Wettbewerbsausschreibung Deutsche Verlags-Anstalt (1972) sowie L.R. BROWN, C. FLAVIN u. C. NORMAN: The future of the automobile in an oil-short world, *Worldwatch Paper* Nr. *32*, Sept. 1979 sowie F. VESTER: Welche Rolle spielt das Auto morgen? (mit Diskussion auf der 50. IAA, Frankfurt). In: Das Auto – Motor unserer Zeit. Referate und Diskussionen. Deutscher Instituts Verlag, Köln 1984

121 J. LINSER: Unser Auto – eine geplante Fehlkonstruktion. Fischer-Taschenbuch, Frankfurt 1978

122 Zu Chrysler vgl. W. H. PFAEFFLE: US-Autoindustrie in Dilemma gefahren. *Südd. Zeitung* v. 14.4.80. Ford rechnet in USA mit Rekordverlusten; sowie: Selbst für GM werden rote Zahlen erwartet. Beide *Handelsblatt* v. 23. 4. 80; über Hintergründe vgl.: A global challenge to Detroit, *Newsweek* v. 28. 4. 80

123 Verfahren des General Electric Research and Develop. Center, Schenectady, New York

124 Nach Untersuchungen von W. BALGORD, *Science 180*, 1168 (1973); vgl. auch: Clean cars can be dangerous, *New Scientist 55*, 245 (1972)

125 Vgl. P. SCHINHOFEN: Methanol – ein besonderer Saft, *Gute Fahrt* Nr. *11*, 14 (1979); H. D. BARBIER: Alkohol soll Brasilien voranbringen, *Südd. Zeitung* v. 20. 10. 79

126 L. R. BROWN: Food or Fuel, World Watch Institute, Washington 1980. Vgl. auch M. URBAN: Rettet der Alkohol die Zukunft des Autos? *Südd. Zeitung* v. 6. 6. 79

127 Entwicklungen der Union Carbide Electronics Division, USA; vgl. bereits W. VIELSTICH, ref. *Angew. Chemie 79*, 726 (1967)

128 Hierzu führten u.a. Entwicklungen der Chloride Group Ltd., London, in Zusammenarbeit mit dem britischen Electricity Council 1978. Weitere Systeme sind die Lithium-Chlor-Zelle, der Eisen-Luft-Akku und die Zink-Chlor-Zelle. Mit den letzteren, von Gulf & Western entwickelten Batterien laufen eine Reihe Versuchswagen von General Motors, VW und einigen Japanern, die 110 kmh und einen Aktionsradius von 320 km erreichen sollen.

129 Von General Electric im Auftrag der US-Energiebehörde entwickelt. Ref. *Electronics* Nr. *14*, 44 (1970)

130 Benzinsparen mit Schwungradspeicher. *Umschau 78*, 157 (1978)

131 Vgl. die Studie über die Verkehrsentwicklung in deutschen Städten des ADAC von K. A. SCHAECHTERLE (1970)

132 Z. B. der Typ ›Berliner‹ von Ford, das Electromobil von MBB, die dreirädrigen (vorne 2, hinten 1 Doppelrad) Toyota-Elektro-Käfer, die Prototypen der Firmen Shuba-Elektrizitätswerke und Yuasa oder der Kölner Firma Lucas Service Deutschland GmbH, um nur einige zu nennen.

133 Nach Analysen des britischen Unternehmens Crompton Electricars, ref. *New Scientist 68*, 281 (1975)

134 Das zeigte z. B. P. CHAPMAN in einer Studie des Transport and Road Research Laboratory der Open University, London, von Dez. 1976

135 J. O. BOCKRIS u. E. W. JUSTI: Energie für alle Zeiten – Konzept einer Sonnen-Wasserstoff-Wirtschaft. Pfriemer, München 1980

136 Nach einem Vergaserprinzip mit Zusatzluftkanal und besonders ausgeklügelter Durchmischung des Ingenieurs Dr. h. c. Paul AUGUST, Bregenz, der damit bis zu 25 Prozent Treibstoff einsparen will.

137 Vgl. die ausgiebigen Untersuchungen und Vorschläge von Firma Mario Bertossi, München

138 Interessant ist hierzu der Untersuchungsbericht von G. LEACH für die OECD Paris 1973

139 vgl. z. B. den Bericht des Fahrradexperten H. E. LESSING im *Zeit-Magazin* v. 19. 10. 79; das Liegerad von D. WILSON vom Dept. of Mech. Engineering des MIT, Boston; das Tri-Ped der Pivar Motor Company in Farmingdale, N.Y.

140 A. URBANEK: Verkehrsplanung, Städtebau und Raumordnung als Gesellschaftspolitik. Verl. f. fortschr. Verkehrspolitik, Großhelfendorf 1974

141 Die Bundesbahn und diverse Industrieunternehmen haben sich hierzu 1979 unter dem Namen ›Forschungsgemeinschaft Rad/Schiene‹ zusammengeschlossen

142 Vgl. etwa die auf der Hamburger Verkehrsausstellung 1979 von der Deutschen Großindustrie präsentierten Entwicklungsprojekte

143 Die H-Bahn von Siemens, nach dem Prinzip der Wuppertaler Schwebebahn, und das Kabinentaxi-System von MBB sind beide in punkto Baukosten, Bauzeit und Fahrtkosten weit vorteilhafter als die herkömmlichen U-Bahnen und Buslinien

144 Das ›Spaltzug‹-System AT 2000 der Société Automatisme et Technique in Marseille; das Dunlop-Fließbandtrottoir, ref. *New Scientist 53,* 601 (1972)

145 Gemeinschaftsprojekt der Firmen MBB, Krauss-Maffei und Thyssen-Henschel mit jährlich rund 30 Mio DM (für die gesamte Magnetschwebetechnik) durch das BMFT gefördert

146 ›Rohrpost‹-Transport von Kohle und Erz, *Umschau 76,* 558 (1976); R. M. SALTER, Transplanetary subway systems, *Futures 10,* 405 (1978)

147 Vgl. die Studie des Dipl. Ing. H. SINGER: München II oder wie man ein Monstrum im Moos verstecken will, von Sept. 1979 sowie: Die Fluggastabfertigungsanlage als Umsteigeelement eines Verkehrssystems – Planungskritik an bestehenden Terminalanlagen. Diplomarbeit am Inst. f. Baubetriebslehre der TU München 1975; beachtl. Fehlschätzungen deckte auch F. HAUSSMANN (Inst. f. Infrastruk. d. Univ. München) in seinem Sachbericht auf (Juni 1980); vgl. auch die Stellungnahme von F. VESTER: Zum Stand der Diskussion über den Bau der Startbahn West des Rhein-Main-Flughafens (Gutachten der Studiengruppe f. Biol. u. Umwelt), München, April 1979/Febr. 1981

148 Nach E. HIRST u. J. C. MOYERS: Efficiency of Energy use in the United States. *Science 179,* 1299 (1973)

149 G. KHOURY u. E. MOWFARTH: A solar airship. *New Scientist 79,* 100 (1978)

150 P. BARON: Verhandeln ohne zu reisen, *Umwelt 3,* 13 (1971)

151 B. LEFEVRE: The impact of electronic communication, *Impact 27,* 227 (1977)

152 R. HARKNESS u. R. PYE: Technology assessment of telecommunications with travel. Report der Nat. Acad. of Engineering, Washington 1976

153 Entwickelt von der Fa. Siemens AG

154 Hersteller z. B. Graphic Sciences Corp., Danbury, USA

155 Eine Entwicklung der Litton Industries Datalog Division, Melville, N.Y.

156 W. FLOHRER u. G. Simon: Der elektrische Briefkasten, *Umschau 79,* 56 (1979)

157 Eine Lösung, über die schon 1972 aufschlußreiche Assessments vorlagen, ref. R. Brown: Tax invades the mail market, *New Scientist 56*, 218 (1972) sowie: Electronic Mail could sort out postal deficit, ibid. S. 575

158 Vgl.: Telefon-Milliarden verpulvert. *Spiegel*-Bericht v. 7. 9. 1979

159 Kongr. f. opto-elektronische Systeme ›Laser 73‹, München, September 1973

160 W. S. Boyle: Optische Nachrichtensysteme, *Spektr. d. Wiss.*, S. 60 (Nov. 1978)

161 Nach einer Entwicklung der Bell-Laboratories, ref. *Electronics 24*, 39 (1978)

162 Vgl. z. B. die im Auftrag des BMAS durchgeführte Studie: Untersuchungen zur Anpassung von Bildschirmarbeitsplätzen an die physische und psychische Funktionsweise des Menschen. Forschungsber. d. Inst. f. Arbeitswiss. d. TU, Berlin 1978

163 D. Winkel: Aus Japan ein Modell? Das Zweiweg-Kabel-Fernseh-Pilotprojekt Hi-ovis. *Medium 7*, 20 (1980)

164 C. Smith: Looking at life in depth, *New Scientist 85*, 21 (1980)

165 Nach einer Entwicklung von H. Fischbeck am David Sarnoff Center der Fa. RCA, Princeton, N. J.

166 H. Maugh: Holographic filing – an industry on the verge of birth, *Science 201*, 431 (1978)

167 Entwickelt im Allen Clark Research Center der Fa. Plessey, Towester, Northants, England

168 C. Holden: Holoart: playing with a budding technology, *Science 204*, 40 (1979)

169 B. Hölldobler: Communication between ants and their guests, *Scient. American 224*, 86 (März 1971)

170 Nach Arbeiten von A. Hasler u. R. Horall, Submarine Lab., Univers. of Madison, Madison, Wisconsin

171 E. Kastoun: Elektrische Felder als Kommunikationsmittel beim Zitterwels, *Naturwiss. 58*, 459 (1971)

172 Nach Untersuchungen von W. Wieser, Lehrkanzel für Tierphysiologie, Univ. Innsbruck

173 Vgl. z. B. dieForschungen der Frankfurter Biologen W. Wiltschko, *Science 176*, 62 (1972) u. W. Viehmann, *Behaviour 68*, 24 (1979) sowie von A. C. Fisher: Myteries of bird migration, *Nat. Geogr. 156*, 154 (Aug. 1979)

174 A. Hopwood: Dowsing, ley lines and the electromagnetic link. *New Scientist 84*, 948 (1978)

175 F. Vester: Phänomen Streß. dtv, München 1978

176 F. Vester u. G. Henschel: Krebs – fehlgesteuertes Leben. dtv, München 1978

177 G. Khorana: Laboratoriumssynthese von Transfer-RNA-Genen, *Naturwiss. Rdschau 26*, 137 (1973)

178 Vgl.: Synthetic gene works well in living cell, *New Scientist 71*, 475 (1976); in ähnlicher Weise scheinen vagabundierende DNS-Bruchstücke (IS-Sequenzen) eine Rolle bei der Evolution gespielt zu haben. Vgl. P. Nevers, *Umschau 79*, 418 (1979)

179 Vgl. auch R. Riedl: Biologie der Erkenntnis. Paray, Berlin 1979

180 Nach Untersuchungen von P. Huttenlocher (Pritzker Medical School, Chicago), *Brain Res. 163*, 175 (1979)

181 J. Cooke: A landmark in brain development, *New Scientist 81*, 682 (1979); W. M. Cowan: Die Entwicklung des Gehirns, *Spektr. d. Wiss.*, S. 82 (Nov. 1979)

182 Dieses Phänomen ist in den ausgezeichneten Filmen des Tübinger Zoologen

GERISCH festgehalten, die vom Inst. f. den wissensch. Film in Göttingen vertrieben werden (z. B. ›Die Entwicklung von Dictyostelium‹)

183 F. A. POPP: Vom Wesen des Lebens – Analyse der Strahlung aus biologischen Systemen, *Umschau 79*, 235 (1979); vgl. auch Anm. 995 u. 22

184 V. FRENCH, P. J. u. S. V. BRYANT: Pattern regulation in epimorphic fields, *Science 193*, 969 (1976)

185 Nach Untersuchungen der Arbeitsgruppe von G. ALBRECHT-BÜRGER, Cold Spring Harbour Laboratory, New York 1979

186 R. L. GARDNER (Oxford), *Nature 220*, 596 (1969)

187 C. L. MARKERT u. R. M. PETTERS: Manufactured hexaparental mice, *Science 202*, 56 (1979)

188 F. VESTER: Die Theorie der Repressoren, *Die Kapsel* (Scherer) *21*, 711 (1968)

189 Eigentlich wären diese Tripletts nicht mit Wörtern, sondern erst mit Buchstaben vergleichbar, dagegen die nach deren Reihenfolge gebildeten Enzyme (entsprechend chinesischen Zeichen) mit sinngebenden Wörtern.

190 Es waren die klassischen Arbeiten von S. L. MILLER, *Journal Am. Chemical Soc. 77*, 251 (1955), S. W. FOX, *Science 128*, 3333 (1958), G. W. HODGSON, *Nature 216*, 29 (1967)

191 L. P. ORGEL u. G. I. HANDSCHUH: Strurite und prebiotic phosphorylation, *Science 179*, 483 (1973)

192 T. L. V. ULBRICHT: The optical asymmetry of metabolites, in: Comparative biochemistry IV, 1, New York (1962); F. VESTER u. O. MERWITZ: Spiegelbildasymmetrie – ein Grundphänomen der Natur. Parey, Hamburg (in Druck)

193 R. LOHRMANN u. L. P. ORGEL: Prebiotic activation processes, *Nature 244*, 418 (1973); A. KATCHALSKY: Prebiotic synthesis of biopolymers on inorganic templates, *Naturwiss. 60*, 215 (1973); sowie nach Untersuchungen von S. M. AWRAMIK, Paleobotanical Laboratories, Harvard University, Cambridge/Mass.

194 I. PRIGOGINE: Vom Sein zum Werden. Piper, München 1979

195 M. EIGEN u. P. SCHUSTER: The hypercycle, *Naturwiss. 64*, 541 (1977) sowie *65*, 7 u. 341 (1978)

196 W. FREESE: Zeugen der Genesis, *Naturwiss. Rdschau 32*, 406 (1979)

197 B. D. HALL: Mitochondria spring surprises. *Nature 282*, 129 (1979); B. G. BARREL et al.: A different genetic code in human mitochondria, ibid. 189; vgl. auch bereits L. MARGULIS: Symbiosis and evolution, *Scient. American 225*, 49 (Aug. 1971) sowie E. WINTERSBERGER: Erbfaktoren außerhalb des Zellkerns, *Bild d. Wiss. 11*, 1181 (1972)

198 P. SITTE: Die lebende Zelle als System, *Naturwiss. Rdschau 31*, 104 (1978)

199 R. BREUER: Kontakt mit den Sternen. Umschau-Verlag, Frankfurt 1978

200 C. HOLDEN: Sperm banks multiply as vasectomies gain popularity, *Science 176*, 32 (1972)

201 Vgl. das Interview mit dem Genfer Biologen K. ILLMENSEE in *Umschau 78*, 523 (1978)

202 Erstmals durchgeführt 1978 von der Arbeitsgruppe von P. BERG, Stanford Univ., Calif.

203 Nach Forschungen aus dem Arbeitskreis von J. B. GURDON, Univ. Oxford/England

204 E. de ROBERTIS: Transcription and processing of cloned yeast t-RNA in frogs, *Nature 278*, 137 (1979)

205 T. HUNT: How mammals get the message, *New Scientist 54*, 373 (1972)

206 M. SCHÖNBERGER: Verborgener Schlüssel zum Leben – Welt-Formel I-GING im genetischen Code. O. W. Barth, München 1973; W. BOHM: Cha-

kras – Lebenskräfte und Bewußtseinszentren im Menschen. O. W. Barth-Verlag, Weilheim 1966

207 Vgl. z. B. P. LUISI: Warum müssen Enzyme Makromoleküle sein? *Naturwiss. 66*, 498 (1979)

208 Über dieses Thema existieren zwei Fernsehfilme des NDR von F. VESTER: Vorstoß in die lebende Materie u. Geheimnis des Lebendigen (1969); vgl. auch Anm. 176 sowie A. WILSON et al.: Regulator genes fix the shape for beasts to come. Ref. *New Scientist 65*, 620 (1975)

209 Siehe in Anm. 47, S. 1375 bzw. Anm. 176, S. 21 sowie den gleichnamigen Film von F. VESTER (Studiengruppe für Biologie und Umwelt)

210 J. G. GURDON: Transplanted nuclei and cell differentiation, *Scientific American 219*, 24 (Nov. 1968)

211 Vgl. M. NABHOLZ in *New Scientist, 53*, 368 (1972) und S. OHNO in *Nature 244*, 259 (1973)

212 W. GRADMANN-REBEL: Genübertragung bei höheren Pflanzen, *Umschau 76*, 399 (1976). Über das bedenklich große Interesse der Industrie vgl. den *Spiegel*-Bericht über die Genforschung: Schnipsel vom Fremden. *Der Spiegel* v. 21. 1. 80

213 D. HESS: Transformationen an höheren Organismen, *Naturwiss. 59*, 348 (1972)

214 Vgl.: Plant breeders' growing interest in genetic manipulation. *New Scientist 81*, 237 (1979); A. GALSTON: Molekularbiologie und Landwirtschaftsbotanik. In: W. FULLER (Hrsg.): Biologie u. Gesellschaft. Serie Piper, München 1973

215 Z. B. in der Forschungsanstalt für Landwirtschaft in Völkenrode

216 Vgl. Anm. 175, S. 271

217 E. SEEMANNOVA: Schwere Schäden bei Inzestkindern, *Umschau 73*, 376 (1973); G. WILLIAMS u. J. MITTON: Why reproduce sexually? *Journal of Theor. Biology 39*, 545 (1973)

218 Vgl. z. B. die gesammelten Forschungsarbeiten in P. SPITZAUER (Hrsg.): Netzwerk Zelle. Kiepenheuer & Witsch, Köln 1975

219 K. Z. MORGAN: How dangerous is low-level radiation? *New Scientist 82*, 18 (1979)

220 J. ILLIES: Die biologische Krise. *Der Report Wiss. u. Technik* v. 14. 9. 1978; W. GOEBEL: Möglichkeiten u. Gefahren bei der Anwendung moderner genetischer Techniken, *Naturwiss. Rdschau 32*, 265 (1979)

221 P. MOLLET: Reparatur in lebenden Zellen. *Bild d. Wissensch. 14*, 68 (April 1977); S. OCHOA: Manipulation von Genen, *Naturwiss.Rdschau 29*, 181 (1976)

222 Die ersten Hinweise hierzu brachten die Arbeiten von R. J. BRITTEN u. D. E. KOHNE: Repeated sequences of DNA. *Scientific American 222*, 24 (April 1970)

223 A. UHLIG: Stille Revolution der Gesundheitspolitik – Absage an moderne Medizin in Entwicklungsländern, *Neue Zürcher Zeit.* v. 9. 9. 78; vgl. auch Anm. 308

224 Einige schöne Beispiele gibt R. KASPAR: Die Evolution des Lebendigen als Erkenntnisvorgang. *Umschau 80*, 493 (1980)

225 A. LEAF: Every day is a gift when you are over 100, *Nat. Geogr. Mag. 143*, 93 (1973); D. DAVIES: The centenarians of the Andes. Barry & Jenkins, London 1975

226 Nach einer Längsschnittstudie von U. LEHR u. H. THOMAE, Psychologisches Inst. d. Univ. Bonn (1978)

227 Vgl. hierzu V. V. FROLKIS u. V. V. BEZRUKOV (UdSSR Akad. der Med. Wiss.,

Inst. Gerontologie, Kiew): The problems of aging and longevity in modern science and society. UNESCO Congr. Biology and Ethics, Varna, Juni 1975

228 H. SELYE: Supramolekulare Biologie. Schattauer, Stuttgart 1971; H. SELYE: Hormones and Resistance. Springer, Heidelberg 1971

229 J. M. WEISS: Psychological factors in stress and disease, *Scient. American 226*, 104 (Juni 1972)

230 Vgl. hierzu die Bücher des Verfassers, Anm. 34, 175 u. 176

231 J. GERSTEN et al., *Am. Journal of Epidem. 103*, 333 (1976): Erneut bestätigt: Unzufriedenheit in Ehe u. Beruf macht krank, ref. *Med. Tribune* v. 12. 11. 76

232 Hier sei nur auf die laufenden Berichte der Weltgesundheitsorganisation (WHO-Chronicle, Genf) verwiesen sowie auf die Forschungsprogramme des Projektträgers ›Humanisierung des Arbeitslebens‹ des BMFT, Bonn-Bad Godesberg, weiterhin auf die Ergebnisse der Arbeitsgruppe von L. LEVI im Karolinska-Institutet in Stockholm; vgl. auch M. J. HALHUBER (Hrsg.): Psychosozialer Streß und koronare Herzkrankheit.

233 H. SCHAEFER u. M. BLOHMKE: Sozialmedizin. Thieme, Stuttgart 1972

234 Vgl. die Arbeiten von D. FRIEDMAN, New York: Streß kompliziert den Geburtsverlauf, ref. *Med. Tribune* v. 12. 3. 70

235 M. ODENT: Die sanfte Geburt. Kösel, München 1978; F. LEBOYER: Der sanfte Weg ins Leben, Desch, München 1974

236 S. H. ACKERMAN et al.: Early maternal separation increases gastric ulcer risks in rats, *Science 201*, 373 (1978)

237 Nach Untersuchungen von A. ALBRIGHT, Purdue Univ., Indianapolis, USA; H. AUTRUM: Streß. TR-Verlagsunion, München 1973; W. SCHÄFER: Der kritische Raum. Kl. Senckenbergreihe 4, Frankfurt 1971; vgl. Anm. 918

238 L. LEVY u. A. HERZOG: Effects of crowding on health and social adaption in the city of Chicago. *Urban Ecology 3*, 327 (1978); vgl. auch den Bildband v. J. HOLDT: Bilder aus Amerika. S. Fischer, Frankfurt 1978

239 Nach soziologischen Untersuchungen von L. SROLE (Columbia Univ., New York), ref.: *Ann. Congr. Amer. Psych. Assoc.* 1977

240 Nach Angaben des britischen Office of Health Economics vom 5. 1. 1976

241 Untersuchungsergebnisse von R. C. DOUGHERTY, berichtet auf dem Kongreß der American Chemical Society im Januar 1980

242 C. WATTS: Depression – the root causes, *New Scientist 67*, 531 (1975)

243 D. STÖFEN: Blei als Umweltgift. Auxilibris, Montabaur 1974; D. BRYCE-SMITH et al.: Mental health effects of lead on children, *Ambio 7*, 192 (Nov. 1978)

244 Über die direkte Schwächung der Immunabwehr durch Streß, vgl. R. W. BARTROP et al., *The Lancet* Nr. *8016*, 834 (1977)

245 Studiengruppe f. Biol. u. Umwelt: Wirkungen von Luftverunreinigungen u. Lärmimmissionen auf die menschliche Gesundheit, in: Studie über den Systemzusammenhang in der Umweltproblematik, Beiträge zur Stadtforschung u. Stadtentwicklung der Landeshauptstadt München (1971)

246 N. NASHED: Schutzstoffe. *Bild d. Wissensch. 15*, 102 (März 1978)

247 M. Reitz: Reduzierte Immunfunktion nach psychischem Streß, *Umschau 79*, 785 (1979)

248 Nach Untersuchungen von R. B. BULBOCK, Imp. Canc. Res. Fund, London, ref. *Med. Tribune* Nr. 2 (1972)

249 Nach Arbeiten von R. B. BULBOCK (Imperial Cancer Research Fund, London): Brustkrebs bei Frauen mit subnormaler Stimulation der Geschlechtshormone? Ref. *Med. Tribune* Nr. 2, 1 (1972); vgl. auch H. SELYE: Hormones and resistance, Springer, Heidelberg 1971

250 M. REITZ: Kann gegen Krebs ›Immunität‹ erworben werden? *Umschau 79,* 156 (1979)

251 J. PENN et al.: De novo malignant tumors in organ transplant recipients, *Transplantation Proceedings 3,* 773 (1971); H. E. REIS, *Zeitschr. f. Krebsforschung 78,* 42 (1972)

252 Conf. on Psychophysiological Aspects of Cancer, New York, April 1965, *Ann. of the New York Acad. of Science 125,* 773 (1966); vgl. auch Anm. 47

253 L. LEVI: Society, stress and disease (3 Bde). Oxford Univ. Press, London 1975

254 M. KOTHARI u. L. A. METHA: Ist Krebs eine Krankheit? Rowohlt, Hamburg 1979; CH. BACHMANN: Die Krebs-Mafia. Tomek-Verlag, Monaco 1981; S. LERMER: Krebs und Psyche. Causa Verlag, München 1982

255 Vgl. den Kommentar: Mortalitätsstatistik einmal anders, *Med. Tribune* v. 28. 9. 79 sowie H. SCHAEFER, Anm. 5

256 L. McGINTY: New evidence that lead retards children's intelligence, *New Scientist 82,* 5 (1979)

257 G. CHEDD: Illicit contraception with DES, *New Scientist 57,* 493 (1973); über Auswirkungen auf männliche Nachkommen s. M. BIBBO, *Journal of reprod. Med. 16,* 65 u. 147 (1976)

258 P. GEHRING: The threshold controversy, *New Scientist 75,* 426 (1977); How hazardous are affluents from today's technologies? *Envir. Sci. Technol. 12,* 508 (1978); vgl. auch Anm. 42, Kap. Abgase u. Stäube, S. 59 ff. sowie Kap. Lücken der Forschung, S. 233 ff.

259 Nach Untersuchungen an Rattenembryonen von A. E. FREEMAN et al., Proc. *Nat. Acad. Science* US *68,* 445 (1971); vgl. auch UELSNER et al., *Pharm. Z. 116,* 1949 (1971) sowie Anm. 258

260 S. M. BROWN et al.: Effect on mortality of the 1974 fuel crisis, *Nature 257,* 306 (1975)

261 Air quality criteria for photochemical oxidants, National Air Pollution Control Administration Publication No. AP 63, Washington 1970

262 W. H. GLAZIER: The task of medicine, *Scientific American 228,* 13 (April 1973); vgl. auch Anm. 5

263 E. HEFTNER u. H. HÖLLER: Sozial-ökologische Untersuchung des therapeutischen Milieus in einem modernen Rehabilitationszentrum, *Die Rehabilitation* 17, 216 (1978); Kein Chefarzt: Ärzte-Team leitet das klassenlose Krankenhaus von Herdecke, *Med. Tribune* v. 29. 1. 71; vgl. auch: Der Patient – eine Sammlung von Fakten? Interview mit G. KIENLE im *Spiegel* v. 15. 5. 78

264 J. MEHTA u. H. KROP: Psycho-social aspects of acute myocardial infarction, *Clin. Research 26,* 7A (1978); vgl. auch den Bericht von J. AUMÜLLER über das 5. Internat. Arteriosklerose Symposium in Houston, Texas, in der *FAZ* v. 19. 12. 79

265 Siehe z. B.: Wie nützlich ist die Krebsvorsorge? *Umschau 78,* 582 (1978); vgl. auch Anm. 254

266 Siehe die Besprechung der Untersuchungen von F. DASCHNER u. W. MARGET (*Münchner Med. Wochenschrift,* ref. im *Spiegel* S. 196 v. 17.5.76

267 F. LINGENS, *Biochem. Biophys. Acta 130,* 336 u. 345 (1967)

268 Nach Mittlg. des Statistischen Bundesamtes; vgl. bereits *Med. Tribune* v. 28. 2. 75: USA-Gonorrhö breitet sich aus. Therapieresistenz der Gonokokken durch penicillin-induzierte L-Formen

269 Über das Auftauchen resistenter Bakterienstämme in der Tierhaltung berichteten schon 1972 K. B. LINTON et al. im *Journal of Hygiene 70,* 99 (1972); vgl. auch J. R. PHILP: Physicians behaviour in prescribing antibiotics, *Clin. Research 22,* 320 A (1979) sowie C. G. ARNOLD: Zellschäden durch Antibiotika, *Umschau 78,* 480 (1978)

270 V. KRCMERY: Der Resistenzfaktor – Trumpf über Krankheitserreger, *Bild d. Wissensch. 6*, 601 (1972)

271 Vgl. die ersten Berichte von B. DIXON: Antibiotics on the farm – major threat to human health, *New Scientist 36*, 33 (1967) u. R. C. CLOWES im *Scient. American 228*, 19 (April 1973)

272 B. DIXON: Antibiotics and advertisers, *New Scientist 66*, 58 (1975)

273 V. GEIST: The biology of health, *New Scientist 81*, 580 (1979)

274 F. GROSSE-BROCKHOFF zur Eröffnung der Ausstellung der pharmazeutischen Industrie auf dem 77. Deutschen Internisten-Kongreß, Wiesbaden, April 1971

275 Nach dem Boston Collaborative Drug Surveillance Program, *Journal Am. Med. Soc. 216*, 467 (1970)

276 E. WEBER: Wie häufig sind Arzneimittelschäden? Ref. in *Med. Tribune* v. 26. 4. 79

277 Es sei hier nur auf die ohren- und nierenschädigende Wirkung mancher harntreibender Medikamente, die Nierenschädigung durch phenazetinhaltige Kopfschmerzmittel, die Sexualstörungen durch einige Kreislaufmittel u. Psychopharmaka und die berüchtigte SMON-Katastrophe durch Cliochinol in Japan erinnert, die allein 30000 Kranke durch Lähmung, Erblindung und Tod erfaßte.

278 W. C. DEMENT gründete aus diesem Grunde in Stanford, Kalifornien, 1970 die erste Schlafklinik, der weitere in New York, Florida und Pennsylvania gefolgt sind, um Schlafmittelschäden zu heilen.

279 Vgl. den gleichlautenden Bericht von P. JENNRICH in *Die Zeit* v. 25. 11. 77

280 F. VESTER: Tendenzen und Prognosen in der Medizin, in: Weltgesundheitsreport, S. 315 ff., Desch, München 1971; Society, stress und disease, WHO Chronicle *25*, 168 (1971)

281 Über Herabsetzung der Immunabwehr durch Cyclosporin-A vgl. C. J. GREEN, *Lancet* Nr. 2, 123 (1979); über die Nierentoxizität verschiedener Antibiotika vgl. T. W. KURTZ et al., *Clin. Research 25, 639A (1977)*

282 I. REY, Symp. Gynécologie de l'enfant et de l'adolescent, Lausanne. Ref. *Med. Tribune* v. 14. 5. 71; F. VESTER: Ja zur Verhütung – nein zur Pille. *Vitalstoffe – Zivilis.Krankh. 12*, 127 (1967)

283 T. A. LAMBO: Geisteskrankheiten und Verhaltensstörungen, in: Weltgesundheitsreport, S. 125 ff., Desch, München 1971

284 H. C. LEUNER: Die experiment. Psychose, Springer, Heidelberg 1962; R. FISCHER et al., *Experientia 23*, 150 (1967)

285 G. HORN u. MICKAY, 5. Int. Kongr. Pharmakolog., San Franzisko, ref. *New Scientist 55*, 181 (1973)

286 Über Dauerschäden berichtete R. K. DEGKWITZ (Freiburg) in *Nervenarzt 47*, 81 (1978); vgl. Anm. 175, S. 133 ff.

287 Ausführliche Dokumentation: Kommiss. f. Verstöße der Psychiatrie gegen Menschenrechte e.V., München, Juli 1978

288 Nach Mitteilung des Unabhängigen Arbeitskreises Arzneimittelpolitik, Berlin

289 Über die Sucht- u. Nebenwirkungsgefahr vgl. die Aussagen des Sportmediziners Prof. KINDERMANN: Forderung: Beta-Blocker auf die Doping-Liste. Ref. *FAZ* v. 2. 12. 78

290 R. RAND u. S. LORANT, ref. *New Scientist 58*, 734 (1973)

291 Nach Untersuchungen des National Cancer Institute, Bethesda, Md., *The Lancet 2*, 7820 (1973)

292 R. A. WHITE, *Science 176*, 922 (1972); ähnliche Ergebnisse können S. F.

HULBERT u. J. J. KLAWITTER der Forschergruppe Bioceramics an der Chemson University, South Carolina (z. B. für Zahnimplantationen) aufweisen

293 H. O. KLEIN: Verbesserte Heilungschancen für akute Leukämie, *Umschau 78*, 76 (1978); R. KURTH: Grenzen und Möglichkeiten der Immuntherapie von Tumoren, *Naturwiss. 65*, 100 (1978); F. VESTER: Über die kanzerostatischen und immunogenen Eigenschaften von Mistelproteinen, *Krebsgeschehen 9*, 106 (1977); vgl. den zusammenfassenden Bericht von R. FLÖHL: Krebsbekämpfung mit natürlichen Abwehrstoffen in der *FAZ* v. 18. 4. 79

294 J. FOX: Biochemistry on the brain, *New Scientist 84*, 777 (1979)

295 Über die antibakterielle Wirkung von Papaya, Kresse, Meerrettich und Knoblauch vgl. A. VOGEL, *Der Naturarzt* Nr. *1* (1978)

296 W. SCHMIDBAUER: Jäger und Sammler. Selecta-Verlag, München 1972

297 A. AGARWAL: New respectability for witch doctors, *New Scientist 79*, 413 (1978)

298 J. HANLON: When the scientist meets the medicine man, *Nature 279*, 284 (1979)

299 Vgl. A. v. SCHIRNDING: Die Seele im kybernetischen Zeitalter (zu P. WATZLAWICKS Vortrag vor der Siemens-Stiftung), *Südd. Ztg.* vom 30. 5. 80

300 Nach Untersuchungen von O. KOTHBAUER an der Poliklinik der Tierärztl. Hochschule Wien; B. POMERANZ: Brain's opiates at work in acupuncture? *New Scientist 73*, 12 (1977)

301 R. K. WALLACE u. H. BENSON: The physiology of meditation, *Scientific American 222*, 31 (Jan. 1970); vgl. auch Anm. 175, Der Wille verändert den Körper, S. 125 ff.

302 L. V. DICARA: Learning in the autonomic nervous system, *Scientific American 222*, 31 (Jan. 1970)

303 N. BIRBAUMER: Wo Biofeedback sinnvoll ist und wo nicht, *Med. Tribune* v. 23. 12. 77

304 K. DIEFENBACH et al.: Short term assessment of yoga or biofeedback in primary hypertension, *Clin. Research 24*, 647A (1976); vgl. auch den Bericht von S. M. GERGELY: Geisttraining per Rückkoppelung

305 E. u. A. GREEN: Biofeedback – eine neue Methode zu heilen. A. Bauer-Verlag, München 1978

306 Vgl. die Interviews mit C. v. FERBER u. F. CRAMER über die Grenzen der Medizin, *Umschau 75*, 260 (1975)

307 Vgl. z. B. die Arbeiten von A. KRUEGER, *New Scientist 58*, 668 (1973); B. MACZYNSKI, *Int. Journal of Biometeor. 15*, 11 (1971); A. VARGA, *Naturwiss. Rdschau 26*, 204 (1973); H. L. KÖNIG: Unsichtbare Umwelt. Moos-Verlag, München 1975 sowie, J. G. ROEDERER: Physikalische und psychoakustische Grundlagen der Musik. Springer, Berlin 1977

308 Vgl. den Bericht der Landeszentrale f. Gesundheitsbildung, München, April 1977

309 Dies beginnt bei einem völlig neu zu gestaltenden Biologieunterricht, vgl. F. VESTER: Sträfliches Versäumnis der Philologen, Leserbrief *Südd. Zeitung* v. 24. 5. 80; V.T.H. GUNARATNE: Health for all by the year 2000 – the role of health education. *Int. Journal of health educ.* suppl. to Vol. *23*, Nr. 1 (1980)

310 R. REISER: Ärzteausbildung – eine Katastrophe, *Südd. Zeitung* v. 20. 10. 79

311 I. ILLICH: Die Enteignung der Gesundheit. Rowohlt, Hamburg 1975; H. SCHAEFER, vgl. Anm. 5; R. HAUN: Der befreite Patient. Wie wir Selbsthilfe lernen können – eine Alternative zum Medizin-Konsum. Kösel, München 1982

312 Weltgesundheitsreport, S. 181, Desch, München 1971

313 Vgl. den Bericht von R. D. Paegle über die Autopsiebefunde einer US-Klinik in *Med. Tribune*, 19. 1. 79

314 Als typisches Beispiel sei hier der erneute Anstieg der Malaria in Ceylon von 16 Fällen (1963) auf 500 000 Fälle (1975) angegeben. Während hier die Malaria-Mücke in wenigen Jahren gegen DDT resistent wurde, werden z. B. die Indios nach wie vor durch bloßes Einreiben mit dem roten Farbstoff der Urucu-Pflanze *Bixa orellana* mit der Malaria fertig, vgl. *Der Wendepunkt* Nr. *12*, 554 (1976)

315 Z. B. das Institut für Gärungsgewebe und Biotechnologie der TU Berlin; das Institut für Mikrobiologie an der Universität Münster; die Gesellschaft für Biotechnologische Forschung mbH, Braunschweig-Stöckheim; einige Abteilungen der Gesellschaft für Strahlen- und Umweltforschung mbH, München-Neuherberg

316 Kommission der EG: Die Gesellschaft von morgen – eine Biogesellschaft. *Stichwort Europa* Nr. *11*, Brüssel, (Juni 1980)

317 Vgl. den Kurzbericht über einschlägige Forschungsprogramme von R. H. Simen: Strategien des Lebens – Studium biologischer Extreme dient dem Verständnis des Normalen, *Südd. Zeitung* v. 15. 12. 78

318 Nach Angaben von H. J. Dombrowski, *Biol. Zentralbl. 82*, 477 (1964)

319 Erstmals referiert in *Nachr. Chem. u. Techn. 11*, 42 (1963)

320 C. Woese vom Genetics Department der Univ. of Illinois entdeckte diesen bisher unbekannten dritten Zelltypus neben den prokaryontischen Bakterienzellen und den eukaryontischen Tier- bzw. Pflanzenzellen. Inzwischen sind weitere Archaebakterien, u. a. die halophilen Salzbakterien, entdeckt worden.

321 T. Rosebury, Life on man. The Viking Press, New York 1970

322 Vgl. Anm. 323, S. 208 ff.: Der Mikrobenzoo im Kuhmagen

323 Eine Entwicklung, die ich vor 10 Jahren in ausführlicher Darstellung vorausgesagt hatte. Vgl. F. Vester: Mikrobiologie. In: E. Schmacke (Hrsg.): 1980 ist morgen. Droste, Düsseldorf 1970

324 Siehe bereits W. Schwartz: Geomikrobiologie – ein Grenzgebiet, *Chem. in uns. Zeit 4*, 51 (1970)

325 Zu besichtigen in den Betrieben der Kennecott Copper Mine in Bingham/Utah, USA

326 Eine Technik, die für die südafrikanischen Abraumhalden ebenso interessant ist wie für verlassene Goldgräberstätten in Nevada oder für die Reaktivierung alter Goldgruben in Hessen

327 A. Kohler: Bakterien helfen bei der Metallgewinnung, *Umschau 73*, 26 (1973) und Privatmitteilung P. M. Rehm, Institut für Mikrobiologie der Univ. Münster; vgl. auch Kapitel 15 ›Kerntechnik‹

328 R. Doernach (McGill University): Can marine organisms replace bricklayers? Ref. *New Scientist 58*, 813 (1973)

329 Berichtet von J. R. Postgate in *Progr. Ind. Microbio. 2*, 47 (1960)

330 Nach Untersuchungen von M. Hutchinson, British Water Research Assoc., Henley-On-Thames, mit Unterstützung der WHO

331 J. Walsh: Rotifiers – nature's water purifiers, *Nat. Geogr. 155*, 287 (2. 1979)

332 Nach Ergebnissen der Arbeitsgruppe von C. J. Soeder, Inst. f. Biotechnologie, Kernforschungsanlage Jülich

333 G. Leistner: Abwasserreinigung mit Bio-Hoch-Reaktor, *Umwelt 2*, 109 (1979)

334 Z. B. mit den Bio-Reaktoren nach Kneer der Gebr. Weiss KG, Dillenburg

335 B. C. Wolverton, R. McDonald: The water hyacinth: from prolific pest to

potential provider, *Ambio 8*, 2 (1979); die Abwasserreinigung funktioniert bereits in der Gemeinde Hercules an der San Pablo Bay, nördl. San Francisco

336 Vgl. z. B. M. GLOGER, der in der *FAZ* v. 8. 11. 78 über einige spezielle Verfahren und Hersteller berichtet; in der Bundesrepublik arbeitet insbesondere G. MANECKE, FU Berlin, über Biokatalysatoren und trägergebundene Enzyme

337 Die RPC Corporation, El Segundo, Kalifornien, stellte die ersten tragbaren Spürgeräte für ca. 4000 $ her

338 Vgl. z. B. die Ergebnisse der Arbeitsgruppe C. STEUBING (Bot. Inst. d. Univ. Gießen) in: Lufthygienisch-meteorologische Modelluntersuchungen in der Region Untermain, 5. Arbeitsbericht, Reg. Plan. Gem. Untermain (Hrsg.), Frankfurt, Juni 1979

339 H. J. REHM: Industrielle Mikrobiologie, 2. Aufl., Springer, Berlin 1980

340 Durch P. BURCHAROW vom Moskauer Bergbau-Institut, ref.: *New Scientist 54*, 495 (1972); W. HÖLL: Lichtabhängige Produktion von molekularem Wasserstoff durch ein symbiontisches System, *Naturwiss. Rdschau 29*, 405 (1976)

341 R. JASINSKI: Electrical energy from biochemical action, *New Scientist 31*, 22 (1966)

342 M. G. DELDUGA, *Develop. Ind. Microbio. 4*, 81 (1963); *Selecta 8* Nr. *16*, S. IV (1966)

343 T. ROSSWALL: Applied microbiology can aid developing countries, *Ambio 8*, 116 (1979); Renewable energy sources for the rural family for only 88 $ in Tansania, *Envir. Sci. Techn. 13*, 773 (1979); vgl. auch Kap. 16 ›Energielösungen‹

344 C. WANDREY: Enzyme produzieren billiger, *Umschau 78*, 349 (1978)

345 M. SHERWOOD: Enzymes, money and selectivity, *New Scientist 53*, 94 (1972)

346 M. A. MITCHISON: Manufacture by tissue culture, *New Scientist 23*, 320 (1964)

347 R. A. DIXON u. J. R. POSTGATE: Fixing up Escherichia for nitrogen fixation, ref. *New Scientist 54*, 366 (1972)

348 Das Patent wurde im März 1978 durch Gerichtsbeschluß an die Firma General Electric in den USA erteilt

349 Eine Neuzüchtung des Battelle-Forschungslabors in Columbus/Ohio baut z. B. das giftige Herbizid 2,4-D zu harmlosen Produkten ab; Auf Züchtung und Verkauf nützlicher Bakterienarten hat sich die *GEMEX Corp.* in den USA spezialisiert

350 K. M. MEYER-ABICH: Wasserstoff aus Sonnenenergie, *Umschau 77*, 226 (1977); W. ZUMFT: Stickstoff-Fixierung, *Nachr. Chem. Techn. Lab. 26*, 642 (1978)

351 G. N. SCHRANZER: Ammonia synthesis in solar cells, *Naturwiss. 65*, 205 (1978)

352 Eine Biorevolution, die von der chemischen Industrie selber als zweite Phase der Naturstoffchemie bezeichnet wird; vgl. R. SAMMET: Die Chemie in den 80er Jahren – Aufgaben und Aussichten, *Chemie und Fortschritt* (VCI-Schriftenreihe), Heft *1* (1980); J. E. SMITH: Einstieg in die Biotechnologie. Carl Hanser, München 1983

353 Vgl. die mit reichlichem Bildmaterial versehenen Bionik-Bücher: H. TRIBUTSCH: Wie das Leben leben lernte, DVA, Stuttgart 1976; W. NACHTIGALL: Unbekannte Umwelt – die Faszination der lebenden Natur, Hoffmann & Campe, Hamburg 1979; ders.: Biotechnik, Quelle & Meyer, Heidelberg 1971; ders.: Biostrategie – Eine Überlebenschance für unsere Zivilisation. Hoffmann & Campe, Hamburg 1983; F. PATURI: Geniale Ingenieure der Natur, Econ, Düsseldorf 1974: H. J. BOGEN: Gezähmt für die Zukunft,

Knaur, München 1973; vgl. auch F. VESTER: Über 3 Milliarden Jahre auf dem Prüfstand – Technologien der Natur, *Natur,* Nullnummer (Okt. 1980); V. PAPANEK: Das Papanek-Konzept, Nymphenburger, München 1972

354 E. BRODA: Erfindungen der lebenden Zelle, *Natw. Rdschau 31,* 356 (1978); vgl. auch W. NACHTIGALL: Biostrategie (in Anm. 353)

355 Der respiratorische Stickstoff-Zyklus photosynthetischer Pflanzen, ref. *Naturwiss. 66,* 45 (1979)

356 Vgl. Anm. 175: Berufsstreß – Technik, Lärm, Bewegung, S. 143 ff.

357 Vgl. z. B. Zeitgemäße Form, Beil. der *Südd. Zeitung* v. 23. 5. 73

358 R. M. MARKS: The Dymaxion World of Buckminster Fuller, Reinhold Publication, New York 1960

359 Frei Otto: Der Pneu, *Bild. d. Wissensch. 15,* 124 (1978)

360 Vgl. Anm. 1, Exponat 24: Strudelformen, S. 159 ff.

361 Nach Untersuchungen von M. W. ROSEN u. N. E. COMFORD, Naval Undersea Research and Development Center, Pasadena, Kalifornien

362 H. SCHILDKNECHT et al.: Über die Chemie der Spinnwebe I – Arthropodenabwehrstoffe, *Naturwiss. 59,* 98 (1973)

363 R. MÖLLER: Eine exp. Untersuchung z. techn. Nutzung des Delphin-Antriebes. Dissertation Fachbereich 12 (Verkehrswesen) der TU Berlin (1974)

364 Die trudelsicheren Insekten wurden von W. NACHTIGALL (Anm. 353) untersucht; die Eulenflügel von Ingenieuren des Ames Research Center d. NASA

365 P. SCHNEIDER u. I. GÜNTHER: Flugmaschine Insekt, *Bild d. Wissensch. 15,* 60 (März 1978)

366 T. C. u. J. M. WILLIAMS: Der Flug der Landvögel über das Meer, *Spektr. d. Wiss. 1,* 72 (Dez. 1978)

367 A. SCHLIEF: Bionik: Technisches Peilgerät nach dem Vorbild der Stechmükken, *Umschau 72,* 721 (1972)

368 Ein 1973 begonnenes Forschungsprogramm der National Science Foundation, von R. WINSTON u. R. LEVI-SETTI am Argonne National Laboratory bei Chicago, das zu kombinierten Solarkollektoren führen soll, die nicht dem Sonnenstand nachgeführt zu werden brauchen.

369 Arbeiten des Instituts für Luft- und Raumfahrt an der TU Berlin

370 Vgl. V. PAPANEK, Anm. 353, S. 170

371 Aus dem Max-Planck-Institut für Kohleforschung, *Nachr. Chem. Techn. 21,* 281 (1973)

372 Das von F. McCAPRA (Sussex University) entwickelte System wird von der American Cyanamide Co. über die Firma Coolite Co. vermarktet. Ref: *New Scientist 58,* 398 (1973)

373 Z. B. die Halarc-Lampe (Hochdruck-Gasentladung) von General Electric und ähnl. Leuchtstoffbirnen von Philips und Osram

374 Der 7 cm lange Warmwasserfisch *Photoblepharon palpebratus* wurde im Golf von Eilath von den Meeresbiologen A. u. J. G. MORIN von der Univ. of Calif., Los Angeles, untersucht

375 R. RADEBOLD: Nutzung der Sonnenenergie durch techn. Fotosynthese. *Brennstoff, Wärme, Kraft 27,* 422 (1975)

376 Vgl. C. A. DOXIADES: Die antihumane Stadt. In R. JUNGK u. H. J. MUNDT: Weltgesundheitsreport (Ciba-Symposium), Desch, München 1971

377 Hier sind vor allem die Forschungen der Arbeitsgruppe von I. RECHENBERG vom Fachber. Bionik u. Evolutionstechnik der TU Berlin zu nennen

378 Vgl. Anm. 112: Beispiel 5 – Bionische Organisationsformen, S. 177 ff. und Beispiel 7 – Bionische Städte, S. 185 ff.

379 Vgl. Anm. 42, Kap. 15: Ein Studium der Umweltwissenschaften, S. 241 ff.

380 I. J. CARTER: Soil erosion: the problem persists despite the billions spent on it, *Science 196,* 404 (1977)

381 M. R. u. A. K. Biswas: Loss of productive soil, *Ecol. Quarterly 12,* 204 (1978)
382 R. A. Brink et al.: Soil deterioration and the growing world demand for food, *Science 197,* 625 (1977)
383 P. Barnes: The corporate invasion, *The Ecologist 8,* 197 (Nov. 1978)
384 D. u. M. Pimentel: Food, Energy and Society, S. 138 ff. Edward Arnold, New York 1979
385 Vgl. Anm. 42, Kap. 7: Boden, S. 113 ff.
386 G. P. Jacks u. R. O. Whyte: Vanishing lands – a world survey of soil erosion, Doubleday, New York 1939
387 K. Krüger u. A. Reiser: Mord am Moor, *Geo* Nr. *8,* 74 (Aug.1978)
388 W. E. Westman: How much are nature's services worth? *Science 197,* 960 (1977); F. Vester: Der Wert eines Vogels; ders.: Der Wert eines Baumes. Kösel, München 1983 u. 1984
389 C. J. Krebs: Ecology, Kap. Food Production, S. 610 ff., Harper Int. Edit. (1972)
390 Vgl. den Bericht: Weizen als Lohn, *Der Spiegel* v. 10. 4. 78
391 Hier treten dann auch die typischen Zyklen des Übersteuerns auf (Schweinezyklus, Kartoffelzyklus usw.), wie sie schon mit einfachen kybernetischen Simulationsmodellen erfaßt werden könnten, vgl. hierzu Anm. 2 sowie Anm. 1, Exp. 12 – Wachstumskurven
392 A. M. Holenstein u. J. Power: Hunger – Welternährung zwischen Hoffnung und Skandal, Fischer Taschenbuch, Frankfurt 1976
393 F. Vester: Nahrung heute und morgen, TR-Verlagsunion, München 1980
394 J. Nance: Tasaday – Steinzeitmenschen im philippinischen Regenwald, Fischer, Frankfurt 1979; vgl. auch Anm. 296; C. Leopold u. R. Audrey: Toxic substances in plants and the food habits of early man, *Science 176,* 512 (1972)
395 R. Waller: Out of the garden of Eden, *New Scientist 51,* 528 (1971)
396 Nach Berichten der UNESCO, ref. *Bild d. Wissensch. 9,* 922 (1971)
397 H. Mohr: Hungersnot oder chronische Unterernährung, *Umwelt 79,* 527 (1979)
398 O. L. Freeman, World without hunger, New York (1968)
399 K. Egger u. Gläser: Ideologiekritik der grünen Revolution, rororo aktuell, Magazin Nr. 1, S. 135, Hamburg 1975; vgl. auch N. Proffitt: The grim famine 1980. *Newsweek* v. 25. 8. 1980
400 V. Fernando u. M. P. Thomas: An assessment of the ecological implications of new varieties of seeds, *J. Environmental Studies 12,* 289 (1978)
401 J. Kranz: Genetische Einheitlichkeit bei Kulturpflanzen bringt Gefahren, *Umschau 75,* 607 (1975)
402 Vgl. den Kurzbericht: Wunderreis – ein Fehlschlag in Indonesien, *Naturwiss. Rdschau 29,* 52 (1976)
403 Landbau heute: Nahrung mit Gift. Magazin Brennpunkte 9, Fischer, Frankfurt 1977; vgl. auch Anm. 384
404 N. Walker (Hrsg.): Soil microbiology – a critical review, Butterworth, London 1975; als typisches Einzelbeispiel aus einem einschlägigen wissenschaftl. Kongreß vgl. B. Thente: Chemical and biological oxydation of added manganese in soil (Symp. Environm. Biochemistry, Utah State Univ., Logan, USA, März 1973), wonach z. B. denaturierte Böden Mineralien wie Mangan nicht aufschließen können
405 Nach einer vom *Pacific Asia Resource Center* in Tokio geförderten und 1980 publizierten Studie der *Universität von Manila*
406 W. Lockeretz et al.: A comparison of organic and conventional farms in the corn belt, Washington University, Saint Louis, Missouri, Juli 1975; sowie National Science Foundation (Hrsg.): Organic and conventional crop pro-

duction in the corn belt, US Dept. of Commerce, Nat. Techn. Inf. Service Nr. *BP-255 458* (Juni 1976)

407 E. GOLDSMITH u. R. ALLEN: Planspiel zum Überleben, DVA, Stuttgart 1972; D. PIMENTEL et al.: Food production and the energy crisis, *Science 182*, 443 (1973)

408 Über die Energiebilanz der Landwirtschaft vgl. C. MARCHETTI: Options, IIASA News Report, Laxenburg/Wien 1979; A. BOTTRALL: *Food Policy 2*, 75 (1977); J. S. u. C. E. STEINHART: Energy use in the U.S. food system, *Science 184*, 307 (1974) sowie den Bericht von S. M. GERGELY: Früchte des Öls, *Die Zeit* v. 2. 5. 80

409 Für DDT wurde dies schon in den 60er Jahren festgestellt und führte zu dessen teilweisem Verbot, vgl. *Science 162*, 371 (1969)

410 E. MAY: Canada's moth war, *New Ecologist 8*, 115 (1978)

411 N. P. BUU-HOI et al.: Enzymatic functions as target of the toxicity, *Naturwiss. 59*, 173 u. 174 (1972); R. FAHRIG: Nachweis einer genetischen Wirkung von Organophosphor-Insektiziden, *Naturwiss. 60*, 50 (1973); N. G. LINDQUIST u. S. ULLBERG, *Experientia 27*, 1439 (1971); R. BARTHA et al.: Umwandlung von Unkrautbekämpfungsmitteln zu Azoverbindungen durch Bodenmikroorganismen, *Umschau 69*, 182 (1969)

vgl. auch die Kontroverse F. VESTER – F. CRAMER (Bayer-Leverkusen) in *Umwelt 3*, 2, u. *4*, 2 (1973)

412 Vgl. *Environm. Sci. and Techn. 13*, 903 (1979); die amerikanische Regierung beginnt daher auch die Ausfuhr solcher Pestizide in Entwicklungsländer zu stoppen; vgl. R. J. SMITH in *Science 204*, 1391 (1979)

413 Nach H. GRIMME (Verb. Dt. Biologen), ref. in dpa-Umweltfragen v. 7. 10. 76

414 A. J. BULL u. J. H. SLATER: Enzyme evolution in a microbal community, *Nature 263*, 476 (1976); vgl. auch die Studie »Herbizide« der Dt. Forschungsgemeinschaft, ein Abschlußbericht über die Nebenwirkungen von Herbiziden in Böden und Pflanzen (1979)

415 A. J. BÜCHTING u. A. GUTSCHOW: Agrecol, Grenzen und Engpässe moderner Agrarverfahren – ökologische Alternativen, Eden-Stifung, Bad Soden 1976

416 W. ENGELHARDT: Wetter- und Umweltsatelliten bringen vielfachen Nutzen, *Umschau 80*, 11 (1980)

417 Vgl.: Satellites take long view on earth resources, ref. *New Scientist 55*, 242 (1972)

418 Entwicklungsarbeiten von D. OSBORNE, Agric. Res. Council's Unit of Developm. Botany, Cambridge, sowie M. HALL u. P. WAERING, Univ. College of Wales (1971); G. SAINT-RUF, *Naturwiss. 59*, 648 (1972)

419 W. RYDER: Growth disruption effects of an insect antifeedant, *Nature New. Biol. 236*, 159 (1972)

420 C. RUSCOE: Growth disruption effects of an insect antifeedant, *Nature New Biol, 236*, 159 (1972)

421 S. V. AMONKAR u. A. BANERJI: Isolation and characterization of larvicidal principle of garlic, *Science 174*, 1343 (1971)

422 Vgl. die Originalberichte in dem Fachblatt der Fördergemeinschaft ökologisch-biologischer Landbau e.V.: Bio-Land (früher: Bio-Gemüse), 7326 Heiningen

423 Vgl. den Bericht: Grüne Winzer, *Der Spiegel* v. 4. 2. 80

424 Nach einem Rundfunkinterview des Verfassers mit dem bayerischen Landwirtschaftsminister Eisenmann, Bayerischer Rundfunk am 28. 5. 80

425 D. CHAPMAN: An end to chemical farming? *Environment 15*, 12 (März 1973)

426 Vgl. den Bericht von R. DILLOO: Locker über den Acker, *Die Zeit* v. 21. 3. 80

427 T. A. TAYLOR: Mixed cropping as an input in the management of crop pests in

tropical Africa, sowie J. C. NWAFOR: Constraints on agricultural planning in Ruanda, beide in: *Afr. Environm.* II (4) / III (1), 111 sowie 87 (Nov. 1977)

428 J. GRIBBIN: World agriculture: the need for a scientific base, *New Scientist 80,* 514 (1978); ein typisches Negativbeispiel bietet Mozambique, vgl. J. HANLON: Does modernisation – mechanisation? *New Scientist 79,* 562 (1978)

429 W. WEISCHET: Die ökologische Benachteiligung der Tropen, Teubner, Stuttgart 1977; A. E. HALL u. a. (Hrsg.): Agriculture in Semi-Arid Environments. Springer, Berlin 1979

430 Nach Ergebnissen der Arbeitsgruppe von E. F. LEGNER an der Division of Biological Control in Riverside/Calif.

431 B. LEE: Dung beetles to the rescue, *New Scientist 82,* 46 (1979)

432 Vgl. den Bericht: Weevils weed out thistles, *New Scientist 59,* 62 (1973)

433 Privatmitteilung Prof. K. EGGER, Bot. Institut, Univ. Heidelberg

434 Über den Schutz von Kartoffeln berichten R. GIBSON u. W. TINGEY im *Journal of Econ. Entomology 71,* 856 (1979), über Luzerne W. MORELL und über Tomaten E. R. OATMAN u. G. R. PLATNER im jeweils anschließenden Artikel

435 Vgl.: Biologische Schädlingsbekämpfung, ref. *Naturwiss. 26,* 79 (1973)

436 P. KARLSON u. D. SCHNEIDER: Sexualhormone der Schmetterlinge als Modelle chemischer Kommunikation, *Naturwiss. 60,* 113 (1973); über Hormone, die die Insektenentwicklung hemmen (Precocene), berichtet W. S. BOWERS in *Science 192,* 874 (1976)

437 J. MEINWALD et al.: Chemical ecology: Studies from East Africa, *Science 199,* 1167 (1978)

438 Lt. einem *Spiegel*-Bericht v. 19. 3. 79

439 J. M. FRANZ u. A. KRIEG: Biologische Schädlingsbekämpfung, Parey, Berlin 1976; vgl. auch Anm. 437

440 B. PAIN u. R. PHIPPS: The energy to grow maize, *New Scientist 66,* 394 (1975)

441 Grundlage sind u. a. die Forschungsarbeiten der Arbeitsgemeinschaft Abfallverwertung der Universität Gießen, weiterhin die Veröffentlichung des Arbeitskreises für die Nutzbarmachung von Siedlungsabfällen e.V. (G. Schönleben) in München; vgl. auch das Environmental Studies Program der Cornell Univ.: Land application of wastes, Ithaka, 14853 (Jan. 1978) sowie Anm. 415

442 Klärschlamm muß keineswegs zu einer Anreicherung von Schwermetallen in den Pflanzen führen, vgl.: Dünger aus Klärschlamm, *Umschau 80,* 220 (1980)

443 F. VESTER: Prinzip und Bedeutung kybernetischer Technologien, 3. Sympos. f. wirtsch. und rechtl. Fragen des Umweltschutzes, Wirtschaftshochschule St. Gallen (1973); vgl. auch Anm. 1, Exp. 22: Abfallkarussell

444 Vgl.: Compost heap, ref. in *New Products & Processes* (Newsweek-Verlag), S. 10 (Juli 1976)

445 Vgl. den Bericht über die Arbeiten v. S. K. RIES, State Univ. of Michigan: Pflanzenstoff als Düngemittel, *Südd. Zeitung* v. 1. 6. 77

446 Der von H. WORNE entwickelte Bakterienstamm ›Azobac‹ kann von der Firma Bioferm International, Moorestown, N.J., für 10 $ erworben werden; andere Entwicklungen siehe z. B. J. L. RUELE u. D. H. MARX: Fiber, food, fuel and fungal symbionts, *Science 206,* 419 (1979)

447 A. AGARVAL: Blue-green algae to fertilise Indian rice paddies, *Nature 279,* 181 (1979)

448 Vgl. Anm. 415 und Anm. 399 sowie R. C. OELHAF et al.: The chase for organic farming, Organic Agriculture, Wiley, New York 1979; vgl. auch die Schrift der Deutschen Welthungerhilfe, Anm. 452

449 Stiftungen und Gesellschaften wie die Fördergemeinschaft organisch-biolo-

gischer Land- u. Gartenbau e. V. (7326 Heiningen) oder die Stiftung ökologischer Landbau (Kaiserslautern) sind fast ohne Mittel und erhalten auch keine vergleichbare Unterstützung aus den landwirtschaftlichen Forschungsgeldern; vgl. z. B.: Der ökologische Landbau: eine Realität; sowie: Praxis des Öko-Anbaus. Beide im Verlag C. F. Müller, Karlsruhe 1979/1980; F. VESTER u. a.: Systemstudie Ökoland I – VIII. Arbeitsber. d. Inst. f. Interdependenz v. Techn. u. Gesellschaft, Hochschule d. Bundeswehr, München (ab 1983)

450 P. R. u. A. H. EHRLICH: Bevölkerungswachstum und Umweltkrise. S. Fischer, Frankfurt 1972

451 M. URBAN: Unser täglich Fleisch, *Südd. Zeitung* Nr. *47*, Febr. 1980

452 Vgl. die Stellungnahme des Landtagsabgeordneten A. GLÜCK: Stop für Futtermittelimporte, *Südd. Zeitung* Nr. *47*, Febr. 1980; vgl. auch Anm. 424. Dieser Ansatz wie auch viele Gedanken der Kapitel »Anbau« und »Nahrung« sind auch in die neuere Aufklärungsarbeit der Deutschen Welthungerhilfe und anderer Institutionen eingeflossen, vgl. z. B. F. VESTER: Neue Wege im Kampf gegen den Hunger – Ernährungssicherung für alle ohne Zerstörung der Umwelt. Mat. z. Welternährungslage, Deutsche Welthungerhilfe (Hrsg.), Bonn 1982

453 M. SLESSER et al.: Energy systems analysis of unconventional food production systems, *Food Policy 2*, 123 (1977)

454 Vgl. die Kommentare: Proteins go sour on BP, *New Scientist 78*, 133 (1978) sowie ibid. *70*, 60 (1976)

455 G. DREWS: Mikroorganismen – Eiweiß für die Ernährung, *Naturwiss. Rdschau 32*, 11 (1979)

456 C. J. SOEDER: Zur Verwendung von Mikroalgen für Ernährungszwecke, *Naturwiss. 63*, 131 (1976)

457 K. u. H. WAGNER u. I. SIDDIQI: Die toxischen Inhaltsstoffe der Mikroalge Scenedesmus oblique, *Naturwiss. 60*, 109 (1973)

458 Z. B. das indisch-deutsche Algen-Projekt »Green Algae« des Central Food Technological Research Institute Mysore, Indien (Bericht vom Mai 1976); vgl. auch die Projekte der Gesellschaft für Strahlen- und Umweltforschung mbH. Siehe insbes. den Jahresbericht 1978, GSF, München-Neuherberg

459 Nach Entwicklungsarbeiten von C. CALLIHAN, Lab. for Bacterial Proteins, Louisiana State Univ., New Orleans; vgl. auch M. T. BOMAR u. S. SCHMID: Zellulose als Eiweißquelle, *Umschau 78*, 25 (1978)

460 Z. B. nach einem von D. W. SECKLER u. W. B. ANTHONY für die *Ceres Land Company*, USA, entwickelten Verfahren

461 Growing protein on methane, *New Scientist 70*, 586 (1976)

462 Nach der Alpine Geophysical Associates, Inc. Ref. in *Envir. Sci. Techn. 5*, 299 (1971)

463 Vgl. den Bericht über ein in Israel entwickeltes Verfahren in *Naturwiss. Rdschau 32*, 251 (1979)

464 Nach dem ›Symbraprozeß‹ der schwedischen Zuckerfabrik *Svenska Sockerfabrik AB;* ein ähnliches Verfahren ohne Einsatz von Mikroorganismen wurde auch vom BMFT gefördert (1977)

465 Nach Untersuchungen und Tests der Proteine Intelligence Unit, Food Science Dir., Ministry of Agriculture, London

466 V. H. LYNCH, *Aerospace Med. 35*, 1067 (1964) sowie nach Iswestija, ref. *New Scientist 36*, 331 (1967)

467 S. J. DUDRICK u. J. E. RHOADS: Total intravenous feeding, *Scient. American 226*, 73 (Mai 1972)

468　E. Koch u. F. Vahrenholt: Seveso ist überall, Fischer-TB., Frankfurt 1980

469　Vgl. Anm. 175, S. 116 ff.

470　Bezüglich der »Produktionsverluste« vgl. z. B. die Ergebnisse der Schlacht-viehuntersuchungen von I. Ekesbo am Inst. f. Tierhygiene in Skarn, Schweden (1975/76); bezügl. der »Mehrkosten« vgl. die hierzu recht interessanten Fakten des *Spiegel*-Berichts: Hähne auf und zu v. 21. 11. 77

471　**Schon eine einfache Trennkost (vgl. z. B. L. Walb: Die Hay'sche Trennkost. Haug Verlag, Heidelberg 1980) lenkt die Biochemie der Verdauung besser als jede Kalorienrechnung**

472　Die *Deutsche Gesellschaft für Ernährung* erklärte z. B. die Kartoffel zum besonders hochwertigen Nahrungsmittel. Nach B. Thomas ist es besonders wichtig, die unterschiedliche Schädlichkeit der verschiedenen Kohlenhydrate zu beachten, von denen z. B. Stärke ganz anders als Fruktose wirkt. Ref. in *Unabh. Biol. Nachr.dienst 1977*, Nr. *4*, 4 sowie ibid. *1978*, Nr. *7*, 4

473　Hier ist vor allem der Bericht von Roger Revelle vom Nat. Research Council zu nennen. Vgl. Nachr. Chem. Techn. Lab. *27*, Heft *1* (Jan. 1979)

474　TVP, entwickelt von der General Mills Inc., Minnesota, USA; KESP, entwik-kelt von Courtaulds Ltd.; vgl. auch den Bericht von D. Behrmann über die 5. Int. Konf. f. angewandte Mikrobiologie und neue Nahrungsproteine, *UNESCO-Dienst 1978*, Nr. *2*

475　Nach einem japan. Verfahren, vgl. Agricult. Biol. Chemistry *43*, 1883 (1979)

476　Abtei Fulda (Hrsg.): Comfrey – was ist das? Fulda 1978

477　D. L. Marzola u. D. P. Bartholomew: Photosynthetic Pathway and bio-mass energy production, *Science 205*, 555 (1979); S. J. Pirt arbeitet mit einem geschlossenen Bioreaktor in reiner CO_2-Atmosphäre und verdreifacht damit die Ausbeute an Biomasse. Vgl. *Nature 284*, 586 (1980)

478　Vgl. A. Galston, Anm. 214

479　Vgl. Forschungsprogr. des UK. Agricultural Research Council, Anm. 214

480　Hierzu zählen z. B. die Arbeiten von J. Zelitch, Connecticut Agricul. Exp. Station, ein 1,3-Mio-$-Projekt der UNDP, beschrieben in der Beilage zum *Forum Vereinte Nationen* (März/April 1976) oder die bakterielle Impfung von Mais mit dem B. *spirillus lipoferum* durch verschiedene Forschergruppen, *Science 189*, 368 (1975)

481　C. Meske: Warmwasser-Fischzucht – Neue Verfahren der Aquakultur, *Naturwiss. 58*, 312 (1971)

482　C. Tudge: An end to all soil problems? *New Scientist 70*, 462 (1976)

483　Vgl. die Beschreibung der Forellenzuchtanlage Edermühle, *FAZ* v. 28. 3. 79

484　A. Onken: Die Haltung von Nutzfischen als eine Möglichkeit alternativer Nahrungsmittelproduktion, *Prisma* Nr. *19*, 27 (1979)

485　O. Ruthner: Energiekette Sonne-Pflanze-Mensch/Tier im Recycling im Rahmen eines kontinuierlichen Pflanzenbaus. Einzelschrift Prof. O. Ruthner, Sloveringerstr. 150, Wien (1978)

486　J. P. Peixoto u. M. A. Kettani: The control of the water cycle, *Scientific American 228*, 46 (April 1973); vgl. auch den sehr instruktiven Bericht: Nasser Zyklus für das Leben, *Zeit-Magazin* v. 28. 4. 78

487　Forschungsarbeiten der US National Oceanic and Atmospheric Administration, vgl. z. B.: Thin layers could slow down hurricanes, ref. *New Scientist 59*, 503 (1973)

488　Vor allem Mexiko, für das die Wirbelstürme einen lebenswichtigen klimatischen Ausgleich schaffen, bedrängt die USA, ihre Aktionen einzustellen

489　K. Ito: Environmental management in the steel industry, *Environmental Studies 9*, 257 (1976)

490 Wasserbedarfsentwicklung bis zum Jahr 2000, *BDI-Umwelt* Nr. *50,* 25 (1976)

491 Nach Erhebungen der Wasserwirtschaftsverwaltung des bayerischen Innen-ministeriums (1972)

492 Daß auch in den USA dieses Problem nicht viel anders liegt, zeigen H. STE-FAN u. W. MAIER: Wasserversorgung und Wasserwirtschaft in den USA, *Umschau 72,* 251 (1972)

493 Arbeitsgruppe Ried: Kampf der Versteppung, *Umschau 78,* 147 (1978); vgl. hierzu auch den *Spiegel*-Bericht: Landschaft totgepumpt v. 27. 11. 78

494 H. STEINLEIN: Die Auswirkungen menschlicher Einflüsse auf die thermischen Verhältnisse in Fließgewässern, *Naturwiss. 65,* 473 (1978)

495 H. FLOHN: Wasserhaushalt der Erde, *Naturwiss. 60,* 340 (1973)

496 Zu der Vernetzung zwischen Biotop und lokalem Wasserhaushalt vgl. z. B. J. REICHHOLF: Begründung einer ökologischen Strategie der Jagd auf Enten, *Anz. d. ornithol. Ges. Bayern 12,* 237 (1973); entspr. Beispiele von den Swamps von Louisiana, den Everglades von Florida, der afrikanischen Savanne und viele weitere aus dem mitteleuropäischen Raum finden sich in unserem Bildband Rettet die Wildtiere, Anm. 44: vgl. auch W. E. WESTMAN, Anm. 388

497 W. E. WRIGHT: The environment setting for plant domestication in the Near East, *Science 194,* 385 (1976)

498 H. BOYKO: Salt water agriculture, *Scientific American 216,* 89 (März 1967); J. L. MARX: Plants: can they live in salt water and like it? *Science 206,* 1168 (1979); D. J. WEBER, H. P. RASMUSSEN u. W. M. HESS: Salzanpassung einer halophilen Pflanze, *Canad. Journal of Bot. 55,* 1516 (1977), ref. in *Naturwiss. Rdschau 31,* 156 (1978)

499 Nach Forschungsarbeiten von E. KLITZSCH, Geol. Inst. der TU Berlin

500 R. P. AMBROGGI: Water under the Sahara, *Scientif. American 214,* 21 (Mai 1966)

501 F. VESTER: Ansätze zur Erfassung der Umwelt als System. In: Buchwald/ Engelhardt (Hrsg.): Handbuch für Planung, Gestaltung und Schutz der Umwelt, Band 3, BLV-Verlag, München 1980; ders.: Zukunftsprognosen, Modelle, Strategien, ibid., Band 4

502 R. BETTAQUE: Öko-Inseln in der Wüste, *Naturwiss. Rdschau 31,* 187 (1978)

503 S. S. MARSDEN u. S. N. DAVIES: Geological subsidence, *Scientific American 216,* 93 (1967)

504 B. ANDEREAE: Räumliche Grenzen des Nahrungsspielraums, *Naturwiss. Rdschau 29,* 396 (1976); vgl. auch H. SCHIFFERS, *Geograph. Rdschau 26,* 308 (1974)

505 Vgl. die Ansicht einiger UNO-Berater: Deserts spread concern, *New Scientist 72,* 4 (1976)

506 H. HÖTZEL et al.: Saudi-Arabien – Warum ist das Grundwasser erschöpft? *Umschau 77,* 518 (1977); vgl. die Pläne des somalischen Ministers für Ressourcen H. QUASSIM, ref. in *Environm. Science & Techn. 12,* 129 (1978)

507 Vgl. u. a. D. GOLDBERG: Fruchtbarer Wüstensand, *Bild d. Wissensch. 9,* 898 (1972)

508 H. MENSCHING: Die Wüste schreitet voran, *Umschau 78,* 99 (1978); vgl. auch D. KLAUS: Vegetationsschäden als Beginn eines Teufelskreises. *Umschau 80,* 506 (1980)

509 Eine ausgezeichnete Übersicht hierzu geben E. ECKHOLM u. C. R. BROWN: Spreading deserts – the hand of man, *World Watch Paper 13* (August 1977). Einen bemerkenswerten Vorstoß in eine systemkybernetisch verstandene Landschaftsgestaltung stellt das Buch von Z. NAVEH und A. S. LIEBERMAN:

Landscape Ecology – Theory and Application, Springer, New York 1984, dar. Hier wird das Prinzip der Selbstregulation ebenso wie das einer Symbiose mit den humanökologischen Anforderungen konsequent befolgt.

510 F. Vester: Die Sache mit der Wüstenschnecke, Anm. 1, S. 12ff.

511 M. Shachak et al.: Feeding, energy flow and soil turnover in the desert isopod, *Oecologia (Berlin) 24,* 57 (Jan. 1976)

512 Y. Mundlak u. S. F. Singer: Arid zone development. Ballinger, Cambridge/Mass. 1977; vgl. auch H. W. Weber, *Bild der Wissensch. 7,* 713 (1972) sowie Anm. 502 u. 507

513 In diese Gruppe gehören z.B. das neue »Agrohyd« der Fa. Isoflex AG, Zürich, das »Curasol« der Farbwerke Hoechst u. ähnl. Produkte; vgl. auch H. Kleimann: Polyurethan-Schaumstoffe, *Chem. i. u. Zeit 5,* 78 (1971)

514 W. J. Hamilton: Fog basing by the Namib Desert, *Nature 262,* 284 (1976); M. K. Seely: Fog catchment sand trenches constructed by tenebrionid beetles, *Science 193,* 484 (1976)

515 D. J. v. Willert et al.: Ökophysiologische Untersuchungen an Pflanzen der Namib-Wüste, *Naturwiss. 67,* 21 (1980)

516 Entwicklungen der Fa. W. Rees Ltd., Old Woking, Surrey, England; weitere Methoden existieren bereits aus den 60er Jahren, vgl. z.B. *Nachr. Chem. Techn. 15,* 172 (1967)

517 Ostsee – Größte Wassererneuerung seit Jahrzehnten, *Umschau 76,* 271 (1976)

518 B. Komarow: Das große Sterben am Baikalsee. Rowohlt, Hamburg 1979

519 T. H. Maugh: The Dead Sea is alive and well, *Science 205,* 178 (1979)

520 S. W. Matthews: What's happening to our climate? *Nat. Geogr. 150,* 576 (1976)

521 A. Grainger: The state of the tropical forests, *The Ecologist 10,* 49 (1980); schon vor 8 Jahren waren ähnliche Warnungen laut geworden, vgl. z.B. S. Johnson: Burnt in the name of progress, *New Scientist 55,* 344 (1972)

522 Vgl. z.B. die Berichte von R. Jäckle: Weg in eine grüne Wüste, *Südd. Zeitung* v. 14. 2. 79 u. von J. A. Lutzenberger: Kahlschlag am Amazonas, *Südd. Zeitung* v. 19. 10. 79

523 R. Goodland u. J. Bookman: Can Amazonia survive its highways? *The Ecologist 7,* 376 (1977); N. Myers: Forests for people, *New Scientist 80,* 951 (1978)

524 E. F. Brünig (Hrsg.): International MAB/IUFRO Workshop on tropical rainforest ecosystems. Hamburg-Reinbek (1977); vgl. auch Anm. 523

525 H. Weinzierl: Die Wasseraustreibung geht weiter. Eine neue Kultivierungswelle überrollt die letzten Oasen, *Unabh. Biol. Nachr.dienst* Nr. *11* (1978)

526 Vgl. H. H. Müller: 17 Feuchtgebiete – »Trittsteine« für Zugvögel, *dpa-Umweltfragen 10* v. 28. 5. 76

527 F. Ibrahim: Der Assuan-Staudamm – eine Fehlplanung, *Umschau 80,* 58 (1980); vgl. auch Anm. 2, Exp. 18: Assuan-Staudamm, S. 125ff.

528 H. Schampp: Schwierigkeiten beim Assuan-Damm, *Umschau 72,* 538 (1972)

529 H. M. Rady: Der »blaue Teufel« – Segen oder Plage? In den Subtropen ist die Wasserhyacinthe zu einem Problem geworden, *Umschau 77,* 576 (1977)

530 R. E. Benedick: The high dam and the transformation of the Nile, *The Middle East Journal 33,* 119 (1979)

531 Nach Aussagen des Ökologen H. Lieth, des Zoologen K. Tinley (Univ. Pretoria), des Hydrologen B. Davies und des ebenfalls südafrikanischen Ökologen W. Bond, über die im *MTV (Med. Tribune)* Nr. *40* (1979) von F. Lützow berichtet wurde

532 Nach Untersuchungen von E. Klimm, Geogr. Inst. der Univ. Köln; vgl. auch

den Bildbericht von J. READER: Der Fluß, der in den Himmel mündet, *Geo* Nr. *9*, 8 (1978)

533 E. K. BALON: Kariba – The dubious benefits, *Ambio 7*, 40 (1980)

534 M. MULLER: Will the Jonglei be Sudan's lifeline? *New Scientist 78*, 140 (1978)

535 A. K. AGARVAL: Crippling cost of India's big dam, *New Scientist 65*, 260 (1975)

536 Die ersten Bedenken gegen diese Pläne tauchten vor 10 Jahren auf, vgl. S. WHITE: Siberian water to flow to the Caspian? *New Scientist 50*, 472 (1971); die Risiken sind inzwischen keineswegs geringer geworden, vgl. M.I.L'VOVICH: Turning the Siberian waters south, *New Scientist 79*, 834 (1978); H. H. VOGT: Wasser für die Wüsten der Sowjetunion, *Naturwiss. Rdschau 32*, 164 (1979)

537 N. OSMER (USSR Gidroprojekt Institut): Azov dam to save fish farms, *New Scientist 56*, 149 (1972)

538 T. W. ODROWA: Umweltprobleme sibirischer Wasserkraftwerke, ref. *Naturwiss. Rdschau 31*, 77 (1978)

539 G. HOLDEN: Experts ponder icebergs as relief for world water dilemma, *Science 198*, 274 (1977)

540 J. P. PEIXOTO u. M. A. KETTANI: The control of the water cycle, *Scientific American 228*, 46 (April 1973); außerdem Entwicklungsarbeiten von J. HULT u. N. OSTRANDER für die Rand Corporation, Santa Monica, Kalif.. Inzwischen existiert eine internationale Eisberg-Transportgesellschaft (Paris), vgl.: Idee des Eisberg-Transports wieder aktuell, *Südd. Zeitung* v. 23. 6. 80; über das Schmelzen von Eisbergen vgl. die Artikel von H. E. HUPPERT und J. T. TURNER in *Nature 271*, 46 (1978) sowie von J. R. ROSSITER u. K. A. GUSTAJTISI, ibid. S. 48

541 Gebaut von der Kawasaki Heavy Industries, ref. in *New Scientist 77*, 162 (1978)

542 Vgl. E. u. A. DELIYANNIS: Meerwasser-Entsalzung, *Naturwiss. 65*, 462 (1978); K. W. BÖDDEKER: Meerwasserentsalzung erst am Anfang? *Umschau 79*, 192 (1979)

543 H. Z. TABOR: Using solar energy to desalinate water, *Impact of Sci. on Soc.* (UNESCO) *28*, 339 (1978)

544 Vgl. bereits J. I. BREGMAN: *Desalination I*, 321 (1967); K. POPPER, *Science 159*, 1364 (1968)

545 Z. B. die Großanlage in Sarasota, Florida, ref. *Environm. Sci. & Techn. 13*, 506 u. 775 (1979)

546 Hergestellt vom GKSS Forschungszentrum Geesthacht GmbH

547 Mit der von W. STOECKENIUS entdeckten Bakterienart arbeitet eine Gruppe des Ames Research Center der NASA in Iowa

548 Nach A. MISONO, Lehrstuhl für Industrielle Chemie, Techn. Fak. der Univ. Tokio

549 2. Buch Moses, Kap. 15, Vers 23; vgl. F. VESTER: Präparative Methode zur Isolierung von Nukleotiden aus Zellulose, *Angew. Chemie 68*, 492 (1956)

550 Vgl. Anm. 42, Kap. 6: Umweltbereich Wasser, S. 95 ff.; F. WELLER: Nitrate in Böden unter Intensivkulturen. *Hohenheim Arbeiten 58*, 51 (1951); Fifteen rural Iowa communities have public water supplies with nitrate, ref. *Environ. Sci. Techn. 13*, 474 (1979)

551 K. BANAT et al.: Schwermetalle in Sedimenten von Donau, Rhein, Ems, Weser u. Elbe im Bereich der BRD, *Naturwiss. 59*, 525 u. 527 (1972); G. MÜLLER u. U. FÖRSTNER: Cadmium-Anreicherung in Neckar-Fischen, *Naturwiss. 60*, 258 (1973) – eine Situation, die sich bis heute praktisch wenig gebessert hat, vgl. Anm. 553

552 Quecksilber in der Umwelt, ref. *Chem. Ing. Techn. 47*, 660 (1975)

553 G. MÜLLER: Schwermetalle in den Sedimenten des Rheins – Veränderungen seit 1971, *Umschau 79*, 778 (1979); K. G. MALLE: Wasserqualität im Rhein deutlich besser, *Umwelt 4*, 321 (1979)

554 Nach Angaben des Direktors der Amsterdamer Wasserwerke VAN DER VEEN, in: *Das techn. Umweltmagazin* (Sept. 1978)

555 Vgl.: Krebsstoffe im Trinkwasser, *Umschau 78*, 443 (1978)

556 H. LIMBERT: Rheingutachten betont deutsches Interesse, *Umwelt 3*, 160 (1976); vgl. auch F. VESTER: Status quo der Umweltproblematik. Es fehlt die kybernetische Denkweise, *Bild d. Wissensch. 11*, 114 (1974)

557 G. KOVACS: Human interaction with groundwater, *Ambio 6*, 22 (1977)

558 H. D. SCHULZ: Einfluß der Düngung auf das Grundwasser, *Umschau 73*, 442 (1973)

559 G. LIKENS et al.: Saurer Regen, *Spektrum d. Wiss. 2*, 72 (Dez. 1979)

560 Über die Herstellung von Waschmittel-Zeolithen vgl. *Nachr. Chem. Techn. Lab. 28*, 103 (1980)

561 Recycling sewage biologically – a novel use of nature's resources, *Env. Sci. Techn. 5*, 112 (1971)

562 J. TINKER: What's happening to Lake Baikal? *New Scientist 58*, 694 (1972); vgl. Anm. 518

563 G. MATTHEß: Die Grundwasserbilanz der BRD, *Umschau 79*, 144 (1979); vgl. auch den Hydrologischen Atlas der Deutschen Forschungsgemeinschaft (Hrsg.: R. KELLER), Boldt Verlag, Boppard 1979

564 Vgl. den Bericht von C. SCHNEIDER über den Donau-Ausbau, *Südd. Zeitung* v. 27. 10. 79

565 J. M. McNEILL: Ist die Umwelt sauberer geworden? Weltweite Übersicht über den gegenwärtigen Stand der Umweltverschmutzung, *Umschau 80*, 122 (1980); vgl. auch Anm. 552 sowie den Bericht über die Tagung der Rheinanliegerstaaten: Der Rhein wird weiter verschmutzt, *FAZ* v. 16. 2. 79

566 Lt. Mittlg. der Ostberliner Nachrichtenagentur ADN im Mai 1980

567 Arbeitskreis für Umweltschutz Konstanz (G. GEIGER, Hrsg.): Gewässerschutz – sofort. Mit Härtekarte des Trinkwassers. Stadler, Konstanz 1972

568 Praktiziert u. a. in Philadelphia und Washington, vgl. *Newsweek* v. 9. 6. 80, S. 4

569 Vgl.: Bayer will Dünnsäure in den Rhein leiten, *Südd. Zeitung* v. 6. 6. 80

570 Vgl. den Bericht von H. WEBER: Der Tholos von Epidauros – eine Wasseraufbereitungsanlage der Antike, *N. Zürcher Zeitung* v. 25. 6. 75

571 R. T. MATENY: Hydraulische Systeme im Maya Tiefland, *Science 193*, 639 (1976); vgl. auch Anm. 530

572 Vgl. auch R. HECK: Computer verbessern die Nutzung von Grundwasser, *Umschau 78*, 669 (1978)

573 K. SEIDEL: Über die Selbstreinigung natürlicher Gewässer, *Naturwiss. 63*, 286 (1976); J. WALSH: Rotifers – nature's water purifiers, *Nat. Geogr. 155*, 287 (1979); über Wimperntierchen vgl. z. B. die Forschungsarbeiten von H. BERNERTH vom Senckenberg-Institut, Frankfurt

574 Hier einige Quellen neuerer und älterer Verfahren: Der Pho-Strip-Prozeß der Biospherics Corp., ref. *Chem. Eng. News 48*, Nr. 50, 9 (1970); J. W. KLOCK (sich selbst regenerierender Bakterienschlamm), ref. *Scientific American 227*, 42 (Dez. 1972); K. SEIDEL (amphibische Pflanzen), *Naturwiss. 60*, 158 (1973); W. ZIMMERMANN (Flechtbinsen), *Naturwiss. 60*, 159 (1973); mehrere Arbeiten über Algen als Abwasserfilter vom Inst. f. Pflanzenernährung der Univ. Gießen (1977); W. J. OSWALD et al. (verwertbare Abwasseralgen), *WHO-Chronicle 32*, 348 (1978); das 100 %ige Abwasserrecycling der Pure

Cycle Corp., ref. *Environm. Sci. & Techn. 12,* 1118 (1978); der erste transportable Meer- und Schmutzwasserreiniger der Allied Water Corp., vgl. *Newsweek* v. 30. 10. 78, oder das Wasserrecyclingssystem der Thetford Corp. in Ann Arbor/Michigan

575 Wie z. B. im Stadtstaat Hongkong mit 6 getrennten Systemen seit Jahren der Fall; vgl. auch N. NEWCOMBE et al.: The metabolism of a city and the case of Hongkong, *Ambio 7,* 3 (1978) sowie G. LINDH: Socioeconomic aspects of urban histology, *Ambio 7,* 16 (1978)

576 Nach B. BÖHNKE (Lehrstuhl für Siedlungswasserwirtschaft der TU Aachen, vgl. auch die Untersuchung über die Wasserversorgung der BRD des Bundesverb. d. dt. Gas- u. Wasserwirtsch. mit dem IFO-Inst. für Wirtsch.forsch. (1978)

577 Vgl.: Choose the ions you want, *Environm. Sci. & Techn. 13,* 271 (1979)

578 H. STEINERT: Die Herausforderung des Meeres, *Bild der Wissensch. 10,* 1300 (1973)

579 Z. B. der sowjetische ›Sewer‹ (2000 m), das Kieler Tiefseeboot ›Stint‹ (5000 m) oder der Typ ›Curv‹ (Controlled Underwater Research Vehicle)

580 P. STUBBS: Glomar Challenger's five-year stint, *New Scientist 59,* 332 (1973); H. VICTORE (Hrsg.): Meerestechnologie. Thiemig, München 1973

581 Vgl. W. ROBB, *New Scientist 24,* 177 (1965)

582 Eine Entwicklung der Firma General Electric, USA

583 Nach Entwicklungen von J. KYLSTRA, Duke Univ., Durham, North Carolina

584 P. W. HOCHACHKA u. K. B. STOREY: Metabolic consequences of diving in animals and man, *Science 187,* 613 (1975)

585 General Electric, General Dynamics, Corning Glass Corp., Westinghouse, North American Aviation, Lockheed u. a.

586 P. WILKNISS: Deep ocean drilling – what future? *New Scientist 78,* 10 (1978)

587 Vgl. den Kurzbericht: Errichtung einer Meeresboden-Behörde? *Naturwiss. Rdschau 32,* 163 (1979) sowie über den Gesamtkomplex D. A. ROSS: Opportunities and Uses of the Ocean. Springer, New York 1980

588 K. SCHWOCHAU: Uran aus Meerwasser, *Nachr. Chem. Techn. 27,* 563 (1979)

589 E. T. DEGENS et al.: Uranium anomaly in black sea sediments, *Nature 269,* 566 (1977)

590 J. SCHNEIDER (Geol. Palaeont. Inst. Univ. Göttingen): Manganknollen aus der Tiefsee – Gewinn oder Verlust? Rundfunkvortrag im NDR III v. 17. 3. 76

591 G. FORD u. M. GIBBONS: Whose nodules are they? *New Scientist 82,* 631 (1979); J. FRANCHETEAU et al.: Massive deep-sea sulphide ore deposits discovered on the East Pacific Rise, *Nature 277,* 523 (1979)

592 O. SUMMERER: Manganknollen, *Bild d. Wissensch. 15,* 48 (1978)

593 Vgl. den Bericht: Öl aus der Nordsee – Nordseetechnologie von weltweitem Nutzen, *Umschau 79,* 784 (1979)

594 Nach Vorschlägen der niederländischen *North Sea Island Group,* einem intern. Firmenkonsortium, vgl. P. MARSH: Building Islands for tomorrow's industry, *New Scientist 74,* 580 (977)

595 R. A. KERR: Petroleum exploration: discouragement about the Atlantic outer continental shelf deepens, *Science 204,* 1069 (1979)

596 R. A. KERR: Glomar Explorer: New era in deep-sea drilling, *Science 200,* 1254 (1978)

597 E. BLISSENBACH u. H. RIEGER: III. UNO-Seerechtskonferenz in Caracas, *Meerestechnik 5,* 181 (1974)

598 J. SCHNEIDER: Geowissenschaftler und ihre Verantwortung für die menschl. Gesellschaft. Beispiel: Manganknollen-Gewinnung aus der Tiefsee, *Geolog. Rdschau 66,* 740 (1977)

599 A. Z. PAUL et al.: Observations of the deep-sea floor from 202 days of time-lapse photography, *Nature 272*, 812 (1978)

600 Vgl. auch M. BLUMER: Submarine jeeps – are they a major source of open ocean oil pollution?

601 P. J. HUNNAM: Persischer Golf: Öl verändert Mensch und Natur, *Umschau 79*, 444 (1979)

602 Vgl. den *Spiegel*-Bericht: Morsche Giganten v. 21. 4. 80

603 L. TORREY: Black tide from the Bay of Campeche, *New Scientist 85*, 243 (1980)

604 O. GIERE: Ölpest – schwarzer Tod unserer Meere? *Umschau 79*, 501 (1979); C. T. KREBS u. K. A. BURNS: Long-term effects of an oil spill on populations of the salt-marsh crab Nea pugnax, *Science 197*, 484 (1977)

605 Z. B. das bakterielle Produkt der amerikanischen Firma *Natural Hydrocarbon Elimination Co.*; lt. TASS werden an der Akademie der Wissenschaften von Kasachstan in Alma-Ata pilzartige Mikroorganismen gezüchtet, die in Symbiose mit marinen Bakterien besonders rasch wirken; C.GATELLIER, Chef der *Petrole*, baut wiederum mehr auf die Unterstützung der ohnehin vorhandenen ölabbauenden Mikroorganismen (vgl. auch E. D. GOLDBERG, Scripps-Institute of Oceanographic Research, u. R. BARTHA, Dept. of Agriculture and Environment, Rutgers Univ., New Brunswick) und warnt vor allem vor chemischen Detergentien (vgl. H. PONCHELET: Bactéries contre marée noire, *L'Express* v. 17. 4. 78)

606 Vgl.: Ölpest-Bekämpfung mit Hilfe des Sonnenlichts, *dpa-Umweltfragen 2* v. 29. 1. 76

607 Lt. einer TASS-Meldung vom 9. 3. 79 wurde ein entsprechender Großversuch erfolgreich durchgeführt

608 Vgl.: A collection of clean-up techniques, *New Scientist 74*, 252 (1977)

609 Vgl. den Bericht: Ein Schatz im Roten Meer, *Südd. Zeitung* v. 23. 4. 79

610 Vgl. Anm. 42, Kap. 9: Umweltbereich Ozean, S. 155 ff., sowie Anm. 612; über die Wirkung der Kohlenwasserstoffe liegen Untersuchungen von K. GRASSHOFF vor (Inst. für Meereskunde der Univ. Kiel)

611 N. A. POWELL et al.: *Journal Fish.Res. Board of Canada 27*, 2095 (1971)

612 Vgl. die Angaben des World Wildlife Fund (WWF): 100 000 kg Phosphor täglich, in *Umwelt 3*, 11 (1971) sowie von A. ELLIOT: Steps in the ocean, *New Scientist 54*, 18 (1972)

613 H. ROSENTHAL et al.: Rotschlamm in der Nordsee, *Umschau 73*, 118 (1973); vgl. auch Anm. 42, S. 164 ff.

614 W. v. DIEREN (Direktor der Stiftung f. angew. Ökologie in Edam): Ware the wadden Sea, *New Scientist 69*, 16 (1976); vgl. auch den Bildbericht über das Watt von E. WINGERT im *Stern* v. 14. 8. 80

615 Über das von der UNEP koordinierte Programm vgl. *Environm. Studies 12*, 180 (1978)

616 R. A. KERR: Oceanographie: a closer look at Gulf Stream rings, *Science 198*, 387 (1977)

617 Vgl. die seither angelaufene Entwicklung: Der Krill wird gezählt, *Naturwiss. Rdschau 33*, 33 (1980)

618 H. JAUCH: Forschungen über Krill, *Naturwiss. Rdschau 31*, 245 (1978)

619 Nach W. SCHREIBER (Bundesforsch.anstalt f. Fischerei, Hamburg) ist der Krill trotz seines von T. SÖVIK u. O. BRÄKKA (Inst. f. Vitaminforsch. in Bergen/Norwegen) festgestellten Fluorgehalts nach entsprech. Verarbeitung durchaus als menschliches Nahrungsmittel geeignet

620 I. PAYNE: Crisis in world fisheries, *New Scientist 74*, 450 (1977)

621 M. RAWITSCHER u. J. MAYER: Nutritional outputs and energy inputs in seafoods, *Science 198*, 261 (1977)

622 Vgl. z. B. die Zusammenstellung aus den Angaben von V. SCHEFFER (Internat. Whaling Commission) im *Zeit-Magazin* v. 21. 9. 79; auch die australische Regierung wird den Walfang an den Küsten des Kontinents, die auf Vorschlag der IUCN zum Schutzgebiet erklärt wurden, vorläufig verbieten

623 H. ACKEFORS u. C. G. ROSEN: Farming aquatic animals, *Ambio 8*, 132 (1979)

624 J. C. GOLDMAN et al.: Mass production of marine algae in outdoor cultures, *Nature 254*, 594 (1975)

625 R. FELGER u. M. BECKMOSER: Eelgrass (Zostera marina L.) in the Gulf of California, *Science 181*, 355 (1973)

626 B. ZEITZSCHEL: ›Regnet‹ es im Meer? *Umschau 78*, 573 (1978)

627 Vgl. z.B. F. STARMÜHLNER in *Bild der Wissensch. 5*, 487 (1972)

628 Vgl. W. SCHÖNBORN: Stoffkreisläufe, *Umschau 72*, 655 (1972); R. BOLIN: The carbon cycle, *Scient. American 223*, 125 (Sept. 1970)

629 P. BÖGER: Ist der Sauerstoff der Luft in Gefahr? *Naturwiss. Rdschau 29*, 221 (1976); vgl. auch Anm. 628

630 W. SCHWARZ: Erdölentstehung, *Naturwiss. 59*, 356 (1972)

631 Nach Untersuchungen der US National Oceanic and Atmospheric Administration, ref. *Bild d. Wissensch. 9*, 854 (1972); vgl. auch K. WAGENER: Gestörter Kohlendioxidhaushalt der Atmosphäre, *Nachr. Chem. Techn. 20*, 168 (1972) sowie die Arbeiten von A. T. WILSON an der Victoria Univ., Wellington, Neuseeland; einen weiteren Ansatz zeigt E. KUHN-SCHNYDER: Das Erlöschen des Dinosaurierlebens an der Kreide-Tertiär-Grenze und die möglichen terrestrischen und extraterrestrischen Ursachen *Naturwiss. 65*, 57 (1978)

632 I. M. WHILLANS: Radio-echo layers and the recent stability of the West Antarctic ice sheet, *Nature 264*, 152 (1976)

633 C. W. RALSTON: Where has all the Carbon gone? *Science 204*, 1345 (1979); G. M. MOODWELL et al.: The biota and the world carbon budget, *Science 199*, 141 (1978); vgl. auch die Untersuchungen von S. ADAMS u. M. S. M. MANTOWANI von der Univ. do São Paulo, ref.: Lost forests exacerbate carbon dioxide threat, *New Scientist 74*, 61 (1977)

634 G. BREUER: Wird die Welt-Biomasse größer oder kleiner? *Naturwiss.Rdschau 30*, 281 (1977); W. S. BROCKER et al.: Fate of fossil fuel carbon dioxide in the global carbon budget, *Science 206*, 409 (1979); J. GRIBBIN: World temperature rise could be a hot potato, *New Scientist 85*, 15 (1980)

635 Nach Angaben des US-Office of Marine and Atmospheric Research beträgt die jährl. Zunahme der CO_2-Konzentration seit 1970 durchschnittl. 1,5 ppm

636 H. OESCHGER: Ernstes Problem: Der CO_2-Eintrag in die Atmosphäre, *Umschau 79*, 498 (1979); vgl. auch J. GRIBBIN, Anm. 634

637 B. M. HERMAN et al.: Atmospheric dust: climatological consequences, *Science 201*, 378 (1978)

638 Vgl. den Bericht: Verändert der Mensch die Temperatur der Erde? *Naturwiss. Rdschau 25*, 484 (1972)

639 Vgl. die Berichte: Abbau der Ozonschicht schneller als erwartet, *Umschau 80*, 348 (1980), und: The threat to ozone is real, increasing, *Science 206*, 1167 (1979)

640 Vgl. z. B. die Stellungnahme der Ruhrkohle-AG vom Dez. 1971 auf eine Anfrage von Bundesminister a. D. KATZER zur ausschließlichen Verwendung der Kohle als Energieträger

641 C. STARR: Energy and power, *Scient. American 225*, 37 (Sept. 1971); vgl. auch: Die Energie- und Rohstoffkrise aus der Sicht der Erdölforschung,

Nachr. Chem. Techn. 22, 23 (1974) sowie B. A. LAVERS im Geschäftsbericht der Fa. Shell für 1978

642 C. WILSON et al.: Welt-Kohle-Studie. Vgl. die Besprech. in der *FAZ* sowie: Sonne und Wind im Schatten der Kohle. Bericht über das Energie-Forum in Montreux, *Südd. Zeitung* v. 4. 6. 80

643 Dies wird zur Zeit in einem Entwicklungsprojekt der Deutschen Gesellschaft für Mineralölwissenschaft und Kohletechnik in Zusammenarbeit mit mehreren Universitätsinstituten untersucht

644 E. MARSHALL: OPEC prices make heavy oil look profitable, *Science 204,* 1283 (1979)

645 H. BOTTKE: Schatzkammer Ostsibirien, *Umschau 79,* 150 (1979)

646 Vgl. den Spiegelbericht über Subventionen: Dreimal draufzahlen v. 17. 3. 80

647 E. U. REUTHER: Bergtechnik im Vormarsch, *Umschau 77,* 229 (1977); R. KORBMANN: Fabriken in der Unterwelt, *Umschau 80,* 227 (1980)

648 E. ANDERHEGGEN: Haben wir genug Kohle für die Zukunft?, H. KLEIN-HERNE: Die Reserven der deutschen Steinkohle, *Umschau 80,* 230 ff. (1980); vgl. auch Anm. 697

649 Interessant ist hier z. B. das preiswerte, nach dem schwedischen Verfahren der Fa. Scania-Inventor, Helsingborg, hergestellte umweltfreundliche »Carbogel«; vgl. auch die internationale Studie von C. L. WILSON: Kohle – Brücke zur Zukunft, aus dem MIT Mass. Inst. of Technology, Boston 1980

650 Vgl. z. B. D. NEUBERG: Die neue Generation der Kohlekraftwerke, *Bild der Wissensch. 17,* 63 (Febr. 1980) sowie die ergänzenden Leserbriefe ibid. *8* (Juni 1980)

651 Vgl. T. H. NAUGH: Wieviel Chemikalien gibt es? *Science 199,* 162 1978); D. CLUTTERBRUCK: Industrial comeback for coal, *New Scientist 58,* 17 (1973); E. D. GRIFFITH u. A. W. CLARKE: World coal production, *Scient. American 240,* 28 (1979)

652 Kohle als Rohstoff, *Naturwiss.Rdschau 31,* 68 (1978); vgl. auch *BP-Chemie Journal 1/*1980 sowie Anm. 641

653 Vgl. den Bericht zur Wirtschaftspolitik von BP, VEBA und der OPEC: Chemieindustrie kocht bereits auf Sparflamme, *Südd. Zeitung* v. 8. 7. 80

654 P. G. CAUDLE: Chemicals and energy – the next 25 years, *Futures 10,* 25 (Okt. 1978); J. HOWARD: Chemicals seek a new technology mix, *New Scientist 81,* 570 (1979); vgl. auch: M. SEEFELDER: Die chemische Industrie an der Schwelle der achtziger Jahre, *Chemie u. Fortschritt 3,* (1979), VCI-Schriftenreihe und *Chemie u. Fortschritt 1* (1980)

655 M. L. GORBATY: Coal science: basic research, *Science 206,* 1029 (1979); R. HAYATSU et al.: Aromatic units in coal, *Nature 257,* 378 (1975); zur Einführung vgl. H. G. FRANCK u. A. KNOP: Kohleveredelung. Springer, Berlin-Heidelberg 1979

656 Obgleich z. B. das von Synthesegas (eine Kohlenmonoxid-Wasserstoffmischung) ausgehende Fischer-Tropsch-Verfahren seit neuestem in Südafrika mit einer Jahresproduktion von 5 Mio. Tonnen Fuß faßt (A. ZIEGLER u. R. HOLIGHAUS: Gas, Kraftstoff und Heizöl aus Kohle, *Umschau 79,* 367 (1979)) und auch auf dem Bergius-Pier-Verfahren basierende verbesserte Druckhydrierungen z. B. von den Saarbergwerken in Angriff genommen wurden (W. VIELSTICH u. G. KURTH: Kohle als Basis. Die Hydrierung von Kohle und *Kohlenoxid, Nachr. Chem. Techn. Lab. 27,* 553 (1979))

657 Die Verfahren basieren z. T. auf Entwicklungen aus den 60er Jahren, z. B. des US-Kohleforschungszentrums, Pittsburgh (ref. *New Scientist 37,* 470 (1968)), der BASF (K. BITTLER, *Angew. Chemie 80,* 329 (1968)) und der

Montecatini (G. P. CHIUSOLI, Chem. and Ind. 977 (1968)); vgl. z. B. auch R. NICHOLSON u. K. LITTLEWOOD, *Bild der Wissensch. 7,* Akt.Wiss. (Juli 1972)

658 F. H. MAUGH: Gasification: a rediscovered source of clean fuel, *Science 178,* 44 (1972)

659 K. GRIESBAUM u. D. HÖNICKE: Kraftstoffe der Zukunft, *Chem. i. uns. Zeit 14,* 90 (1980); vgl. die folgenden Wirtschaftsberichte: Pläne der USA zur Kohlevergasung (über eine Demonstrationsanlage in Tennessee), *Südd. Zeitung* v. 27. 3. 80; Mobil Oil denkt an die Kohlevergasung (über eine Demonstrationsanlage in Wilhelmshaven in Partnerschaft mit der Ruhrkohle AG); vgl. auch: Verbesserung der Kohleausnutzung durch Brennstoffzellen, *Naturwiss. Rdschau 33,* 117 (1980)

660 Vgl. z. B. R. S. Lewis: Is the earth a gigant methane store? *New Scientist 78,* 277 (1978); T. GOLD u. S. SOTER: Enthält das Erdinnere große Mengen Naturgas? *Spektrum d. Wiss.,* 40 (Aug. 1980)

661 Saubere Kohle, *Umschau 80,* 155 (1980); vgl. auch Anm. 649

662 H. HEINRICHS: Emission von 22 Elementen bei der Braunkohleverbrennung, *Naturwiss. 64,* 479 (1977); W. A. KORFMACHER et al.: Oxidative transformations of polycyclic aromatic hydrocarbons adsorbed on coal ash, *Science 207,* 763 (1980); M. L. LEE et al.: Dimethyl and monomethyl sulfate: presence in coal fly ash and airborne particulate matter, *Science 207,* 186 (1980); vgl. auch den Bericht über die schon älteren sowjetischen Verfahren von I. PETRIANOV-SOKOLOV: Waste not – want not, *New Scientist 57,* 433 (1973), sowie Anm. 661

663 W. WENZEL: Untertage-Vergasung auch in West-Europa, *Umschau 78,* 313 (1978); vgl. auch: With but little effect on ground water, coal can be gasified in situ, *Environm. Sci. and Techn. 12,* 626 (1978)

664 Vgl. R. SCHULTEN: Der Einsatz des Hochtemperaturreaktors, In: E. SCHMACKE (Hrsg.): 1980 ist morgen, Droste, Düsseldorf 1970

665 S. C. MORRIS et al.: Coal conversion technologies: some health and environmental effects, *Science 206,* 654 (1979); D. DICKINSON: US scientists warn of environmental dangers from synthetic fuels, *Nature 280,* 181 (1979)

666 N. VALERY: Steel making with heat from the atom, *New Scientist 59,* 610 (1973)

667 B. SAMADI: Roheisengewinnung: schneller, besser, billiger, *Umschau 79,* 512 (1979)

668 Z. B. nach Ausführungen von M. YUKAWA, Vizepräsident der Yawata Iron and Steel Comp., Japan; vgl. D. HAMILTON, *New Scientist 38,* 18 (1968); L. PERAS, ref. *Chem. Abstr. 61,* 1549a (1964); was den Einsatz der Kernenergie betrifft, vgl. P. HICKS u. N. CONSTANT: Japan warms to nuclear steelmaking, *New Scientist 70,* 124 (1976)

669 Z. B. mit den Plasma-Hochöfen der Chelyabinsk-Eisen- und Stahlwerke im südl. Ural oder in der kontinuierlichen Stahlverhüttung der SKF-Werke, Hellefors, Schweden, vgl. *Iron Age 199,* Nr. 18, (1967); auch die isothermische Schubverflüssigung unter Wasserstoff-Gegenstrom bei 550° und mehrere andere sind seit über 15 Jahren bekannte Verfahren, vgl. z. B.: *Chem. Abstr. 61,* 1544, 4011, 10376 (1964)

670 R. SINGER u. S. AHIER: Cheap steel for housing the world, *New Scientist 74,* 921 (1977)

671 In diesem sind die sonst eingebauten Kohlenstoffatome durch Sauerstoff bzw. Eisenoxide ersetzt

672 R. S. BARNES: Lichtbogenofen und Mini-Stahlwerk, *Umschau 78,* 227 (1978); vgl. auch den *Spiegel*-Bericht: Eiserner Schwamm v. 1. 8. 77

673 J. SCHNEIDER: Rohstoffe – Steigende Nachfrage, alarmierende Verknappung. In: Öko-Almanach. Fischer Taschenbuch, Frankfurt 1980

674 Vgl.: UdSSR will den Westen lahmlegen, *Südd. Zeitung* v. 11. 7. 80

675 Vgl.: Slower growth in demand for raw materials, *N. Sci. 58,* 280 (1973)

676 H. SCHWARZL: Rohstoffrisiko wird schärfer, *Der Report* v. 12. 10. 78

677 U. a. aus E. PESTEL: Das Ende der Verschwendung. DVA, Stuttgart 1976. Als Gesamtenergie für sämtliche Schritte der Eisenverhüttung vom Erz bis zum geschmolzenen Eisen wurden genau 6,74 kWh/kg errechnet; vgl. P. J. KAKELA: Iron ore – energy, labor and capital changes with technology, *Science 202,* 1151 (1978)

678 Möglichkeiten, mit denen sich in Zukunft auch der Arbeitskreis ›Energie und Bauen‹ der neugegründeten Deutschen Energiegesellschaft (DEG), München, beschäftigen wird (s. Anm. 996) F. VESTER: Baustoffe und Ökologie, *Ziegelindustrie International 11,* 653 (1979); vgl. übrigens die bereits zu einem eigenen Bildband zusammengestellten Beispiele von ›Abfallhäusern‹ – von W. M. EBERT: Home sweet dome, Träume vom Wohnen. Fricke, Frankfurt 1978

679 Vgl.: Glasindustrie, *Der Spiegel* v. 13. 8. 79

680 Vgl. das Beispiel einiger Bodenseegemeinden, initiiert durch den Arbeitskreis für Umweltschutz an der Universität Konstanz

681 Vgl. die Zusammenstellung der Werte durch mögliche Rohstoffrückgewinnung im EG-Raum, *Euroforum 13* (1978)

682 K. J. THOME-KOZMIENSKY: Im Abfall liegt die Zukunft, *Umschau 79,* 573 (1979); vgl. auch den Rohstoff-Bericht: Wundersame Geschäfte, *Der Spiegel* v. 28. 1. 80 sowie W. HOFFMANN: Leben von Luft, Lärm und Wasser, *Die Zeit* v. 8. 2. 80

683 H. HOBERG u. E. SCHULZ: Neues Aufbereitungsverfahren zur Rückgewinnung von Wertstoffen aus Hausmüll, *Der Städtetag 5,* 254 (1975); W. SCHENKEL: Kann Recycling von Hausmüll unsere Energie- und Rohstoff-Bilanz entlasten? *Umschau 80,* 116 (1980)

684 Vgl. den Bericht der Ges. f. Materialrückgewinnung u. Umweltschutz mbH, Essen, Zentrum für Rohstoffrückgewinnung, *Umwelt,* Heft *6* (1977); M. WUTZ: Recycling im Automobilbau, *Umwelt,* Heft *1* (1978); vgl. auch Recycling in der Materialwirtschaft. Expandierende Märkte Bd. *5,* Spiegel-Verlag, Hamburg 1975

685 Vgl.: Rohstoffe aus dem Müll, *Rohrpost* (Mannesmann-AG) *71* (Nov. 1979)

686 Vgl. die Broschüre: ›Steel waste recovery‹ der amerikanischen Firma McDowoll-Wellman Co (zu beziehen unter Nr. 152 durch Envir. Sci. and Techn., P.O.Box 7826, Philadelphia, PA 1910)

687 Vgl.: Sondermüll als Rohstoffquelle, *Umschau 76,* 342 (1976)

688 Die Fa. Naturin (Weinheim) verarbeitet z. B. Lederabfälle zu Wurstdärmen; vgl. auch: Recycled Leather, *Newsweek* v. 27. 11. 78

689 Z. B. durch das Auslaugungsverfahren von A. GÄUMANN et al. (Inst. f. techn. Physik der ETH Zürich); vgl. D. MARTHALER: Rückgewinnung von Blei aus Batterien, *FAZ* v. 13. 9. 78

690 D. JONES: The boundary of chemistry, *New Scientist 83,* 663 (1979)

691 F. E. COWLAND: Glassy carbon, ref. *Scient. American 218,* 54 (Febr. 1968)

692 Vgl. F. L. VOGEL (Dept. Electr. Engin. and Science, Univ. of Pennsylv., Philadelphia) in: *Journal of Materials Science 12,* 982 (1977)

693 Nach Entwicklungsarbeiten am Inst. f. techn. Praxis des Kernforschungszentrums Karlsruhe (1980)

694 J. B. PFEIFFER (Hrsg.): Sulfur removal and recovery from industrial processes, sowie J. R. WEST (Hrsg.): New uses of sulfur, beide: Advances in Chemistry, Bd. 139 u. 140, Washington D. C. 1975; vgl. auch z. B. die neue Rückgewinnungsmethode der Südchemie AG, München, mit der die bei der Zellstoffherstellung als Abgase anfallenden Schwefelverbindungen in Schwefelsäure überführt werden; vgl. die Systemanalyse der *Arbeitsgruppe Schwefeldioxid* des BMFT: Strategie gegen Schwefeldioxid, *Umschau 75,* 481 (1975) sowie K. GERFEN: Rauchgasentschwefelung und Technologietransfer, *Umwelt* Heft Nr. *6,* 444 (1977)

695 Nach einem Patent von J. RUBEN der P. R. Mallory & Co., Indianapolis, USA, US-Pat. Nr. 3352679

696 Hergestellt von der Aluminium Co. of Canada Ltd., Montreal, ref.: Super plastic, *Newsweek* v. 28. 1. 80

697 M. J. STOWELL u. D. B. LAYCOCK: Metalle – dehnbar wie Gummi, *Bild d. Wissensch. 16,* 104 (1979)

698 Vgl.: Soviets claim to have made metallic hydrogen, *New Scientist 57,* 350 (1973); neuere Arbeiten über Glasmetalle kommen u. a. aus dem Lawrence Livermore Lab. der Univ. of Calif. (C. CLINE et al.); über weitere formbare Metalle vgl. L. McDONALD-SCHETKY: Legierungen, die sich an Formen erinnern, *Spektrum d. Wissensch. 1,* 48 (Jan. 1980), vgl. auch: Memorious metal, *Scient. American 224,* 47 (März 1971)

699 K. F. HOFFMANN: Bor – ein außergewöhnliches Element, *Umschau 76,* 767 (1976)

700 Ref.: Wood which behaves like steel, *New Scientist 32,* 85 (1966)

701 G. NATTA: Die Weiterentwicklung von Riesenmolekülen, in: R. JUNGK u. H. I. MUNDT (Hrsg.): Unsere Welt 1985. Desch, München 1969

702 E. ATACK: Springs of plastic, *New Scientist 25,* 793 (1965)

703 Entwicklungen der Fa. W. Rees Ltd., Old Woking, Surrey, Engl.; weitere s. bereits *Nachr. Chem. Techn. 15,* 172 (1967)

704 Nach Entwicklungsarbeiten von N. KIESEWETTER, Fraunhofer Inst. f. Bauphysik, Stuttgart (1978)

705 Vgl. den Bericht: New plastics that carry electricity, *Newsweek* v. 18. 6. 79

706 Z. B. mit dem Durmetall-Kaltschweißverfahren (Molekular-Verbindungstechnik) der Velodur Chemical GmbH, München

707 Vielleicht mit Ausnahme der Polyphosphazene, die mit ihren anorganischen Gerüstatomen noch manche offenen Probleme der bisherigen Hochpolymeren lösen können (H. R. ALLCOCK: Polyphosphazenes: new polymers with inorganic backbone atoms, *Science 193,* 1214 (1976)

708 Z. B. nach einerEntwicklung der Japan Synthetic Rubber & Co., Tokio, u. a.

709 Vgl.: Ecoplastics for your groceries, *New Scientist 67,* 325 (1975)

710 Vgl. die diesbezügl. Beiträge in *Kunststoffe,* Heft *5* (1978)

711 1976 entwickeltes Verfahren der *Mitsubishi Petrochemical Co. Ltd.,* Tokio

712 Entwickelt von dem Holländer E. KLOBBIE, vertrieben von *Rehsif SA,* Genf

713 Vgl. B. WERMINGHAUSEN: Wiederverwertung von Kunststoff-Folien, *Umwelt* Heft *1,* 24 (1979)

714 Vgl. Anm. 42, Kap. 3: Produkt: Abwässer, S. 45 ff.

715 Verfahren der Firmen: Kanebo Ltd., Japan, *Chem. Eng. News 51,* 14 (1973); Takeda Chem. Industries, Japan, *Chem. Eng. News 50,* 15 (1972)

716 H. KINDLER u. A. NIKLES: Energiebedarf für Kunststoffe, *Chem. Ing. Techn. 51, 1* (1979); vgl. auch den Jahresrückblick: Makromolekulare Chemie 1979

717 F. VESTER: Design für eine Umwelt des Überlebens. Umweltgestaltung im Systemzusammenhang – eine Herausforderung an das Design der Welt von morgen, *form 60, IV* (1972)

718 Vgl. hierzu Anm. 42, Kap. 2: Produkt: Abfälle, S. 17 ff. sowie das nach wie vor sehr lesenswerte Buch von H. REIMER: Müllplanet Erde. Hoffmann & Campe, Hamburg 1971

719 U. a. aus Plenar – Planung, Energie, Architektur. Verlag A. Niggli, Niederteufen, Schweiz 1975, sowie Anm. 677 und Anm. 690

720 S. A. DURRANI: Natural fission reactors – Oklo style, *Nature 271*, 306 (1978)

721 J. F. HOGERTON: The arrival of nuclear power, *Scient. American 218,* 21 (Febr. 1968)

722 Nach dem IAEA-Handbuch (Internat. Atom-Energie-Behörde, Wien) 1971

723 Z. B. auf einem Hearing der Gemeinde Biblis 1975 u. in versch. Fernsehdiskussionen

724 In Holland sprachen sich 1200 Wissenschaftler per Zeitungsanzeige gegen die Kernenergie aus, 4023 französische Wissenschaftler unterschrieben als Groupement des Scientifiques pour l'Information sur l'Energie Nucléaire eine ähnliche Deklaration. In Deutschland wurden 1600 Unterschriften für ein Moratorium gegen die Kernenergie gesammelt, und über 3000 amerikanische Mitglieder der Union of Concerned Scientists, darunter so berühmte wie der Biologe James Watson, der Astrochemiker Harald Urey und der Physiker Hannes Alfven, alle Nobelpreisträger, setzten sich für das gleiche Ziel ein.

725 D. DICKSON: End of nuclear complacency – Three Mile Island Report, *Nature 282,* 120 (1979), ref. *Umschau 80,* 120 (1979); G. LÖSER: Ein Jahr danach – Harrisburg und die Folgen, *Natur & Umwelt 60,* Nr. *3,* 46 (Juli 1980)

726 Vgl. den Wirtschaftsbericht von H. KIRCHMANN: Der Weihrauch ist verflogen, Auch im energiearmen Japan wächst der Widerstand gegen die Atomkraft, *Die Zeit* v. 4. 5. 79

727 Vgl. die Presseberichte: Brasiliens Fehlstart ins Atomzeitalter, sowie: Nuklearvertrag veröffentlicht – Brasilien staunt, beide in *Tagesanzeiger,* Zürich, v. 6. 9. 79 u. 31. 8. 79 und die späteren Berichte des Korrespondenten F. KASSEBEER: Proteste gegen Reaktorbau in Brasilien, sowie: Den Atomtod auf gräßliche Weise ausgemalt, beide in *Südd. Zeitung* v. 26. 6. 80 u. 7. 6. 80

728 Diese Möglichkeit wird z. B. von der Virginia Electro & Power Co. für ihr Kernkraftwerk North Anna untersucht

729 Vgl. den Bericht über die amerik. Atomindustrie: Dreht sich im Wind, *Der Spiegel* v. 31. 3. 80

730 F. VESTER: Das Ei des Kolumbus – ein Energiebilderbuch (mit Begleitbroschüre). Kösel, München 1979

731 Nach einer Studie der Fa. Nukem, Hanau, und deren Geschäftsführer M. STEPHANY wird das Atomgeschäft um die Hälfte bis zu zwei Drittel hinter den Erwartungen der Aufbereitungsfirmen Eurodif und Urenco zurückbleiben. Vgl. den Bericht Teure Halden, *Der Spiegel* vom 7. 7. 80

732 Die Meldung der Vereinigung deutscher Elektrizitätswerke über den Rückgang des Primärenergieverbrauchs erschien am gleichen Tag (8. 7. 80) wie diejenige über den in einer Pressekonferenz des Verbandes der Chemischen Industrie von Präsident K. WAMSLER beklagten zu langsamen Ausbau der Kernenergie

733 H. P. DÜRR: Dafür oder dagegen. Kritische Gedanken zur Kernenergiedebatte. Juni 1977

734 Nach U. WAAS (Kernkraft Union): Kritische Anmerkungen zu der Schrift von F. VESTER: Das Ei des Kolumbus, Erlangen 1979

735 OECD-Bericht: Uranium – resources, production and demand. Paris 1979

736 Vgl. B. F. ROTH: Uran – die größten Energiereserven der Erde, *Umschau 76,* 273 (1976) und *76,* 628

737 S. BOWIE: Uranium and its future, *New Scientist 78,* 198 (1978)

738 Vgl. auch den Bericht der Enquete-Kommission des Bundestags über die zukünftige Energiepolitik vom Mai 1980

739 Andererseits wird die Abhängigkeit durch das geringe Volumen der Kernbrennstoffe etwas gemildert, das eine Vorratshaltung für 2–3 Jahre möglich macht, während die Ölmengen, die in der Bundesrepublik gelagert werden können, schon nach wenigen Monaten erschöpft wären.

740 Vgl. *Umschau 80,* 281 (1980)

741 Hierzu ist die Gesamtkostenberechnung von C. CLAUSEN u. J. FRANKE (Dipl. Arb., Univ. Bremen 1980) recht aufschlußreich. Ihre Ergebnisse decken sich weitgehend mit dem pessimistischen Kostenbericht des Komitees für Regierungsangelegenheiten des amerik. Kongresses über die Kernenergie vom Mai 1978; vgl. auch: Kernenergie ist unwirtschaftlich, *FAZ* v. 24. 5. 78 und insbesondere den Energie-Report der Harvard Business School, s. Anm. 814

742 U. JETTER in: Märkte im Wandel, Bd. *8:* Energie/Kernenergie. Spiegel-Verlag, Hamburg 1979, sowie: Statistik der Energiewirtschaft, 29 (1976/77)

743 H. P. FINKE: Bonn nimmt Stellung zu Kalkar. Brüter unabdingbar, *Rheinische Post* v. 9. 9. 77

744 L. BÖLKOW auf einem Vortrag vor der Deutschen Gesellschaft für Sonnenenergie (DGS), Febr. 1980

745 Vgl. z. B. die Anzeigen der Informationszentrale der Elektrizitätswirtschaft im Sept. 1979

746 Daß aus diesem Grunde die Abwärmebelastung ein zentrales Problem der Kernenergie sei, vertrat z. B. O. KELLERMANN, der Direktor des Instituts für Reaktorsicherheit des TÜ, bereits 1975 auf der Reaktortagung in Nürnberg

747 1 Curie ist die Menge einer radioaktiven Substanz, in der $3{,}7 \cdot 10^{10}$ Atomzerfälle pro Sekunde stattfinden (unabhängig davon, wie viele Teilchen oder Gammaquanten pro Zerfall dabei ausgesandt werden)

748 Laut einer Rundfunkerklärung des bayerischen Umweltministers Alfred DICK vom 19. 5. 79

749 J. A. SNOW: Radioactive waste from reactors, *Scientist and Citizen 9* (1967), vgl. Anm. 407

750 Vgl. Bd. 1 der mehrbändigen Systemstudie: Radioaktive Abfälle in der Bundesrepublik Deutschland des BMFT, Bonn 1976

751 Zu den technischen Problemen der Endlagerung in Gorleben vgl. die 5 Artikel von E. GRIMMEL, H. VENTZLAFF, A. SEMMEL, A. G. HERRMANN u. W. JARITZ in *Umschau 6,* 168 ff. (1979); über wachsende Lagerungsprobleme auch in den USA vgl. den 2teiligen *Spiegel*-Report v. 26. 2. 80 u. 3. 3. 80

752 Vgl.: Glassing in radioactive waste and burying it in salt may not work, *Envir. Sci. & Techn. 13,* 262 (1979)

753 Auch neuere Arbeiten sehen hier nur den anorganisch-geologischen Aspekt. Vgl. z. B. G. d. MARSILY: High level nuclear waste isolation: borosilicate glass versus crystals, *Nature 278,* 210 (1979); A. E. RINGWOOD et al.: Immobilisation of high level nuclear reactor wastes in SYNROC, *Nature 278,* 219 (1979)

754 Die allmähliche Auflösung von Quarz durch bestimmte Aminosäuren u. eisenhaltige Blutzellen ist durch die Arbeiten von A. SCHLENTRISCH, *Naturwiss. 20,* 562 (1965) seit 15 Jahren bekannt; vgl. a. J. PORTER (Univ. of Georgia, USA) in der ablehnenden Stellungnahme der Internat. Union for the Conservation of Nature der UNO zu entspr. Ablagerungen in der Tiefsee vom Sept. 1979

755 *rad* (radiation absorbed dose) und *rem* (Roentgen equivalent man) sind offiziell nicht mehr benutzte Strahlungseinheiten. 1 mrem (millirem) bzw. 1 mrad $= 10^{-5}$ Joule/kg. Vgl. hierzu die Strahlenkarte Europa von A. BIAU und J. P. MORONI, EWG-Kommission Luxemburg, *Umschau 79,* 131 (1979)

756 Über die Möglichkeit (bzw. Unmöglichkeit), die Erbschäden abzuschätzen,

vgl. das von der Gesellsch. f. Strahlen- u. Umweltforschung (GSF), München, unter Leitung von H. EHLING entwickelte Verfahren, das auch in den UNO-Report der Scient. Commission on the Effects of Atomic Radiation von 1978 übernommen wurde

757 Vgl. z. B. K. AURAND (Hrsg.): Kernenergie und Umwelt. Erich Schmidt Verlag, Berlin 1976; B. COMMONER (Hrsg.): Radioactive contamination, Harcourt, New York 1975; E. C. FREILING (Chairman): Radionuclides in the environment, *Adv. in Chemistry*, Series *93*, Washington 1970; Low-level radiation: a high-level concern, *Science 204*, 155 (1979); vgl. auch die Bücher von K. HÖLL: Atomkraftwerke. Pfriemer, München 1977, S. NOVICK: Katastrophe auf Raten – wie sicher sind Atomkraftwerke? Ehrenwirth, München 1971, und U. WAAS: Kernenergie – ein Votum für Vernunft. Deutscher Instituts-Verlag, Köln 1978

758 Vgl. auch den Bericht: Kernenergie – Strahlenbelastung mehrhundertfach höher als bei Kohleverstromung, *Natur & Umwelt 59*, Nr. 2 (1979)

759 Vgl. die Diskussion dieses Falles in *Arzt und Umwelt* (Darmstadt) v. 3. 4. 78

760 M. WAHLEN et al.: Radioactive plume from the Three Mile Island accident: Xenon-133 in air at a distance of 375 km, *Science 207*, 639 (1980)

761 Vgl. z. B. den Bericht über die Untersuchungen von A. STUART et al.: Forscher untersuchten Erkrankungen in US-Plutonium-Anlagen. Krebstote durch Radium, *Frankf. Rdschau* v. 2. 12. 77

762 H. J. EVANS et al.: Radiation-induced chromosome aberrations in nuclear-dockyard workers, *Nature 277*, 531 (1979)

763 Zur Strahlenbelastung bei der Urangewinnung vgl. auch E. C. FREILING, Anm. 757

764 Vgl. den Bericht der Bundesregierung über Umweltradioaktivität und Strahlenbelastung im Jahre 1976, Bonn, April 1978

765 G. BREUER: Energie ohne Angst – wie wir auf schnelle Brüter verzichten können, Kösel, München 1980

766 L. STEIN: Removal of Xenon and Radon from contaminated atmospheres, *Nature 243*, 30 (1973); vgl. auch: Radioaktives Krypton hinter Gittern, *Umschau 80*, 412 (1980)

767 Vgl. die Cogema-Verträge für die Wiederaufbereitung, *FAZ* v. 5. 12. 79

768 Eine lt. *Spiegel* geheimgehaltene Studie des Instituts für Reaktorsicherheit des TÜV in Köln (im Auftrag des BMI) macht hierzu genauere Angaben

769 Nach einem Pressebericht von Reuter, Washington; vgl. z. B.: Gefahr in Harrisburg und in 25 Reaktoren, *Südd. Zeitung* v. 8. 7. 80

770 U. a. die getrennt erstellten Berichte der Techniker B. M. DUNN u. J. H. KELLY von der Herstellerfirma Babcock & Wilcox etwa ein Jahr nach dem Unfall

771 M. BECK u. M. LORD: More nuclear woes, *Newsweek* v. 15. 10. 79

772 Typisch ist die Pannenkette des bayerischen AKW Isar 1 bei Ohu, dessen Fertigstellung sich 8 Monate verzögerte, mehr als doppelt so viel kostete wie veranschlagt und das seit seinem Anlaufen Ende 1977 innerhalb von 17 Monaten 10 Pannen, Lecks, Ausfälle und Abschaltungen hatte und Ende 1979 schließlich für ein Jahr stillgelegt werden mußte.

773 Nach der Demission des prominenten Sicherheitsexperten der AEC (Atomic Energy Commission), J. HOCEVAR (1974) und nach der Kündigung dreier leitender Kerntechniker der Kontrollabteilung von General Electrics und ihrem Überwechseln zur Antiatombewegung ist vor allem die aus Protest gegen die Verschleierung der Gefahren seitens der Atombehörde erfolgte Demission des Sicherheitsbeauftragten der NRC (Nuclear Reactor Commission), R. D. POLLARD (1976) bekanntgeworden

774 Die amerik. *Union of Concerned Scientists* hatte nach Feststellung unzähli-

ger Fehler und Datenmanipulationen schon 1977 die Herausgabe interner Unterlagen zum Rasmussen-Report WASH-1400 von der AEC erzwungen, (dt. Ausgabe durch das Öko-Institut, Freiburg, Adolf Bonz Verlag, Fellbach 1980), was dann Anfang 1979 wegen der viel zu gering angegebenen Sicherheitsrisiken zur offiziellen Distanzierung der (inzwischen in NRC umbenannten) Behörde von dem Rasmussen-Bericht führte

775 Nach einer Zusammenstellung der Nachrichtenagentur ddp, vgl. z. B. *Südd. Zeitung* v. 30. 3. 79 sowie Anm. 771

776 J. Ritter: France faces a cold winter, *Nature 282*, 436 (1979); vgl. auch den Auslandsbericht: Vergessen Sie nicht, wir sind in Frankreich, *Der Spiegel* v. 1. 10. 79

777 J. E. Harris u. I. G. Crossland: Rost, Reaktoren und St. Paul's Cathedral, *Umschau 80*, 35 (1980); vgl. T. Eyerich: Wie sicher ist der Stahl von Grafenrheinfeld? *Südd. Zeitung* v. 14. 8. 80; auch die Zersetzung des Betons des Reaktorsicherheitsbehälters im Fall einer Kernschmelze wird nach neueren Untersuchungen am Kernforschungszentrum Karlsruhe nicht mehr ganz ausgeschlossen

778 P. Crome: Atomare Vogel-Strauß-Politik, *Die Weltwoche* v. 23. 5. 79

779 Z. Medwedjew; Bericht und Analyse der bisher geheimgehaltenen Atomkatastrophe in der UdSSR. Hoffmann & Campe, Hamburg 1979; vgl. auch: CIA confirms Medvedev's disaster claim, *New Scientist 76*, 547 (1977)

780 Vgl.: Sind unsere Kernkraftwerke wirklich sicher? Eine aktuelle Dokumentation, *Bild d. Wissensch. 16*, I (Juni 1979)

781 W. Hoffmann: Wer zahlt für den GAU? *Die Zeit* v. 11. 5. 80

782 T. Land: Will Canadian reactor sales lead to more nuclear bombs? *New Scientist 65*, 91 (1975)

783 D. Dörrie: Entsetzliche Folgen, *Südd. Zeitung* v. 13. 3. 80; vgl. den Bericht über Atomtests: Haar verloren, *Der Spiegel* vom 11. 9. 78. Hierzu existiert auch ein Dokumentationsfilm von P. Jacobs: Paul Jacobs und die Atombombe (1980)

784 G. Chedd: Plowshare's death rattle at Rio Blanco, *New Scientist 57*, 544 (1973); W. D. Metz: Energie: Washington gets a new proposal for using H-bombs, *Scienca 188*, 136 (1975); B. Belitzky: Atomic blasts to save the Caspian, *New Scientist 69*, 121 (1976)

785 Vgl. z. B. die Richtlinien für den Nuklearexport, *Energiediskussion*, Heft 2, 14 (1978)

786 R. Jungk: Der Atomstaat. Kindler, München 1977; vgl. auch G. Wald: Leben in einer letalen Gesellschaft. Eröffnungsvortrag der Nobelpreisträger-Tagung in Lindau, *Scheidewege 9*, Heft *1*, 1 (1979); vgl. auch Anm. 765

787 Vgl. den *Spiegel*-Bericht über die Spannungen zw. IG Metall u. KWU v. 7. 1. 80 sowie C. Schütze: Kernkraft spaltet Rechtsstaat, *Südd. Zeitung* v. 3. 11. 76; W. Schluchter: Polizei und Wissenschaft vereint gegen Bürgerinitiativen, *Psychologie heute*, S. 13 (Juli 1977); Unbequeme werden durchleuchtet, *Das Gewissen 22* (7), 1 (1977)

788 Zu diesen seit spätestens 1976 (!) bekannten Untersuchungsergebnissen der Intern. Atomen.-Behörde (IAEO) in Wien, der brit. Atomen.-Behörde (UKAEA) und des Kernforschungszentrums Karlsruhe vgl. z. B. J. W. Jeffery: Uranium use in fast reactors, *Nature 281*, 98 (1979)

789 Soviel mußte der Bundeshaushalt (nicht etwa die Elektrizitätswirtschaft) für das Brüterprojekt in Kalkar bisher veranschlagen

790 D. R. Olander: Materialien für schnelle Brüter, *Naturwiss. 67*, 61 (1980)

791 Vgl. z. B. die Broschüre »Sichere Energieversorgung durch Schnelle Brüter« der Entwicklungsgemeinschaft Schneller Brüter, Karlsruhe 1977

792 J. G. FULLER: We almost lost Detroit. Reader's-Digest-Verlag, 1975

793 M. STEINBERG: Nuclear power without nuclear bombs, *New Scientist 75*, 14
     (1977); vgl. auch: Not only does plutonium breeder reactor have problems of
     waste, *Environm. Sci. & Techn. 13*, 10 (1979); J. BENECKE (Hrsg.): Risiko-
     orientierte Analyse zum SNR 300. Forschungsgruppe Schneller Brüter, Max
     Planck Inst. f. Phys. u. Astrophys., München 1982

794 N. DOMBEY: Can we afford to make the fast reactor safe? *Nature 280*, 270
     (1979)

795 R. KLINGELHÖFER: Wie weit ist die Kernfusion? *Nachr. Chem. Techn. Lab.
     28*, 306 (1980)

796 1980 war es z. B. die erste kontinuierliche (statt bisher pulsweise) Fusionsre-
     aktion in dem verbesserten »Stellerator« der Garchinger Forschergruppe

797 S. H. BONDI: Dear and dirty – the fears about fusion, *Futures 11*, 358 (1979);
     W. DÄNNER: Abfallproblem beim Fusionsreaktor, ref. *Nachr. Chem. Techn.
     Lab. 25*, 465 (1977)

798 Umweltbelastung durch Tritium, *Naturwiss. Rdschau 29*, 50 (1976); Fusion
     reactors – potential hazards, *New Scientist 68*, 394 (1975)

799 Lt. Pressemeldungen v. 17. 7. 80 (Bericht des Bundeskabinetts) bzw. 21. 8. 80
     (RWE-Vorstand)

800 Nach Angaben der Vereinigung Industrielle Kraftwirtschaft vom Juli 1979

801 Vgl.: Bewußtsein geschärft, *Der Spiegel* v. 3. 12. 79

802 Einen ersten parlamentarischen Vorstoß gegen dieses Privileg versuchte die
     Gesellschaft für Dezentralisierte Elektrizitätswirtschaft e.V., Ludwigsburg

803 A. VOSS: Vorgetäuschte Sicherheit durch Energieprognosen, *Umschau 80*,
     235 (1980); über die Fehlprognosen der Industrie zum Stromverbrauch vgl.:
     Shocking report, *New Scientist 70*, 364 (1976)

804 Vgl.: Energiemarkt: Von der Hand in den Mund, *Handelsblatt* v. 23. 4. 80;
     RODENSTOCK: Weg vom Öl, *Südd. Zeitung* v. 15. 7. 80

805 E. PESTEL u. a.: Das Deutschlandmodell, Herausforderungen auf dem Weg
     ins 21. Jahrhundert, DVA, Stuttgart 1978; E. PESTEL: Unsere Chance heißt
     Vernunft. Westermann, Braunschweig 1978; KRAUSE/BOSSEL/MÜLLER-
     REISSMANN: Energiewende. S. Fischer, Frankfurt 1980; D. HAYES: The solar
     energy time table, *Worldwatch Paper* Nr. 19, April 1978, sowie Anm. 809

806 Vgl. auch die Publikation des Bundesmin. f. wirtsch. Zus.arbeit: Energiekrise
     und Entwicklungspolitik, *MBZ-aktuell* v. 22. 7. 80 sowie D. HAYES: Energy
     for development: Third world options, *Worldwatch Paper* Nr. 15 v. Dez.
     1977

807 Vgl. den EG-Bericht: Sondersteuer zur Finanzierung von alternativen Ener-
     giequellen, *Europaforum* v. 2. 5. 80

808 Vgl. z. B. J. McKELVEY: Research activities at the Solar Energy Research In-
     stitute, *Environm. Sci. & Techn. 13*, 919 (1979)

809 T. DYLLICK:-BRENZINGER (Hrsg.): Energie – wieviel brauchen wir? SCO Stu-
     denten-Comitee für Umwelt-Oekonomie, Hochschule St. Gallen 1977; W.
     MÜLLER u. B. STOY: Entkopplung. DVA, Stuttgart 1978; E. KÜNG: Wohl-
     stand und Wohlfahrt. J. C. B. MOHR, Tübingen 1972; E. KÜNG: Steuerung
     und Bremsung des technischen Fortschritts, J. C. B. Mohr, Tübingen 1976

810 K. M. MEYER-ABICH (Hrsg.): Energie – Energieeinsparung als neue Energie-
     quelle. C. Hanser, München 1979

811 R. SAMMET: Energieeinsparung in der Chemie, ref. *Umschau 80*, 286 (1980)

812 Das zeigte sich z. B. deutlich an dem Angebot der Hannover-Messe '80; vgl.
     auch: Energiemangel bewirkt Innovationsschub, *Südd. Zeitung* v. 27. 4. 79

813 Vgl. das *SZ*-Gespräch mit F. W. CHRISTIANS (Deutsche Bank). E. BERENS:
     Energiemangel – Vater des Fortschritts, *Südd. Zeitung* v. 28. 11. 79

814 R. STOBAUGH u. D. YERGIN (Hrsg.): Harvard Business School Energie Report. C. Bertelsmann, München 1980

815 Neue Energien für die Gemeinschaft. *Stichwort Europa* Nr. 2 (1980)

816 Die Stirlingpumpe wird z.Zt. von der Entwicklungsabt. der Fa. Philips in Eindhoven erprobt; eine Gaswärmepumpenanlage der Gutehoffnungshütte versorgt in einem Pilotexperiment in Esslingen 45 Wohneinheiten: vgl. auch die gesamtenergetischen Betrachtungen bei Raumheizung und Brauchwassergewinnung in der Presseinformation des Bundes f. Umwelt- und Naturschutz v. Juli 1979 sowie: Governments agrees to prime heat pumps, *New Scientist 82*, 727 (1979); ein besonders hohes Wärmeverhältnis hat auch die 1980 mit dem Energieforschungspreis der Deutschen BP-Aktiengesellschaft ausgezeichnete Sorptionswärmepumpe von H. D. BAEHR (Inst. f. Thermodynamik, Bundeswehr-Hochschule Hamburg)

817 Vgl. F. KRAUSE et al., Anm. 805

818 Vgl.: Nutzung von geothermischer Energie, *Naturwiss. Rdschau 33*, 116 (1980)

819 G. L. WICK u. J. D. ISAACS: Salt Domes: Is there more energy available from their salt than from their oil? *Science 199*, 1436 (1978)

820 Vgl. den Bericht über die Ergebnisse der internationalen Studie: Man made geothermal energy system: Erdwärme als Energiequelle, *Neue Zürcher Ztg.* v. 25. 7. 80

821 Straßenheizung und Sonnenenergie, *Umschau 80*, 317 (1980); dazu nötige, 15 m lange Heat-pipe-Rohre wurden bereits von der Fa. Dornier entwickelt.

822 M. R. GUSTAVSON: Limits to wind power utilisation, *Science 204*, 13 (1979)

823 Projekte des Bundesministeriums für Forsch. u. Techn. (BMFT), z. T. gemeins. mit dem Bundesmin. f. Wirtsch. Zusammenarbeit (BMZ) und dem GKSS-Forschungszentrum Geesthacht GmbH

824 Es handelt sich zunächst um ein kleineres Demonstrationsobjekt von 100 kW und 200 m Höhe, das in Spanien errichtet werden soll

825 Vgl. auch den Jugend-forscht-Beitrag von C. MANNEWITZ: Windkraft für die Dritte Welt, *FAZ* v. 25. 7. 79, sowie Anm. 826

826 Eine sehr illustrative Zusammenstellung findet sich in P. GRÄFF u. A. RAU: Unabhängig mit Sonnenenergie. Kindler, München 1980; vgl. auch das grundlegende Werk von B. SOERENSEN: Renewable energy, Academic Press, London 1979 sowie die Arbeiten des Center for Alternative Technology, Machynlleth, Powys, Wales, England

827 Vgl. z. B. G. McROBIE u. M. CARR: Entwicklungsländer – Kleine Technik mit großer Wirkung. Mittlere Technologie noch zu wenig beachtet, *Umschau 78*, 694 (1978)

828 Z. B. F. v. KÖNIG: Windenergie in praktischer Nutzung, sowie: Wie man Windräder baut. Beide Pfriemer, München 1978

829 R. MERRILL u. T. GAGE (Hrsg.): Energy Primer – solar, water, wind and biofuels. Dell Publ. Co., New York 1974

830 Vgl. die Artikel mehrerer Autoren in dem Sonderheft: Tidal barrages – boom or blight, *The Ecologist 10*, Nr. 5, 151 ff. (1980)

831 L. STAROSSELSKI: Gezeitenkraftwerke, Bericht der Presseabtlg. der Botschaft der UdSSR, Köln 17. 6. 79

832 R. J. ANTHONY: The changing tides on tidal power, *Environ. Sci. & Techn. 13*, 530 (1979)

833 D. ROSS: Energy from the waves. Pergamon, New York 1979; vgl. auch: What future for wave energy, *New Scientist 84*, 588 (1979)

834 K. PROBERT u. R. MITCHELL: Wave energy and the environment, *New Scientist 73*, 371 (1979)

835 J. D. ISAACS u. W. R. SCHNITT: Ocean energy: forms and prospects, *Science 207,* 265 (1980); M. URBAN: Sonnenenergie aus dem Meer, *Südd. Zeitung* v. 10. 11. 78, sowie der Bericht: Rüssel ins Kalte, *Der Spiegel* v. 15. 1. 79

836 G. HAAF: Tag der Sonne, *Die Zeit* v. 28. 4. 78

837 Eurhelios ist ein voraussichtlich bis Ende 1980 fertiggestelltes Gemeinschaftsprojekt der EG am Südhang des Ätna. Die beiden spanischen Anlagen sind Projekte der International Energy Agency der OECD und werden von der Deutschen Forschungs- und Versuchsanstalt für Luft- und Raumfahrt des BMFT betreut. Kostenpunkt: ca. 80 Millionen DM. Fertigstellung 1982

838 H. RAU: Heliotechnik. Pfriemer, München 1975; P. R. SABADY: Haus und Sonnenkraft. Helion, Zürich 1976; S. V. SZOKOLAY: Solar energy and building. The Architectural Press, London 1976; Alusuisse: Möglichkeiten der Nutzung der Sonnenenergie in der Schweiz. Zürich 1976; D. WRIGHT: Natural solar architecture. Van Nostrand Reinhold Co., New York 1978; K. W. KIEFFER: Perspektiven Mittlerer Technologie. C. F. Müller, Karlsruhe 1979; vgl. weiterhin den *Panda-Report:* Alternative Energieanlagen der Schweiz, World Wildlife Fund (WWF) Schweiz, 1979; H. STEINEMANN: Die Wirtschaftlichkeit von Nutzungsmaßnahmen. Kurstagung der SVS, Gottlieb-Duttweiler-Institut, Zürich-Rüschlikon, Jan. 1979; das Sonnenenergie-Kataster der Bundesrepublik, in: *Sonnenenergie u. Wärmepumpe 4,* Nr. V u. VI, 26 (1979), und nicht zuletzt das ausführliche Fachbuch von B. SOERENSEN, Anm. 826

839 Nach einer Studie von R. DAHLBERG (Halbleiter-Abtlg., Telefunken) dürfte dadurch der Preis bis 1985 auf ca. 50 Pfennig/Watt gesunken sein

840 Hier dürfte vor allem die am Stanford Research Inst. gelungene Senkung der Herstellungskosten für Reinsilicium auf 1/12 mitbestimmend sein. Vgl. auch: Brighter outlook for cheap solar cells, *New Scientist 83,* 522 (1979)

841 Über organische Solarzellen aus Morocyanin-Farbstoffen vgl. D. L. MOREL et al. in *Applied Physics Letters 32 B,* 495 (1978); über Solarzellen aus amorphem Silicium: S. OVSHINSKY u. M. MADAN in *Nature 276,* 482 (1978); über die mögliche Massenherstellung von Solarbändern: Ribbons could tie up future solar cells, *New Scientist 77,* 433 (1978)

842 Vgl. den Bericht v. F. FRISCH: Billige Zellen, *Die Zeit* v. 19. 10. 79

843 Vgl. *Panda-Report* Nr. 73 u. 75, World Wildlife Fund (WWF) Schweiz

844 S. u. a. Entwicklungsarbeiten von A. GOETZBERGER (Inst. f. Festkörperphysik der Fraunhofer-Gesellschaft, Freiburg) in Zus.arbeit mit der chem.Industrie

845 Vgl. den Bericht über die Arbeiten von A. J. HUNT vom Lawrence Berkeley Laboratorium, USA: Kohlenstaub für die Nutzung der Sonnenwärme, *FAZ* v. 3. 10. 79

846 A. L. HAMMOND u. W. D. METZ: Capturing sunlight: a revolution in collector design, *Science 201,* 36 (1976); D. GARRIC: Soleil: le caoutchouc en connait un rayon, *Le Point* Nr. 400 v. 19. 5. 80

847 Vgl. *Panda-Report* Nr. 87, World Wildlife Fund (WWF) Schweiz

848 Z. B. das Solardach der Braas & Co GmbH, Frankfurt, oder das von der RWE auf der Hannover-Messe '79 vorgestellte Energiedach

849 Mehr als 80 Prozent wären ohnehin nicht mehr wirtschaftlich. Ein interessantes Projekt dieser Art ist die Wohnanlage in Penzberg/Obb. mit 21 Solarhäusern. Vgl. auch das Interview mit B. STOY (RWE): Das Energiedach, *Umschau 80,* 18 (1980)

850 Als am praktikabelsten erwies sich bisher noch ein einfacher Erdspeicher in Kombination mit einer Wärmepumpe

851 A. Urbanek: Speicher für Sonnenenergie – Chemische Latentwärmebehälter aus den USA in München vorgestellt, *Südd. Zeitung* v. 30. 5. 80

852 N. Khelifa u. D. Jung (Inst. f. exp. Physik der Univ. München) erhielten für das Zeolith-System 1980 den Energie-Forschungspreis der Deutschen BP-Aktiengesellschaft

853 G. Breuer: Sind Sonnenkraftwerke in Österreich sinnvoll? *Naturwiss. Rdschau 33,* 159 (1980)

854 Energiestudie der »Commandity Project and Public Resource Center«, Washington 1980

855 Vgl. den Bericht von P. Jennrich über das Sonnenforum 1980 in Hamburg, *Die Zeit* v. 4. 7. 80

856 Die Arbeiten gingen aus vom Labor von M. Calvin (Nobelpreis 1965 für die Aufklärung der Photosynthese bei Pflanzen), wo erstmals Modellsysteme mit photoelektrischen Zellen aus Chlorophyll und Zinkoxidhalbleitern entwickelt wurden, M. Calvin, 6. Intern. Photobiol. Kongr., ref. *Nachr. Chem. Techn. 20,* 391 (1972); ähnliche Entwicklungen führte H. Metzner (Inst. f. Pflanzenphysiol.) an der Univ. Tübingen sowie neuerdings J. P. Collman an der Stanford-Univ. mit Prophyrin-Katalysatoren durch; vgl. Anm. 368 u. 375

857 Zum Beispiel das 1979 vorgestellte System des Ingenieurs R. Field von der Texas A. & M Univ. mit einer Solarzellenfläche von nur einem halben Quadratmeter; der 1980 auf den Markt gekommene Zeolith-Absorber-Eisschrank, der auch noch 3 Tage lang ohne Sonne kühlt, von Zeopower Co., Natick/Mass., oder die 12 qm² Großkühlanlage von 3 kW der Fa. Dornier-System mit 23 m² Kollektorfläche, die seit 1979 in Kairo erprobt wird

858 R. A. Herendeen et al.: Energy analysis of the solar power satellite, *Science 205,* 451 (1979)

859 Space power could mean trouble, *New Scientist* 86, 362 (1979)

860 F. Vester: Das kybernetische Haus, vgl. Anm. 1, Exp. 23, S. 151 ff.

861 Magnetohydrodynamisches Großkraftwerk in der Sowjetunion, *Naturwiss. Rdschau 33,* 201 (1980); über thermoionische Verfahren in den USA vgl.: Mopping up power station heat, *New Scientist 81,* 578 (1979)

862 A. Lovins: Atomkraft – und kein Weg zurück? *Forum Vereinte Nationen,* März 1976

863 Vgl. Energiebedarfsprofil in privaten Haushalten und Bedarfsdeckung. Mitteil.blatt »Energiesparen« des Landesverb. Bürgerinitiativen Umweltschutz e.V. Niedersachsen, Hannover 1979

864 Vgl. die vielen jeweils unter »Abhilfen« angegebenen Hinweise, Anm. 42, die ausführlichen Berechnungen Anm. 805 sowie den umfangreichen Bericht des *US National Research Council's Committee on Nuclear and Alternative Energy Systems* (CONAES), der demnächst unter dem Titel: ›Energy in Transition 1985 to 2010‹ bei W. H. Freeman, San Francisco, erscheint

865 *Panda Report:* Alternative Energieanlagen der Schweiz, S. 69, World Wildlife Fund (WWF) Schweiz, Zürich 1979

866 Zur dezentralen Energiegewinnung vgl. auch die Ausarbeitungen der Stiftung Mittlere Technologie, Kaiserslautern, der Arbeitsgemeinschaft sanfte Energie, Bensheim-Auerbach, und des World Wildlife Fund (WWF) Schweiz. Für eine direkte dezentrale Stromerzeugung eignen sich auch neuere Brennstoffzellen, vgl. z. B. den Technik-Bericht: Kalte Verbrennung, *Der Spiegel* v. 19. 3. 79 sowie Anm. 856

867 Vgl. Anm. 814, 810 u. 864

868 R. Ayoub: Natürliche Klimatisierung, *Glasforum 6* (Dez. 1965); Natürliche Klimatisierung in Afrika, *Der Architekt 6* (1966)

869 Vgl. D. Wright, Anm. 838

870 R. Ayoub erstellte in Konakry einen solchen Bungalow für den Staatspräsidenten von Guinea, Secou-Touré

871 K. Butti u. J. Perlin: The golden thread – 2500 years of solar architecture and technology. Cheshire Books, Palo Alto 1980: J. L. Massot: Maisons rurales en Provence. Serg, Ivry-sur-Seine 1977; vgl. auch den Bildbericht: Die Alten bauten besser, *Stern-Journal Bauen und Wohnen* v. 24. 1. 80

872 Vgl. Anm. 868 sowie das Sonderheft über Energie und Raumklima von *Bauen + Wohnen 32*, Heft 7/8, Juli 1977; A. Schneider: Einführung in die Baubiologie. *Gesundes Wohnen* (Schriftenreihe Inst. f. Baubiologie), Rosenheim 1979

873 Z. B. mit dem Bauprojekt der Arthur D. Little Inc. für Lincoln/Mass., *Eng. New Record 191*, Nr. 7 (1973)

874 Vgl. Anm. 860. Das dort erwähnte ›Sonnenhaus Ebersberg‹ wird als Demonstrationsbau einige dieser Kombinationen verwirklichen

875 O. E. Loewer et al.: Toward a self-sufficient system for human housing, *Simulation 28*, 65 (März 1977); vgl. auch den Bericht über das britische Projekt der Univ. Cambridge: Kochen mit Küchenabfällen, *Südd. Zeitung* v. 24. 11. 73, sowie über weitere Demonstrationsobjekte C. Schütze: Wie Rindvieh ein Kloster heizt, *Südd. Zeitung* v. 10. 11. 78 und W. Runkel: Ich pfeif' auf's Öl, *Zeitmagazin*, Sept. 1979

876 Der Entwicklung liegen Forschungsarbeiten von H. Tabor (Hebräische Univ. Jerusalem) zugrunde, die auch künstlich angelegte Salzteiche mit geschwärzten Böden mit einbeziehen; vgl. weiterhin: Sonnenenergie aus Salzseen, *Nachr. Chem. Techn. Lab. 28*, 443 (1980)

877 Vgl. z. B.: Energiekonzept für die Stadt Schaffhausen. Studie im Auftrag der Stadt Schaffhausen und der Schweizerischen Energiestiftung durch INFRAS, Zürich 1977

878 Unter der Leitung von L. Rosenblum, NASA Lewis Research Center's Solar and Electro-Chemistry Division in Schuchulik/Arizona

879 Denmark's low-energy street, *Ambio 8*, 274 (1979)

880 Das Konzept wurde von J. Usman für die UNEP entwickelt und in Pattaya Pola/Sri Lanka verwirklicht

881 Über einen Versuchsbetrieb bei Hannover vgl. I. Schmidt: Kuhwarme Milch ersetzt das Heizöl, *Südd. Zeitung* v. 21. 12. 76

882 Entwickelt von den Firmen Felten & Guilleaume Carlswerk, Köln, u. Kabel- u. Lackdrahtfabrik, Mannheim

883 Vgl. Anm. 130 sowie: Wucht im Kreisel, *Der Spiegel* v. 11. 3. 74

884 Über die Ergebnisse der Sparaktion der California Energy Commission vgl. G. H. Altenmüller: Energiestandards für Haus und Gerät – In Kalifornien hat die Politik der Energieeinsparung Erfolg, *Südd. Zeitung* v. 8. 5. 80

885 F. R. Kahlhammer: Energiespeicherung, *Spektr. d. Wissensch. 48* (Febr. 1980)

886 H. Wenzl: Wasserstoff-Speicherung in Metallen, *Umschau 80*, 5 (1980); J. J. Reilly u. G. D. Sandrock: Metallhydride als Wasserstoff-Speicher, *Spektr. d. Wissensch.*, S. 52 (April 1980)

887 Begonnen mit einem aus eigener Elektrolyseanlage gewonnenen Wasserstoff versorgten Haus, entsteht in Provo/Utah eine ganze Testsiedlung, die jedoch dann ihren Wasserstoff durch Kohlevergasung bezieht

888 Über mit Windenergie hergestellten Wasserstoff vgl.: Hydrogen from wind powers clean car for California, *New Scientist 74*, 403 (1977)

889 P. Böger et al.: Langfristige photobiologische und photochemische Möglichkeiten der Sonnenenergienutzung, *Naturwiss. Rdschau 31*, 89 (1978); J. R. Bolton: Solar Fuels, *Science 202*, 705 (1978); über photokatalytische H_2-

Gewinnung arbeitet außerdem H. GRAY am Calif. Inst. of Technology; M. WRIGHTON vom Massachusetts Inst. of Technology untersucht die Möglichkeit entspr. Off-shore-Solarfarmen; eine normale Wasserelektrolyse mit geringem Stromverbrauch (Eloflux-Zelle) entwickelten P. BRENNEKE, H. EWE u. E. JUSTI vom Inst. f. techn. Physik der Univ. Braunschweig

890 J. D. M. BOCKRIS u. E. W. JUSTI: Wasserstoff-Energie für alle Zeiten. Konzept einer Solar-Wasserstoff-Wirtschaft. Pfriemer, München 1980

891 J. A. S. ADAMS et al.: Wood versus fossil fuel as a source of excess carbon dioxide in the atmosphere, *Science 196*, 54 (1977)

892 Vgl. R. MAXEINER: Rohstoffe, die immer wieder nachwachsen, *FAZ* v. 30. 6. 78

893 Über das große amerikanische Handbuch zur Bioenergie-Gewinnung des Bio Energy Council, Washington, vgl.: Energiegewinnung aus Biomasse, *Naturwiss. Rdschau 33*, 197 (1980); richtungweisende Arbeiten: C. S. HOPKINSON u. J. W. DAY: Energy analysis of alcohol production from sugarcane, *Science 207*, 302 (1980); P. B. WEISZ u. J. F. MARSHALL: High-grade fuels from biomass farming: potentials and constraints, *Science 206*, 24 (1979); D. O. HALL: Fortunately for us, plants could indefinitely supply us with renewable quantities of food, fibre, fuel and chemicals, *Nature 278*, 114 (1979); über anpassungsfähige Biosysteme vgl.: E. S. LIPINSKI, *Science 199*, 644 (1978)

894 S. BJÖRK u. W. GRANELI: Energy reeds and the environment, *Ambio 7*, 150 (1978)

895 Über katalytische Konvertierung in hochwertige Ölfraktionen vgl. das Projekt des Forschungspreisträgers der Deutschen BP-Aktiengesellschaft E. Bayer (Inst. f. org. Chem. d. Univ. Tübingen): Brennstoffe aus Klärschlamm, Hamburg 1980

896 T. ROSSWALL: Applied microbiology can aid developing countries, *Ambio 8*, 116 (1979), vgl. auch Anm. 893

897 E. A. STADLBAUER u. V. E. STRAUSS: Biogas, *Bild d. Wissensch. 10*, 86 (Okt. 1977); H. BOLLER: Mit Landluft Haus und Herd heizen, *Südd. Zeitung* v. 17. 5. 80; auf den Philippinen bestreiten kombinierte Biogassysteme 50% der landwirtschaftlichen Energie, liefern 30% des Viehfutters und beseitigen praktisch den gesamten Abfall; vgl.: Fuel and feed on the farm, *Newsweek* v. 17. 9. 80; T. S. RAO: The handling of nitrogen wastes in rural India, *Ambio 6*, 134 (Juni 1977)

898 Vgl. Anm. 865, S. 68; weitere Wege zur Praxis der Biogasgewinnung zeigt u. a. die Bauernschule Hohenlohe, Kirchberg/Jagst-Weckelweiler

899 C. HOLDEN: Pioneering rural technology in India, *Science 207*, 4427 (1980)

900 H. WALTER: Dezentrale Energieversorgung ländlicher Entwicklungsgebiete durch Kleinkraftwerke, *Prisma* Nr. *19*, 21 (1979)

901 Renewable energy sources for the rural family for only 700 shillings, *Environm., Sci. & Techn. 7*, 773 (1979); Energie aus Kuhdung, Wind und Sonne, *Med. Tribune-Beilage mtv 21*, 6 (1980)

902 D. GOSLING: Cooking up biogas for tea in Sri Lanka, *New Scientist 84*, 95 (1979)

903 A. AGARWAL: Western monopoly on solar energy, *New Scientist 84*, 175 (1979); TEKA, die neue Energieformel, *Umschau 80*, 348 (1980)

904 G. BRUNNER: Der wirtschaftliche Wandel in den Industrieländern, *Umschau 80*, 387 (1980); R. L. THOMAS: International production and technology transfer, *Europ. Management Forum 80*, Davos, Febr. 1980

905 U. E. SVEDIN: Technology, development and environmental impact, *Ambio 8*, 48 (Juni 1979); V. T. VITTACHI: Is altruism in retreat? *Newsweek* v. 25. 8. 80

906 The wrong alternatives, *New Ecologist 8*, 42 (März 1978)

907 W. H. PFAEFFLE: Dienstleistungen wird eine goldene Zukunft prophezeit. Service-Jobs werden bis 1990 in den Verein. Staaten mehr denn je gefragt sein, *Südd. Zeitung* v. 22. 7. 80

908 E. F. SCHUMACHER: Es geht auch anders – Jenseits des Wachstums. Desch, München 1974; vgl. auch I. MADDOCK: Zukunft – Super-Industrie oder humane Ökologie? *Umschau 79,* 448 (Juli 1979); über die inzwischen auch ökonomisch schwierige Situation der Großindustrie vgl. z. B. die Wirtschaftsmeldung: Italiens Großindustrie zahlt drauf, *Südd. Zeitung* v. 31. 7. 80

909 Studiengruppe für Biologie u. Umwelt GmbH, Nußbaumstr. 14, D 8000 München 2; vgl. auch Anm. 175 u. 42 sowie F. VESTER: Technik und psychosoziale Gesundheit, in: Energie – wieviel brauchen wir?, Anm. 809

910 K. M. MEYER-ABICH: Soziale Verträglichkeit – ein Kriterium zur Beurteilung alternativer Energieversorgungssysteme, *Evangel. Theologie 39,* 38 (1979); vgl. auch das TEKA-System, Anm. 903; B. Commoner: Radikale Energiewirtschaft. E. F. Schumacher-Gesellschaft für politische Ökologie (Hrsg.). Carussel, München 1980

911 H. STUMPF: Leben und Überleben – Einführung in die Zivilisationsökologie. Seewald, München 1977; B. FRITSCH: Über die partielle Substitution von Energie und Ressourcen durch Wissen. Center for Economic Research, Swiss Federal Inst. of Techn., Zürich, Working Paper Nr. 4a, Sept. 1979; J. DE ROSNAY: Das Makroskop. DVA, Stuttgart 1977; K. H. KREEB: Ökologie und menschliche Umwelt. G. Fischer, Stuttgart 1979

912 Small can be powerful, *New Scientist 79,* 557 (1978)

913 N. WHITE et al.: Back to basics, *Newsweek* v. 13. 8. 79

914 Hierzu zählen die *Stiftung Mittlere Technologie,* die *E. F. Schumacher-Gesellschaft für politische Ökologie,* die *Deutsche Gesellschaft für Sonnenenergie* (DGS), die *Deutsche Energie-Gesellschaft* (DEG), die *Arbeitsgemeinschaft sanfte Energie,* der *World Wildlife Fund (WWF),* der *Bund Umwelt- und Naturschutz Deutschland (BUND)* und einige andere; vgl. auch Anm. 866, 909 u. 996

915 Vgl. die Schrift der Rhein. Westf. Elektrizitätsgesellschaft AG, Abt. Anwendungstechnik (Hrsg.): RWE-Innovation, Essen 1979

916 Nach Mittlg. des Stifterverb. f. d. Deutsche Wissensch. v. 28. 5. 79

917 Vgl. z. B. die Pressemeldung (zur Forderung des Bundesvorsitzenden der CDU/CSU-Mittelstandsvereinigung G. ZETTEL): Kleinbetriebe bei Forschungsförderung benachteiligt, *Südd. Zeitung* v. 22. 7. 80

918 Vgl. F. VESTER, Anm. 175; W. SCHÄFER, Anm. 237 sowie z. B. O. R. GALLE et al.: Population density and pathology: what are the relations for man, *Science 176,* 23 (1972)

919 Nach den Anthropologen M. LEAKEY u. R. L. HAY (Pliozene footprints in the Laetolil beds at Laetoli, *Nature 278,* 317 (1979)) zeigen Fossilienvergleiche, daß die ersten Hominiden mit aufrechtem Gang schon vor 3,6 Millionen Jahren existiert haben; vgl. auch R. G. KLEIN: The ecology of early man in Southern Africa, *Science 197,* 115 (1977)

920 H. E. WRIGHT: The environmental setting for plant domestication in the Near East, *Science 194,* 385 (1976)

921 Vgl. z. B. W. J. VON PUTTKAMER: Man in the Amazon – Stone Age present meets Stone Age past, *Nat. Geogr. 155,* 60 (Jan. 1979) u. M. E. P. KÖNIG: Am Anfang der Kultur – Die Zeichensprache des frühen Menschen. Mann-Verlag, Berlin 1973, sowie J. NANCE, Anm. 394, u. R. WALLER, Anm. 395

922 Vgl. F. VESTER, Anm. 42; L. R. BROWN: Resource trends and population policy: a time for reassessment, *Worldwatch Paper* Nr. *29* (Mai 1979); Y. MAYSTRE (Interview durch E. MARCUSE): Die neuen Wächter, *WHO-Zeitschrift*

Weltgesundheit 1975, sowie die von dem amerik. Präsidenten 1977 in Auftrag gegebene ›Real‹-Studie: Global 2000 Report, Washington 1980

923 S. MUDD (Hrsg.): The population crisis and the use of world resources. W. Junk Publ., Den Haag 1964; C. BROWN et al.: Twenty two dimensions of the population problem, *Worldwatch Paper* Nr. 5 (März 1976)

924 F. VESTER: Prinzip und Bedeutung kybernetischer Technologien. In: J. WOLFF (Hrsg.), Anm. 925; F. VESTER: Zukunftsprognosen, Modelle, Strategien, in: BUCHWALD/ENGELHARDT (Hrsg.): Handbuch für Planung, Gestaltung und Schutz der Umwelt, Bd. *4*. BLV, München 1980; K. BUCHWALD: Umwelt und Gesellschaft zwischen Wachstum und Gleichgewicht, ibid.

925 Hier einige Beispiele der einschlägigen Literatur: J. WOLFF (Hrsg.): Wirtschaftspolitik in der Umweltkrise. DVA, Stuttgart 1974; L. KERN (Hrsg.): Probleme der postindustriellen Gesellschaft. Kiepenheuer & Witsch, Köln 1976; U. E. SIMONIS (Hrsg.): Ökonomie und Ökologie – Auswege aus einem Konflikt. C. F. Müller, Karlsruhe 1980; J. KUMM: Wirtschaftswachstum, Umweltschutz, Lebensqualität. DVA, Stuttgart 1975; D. REISMANN: Galbraith and market capitalism. Macmillan Press Ltd., London 1980

926 Vgl. F. VESTER, Anm. 42, Kap. 12: Menschheit und Wachstum, S. 213 ff., sowie Kap. 13: Wirtschaft-Wissenschaft-Technik, S. 227 ff.

927 F. VESTER: Vor einer zweiten Aufklärung. Eine politische Bußpredigt, Hess. Rdfunk, 22. 11. 78

928 F. VESTER: Anm. 1, Exp. 11: Qualitatives Wachstum, S. 85 ff.; vgl. a. Anm. 926

929 Vgl. den Bericht von D. D. GRAY: Burma: Living small and being happy, *Harald Trib. (Int.)*, 27. 12. 79

930 K. M. MEYER-ABICH u. D. BIMBACHER (Hrsg.): Was braucht der Mensch, um glücklich zu sein. C. H. Beck, München 1979

931 Das rheinland-pfälzische Sozialministerium stellt z. B. in seiner Studie: »Wenig Kinder – wenig Kosten?« für 1978 eine Einsparung der Öffentlichen Hand durch den Geburtenrückgang von 1,8 Milliarden DM fest, die sich bis 1990 auf 13,2 Milliarden DM erhöhen würden; über die gespaltene Meinung zu diesem Thema vgl. auch P. DIEHL-THIELE: Bevölkerungsschwund: Katastrophe oder Weg zum Wohlstand? *Südd. Zeitung* v. 28. 10. 78

932 H. BINSWANGER, W. GEISSBERGER u. T. GINSBURG (Hrsg.): Der NAWU-Report: Wege aus der Wohlstandsfalle. S. Fischer, Frankfurt 1978

933 H. MOHR: Naturgesetze und gesellschaftliche Normen, *Naturwiss. Rdschau 26*, 113 (1973); vgl. z. B. R. SPAEMANN: Die schädigende Potenz der Abfälle bleibt über Jahrtausende erhalten, *FAZ* v. 5. 11. 79

934 Vgl. F. VESTER, Anm. 34 u. Anm. 175

935 Vgl. z. B.: Running rings round water, *New Scientist 82*, 813 (1979)

936 D. KIRCH: Tachyonen-Teilchen schneller noch als Licht, *Umschau 77, 758*, 766 (1977)

937 L. MORRISON: Rotation of the earth from AD 1663-1972 and the constancy of G, *Nature 241*, 519 (1973); vgl. auch: Die Zeit verläuft im Weltraum schneller, *FAZ* v. 25. 7. 79

938 E. JANTSCH: Die Selbstorganisation des Universums. Hanser, München 1979

939 J. D. BARROW u. J. SILK: Die Struktur des Universums, *Scient. American 98* (April 1980)

940 Die »Seltenheit« bezieht sich natürlich nur auf biologisches Leben, aber wie schon der Astrophysiker F. HOYLE in seinem Science-Fiction-Klassiker »Die schwarze Wolke« ausführte, muß dies ja nicht die einzige materielle oder energetische Form sein, die »Intelligenz« und »Leben« trägt

941 R. BREUER: Kontakt mit den Sternen. Umschau Verlag, Frankfurt 1978; B. STANEK: Planeten Lexikon. Hallwag, Bern 1980

942 D. R. M. Lorenz: Zum Verdampfen und anderen Eigenschaften Schwarzer Löcher, *Naturwiss. 66*, 390 (1979); vgl. auch Anm. 939

943 B. K. Hartline: Double hubble, age in trouble, *Science 207*, 4427 (1980); M. Urban: Kein Urknall, keine Naturkonstanten? *Südd. Zeitung* v. 6. 7. 79

944 H. Margenau: The nature of physical reality, McGraw-Hill, New York 1950

945 W. Jessen: Chemische Oszillationen und Strukturen als Grundlage einer zeitlichen und räumlichen Organisation, *Naturwiss. 65*, 449 (1978); A. Winfree: Chemical clocks: a clue to biological rhythms, *New Scientist 80*, 10 (1978)

946 Vgl. L. McDonald-Schetky, Anm. 698

947 H. Haken: Theorie der dissipativen Strukturen, *Nachr. Chem. Techn. 25*, 11 (1977)

948 Vgl. F. Vester, Anm. 192, u. F. A. Popp, Anm. 183

949 H. Haken: Synergetics. Springer, Heidelberg 1978

950 E. P. Wigner, 29. Nobelpreisträgertagung Lindau 1979

951 M. Born in seinem Vortrag auf der 14. Nobelpreisträgertagung Lindau 1964

952 C. Binswanger in einer Rede anl. der Verleihung des Bodo-Manstein-Preises am 18. 5. 80

953 T. Poston u. J. Stewart: Catastrophe theory and its application. Pitman, London 1978; H. W. Gottinger: Complexity and catastrophe. Proc. 3. World Congr. in Cybernetics and General Systems, Bukarest. Springer, New York 1977; J. Casti u. H. Swain: Catastrophe theory and urban processes, *Lecture Notes in Computer Science 40*, 388 (1979); E. C. Zeeman: Catastrophe theory, *Scient. American 234*, 65 (April 1976); R. Thom: Structural stability and morphogenesis. W. A. Benjamin, Reading/Mass. 1975

954 K. v. Schubert: Bedingungen des Überlebens, *Aus Politik und Zeitgeschichte* (Beil. v. *Das Parlament*) v. 8. 3. 80

955 A. Buchholz: Die große Transformation. DVA, Stuttgart 1968

956 I. Illich: Die Entschulung der Gesellschaft, Rowohlt, Reinbek 1973; R. B. Fuller: Die Aussichten der Menschheit 1965–1985, Projekte und Modelle 1; ders.: Erziehungsindustrie, Projekte und Modelle 4. Beide Edit. Voltaire, Frankfurt

957 S. I. Hayakawa: Sprache im Denken und Handeln. Verlag Darmstädter Blätter, Darmstadt 1976, sowie Anm. 110; vgl. auch H. Heigert: Die kranken Studenten, *Südd. Zeitung* v. 26. 8. 78

958 Studiengruppe f. Biologie u. Umwelt (Hrsg.): Kurs Oswald, Programm einer sechswöchigen studienbeginnenden Phase. Studie im Auftrag des Bundesministeriums für Verteidigung (1971); ein Intensivtraining zur Umschulung auf biologisch sinnvolles Lernen wird von meiner Studiengruppe zur Zeit als Kurs- und Medienpaket ausgearbeitet und ist voraussichtlich 1981 verfügbar

959 Vgl. I. Oswald: Lernen, zu denken und Entscheidungen zu treffen, *FAZ* v. 15. 9. 79

960 Vgl. auch F. Vester: Psychologisch-soziologische Effekte der Netzwerkplanung auf die Gruppe, *Kommunikation 5*, 183 (1969); auf der gleichen Basis wurde für das Bayerische Fernsehen und das Bildungsinstitut Berlin (BIB) die 5teilige Serie ›Lernen als Erlebnis‹ konzipiert

961 F. Vester: Kybernetisches Lernen, vgl. Anm. 1, Exp. 26, S. 171 ff., sowie Anm. 34

962 Vgl. auch S. I. Hayakawa, Anm. 957, sowie die »Klagen eines Lehrers gegen die Angriffe der Linguisten auf die Schüler« von H. Froesch: Wo die Strukturbäume in den Himmel wachsen, *FAZ* v. 27. 11. 78

963 G. B. Leonard: Erziehung durch Faszination – Lehren und Lernen für die Welt von morgen. Piper, München 1971

964 H. Kükelhaus: Fassen, Fühlen, Bilden. Gaia Verlag, Köln 1975; ders.: Urzahl und Gebärde. Klett & Balmer, Zug 1980; ders.: Organismus und Technik. Fischer, Frankfurt 1979

965 B. u. H. Hassenstein: Was Kindern zusteht. Piper, München 1978; N. Tinbergen: Social behaviour in animals. Chapman & Hall Ltd., London 1972; vgl. auch: Das autistische Kind, Anm. 175, S. 206; T. G. R. Bower: Repetitive processes in child development, *Scient. American 235*, 38 (Nov. 1976)

966 J. D. Novak: A theory of education. Cornell University Press, Ithaca, N. Y. 1977

967 Besonders das Ludwig-Boltzmann-Institut für Lernforschung an der PH Linz und Wien untersucht die Möglichkeiten dieser Richtung; vgl. auch: S. Ostrander u. L. Schroeder: Super Learning. Scherz, Bern 1979

968 Hier ist vor allem der Bundesverband Rhythmische Erziehung e.V., Remscheid (Vorsitzender: Karl Lorenz), wegweisend, zumal hier das Prinzip kybernetischer Wechselwirkungen voll erkannt wird

969 K. J. Does u. J. J. Motz: Kind und Umwelt – Freizeit im Käfig, *Bild der Wissensch. 106* (Mai 1979)

970 M. Roemmich, *Südd. Zeitung* v. 26. 7. 80

971 Vgl. Anm. 958, 960, 961 sowie die 3teilige Filmreihe (à 45 min) Denken Lernen Vergessen (Polymedia, Hamburg); die 3teilige Schulfilmserie (à 7 min) Blick ins Gehirn sowie die 6teilige Serie (à 30 min) Phänomen Streß, beide vertrieben durch Klett-Verlag Stuttgart sowie Imbild, München

972 F. Vester: Lernbiologische Erkenntnisse über das Lernen mit Medien, *Münchner Messe- und Ausstellungsgesellschaft mbH* (Hrsg.). VISODATA-Dokumentation 78

973 Vgl. z. B.: Freie Schulen: »Für uns gibt es keine Versager«, *Der Spiegel* v. 18. 6. 79

974 K. Ruthenberg et al.: Das Münchner Montessori-Modell, *Neue Sammlung* (Göttinger Zeitschr. f. Erz. u. Ges.) *14*, 289 (1974)

975 Aktion Humane Schule. Schloß, 7121 Ingersheim

976 Das erfolgreiche Modell wurde auf Initiative von G. Richmond aus der New York Public School, 126 Lower Eastside, in Manhattan entwickelt

977 Vgl. den Bericht von G. Sewall u. M. Hager: Museums as Schools, *Newsweek* v. 15. 10. 79; ein erfreulicher Vorstoß in dieser Richtung findet sich nun z. B. auch im Museumspädagogischen Zentrum (MPZ) München, Meiserstr. 10, dessen Wirkung natürlich ganz davon abhängt, inwieweit das vielfältige Programm in der richtigen Weise von Schulen und Schulbehörden aufgegriffen wird

978 Die Field School Midreshet in Sde Boqer, Ben Gurion Univ. of the Negev, Israel; vgl. auch: T. S. Bakshi u. Z. Naveh: Environmental education – principle methods, applications. Plenum Press, New York 1980; über ähnliche Ansätze in Japan vgl. N. Numata (Hrsg.): Methodological studies in environmental education 1979. Chiba University, Japan, März 1980

979 E. S. Ferguson: The mind's eye: nonverbal thought in technology, *Science 197*, 4306 (1977)

980 Vgl. hierzu Anm. 175, Kap. 2: Berufsstreß – Ehrgeiz, Angst, Prestige, S. 75 ff.; zur Bildung in einer automatisierten Gesellschaft vgl. A. Schaff: Aufgabe Zukunft – Qualität des Lebens. Beiträge z. 4. Int. Arbeitstagung der IG Metall, Bd. 2 Bildung, Oberhausen 1972; zur Organisation wissensch. Gruppenarbeit vgl. F. Vester: Planung, Forschung, Kommunikation im Team, in: G. Hess (Hrsg.): Konstanzer Universitätsreden. Universitätsverlag, Konstanz

1969. Im Bereich der Freizeitforschung sei aus der Arbeit der Studiengruppe des Verfassers auf die Systemstudie zum Konzept des Frankfurter Freizeit-Pueblo hingewiesen, die mit dem Philip-Morris-Forschungspreis 1984 ausgezeichnet wurde (vgl. z. B. den Bericht in Westermanns Monatshefte Nr. 8, 1982, S. 6 ff.). Von anderer Seite gehen insbesondere auch die Untersuchungen von P. OPASCHOWSKY, B.A.T.-Freizeitforschungsinstitut, Hamburg, in die ganzheitliche Richtung.

981 E. CHARGAFF: Das Feuer des Heraklit. Klett-Cotta, Stuttgart 1979

982 Ähnlich hieß es bereits in einer vielbeachteten Analyse von Lord TODD of TRUMPINGTON zur Eröffnung der Tagung der British Assoc. for the Adv. of Sci., Durham, England, Sept. 1970 und weit pointierter dann 8 Jahre später bei G. WALD, Anm. 786

983 In ähnlicher Weise wie meine eigene Gruppe (vgl. R. SCHILLING: Die Denkfabrik des Frederic Vester, *Tagesanzeiger-Magazin* (Zürich) Nr. 5 v. 5. 2. 77) arbeitet z. B. die mit »Unternehmer im öffentlichen Interesse« übersetzbare BPI in Chicago: BPI tackles polluters and politicos with business funds, *Environm. Sci. & Techn. 7,* 108 (1973); ein wieder anderes, aber ebenfalls als offenes System arbeitendes Wissenschaftsmodell im Großen ist z. B. die Open University in London, vgl. D. NISSEN u. M. GOODMAN: Open University – ein gelungenes Experiment, *Nachr. Chem. Techn. 25,* 524 (1977)

984 Sehr treffend charakterisiert diesen Mangel Max THÜRKAUF: Experten – feige vor dem Feinde, *Diagnosen* (Nr. 6), 45 (1980)

985 Vgl. B. DIXON: What is science for? Collins Publ., London 1973; S. COTGROVE: Anti-science, *New Scientist 59,* 82 (1973); H. SCHULTZE: Anti-Wissenschaft, *Umschau 77,* 749 (1977); T. H. MAUGH: The media: the image of the scientist is bad, *Science 200,* 37 (1978)

986 Studiengruppe für Biologie und Umwelt (Hrsg.): Gutachten zum Studium der Umweltwissenschaften. Im Auftrag des Bundesministeriums für Verteidigung, November 1971; vgl. auch Anm. 42, S. 241 ff.

987 Vgl. z. B. G. PAUL: Landsat 2 außer Kontrolle, *FAZ* v. 22. 11. 79, sowie: Erderkundung aus dem Weltraum bleibt unzulänglich, *FAZ* v. 25. 6. 80

988 Die Gründe für dieses Manko hat z. B. der Informatiker A. ADAM, Anm. 37, aufgezeigt, wobei die Entwicklung in den letzten 10 Jahren sich wohl kaum zum Besseren gewendet hat; vgl. auch H. ROLLE: *ADL-Nachrichten 16,* 10 (1971) sowie die schon erwähnte Informatik-Studie, Anm. 112

989 Vgl. Anm. 112, Beispiel 2: Dynamische Datenbanken, S. 159 ff.

990 Organisation für wirtsch. Zusammenarbeit u. Entwicklung, OECD (Hrsg.): Wissenschaft und Technik im neuen sozialen und ökonomischen Kontext, Paris 1980

991 F. VESTER: Saar-Universität – ein Weg der Kultur? Vortrag Hochschulwoche der KSG, Univ. d. Saarlandes 1965, *Speculum 11,* 4 (1965). Dieser Vortrag beendete wegen seiner kritischen Analyse die Assistententätigkeit des Verfassers an dieser Universität

992 U. D'AMBROSIO: Knowledge transfer and the universities: a policy dilemma, *impact of science on society 29,* 223 (1979); vgl. auch die Kontroverse über Technol. Assessment: Wer schützt uns vor den Auswüchsen der Technologie? *Bild d. Wissensch. 10,* 1040 (1973)

993 Union of Concerned Scientists, 1208 Massachusetts Av., Cambridge, Mass. 02138, USA; World Watch Institute, 1776 Massachusetts Av., N. W. Washington, D. C. 20036, USA

994 S. C. PLOG u. M. B. SANTAMOUR (Hrsg.): The year 2000 and mental retardation. Plenum Press, New York 1980

995 Vgl. auch die Ergebnisse der biophysikalischen Zellforschung von F. POPP u. E. STRAUSS: So könnte Krebs entstehen. Fischer TB, Frankfurt 1979, sowie Anm. 183

996 Deutsche Energie-Gesellschaft (DEG) e. V. (Gemeinnütziger Verein), Nußbaumstr. 14, D 8000 München 2

997 Vgl. hierzu den treffenden Bericht von J. BENECKE: Kritischer Zweifel an dem Superprogramm – 12 Fragen zur Kernfusion. *Bild d. Wiss. 17,* 68 (Okt. 1980)

998 Zu den ersten Pionieren, bei denen ein biokybernetisches Unternehmensleitbild Fuß gefaßt hat, zählt die Schweizer Holzstoff AG (vgl. M. MEIER: Holzstoff denkt biokybernetisch. Basler Ztg., Nr. 240, 14. 10. 1982, S. 7), das K.O.P.F.-System der Gesellschaft für Baukybernetik von Heinz GROTE, das auf eine beispielhafte Effizienz auf dem Bausektor hinweisen kann (s. Anm. 41), das Gewerbehof-Projekt der Augsburger Michelwerke KG und andere Vorstöße bis hin zum Maschinenbau, wo z. B. die Vermarktung eines kybernetischen Antivibrationsgeräts (Vibcos-System) durch die Fa. KST, Brüggemann, Augsburg, auf den 8 biokybernetischen Grundregeln basiert.

999 P. ATTESLANDER: Die Grenzen des Wohlstands – An der Schwelle zum Zuteilungsstaat. DVA, Stuttgart 1982

Sach- und Personenregister

Was die Welt
in ihrem Innersten
zusammenhält

Eine Auswahl aus dem Programm der DVA

Friedrich Cramer
Chaos und Ordnung
Die komplexe Struktur des Lebendigen
320 Seiten mit 80 Abbildungen

Hermann Haken / Maria Haken-Krell
Erfolgsgeheimnisse der Wahrnehmung
Synergetik als Schlüssel zum Gehirn
264 Seiten mit 176 Abbildungen

Dankwart Rost
Pawlows Hunde
Die Legende von der beliebigen Manipulierbarkeit
des Menschen
304 Seiten mit 4 Abbildungen

Josef H. Reichholf
Der schöpferische Impuls
Eine neue Sicht der Evolution
256 Seiten

Hariolf Grupp
Der Delphi-Report
Innovationen der Zukunft
256 Seiten mit 27 Abbildungen

Donella H. und Dennis L. Meadows / Jørgen Randers
Die neuen Grenzen des Wachstums
Die Lage der Menschheit:
Bedrohung und Zukunftschancen
Aus dem Amerikanischen von Hans-Dieter Heck
319 Seiten mit 99 Schaubildern und Diagrammen

Frederic Vester
im dtv

Denken, Lernen, Vergessen
Was geht in unserem Kopf vor, wie
lernt das Gehirn, und wann läßt es
uns im Stich?

Frederic Vester vertritt eine völlig
neue Richtung der Gehirnfor-
schung: die Biologie der Lernvor-
gänge. Ein Testprogramm zeigt
dem Leser, wie er seinen individuellen Lerntyp feststellen und seinen
eigenen »biologischen Computer«
am effektivsten nutzen kann.
dtv 30003

Foto: Isolde Ohlbaum

Phänomen Streß
Wo liegt sein Ursprung,
warum ist er lebenswichtig,
wodurch ist er entartet?

»Vester ist es in bewundernswerter
Weise gelungen, die wesentlichen
Zusammenhänge des Streßgesche-
hens in einer auch dem Laien ver-
ständlichen Sprache zu vermitteln.
Sein Buch ist höchst angenehm zu
lesen, gut illustriert und äußerst
instruktiv.« (Professor Hans Selye)
dtv 1396

**Unsere Welt –
ein vernetztes System**

Ein faszinierender Einblick in die
Gesetzmäßigkeiten von sich selbst
regulierenden Systemen, die vom
Mikrokosmos bis zum Makrokosmos die gleichen sind. Anhand vieler anschaulicher Beispiele erläutert
Vester die Steuerung von Systemen
in der Natur und durch den Menschen, und wie wir sie in ihren
Abhängigkeiten und Wechselwirkungen verstehen, beurteilen und
zur Lösung von Problemen einsetzen können. dtv 10118

Neuland des Denkens
Vom technokratischen zum
kybernetischen Zeitalter

Das fesselnd und allgemeinver-
ständlich geschriebene Hauptwerk
von Frederic Vester – eine grundlegende und breitgefächerte Orientierungshilfe für alle, die an einer
(über-)lebenswerten Zukunft interessiert sind. dtv 10220

Ballungsgebiete in der Krise
Vom Verstehen und Planen
menschlicher Lebensräume

Eine praktikable Anleitung, die
Zukunft unserer bedrängten Lebensräume nicht mehr der technokratischen Planung zu überlassen,
sondern sie auf der Grundlage biokybernetischen Denkens als vernetztes System zu erfassen und für
die Zukunft zu gestalten. Aktualisierte Neuausgabe. dtv 30007

Frederic Vester/Gerhard Henschel:
Krebs – fehlgesteuertes Leben
Aktualisierte Neuausgabe. dtv 11181

Hoimar v. Ditfurth
im dtv

Der Geist fiel nicht vom Himmel
Die Evolution unseres Bewußtseins

Die Entstehung menschlichen
Bewußtseins als notwendiges
Ergebnis einer Jahrmilliarden langen
Entwicklungsgeschichte. dtv 1587

Im Anfang war der Wasserstoff

Ein Report über 13 Milliarden Jahre
Naturgeschichte, angefangen vom
Urknall über die Entstehung des
»Abfallprodukts« Erde, über die
große Sauerstoffkatastrophe, die
Entstehung der Warmblütigkeit
(und damit die Voraussetzung für
das menschliche Bewußtsein) bis
hin zur Möglichkeit interplane-
tarisch-galaktischer Kommunikation.
Durchgehend verzeichnet Ditfurth
dabei das Vorherrschen von Vernunft. dtv 30015

Kinder des Weltalls
Der Roman unserer Existenz

Anhand wissenschaftlicher Erkenntnisse vollzieht Ditfurth nach, warum
auf unserer Erde Leben entstehen
konnte und wie unser Dasein von
ineinandergreifenden kosmischen
Vorgängen abhängt. dtv 10039

Wir sind nicht nur von dieser Welt
Naturwissenschaft, Religion
und die Zukunft des Menschen

»Dies Buch wird in der Überzeugung geschrieben, daß die naturwissenschaftliche und religiöse Deutung
der Welt und des Menschen miteinander in Einklang zu bringen sind.«
(Hoimar von Ditfurth)
dtv 30058

Innenansichten eines Artgenossen
Meine Bilanz

Ditfurths letztes und reifstes Buch –
das Weltbild eines Denkers, der die
Grenzen zwischen den Wissenschaften überschritten hat. dtv 30022

Hoimar v. Ditfurth/Dieter Zilligen:
Das Gespräch
Mit zahlreichen Fotos

Hoimar v. Ditfurths letztes Interview. Ein kraftvolles Vermächtnis des
großen Publizisten, Mahners und
Warners. dtv 30329

Zusammen mit Volker Arzt:

Dimensionen des Lebens
Reportagen aus der Naturwissenschaft auf der Grundlage der
Fernsehreihe »Querschnitte«.
dtv 1277

Querschnitte
Reportagen aus der
Naturwissenschaft
Zehn weitere Beiträge aus der
erfolgreichen Fernsehserie »Quer-
schnitte« in Buchform. dtv 30054

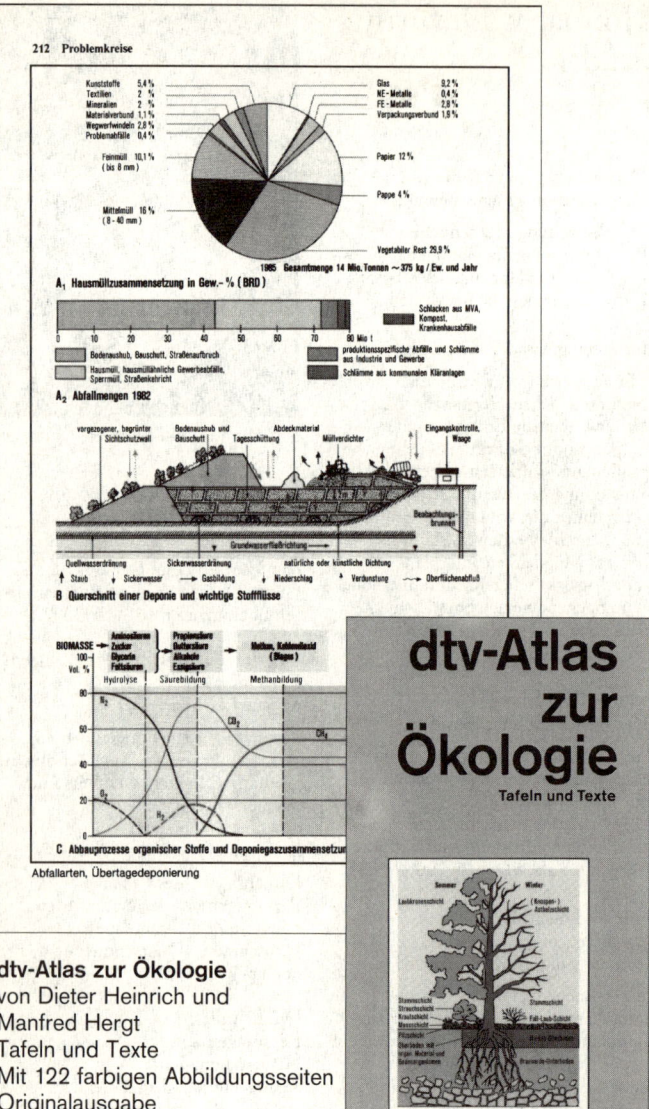

A₁ Hausmüllzusammensetzung in Gew.-% (BRD)

A₂ Abfallmengen 1982

B Querschnitt einer Deponie und wichtige Stoffflüsse

C Abbauprozesse organischer Stoffe und Deponiegaszusammensetzu...

Abfallarten, Übertagedeponierung

dtv-Atlas zur Ökologie

von Dieter Heinrich und
Manfred Hergt
Tafeln und Texte
Mit 122 farbigen Abbildungsseiten
Originalausgabe
dtv 3228

dtv-Atlas
zur
Ökologie
Tafeln und Texte